SYSTEM ARCHITECTURE

Strategy and Product Development for Complex Systems

系统架构

复杂系统的产品设计与开发

[美] 爱德华·克劳利（Edward Crawley） 布鲁斯·卡梅隆（Bruce Cameron） 著
丹尼尔·塞尔瓦（Daniel Selva）

爱飞翔 译

图书在版编目（CIP）数据

系统架构：复杂系统的产品设计与开发 /（美）爱德华·克劳利（Edward Crawley）等著；爱飞翔译．—北京：机械工业出版社，2016.11（2024.8 重印）
（架构师书库）
书名原文：System Architecture: Strategy and Product Development for Complex Systems

ISBN 978-7-111-55143-0

I. 系…　II. ① 爱…　② 爱…　III. 计算机系统　IV. TP30

中国版本图书馆 CIP 数据核字（2016）第 252211 号

北京市版权局著作权合同登记　图字：01-2015-5200 号。

系统架构：复杂系统的产品设计与开发

出版发行：机械工业出版社（北京市西城区百万庄大街 22 号　邮政编码：100037）

责任编辑：关　敏　　　　责任校对：殷　虹

印　　刷：北京建宏印刷有限公司　　　　版　　次：2024 年 8 月第 1 版第 15 次印刷

开　　本：186mm×240mm　1/16　　　　印　　张：31

书　　号：ISBN 978-7-111-55143-0　　　　定　　价：119.00 元

客服电话：（010）88361066　68326294

涌现原则（2.2.2 节）

当各实体拼合成一个系统时，实体之间的交互会把功能、行为、性能和其他内在属性涌现出来。

整体原则（2.4.3 节）

每个系统都作为某一个或某些个大系统的一小部分而运作，同时，每个系统中也都包含着更小的一些系统。

聚焦原则（2.4.4 节）

在任何一个点上都能发现很多影响系统的问题，而其数量已经超出了人们的理解能力。因此，我们必须找出其中最关键、最重要的那些问题，并集中精力思考它们。

二元原则（4.6.1 节）

所有由人类构建而成的系统，其本身都同时存在于物理领域和信息领域中。

受益原则（5.3.2 节）

好的架构必须使人受益，要想把架构做好，就要专注于功能的涌现，使得系统能够把它的主要功能通过跨越系统边界的接口对外展示出来。

价值与架构原则（6.1 节）

价值是有着一定成本的利益。架构是由形式所承载的功能。由于利益要通过功能而体现，同时形式又与成本相关，因此，这两个论述之间形成一种特别紧密的联系。

与特定解决方案无关的功能原则（7.1.2 节）

糟糕的系统规范书总是把人引向预先定好的某一套具体解决方案、功能或形式中，这可能会令系统架构师的视野变窄，从而不去探索更多的潜在选项。

架构师角色原则（9.2.1 节）

架构师的角色是解决歧义、专注创新，并简化复杂度。

歧义原则（9.2.2 节）

系统架构的早期阶段充满了歧义。架构师必须解决这种歧义，以便给架构团队定出目标，并持续更新该目标。

现代实践压力原则（9.3.2 节）

现代产品开发过程是由同时工作着的多个分布式团队来进行的，而且还有供应商的参与，因此，它更加需要有优秀的架构。

架构决策原则（10.1 节）

我们要把架构决策与其他决策分开，并且要提前花一些时间来谨慎地决定这些问题，因为以后如果想变更会付出很高的代价。

遗留元素复用原则（10.9 节）

要透彻地理解遗留系统及其涌现属性，并在新的架构中把必要的遗留元素包括进来。

产品进化原则（10.9.3 节）

系统必须进化，否则就会失去竞争力。在进行架构时，应该把系统中较为稳固的部分定义为接口，以便给元素的进化提供便利。

开端原则（11.2.1 节）

在产品定义的早期阶段列出的（企业内部和企业外部的）利益相关者会对架构产生极其重大的影响。

平衡原则（11.3.4 节）

有很多因素会影响并作用于系统的构想、设计、实现及操作。架构师必须在这些因素中寻求一个平衡点，使大多数重要的利益相关者得到满足。

系统问题陈述原则（11.4.2 节）

对问题所做的陈述会确定系统的高层目标，并划定系统的边界。就问题陈述的正确性进行反复的辩论和完善，直到你认为满意为止。

歧义与目标原则（11.5 节）

架构师必须解决这些歧义，以便提出几条有代表性的目标并持续地更新它们。这些目标要完备且一致，要兼具挑战性和可达成性，同时又要能够为人类所解决。

创新原则（12.2.4 节）

在架构中进行创新，就是要追求一种能够解决矛盾的好架构。

表面复杂度原则（13.2.2 节）

我们要对系统进行分解、抽象及分层，将其表面复杂度控制在人类所能理解的范围之内。

必备复杂度原则（13.2.3 节）

系统的必备复杂度取决于它的功能。把系统必须实现的功能仔细描述出来，然后选择一个复杂度最低的概念。

第二定律原则（13.2.3 节）

系统的实际复杂度总是会超过必备复杂度。架构师要令实际复杂度尽量接近必备复杂度。

分解原则（13.3.1 节）

分解是由架构师主动做出的选择。分解会影响性能的衡量标准，会影响组织的运作方式及供应商的价值捕获潜力。

“2 下 1 上”原则（13.3.1 节）

要想判断出对 Level 1 所做的分解是否合适，必须再向下分解一层，以确定 Level 2 中的各种关系。

优雅原则（13.3.2 节）

对于身处其中的架构师来说，如果系统的必备复杂度较低，而且其分解方式能够同时与多个分解平面相匹配，那么该系统就是优雅的。

架构健壮程度原则（15.5 节）

好的架构要能够应对各种各样的变化。能够应对变化的那种架构，要么是比较健壮的架构，要么是适应能力比较强的架构。前者能够处理环境中的变化，而后者则能够适应环境中的变化。

架构决策的耦合与整理原则（15.6.4 节）

可以按照指标对决策的敏感度以及决策之间的连接度来排定架构决策之间的先后顺序。

·· 译 者 序 ··

系统和系统架构，是两个让人觉得既熟悉又模糊的词语。说熟悉，是因为很多领域都频繁地提到它们；说模糊，则是因为不同的领域和不同的人，对这两个词的定义及范围，都有着不同的理解。而本书正是要从各领域对系统架构的理解和构建中，总结出一套共识，使大家能够更为清晰地看到复杂的产品在研发策略方面所体现出的共性。

本书第一部分讲解了什么是系统，其中主要强调整体思维的作用，并强调系统的整体功能必须大于各部件的功能之和。多出来的这些功能，就称为涌现物。

为了使系统涌现出良好的功能，我们需要对它进行分析。于是，第二部分就从形式和功能这两个方面讲解了如何分析系统，并且把系统架构这个概念描述为对形式和功能之间的映射关系所做的分配，同时，还强调了各部件之间的交互以及本系统与周边环境之间的互动。这些问题对于系统的价值来说至关重要。

在明确了系统和系统架构的含义之后，第三部分开始讲解如何创建良好的系统架构。产品上游和下游的影响因素，以及利益相关者所提出的各种需求，都是架构师必须要考虑的问题，因此，第 11 章开头给出了一套思维框架，使我们可以把庞杂的需求转化为凝练的目标，并确定这些目标之间的先后次序。接下来，讨论了怎样把这些目标汇聚成与特定解决方案无关的概念。之所以要先把特定的解决方案抛开，是为了使架构师能够把抽象的概念细化为多个片段，并运用创造力来探索它们的各种实现及组合方式，然后把那些能够满足客户需求的方式逐渐演化为具体的架构。由于很多系统本质上是非常复杂的，因此，在把概念演化为架构的过程中，架构师需要对系统进行分解，以看清这些组件的结构以及它们之间的交互情况。

同一个组件可能有多种实现方式，而组件之间的布局及交互情况，也是多种多样的，这就需要我们对其中较为关键的几个决策点做出选择。于是，第四部分从决策角度探讨系统架构。对每一个这样的架构决策来说，各选项之间的搭配方式可能极为繁多，因此，为了进行定量分析，我们需要根据一些衡量指标来构建权衡空间，并把各种候选架构都展示在该空间中的对应坐标上，以便使用优化算法找出优势较大的架构。

以上四个部分就是全书的主线。作者把系统架构的分析和综合过程中所提到的相关理念，总结成了 20 多条架构原则，使我们可以在系统架构的各环节中把握住重点，这也是本书的一个特色。它的另外一个特色在于：作者对照建筑学中的模式语言，以及软件开发中的设计模式，把各种架构决策问题也归纳成6种模式，使架构师能够在不同的工作场景中选用合适的模式及算法来对这些问题进行程序化的处理。

本书提供了丰富的架构展示方法和架构分析公式，也给出了适用面较为广泛的原则和模式，在面对具体的项目时，我们应该根据自己的经验和判断力，灵活地运用这些工具。

翻译过程中，我得到了机械工业出版社诸位编辑和工作人员的帮助，在此深表感谢。

由于译者水平有限，错误与疏漏之处，请大家发邮件至 eastarstormlee@gmail.com，或访问 github.com/jeffreybaoshenlee/zh-translation-errata-sysarch/issues 留言，给我以批评和指正。

·· 推　荐　序 ··

Norman R. Augustine[⊖]

在医疗健康领域中，有一种趋势特别有前途，这就是生物医学研究与工程实践的结合。我有一位朋友是工程师，他最近告诉我，美国一家知名大学曾经开了这样一个会，工程系与心脏病学科系的教研人员，在会上探讨了这两种学科的结合方式。会议的重点是构建一颗可供人类使用的机械心脏，心脏病学科系的主管刚开始描述人类心脏的各项特征，就有工程师打断他，并问道："机械心脏必须放在胸腔中吗？有没有可能放在其他更容易够到的地方？例如大腿中？"开会的人以前从来没考虑过这种可能。主管接着描述心脏的特征，但是过了一会儿，又有另一个工程师打断他，并提问："能不能不要只放一个心脏，而是把三颗或四颗心脏组合成分布式系统？"这个问题，也是大家从未考虑过的。

本书由系统架构领域内三位备受崇敬的领军人物撰写，他们的观点很有见地。书中讨论的就是如何提出并回答上面那样的问题。我在工作中曾经碰到工程、商务、政府等方面的各种系统架构问题，当运用系统架构领域中的一些经验来解决这些问题时，我发现结果会好很多。

然而，单单运用这些经验是不够的。刚开始工作时，我记得自己总是问同事各种问题。当时我们正在"合作"完成一个导弹项目，我问他们为什么要采用某种特定的方式来设计产品的某个部件。有人给出的原因是"这种设计方式重量最轻"，有人说他设计的那一部分雷达横截面（radar cross-section）最小，还有人说自己设计的那个部件成本低、体积小，等等。

这些理由都不错，可是其中缺了一样东西。那就是系统架构师（system architect）。

系统架构师的缺位很常见，但表现方式一般比较微妙。几年前，我曾经参与了近音

⊖ Norman R. Augustine 在商业界曾经是洛克希德 · 马丁公司（Lockheed Martin Corporation）的董事长兼首席执行官（CEO），在美国政府中曾经担任陆军副部长（Under Secretary of the Army）。在学术界，他是普林斯顿大学（Princeton University）工程学院的成员，是麻省理工学院（MIT）、普林斯顿大学和约翰 · 霍普金斯大学（Johns Hopkins）的董事，也是马里兰大学系统（University System of Maryland，含有 12 所大学）的校务委员。

速运输机（Near-Sonic Transport aircraft）的早期研发工作。一份市场调查表明，乘客想要更快地到达目的地。近音速运输的理念，就是想使速度尽量接近音速（也就是接近 1 马赫，1 马赫≈1225km/h），但又不超过它，以避免超过音速之后所引发的各种问题。然而空气动力学者（我早前的研究领域就是空气动力学）发现：这样做使得飞机在阻力曲线上会进入一个耗油量陡增的区域。

从系统架构的观点来看，我们要解决的问题并不是怎样飞得更快，而是如何缩短乘客从家中到机场、办理登机手续、过安检、上飞机、飞行、落地后取行李并驶往最终目标所需的总时间。把这个问题放在刚才那个情境中考虑，我们就会发现，更基本的问题其实应该是：节省这 5 分钟或 10 分钟的飞行时间，究竟能给乘客带来多大的好处？答案是：带不来多大好处。因此，这项近音速运输机计划就提前终止了。如果我们想使乘客更快地到达目的地，那么显然还有其他更好的方案可供探索。这个项目之所以失败，是因为大家没有意识到自己正在处理的是系统架构问题，而不单单是空气动力学或飞机设计方面的问题。

这些年来，我一直在不断地完善自己对“系统”这个词所下的定义。系统是“可以交互的两个或多个元素”，而本书作者又明智地补充了一点，那就是系统的功效必须大于各自元素的功效之和。尽管在概念层面很简单，但是现实世界中的系统相当复杂。实际上，对于由若干元素所构成的（而且这些元素之间都以最简单的方式来交互）系统来说，描述其可能具备的状态数量所用的那个公式非常吓人，有“怪兽公式”之称。此外，很多系统里面还有人的因素在内，如果系统里面还包括人，那么系统架构所面临的困难就会更大，因为人的因素会带来不确定性。我们在现实中遇到的就是这种系统，本书作者要分析和解决的架构问题，也针对的是这种系统。

我曾经分析过这样一个给美国南极站进行补给的系统。与其他系统一样，我需要非常谨慎地设定具体的评估目标。是要缩减在可以预期的状况下所产生的消耗，还是要减少在无法预期的最差状况（例如糟糕的天气）下所产生的消耗？又或者是要尽量避免在补给品根本无法送达时所发生的那些“令人遗憾的”状况？可以考虑的目标还有很多。

在这个系统中，有很多个必须互相配合的元素，例如运输船、破冰船、各种飞机、用于卸货的冰码头、存储设施、交通工具、通信等。而且在做各种决策时，还要考虑架构中一直可能会发生的一种危险，那就是单点故障。

我还在商务领域中遇到了一个比刚才更复杂的问题，那就是能不能把 7 家公司的所有部门或主要部门，合并为洛克希德 · 马丁公司，如果能，应该如何去做。这个系统中的每个“元素”都有其优缺点，每个都涉及很多人，都有自己的目标、能力和局限性。这项决策的关键在于，合并之后的新公司，其效能是否远远高于原有那些部分各自的效能总和。如果做不到这一点，那就没有理由耗费资金去进行合并与收购了。

对于这一类复杂问题来说，并没有简单的数学公式能够给出“正确”答案。然而，系统思维（systems thinking）的训练是一项极为有用的工具，可以帮助我们去评估系统的观感、系统中潜藏的机遇以及系统对参数的敏感程度等。在刚才那个企业合并的案例中，大多数人都认为合并是“对的”，顺便说一下，在相似的案例中，有 80% 的情况也是如此。

我与本书的一位作者及其他同事，曾经向美国总统提出一项载人航天计划，这项计划是为将来的几十年而制定的。在这个案例中，最困难的地方是怎样合理地定义任务（mission），虽说确定适当的硬件配置也是个不小的工作，但与前者比起来，难度还是要低一些。所幸这种问题都可以通过系统思维来解决。

正如作者在书中所说的那样，系统架构的建立过程，既是科学，又是艺术。尽管这听起来很美好，但现实相当残酷。与达尔文式的物种进化现象一样，用过去的错误架构所搭建出来的系统是无法生存的；反之，用良好的架构所搭建的系统不仅可以生存，而且会越来越好。

所谓复杂系统的架构，也就是这么一回事。

·· 前　　言 ··

我们写这本书，是为了阐述一种强大的思想。越来越多的人已经开始有了这种思想，这就是“系统的架构”（architecture of a system）。从电网的架构到移动支付系统的架构，很多领域都出现了系统架构的思维。架构就是系统的DNA，也是形成竞争优势的基础所在。拥有系统架构师这一头衔的专业人士，现在已经超过10万人，此外还有更多的人以其他身份参与架构工作。

对于强大的思想，其边界一般都比较模糊。我们发现许多同事、客户和同学都能够意识到系统架构问题，但他们对这个词的用法有所区别。这个词一般用来区分两个已有的系统，例如“这两种山地自行车的架构不同”。

系统的架构到底是由什么组成的？这个话题通常会引发巨大的争论。在某些领域中，架构用来指代一项能够在抽象层面上区分两类系统的决策，例如“封包交换的架构”（packet-switched architecture）与“电路交换的架构”（circuit-switched architecture）。而在另外一些领域中，这个词则用来在忽略某些小细节的情况下描述整体的实现，例如“我们的软件是用来充当服务架构的”。

我们的目标是阐述架构思维的强大之处，并且使其边界变得更加明晰。架构思维的强大，源自它能够使我们在项目的早期阶段权衡各种架构、展望后续的发展情况，并发现各种约束以及对提升项目价值较为重要的机遇。如果架构把全部细节都包括进去，那么我们就无法在各种粗略的想法之间轻易跳跃，但如果架构中缺少了重要的价值驱动力，那它又显得没有意义。

我们写本书时所持有的理念与Eberhardt Rechtin相同，都认为架构师应该是专才，而非通才。我们想在书中描述系统架构的分析与构建过程，也想展示系统架构的“科学性”。与产品设计规范相比，本书的措辞在某种程度上较为宽松一些，因为我们要处理的系统更加复杂。产品研发人员所重视的是设计问题，而我们要强调的则是系统中的各个部件如何才能凝聚成一个连贯的整体，我们重视的是这个奇妙的涌现过程。

我们把过去的经验融入了本书中。我们有幸参与了许多复杂系统的早期研发工作，这些系统遍布通信、运输、移动广告、财经、机器人、医疗设备等各个领域，其复杂程度也各有不同，从农具到国际空间站，我们都接触过。

此外，书中的案例研究还涉及混合动力车（hybrid car）及商用飞机（commercial aircraft）等其他领域的系统架构师所总结出的一些经验。我们认为，本书必须要能够应对当前系统架构师所面临的各项挑战，因为只有这样，才能推进系统架构的发展。

本书的核心受众有两类人，一类是专业的架构师，另一类是工程学的学生。系统架构这一理念，是相关行业的从业者从实践和尝试中得来的，这些从业者运用自身的智慧，试着总结出一些经验，以应对研发新系统时所面临的挑战。本书的一部分目标读者是进行架构决策的资深专业人士。这些专业人士包括高级技术人员，也包括软件、电子、工业用品、航空、汽车及消费用品等科技产业中的管理人员。

本书的另一部分目标读者是工程学的学生。本书是根据过去 15 年间我们在麻省理工学院讲授研究生课程时的教学经验而写成的，其中有很多学生后来成了私人企业和政府部门中的佼佼者，对此我们深感荣幸。架构思维不仅可以帮助我们理解系统当前的运作方式，而且对于科技组织的管理来说，这也应该是一项必备的能力。

••致 谢••

我们要感谢使本书得以面世的诸位人士。首先，感谢 Bill Simmons、Vic Tang、Steve Imrich、Carlos Gorbea 和 Peter Davison，他们在本书的相关章节中提供了自己的专业意见，并对本书的初稿做了点评。Norman R. Augustine 为本书撰写了推荐序，并帮助我们成形系统架构方面的想法，为此我们深表感激。

感谢评审者 Chris Magee、Warren Seering、Eun Suk Suh、Carlos Morales、Michael Yukish 及 Ernst Fricke 给我们提供了明确的意见，并帮我们指出了未能传达出关键思想的那些段落。还要感谢很多匿名评审者，他们给出的反馈意见使我们能够对本书加以改进。感谢 OPM（Object Process Methodology，对象过程方法）的研发者 Dov Dori，他是我们的优秀合作伙伴。

感谢 Pat Hale 为我们在 MIT 的教学活动提供支持并对本书初稿给出反馈。感谢 MIT 系统设计与管理 2011 班（MIT System Design and Management Class of 2011）的 63 位同学详细阅读本书的每一章，并给出大量建议。尤其要感谢 Erik Garcia、Marwan Hussein、Allen Donnelly、Greg Wilmer、Matt Strother、David Petrucci、Suzanne Livingstone、Michael Livingstone 及 Kevin Somerville。感谢 MIT 图书馆的 Ellen Finnie Duranceau 帮我们明智地选择了出版社。

本书的编写得益于历届的研究生，他们所贡献的内容以各种形式出现在本书中。除了上面提到的那些人之外，还要感谢 Morgan Dwyer、Marc Sanchez、Jonathan Battat、Ben Koo、Andreas Hein 及 Ryan Boas。

感谢 Pearson 团队的 Holly Stark、Rose Kernan、Erin Ault、Scott Disanno 及 Bram van Kempen 为本书的出版所付出的辛勤劳动。

最后，感谢 Crawley 的妻子 Ana、Cameron 的妻子 Tess，以及 Selva 的妻子 Karen，感谢你们在周末和假期对我们著书工作的理解，使我们不至于把它拖成一本“永远都写不完的书”。

——Edward Crawley　Bruce Cameron　Daniel Selva

马萨诸塞州剑桥市

·· 作者介绍 ··

Edward F. Crawley

Edward Crawley是俄罗斯莫斯科斯科尔科沃科学与技术学院的校长，也是MIT的航空航天学及工程系统学教授。他从MIT取得航空与航天专业的学士学位及硕士学位，并获得航空航天结构专业的博士学位。

Crawley于1996～2003年担任MIT航空航天学系的主管。他与其他人共同主导了一项国际协作，以推动工程学教育的改革。Crawley是《Rethinking Engineering Education: The CDIO Approach》一书的第一作者。Crawley于2003～2006年担任剑桥-MIT研究所（Cambridge-MIT Institute）的执行董事，这是由MIT与剑桥大学合办的机构，受到英国政府及业界的资助。该机构的目标是了解大学如何有效地发挥创新与经济增长引擎的作用，以及如何推广这种效用。

Crawley博士创立了多家公司，其中包括产品研发与生产公司ACX、生物分子探测器公司BioScale、互联网广告投放公司Dataxu，以及针对企业的能源投资组合分析公司Ekotrope。2003～2012年，他任职于轨道科学公司（Orbital Sciences Corporation）的董事会。

Crawley教授是AIAA（American Institute of Aeronautics and Astronautics，美国航天航空学会）及英国皇家航空学会（Royal Aeronautical Society）的会员，也是瑞典皇家工程科学院（Royal Swedish Academy of Engineering Science）、英国皇家工程学院（Royal Academy of Engineering）、中国工程院（Chinese Academy of Engineering）及美国国家工程院（National Academy of Engineering）的成员。

Bruce G. Cameron

Bruce Cameron是咨询公司Technology Strategy Partners（TSP）的创始人，也是MIT System Architecture Lab的董事。Cameron博士从多伦多大学（University of Toronto）取得学士学位，从MIT取得硕士学位。

身为TSP的合伙人，Cameron博士为系统架构、产品研发、技术策略及投资评估提供咨询服务。他曾在60多家高科技、太空、运输及消费品行业的财富500强企业任职，其中包括英国石油公司（British Petroleum，BP）、戴尔（Dell）、诺基亚（Nokia）、卡特比勒（Caterpillar）、安进（AMGEN）、威瑞森（Verizon）及美国国家航空航天局（National Aeronautics and Space Administration，NASA）。

Cameron 博士在 MIT 的斯隆管理学院（Sloan School of Management）及工程学院（School of Engineering）讲授系统架构与技术策略课程。Cameron 博士曾经开办 MIT Commonality Study，这是由 30 多家公司所组成的研究项目，持续了 8 年。

Cameron 博士原来曾经在高科技企业和银行任职，并构建了用来管理复杂研发计划的高级分析工具。在早期职业生涯中，他曾经是 MDA Space Systems 的系统工程师，并参与过一些航空设备的构建工作，这些设备目前还在轨道中运行。他是多伦多大学董事会的前成员。

Daniel Selva

Daniel Selva 是康奈尔大学（Cornell）机械与航天工程系（Mechanical and Aerospace Engineering）的副教授。他从加泰罗尼亚大学（Polytechnic University of Catalonia，UPC）、法国国立高等航空航天学院（Supaero）及 MIT 获得电气工程与航空工程学位。

Selva 教授的研究重点是在设计活动的初期运用系统架构、知识工程（knowledge engineering）与机器学习工具。他的研究成果运用于 NASA 的地球科学十年调查（Earth Science Decadal Survey）、Iridium GeoScan Program 及 NASA 的跟踪与数据中继卫星系统（Tracking and Data Relay Satellite System，TDRSS）等项目，在这些项目中，他利用架构分析技术来为系统架构师和管理者提供支持。他也是 Best Paper 及 Hottest Article 奖项的获得者。

Selva 在 2004～2008 年就职于法属圭亚那（French Guiana）库鲁（Kourou）的阿利安太空公司（Arianespace），是阿丽亚娜 5 型火箭发射团队（Ariane 5 Launch team）的成员，专门从事设备的数据处理与制导、导航及控制工作。他以前曾经在 Cambrian Innovation 公司研发供轨道卫星使用的新型生物机电系统，并在惠普公司从事银行网络的监控工作。他是财富管理公司 NuOrion Partners 的顾问团成员。

•• 目　　录 ••

第二部分 系统架构的分析

第三部分　创建系统架构

第四部分 作为决策的架构

第一部分

系统思维

第一部分的重点是系统架构所展现出来的机遇，这种机遇使我们能够厘清定义系统所需的关键决策点，并选出能够应对复杂挑战的架构。

第 1 章通过一些范例来展示架构理念，指出良好的架构，并给出本书的概要。第 2 章列出了进行系统分析必备的思路。第 3 章给出了分析系统架构所用的思维模式。

第 1 章　系统架构简介

1.1　复杂系统的架构

1962 年 6 月，NASA 决定专门采用一个太空舱从月球轨道降落到月球表面，而不使用把宇航员带入月球轨道的指挥 / 服务舱（Command/Service Module）进行降落。这项决定意味着这个专属的太空舱（后来起名为登月舱，Lunar Module）在返回月球轨道时，必须和主航天器会合（rendezvous），而且还要设法使宇航员能够在航天器之间移动。

这项决定是在阿波罗计划（Apollo program）的头一年做出的，真正在月球轨道中施行还要等到 7 年之后。在做这项决定时，大部分团队成员还没有招募，设计合同也还没有敲定，然而这项决定依然是有益的，因为它排除了很多种其他的设计方案，并且给设计团队提供了一个出发点。它指导了成千上万的工程师进行工作，并引发了一项注资，其额度超过 1968 年联邦支出的 4%。

我们构思、设计、实现并操作复杂的系统，这些系统可能是以前从未出现过的。当前最大的集装箱船可以装载 18 000 个集装箱，1950 年这个数字是 480 个 [1,2]。当前的汽车一般有 70 个处理器遍布各处，它们之间最多可以由 5 条独立的总线连接起来，其速度可达每秒 1Mbit[3]，这远比以前进行燃料喷射所用的那种电子总线快得多，当时的通信速度只有每秒 160bit。造价 2 亿～8 亿美元 [4] 的石油平台一直在研发并生产着，2003～2009 年，出现了 39 个石油平台 [5]。

这些系统不仅仅庞大而复杂，有时还要针对每位客户进行配置，并且会有巨额的生产费用。消费品的客户所期望的可定制及可配置程度是相当高的。比如，宝马公司（BMW）曾经测算，它在 2004 年向其客户提供了 15 亿种潜在的配置方案 [6]。某些复杂系统的生产费用很高。Norm Augustine 指出，战斗机的单位造价在 1910～1980 年间呈指数式增长。他预测 2053 年，全美国的国防预算只够买一架战斗机 [7]。值得注意的是，Augustine 的预测在这 30 年来一直都没有出错：2010 年，一架 F-22 猛禽战斗机（F-22 raptor）的造价是 1.6 亿美元，如果把研发费用也算上，就是 3.5 亿美元 [8]。

1.2　良好架构的优势

这些复杂的系统能否满足利益相关者的需求并体现出价值？它们是否能够轻松地整

合、灵活地进化？它们操作起来是不是很简单，运作得是不是很可靠？

架构良好的系统确实是如此。

用最简单的方式来说，架构就是对系统中的实体以及实体之间的关系所进行的抽象描述。在由人类所构建的系统中，架构可以表述为一系列的决策。

图 1.1　复杂的系统：蓝马林鱼号（MV Blue Marlin）重载船正在运输 36 000 公吨的 SSV Victoria 钻探平台

图片来源：Dockwise/Rex Features/Associated Press

本书基于这样一个前提：如果我们能够找出使系统架构得以确立的决策点，并谨慎地做出决策，那么系统更有可能取得成功。本书想要把与早期的系统决策有关的经验与分析方式总结出来，并指出这些决策之间的共性。在过去 30 年间，分析与计算能力的提升使得我们拥有更多的选项以及更加广阔的权衡空间（trade space）。在很多领域，权衡空间的增长速度已经超越了我们理解它的速度。系统架构领域的发展，得益于一些从业者的努力，他们试着把在过去的设计工作中所得到的专业经验总结起来，并加以推广，使我们可以借此来解决以后可能出现的设计问题。

产品和系统所处的竞争环境是残酷的。波音公司（Boeing）对 787 客机及其复合材料的研发，就是一项“以公司的前途作为赌注”的行动。波音是全球两个大型客机制造商之一，它的核心业务模式，并不是把风险分散到许多小的项目中，而是把成功的希望寄托在一件产品上。与客机市场相比，移动设备的市场要更大一些，而且目前的竞争还是比较激烈的。尽管移动产品的研发风险显得更加分散（也就是说，某一件产品的研发投入额，在公司的总资金中所占的比例更小），但依然有黑莓（BlackBerry）及爱立信（Ericsson）这样的巨头在竞争中衰落。为了占领市场份额，系统必须要能够提供创新的产品、融合新鲜的技术，并满足多样的市场需求。为了在紧张的市场竞争中占得优势，设计系统时要优化它的生产成本，而且要通过多层次的供应链来进行生产。良好的架构决策可以使公司在艰难的市场环境中取得竞争优势，而不良的架构决策则会使大型的研发活动从刚一开始就变得难以推行。

由人类构建的每个系统，都有其架构。手机软件、汽车、半导体生产设备等产品，都是由早期研发环节中的几个关键决策所确定的。比如，在汽车的研发工作中，像发动机的安装方式等早期技术决策，会影响后续的很多其他决策。如果选择将发动机横置，那么发动机的模组设计、变速箱、传动系统、悬架系统及乘客舱都要受影响。系统的架构在很大程度上影响着产品的结构。

在设计复杂系统时，有许多早期的架构决策都是在不了解系统最终样貌的情况下做出的。这些早期决策对最终的设计有重大的影响。它们限定了性能的范围及可供考虑的生产地点，也决定了供应商是否能够分得配件市场（aftermarket）的收入份额。有时需要收集下游的信息以供上游使用，例如John Deere的农作物喷洒车，其宽度就必须小于生产基地两个柱子之间的距离。在这种情况下，开发团队能够明确地知道宽度的限制，因为它并不是一个未确定的或隐藏的因素，然而在农作物喷洒车的产能方程中，宽度却是一个主要的变量，因此，开发团队还是需要收集此信息。

本书的核心观点是认为这些早期决策可以加以分析和处理。尽管充满着不确定的因素，有时甚至不知道各个组件的详细设计情况，但是我们所做的系统架构依然要能经得起检验。架构系统的过程是柔性的，它是科学与艺术的结合。我们并不指望此过程能够成为或应该成为可以产生最优方案的线性过程，而是想在本书中把我们在系统架构工作中的一些核心理念及做法总结出来。我们的核心观点是：结构良好的创造活动要优于毫无结构的创造活动。

对决策的关注，使得系统架构师可以直接权衡每个决策的各种选项，而不用深入它们所对应的底层设计，这能够促使我们去评估更多的概念。同时，这套决策语言也使得系统架构师可以根据每个决策对系统效能的影响力来调整决策之间的顺序，很少有哪个系统的架构是一次就定好的，它们一般都是在逐步评估一系列决策之后才定出来的。

美国国家极轨环境卫星系统（National Polar-Orbiting Environmental Satellite System，NPOESS）的失败，就是架构决策妨碍系统发展的例子。NPOESS项目⊖创立于1994年，旨在把原有的两个气象卫星项目合并起来，一个是民用的天气预报项目，另一个是军用的天气与云量图像项目。这次合并不是完全没有道理的，因为原有那两套相关数据的收集系统，展现出了13亿美元的合并机会[9]。合并之后的项目，在早期阶段就决定把原先那两个项目的设备所具有的能力都涵盖进来。比如，要把原有的三台设备所具有的功能，都集成到可见红外光影像辐射仪（Visible Infrared Image Radiometer Suite，VIIRS）中。

这项合并计划有一个假设，认为新项目的功能复杂度与原有那两个项目的复杂度之和呈线性比例。假如这个项目的需求和概念是从原先那些设备中得出的，那么这个假设或许能够成立。然而接下来还有一项决策，却令系统的架构完全无法发挥其效能，这项决策列出了一些脱离系统概念的新功能。比如，它要把原有的三台设备所应完成的任务，全都交给VIIRS这一台设备来完成，可是VIIRS的重量和体积，比原先那三台设备中的任何一台都小。

早期的一系列架构决策，导致NPOESS项目进展得漫长而艰辛，这些决策想要创建的那些详细设计方案，忽视了系统中的一些基本问题。而且，由于项目早期并没有指定一位架构师来负责对这些决策进行权衡，因此后面会遇到种种障碍。该项目于2010年取消，原来估计耗资65亿美元，实际上花了85亿美元[10]。

本书并不会给出一套开发产品所用的公式，也不打算编成一本产品开发手册。我们

⊖ 此处列举了政府项目遇到的许多困难，是因为我们对政府项目所了解的信息比私人项目多一些。我们是想从这些困难中吸取经验，而不是想去评论政府项目与私人项目。

不能保证按照本书的做法一定可以成功。经验告诉我们：错误的架构可能会毁掉整个项目，而“正确的”架构仅仅是创建了一个产品开发平台，产品可以依赖这个平台而取得成功，但也依然有可能失败。

本书的内容在许多方面是可以适用于各种系统的，这些系统有的是由人类构建的，还有的是经过社会发展或自然进化而形成的。无论是构建出来的系统，还是演化而成的系统，我们都可以分析它的架构。比如，研究脑部的学者，想要展开脑部的架构；城市的规划者，要处理城市的架构；政治学者与社会学者要理解政府及社会的架构，等等。本书所关注的系统，主要是由人类所构建的系统。

1.3　学习目标

本书要展示的是如何思考，而不是具体应该思考哪些内容。我们的目标是帮助读者形成一套思考并创建系统架构的方式，而不是提供一套过程。根据笔者过去的经验，优秀的架构师总是能对架构及其方式达成明确的共识，但他们各自所要面对的具体工作以及工作情境，则有相当大的区别。

本书的目标是帮助系统架构师规划并引领系统开发过程中的早期概念性阶段，并为整个开发、部署、运营及演变的过程提供支持。

为了达成上述目标，本书会帮助架构师：

- 在产品所处的情境与系统所处的情境中使用系统思维。
- 分析并评判已有系统的架构。
- 指出架构决策点，并区分架构决策与非架构决策。
- 为新系统或正在进行改进的系统创建架构，并得出可以付诸生产的架构成果。
- 从提升产品价值及增强公司竞争优势的角度来审视架构。
- 通过定义系统所处的环境及系统的边界、理解需求、设定目标，以及定义对外体现的功能等手段，来厘清上游工序中的模糊之处。
- 为系统创建出一个由其内部功能及形式所组成的概念，从全局的角度对这一概念进行思考，并在必要时运用创造性思维。
- 驾驭系统复杂度的演化趋势，并为将来的不确定因素做好准备，使得系统不仅能够达成目标并展现出功能，而且还可以在设计、实现、运作及演化过程中一直保持易于理解的状态。
- 质疑并批判地评估现有的架构模式。
- 指出架构的价值所在，分析公司现有的产品开发过程，并确定架构在产品开发过程中的角色。
- 形成一套有助于成功完成架构工作的指导原则。

为了实现上面所说的这些目标，我们会展示系统架构的原则、方法及工具。原则是持续存在的基本原理，它们一直有效或在绝大部分情况下有效。方法是对达成具体目标所需的手段和任务所做的一种规划方式，它们应该坚实地建立于原则之上。通常来说，方法是可以运用到各种项目中的。工具也是一种可以推动项目发展过程的方式，它们有时可以运用到某些项目中。

本书的一项既定目标，是使读者在阅读过程中形成一套自己的系统架构原则。架构师所做的决策，所使用的方法及工具，都应该建立在这套原则之上。

“原则是通用的规则与方针，它们应该是持续有效且很少变化的。原则可以用来为某个组织完成其任务的方式提供指导与支持。然而一个组织从确定价值到开始行动，再到取得成果，却是由一系列经过规划的理念来共同阐释并指引的，在这些理念中，原则只是其中的一个元素而已。”

——1998 年 6 月 29 日，美国空军在为其空军总部订立信息管理原则时所述

“原则要根据实践中的事实做出修改。”

——James Fenimore Cooper 所著的《The American Democrat》一书（1838 年出版）第 29 章

笔者在本书的各处文字中都会阐述自己的原则，然而大家应该在阅读过程中根据自己的经验形成一套自有的原则。

1.4　本书结构

本书分为四个部分。

第一部分是第 1～3 章，介绍了系统思维的原则，并概述了管理复杂度所用的工具。这些原则与工具在后续的其他部分中还会提到。我们会用一些真实的范例来表述它们，这些范例包括：放大器的电路、循环系统、设计团队和太阳系。

第二部分是第 4～8 章，着重对架构进行分析。我们会深入探讨系统的形式，以便将形式与系统的功能相区隔，然后再来分解系统的功能。我们会提出与特定解决方案无关的功能及概念这两个说法，然后对现有的一些简单系统做分析。这种分析方式，既可以用于人类主动构建的系统，也可以用于机构、城市或大脑等演化而成的系统。第二部分的很多章节都是从一些特别简单的系统开始讲起的。这么写并不是故意要把读者看得很笨，而是由于这些系统的组成部分都可以为大家完全了解，因此我们不妨先从这些系统开始分析，然后再把这套分析方法运用到更为复杂的系统上。从简单的系统讲起有一个好处，就是它的组成部件不会过于复杂。如果这些组件复杂到使我们没有办法一次将其完全理解清楚，那我们就没有办法把这个产品当成系统来进行分析。

第三部分是第 9～13 章，重点是通过做决策来创建架构。这一部分讲述了从确定需求到选定架构的过程。第二部分是从架构讲到与特定解决方案无关的功能，而第三部分则是直接讲述在没有旧架构可供参考的情况下，如何在设定目标时厘清上游过程中的不明确之

处。第三部分围绕着消解歧义、运用创造力及管理复杂度这三个概念进行讲解。

第四部分是第 14～16 章，探寻了帮助架构师做决策的各种计算方法及工具所具备的潜力。第一部分～第三部分把架构师当成决策人。我们把分析与框架搭建在架构师的领域专长之上，而架构师则要对系统中的各个层面进行整合，衡量各种事务的优先程度，并确定其中最重要的事务。第四部分提出一个想法，就是把架构决策视为模型的参数，并试图通过这些参数来捕捉各个层面或各个属性中的重要因素。我们会演示如何把架构问题中的复杂度有效地浓缩到模型里面，但是大家要记住，模型不是用来取代架构师的，而是用来给架构师做决策提供支持的。根据笔者的经验：这种决策表示方式对于完成架构任务来说是一种有用的心智模型。

1.5　参考资料

[1] "Economies of Scale Made Steel," *Economist,* 2011. http://ww3.economist.com/node/21538156

[2] http://www.maersk.com/innovation/leadingthroughinnovation/pages/buildingtheworldsbiggestship.aspx

[3] "Comparison of Event-Triggered and Time-Triggered Concepts with Regard to Distributed Control Systems," A. Albert, Robert Bosch GmbH Embedded World, 2004, Nürnberg.

[4] J.E. Bailey and C.W. Sullivan. 2009–2012, *Offshore Drilling Monthly* (Houston, TX: Jefferies and Company).

[5] "US Gulf Oil Profits Lure $16 Billion More Rigs by 2015," Bloomberg, 2013. http://www.bloomberg.com/news/2013-07-16/u-s-gulf-oil-profits-lure-16-billion-more-rigs-by-2015.html)

[6] E. Fricke and A.P. Schulz, "Design for Changeability (DfC): Principles to Enable Changes in Systems throughout Their Entire Lifecycle," *Systems Engineering* 8, no. 4 (2005).

[7] Norman R. Augustine, *Augustine's Laws,* AIAA, 1997.

[8] "The Cost of Weapons—Defense Spending in a Time of Austerity," *Economist,* 2010. http://www.economist.com/node/16886851

[9] D.A. Powner, "Polar-Orbiting Environmental Satellites: Agencies Must Act Quickly to Address Risks That Jeopardize the Continuity of Weather and Climate," Washington, D.C.: United States Government Accountability Office, 2010. Report No.: GAO-10-558.

[10] D.A. Powner, "Environmental Satellites: Polar-Orbiting Satellite Acquisition Faces Delays; Decisions Needed on Whether and How to Ensure Climate Data Continuity," Washington, D.C.: United States Government Accountability Office, 2008. Report No.: GAO-08-518.

第2章 系统思维

2.1 简介

系统思维（system thinking），简单地说，就是把某个疑问、某种状况或某个难题明确地视为一个系统，也就是视为一组相互关联的实体。系统思维不等于系统化地思考（thinking systematically）。本章的目标是概括地介绍系统及系统思维。

系统思维的运用方式有很多种，它可以用来理解现有系统的行为及表现，可以用来预想系统在经过修改之后的状况，可以用来给具备系统性质的决策或判断提供指导，也可以用来为系统的设计与拼接（我们称之为系统架构）提供支持。

系统思维与其他一些思维模式并立，例如批判思维（衡量某个说法的有效性）、分析思维（根据一套规律或原则进行分析）、创新思维等。一位准备工作做得比较充分的思考者，能够使用各种思维模式来进行思考（这就是认知，cognition），而且还能够意识到自己当前正在使用的是哪一种思维模式（这就是元认知，meta-cognition）。

本章首先定义什么是系统，然后论述涌现（emergence）这一概念的特征以及它带给系统的能力（参见2.2节）。接下来，讲述四种对系统思维有益的任务[⊖]：

1. 确定系统及其形式与功能（参见2.3节）。

2. 确定系统中的实体及其形式与功能，以及系统的边界及系统所处的环境（参见2.4节）。

3. 确定系统中各个实体之间的关系以及位于边界处的关系，并确定这些关系的形式及功能（参见2.5节）。

4. 根据实体的功能及功能性的互动来确定系统的涌现属性（参见2.6节）。

虽然本书会依次讲解这四项任务，但我们在思考实际问题时，很少是一次就想好的，而是要反复地思考。如第1章所述，像上面这种用来完成具体目标的任务，是要整理成一套方法的，而这套方法通常应该适用于各种项目。此外，本章还会讲解系统思维方法所依据的原则。

2.2 系统与涌现

2.2.1 系统

由于系统思维是一种把疑问、状况或难题明确视为系统的思维方式，因此，要讲解

⊖ 系统思维中的任务（task），也可以理解为步骤或环节。下同。——译者注

系统思维，首先就必须讨论系统。英语中很少有哪个词的使用范围像系统这样广泛，而且其定义也有很多种，本书采用文字框2.1中的定义。

文字框2.1 定义：系统

系统是由一组实体和这些实体之间的关系所构成的集合，其功能要大于这些实体各自的功能之和。

这个定义体现了两个重点：

1. 系统是由相互作用或相互联系的实体组成的。

2. 实体之间发生相互作用时，会出现一种功能，这种功能大于或不同于这些实体各自所具备的那些功能。

无论如何定义系统这个词，其核心都是上面所列出的第一点，也就是必须要有实体及实体之间的关系。实体（也称为部件、模块、例程、配件等）就是用来构成全体的各个小块。关系可以是静态的（例如连接关系），也可以是动态并交互的（例如货物交换关系）。

根据定义中的这一部分，我们可以确定有哪些事物不能称为系统。如果某物是一个连贯的整体，那它就不是系统。比如，一块砖（在宏观层面上）不能构成一个系统，因为它里面并不包含实体。然而，一面砖墙却可以构成一个系统，因为它包含实体（许多的砖块与砂浆）及关系（负载交换与几何关系）。毫无关系的一组实体也不能构成系统（例如位于乌克兰的一个人和位于亚洲的一袋米）。

要想给出一个能够把非系统的事物排除在外的定义，是相当困难的。有人可以说，一块砖头在适当的层面上就是一个系统。因为它是黏土做成的，而黏土本身是多种材料的混合物，这些材料之间具备相互关系，例如可以共同分担负荷，可以构成平行六面体等几何形状。住在乌克兰的人可能会用欧元购买亚洲的米，于是这两个实体就可以构成一个交易系统。

宽泛地说，任何一组实体其实都可以解读为一个系统，这也就是系统一词使用面较广的原因。有一个与系统密切相关的概念，叫做complex。作为形容词来讲，它的本义和首要义项是“复合的”，用来形容实体与关系较多的事物。而在某些语言中，complex还可以作为名词，用来表示“系统”这一含义。这种用法在科技英语中也有所体现，例如“肯尼迪航天中心39A发射复合体”（Launch Complex 39A）中的“复合体”，指的就是“系统”。

系统和产品，是两个容易混淆的概念。产品是能够交换或具备交换潜力的事物。有一些事物是产品但不是系统（例如米），还有一些事物是系统但不是产品（例如太阳系），但由于很多事物既是产品（可供交换）又是系统（含有很多相互联系的实体），因此这两个词经常混用。

与系统有密切关系的另一个概念是架构，也就是本书的主题。用最简单的话来说，我们可以把架构定义为“对系统中的实体及实体之间的关系所进行的抽象描述”[1]。由于架构是对系统所做的描述，因此对于一个存在且能够运作的系统来说，这两个概念显然是紧密相关的。

2.2.2 涌现

在系统这个词的定义中，第二项特征是系统思维所要强调的重点。系统是一组实体及其关系的集合，其功能大于这些实体各自的功能之和。

系统思维所要强调的这一部分，就是涌现（emergence）的意义所在，也是系统的力量与魅力所在。涌现是指系统在运作时所表现、呈现或浮现出的东西。我们之所以要构建系统，就是为了取得令人满意的涌现物。对涌现的理解，是系统思维的目标，同时也可以体现出系统思维的艺术。

当系统的各个部件聚集起来时，会涌现出什么东西呢？最明显和最关键的涌现物，就是功能。功能（function）是系统所做的事情，也就是它的动作、产出或输出。我们设计某个系统，是想使该系统涌现出可以预期且令人满意的主要功能（例如汽车可以载人）。这项主要功能，通常与系统所产生的好处有关（我们之所以买车，是因为它有个好处，这个好处就是可以载人）。系统也可能会涌现出我们可以预料到但不合人意的产出（例如汽车燃烧碳氢化合物）。有时，当系统成形时，还会涌现出意料之外的功能。比如，汽车可以给人一种自由感，这项意料之外的产出，是令人满意的。而有些意料之外的功能却是我们所不愿意见到的，例如汽车可以致人死亡。从表 2.1 中可以看出：系统所涌现出来的功能，有些是可以预料到的，有些则是在事前无法预料到的；有些功能令人满意，另一些则不合人意。此外我们还可以明确地看出：除了主要功能之外，系统还可能涌现出其他一些令人满意的功能，例如人在汽车里可以感到温暖或凉爽，汽车能够令人感到愉悦等。

表 2.1　对涌现出的功能进行分类

	预期的涌现	意外的涌现
令人满意的	汽车可以载人 汽车内可以使人感到温暖 / 凉爽 汽车令人感到愉悦	汽车可以创造一种个人自由的感觉
不合人意的	汽车燃烧碳氢化合物	汽车可以致人死亡

系统的基本性质在于它会涌现出新的功能。比如图 2.1 中的这两个元素：沙和漏斗形玻璃管。沙是一种天然材料，并没有预期的功能。漏斗可以汇聚其他物品或使之沿渠道流出。当这两件元素组合起来时，一项新功能就诞生了，这就是计时功能。我们怎么会知道沙和漏斗拼接起来能变成一种计时器呢？沙和漏斗这两个机械元素怎么会产生一种可以记录抽象概念（也就是“时间”）的信息系统呢？

除了功能之外，系统还会涌现出性能（performance）。性能就是系统运作或执行其功能的好坏程度。它是系统功能的一项属性。某辆汽车的运输速度有多快？某个沙漏能否准确地计时？这些都是性能问题。图 2.2 中的足球队是个人类系统。所有足球队的功能都一样，就是队员协作比赛，取得比对手更多的进球。然而，有些足球队的成绩要比其他足球队更好，因为他们可以赢得更多的比赛。图 2.2 是参加 2014 年世界杯的德国足球队，他们赢得了冠军，可以说是这届比赛中成绩最好的球队。

图 2.1 由沙和漏斗构成的系统所涌现出的功能：计时

图片来源：LOOK Die Bildagentur der Fotografen GmbH/Alamy

系统架构的第一条原则所谈的就是涌现（参见文字框 2.2）。原则是一种长期有效的道理，它们总是能够（或者几乎总是能够）适用于各种问题。本书在介绍系统架构的原则时，一般都会先给出一些名人名言，用来展示伟大的思考者如何将这些原则精彩地表述出来。每条原则都会包含叙述和指引这两部分（指引部分可以用来指导我们的行动），有的原则还会给出深入的讨论。

图 2.2 涌现出成绩的系统：参加 2014 年世界杯的德国足球队

图片来源：wareham.nl (sport)/Alamy

文字框 2.2 涌现原则（Principle of Emergence）

“系统并不是其组成物的简单加总，而是这些组成物之间互动的产物[⊖]。”

——Russell Ackoff

“整体大于其各部分之和。”

——亚里士多德（Aristotle），《形而上学》

当各实体拼合成一个系统时，实体之间的交互会把功能、行为、性能和其他内在属性涌现出来。我们要思考并试着探寻系统所涌现出的预期属性和意外属性。

- 实体之间的交互会导致涌现物。涌现物指的是系统在运作时所表现、呈现或浮现出来的东西。系统的附加价值是由涌现物所赋予的。
- 涌现的结果，使得变化以无法预知的方式进行传播。
- 一个实体所发生的变化将会如何影响涌现出来的属性，是很难预测的。
- 能够涌现出预期属性的系统，是成功的系统。不能涌现出预期属性或意外涌现出不良属性的系统，是失败的系统。

⊖ 产物（product）一词又有乘积的意思，与前半句中的加总相对照。——译者注除了性能之外，系统还会涌现出其他属性，例如可靠性（reliability）、可维护性（maintainability）、可操作性（operability）、安全性（safety）和健壮性（robustness，鲁棒性）。这些以“某某性”为格式的属性，其对应的英文单词大多以“ility”结尾。与功能和性能方面的涌现物不同，这些属性并不是立刻就能创造出价值的，而是要通过系统在整个生命期中的运作情况来体现。某辆汽车是否能安全地载人？某个沙漏是否能可靠地计时？德国足球队是否能稳定地赢得比赛？某个软件是否能健壮地或可靠地运行？某辆车在路边抛锚，究竟是机械性的故障，还是嵌入式软件性的故障？

在表 2.1 的四类涌现物中，最后一类涌现物特别重要，值得单独讨论，这就是意外且不良的涌现物。我们把这种涌现物称为紧急状况（emergency，这个词的词根和涌现物的英文单词 emergence 相同）。汽车可能因失控而导致旋转或翻滚。足球队可能会在重要的比赛日产生冲突或表现不佳。图 2.3 是袭击新奥尔良的卡特里娜飓风（Hurricane Katrina），这是一种引发紧急状况的自然现象。这个系统的破坏力非常大。

图 2.3 能够引发紧急状况的系统：卡特里娜飓风

图片来源：GOES Project Science Office/NASA

这些和功能及性能相关的涌现属性（也就是刚才提到的“某某性”），以及系统不引发紧急状况这一特点，与系统所创造的价值有着密切的联系。价值就是有着一定成本的利益。构建系统是为了获得利益（这个利益，在观察者的眼中，是以财富、名望或功用等主观标准来评判的）。

总之：

- 系统是由多个实体及实体间的关系所构成的集合，其功能大于这些实体各自的功能之和。
- 每件事物几乎都能视为系统，因为其中差不多都含有一些相互关联的实体。
- 当系统的功能大于其中每个实体各自的功能之和时，就会有涌现物出现。
- 对涌现物的理解，是系统思维的目标，同时也体现出系统思维的艺术。
- 系统运作时会涌现出一些功能、性能，以及一些以“某某性”为名的属性。与系统不引发紧急状况这一特点一样，这些功能、性能和属性，也都与系统的利益和价值密切相关。

2.3　任务一：确定系统及其形式与功能

2.3.1　形式与功能

系统同时具备形式与功能这两个特征。形式说的是系统是什么，而功能则说的是系统做什么。为了帮助读者理解系统思维及系统的形式与功能，我们会举四个真实的例子，它们分别是：放大器、设计团队、循环系统和太阳系。图 2.4～图 2.7 列出了这四个系统的简单示意图或电路图。请注意，这些系统涵盖了信息系统、组织系统、机械系统及自然系统，其中既有人造的系统，又有演化而成的系统。

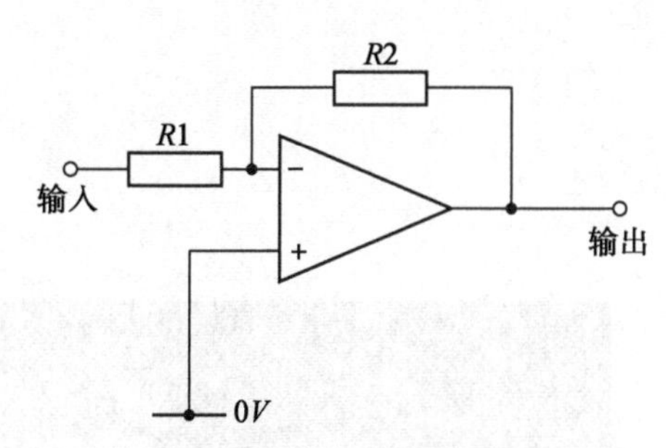

图 2.4　可以视为一个系统的放大器电路。图中列出了运算放大器和放大信号所用的其他电子元器件

图 2.5　可以视为一个系统的设计团队（Team X）。图中这三人的工作是拟定一套新的设备设计方案

图片来源：Edyta Pawlowska/Fotolia

这些系统都具备明确的形式。系统的形式是指这个系统是什么样子，它是一种已然存在或有可能存在的物质载体或信息载体。形式具有一定的形状、配置、编排及布局。形式在某个时间段内是静止而固定的（在这个时间段之外，形式有可能发生变化、得以创建或遭到销毁）。形式是构造出来的东西，它是由系统的创建者所构筑、撰写、绘制、创作或制造出来的。尽管形式本身并不是功能，但系统若想表现出功能，则必须具备一定的形式。

功能描述的是系统能够做什么。它是能够引发并创造某种性能，或是对性能有所贡献的活动、操作及转换行为。功能是使某物得以存在或得以体现其用途的一种动作。功能不是形式，但功能需要以形式为手段来展现。涌现物出现在功能领域。功能、性能、各种以“某某性”为名的性质，以及浮现物，谈的都是机能问题。功能比形式更抽象，因为功能涉及转变，它比形式更难用图来描绘。

功能是由过程（process）和操作数（operand）组成的。过程，是功能中纯粹表示动作或转换的那一部分，也就是改变操作数状态的那一部分。操作数（operand），是其状态会在过程中发生改变的事物。功能本身具备过渡性，它涉及操作数状态的改变（也就是说，操作数的状态在某些方面可能会得以建立、遭到销毁或加以修改）。在机构中，功能有时用来指代角色（role）或职责（responsibility）。

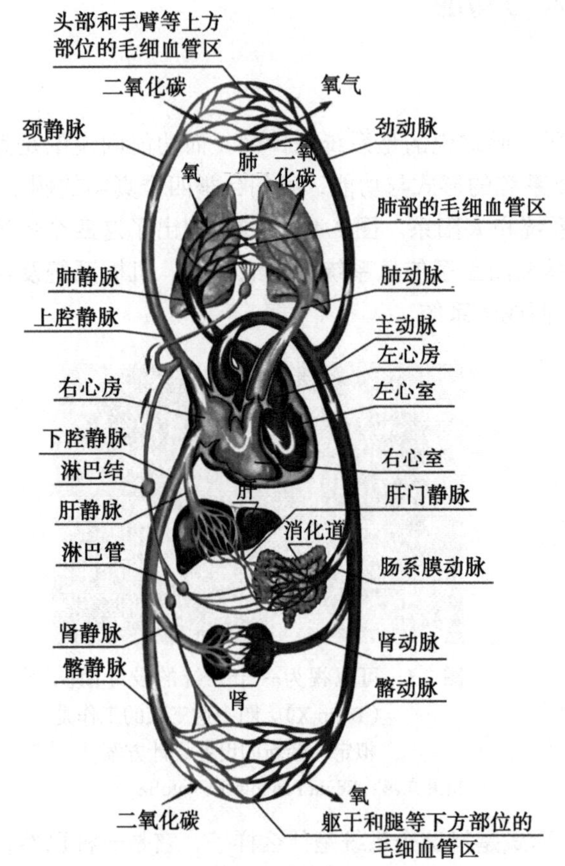

图 2.6　循环系统。心、肺，以及为组织和器官输送氧气的毛细血管

图片来源：Stihii/Shutterstock

图 2.7　太阳系。我们所在的这个太阳系中的太阳、行星，以及围绕行星的小星体

图片来源：JACOPIN/BSIP/Science Source

现在我们可以来阐述系统思维的第一项任务了（参见文字框 2.3）。

文字框 2.3　方法：系统思维的第一项任务

确定系统及其形式与功能。

接下来，我们把这第一项任务与本节的四个范例相结合，以判断出它们各自的形式及功能，如表 2.2 所示。

每个由人类所构建的系统，都需要用某种形式的工具来承载功能，也都具备某一套过程，以及某个与价值有关的操作数，系统存在的意义就体现在这个操作数的变化上。对于放大器电路来说，与价值有关的操作数，指的是输出信号（output signal）。过程所对应的操作数，虽然有可能不只一个（例如对于放大器来说，还有一个名为输入电压（input voltage）

的操作数），但我们之所以构建放大器这种设备，主要还是为了产生放大之后的输出信号。

表 2.2 简单系统的形式及功能

系统	形式	功能	
		过程	操作数
放大器系统	放大器电路	放大	输出电压
设计团队（Team X）	团队	研发	设计方案
人体的循环系统	循环系统	提供	氧气
太阳系	太阳系	维持	恒定的太阳能通量

设计团队（Team X）是一种由人类所构建的系统，因为这个团队肯定是由某人所召集的。该团队的形式，是由个人所组成的群体，其主要功能是研发一套设计方案。除了主要功能之外，由人类所构建的系统，可能还会提供次要功能。比如，除了研发之外，Team X也有可能会展示这套设计方案。主要功能与次要功能将在第 5 章中详细讲解。

对于太阳系或循环系统等自然形成的系统来说，要想确定其功能，会显得稍微困难一些。当然，循环系统的形式是一套由心、肺、静脉、动脉及毛细血管所构成的群组。我们可以像表 2.2 这样，把它的功能描述为给细胞提供氧气（这个功能的过程是提供，操作数是氧气），但也有人会说，它的功能是从细胞中吸收二氧化碳，或者说的更通用一些，是保持细胞内气体的化学平衡。对于这种演化而成的系统来说（这些系统不是由人所设计的），要想识别出一个定义较为清晰的功能是有些难度的，因为没有相关的设计者能够将系统的意图告诉我们。（反之，对于像放大器电路及 Team X 这种由人类所设计的系统来说，我们一般都可以向系统的设计者询问该系统的设计意图，例如我们可以询问："你想令这个系统产生什么功能？"或"你希望这个系统涌现出何种功能、表现出何种性能？"）

太阳系的功能就更加难于定义了。该系统的元素是毫无疑问的，其中包括太阳、行星以及其他星体。可是它的功能是什么呢？如果以地球为中心来进行定义，那我们都知道：太阳系的功能就是使地球保持一定的温度，令地球上的生命得以生存。这固然是一个功能，而除此之外，还有很多种说法，也同样能够有效地表述太阳系的功能。表 2.2 中所列出的那个功能，是用一种更为宽泛的语气来陈述的，它说太阳系的功能是对行星维持大致稳定的太阳能通量。这确实是太阳系所涌现出的一个功能，因为它既要求太阳必须恒定地输出太阳能，同时又要求行星轨道的半径基本保持不变。太阳系的功能之所以难于确定，原因并不在于它没有功能，而是它所拥有的功能实在太多了！况且我们也很难向设计者询问这种系统的设计意图。

形式与功能的区别，还可以用商业活动中的商品与服务来进行说明。商品（goods）是有形的产品（我们可以将其称为形式），而服务则是相对较为无形，且更为面向过程的产品（我们可以称之为功能）。实际上，每个系统都可以作为形式来出售，形式通过表现功能而体现出价值。同时，系统也可以作为功能（也就是服务）来出售，功能若想得到执行，必须借助某种形式。

2.3.2 工具 – 过程 – 操作数：这是人类的标准思维模式吗

从表 2.2 所列的这 4 个系统中可以看出：它们都具备一套标准的特征。也就是说，每个系统都以某种形式作为其工具（该形式描述了这个系统是什么），也都能执行某种功能（该功能描述了这个系统能够做什么），而功能又是由过程（也就是系统所要完成的转换操作，在表格中以楷体标出）与操作数（也就是系统所要转换的对象，在表格中以黑体标出）组成的。因此，我们可以说：每种系统都具备形式、过程与操作数这三项特征。

诺姆·乔姆斯基（Noam Chomsky）在提出转换文法（transformational grammar）时，曾经给出一个观点，认为人类所有的自然语言都具备一种深层结构，而这种深层结构包括三个部分：第一部分是一个名词，充当执行动作所用的工具（我们称之为形式）；第二部分是一个动词，用来描述该动作（我们称之为过程）；第三部分是另一个名词，用来代表动作的对象[⊖]（我们称之为操作数）。不论哪一种人类语言，其基本单位都是句子，句子中含有两个名词（一个是工具，另一个是操作数）以及一个动词。因此，这种“名词 – 动词 – 名词”格式的模型，或者说“工具 – 过程 – 操作数”格式的模型，要么是所有系统均具备的基本模型，要么就是人脑在理解任何一种系统时都要采用的思维方式。无论如何，它都极为有用！

总之：

- 所有系统都具备形式（用来描述该系统是什么）和功能（用来描述该系统能够做什么）。形式是执行功能所需的工具。
- 功能可以进一步拆分为过程（也就是所要执行的转换行为）及操作数（也就是将要转换的那个对象或其状态将要改变的那个对象）。
- 在人类所构建的系统中，绝大多数系统的主要功能都比较清晰。
- 对于演化而成的系统来说，其主要功能比人造系统更加难以识别，而且不同的解读方式通常会得出不同的结论。
- 本书所提出的系统三特征（作为工具的形式 – 过程 – 操作数）与自然语言的深层结构（名词 – 动词 – 对象）非常相似。

2.4 任务二：确定系统中的实体及其形式与功能

通过刚才的论述，我们可以确立一个观点，那就是：系统本身也可以视为具备某种形式与功能的单一实体。现在，我们就来看看如何把系统分解成多个实体，使得这些实体也同样具备某种形式和功能。我们可以通过抽象思维，把这些实体有效地表示出来，并通过整体思维以及对关键问题的把握，来选出恰当的实体。系统的周围是一层边界，它把系

⊖ 也可以理解为宾语。——译者注

统与系统之外的环境隔开。下面讨论如何完成系统思维的第二项任务（参见文字框 2.4）。

> **文字框 2.4　方法：系统思维的第二项任务**
>
> 确定系统中的实体、实体的形式与功能，以及系统边界和系统所处的环境。

2.4.1　具备形式与功能的实体

从定义上来看，系统是由一组实体所构成的。这些实体是系统的组成部分。

一般来说，系统中的每个实体都有其形式及功能。我们有时会使用“元素”（element）一词来强调系统形式中的某个方面，它的同义词是“部分”(part) 或“部件”(piece)，而“实体”(entity) 一词则用来泛指形式及功能，它的同义词是“单元”(unit) 或“事物”(thing)。

表 2.3 最右侧的那一列是范例系统本身所具备的形式，而从右往左数的第二列则是由范例系统所分解而成的各个组成部分所具备的形式。比如，放大器电路可以分解为两个电阻和一个运算放大器，Team X 可以分解为三名成员。从右往左看，某个系统所具备的形式，可以分拆为其各个部件所具备的形式，这叫做分解（decomposition）。从左往右看，把各个部件所具备的形式拼合起来，就是系统所具备的形式，这叫做聚合（aggregation）。

表 2.3 中间的两行描述了实体形式与实体功能之间的映射（mapping）。电阻 1 和电阻 2 用来设置增益。心脏用来推进血液的流动。系统中的每个实体都有其各自的形式与功能。请注意，这些实体的功能在本表格中也是按照过程加操作数的格式来撰写的。

表 2.3 最左侧的那一列是范例系统本身所具备的功能，从左往右数的第二列是相关的各实体所具备的功能。从左往右看，系统的功能可以拆分为系统的各个组成部分所具备的功能，这叫做细分（zooming）。从右往左看，实体的功能则可以组合为系统的功能，这就是我们所要追求的涌现（emergence）效果。

表 2.3　系统中的实体及实体的形式与功能

系统的功能	实体的功能	实体的形式	系统的形式
放大信号	设置增益	电阻 1	放大器电路
	设置增益	电阻 2	
	放大电压	运算放大器	
研发设计方案	解释需求	Amy	Team X
	构思概念	John	
	评估并批准方案	Sue	
为器官提供氧气	推动血液	心脏	循环系统
	与外界空气交换气体	肺	
	与器官交换气体	毛细血管	
细分 >< 涌现		聚合 >< 分解	

功能，是一种近乎静态的描述方式，它用来表达某个过程对其操作数所执行的操作。

而当一系列功能按某种次序执行时，则会用涌现出更加动态的行为（behavior），这将在第6章中讨论。

运用系统思维时，我们可以只从系统的功能入手，对其进行细分。比如，在思考放大器电路时，我们就可以把放大信号这一总体功能，细分为放大及设定增益这两个小功能。这种功能式的思维，一般用在分析与设计的早期阶段中。与此相对，有时也可以只从形式入手，对其进行分解。比如，如果我们正在列一份“元器件清单”（parts list），那就可以把放大器电路分解为放大器、电阻1及电阻2等部件。单单从形式或功能的角度来对系统进行思考是较为便利的，但这并不意味着形式与功能最终无法同时呈现出来，也不意味着它们之间毫无联系。

我们可以从任意参考点触发，来观察系统。比如，我们可以从很高的起点开始，把整个人体视为一个系统，然后将其分解为循环系统、消化系统等。也可以从很低的起点开始，把心脏视为一个系统，然后说它是由心腔和瓣膜等更小的系统组成的。由此我们可以看出一个规律：所有的系统都是由实体组成的，那些实体本身也是系统，而且所有的系统都可以作为实体，来构成更大的系统。

由于我们可以从整个体系中的任意位置上选出一个系统，因此，无论从哪个系统开始，我们总是可以从其中发现一些小系统，而那些小系统又是由更小的系统所组成的。这就产生了两个极端问题：如果一直往上推，那么最终会来到宇宙（cosmos）层面，可是真的只有一个宇宙吗？如果一直往下推，那么最终会来到夸克（quark）层面，然而确实没有比夸克更小的东西了吗？为了避免这些问题，我们应该选出恰当的系统边界，使得自己可以把系统思维运用到最为重要的部分上。

在实际工作中，定义系统的实体及系统的边界，是一件非常重要而又比较困难的事情。系统思考者需要面对5个问题：

- 确定如何将系统初步分解为恰当的实体。
- 用整体思维找出潜在的实体。
- 通过对重点的分析，把注意力集中到重要的实体上。
- 为实体创建抽象。
- 定义系统的边界，并将其与外界环境隔开。

2.4节其余的部分就要解决这5个问题。

2.4.2 确定如何将系统初步分解为恰当的实体

我们在确定系统中的实体进而确定系统的内部边界时，可能会遇到一定的困难，其难度取决于该系统究竟属于那种由互不相同的（distinct）元素所组成的系统，还是属于那种模块化或集成系统。某些系统由界限清晰的实体所组成，其分解方式自然是非常明确的。比如，Team X由三个人所组成，因此我们显然应该将它分解为三位成员，用其他方式来分解这个团队系统是没有意义的。与之类似，太阳系显然应该分解为太阳、行星及其他（数量众多的）小星体。如果某个系统可以用一种非常清晰的方式来分解，那么这就表明该系统确实是由彼此较为独立的一些实体所聚集并定义而成的（例如舰队、马群、树林、图书馆等）。

对于以模块化（modular）为基调的那种系统来说，其分解工作虽然会比刚才那种系统稍微麻烦一点，但与集成式系统相比，依然是较为清晰的。各模块之间（尤其是在功能上）相对较为独立。模块内部的关系比较密集，而模块与模块之间的关系则较弱，或较为稀疏。我们可以把放大器电路这一系统分解为输入端、电阻、放大器、内部节点及接线等部分。虽然对于电阻的末端位置和连接器的开端位置等问题，可能还有一些模糊之处有待厘清，但大致上依然是明晰的。

最难分解的是集成（integral）系统[⊖]。集成系统很难在不影响其功能的前提下进行简单的分解。它们通常是那种内部高度互联的系统，例如汽车的转向装置系统，其各个组件（轮胎、方向盘、悬吊、转向齿轮、驾驶杆）就是紧密联系的，而且其中的某些部件同时又是其他系统（行驶质量系统、传动系统）的组成部分。真正的机械元件（例如复杂的锻造物以及经过机械加工的部件）与集成电路，都属于集成系统。很多信息系统也是高度集成的。

2.4.3　用整体思维找出系统中的潜在实体

整体论（holism）强调的是整体理念，它从整体上把握事物之间的紧密联系，所谓整体地进行思考（think holistically），就是要把思维着力于整体。整体思维（参见文字框2.5中的整体原则）致力于发现对系统可能有重要意义的全部实体（以及其他相关事宜）。整体地进行思考，是为了全方位地观察当前所要处理的这个系统，促使自己发现可能会与该系统相交互的每一样东西，并考量它们带给系统的影响及后果。整体思维可以拓展我们考虑当前问题或事物所用的思路。

尽可能广地进行思考，是一种对认识系统的重要方面有所帮助的思路，我们可以借此创造一些契机，使得自己能够发现一些对系统很关键的东西。整体思维可以令这些东西浮出水面。

已知的不确定物（known-unknown）与未知的不确定物（unknown-unknown）是不同的。已知的不确定物，是你知道有它，但对它不够了解的事物。它的存在是已知的，它的特性虽然未知，但你已经知道自己应该更多地去了解它。而未知的不确定物，则是你连它有没有都不知道的事物，你没有办法衡量这种事物的重要性。整体思维能够尽可能多地找出未知的不确定物，从而使我们有机会去思考它们所潜藏的重要作用。

⊖　也称为整合式的系统。下同。——译者注

文字框 2.5 整体原则（Principle of Holism）

“设计时总是应该把物体放在稍大一些的范围内考虑，把椅子放在房间中考虑，把房间放在住宅中考虑，把住宅放在周边环境中考虑，把周边环境放在城市规划中考虑。”

——Eliel Saarinen

“没有谁完全是孤岛。每个人都是陆地的一小块，都是主体的一部分。”

——John Donne

每个系统都作为某一个或某些个大系统的一小部分而运作，同时，每个系统中也都包含着更小的一些系统。要整体地思考这些关系，并研发出与上级系统、下级系统和平级系统相协调的架构。

- ❑ 整体论认为所有的事物都以整体的形式存在并运作，而不单单是其各个部件的总和。这与化约论（reductionism，还原论）相反，化约论认为我们可以通过仔细研究事物的各个部件来了解该事物。
- ❑ 整体地进行思考，就是要把当前系统的各个方面都涵盖进来，要考虑可能会与该系统进行交互的任何事物给系统所带来的影响及后果。
- ❑ 更简单地说，整体地思考就是把与当前所要处理的疑问、状况及难题有关的所有事物（例如实体及关系）都考虑到。
- ❑ 能够激发整体思维的办法包括结构化与非结构化的头脑风暴（brainstorm，脑力激荡）、框架、从不同视角进行思考，以及对大环境进行考量等。

激发整体思维的办法有很多，其中包括：结构化与非结构化的头脑风暴（第 11 章），通过研发框架来保证相关问题可以得到考虑（第 4～8 章），从多个视角进行思考（第 10 章），以及把系统明确地放在大环境下进行思考（第 4 章）。

本节将以 Team X 作为实例，来讲解系统思考者应该如何执行与系统思考有关的 5 个步骤。由于 Team X 是由个人所组成的团队，因此一开始似乎很容易指出其中的实体。我们假设一开始只考虑这个设计团队的概念生成（John 的职责）和设计方案审定（Sue 的职责）这两项事务，如表 2.4 第 2 列所示。然后，我们通过整体思考，找出了该团队有可能需要的其他成员，包括需求分析师、财务分析师、团队教练，以及市场、制造与供应链方面的专家等，如表 2.4 第 2 列所示。

表 2.4 用系统思维来逐步思考 Team X

对实体所做的初步思考	进行整体思考之后	进行聚焦之后	创建抽象之后	定义系统边界之后
John 提出概念	John 提出概念	John 提出概念	John 提出概念	John 提出概念
Sue 评估并批准设计方案	Sue 评估并批准设计方案	Sue 评估并批准设计方案	Sue 评估并批准设计方案	Sue 评估并批准设计方案
	Amy 解释需求	Amy 解释需求	Amy 解释需求	Amy 解释需求

（续）

对实体所做的初步思考	进行整体思考之后	进行聚焦之后	创建抽象之后	定义系统边界之后
	Heather 判断客户的需求	Heather 判断客户的需求	市场人员做市场分析	市场人员做市场分析
	Chris 做竞争分析	Chris 做竞争分析		
	Karen 规划制造	Karen 规划制造	操作人员对制造与供应链进行规划	操作人员对制造与供应链进行规划
	James 规划供应链	James 规划供应链		
	Nicole 解释相关的规章			
	Meagan 指导团队			
	John 为项目的融资进行建模			

通过整体思考，我们得出了一份较长的列表，其中列出了我们在定义系统及其环境时可能应该考虑到的每一个重要实体。然后，我们再寻找其中的重点，以缩减这份列表。

2.4.4 集中注意力，找出系统中的重要实体

系统思考者所要面对的下一个步骤，就是聚焦，也就是把与当前问题有关的重要事物找出来（参见文字框2.6中的聚焦原则）。这意味着把重要的事物和不重要的事物区隔开。通过整体思维，我们发现了与系统有关的各种事物，现在则要对它们进行筛选，把其中真正重要的那些事物找出来。

> **文字框 2.6　聚焦原则（Principle of Focus）**
>
> “我看到的并不比你多，但我已经学会从中发现一些东西。”
>
> ——阿瑟·柯南·道尔爵士所著《苍白的士兵探案》(The Adventure of the Blanched Soldier）一文中，夏洛克·福尔摩斯所说的话
>
> “问题不在于你看什么，而在于你看到了什么。”
>
> ——亨利·戴维·梭罗（Henry David Thoreau）
>
> 在任何一个点上，都能发现很多影响系统的问题，而其数量已经超出了人的理解能力。因此，我们必须找出其中最关键、最重要的那些问题，并集中精力思考它们。
>
> - 在任意时间点，我们都可以通过整体思维，来找出可能影响当前系统的数十个，乃至数百个问题。
> - 为了随时能密切关注重要的问题，我们必须学会抛开其他一些问题。
> - 受到关注的那些方面，很少会出差错。
> - 我们要对这一大批问题进行处理或筛选，以找出对当前的时间点或当前的运作情况较为重要的那些问题。要集中思考困难的问题，而不要先急着去解决那些简单的问题。

在聚焦过程中，关键是要把当前的疑问、状况或难题确定出来，并把其中的重要方面凸显出来。更具体地说，是要考虑对你和你的利益相关者重要的东西是什么？重要的成果是什么？这是不是系统的涌现行为？这是否满足某套标准？

然后，我们开始综观这些实体，并问自己一个简单但难于回答的问题：这个实体对我所关注的成果或涌现物来说是否重要？通过整体思考，我们可以列出很多事物，但是，在能够把握其交互关系的前提下，人脑可以同时思考的事情是有限的。一般来说，这个数量是 7（左右浮动 2 个）[2]。

我们在聚焦时要做的事情，就是首先要意识到目前已经列出了许多对系统可能比较重要的事物，然后根据当前所关注的问题，用一份最多只含 7 个事物的列表，把这些事物“替换掉”。如果情况发生变化，那么我们再换上另外一份问题列表来进行思考。

回到表 2.4 中的这个 Team X 范例，我们认为团队的主要成果应该是一份良好的设计方案，其输入应该是需求，同时，对团队工作提供支援的实体应该包括对供应链及制造的掌控。因此，团队的三位成员（Sue、John 及 Amy）自然在考虑之中，此外，还要考虑决定客户需求的人、分析竞争环境的人，以及制造与供应链方面的专家，如表 2.4 第 3 列所示。在这次聚焦分析的过程中，我们把财务方面、团队动力方面以及规章方面的专家排除在目前的系统思维范围之外。

现在，我们来执行聚焦环节的最后一部分，也就是再度进行检查，以确认目前仍在考虑范围内的这些实体，有没有覆盖到与系统有关的每一个重要的疑问、状况或难题，同时要确定它们是不是足够精简，使得我们能够用当前的资源来仔细地检视它们。

2.4.5 为实体创建抽象或从实体中发现抽象

当我们意识到那些对当前所要解决的疑问、状况或难题有重要意义的事物之后，接下来就该创建或发现适当的抽象机制，以表示系统中的实体。抽象是一种“抽离于物体的性质描述”，或一种“只含本质而不含细节的”表述。很多问题会随着预先定义好的抽象（例如人、层、控制体积等）而产生出来，这些问题可能会促进思考，也可能会阻碍思考。创建有效的抽象，可以把与实体有关的重要细节凸显出来，同时又可以把当前不需要考虑的那些细节与复杂问题隐藏在其中。

我们来看看本章这四个例子中的某些抽象。在放大器电路中，我们把运算放大器抽象为一个带有反向输入端、正向输入端及输出端的设备，它能够放大两个输入端之间的差距，如图 2.4 所示。实际的放大器电路是图 2.8 这个样子，而我们所做的抽象则把这些细节全都隐藏了起来，使得我们只需在“表面”上考虑整个电路的功能（也就是放大）即可。在 Team X 中，我们把生理和心理上都非常复杂的人，抽象成能够提出设计概念的“团队成员”。在循环系统中，我们把心脏这个复杂的器官，抽象成简单的泵。在太阳系中，我们把带有生态系统及人口的整个地球，抽象为一个星球。

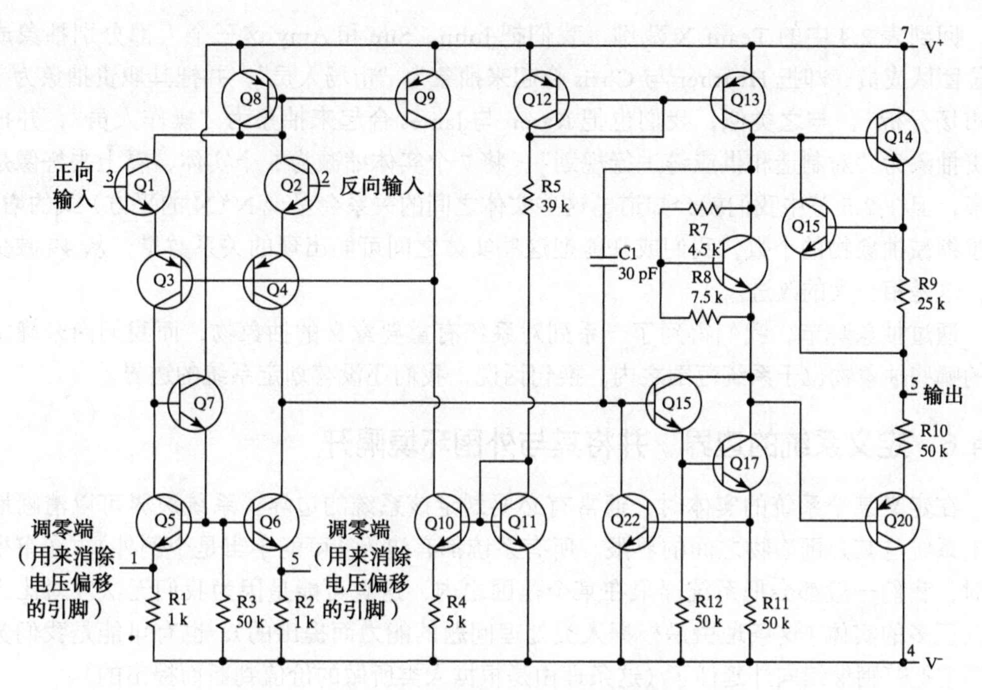

图 2.8　运算放大器这一抽象机制所隐藏的细节

从上述范例中，我们可以把创建抽象机制时的指导原则总结成下面这几条：

❑ 针对形式和功能创建抽象时，要把重要的信息凸显出来，而把不太重要的细节隐藏起来。

❑ 要创建那种使适当的关系有机会得以表现出来的抽象（参见 2.5 节）。

❑ 在适当的层面进行分解或聚合，并于该层面创建抽象。

❑ 在能够有效表达当前系统的重要方面这一前提下，创建数量尽可能少的抽象。

有时我们创建出来的抽象，可能不那么有用。比如，如果违背第一条原则，那么我们就有可能把运算放大器抽象成热源（heat source）。尽管这样做在技术上是正确的，但它并不能把此实体在放大过程中的重要角色凸显出来。如果违背第三条原则，那我们有可能在对运算放大器进行抽象的过程中涵盖过多的细节组件。这样的抽象虽然也符合事实，但如此多的细节组件，对我们理解运算放大器在电路中的作用来说，却并不是必需的。

创建抽象时，我们当然有可能多次退回到聚焦环节，以确保我们正在创建的抽象确实抓住了目前所要解决的关键问题。若是发现系统的整体图景中漏掉了某个东西，那我们甚至可以回到整体思考环节。

请注意，抽象出来的结果并非只有一种，针对同样的实体，我们可能还会提出很多种完全合理的抽象。我们要根据当前所解决的疑问、状况或难题的本质，来选出合适的抽象。一般来说，无法做出通用的抽象。

回到表 2.4 中的 Team X 范例，我们把 John、Sue 和 Amy 这三个人都分别抽象成了三位团队成员，却把 Heather 与 Chris 合起来抽象为“市场人员”，并把其职责抽象为“进行市场分析”。与之类似，我们也把 Karen 与 James 合起来抽象为“操作人员”，并把其职责抽象为“对制造和供应链进行规划”。将 7 个实体缩减为 5 个实体，看上去好像是件小事，但在 2.5 节中我们就会知道，这些实体之间的关系会呈现 N^2(N 的平方）式的增长。通过缩减抽象物的个数，我们或许能把这些实体之间可能出现的关系数量，从 49 减少到 25，这是相当大的改进。

通过抽象环节，我们得到了一系列对系统有重要意义的抽象物，而我们尚未确定其中的哪些抽象物位于系统范围之内。换句话说，我们还没有划定系统的边界。

2.4.6 定义系统的边界，并将其与外围环境隔开

在定义某个系统的实体时，通常有必要划定该系统的边界。系统边界可以清晰地划分出系统与其外围事物之间的界限。所有系统都有边界（可能宇宙是个例外）。在审视系统时，我们一般都会把系统局限在某个范围之内，这有可能是因为我们无法应对比当前范围更多的实体（这条理由是根据人类处理问题的能力而提出的），也有可能是我们觉得用不着把范围继续向外延伸了（这条理由是根据人类所做的价值判断而提出的）。

定义系统的边界，实际上也就等于将系统与其外围环境相区隔。外围环境（context，情境、上下文）就是环绕在系统外围的东西。它指的是“恰好处在系统边沿之外”但与系统相关的实体。

系统边界（system boundary）位于系统与大环境之间。在划定系统边界时，我们可能会考虑下列问题：

- 把需要分析的实体包括进来（如果我们的目标是理解某个机制）。
- 把创建设计方案所必备的要素包括进来（如果我们的目标是创建设计方案）。
- 把我们负责实现和操作的东西包括进来（如果我们的目标是体现某种价值）。
- 由规章、契约或其他法律制度所建立的规范边界。
- 能够把系统与大环境区分开的传统做法或习惯做法。
- 我们必须遵从的一些接口定义或标准，包括与供应商之间的关系。

当某个关系跨越系统边界时，它就在系统与大环境之间定义了一个外部接口（external interface）。这些外部接口对系统特别重要，将在 2.5 节中讲解。

表 2.4 呈现了我们对 Team X 执行系统思维的第二项任务之后所得的成果。如果我们认为 Team X 的任务是制作设计方案，那么把 John、Susan 和 Amy 放在系统之内，而把市场人员和操作人员放在系统之外，自然就是一种较为合理的边界划分方式。本书总是使用虚线来表示系统边界。

当我们结束了对系统思维第二项任务（找出系统中的实体、实体的形式与功能，以及系统边界及外围环境）的讨论之后，就得到了如图 2.9 所示的信息。实体位于方框中，其

形式与功能，用文本来描述。虚线表示系统边界，它用来隔开系统与外部环境。

总之：

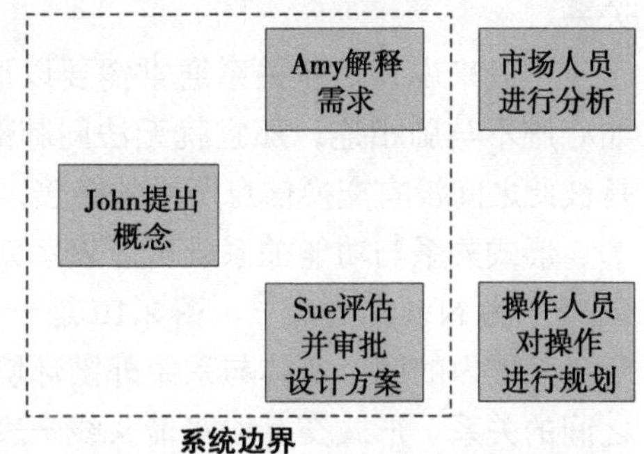

图 2.9 Team X 系统的实体及系统边界

- 所有的系统都是由实体组成的，这些实体具备形式及功能，而且实体本身也有可能就是一种小的系统。
- 对于由互不相同的实体所构成的系统来说，我们很容易就能确定该系统是由哪些实体所组成的；对于模块化的系统来说，要想识别其中的实体，会有一定的难度；而对于集成式系统来说，识别其中的实体则是相当困难的。
- 整体地思考，有助于我们找出对系统可能有重要意义的每一个实体，并将其表示出来，而这样做所得到的实体通常比较多，其中有些实体对后续的思考没有太大用处。
- 聚焦环节有助于减少实体数量，以便将目前对系统真正重要的那些实体筛选出来，而实体的重要性是会随着时间和运作情况而变化的。
- 创建抽象，既有助于把实体的关键细节呈现出来，又能把其他一些复杂的方面隐藏起来。
- 定义系统边界，可以将系统与其外围环境相分离。

2.5 任务三：确定实体之间的关系

2.5.1 关系的形式与功能

从定义上来看，系统是由实体及其关系组成的。讲到这里，大家应该会感觉到，这些关系可以按特征分为两类：功能关系和形式关系。

功能关系，是指用来完成某件事情的实体之间所具备的关系，此关系可能涉及实体之间对某物的操作、传输或交换。为了强调其动态性，我们有时也把功能关系称为交互（interaction，互动）关系。在交互过程中，相关的实体可能会交换操作数，也可能会协同对操作数执行操作。比如，心脏与肺交换血液，某位团队成员与同事分享成果。第 5 章将会更为全面地讲解功能交互。

形式关系，是某段时间内稳定存在或有可能稳定存在的实体之间所具备的关系。这里的形容词“formal”（形式的），是从名词“form”（形式）中派生而来的，与描述一场晚宴所用的那个形容词“formal”（正式的）有所区别。形式关系通常体现为连接关系或几何关系。比如，肺与心相连，或是某人加入团队中，这些都会构成形式关系。为了强调其静态性，我们有时也把形式关系称为结构（structure）关系。第4章将会详细讨论形式关系。

一般来说，功能关系通常需要以形式关系为前提。形式关系是功能关系的载体。假如心脏不与肺相连，那它就无法同肺部交换血液。假如两位团队成员离得不是很近，或是彼此之间没有交换信息所用的链接，那他们就无法分享成果。

形式关系与功能关系既可以表示为关系图，也可以表示为N×N的表[⊖]。图2.10是一张关系图，演示了系统内的两个实体与系统外围环境中的一个实体之间的关系。形式交互以双箭头线来表示，而功能交互，则会根据交互的性质，用单箭头线或双箭头线来表示。某些关系位于系统内部，某些则跨越了系统边界。对于跨越系统边界的关系，其表示方法与系统内的关系相似，只不过它是用虚线而非实线来表示的[⊜]。画这种关系图时，应该把实体的形式及功能写出来，同时最好能给关系加上标注，不过这样做通常会令关系图显得比较杂乱。

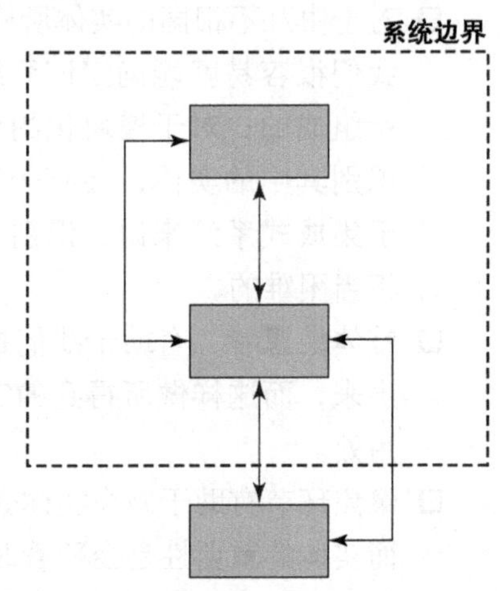

图2.10　由实体及其关系所构成的系统

我们现在用实例来演示系统思维的第三项任务（参见文字框2.7）。图2.11是放大器电路的关系图。通过图中的结构关系，我们可以看出：电路的电压输入端与电阻1相连，

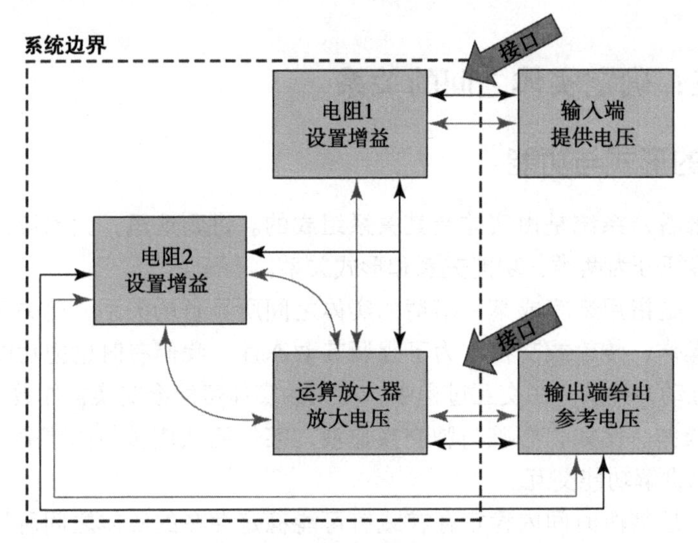

图2.11　放大器电路的形式结构与功能交互

⊖ 是指表的主体部分，不计入最上方的那一行和最左侧的那一列。——译者注

⊜ 若无法清晰分辨实线与虚线，则可依照颜色判断。黑色表示功能关系，灰色表示形式关系。——译者注

而电阻 1 的另一端则与电阻 2 及运算放大器（Op Amp）相连。电阻 2 的输出端与运算放大器的另一个端口相连，此外电阻 2 还与电路的输出端相连。这样的连接方式，在运算放大器周围形成了一条回路。在电路图中，我们把这些结构化连接或形式关系，称为电气连接（electrical connection），功能交互中的箭头，在电路图中指的是电流的流动。与 2.11 中的关系图不同，这块电路的标准电路图（参见图 2.4），只会用一条关系来表示电子元器件之间的联系，电气工程师在看到那一条关系之后，会明白元器件之间既有连接关系，又有电流经过。

文字框 2.7　方法：系统思考的第三项任务

找出系统内及系统边界处的那些实体之间所具备的关系，以及那些关系的形式与功能。

还有一种表示关系的方法，是使用两张 N×N 的表，如表 2.5 所示。每张表的上方和左侧，都分别写有这 N 个实体。第一张表列出形式关系，第二张表列出功能关系。表中虚线上方和左侧的实体，指的是位于系统边界内的实体。位于对角线之外的每一个单元格，都表示一种内部关系或外部接口。关系图和 N×N 的表各有其意义，关系图的好处是更加直观，而 N×N 表的好处则是能够体现更多的细节，而且当节点和连接数量变多之后，不会显得特别杂乱。

表 2.5　表示放大器电路的形式关系及功能关系的 N×N 的表

		电阻 1	电阻 2	运算放大器	输入端	输出端
形式关系	电阻 1		在 V- 端相连	在 V- 端相连	在输入端相连	
	电阻 2	在 V- 端相连		在 V- 端及输出端相连		在输出端相连
	运算放大器	在 V- 端相连	在 V- 端及输出端相连			在输出端相连
	输入端	在输入端相连				
	输出端		在输出端相连	在输出端相连		
		电阻 1	电阻 2	运算放大器	输入端	输出端
功能关系	电阻 1		在 V- 端交换电流	在 V- 端交换电流	在输入端交换电流	
	电阻 2	在 V- 端交换电流		在 V- 端及输出端交换电流		在输出端交换电流
	运算放大器	在 V- 端交换电流	在 V- 端及输出端交换电流			在输出端交换电流
	输入端	在输入端交换电流				
	输出端		在输出端交换电流	在输出端交换电流		

形式关系通常更为具体一些，因此我们在思考关系时，可以从这种关系入手。在检视每一条形式关系时，也应该试着去思考它所承载的功能关系。形式关系的重要性，主要体现在它对功能关系的承载上。由于涌现物出现在功能领域里，因此功能交互才是真正重要的关系，这将在2.6节中深入讲解。

2.5.2　外部接口

形式关系与功能关系可以跨越系统边界，它们可以发生在系统内部的实体与系统外围环境中的实体之间。这叫做系统的外部接口。在表2.5这个N×N的表中，凡是出现在预留给系统内部的那个区域[⊖]之外的关系（例如写有“在输入端相连”的单元格），都是外部接口。在图2.11这张关系图中，这些外部接口以跨越系统边界的箭头线表示，同时还有写着“接口”字样的大箭头对这些关系进行标注。与放大器电路类似，Team X系统的团队成员与支持人员之间的关系，以及循环系统与空气之间的关系，也属于外部接口。实际上，几乎很难找到那种与边界外的实体不通过外部接口发生某种联系的系统。

总之：

- 在系统的定义中，一个较为关键的方面，就是实体之间必须要具备关系，这些关系可以是形式上的（用来表示相关的实体已然存在或有可能存在，这种关系又叫做结构关系），也可以是功能上的（用来表示相关的实体会对某物执行操作，这种关系又叫做交互关系）。
- 一般来说，系统内的某些实体会与系统外围环境中的实体发生形式关系或功能关系，这种关系会跨越外部接口。
- 形式关系与功能交互，既可以用关系图来表示，也可以用N×N的表来表示。

2.6　任务四：涌现

2.6.1　涌现的重要性

系统的奇妙之处，在于涌现。把系统的各个实体组合起来之后，一种新的功能，就会随着由这些实体的功能与实体之间的功能交互所形成的组合而涌现出来。系统是由一系列实体及其关系所组成的，系统的功能要大于这些实体各自的功能之和。后面那半句纯粹是为了强调涌现而说的。“更大的功能”是通过涌现而产生的。

系统的形式领域中并不会发生“涌现”。把部件A和部件B拼起来之后，形式领域内的结果就是A加B，除此之外没有其他效果。通过形式的聚合而产生的属性，计算起来是相对较为容易的。系统的质量就等于部件A的质量加上部件B的质量。形式是“线性的”(linear)。

⊖　指的是表格主体左上方的那9个单元格。——译者注

然而，在功能领域中，部件A加上部件B的效果，却要有趣得多，也复杂得多。功能并不是线性的。当部件A的功能与部件B的功能相交互时，任何事情都有可能发生。系统的强大，正是体现在涌现物的这一属性上。

系统思维的主要目标，就是努力了解并预测涌现物以及涌现物带给系统的强大能力。

2.6.2 系统故障

要想理解涌现的重要性，另外一种办法是思考当预期的涌现物没能出现时，会发生什么状况。预期的涌现物未能出现；可以细分为两种情况：一是预期的良好涌现物未能出现；二是意外的不良涌现物出现了（参见表2.1）。这两种情况都很糟糕。

我们以本章所举的实例，来说明潜在的系统故障。在人体的循环系统中，如果从心脏到其他部位的血管有一部分发生了阻塞，那么就会导致系统中其他部件的血压升高，这就是一种意外的不良涌现物，它会影响整个系统。在Team X中，某位团队成员或许很好地总结了需求，但没能有效地把需求与其他成员相沟通，从而导致团队拿出了一份偏离需求的设计方案，使得公司错失了本来应该得到的一笔生意。这属于预期的良好涌现物未能出现的情况。

在四车道的城际高速公路上发生的交通拥堵，就是系统故障的典型例子。交通出现堵塞时，每辆车都在准确地发挥其功能，也就是载人，而公路的功能同样正常，也就是为车辆行驶提供支持。每位司机都保持着适当的车距，其所驾驶的车辆，也都处在适当的车道中。然而预期的良好涌现物还是没能出现，也就是说，汽车没能在道路上快速地行驶。

图2.12是一个有详细资料可查的事件，此事件是由意外的不良涌现物所导致的。一架A320飞机试图在有侧风（crosswind）的情况下通过降低顶风翼（upwind wing）来着陆。在比较滑的跑道上，机轮刹车（wheel brake）是不起作用的，因此，飞机着陆之后，飞行员尝试使用基于引擎的反推器（thrust reverser）来控制飞机，可是该装置却不起作用。这是为什么呢？这是因为：控制该装置的软件系统，基于安全原因，只有当它认为飞机确实已经“着陆”的情况下，才会部署反推器，而它判断飞机有没有着陆的依据，则是两侧的起落架是否全都压紧了。当时由于其中一个机翼比较低，因此有一侧的起落架没有压下，这就导致软件系统判定飞机尚未着陆，因而选择不打开反推器。在这个案

图2.12 系统故障通常是由系统中意外出现的不良涌现物而导致的：A320在波兰华沙发生事故

图片来源：STR News/Reuters

例中，每个部件当时都按计划执行着自己的功能，结果却发生了事故，也就是出现了系统故障。

试着理解并预估这种系统故障，也是系统思维的一项目标。

2.6.3 预测涌现物

如文字框2.8所示，系统思维的最后一项任务，是预测涌现物。当把系统中多个实体的功能组合起来时，我们很难提前预测该系统会涌现出什么东西。其中可能会涌现出预期的良好功能（系统成功），也可能不会涌现出这种功能，另外还有可能涌现出意外的不良功能（系统故障）。

> **文字框2.8 方法：系统思维的第四项任务**
>
> 基于实体的功能以及实体之间的功能互动，来确定系统的涌现属性。

本章所举的一些例子展示了预期的功能得以涌现的情况。在放大器电路中，放大电压与设置增益这两个功能结合起来，就产生了放大功能。在Team X中，各团队成员有效地完成其工作并相互沟通，就创造出了良好的设计方案。而当系统思考者并不知道系统会涌现出何种功能时，他们是如何进行预测的呢？

预测涌现物有三种方式。第一种是根据以前做过的情况来预测，也就是根据先例（precedent）来预测。我们根据自己的经验，回想以前做过的相同或极相似的解决方案，然后对其略作修改，并把它实现出来。比如，我们会按照祖父辈所使用的方式来构建钟摆机制，因为他们就是那样做的。过去的经验表明，某一群人可以形成一个有效的团队，因此我们就以该方式把这样的一群人组合成Team X。

预测涌现物的第二种方式是做试验。依照先前所设想的关系，把相关的涌现物组合起来，看看能涌现出什么功能。要想通过这种办法来预测，有时只需要做一些小规模的操作就可以，然而，有的时候，却要构建高度结构化的原型。比如，如果想研究运算放大器的输出效果，那我们就构建出这么一个放大器，给它加上输入电压，然后监控其输出。螺旋式开发（spiral development）则是另外一种试验，我们要先把系统的某些部分构建出来，并检验其涌现物是否合意，然后再于后续的螺旋环节中逐次构建系统的其余部分。

预测涌现物的第三种方式是建模（modeling）。如果实体的功能及实体间的功能交互可以建立成模型，那就有可能根据该模型来预测涌现物。通过建模来预测涌现物并取得巨大成功的一个例子，就是集成电路（Integrated Circuit，IC）的开发。包含数十亿个逻辑门的集成电路每天都在制造着，这些电路均可以产生正确的涌现属性。这是如何做到的呢？电路的基本元件是晶体管（transistor），它可以用简单的模型表示出来，此后我们只需要执行数据计算即可。如果了解运算放大器和电阻的本构关系（constitutive relation），并且知道基尔霍夫电压定律（Kirchhoff's voltage law）与基尔霍夫电流定律（Kirchhoff's current law)，那么只用几行代数式就能把放大器电路的模型建好。

如果系统既没有先例，又不能试验，而且无法可靠地建模，那该怎样预测其涌现物呢？这就问到了系统思维的核心。包括研发新产品在内的许多领域，都经常会碰到这样的事情。在这种情况下，我们必须对将要涌现出来的功能进行推理。在推理过程中，尽管我们可以从先例中得知一部分信息（这部分信息是通过对相似但不相同的系统进行观察而得到的），同时还可以通过试验和不完备的建模了解一些情况，但对涌现物的最终推定，还是必须依靠我们自己的判断力。

2.6.4 涌现物依赖于实体及其关系

系统所涌现出的功能，依赖于系统中各实体的功能以及实体之间的功能交互。实体的形式使得实体的功能得以表现，而形式关系也是功能交互的载体。这意味着形式与形式关系（也就是结构）对预测涌现物有着重要的意义。我们用图 2.13 中这几个简单的系统，来更加清楚地说明这一点：

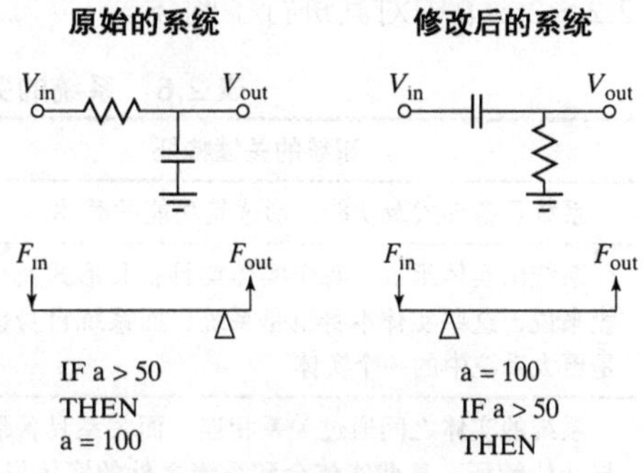

图 2.13 涌现物依赖于结构

- 低通滤波器（low pass filter）是由一个电阻和一个电容构成的。把电阻放在电压输入端与电压输出端之间，把电容放在输出端与地之间，就可以使高频衰减。如果改变连接模式（pattern of connectivity），交换电阻与电容的位置，那么可以反过来使低频得以衰减。
- 机械杠杆是由杠杆和支点组成的。把支点放在远离操作者的一端，就可以产生良好的涌现功能，也就是“使力得以放大”（magnify force）。若是改变支点的位置，将它放在距操作者较近的这一侧，那么刚才产生的良好涌现物就消失了。
- 一段简单的软件代码由条件语句和简单的计算语句构成。如果把 IF 条件语句放在前面，那么只有当受测条件为真时，“a=100”这条计算语句才会执行。若是改变顺序，把 a=100 放在前面，那么这条计算语句就总是能够得到执行。

形式关系对于涌现物起着关键的作用。电子元件的连接模式、支点的位置，以及软件指令的先后顺序，都会分别影响其所在系统的涌现功能。形式关系对特定的功能交互起着重要的引导作用，进而使得这种功能交互可以产生出系统级别的涌现物。

总之：

- 把实体的功能与实体间的功能交互合并起来时，会涌现出新的功能，它使得系统的功能大于“这些部件各自的功能之和”。
- 系统是成功还是失败，通常取决于涌现物的好坏。
- 涌现物可以通过先例、试验及建模来提前预测。对于前所未见且无法轻易进行试验与建模的系统来说，人类必须根据所知的信息来推断其涌现物。

- 涌现物依赖于实体的功能，而实体的功能是通过形式得以体现的，涌现物也依赖于实体之间的功能关系，而功能关系是以形式关系为载体的。
- 涌现物的属性既给系统带来了强大的力量，又为系统思考者对其进行的理解工作与预测工作带来了挑战。

2.7 小结

由于系统思维就是把某个疑问、状况或难题明确地当成系统来思考，因此我们可以把系统的基本特征与系统思维的各项任务非常合理地对应起来。系统的基本特征列在表 2.6 的左栏，系统思维的各项任务列在表 2.6 的右栏。2.1 节介绍了这些任务，然后在 2.2～2.6 节中对其进行了阐述。

表 2.6 系统的关键特征与系统思维的各项任务

系统的关键特征	系统思维的任务
系统具备形式及功能，形式是功能的载体	确定系统及其形式与功能
系统由实体组成，每个实体均具备其形式及功能。一般来说，这些实体本身也是系统，而系统自身也有可能是更大系统中的一个实体	确定系统中的实体及其形式与功能，以及系统的边界和系统的外部环境
系统的实体之间通过关系相连，而关系具备形式特征与功能特征。某些实体会和系统之外的实体发生关系，那些实体处在系统的外部环境中	确定系统中的各实体之间所具有的关系，以及系统内的实体与系统边界处的实体之间所具有的关系，并确定这些关系的形式及功能
系统的功能和其他特征，是随着其实体之间发生功能交互而涌现出来的，而功能的交互，又是由实体之间的形式关系而引领的。涌现物使得系统具备强大的能力，使得其功能大于所有部件各自的功能之和	根据实体的功能及实体间的功能交互，来确定系统的涌现属性

在最宏观的层面上，系统思维的目标是令我们能够对系统进行思考。我们身边充满了各种各样的系统，这些系统越来越复杂，而系统思维应该使得我们可以把这些复杂的系统理解得不那么复杂。

系统思维所产生的成果有很多。系统思维的初级目标，是理解系统是什么，或是检视某个系统，并试着了解其意义。系统思维还有一个更为高级的目标，是预测系统在某物发生变化之后的情况。对系统在某物发生变化之后的情况进行预测时，要特别小心，因为这需要我们具备预测涌现物的能力，而这是相当困难的。

沿着刚才那两个目标继续往高处看，系统思维的下一个角色，应该是为决策者提供必要的知识，使其可以在做决策时进行判断与权衡。要做出决策，就需要对各种选项进行认定、分析及权衡。系统思考者可能会问：系统中表现出了哪些紧张的关系？有哪些替代办法或解决方案能够平衡系统中的各种因素，并解决这些紧张的关系？这些解决方案如何应对将来的变化？想做出明智的决策，其关键在于确保决策者能够了解并考虑到该决策可能引发的各种重要影响，而要想确保这一点，则需要运用系统思维。

系统思维的最高峰，是用部件来“合成整个系统”，这属于系统架构问题，也是本书第三部分所要讲解的内容。

2.8 参考资料

[1] Edward Crawley et al., “The Influence of Architecture in Engineering Systems,” *Engineering Systems Monograph* (2004).

[2] George Miller, “The Magical Number Seven, Plus or Minus Two: Some Limits on our Capacity for Information Processing,” *Psychological Review* 63, no. 2 (1956): 81–97.

第 3 章　思考复杂的系统

3.1　简介

在第 2 章中，我们研究了系统思维以及如何把事物当成系统来思考。该章介绍了一些关键的概念，其中包括系统的强大之处、形式与功能、实体与关系、抽象与涌现，以及边界与环境。

笔者在第 2 章中描述相关的方法时，刻意将我们所要抽象的系统限定在由两三个重要实体及其关系所构成的简单系统之中。这么做是想使读者把注意力集中在与系统相关的问题上，而不要放在日常生活中表现出高度复杂性的系统上。但我们在工作中要处理的大部分系统都是较为复杂的。我们设计的工件、用于构建并操作这些工件所用的系统、与利益相关者有关的系统，以及我们所在的机构，都是这样。因此，本章我们将运用系统思维来思考更加复杂的系统。换句话说，我们要开始阐述设计系统架构的方法了。

系统架构本身就是具备复杂性的，为了给第二部分所要讲解的架构分析和第三部分所要讲解的架构合成打下坚实的基础，我们先花一点时间来谈谈系统中的复杂度问题，以及有助于我们理解复杂系统的一些方法。

本章首先简单地讨论使系统变复杂的原因，然后总结了有助于我们更好地了解并应对复杂系统的方法。其中包括分解与体系、实体之间的各种关系类型（例如类 / 实例关系、特化 / 泛化关系），以及思考复杂系统所用的特定工具（例如交替思考、视图、投射）。本章最后会介绍 SysML 与 OPM，这是两种用来表示复杂系统的常见工具。

3.2　系统中的复杂度

3.2.1　复杂度

如果系统中有很多互相关联、互相连接或互相混杂的实体与关系，那么该系统就是复杂的（complex）（参见文字框 3.1）。笔者在当前所下的这个定义中，故意使用了一个含义较为模糊的词，那就是“很多”（many）。

> **文字框 3.1　定义：复杂的系统**
>
> 复杂的系统，是由很多高度相关、高度互联或高度混杂的元素或实体所组成的系统。

系统之所以变复杂，是因为我们对系统总是有“更多的要求”：要求系统有更多的功能、更好的性能，要求系统更加健壮、更加灵活。系统变复杂的另一个原因，在于我们要求本系统要能够与其他系统相互协作、相互连接，例如我们要把汽车与交通控制系统相连，要给屋子接入互联网，等等。

复杂的系统需要用大量的信息来指定并描述。因此，某些复杂度指标是根据系统的描述信息中所含的内容来制定的。此外，还有一些复杂度指标，想通过对系统所做的事情进行归类，来衡量系统的复杂性，这是基于功能的复杂度衡量法。

一个与复杂一词紧密相关的概念叫做难懂（complicated）。要认定某物是否难懂，应该考虑该物的复杂度是否超越了人类有限的观察和理解能力。第 2 章所说的那些系统都不难懂。我们只要研究几分钟，就可以较好地理解它们。难懂的事物具备较高的表面复杂度（apparent complexity）。它们之所以难懂，是因为其超出了人类的理解能力。

应对复杂度并不是新鲜的事情。实际上，在古罗马时代，人类就经常构建复杂的系统（例如大型的供水网络）。然而，在 20 世纪中，系统及其运作环境的复杂度出现了激增（对比一下 1900 年和 2000 年的电话）。这种极度攀升的复杂度几乎超越了我们对系统的理解能力。

架构师的工作是训练自己的思维，用它去理解复杂的系统，令那些系统不再那么难懂。我们应该努力构建易懂的架构，使得在该系统上工作的其他人员（例如设计者、构建者、操作者等）可以较为容易地理解这个系统。

设计一套良好的系统架构，实际上可以归结为：构建一套具备必要的复杂度同时又不难懂的系统。

3.2.2　引入 Team XT 这一范例系统

本章以 Team XT 作为我们要分析的范例系统，该系统是针对第 2 章的 Team X 系统所做的扩展（extended，XT）版本。新团队的角色仍然是制作设计方案。对 Team XT 来说，Team X 团队中的实体以及实体之间的关系同样有效，但是我们还要考虑更多的细节。笔者之所以选择一个较为复杂的组织作为研究案例，是因为许多读者可以把这种组织与自己工作时所在的组织联系起来，而且还可以把本章所述的系统思维经验，直接运用到这些组织中。

假设我们走进某公司的一间办公室，并结识了 Team XT 团队。那么，现在可以就运用第 2 章所说的方法，开始问第一个问题：“系统是什么？”这个问题的答案与第 2 章相同，Team XT 系统也是由一组人员和一套过程所构成的，这套过程就是研发设计方案。接下来，我们要问该系统的形式是什么。对 Team XT 来说，其形式就是每位团队成员的总和。第三个问题是系统要完成什么功能。功能是指系统所要做的事情、活动或转换行为。Team XT 系统的功能是研发设计方案。思考完这三个问题之后，我们就完成了系统思维的第一项任务（参见文字框 2.3）。

从 Team XT 的形式上来看，如果我们认定其中的实体是各位团队成员，那就要通过仔细的观察、广泛的经验或是与每位成员进行谈话等手段，来确定这些实体各自的功能。我们把分析好的成员功能列在表 3.1 的第 3 列中。每一个功能都具备操作数与过程。根据第 2 章中所说的步骤，我们用整体思维（参见文字框 2.5）把对系统可能有重要意义的实

表 3.1 Team XT 系统全图。该系统是 Team X 的扩展版，它的角色是研发一套工程设计方案

Team XT	形式	功能	功能交互	从 / 至	地点	连接性	角色
系统边界	Sue	评估并审批设计方案	取得最终的概念 / 需求	John、Amy	剑桥	分享设计工具	Team XT 的经理
	Amy	确定最终的需求	获取写有需求草案的文档	Jose、Vladimir	剑桥	分享需求工具	需求组的组长
	Jose	撰写需求文档	获取与公司策略和规章制度有关的信息	Mats、Ivan	剑桥	分享需求工具	组员
	Vladimir	撰写需求文档	获取与需求分析和竞争分析有关的信息	Heather	剑桥	分享需求工具	组员
	Ivan	解读规章制度	无		剑桥	分享需求工具	组员
	Mats	解读公司的策略	无		剑桥	分享需求工具	组员
系统边界	John	拟定最终的概念	获取经过评估的各种备选方案	Mark	莫斯科	分享设计工具	概念组的组长
	Natasha	拟定备选的概念方案	获取最终的需求	Amy	莫斯科	分享需求工具	组员
	分析师 1	分析设计方案	取得备选的概念方案	Natasha	莫斯科	分享设计工具	组员
	分析师 2	分析设计方案	取得备选的概念方案	Natasha	莫斯科	分享设计工具	组员
	Mark	评估备选的设计方案	取得分析结果	分析师 1、分析师 2	莫斯科	分享设计工具	组员
	Phil	领导支持组的组员	无		剑桥		支持组的组长
	Nicole	提供 IT 方面的支援	提供设计工具	设计工具的用户	剑桥		组员
	Meagan	对团队进行指导	为小组长提供支持	John、Amy	剑桥		组员
	Alex	对项目的融资进行建模	为设计方案的分析师提供支持	分析师 2	剑桥	分享设计工具	组员
	Dimitri	提供管理方面的支持	为项目经理提供支持	Sue	剑桥		组员
市场人员					剑桥		
	Heather	确定需求	获取竞争分析的结果	Chris	剑桥		
	Chris	做竞争分析	无		剑桥		
操作人员					剑桥		

（续）

Team XT	形式	功能	功能交互	从 / 至	地点	连接性	角色
	Karen	规划生产	取得最终的设计方案	Sue	剑桥		
	James	规划供应链	取得最终的设计方案	Sue	剑桥		

体全都找出来，然后划定系统边界（参见文字框 2.6），以便将注意力集中在设计人员与设计过程上。这种划分方式把市场人员和操作人员所具备的功能放在了 Team XT 系统之外，使其成为大环境的一部分。在表 3.1 中，虚线以下的部分表示系统的外部环境。至此，我们完成了系统思维的第二项任务（参见文字框 2.4）。

系统思维的第三项任务，是确定系统中的各实体之间的关系，以及系统内的实体与位于系统边界处的实体之间的关系。我们把与 Team XT 有关的人员之间的主要功能交互情况确定出来，并将其整理到表 3.1 中，这其中既包括团队成员的内部交互，也包括团队成员与团队外的市场人员和操作人员所做的跨边界交互。第 4 列描述了功能交互，第 5 列指出了位于交互关系另一端的人员。这些均显示在图 3.1 中。

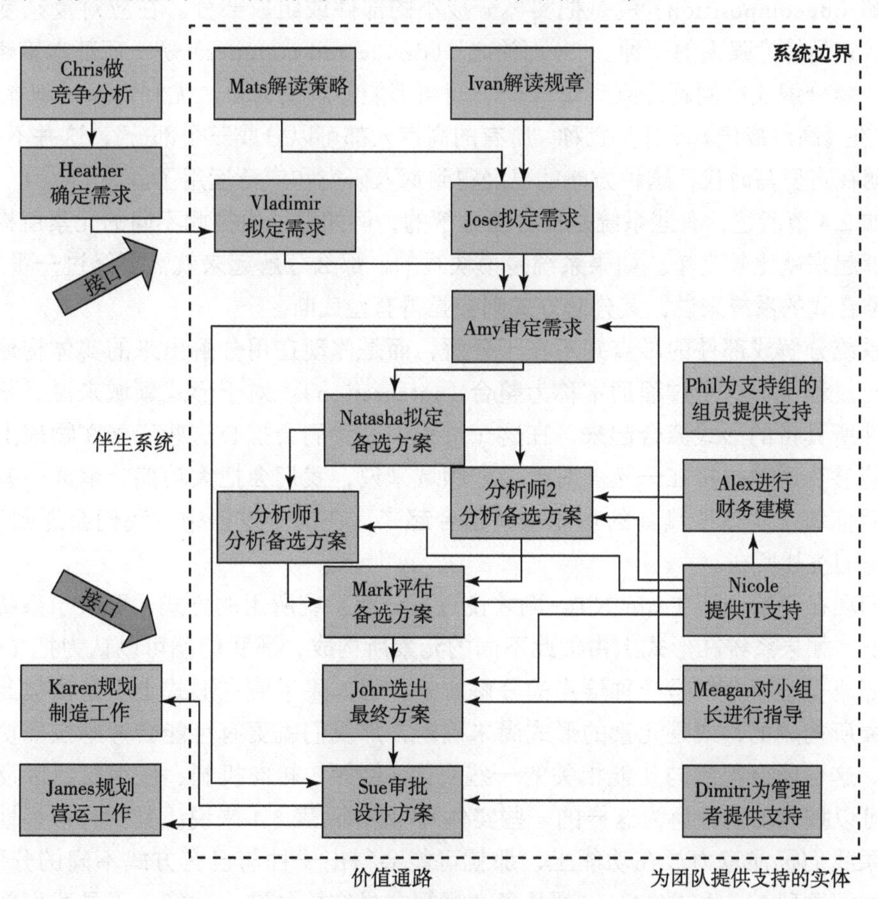

图 3.1 Team XT 的功能及功能交互

表 3.1 最右方的那 3 列是形式结构。从地理位置上来看，某些团队成员在剑桥，其余的成员在莫斯科，这体现在右起第 3 列中。为了促进团队成员之间的交流，他们会使用一些软件工具及相关的数据库来进行沟通。这是一种连接关系，体现在右起第 2 列中。最右边的那一列呈现了一种报表式的结构。那些关系是人事关系，它们本身并不反映交互情况。形式关系可以分为很多种类，我们将在第 4 章中详细讲解。

系统思维的第四项任务是确定系统的涌现属性，下面几节将会讲解思考复杂系统所使用的工具，当我们选出适当的工具并将其运用到所要应对的系统之后，就可以更加清楚地判断它的涌现属性了。

3.3 系统的分解

3.3.1 分解

分解（decomposition）就是把实体分成小的部件或组成部分。在应对复杂度的诸多工具中，它是较为强大的一种。“分而治之”（divide and conquer）是一项基本策略，它把大问题持续分解成小问题，直到每一个小问题都能够解决为止。尤利乌斯·凯撒（Julius Caesar）在《高卢战记》的开头宣称“所有的高卢人都可以分成三个部分”，这并不是巧合，而是说明在古罗马时代，这种方略就已经得到深入研究和广泛运用了。

正如 2.4 节所述，有些系统是很容易分解的，例如那种由彼此不同的元素所构成的系统，分解起来就比较简单。如果系统是模块式的，那么分解起来就需要经过一番思考了。而对于整合式的系统来说，其分解方式则会显得有些武断。

把系统分解成部件的难点并不在于分解，而是体现在用分解出来的实体构建整个系统的这一过程上。这个过程通常称为整合（integration）。对于形式领域来说，整合就是把各部件所具备的形式聚合起来，在这一过程中，我们会担心这些元素在物理上或逻辑上是否能够合适地拼接在一起。对于功能领域来说，我们会把大功能分解成一些小的功能，然后把每个实体所具备的功能重新组合起来，在这一过程中，我们会遇到涌现物，这是真正的挑战所在。

我们现在开始分析 Team XT。刚才说过，分解系统所用的方式，取决于系统元素的构成情况。如果系统在形式上由彼此不同的元素所构成，那我们就可以认为把 Team XT 团队按照成员进行分解是一种恰当的分解方式。但如果系统在形式上不是由彼此截然不同的元素所构成的，或是元素的形式尚未确定，那我们就更有可能会考虑按照功能来进行分解。这可能会得到与功能相关的一些实体（例如，转向机制、压缩机，以及排序算法，都可以按照功能分解为这样的一些实体）。具体到表 3.1 来说，其中有很多地方都表明，如果我们把注意力放在功能上，那就可能会得出一种与已有方式不同的分解方式。比如，我们发现 Jose 和 Vladimir 都具备“撰写需求文档”这一功能，于是我们就可以提出一种把 Jose 和 Vladimir 放在同一个实体内的分解方式。对我们理解系统涌现物来说，这种基于功能的分解方式，可能会更有帮助。

3.3.2　体系

体系也是一种用来理解并思考系统复杂度的强大方法。体系（hierarchy）⊖是一种其实体均处在某个层次或某个位阶的系统，这些层次是按照上下顺序排列起来的。社会系统中经常看到各种体系。比如，军队就是一种体系，其中有将军、上校、少校、上尉等不同的军阶。大公司也是个体系，可以分为总裁、执行副总裁及资深副总裁等不同的层次。

为什么有一些元素在体系中的位阶会比另外一些元素高呢？一般来说，有下面这几个原因：

- 这些元素所涉及的范围更广：例如州长比市长高，因为州长的行政范围比市长大（州比市大）。
- 这些元素的重要性较高或性能较强：例如黑带（black belt）选手比褐带（brown belt，茶带、棕带）选手高，因为他们的晋级标准更加严格，武艺也更加高强。
- 这些元素在功能上要承担更多的责任：例如总统比副总统高，因为总统的职责更大。

体系并非总是能够明确地展示我们想要的信息。即便仔细观察图 3.1 和表 3.1，我们也依然不清楚 Team XT 的实际层级。各小组的组长和整个团队的经理，实际上都是为了交付有价值的设计方案而设立的，并不是单单为了评审其他人递交上来的工作，因此，我们不能仅仅通过图 3.1 和表 3.1 所展示的递交和评审关系来推断团队的实际层级。于是，我们还需要观察图 3.2，这张图明确地展示了整个团队的体系。我们可以看到：Sue 在 Amy、John 和 Phil 之上，而这三位小组长又处在团队的其他成员之上。这些内容是从表 3.1 最右侧那一列中的结构信息中提取出来的。图 3.1 给人的感觉是那些团队成员似乎都处在同一级别。而图 3.2 则呈现了一种分层的视图，使我们可以明确地看出：有一些团队成员在某种程度上要比其他成员更加重要。请注意，图 3.2 中的体系并不意味着某一层中的团队成员一定会向上一层汇报工作。工作汇报情况只有在做层级分解时，才能体现出来。

3.3.3　层级分解

将分解与体系这两种手段结合起来，通常可以实现多层次的分解或层级化的分解，也就是可以实现像图 3.3 这样，大于两层的分解方式。图 3.2 中的中间那一层并没有体现出这三位小组长之间的区别，而图 3.3 则比较好，因为它使我们能够更加清晰地意识到这三位组长有着不同的分工。而且它还把每个节点所统领的下层节点数量限制在 7 个以内，使其不超越我们的认知能力（该上限可以左右浮动两个，位于 5～9 个）[1]。从图 3.3 中可以看出，三位小组长都向 Sue 汇报工作，而每位小组长所统领的四位组员都向该小组的组长汇报工作。

⊖ 本书将酌情把该词译为层级。——译者注

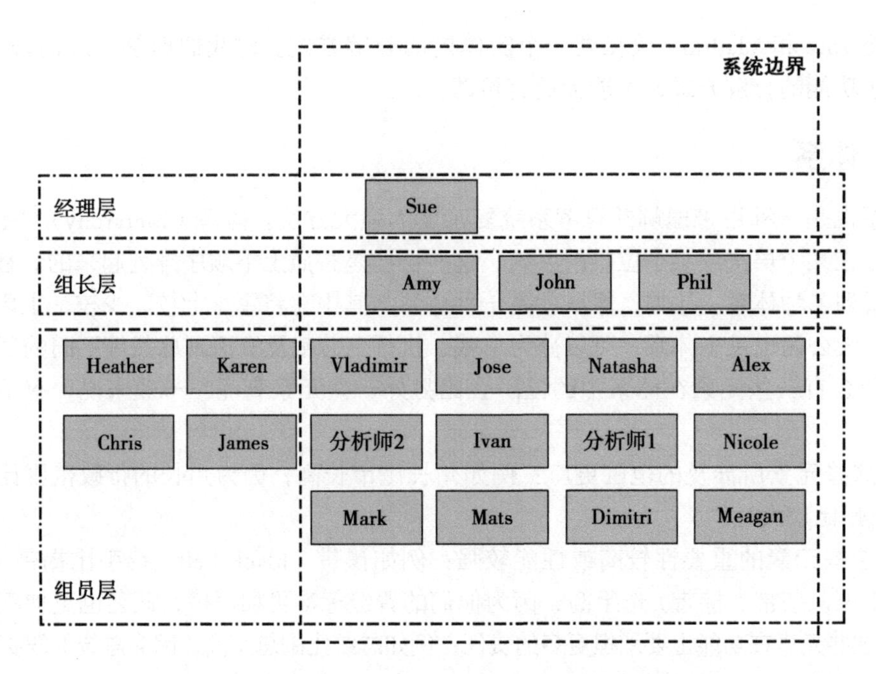

图 3.2　由 Team XT 团队的各位成员所构成的体系

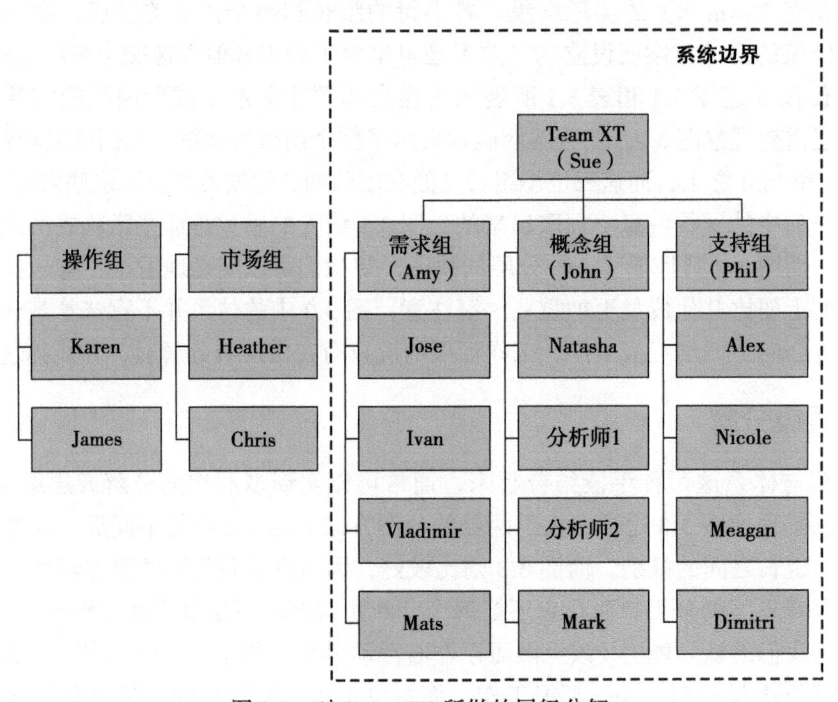

图 3.3　对 Team XT 所做的层级分解

从表 3.1 和图 3.2 来看，“组”（group）是一种有用的抽象单元，但它并不是分解该团队的唯一方式。对于 Sue 以下的那些团队成员来说，我们可以用其他方式对其进行分解，包括按地理位置分解、按连接性分解或按功能关系分解等。实际上，图 3.2 既没有体现出这些团队成员彼此之间是否离得很近或是否有连接渠道（也就是说，没有展示出形式关系），也没有体现出某位成员是否会和另一位成员交换信息（也就是说，没有展示出功能关系）。

3.3.4　简单的系统、复杂度适中的系统以及复杂的系统

按照一套特定的分类标准，本书将系统分成简单的系统、复杂度适中的系统，以及复杂度较大的系统（也就是复杂的系统）这三种类型。如果某系统像图 3.4 这样，只需分解一次即可将其完整地描述出来，那么它就是简单的系统。第 2 章所讲的那 4 个范例系统都是简单的系统，即便是太阳系，也只需要分解成由行星和更小的星体所组成的一层即可。对简单的系统进行分解之后，在分解出来的这一层中（也就是系统之下的第 1 层），其元素一般都不超过 7 个（该上限可以左右浮动两个）。而对这些元素进行研究时，我们则会发现：它们或多或少都是那种不便于继续分解的原子部件（参见 3.3.5 节）。

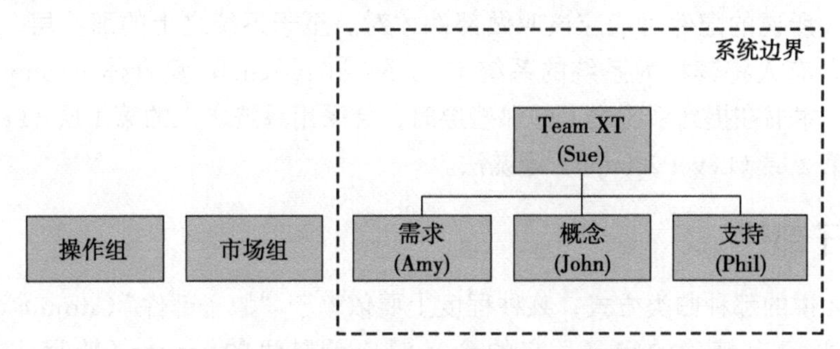

图 3.4　对 Team XT 进行第一次分解

如果某个系统不是简单系统，但是经过两次分解之后，可以表示成图 3.3 这样的形式，使得每个上级部件所统领的下级部件都不超过 7 个（该上限可以左右浮动两个，这要求最底层的实体数量不能超过 81 个[⊖]），那么这种系统就是复杂度适中的系统。

复杂的系统与复杂度适中的系统一样，也可以像图 3.3 这样进行分解，但是在系统下方的第 2 层中，仍然会有一些抽象的元素，这些元素还可以继续分解。这种系统分析起来更为困难，而它也比前两种系统更为常见。比如，假如 Natasha 本身还领导着一个专门负责拟定备选概念的小组，那么 Team XT 就由复杂度适中的系统变成复杂的系统了。

我们很少会看到分解深度超过两层的示意图。不使用这种示意图的原因有两个。首先，如果绘制三层分解的示意图，那么最底层的元素数量上限大约是 7^3。由于 7 可以左

⊖　如果底层（也就是系统之下的第 2 层）恰好有 81 个部件，那么可以把每 9 个部件归为一组，将这 9 个组视为中间那一层（也就是系统之下的第 1 层）的 9 个元素，这样刚好不超过规定的 7±2 这一上限。若底层的组件多于 81 个，则无法将系统分解为两层。要么会使中间那一层里的小组数量超过 9 个，要么就会使某些小组所包含的组员数量超过 9 个。——译者注

右浮动2，因此这个上限可以位于5^3～9^3，按照9^3来算，最多可以有729个元素，这个数量远远超过了人类所能理解的范围。其次，我们在观察某个组织或系统时，对系统之下的第1层元素（也就是向该组织"直接汇报"的那些元素），一般都会了解得非常清楚，而对系统之下的第2层元素（该层中的元素会直接向第1层中的元素进行汇报），也会有着一定程度的了解，但是再往下看，就多少显得有些模糊了。

在分解系统时，笔者会把系统本身称为第0层（Level 0），把分解出来的那些层分别称为系统之下的第1层（Level 1（down））、系统之下的第2层（Level 2（down））等。第2章说过，每件事物几乎都可以当成系统来看待，因此，第0层究竟指代的是哪个系统还要由架构师的视点来确定。第0层系统之下的那些层，有很多种称呼方式，它们可以叫做模块（module）、配件（assembly）、子配件（sub-assembly）、函数或功能（function）、架（rack）、在线更换单元（Online Replacement Unit，ORU）、例程（routine）、委员会（committee）、工作组或任务组（task force）、单元（unit）、组件（component）、子组件（sub-component）、部件或部分（part）、区段（segment）、节（section）、章（chapter）等。称呼方式虽然有很多，但每一种称谓应该怎样使用并没有形成一致的意见。在另一个人看来，某个人所说的配件可能应该叫做部件才对。至于系统之上的那些层，其称呼方式则相对较少，有人将其称为系统的系统（system of system）、复合体（complex）或集合（collection）。本书在提到系统之上的那些层时，会采用系统之上的第1层（Level 1（up））、系统之上的第2层（Level 2（up））等说法。

3.3.5 原子部件

我们刚才说的那种归类方式，某种程度上要依赖于"原子部件"（atomic part）这一概念，而该词并没有精确的定义。它的含义源自希腊语的ἄτομος（转写成拉丁字母是atomos）一词，原意是不可分之物（indivisible）。在机械系统中，我们把那种不能轻易"拆解"的部件假定为原子部件。按照这种定义方式，人、螺丝及处理器芯片都是原子部件。处理器芯片当然也包含很多对架构起着重要作用的内部细节。比如，其中有哪些类型的晶体管和逻辑门，这些类型的电子元器件分别有多少个，以及它们是如何连接起来的，等等。即便是一枚简单的螺丝，也含有一些架构方面的重要细节。比如，它是一字头（straight head）还是十字头（也称为菲利普头，Phillips head⊖）等。由此看来，刚才所设想的那种定义方式似乎有些不够清晰，但我们可以把握一条简单的规则，那就是：不能拆解的东西都可以叫做原子部件。

在信息系统中，"原子部件"这个定义就显得更模糊了。有一种办法可以判断出某物应不应该称为原子部件，那就是看该物是不是像单词或指令那样具备语义含义（semantic meaning），或者不是一种数据或信息单元。这些单词、指令或数据单元本身当然也包含各

⊖ 这种称呼得名于推广该螺丝的Henry F. Phillips（1889—1958）。——译者注

种细节。由于所有的信息都是一种抽象（第 4 章将讲述这一点），因此想在本身就比较抽象的信息上再抽象出一个针对原子部件的有效定义，就必然会显得非常模糊。不过与机械系统一样，分析信息系统时，也可以把握这样一条简单的规则：凡是一经拆解就失去意义的东西，都可以称为原子部件。

3.4　特殊的逻辑关系

3.4.1　类 / 实例关系

理解并管理复杂度的另一项工具，是类 / 实例关系。“类 / 实例关系”这个说法，更多地用在软件而非硬件中。类（class）是一种结构，它用来描述某种事物所共有的特征。而实例（instance）则是类的具体表现。实例也称为类的实例化。

用类和实例的关系来表示事物，是很常见的做法。比如，我们可以把某种型号的车（例如福特探险家，Ford Explorer）视为类，把具体的车辆识别代号（Vehicle Identification Number，VIN）视为该类的实例。在本例中，型号就相当于类，而序列号则相当于实例。许多计算机编程语言明确地支持类 / 实例关系。比如，在给某个在线服务应用程序编写 Web 界面时，我们可能会使用“Button”类的不同实例来表示界面中的不同按钮，当用户点击这些按钮时，它们能够完成各自不同的操作（有的按钮用来刷新屏幕，还有的按钮用来给服务器提交信息）。

我们其实已经在不经意间提到了类 / 实例关系。仔细看表 3.1，会发现其中有两位分析师。我们可以在团队名册中先创建“Analyst”类，然后再列出该类的两个实例。如果某种实体反复地出现，或是某个类能够轻松地加以实例化，那我们就可以考虑用类 / 实例关系来有效地管理复杂度。比如，足球队中的 11 名球员及钢琴上的 88 个键，可以分别视为“Player”类及“Key”类的实例。

3.4.2　特化关系

有一个概念与类 / 实例关系有关，这就是特化 / 泛化关系。它描述了通用的物体与一组特殊的物体之间的关系。

本书第二部分会讲到，特化操作是一种在设计中广泛使用的操作。买房时，要根据住户、预算以及装修情况等一系列因素来选择具体要买什么样的房子，而这个选择的过程就是一种特化操作。通用对象是“House”，而具体的对象则是风格各异的房屋，例如具有北美殖民地时期风格的房屋、维多利亚式房屋或现代风格的房屋等。在 Team XT 中，针对“Group”这个泛化的概念，我们创建了三个具体的特化物，它们分别是：需求拟定小组、设计小组，以及支持小组。

特化这一概念类似于面向对象编程语言中的继承。我们可以从某个通用的类中创建一个子类，使得该子类继承通用类中的某些属性及功能。此外，我们还可以向子类中添加一些新的属性及功能。

3.4.3 递归

如果某套过程或某个对象把它自己包括进来，那么就会发生递归（recursion）。换句话说，递归就是以一种与自身相似的方式来使用实体或关系的现象。如果某例程或某功能调用了它自己，或是在系统某一层面上所采用的手法，又运用到了系统中的另一层面上，那么就出现了递归。

在 Team XT 这个范例中，我们稍稍使用了递归。Team XT 这个大团队是由团队中的所有成员合起来构成的。而大团队中的三个小组又可以分别视为三个小团队，它们也是由其各自成员所构成的，如图 3.4 所示。

软件工程中经常用到递归，而且会以极其明确的方式来使用。比如，在创建由节点和边所构成的网络时，有一种实现方式是创建一个“Node”类，并令其含有一个名为“Neighbors”的属性，而该属性本身又是一个由若干 Node 所构成的数组。于是，Node 类就成了由含有 Node 数组的 Neighbors 属性所构成的类。由于该类的定义中提到了 Node 本身，因此出现了递归现象。

3.5 对复杂系统进行思索

系统思考者在对复杂系统进行分析或综合时，可以使用许多技巧来帮助自己思考。

3.5.1 自顶向下及自底向上式的思考

自顶向下（top-down）和自底向上（bottom-up）是思考系统时的两种方向。本书的绝大部分内容都是按照自顶向下的方式来阐述的。我们先从系统的目标开始，然后思考概念及高层架构。在制定架构时，我们会反复地对架构进行细化，并在我们所关注的范围内，把架构中的实体分解到最小。这种方法相当于系统工程 V 字模型中的左侧部分[2]。

与之相对的思考方式是自底向上。也就是先思考工件、能力或服务等最底层的实体，然后沿着这些实体向上构建，以预测系统的涌现物。除了这两种方式外，还有一种办法是同时从顶部和底部向中间行进，这叫做由外向内（outer-in）的思考方式。

设计 Team XT 时，我们主要用的是自顶向下的方式，先确定系统及其功能，然后对系统进行分解，并确定其内部的各种过程。Team XT 所在公司的 CEO 当然也可以用自底向上的办法来思考，例如 CEO 决定把 16 个最为合适的员工请到某间办公室，叫他们自己去组织一个团队，并研拟一套最有效的设计方案。

真正复杂的系统实际上是没有顶和底的，因此，我们在现实的工作中总是会使用由内向外（middle-out）的办法，也就是在系统层级中选定一个点，然后试着由该点开始，向上或向下探索 1～2 层。好的架构师应该要能够运用所有这四种方法。

3.5.2　交替思考

Zigzagging（交替思考、Z 字形思考）是 Nam Suh 在研究公理化设计（axiomatic design）时提出的一个术语 [3]。Suh 发现，我们在思考系统时，思维会在形式领域和功能领域之间来回切换，也就是先在其中某个领域尽可能久地进行思考，然后再换到另一个领域。

我们一开始在思考 Team XT 时，先认清了该团队的功能，那就是“研发设计方案”。然后切换到形式领域，并且确定了小组这一形式概念。把团队分解成小组之后，我们又切换回功能领域，思考每个小组都要完成什么功能，同时也思考“研发设计方案”这一功能应该如何涌现出来。在思考系统的其他层面时，我们依然可以运用这种在形式与功能之间反复跳跃的思维模式。

3.6　架构展示工具：SysML 与 OPM

3.6.1　视图与投射

对复杂系统的架构所做的描述，包含着巨量的信息，其信息量远远超过了人的理解能力。那么，这些信息应该如何展示才好呢？主要办法有两种。一种是维护一个集成模型，并根据需要对其进行投射。另一种是在模型中维护多个视图。

这两种方法在传统的民用建筑中都有所体现。3D 计算机渲染工具尚未发明之前，建筑师会绘制许多视图（view，例如建筑物某一层的平面图、外立面及各个剖面等），这些视图可以用作盖楼时的指导文档。但是这些视图之间未必能够保证彼此一致，而且也不能保证楼房盖好之后，所有的部分都正确地连在一起。

3D 渲染技术发明之后，建筑师就可以构建集成的 3D 模型了。当建筑师需要某个特定的视图时，软件会把模型投射（project）到 2D 平面上，以展示我们想要突出的那一部分，例如某个楼层、某个外立面或某个剖面。由于这些投射都是从同一个 3D 模型中做出来的，因此它们必然能够保持彼此一致。

这两种办法也用在系统架构中。我们可以构建一个比较大的集成模型，然后在必要时对其进行投射，以获取视图。也可以先构建视图，然后看看它们能不能形成协调一致的整体。这两种做法都是较为常见的。

在当前的各种架构展示工具中，对象过程方法（Object Process Methodology，OPM）采用集成模型 [4]，也就是把与形式、功能、实体及关系有关的信息全都融入同一个模型中。另外一种架构展示方式是采用不同的视图来表示这些信息。系统建模语言（Systems Modeling Language，SysML）[5] 及美国国防部架构框架（Department of Defense

Architecture Framework，DoDAF）[6] 采用的都是这种方式。

下面将要讲述 SysML 与 OPM 这两种工具。它们几乎同时出现在 21 世纪第 1 个十年的早期，并且都是广为使用的工具。本书只会概述这两种工具，而不会详细描述各种视图及图表。若想了解详情，请查阅参考文档。本书第二部分将深入讲解这两种架构展示方式。

3.6.2 SysML

SysML 是在 2003 年由对象管理组织（Object Management Group，OMG）和系统工程国际委员会（International Council on Systems Engineering，INCOSE）联合开发的，它对软件工程中的统一建模语言（Unified Modeling Language，UML）[7] 进行了改编，使其能够适应系统工程师的需求。SysML 使用 UML 的一个子集，并添加了一些有助于对系统需求及系统效能进行建模的新特性。

原版的 UML 包含 13 种图或视图。其中，有 6 种用来描述软件的结构（类图、包图、对象图、组件图、复合结构图及部署图）。其他 7 种用来描述软件的行为（状态机图、活动图、用例图、时序图、通信图、时间图、交互概述图）。

如图 3.5 所示，最新版的 SysML（2009 年）含有 9 种视图⊖。其中 7 种直接取自 UML，它们是：类图（改名为框定义图）、包图、复合结构图（改名为内部框图）、活动图、状态机图、用例图及序列图。新加入的两种图是参数图和需求图。

有关这 9 种图的详细讨论，请查阅 Holt 和 Perry 在 2008 年所写的《SysML for Systems Engineering》一书 [8]。图 3.5 中的框定义图和内部框图，所表现的是系统的形式。框定义图展示系统中的元素，而内部框图则展示这些元素的结构。第 4 章会深入阐述这些概念。

需求图用来撰写与需求有关的文字，同时还用来表示各项需求之间的关系。（这与第 11 章对利益相关者及目标的讨论有些相似。）参数图用来表示属性的值及属性所受的约束，它所包含的细节，一般要比架构分析中遇到的细节更多一些。包图用来对模型中的各个元素进行规整。

四种行为图用来描绘功能领域及相关行为。用例图所描述的内容就是对外体现的功能及价值，这将在第 5 章中谈到。而其他三种图则用来从多个方面展示与功能或时间有关的行为，这两种行为将在第 5 章和第 6 章中分别讲述。

3.6.3 OPM

OPM 是由以色列理工学院（Technion）的 Dov Dori 教授研发的，它旨在将面向对象的图表与面向过程的图表合并到同一套方法中，以便对系统进行描述。

⊖ 目前的最新版是 2012 年发布的 1.3 版。其规范请参见：sysml.org/sysml-specifications。——译者注

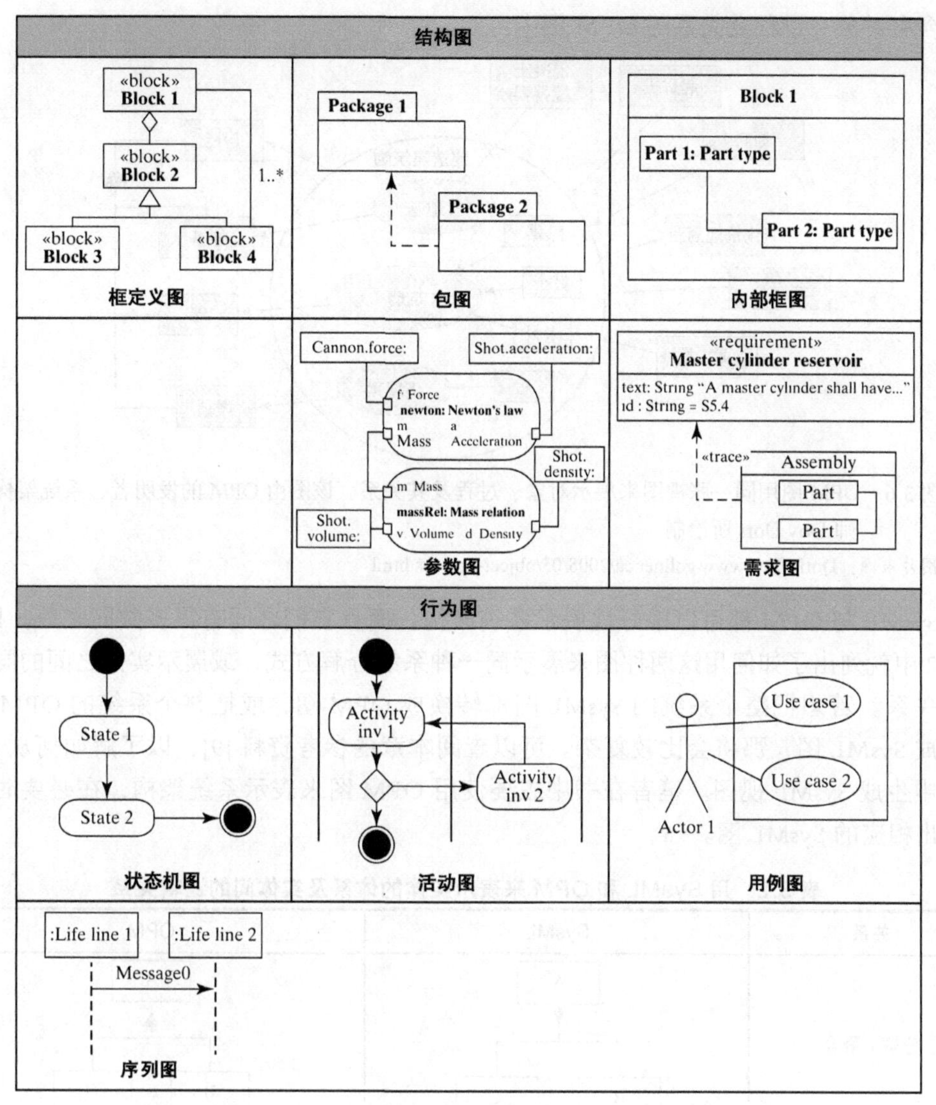

图 3.5　SysML 图

图片来源： Jon Holt and Simon Perry, SysML for Systems Engineering, Vol. 7, IET, 2008

在 OPM 中，对象用方框表示（在 SysML 中，对象出现在结构性的图表中），过程用椭圆表示（在 SysML 中，过程出现在行为图中），第 4 章和第 5 章会分别讨论对象与过程。与 SysML 不同，OPM 会把对象及过程合起来放在同一张图中，并且用不同类型的关系对其进行连接。有些对象充当某种过程的工具，而另一些对象则是过程所要改变的物体（参见图 3.6）。这些关系将在第 6 章中讨论。

OPM 的一个重要特点，就是它并不会针对系统创建多个不同的视图，或多种不同类型的图表，而是只会为系统创建一个集成模型。多张 SysML 图所表示的信息可以融合到一张含有对象、过程及关系的 OPM 图中。

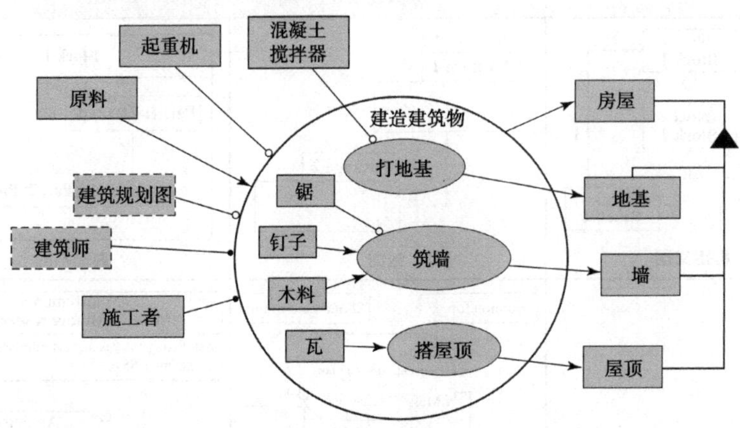

图 3.6 OPM 图用同一张视图来展示对象、过程及其关系。该图由 OPM 的发明者、系统架构师 Dov Dori 所绘制

图片来源：Dori, Dov, www.gollner.ca/2008/03/object-process.html

SysML 与 OPM 都可以很好地展示系统架构，而且它们之间有很多共同之处。比如，表 3.2 中就列出了如何用这两种图来展示同一种系统分解方式，或展示实体之间的同一种逻辑关系。若想把整个系统的 SysML 图都转换成 OPM 图，或把整个系统的 OPM 图都转换成 SysML 图，那将会比较复杂。可以查阅本章的参考资料 [9]，以了解如何从 OPM 模型中生成 SysML 视图。笔者在书中主要使用 OPM 图来表示系统架构，在必要时，也会给出相应的 SysML 图。

表 3.2 用 SysML 和 OPM 来表示实体的体系及实体间的逻辑关系

关系	SysML	OPM
分解 / 聚合	A B C	A B C
特化 / 泛化	A B C	A B C
类 / 实例	A B:A C:A	A B C

3.7 小结

本章展示了思考复杂系统时所用的各种方式。表 3.3 总结了这些方式。

表 3.3　复杂系统的特点以及思考复杂系统所用的方式

复杂系统的特点	思考复杂系统所用的方式
系统可以反复分解，每次分解出的实体都越来越小，也越来越专业（参见 3.3 节）	把系统分解为实体
	判断这些实体之间是否呈现出体系
	把实体排布到体系中的适当位置上
	继续进行分解，直到形成了两个抽象层，或是遇到了原子部件为止
系统中的实体之间有着某种特定的逻辑关系（参见 3.4 节）	从实体中确定类及类的实例
	确定实体之间的特化和泛化关系
	确定实体是否以递归的方式使用或出现
复杂的系统中蕴含着几种关系模式，我们可以利用这些模式来思考系统（参见 3.5 节）	自顶向下、自底向上、由内而外地思考系统
	在形式领域和功能领域之间交替地思考
	确定当前系统、伴生系统以及使用情境
	在某个级别中，确定价值通路层及支援实体层
	功能 - 目标式的思考：某一级别的功能是其下一级别的目标
	先向下考虑两个级别，然后再回溯一个级别，以确定适当的整理方式与分组方式
可以为架构创建视图或对架构进行投射，以增强对系统的理解（参见 3.6 节）	使用 SysML 等工具为系统构建协调一致的视图
	使用 OPM 等工具从维度更高的模型中进行投射，以创建协调一致的视图

在 3.3 节中我们看到，系统可以分解成一些更小、更专门的实体。从切入体系的那个级别开始向下分析两级，是一种有效的系统分解方式。

3.4 节介绍了实体之间的两种关系，也就是类 / 实例关系以及特化关系。有些系统适合采用递归的方式来表示，也就是把系统表示为一种特定的结构，而该结构中又包含着同样结构的内容。

3.5 节讨论了思考复杂系统时所用的几种不同方式，其中包括自顶向下、自底向上、由外而内以及由内而外等。该节也指出，用这些方式思考系统时，通常需要在功能领域与形式领域之间来回切换。后续章节还要讲解四种思考复杂系统的技巧。第 4 章将会讨论系统之间的区别、与本系统相伴而生且能体现本系统价值的实体，以及系统外围的总体使用情境。第 5、6 两章将会介绍如何确定系统在体现其价值时所依循的价值通路，以及架构中的其他层次。第 8 章将会给出一种思考多层架构的手段，也就是功能 - 目标式思考，这种思考方式会把某一层次的功能视为其下一层的目标。第 13 章在讨论复杂度时会介绍“2 下 1 上”式的思考方式，也就是根据系统之下第 2 层的信息，来确定系统之下第 1 层中的实体应该如何分组。

3.6 节讲解了用视图及投射来展示系统这一思路，并介绍了两种展示复杂系统的主流框架，也就是 SysML 和 OPM。SysML 使用多张视图或图表来呈现系统的不同方面（例如结构方面和行为方面），而 OPM 则把系统的多个方面都融合到同一个主模型中。

在后续的章节中，我们将频繁使用这些方式来思索复杂的系统。

3.8　参考资料

[1] George A. Miller, "The Magical Number Seven, Plus or Minus Two: Some Limits on Our Capacity for Processing Information," *Psychological Review* 63, no. 2 (1956): 81.

[2] Cecilia Haskins, Kevin Forsberg, Michael Krueger, D. Walden, and D. Hamelin, *INCOSE Systems Engineering Handbook,* 2006.

[3] Nam P. Suh, "Axiomatic Design Theory for Systems," *Research in Engineering Design* 10, no. 4 (1998): 189–209.

[4] D. Dori, *Object-Process Methodology: A Holistic Paradigm.* Berlin, Heidelberg: Springer (2002), pp. 1–453.

[5] Tim Weilkiens, *Systems Engineering with SysML/UML: Modeling, Analysis, Design.* Morgan Kaufmann, 2011.

[6] DoD Architecture Framework Working Group, "DoD Architecture Framework Version 1.0," *Department of Defense* (2003).

[7] http://www.omg.org/spec/UML/.

[8] Jon Holt and Simon Perry, *SysML for Systems Engineering,* Vol. 7, IET, 2008.

[9] Variv Grobshtein and Dov Dori, "Creating SysML views from an OPM model," *Model-Based Systems Engineering, 2009. MBSE'09. International Conference on* 2–5 March 2009, IEEE, 2009.

第二部分

系统架构的分析

我们现在开始深入分析系统架构。本书的第一部分搭建了分析系统所用的框架，并介绍了一些对分析工作有所帮助的工具。而在第二部分中，我们将要更加深入地理解形式及功能，并说明它们为什么是系统架构的基础组成单元。

什么是架构呢？我们先来看下面这两种定义：

（架构是）把功能元素组合成物理块时所用的编排方式。

——Ulrich 及 Eppinger[1]

（架构是）一个由部分所组成的整体，这些部分之间具备某种关系，当把这些部分拼接起来时，这个整体就会表现出预先设计的意图，并满足某种需求。

——Reekie 及 McAdam[2]

这两个定义的共同之处，在于它们都提到了系统的关键元素，也就是形式和功能、部分和整体、关系，以及涌现物。

就笔者所知，架构一词还有很多种不同的定义，这些定义有的强调形式，有的强调功能，而且各自所要求的细节程度也有所不同。比如，下面这两个定义：

（架构是）系统的基本组织方式，它体现在系统的组件、组件与组件之间的关系、组件与环境之间的关系，以及决定系统的设计与进化的基本原则上。

——ISO/IEC/IEEE Standard 42010[3]

（架构是）对系统所做的一份正式描述，或是在组件级别对系统所做的一份详细规划，用以指导系统的实现。

——国际开放标准组织的架构框架（The Open Group Architecture Framework，简称 TOGAF）[4]

在上面这两个定义中，前者用“基本组织方式”及“原则”等字眼，来强调架构是对系统所做的宏观描述，而后者强调的却是细节和实现。那我们到底要细化到什么程度，才能把握住系统的架构呢?

系统的架构，应该确保系统能够涌现出有益的功能与性能。主观的观察者会根据系统是否能够带来利益（benefit），来判断该系统究竟值不值得做、有没有重要意义或是有没有用。价值（value）是用成本所取得的利益。如果系统能以较低的成本获得一定的利益，或是以适中的成本获得较高的利益，那么这个系统就体现出较高的价值。第 5 章和第 11 章将会深入讨论怎样确定系统的价值，以及如何令系统体现出价值。等到大家学习了分析系统架构所必备的一些理念之后，笔者将在第 6 章为架构一词给出更加详细的定义。

在讲解第二部分时，我们会先从一些非常简单的系统入手。对于一本讲解复杂系统的书来说，这样写似乎有些奇怪。其实笔者的意思是想选择一个能够把系统完整展现出来的情境，并在该情境中演示架构方面的各种理念。假如一开始就举个非常复杂的系统做例子，那么有人可能就会怀疑笔者是不是没有呈现出足够的细节，并在某种程度上忽视了架构的核心内容。从简单的系统入手，则可以缓解这种担忧，而且笔者相信，这些简单范例所呈现出的信息，足以使我们把握住系统的架构。

讲完那些简单的范例之后，我们就会在第二部分中逐渐给出一些更为庞大的系统了，我们举这些大系统做例子，其目的还是想要演示那些能够直接展示系统架构的方法和图表。在其后的第三部分中，我们将会转向复杂的系统，那时我们会运用架构的构成理念（例如形式及功能等）来分析那些系统的架构，不过，由于我们是站在管理角度进行分析的，因此像 OPM 及 SysML 这种特定的图表语言（diagram language），可能未必总是符合讲解的需要。

为了使读者能够从具体的示例中培养出抽象的思维，我们会在第二部分的开头讨论系统的形式，然后在第 5 章讨论系统的功能，继而在第 6 章讲解形式与功能之间的映射，并以此来给出系统架构一词的定义。这是逆向工程（reverse engineering）所用的思考方向。也就是先假设有这么一套架构，然后对其加以分析。之所以要先学会分析，是为了给稍后的综合创造有利的条件。第 7 章会采用正向工程（forward engineering）的思维方式，研究如何从独立于解决方案的功能陈述中，衍生出系统及其概念，最后，我们会在第 8 章中演示怎样把这些概念汇聚成一套架构。

参考资料

[1] K.T. Ulrich and S.D. Eppinger, *Product Design and Development* (Boston: Irwin McGraw-Hill, 2000).

[2] John Reekie and Rohan McAdam, *A Software Architecture Primer,* Software Architecture Primer, 2006.

[3] “Systems and Software Engineering: Architecture Description,” ISO/IEC/IEEE 42010: 2011.

[4] http://en.wikipedia.org/wiki/TOGAF

第4章　形　　式

4.1　简介

第二部分首先要讲解的就是形式。为了给架构分析打下基础，本章将会从最为具体的方面来阐述架构，而这个最为具体的方面，指的就是形式（form）。我们将把形式作为一种理念来讨论，并讲解如何通过分解与层级来安排形式，以及怎样表现形式。要进行架构分析，就必须对形式有一个清晰的了解。

4.2 节和 4.3 节严格地讲解形式，4.4 节讲解形式关系。4.5 节讲解围绕在系统形式周围的环境。4.6 节以冒泡排序算法这一软件系统为例，来回顾与形式有关的要点。

第二部分的每一章开头都会提出一些问题，这些问题有助于指导我们对形式进行分析，而且也可以描绘出该章的轮廓。表 4.1 列出了这些问题，同时也列出了解答这些问题所带来的成果。

表 4.1　对形式的定义有所帮助的问题

问　　题	解答该问题所带来的成果
4a. 系统是什么？	能够对系统的形式进行抽象的对象
4b. 主要的形式元素是什么？	在分解后的系统中，能够展现系统之下第 1 层抽象的一系列对象（它们有时还可以展现出系统之下第 2 层的抽象）
4c. 形式结构是什么？	位于任何分解层面上的那些对象之间的空间关系和连接关系
4d. 伴生系统是什么？整个产品系统是什么？	在整个产品系统中对价值体现起着关键作用的一系列对象，以及这些对象与伴生系统之间的关系
4e. 系统边界是什么？接口是什么？	对系统与环境之间的边界所做的清晰定义，以及对接口所做的定义
4f. 使用情境是什么？	虽然对价值体现并不起关键作用，但是却能够确立系统地位、给功能提供信息，并对设计造成影响的一系列对象

4.2　架构中的形式

4.2.1　形式

形式很难同功能相分离，这多少有些令人惊讶。在日常对话中，我们会用与功能有关的词来描述形式。在不提到功能的前提下，很难描述纸质咖啡杯、铅笔或侧面有螺旋丝的活页笔记本。假如我们在描述这些物品的形式时，用了“握持”（handle）、“橡皮擦”（eraser）或“装订”（binding）等词，那实际上还是提到了功能，因为这些词都源自与功能相关的一些词汇。要想完全不超出形式领域，那就得使用“平纸板的半圆”、“橡皮的圆柱”或“金属的螺旋丝”等说法。本章的一项目标，就是将形式与功能清晰地区分开。

形式是已经实现或终将实现的东西。形式最终会构建好、写好、编好、制造好或拼装好。形式谈论的是存在性。从文字框 4.1 中的定义可以看出，形式首先必须存在。形式要描述的是系统是什么。它是对系统的具体表现，这种表现通常是可见的。定义中还加上了“于某段时间”这一短语，这是为了使我们能够讨论过去存在的形式（也就是对历史系统进行分析）或未来将要存在的形式（也就是对系统的设计进行分析）。

文字框 4.1　定义：形式

形式是系统的物理体现或信息体现，它存在或有可能于某段时间内稳定而无条件地存在，且对功能的执行起到工具性的[⊖]作用。形式包括实体的形式及实体间的形式关系。形式先于功能的执行而存在。

形式是系统/产品的一项属性。

形式的第二个要义，是它有助于功能的执行。要执行某项功能，通常需借助工具来促发或“承载”该功能，而形式就是这个最终要对其进行操作，以便体现系统功能及系统价值的东西。

现在思考图 4.1 中的海滨别墅。它的形式是什么呢？我们可以把它的形式理解为房屋中的各种空间，例如大房、厨房等。厨房这个空间是存在的，而且有利于住户准备食物及交谈（这两项都是功能）。在图 4.2 所示的应急指南中，某些图片在结构上构成一个序列（序列中的每张图片还标有数字），而更为宏观地看，其中某些图片序列还以其他的小图片或英文字母做前导。

形式中含有所有实体的总和，这些实体是形式的元素或块。它们是整体中的元素，它们与形式之间的关系，是部分与整体的关系。形式也包括这些形式实体之间的关系，这些关系通常称为结构。于是，形式就等于形式实体加上结构。

对于海滨别墅来说，其形式关系很容易通过建筑平面图来呈现，平面图可以展示各房间的空间关系。对于应急指南来说，其结构体现在某些图片之间按顺序构成序列（这些图片还标有序号），然后在更宏观的层面上，体现在某些图片序列以其他小图做前导，并且这些图片都画在由水平线条所隔开的区块中。

⊖ 所谓工具性的作用或器具性的作用，就是指对某项功能的执行起着承载作用或助益作用。下同。——译者注

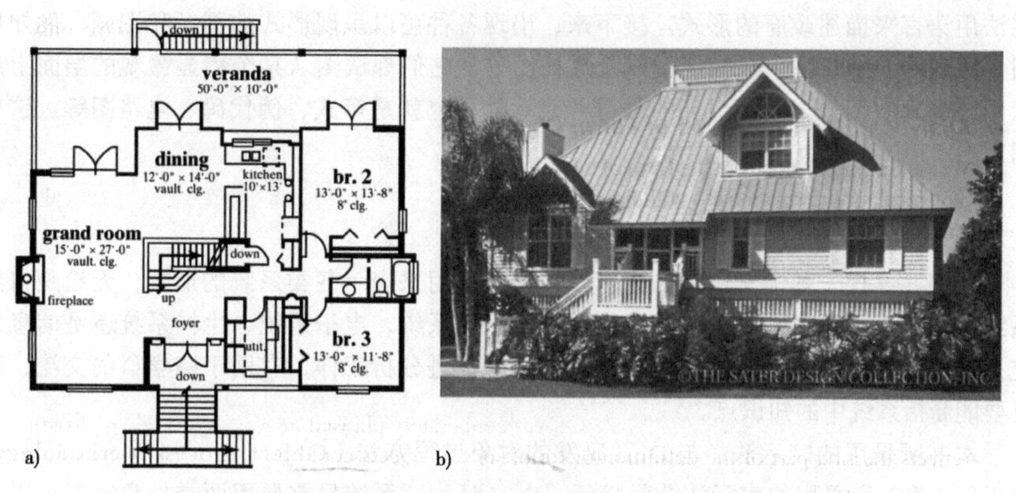

图 4.1　a) 作为民用建筑示例的海滨别墅　b) Spy glass house⊖

图片来源：图 a) 和图 b) © The Sater Design Collection, Inc.

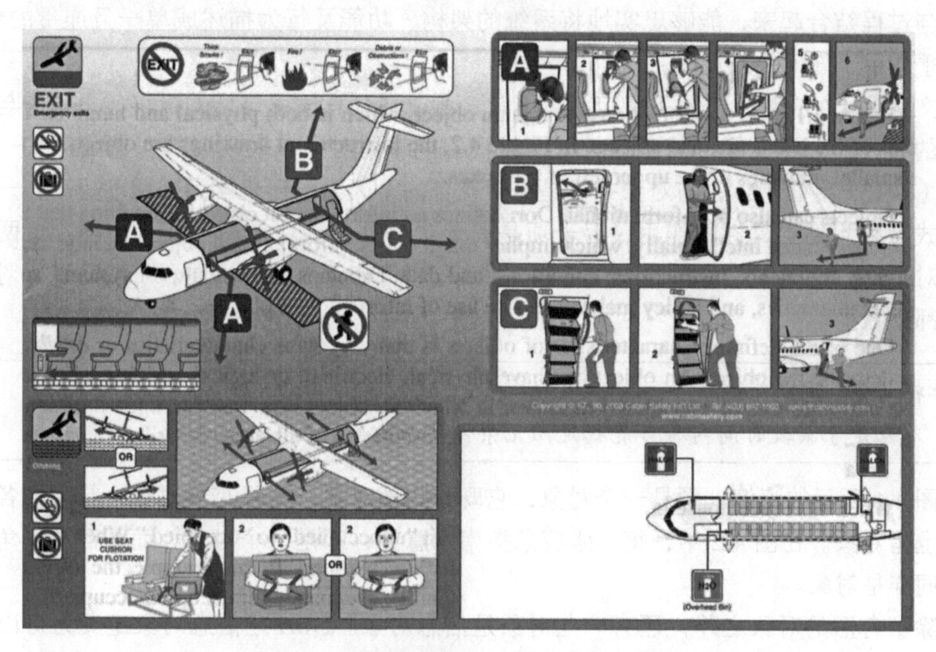

图 4.2　作为信息架构示例的应急指南卡

图片来源：Copyright © Cabin Safety International Ltd.

形式是系统的属性（system attribute），它是一种能够独立观察系统或描述系统特征的方式，而且对于架构师所提出的解决方案来说，它也是解决方案中的一部分。

每个学科都发展出一套自有的形式速记法。起初是用语言来描述形式的，例如国家

⊖ 一种可以眺望风景的房屋。——译者注

宪法用语言来描述政府的形式。接下来，出现各种可以呈现形式的图纸和图画，例如插图、原理图、示意图、三维视图以及透视图等。它们都试图从某个稍显微观的层面上展示系统的真实图景。最后出现的是符号表示法，也就是等式、伪代码、电路图等。这些图表中所用的符号，只具备抽象意义。

4.2.2 用解析表示法来表现形式：对象

我们要寻找一种语义精确的表示法，它要能用来表示各类系统的形式，无论是自然系统、演化而成的系统、人工构建的系统、机械系统、电子系统、生物系统还是信息系统，都应该能用这套表示法来表现，它要能够促进分析工作，有助于跨学科的交流，而且要能囊括系统中的知识点。

本书所采用的表示法，与Dori研发的对象过程方法（Object Process Methodology，参见第3章）所采用的表示法非常接近。Dori认为，系统只需要用两类抽象物就可以表示出来，一类是对象（object），另一类是过程（process），对象过程方法即得名于此。“把对象与过程结合起来，能够忠实地将系统的架构、功能及行为描述成单一且连贯的模型，这几乎适用于任何领域。[1]”

文字框4.2给对象一词下了定义，笔者之所以要刻意使用这样的措辞，是为了与形式一词的第一部分定义保持紧密的关联，使我们能够用对象来表现形式。然而形式一词的定义（参见文字框4.1），与对象并不是完全重合的，因为它还包含另外两项标准，一项是说形式必须起到工具性的作用，另一项是说形式必须先于功能而存在。不符合这两项标准的对象，称为操作数（operand，操作元），它们将在第5章中讲述。一般来说，对象的名称都是名词。

> **文字框 4.2 定义：对象**
>
> *对象是于某段时间内有可能稳定而无条件存在的事物。*

图4.1所示的海滨别墅是一个对象，它既是物理对象，又是有形对象。其中的各个房间，也是对象。在图4.2中，每一张应急指南示意图，都是一个对象，而图框左上角的小图，同样是对象。

除了有形的对象之外，还有一些对象是信息对象。Dori把信息对象定义为可以用智慧去理解的事物，既然可以用智慧去理解，那就意味着它是存在的。信息对象包括想法、思想、观点、指令、条件及数据。控制系统、软件、数学及政策等领域，会频繁地使用信息对象。

某物之所以能称为对象，原因之一就在于它具有能够把该物体描述为对象的一些特点或属性（attribute）。对象可能会具备物理属性、电气属性或逻辑属性。其中某些属性可以视为状态（state），对象在某段时间内，可以持续处在这种状态中。过程能够改变对象的状态。把可能出现的各种状态组合起来，就能够描述该对象有可能经历的状态变迁。

建造海滨别墅时，其建筑状态会从“未建”变为“已建”。有人入住时，它的入住状态会从“未入住”变为“已入住”。点起炉子之后，它的温度状态会从“凉”变为“热”。本例中提到的三项属性，分别与该系统在建筑（未建／已建）、入住情况（未入住／已入住）及温度（凉／热）三个方面的状态相对应。

本书在表示对象时所采用的图示，借鉴自对象过程方法（Object Process Methodology，OPM），也就是用矩形来表示对象（参见图 4.3）。图中左边的那个矩形，表示一个简单的对象，中间那个矩形指出了对象可能处于的两种状态。右边有两个矩形，上面那个表示对象，下面那个表示对象的某项属性，以及该属性可能处于的状态。由对象指向属性的那条线中，画有两个嵌套的三角形，这表示该对象是由该属性来描述的。

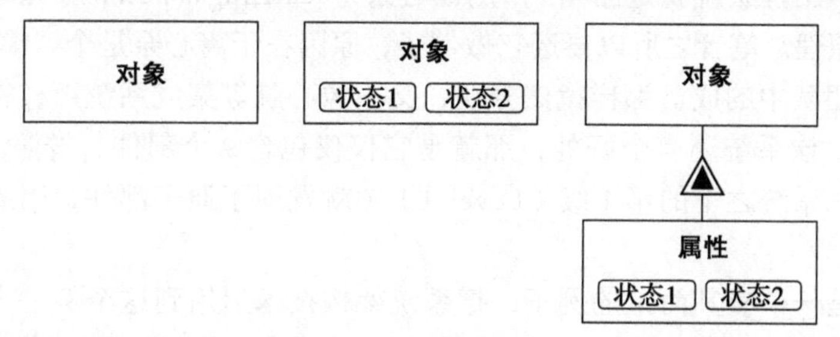

图 4.3　三张用来描述对象的 OPM 图：左边是简单的对象，中间是可能具备两种状态的对象，右边是其某项属性可能会表现出两种状态的对象，它明确指出了该对象是由该属性来描述的

请注意，SysML 所用的表示方法与 OPM 不同，它会用不同的图示来分别表示物理对象、人类操作员或用户，以及其他一些对象。

4.2.3　形式的分解

3.3 节曾经讲过如何在适当的抽象层面上对实体进行分解。对于架构师来说，将形式加以分解，是很自然的事情。由于形式是具体的，因此它分解起来比较容易，而且我们也可以轻易地把分解出来的形式加以聚合，以便将形式复原到分解之前的样子。

OPM 用树状图来表示分解，如图 4.4 所示。黑色的实心三角形，意思就是分解。从图中我们可以看出，SYSTEM 0（也就是位于 Level 0 的那个系统）能够分解为 Level 1 中的一些对象[⊖]，而这些对象聚合起来，又可以构成 SYSTEM 0。

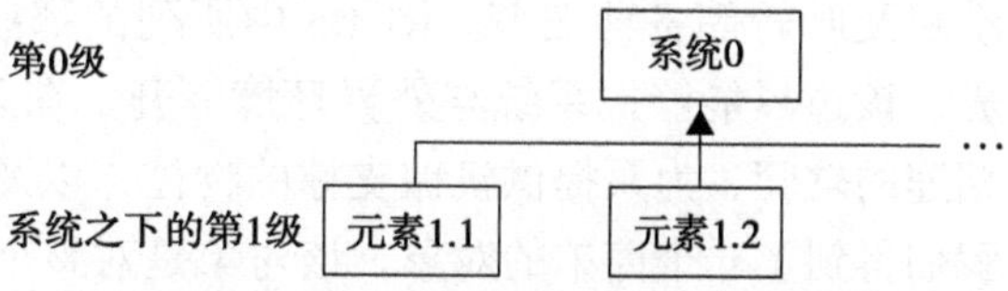

第0级　系统0

系统之下的第1级　元素1.1　元素1.2　…

图 4.4　用来表示分解情况的 OPM 图

总之：

- 形式是系统的一项属性，它包含存在的，且对功能执行起到工具性作用的物体。形式是要实现出来的，而且最终会加以操作。

⊖ 译文将酌情使用第 0 层（第 0 级）、第 1 层（第 1 级）等说法来翻译 Level 0、Level 1 等称谓。——译者注

- 形式可以建模为形式对象以及形式对象之间的形式结构。
- 对象是存在的，且具备属性的静态实体。对象的属性可以有状态，状态会因过程而改变。
- 形式可以分解为小的形式实体，而这些形式实体聚合起来，又可以还原为形式本身。

4.3　对架构中的形式进行分析

有了 4.1 节和 4.2 节所准备的知识之后，我们开始以一个真实的工程系统为例，来分析其形式，这个工程系统就是图 4.5 中的离心泵（centrifugal pump）。图文框 4.3 解释了这种泵的运作原理。笔者之所以要选它做例子，原因在于离心泵是个“模块式”的系统，其部件既不像团队中的成员那样截然分明，又不像心脏等集成系统那样密不可分。除了这个特点之外，该系统还有个好处，那就是它仅仅包含 9 个部件。按照 3.3 节所列的标准，由于我们在系统之下的第 1 级（Level 1）中就发现了原子部件，因此可以说它是个“简单的系统”。

泵，固然是一个极其简单的例子，把系统架构技术运用到这个例子上，就相当于拿大锤去砸图钉。但即便是这样一个简单的系统，我们也可以从中学到很多知识，这对于以后去分析真正复杂的系统来说，是很有帮助的。

4.3.1　定义系统

我们将根据表 4.1 中的问题，来展开对形式的讨论。表中的第 1 个问题是“系统是什么？”，也就是请我们确定系统及其形式。

回答问题 4a 时所应依循的步骤（procedure）是：检视系统，并为形式创建抽象，这种抽象不仅要能够传达重要的信息，而且还要蕴含一个系统边界，该边界应该与回答问题 4e 时所绘制的详细边界保持一致。我们在 2.4 节中讨论过如何进行抽象。

把问题 4a 与本节中的这个案例结合起来看，我们应该为形式创建一种名叫“pump”（泵）的抽象，这种抽象不仅强调了“能够使液体流经其中”这一特点，而且还隐藏了电动机及叶轮等各种细节。图 4.5 中所列的那些部件外围，自然而然地形成了一个系统边界，该边界能够把系统与外界环境隔开。在系统之外，应该会有与泵的流入端或流出端相连的软管、为泵提供机械支撑的物体，以及电动机的控制器和电源。通过回答问题 4a，我们得到了一个简单的对象，该对象是对整个系统所进行的抽象，在图 4.6 中，我们用写有“Pump”字样的方框来表示这个对象。

图文框 4.3　深入观察：离心泵的工作原理

离心泵的工作，是给从泵中穿过的流体增加能量。旋转的叶轮（impeller）会对流体做功，而能量增加的具体表现，则因为泵的设计方式而有所不同。有的泵会增加流出液体的速度，有的泵则会提升液体的静态压力。

流体通过泵盖中的孔，沿着叶轮的旋转轴流入泵内，如图 4.5 所示。叶轮会快速搅动流体并对其做功，以增加流体在泵内的速度。泵壳中有一条通路，能够减少液体的流速或使流体扩散。泵会用刚收集到的动能来提高压力。质量在此过程中守恒——流入泵中的流体质量与从泵中流出的流体质量相等。由于能量也守恒，因此流入电动机的电能，会使得从泵中流出的液体的压力变大。

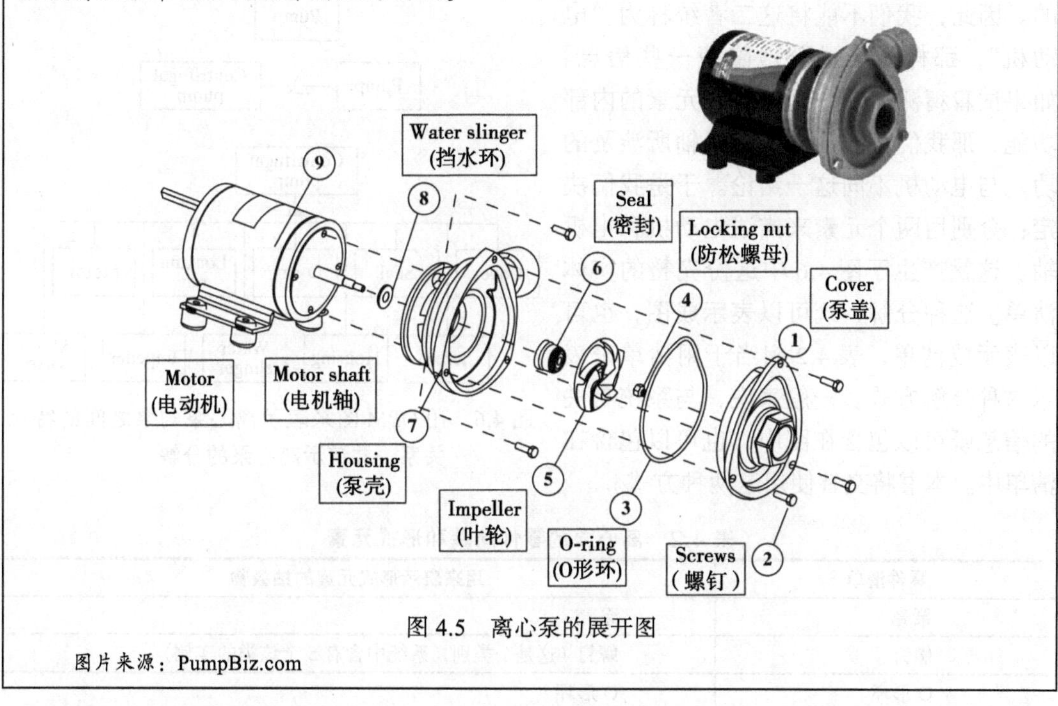

图 4.5　离心泵的展开图

图片来源：PumpBiz.com

我们也可以把系统抽象为比“pump”稍微具体一些的“centrifugal pump”。除了离心泵（centrifugal pump）之外，还有其他类型的泵，例如轴流泵（axial flow pump）、正排量泵（positive displacement pump）等。图 4.6 用一个 OPM 符号（也就是空心三角形）来表示 pump 对象与 centrifugal pump 对象之间的特化关系。特化是一种在设计中广泛使用的关系，本书 3.4 节曾经介绍过。

4.3.2　确定形式实体

接下来看表 4.1 中的问题 4b，我们现在要在形式领域中寻找并确定实体，这些实体称为形式元素（element of form）。回答问题 4b 时所依循的步骤，将会在下面解释。简单地说，就是先从一份零件清单开始，把该清单当成由抽象物所构成的集合，然后对其中某些元素加以必要的分解，并尽可能地对元素进行合并或删减，同时利用体系思维来确定最为重要的形式元素。

泵的“零件清单”（parts list），可以由图 4.5 中标有数字的那些零件而得出。从这份零件清单入手，我们可以有效地创建抽象。对于这个简单的泵系统来说，我们将把这份零件清单当成由抽象物所构成的集合，并认为这些抽象物能够确定形式元素。这之中有几个例外。第一个例外就是电动机（motor，马达），它实际上是由一个不旋转的元素与一个旋转的电机轴所组成。某些元素会连接到不旋转的电动机上，而另一些元素则会连接到旋转的电机轴上，这种区别是较为重要的。因此，我们不能将这二者统称为“电动机”，那样做会过分地隐藏一些信息。如果试着猜测一下这两个形式元素的内部功能，那我们可能会得出电机轴所涉及的功能与电动机不同这一结论。于是我们决定：分别用两个元素来描述电动机和电机轴。这就产生了图 4.6 中这份完整的实体清单。这种分解，既可以表示成图，也可以表示成清单，表 4.2 相当于用清单来表示这种分解方式。一般来说，与系统有关的信息既可以包含在图中，也可以包含在清单中。本书将交替使用这两种方式。

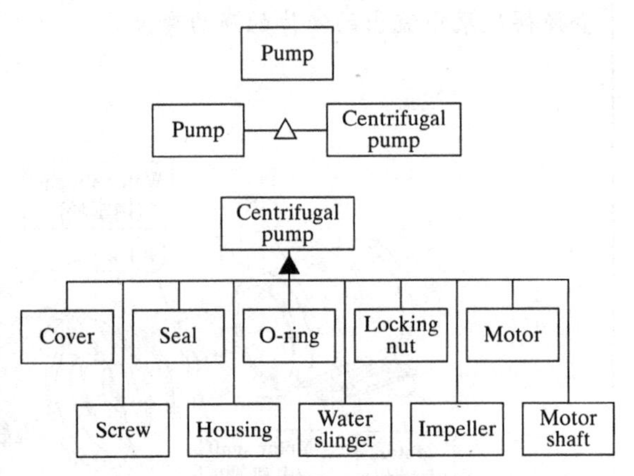

图 4.6　用 OPM 图来表示离心泵与泵之间的特化关系，并演示离心泵的分解

表 4.2　离心泵的零件清单和形式元素

零件清单	用来表示形式元素的抽象物
泵壳	泵壳
螺钉	螺钉（这是个类别，系统中含有 5 个该类的实例）
O 形环	O 形环
防松螺母	防松螺母
叶轮	叶轮
密封	密封
泵盖	泵盖
挡水环	挡水环
电动机	电动机
	电机轴

仔细观察图 4.5，我们会发现其中有 5 颗螺钉。而在图 4.6 中的分解图里，这 5 颗螺钉全都是用名为“Screw”的同一个抽象物来表示的。这也就是说，我们创建了名为“Screw”的类别，并将那 5 颗螺钉认定为该类的 5 个实例。3.4 节讲解了类 / 实例关系，与该关系相对应的 OPM 符号，请参见表 3.2。

在分解系统时，我们经常会发现：如果把某些实体合起来当作一个实体对待，那么研究起来会更加方便，因为这些实体是作为一个整体来展现某一功能的。比如，在表 4.2

所列的各元素中，防松螺母与叶轮可以合并，因为防松螺母的唯一功能就是把叶轮固定在电机轴上。

4.3.3　把泵作为复杂度适中的系统来分析

如果我们现在把泵看作复杂度适中的系统（也就是原子部件出现在系统之下第 2 级的那种系统），那么就可以运用 3.3 节中所说的体系思维来对其进行分析了。前面说过，体系（hierarchy）是一种分级的系统，每一级的位阶都比它下面那一级高，因为前者的范围、重要性、性能、职责或功能要大于后者。

由人类所构建的系统，可以运用体系思维进行分析。表 4.3 简单地列出了泵的各个元素在体系中所处的层级。在这些元素中，我们认为有 5 个元素是最为关键的，它们分别是：容纳流体并提供接口的泵盖与泵壳、对流体做功的叶轮、驱动电机轴并为泵壳提供支撑的电机，以及驱动叶轮所用的电机轴。同时我们还确定了两种重要程度最低的元素，也就是用来固定机件的螺钉和防松螺母。除去上面所列的 5 个重要元素和两个不重要元素，还剩下 3 个元素，它们位于体系的中间层。表 4.3 所留给我们的印象与图 4.6 中的分解图及表 4.2 中的清单，有着很大的区别。根据表 4.3 所列的这些信息，我们可以先思考这 5 个排位最高的对象，等到把它们理解得较为透彻之后，再去看那些优先度较低的元素。

图 4.7 中的这张 OPM 图，运用体系思维把系统向下分解了两级[⊖]。除了展示分解情况之外，这张图既没有描述形式结构，也没有为功能交互情况给出提示。

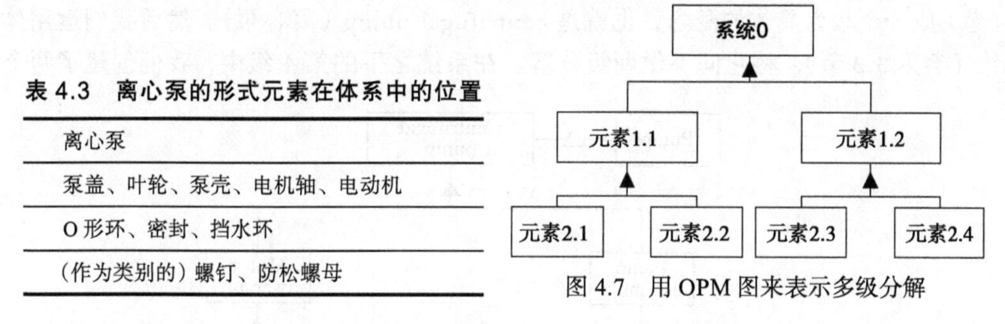

表 4.3　离心泵的形式元素在体系中的位置

离心泵
泵盖、叶轮、泵壳、电机轴、电动机
O 形环、密封、挡水环
（作为类别的）螺钉、防松螺母

图 4.7　用 OPM 图来表示多级分解

对于泵这种仅有 10 个形式实体的系统来说，我们既可以像图 4.6 那样只做一层分解，也可以改用体系思维，将它转化成图 4.8 这样包含两个层次的分解结构。

在图 4.8 中，位于系统之下第 1 级的那些元素，现在已经不是真实的零件了，而是变成一种简单的抽象物。笔者用“pump assembly”（泵组件）和“motor assembly”（电机组件）这两个词，来分别表示本例中的这两个抽象物。选择用这种方式进行抽象的一个理由是：电动机本身是个高度集成的部件，而除电动机之外的其他元素，彼此之间则有着密切的联系。我们还可以给出另外一个理由，那就是：泵组件的功能与电机组件的功能截

⊖ 图中的 0 表示待分解的系统本身，而 x.y 格式的数字，则表示某元素位于第 x 级，它是该级的第 y 个元素。——译者注

然不同，前者用来为水增压，后者用来为泵提供驱动。

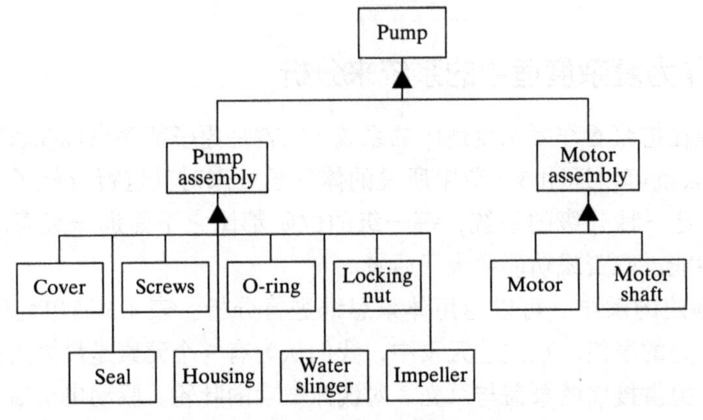

图 4.8　用 OPM 图对离心泵做两级分解

正如 3.3 节所说，对系统之下的第 1 级进行抽象时所用的方式，并不是唯一的。比如，我们还可以用另外一种方式来抽象 Level 1，也就是把防松螺母、叶轮、挡水环及电机轴这 4 个元素抽象成“旋转的组件”，而把其余的元素抽象成“不旋转的组件”。

对复杂度适中的系统来说，我们可以把确定其形式实体时所用的方式，概括成图 4.9 中的这张 OPM 图。

位于图 4.9 左上方的 pump（泵），是个较为宽泛的概念，我们把这个概念特化（参见 3.4 节）成一个较为具体的概念，也就是 centrifugal pump（离心泵）。然后我们运用体系思维（参见 3.3 节），将它向下做两级分解。在系统之下的第 1 级中，我们创建了两个起

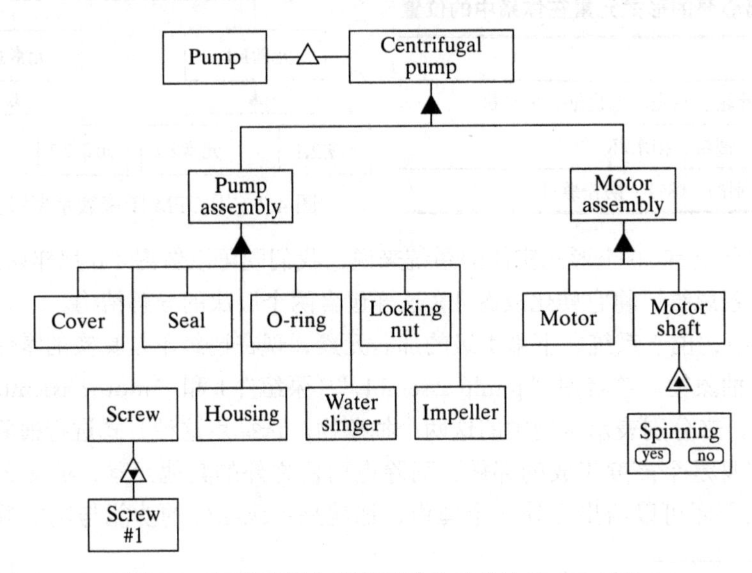

图 4.9　把管理复杂度所用的关系总结成 OPM 图

中介作用的抽象物，并将其分别命名为 pump assembly（泵组件）和 motor assembly（电机组件）。接下来，将这两个抽象物分解成 10 个形式元素。其中有一个元素并不是单一的对象，而是名为“Screw”（螺钉）的类，该类包含 5 个实例（参见 3.4 节）。名叫 motor shaft（电机轴）的那个对象，具有一个名为 spinning（正在旋转）的属性，此属性有两种状态，一种是 yes，表示电机轴正在旋转，另一种是 no，表示电机轴未在旋转。

总之：

- 要对形式进行分析，就必须为形式创建一种含有重要信息的抽象，但这种抽象所包括的信息不宜过多。此外，该抽象还要能够体现出系统的边界。
- 形式元素可以用层次分解来表示，通过层次分解所得到的这些对象，能够展现出系统之下第 1 级的抽象情况，有时还可以展示出系统之下第 2 级的抽象情况。它们既可以绘制成图，也可以列成清单。

4.4 对架构中的形式关系进行分析

4.4.1 形式关系

本节主要讨论形式关系，形式关系（relationship of form 或 formal relationship）通常也称为结构（structure）。表 4.1 中的问题 4c 就是我们在分析系统的过程中所要完成的下一个任务。

如文字框 4.4 所示，结构是由系统中各形式元素之间的形式关系所组成的集合。图 4.9 并没有告诉我们离心泵的结构。对于形式元素来说，结构是一种额外的信息。如果仅有一堆杂乱的机械零件或几行散乱的代码（也就是单单由系统中的形式对象所构成的集合），那是无法把它们“拼装”起来的。因为要想把它们拼装起来，还需要知道一项信息，那就是结构。结构能够告诉我们这些形式元素所在的位置，以及它们之间的连接方式。除了形式元素之外，形式关系应该是系统中最为直观的一个方面了。

文字框 4.4 定义：形式关系或结构

形式关系或结构，是形式对象之间有可能在某段时间内稳定而无条件存在的关系，它们可能有助于功能交互的执行。

结构对功能交互通常起着工具性的作用。如果形式元素之间有功能交互，那么在大多数情况下，也会有一个承载物作为功能交互的媒介而出现。形式关系通常承载着功能交互。如果 A 向 B 供电（这是一项功能交互），那么两者之间可能会通过电线相连（这是结构）。如果 A 向 B 提供一个数组（这是一项功能交互），那么两者之间可能会有一条链接或共享着一个地址空间（这是结构）。由于功能交互对涌现物来说至关重要，而这种交互通常又是借助形式结构得以实现的，因此，若想理解系统，就必须先理解系统的结构。

结构是由关系所构成的集合，这些关系必须存在，但并不一定非要沿着时间轴而变化，也不一定非要进行交换或发生其他事情。只要于某个时间段内的任意时刻都持续存在，这些关系就是成立的。与形式一样，形式关系说的也是存在问题，而不是说必须要有什么事情发生。以离心泵为例，我们说电动机和泵壳相连，只是想表达两者之间存在连接而已，并没有其他意思。

形式关系可以改变。元素之间可以进行连接，可以解除连接，也可以有所移动。形式关系通常蕴含着“相关事物过去曾发生关系”这个意思在里面。“A 在 B 旁边”，也就意味着过去的某个时间点上，A 曾经放在 B 的临近处，而“ A 与 B 相连”，也同样意味着在早些时候，曾经发生过某种连接流程，使得 A 连接到了 B。

结构关系的两种主要类型，是空间 / 拓扑关系（spatial/topological relationship）与连接（connection）关系。比如，在设计电路图时，设计者会画出图 4.10 这样的布局图（layout drawing，配线图），以表示各种电子元件的位置，这种图，就相当于空间 / 拓扑视图。

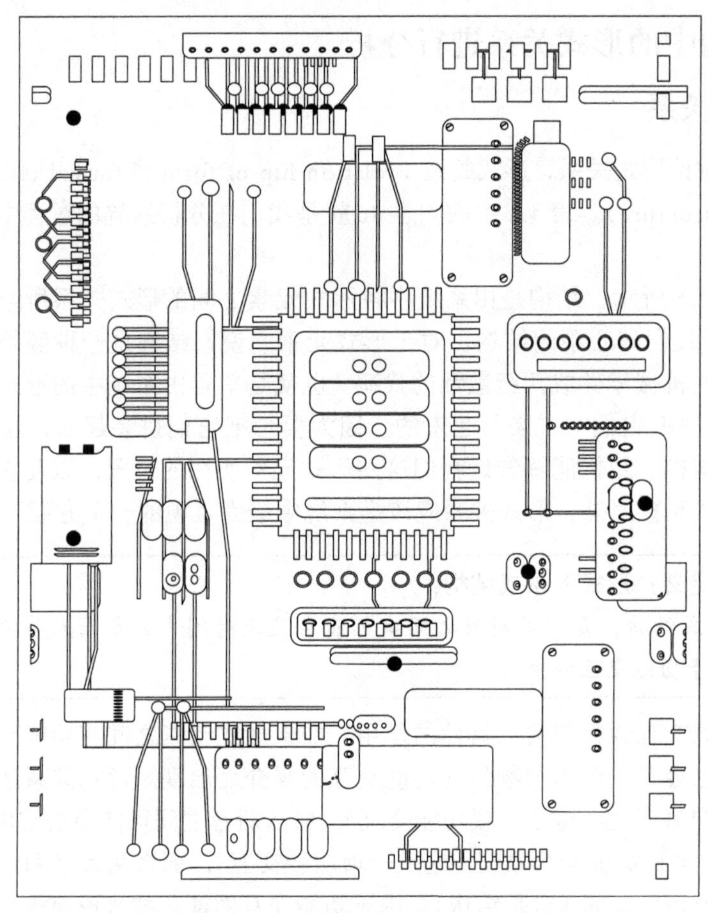

图 4.10　用空间 / 拓扑图来展示电路中各个元件的位置

图片来源：Vectorass/Fotolia

除了布局图之外，设计者还需要绘制图 4.11 这样的电路图，以展示电子元件之间应该如何连接。这两种图都是必备的。假如只有图 4.10，那我们就无法得知元件之间的连接方式；假如只有图 4.11，那我们就不知道这些元件各自的位置。除了这两种关系之外，我们在后面还会提到其他一些有可能对系统有着重要意义的结构关系。

4.4.2　空间 / 拓扑形式关系

空间 / 拓扑关系，描述的是相关的物体位于何处，也就是描述形式对象的位置或布局。这些关系只蕴含着位置信息和布局信息，而不具备在对象之间进行传输的能力。在物理系统中，空间与拓扑关系基本上就是物体之间的几何关系，然而在信息系统中，我们却还要考虑更为抽象的一些空间和拓扑问题，这将在 4.6 节中讲解。

空间关系用来表达绝对或相对的位置或方向。上与下、前与后、左与右、对齐与同心、近与远等关系，传达的都是相对位置。如果给定某个参照系，例如大地测量参照系（Earth geodesic reference）或是局部参照系，那么空间关系也可以用来表示绝对位置。

拓扑谈的是物体布局，它可以描述在内、包含、围绕、叠放、临近、接触、在外及包围等关系。实际上，空间关系与拓扑关系之间的区别是相当微妙的，它们都可以视为空间 / 拓扑关系的一部分。

空间 / 拓扑关系通常是一种特别重要的关系。比如，肺部不仅和心脏相连，而且还位于心脏附近，这对于系统来说，就是非常重要的关系。编译代码时，必须要知道某一行代码所在的位置，这对于系统来说，也很重要。对于两个相互之间要交换配件的工作区来说，我们一定要知道二者在工厂中的相对位置。光学元件也必须把位置对准之后，才能正常运作。

确定空间 / 拓扑关系（参见表 4.1 中的问题 4c）时所依循的步骤，是先针对形式对象之间的每一种组合方式，去思考该组合中的两个对象之间是否有重要的空间 / 拓扑关系。通过整体思维，我们会发现任意两个对象之间都有着空间关系，然而我们必须把握其中的重点。之所以要确定系统的结构，是为了最终能够理解系统的功能交互和涌现物。因此，关键的问题是：

（两对象之间的）这种空间或拓扑关系，是否对某些重要的功能交互起着关键的作用，或是否对功能和性能的成功涌现起着关键的作用？

图 4.12 是一张典型的机械工程图，它展示了泵这一组装系统中的空间 / 拓扑信息。

这张图从三个角度进行描绘，使我们可以大略知道系统中各元素的位置，以及这些元素之间的接触关系等情况。还有一种更为直观的绘制方式，叫做展开图（expanded view），图 4.5 就是一张展开图。通过这几种图以及其他一些类型的图（例如剖面图，section view），我们可以把重要的空间 / 拓扑信息全都提取出来。图 4.11 是一张典型的电路图，它描述了电路中的空间 / 拓扑关系。

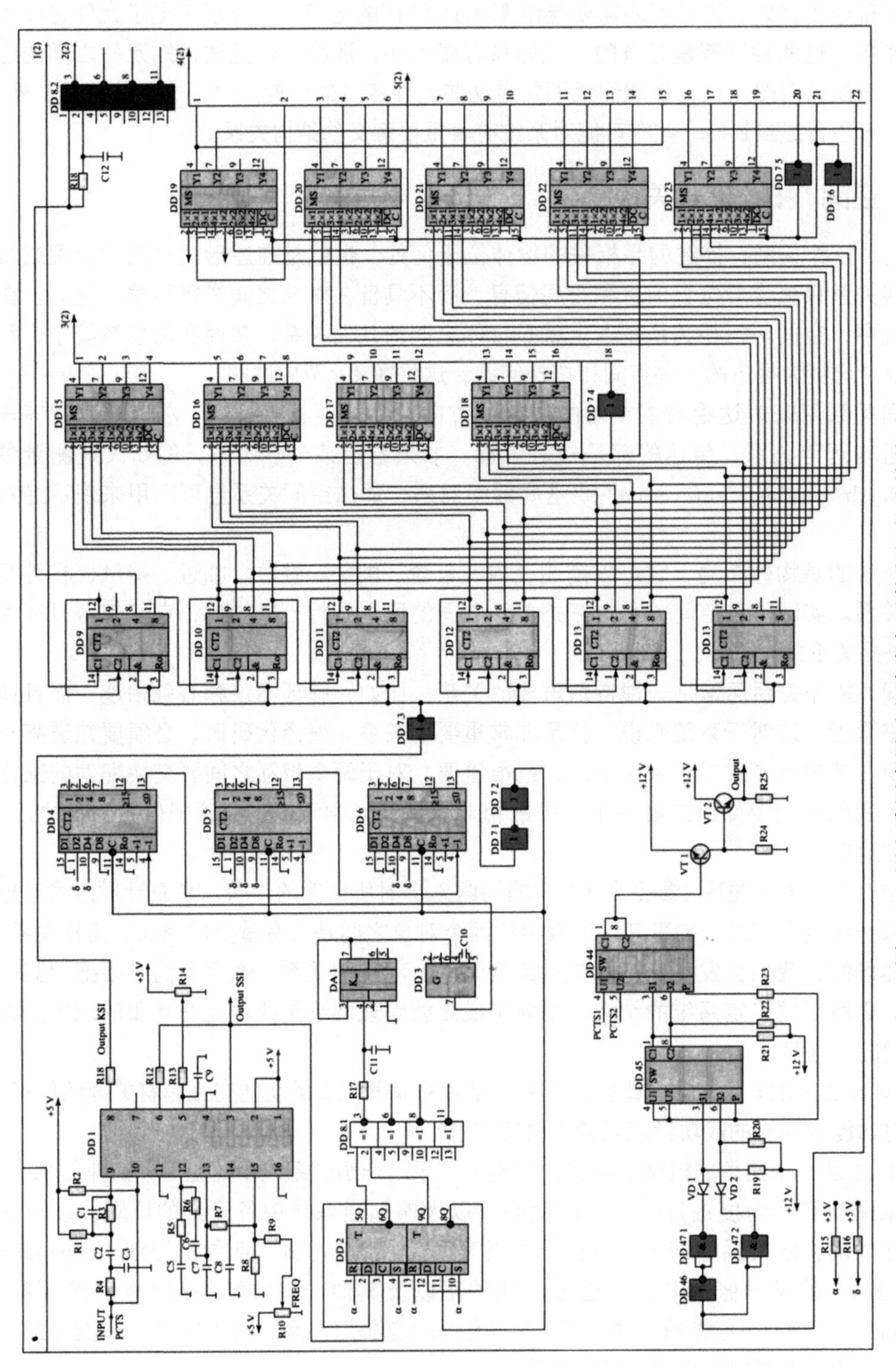

图 4.11　用电路图来展示电路中各元件之间的连接关系

图片来源：ID1974/Fotolia

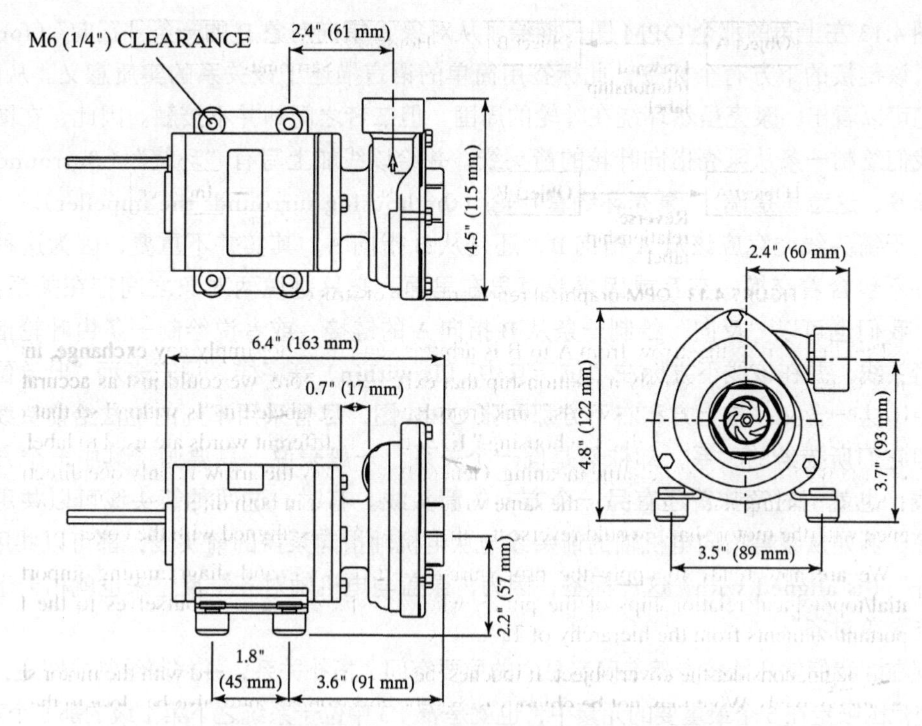

图 4.12　用空间 / 拓扑图来展示泵中各部件的位置

4.4.3　用图和图表来展现形式关系：OPM

我们要寻找一种通用的方式，以展现架构中的结构信息。正如第 2 章所述，想要表示结构信息，基本上可以遵循两个思路，一是用图和图表来展示结构；二是用矩阵式的表格来展示结构。这两种做法各有利弊，我们都会进行讲解。

如果采用第一种思路，那么通常会把形式对象表示为图块，并在图块之间采用各种线条和箭头来连接这些形式对象，以展现其结构。在某些表示法中，箭头是有语义作用的，它们可以表示特定的含义，而在其他一些表示法中，箭头的使用则较为随意。

本书始终使用图 4.13 中的 OPM 表示法来绘制系统的结构图。这种表示法一般会从某个对象出发，向另一个对象画一条带有单箭头的线，并为该线加上标签。

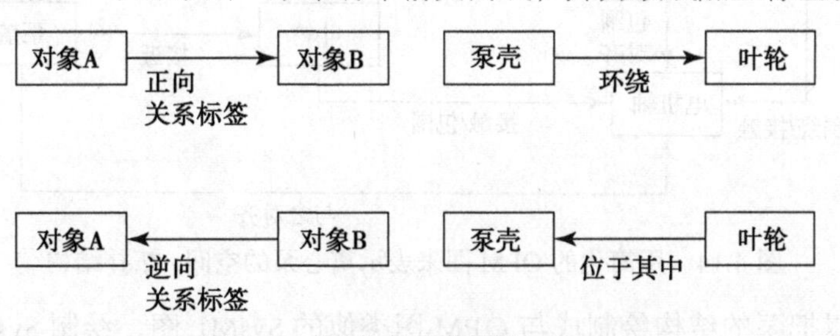

图 4.13　用来表示结构的 OPM 图

图 4.13 左上角的那个 OPM 图，描绘了从对象 A 指向对象 B 的一条“正向”(forward) 链接，该链接的下方有个标签，此标签用简单的语言描述了该关系的实质意义。从图 4.5 中我们可以看出，泵壳虽然环绕在叶轮的周围，但二者之间却并不接触。因此，在图 4.13 中，我们绘制一条从泵壳指向叶轮的箭头线，并给该线加上写有“环绕”(Surrounds) 字样的标签，这意思是说，“泵壳环绕着叶轮”(the housing surrounds the impeller)。

至于箭头线究竟应该从 A 指向 B，还是从 B 指向 A，其实并不重要，因为这种箭头线，并不包含着交换、交互或因果等意思在里面。它只是说两对象之间存在关系而已。因此，我们也可以“反向”绘制一条从 B 指向 A 的链接，或者说绘制一条由叶轮指向泵壳的箭头线，并在该线下方标注“位于其中”(Is within) 等字样，用来表示“叶轮位于泵壳之中”这一含义。右上方和右下方那两张 OPM 图，尽管采用不同的说法给箭头线加标签，但它们所描绘的关系，却依然是同一个关系。一般来说，只要画了其中一个方向的箭头线，也就同时意味着还有另一个方向的箭头线。有时，这两种箭头线可以共用同一个标签，例如从泵盖指向电机轴的箭头线与从电机轴指向泵盖的箭头线，都可以共用“与之对齐”(is aligned with) 这一标签，因为“泵盖与电机轴对齐”反过来也就相当于“电机轴与泵盖对齐”。

现在，我们就开始按步骤来确定泵中的重要空间 / 拓扑关系，并将其绘制成图表，我们把研究范围限定在 5 个最重要的元素中，也就是表 4.3 中位于系统之下第 1 级的那 5 个对象。

首先考虑泵盖这个对象。它与泵壳接触，并与电机轴对齐 (意思就是二者同轴)。另外还有一个不太明显的关系，就是泵盖必须靠近叶轮。假如叶轮与泵盖的间隙过大，那么离心泵就无法正常运作了。于是，我们决定在图 4.14 中绘制三条从泵盖出发的箭头线，用以表示这三种关系。一条指向泵壳，它的标签是“接触”(Touches)，另一条指向叶轮，它的标签是“接近”(Is close to)，还有一条电机轴，它的标签是“与之对齐”(Is aligned with)。处理完泵盖，我们依次思考另外 4 个对象是否与系统中的其他对象之间有着重要的关系，把这 5 个对象都处理好之后，图 4.14 就完成了。

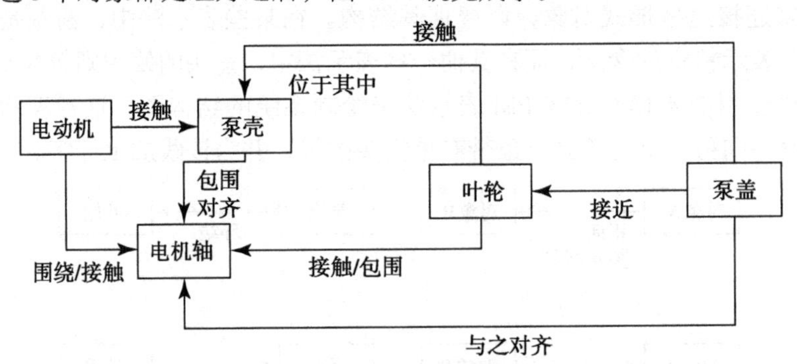

图 4.14 用简化的 OPM 图来表示离心泵的空间 / 拓扑结构

我们也可以把泵的结构绘制成与 OPM 图类似的 SysML 图，绘制 SysML 图时，尤其需要用到块定义图 (block definition diagram) 和内部块图 (internal block diagram) 这两种图。图文框 4.5 详细解释了 SysML 图的画法。

图文框 4.5　方法：用 SysML 图来表现系统的形式（形式元素及结构）

系统的形式（也就是形式元素及形式关系）在 SysML 图中，是用描述实体的块（block）以及块之间的一些 SysML 关系来表示的。然而问题在于，这些块及块之间的某些关系，有时也用来表示系统的功能及功能交互。因此，在用 SysML 图来表现形式时，我们只会有选择地使用其中的某些画法，以便与表示系统功能及功能交互的那些画法相区分。

SysML 图中有好几种关系都可以用来表示结构（参见图 4.15）。聚合与组合关系，用头部带有菱形的实线来表示（例如泵是由电动机和叶轮等部件组合而成的）。特化 / 泛化关系，用头部带有三角形的实线表示（例如离心泵是对“泵”这一泛化概念的一种特化）。一般的依赖关系，用尾部带有箭头的虚线表示，而关联关系，则用写有标签的线表示，这两种关系都可以用来描绘本书所说的结构关系，但是要注意，它们还可能会用来描绘功能关系。接口链接（interface link）与项目流程（item flow），是专门用于表述功能交互的。

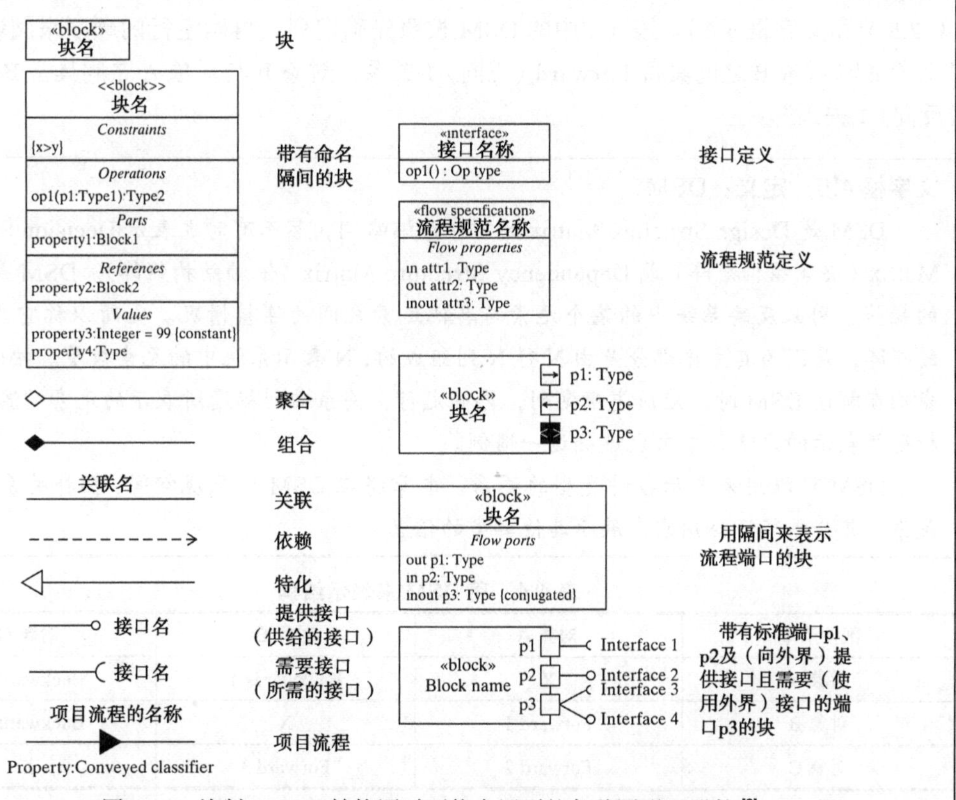

图 4.15　绘制 SysML 结构图时可能会用到的各种图形元器件 [2]

图片来源：Jon Holt and Simon Perry, SysML for Systems Engineering, Vol. 7, IET, 2008

SysML 主要用两种图来表示结构。

- 块定义图（block definition diagram）用于展示系统的主要元素及这些元素之间的形式关系。形式关系可以是聚合、组合、关联、依赖或特化关系。块可以表示系统中的元素，以及这些元素的属性。在块[⊖]定义图中，块也可以具备端口（port，也就是块的输入端和输出端），端口用来表示功能交互，端口上可以标出经过该端口的流程类型以及端口所提供的接口。
- 内部块图（internal block diagram）用来展示块的“内部”结构，它意在强调系统的实例。这种图可以设置块属性（block property，例如设置叶轮的尺寸），也可以描述流程路径（例如演示水流如何从泵中经过）。请注意，块属性描述的是形式属性，而流程路径则是功能交互的一部分。

4.4.4　用表格及类似矩阵的视图来展现形式关系：DSM

还有一种表示结构的方式，是使用表格或类似矩阵的视图（matrix-like view）来做。Design Structure Matrix（设计结构矩阵，简称 DSM）就采用这种方式来展现结构（参见 2.5 节和文字框 4.6）。表 4.4 中的 DSM 按照先确定列，再确定行的顺序来阅读，例如“对象 A 与对象 B 之间具备 Forward（正向）1 关系，对象 B 与对象 A 之间具备 Backwards（反向）1 关系”。

文字框 4.6　定义：DSM

DSM 是 Design Structure Matrix 的首字母缩略词，然而有时也表示 Decision Structure Matrix（决策结构矩阵）或 Dependency Structure Matrix（依赖结构矩阵）。DSM 是 N×N 的矩阵，用来反映系统中的某个元素与其他元素之间的连接情况。之所以称它为 N×N 的矩阵，是因为其主体部分是由 N 行 N 列组成的，N 表示系统中的元素数量。按照惯例，我们在解读 DSM 时，应该先确定列，再确定行，关系由列标题所表示的元素“流向”行标题所表示的元素。本书也遵循这一惯例。

DSM 可以用来表示各种类型的关系。本章将在 DSM 中呈现空间 / 拓扑关系及连接关系，其余章节还会用它来展示其他类型的信息。

表 4.4　用 DSM 来表示结构

部件清单	对象 A	对象 B	对象 C
对象 A	X	Backwards 1	Backwards 2
对象 B	Forward 1	X	Backwards 3
对象 C	Forward 2	Forward 3	X

⊖ SysML 图中的块（block），也称为方块或方框。下同。——译者注

表 4.5 用 DSM 格式来展现简化后的泵，它所包含的信息和图 4.14 相同。从 DSM 中我们也可以看出，泵盖与泵壳接触、与电机轴对齐，并靠近叶轮。正向关系和反向关系都同时体现在这张表格中——泵壳环绕着叶轮，反过来说，也就相当于叶轮处在泵壳中。图 4.14 那张 OPM 图里的箭头方向，并不表示功能交互的方向或因果联系；与之类似，DSM 中的正向及反向关系，也不涉及功能交互或因果联系，我们只是要求结构图表中的正向和反向关系必须具备相同的语义（same semantic meaning）而已。

表 4.5　用设计结构矩阵（DSM）来简单地表示离心泵的空间 / 拓扑结构

部件清单	泵盖	叶轮	泵壳	电动机	电机轴
泵盖	X	接近	接触		对齐
叶轮	接近	X	环绕		接触 / 为……所包围
泵壳	接触	位于……中	X	接触	为……所包围 / 对齐
电动机			接触	X	位于……中 / 接触
电机轴	对齐	接触 / 包围	包围 / 对齐	环绕 / 接触	X

本书将同时使用 OPM 图和 DSM 来展现系统的结构。这两种方式各有利弊。OPM 图一般来说比较容易绘制，也较为直观，但是当系统变得复杂之后，这种图形化的视图就显得有些乱了。而 DSM 则可以在保持整洁的前提下容纳更多的信息，并且可以直接用于计算，但它在直观程度上不如 OPM 图。

4.4.5　连接性的形式关系

除了空间 / 拓扑关系之外，还有一种形式关系，用来表达与连接性有关的概念，它可以回答"某物与谁相连接、相链接或相汇合？"这一问题。在桁架（truss）、电路及化学处理工厂等网络系统中，连接性（connectivity）是最应该掌握的形式关系，因为它会为相连接的对象明确提供一种能力，使其能够传输或交换某些东西。连接性的关系，通常对功能交互起着承载作用，因此，它们会为功能及性能的涌现提供直接的支持，这将在第 6 章中讲到。

从原则上来讲，连接关系与空间 / 拓扑关系是有很大区别的。两个临近的元素之间未必连接（例如两栋相邻的房子），而两个位置不明的元素，却有可能连接（例如一台电脑与一台服务器）。从实际的系统来看，在电子、化学、热学或生物学领域中，我们通常能够比较容易地把空间 / 拓扑结构与连接性的结构区分开。而对于机械系统来说，其中的部件若要相连，首先就必须相邻，因此，空间 / 拓扑结构与连接性结构之间的差距，就不那么明显了。

连接性的关系，通常会包含一些与对象之间的实现方式有关的信息，从这些信息中，我们可以看出相关的对象是如何拼装、如何生产、如何编码或如何撰写出来的。如果两个物体目前已经连接，那就说明过去有一种将它们连接起来的流程。但两个物体之间的连接，所要强调的是这种关系目前已然存在，因此，它主要说的是一种形式关系，而非功能交互关系。

在软件系统中，某个对象与另外一个对象在编译方面，可能具备某种与实现结构有关的连接关系。软件系统中的连接性，通常比其他类型的系统更加微妙。如果要传递数据或命令，那么必须在软件中的某个地方设置一个连接点，使得数据或命令经由该点进行传递。这种连接关系一般都是暂时的，而且深藏在编译之后的代码和操作系统中，它们会给连接关系所涉及的双方分配一个共用的地址，使得二者可以通过该地址（有时也称为指针）来操作待分享的数据。在面向对象的编程中，这两个对象可能都包含指向第三个对象的引用，从而构成了一种结构性的关系。4.5 节将会深入讨论软件系统的结构。

有一些功能交互类型，不需要明确的形式连接。最常见的是通过电力和电磁光谱（electromagnetic spectrum）所进行的交互，后一种情况包括可见光波谱和无线电波谱，也包括通过黑体辐射所进行的热传递。引力交互（gravitational interaction）当然也不需要明确的连接。还有一种交互类型，与颗粒及连续介质的“弹道”流有关，例如液体喷射流或掷出的棒球。在这种类型的交互中，质量、动量及能量在进行交换时，都不需要借助明确的形式连接，它们需要的只是“空间”而已。

回答表 4.1 中的问题 4c 时所依循的步骤，与认定空间 / 拓扑关系时类似。为了确定元素之间的连接关系，我们考虑这些元素之间的每一种配对方式，并针对每一对中的两个元素，都思考下面这个问题：

（这两个元素之间的）连接关系是否对某个重要的功能交互起着关键作用，或是否对功能及性能的成功涌现起着关键作用？

与空间 / 拓扑关系相比，连接关系通常更为明显，而且不太容易受到解读方式的影响。

在确定连接关系时，我们必须先考虑这个连接物（connector）本身是应该建模成形式元素，还是应该把它从系统中抽象掉。比如，对于第 2 章所讲的循环系统来说，我们不需要提到连接各器官的静脉和动脉，就可以很好地思考心、肺及毛细血管这些部件，因此，可以直接把静脉和动脉从考虑范围中去除。一般来说，我们应该先试着把连接物去除，以便将待考虑的对象个数降至最低。但如果连接物表示的是系统接口，那就不能这么做了。由于这种接口对系统相当重要，而且很多常见的问题都源自该接口，因此我们通常应该把它单独建模成一个对象。第 6 章将会讨论此问题。

图 4.5 中的离心泵展开图，很好地演示了机械工程学中的连接关系，而图 4.16 则把离心泵的连接结构（connectivity structure，连通结构），表示成了简单的 OPM 图。在该图中，泵盖“按压”（press）泵壳，这种按压关系，就是一种机械连接。真正引发按压的工件，其实应该是螺钉，然而在这个简化的模型中，我们把螺钉抽象掉了。叶轮与电机轴之间也有着类似的压合（press fit）关系，因为叶轮是套在电机轴上的。至于电机轴和电动机之间的关系，则较为复杂。电机轴包含在电动机中，并且为轴承所支撑，以实现

旋转。因此，我们最好是用连接物的类型（也就是轴承）来描述这种连接关系。

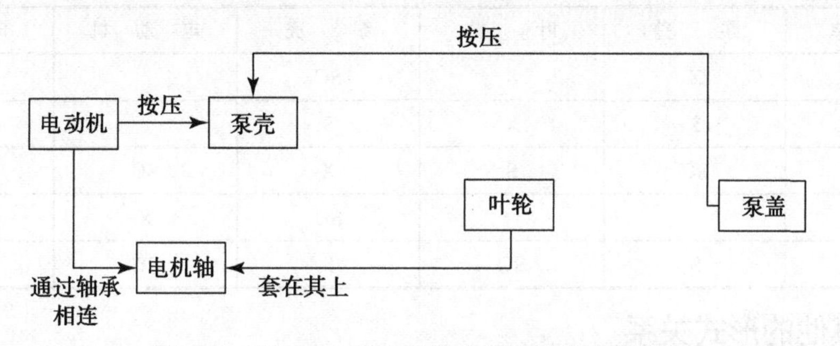

图 4.16　用 OPM 图来简单地表示泵的连接结构

与图 4.14 中的空间 / 拓扑关系相比，图 4.16 中的连接关系要少一些。图 4.14 中与接触有关的空间 / 拓扑关系，在图 4.16 中依然有所体现，但是纯粹的拓扑关系（例如对齐、在……之中，以及包围），则没有反映在图 4.16 中。对于机械系统来说，作为空间关系的“接触”，与作为连接关系的“按压”，是不太容易区分开的。前者只强调位置，而后者同时还表达能够传递压力的能力。假如我们换一个机械系统做例子，而那个系统中的两个物体，是用胶黏合起来的，那么作为空间关系的“接触”，与作为连接关系的“胶合”，所体现出来的区别就会更加明显一些了。

表 4.6 用 DSM 简单地展示了泵的连接结构。与展示空间 / 拓扑结构的那个 DSM 一样，这个 DSM 所包含的信息，也与图 4.16 中的 OPM 图所包含的信息相同。由于元素之间的关系只用来强调二者之间存在连接，而不意味着必须进行交换，因此，这个矩阵是沿着对角线对称的。只是其中有两个单元格所使用的词汇稍有不同，一个是“套在其上”，一个是“穿入其中”。因为 DSM 要按照先确定列、后确定行的顺序来阅读，所以必须使用稍有区别的文字，才能使叶轮和电机轴之间的关系读起来顺口一些，于是，我们说“叶轮套在电机轴上”，而“电机轴穿入叶轮中”。

为了实用起见，我们通常把空间 / 拓扑关系与连接关系合并到一起来展示。表 4.7 总结了系统的结构，并抽离了其中的细节，只留下空间关系（S）和连接关系（C）这两种宽泛的称呼。

表 4.6　用 DSM 简单地表示离心泵的连接结构

部件清单	泵　盖	叶　轮	泵　壳	电动机	电机轴
泵盖	X		按压		
叶轮		X			穿入其中
泵壳	按压		X	按压	
电动机			按压	X	通过轴承相连
电机轴		套在其上		通过轴承相连	X

表 4.7　用 DSM 简单地表示离心泵的空间 / 拓扑结构与连接结构。S 代表空间关系，C 代表连接关系

部件清单	泵　盖	叶　轮	泵　壳	电动机	电机轴
泵盖	X	S	SC		S
叶轮	S	X	S		SC
泵壳	SC	S	X	SC	S
电动机			SC	X	SC
电机轴	S	SC	S	SC	X

4.4.6　其他的形式关系

除了空间 / 拓扑关系与连接关系之外，还有其他一些只用来表示存在的形式关系。识别这些形式关系所依循的步骤，与识别前两类关系一样，也是把对象之间的每一种配对方式都找出来，然后判断这两个对象之间是否具备这种关系，如果具备，那么再考虑该关系对系统的功能交互和涌现物是否起着重要的作用。

地址关系　某物的地址就是该物所在的地方。地址是空间位置的一种编码形式，但由于地址也可以是虚拟的，因此我们通常会将地址关系单独作为一种形式关系来考虑。软件中尤其会频繁地用到寄存器等物的地址。共享地址（shared address）是一种连接，数据可以通过该连接进行交换。

顺序关系　实体之间的静态顺序，是一种形式关系。如果 A 总是出现在 B 的后面，那么这就构成了一条形式关系。比如，在命令式的软件语言中，如果把语句 2 写到语句 1 之后，那就意味着先执行语句 1，再执行语句 2。在声明式的语言中，则未必如此。对于声明式的语言来说，这只是两条描述功能的语句而已。不过，在这两种语言中，语句 2 确实都出现在了语句 1 的后面，因此，它们二者之间是有形式关系的。

成员关系　如果某个对象是某个组或某个类的成员，那么可以将二者之间视为成员关系。比如，A 是小组 1 的成员，那么 A 和小组 1 之间就具备成员关系。成员关系是对“某物位于某组”这一事实所做的抽象，它有可能导致该物在该组中进行某种交互或担负某项职责，但并不能够完全保证这一点。

所有权关系　如果你拥有某物，那么它就是你的了。与成员关系类似，所有权关系也是一种既有用，又常见的关系。为什么说这块地是我的，那块地是你的？为什么说这些钱是我的，那些钱是你的？其原因，只不过是我以前买了它，或有人将它授予了我而已。不过一旦拥有，我们就可以说拥有者与其所拥有的物品之间，具备所有权关系，这是一种静态的形式关系。

人际关系　人与人之间有一种关系，可以表示两个人的感情，或是他们对彼此的看法。例如某个人了解另一个人的能力、信任另一个人、对另一个人有好感等，这些都属于人与人之间的感情关系。但这种人际关系有个特殊之处，在于它并不一定总是相互的。例如你可能信任某个政治人物，但是对方根本就不了解你。

所有的形式关系，在任意时刻都是静态的，但是它们均能够改变。空间位置可以通过移动来改变，连接可以建立，也可以取消，例如把灯的插头与插座相接，就是建立连接。地址可以通过赋值来改变。序列可以通过排序来改变。俱乐部的会员与俱乐部之间存在着成员关系，但是会员以后有可能退出。所有权关系会随着赠予和售卖而发生变化。在各种形式的关系中，最容易发生变化的，还要属人与人之间的情感关系，也许两个人刚才还好好的，现在突然就反目了。

总之：

- 形式由对象与结构组成，也就是由形式元素及这些元素之间的形式关系组成。这两部分都位于系统中，分析系统时都必须要考虑。
- 形式关系有三大类：
  - 连接关系（也就是能够创造形式连接，并使得功能交互得以通过该连接而进行的那种关系）。
  - 地点与布局关系（包括空间 / 拓扑关系、地址关系及序列关系）。
  - 无形的关系（成员关系、所有权关系、人际关系等）。
- 形式关系对功能交互具有促进作用，并影响着功能交互的性质及功能与性能的涌现。
- 形式关系之所以静态，是因为它们存在（尽管也有可能发生改变）。

4.5 形式环境

4.5.1 伴生系统、整个产品系统及系统边界

另外一种分析并理解系统的方式，是更加广泛地或更加全面地观察系统及其环境。这是对整体原则（参见文字框 2.5）的一种运用。我们稍后将会看到：采用两种更加广泛的视角来观察系统，是很有用的。这两种视角所审视的范围分别称为整个产品系统（whole product system）[⊖]及使用情境（use context）。

从本产品 / 本系统向外延伸，在首先遇到的这一层情境中，含有一些虽然不是本产品 / 本系统的部件，但是却对系统的价值体现起着重要作用的对象。我们把这些对象称为伴生系统（accompanying system）。本产品 / 本系统与其伴生系统之和，称为整个产品系统（whole product system）。系统边界（参见 2.4 节）将本产品 / 本系统与其伴生系统分开。

表 4.1 中的问题 4d，问的是伴生系统与整个产品系统是什么。架构师对伴生系统进行理解并建模时，这是个很关键的问题，因为这二者对系统的涌现物可能起着重要的作用。它们必须存在、连接，并运作，才能使本产品 / 本系统体现出价值。在本系统的边界处，我们必须明确指出与这两种系统相连的接口，而这些接口，则需要通过回答表 4.1

⊖ 也称全体产品系统，下同。——译者注

中的问题 4e 来确定。

回答问题 4d 和 4e 时所依循的步骤，是先总体审视与本系统相邻或相连的形式对象，并思考这些形式对象对本系统的价值体现是否起到关键作用。如果起到关键作用，那么就为伴生系统中的元素以及本系统与伴生系统之间的形式结构创建形式抽象。

运用这套步骤来思考图 4.5 中的泵，我们就会发现：离心泵要想运作，至少需要有一个能够给泵输入液体的元素，以及一个从泵中输出液体的元素，也就是要有入水管（inflow hose）和出水管（outflow hose）。此外，整个装置在结构上必须由泵支架（pump support）提供支撑，电动机必须由外界供电并受到控制。于是，整个产品系统中就含有四个伴生系统，如图 4.17 所示。为了体现出系统的价值，一般会有操作员（operator）对系统进行操作，因此，在图 4.17 这样的 OPM 图中，最好是把操作员也画进去，以便提醒架构师：人与系统之间的交互，对该系统是非常重要的。

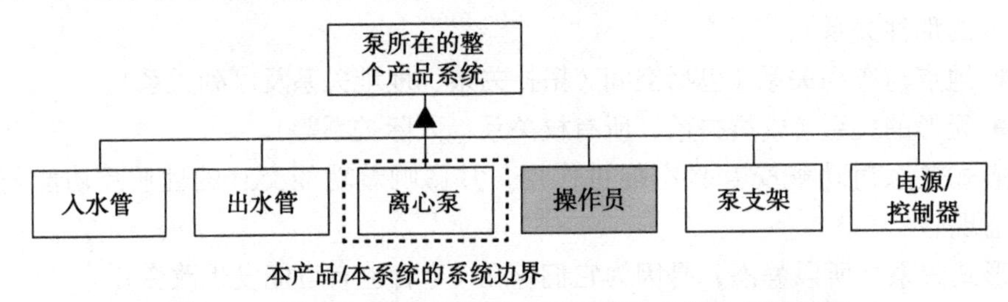

图 4.17　用 OPM 分解视图来表示泵所在的整个产品系统

图中的虚线是本产品 / 本系统周围的边界。清晰地画出本产品 / 本系统边界，既能够消除歧义，又能够明确地表现出系统的接口。

图 4.17 这张分解视图，并不展示结构方面的信息。这些信息最好是用图 4.18 这样的连接结构图来表示。通过图 4.18，我们可以清晰地看到离心泵系统的主要形式对象，与其伴生系统的主要形式对象之间的连接，以及位于系统边界处的那些接口。

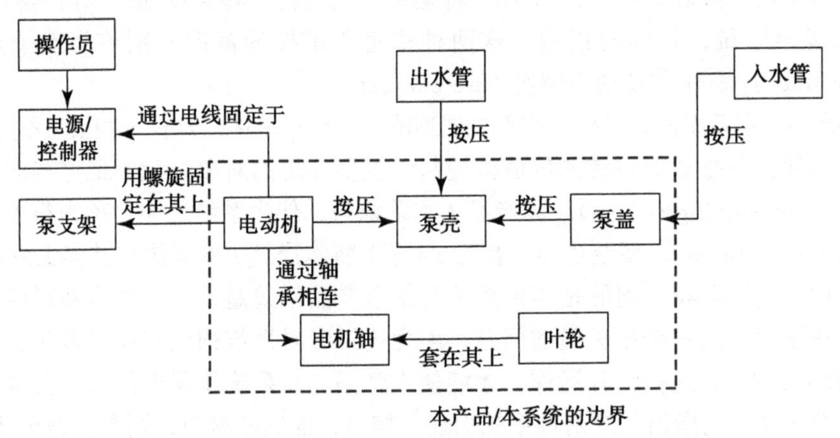

图 4.18　简单地表示泵所在的整个产品系统的连接结构

4.5.2 使用情境

从整个产品系统再往外迈一步，我们就来到了一个更大的环境中，这就是使用情境（use context）。整个产品系统就位于这个使用情境之内，该情境包括一些随着整个产品系统的运作而出现，但对本系统的价值体现并不起到必要作用的对象。

由于使用情境对产品 / 系统的功能有促进作用，因此它对系统的分析是较为重要的。它使得整个产品系统有地方能够运作，它也告知我们关于系统所在环境的信息，并为设计工作提供指导。在分析系统时，架构师可能需要对该系统的使用情境进行推测，因为系统的描述文档中很少会包含这部分内容。要回答表 4.1 中的问题 4f，就要思考：有哪些元素虽然不在整个产品系统中，但是却对我们理解系统的用法和设计起到帮助作用？

如果要按照上面那个步骤来思考离心泵的使用情境，那我们就必须进行推测了，因为现有的图纸并不包含与使用情境有关的信息。我们可以设想，这是一个工业上排掉盐水所用的坑泵（sump bump），或是家用洗碗机的一部分。不同的使用情境，会对系统提出不同的要求。

架构师之所以要清晰地理解整个产品系统，并利用使用情境来指导系统的分析与设计，其原因在于：他们可能会因为与这两个环境有关的问题而受到问责。即便架构师只对本产品 / 本系统负责，他们也依然会因为整个产品系统的功能而受到指责。如果产品本身正常，但是该产品所在的整个产品系统运行得不正常，那么架构师依然有可能受人责怪。正如架构师应该理解系统之下那两层的分解情况一样，他们通常还应该思考系统之上的那两个环境，也就是整个产品系统以及使用情境。

假设水泵的入水管是由第三方提供的，而客户花了大价钱买来新水泵之后，却发现入水管与水泵连接得不够好，那么，客户更有可能责怪水泵的供货方没把接口设计好，而不太会去责怪提供入水管的那个厂家。

总之：

- 整个产品系统由本产品 / 本系统，以及对本系统的价值体现起着必要作用的伴生系统构成（参见表 4.1 的问题 4d）。
- 系统边界位于本系统与伴生系统之间，凡是出现了跨越系统边界的现象，就说明此处应该有一个受控制的接口（参见表 4.1 的问题 4e）。
- 使用情境中包括那些通常会随着整个产品系统的运作而展现出来，但是却对系统的价值体现起不到关键作用的对象（参见表 4.1 的问题 4f）。使用情境为系统的运作提供了空间，对系统的功能有促进作用，而且会影响系统的设计。

4.6 软件系统中的形式

4.6.1 软件系统：信息形式及其二元性

本节我们将通过一个软件系统，也就是冒泡排序（bubblesort）算法，来回顾对简单系统进行分析时所依循的步骤。架构工具本来应该用在复杂一些的系统上，但本节所举的这个冒泡排序算法，却和前几节中的泵一样，都属于相对简单的系统。尽管如此，我们依然能够从中得出某些重要的结论。

图 4.19 列出了标准冒泡排序算法的伪代码，该算法如果发现相邻两个元素之间不是按照正序排列的，那就会对其进行交换，最终使得整个数组中的所有元素都以从小到大的顺序排好。

```
1  Procedure bubblesort (List array, number length_of_array)
2       for i=1 to length_of_array - 1;
3            for j=1 to length_of_array – i;
4                 if array [j] > array [j+1] then
5                      temporary = array [j+1]
6                      array[j+1] = array [j]
7                      array[j] = temporary
8                 end if
9            end of j loop
10      end of i loop
11 return array
12 End of procedure
```

图 4.19　冒泡排序算法的伪代码

我们还是按照表 4.1 中的那 6 个问题来分析该系统的架构。首先是问题 4a："系统是什么？"对于冒泡排序算法来说，系统显然就是图 4.19 中的伪代码清单。但是接下来的那个问题 4b，会问到该系统的形式对象，于是我们就需要来思考：软件中的对象到底是什么呢？请注意，这个"软件对象"（software object）和面向对象的编程语言中所说的软件对象不同，尽管二者都叫同一个名字。

文字框 4.1 将形式定义为"系统的物理体现或信息体现"，并说它"对功能的执行起到承载作用"，且"先于功能的执行而存在"。因此，对于软件系统来说，代码（或伪代码）就是形式，因为它本身是存在的，且先于功能的执行而存在，同时还对功能起着承载作用。代码本身是由编程者实现出来（或者说编写出来）的。运行代码时，这种形式会先解读成一些指令，然后通过执行这些指令，来促发相关的功能。图 4.2 中的乘客紧急逃生指令卡，可以与软件代码相比拟。指令卡中也存在着一系列对象（例如示意图等），那些对象也是实现出来的，而且在运用这张指令卡时，人类也会把那些对象解读成相关的逃生指令，并以此完成逃生（功能）。

对软件系统和信息系统所做的抽象，与对物理系统所做的抽象，有着一种微妙的区别，因为信息本身就已经是抽象物了。信息化的形式（informational form，信息形式）总是需要用某种物理形式来存储或编码，于是，这两种形式就构成了一个二元体（duality）。正如文字框 4.7 中的二元原则所说，信息形式总是必须通过物理形式来展现。诗要印成文字，思维要编码成神经模式（neural pattern），DVD 电影要刻录成光盘，图像要由一个个像素来组成——在这些系统中，信息都必须编码成某种物理形式。所以我们在谈论信息时，说的其实是物理形式中的那些可以由用户来编码及解码的模式。

文字框 4.7 二元原则（Principle of Dualism）

“哲学中的二元概念，诸如思维/身体、自由意志/决定论、唯心论/唯物论等，其实并不矛盾，之所以有时觉得矛盾，是因为没有能够充分地对其加以概括。”

——Hegel 在《大逻辑》(*Science of Logic*，1812～1816 年出版）一书中所说的辩证法

所有由人类构建而成的系统，其本身都同时存在于物理领域和信息领域中。有时我们需要明确地从物理角度和信息角度同时对系统进行思考。

- ❑ 二元论认为事物可以从两个领域同时进行思考，具体到系统架构中的二元原则来说，就是同时从物理领域和信息领域进行思考。
- ❑ 我们可以把一个系统有效地视为信息系统，该系统其实是对存储并处理相关信息的那些物理对象所做的抽象。
- ❑ 我们也可以把一个系统视为物理系统，该系统存放着所有与其形式有关的信息，但它未必存放着与功能有关的信息。

4.6.2 软件中的形式实体与形式关系

现在继续看表 4.1 中的问题 4b：“主要的形式元素是什么？”由于我们把代码认定为形式，因此，其中的元素自然就是伪代码中的代码行。我们可以把“procedure/end procedure”、“if/end if”、“for j/end of j loop”及“for i/end of i loop”分别合并起来，这样就得到了 8 个重要的元素。

每一行代码，其实还可以继续细分，但那样做并不会得到对系统有用的额外信息。命令的语义、变量的顺序，以及命名的约定等，固然都是相当重要的细节，但这种细节，只需要当成对象中的信息来看待就可以了，这就好比离心泵的叶轮虽然也有很多重要的细节，但那些细节只对性能有着重要的意义，而对系统架构的意义则不是很大。

表 4.1 中的问题 4c，问的是“形式结构是什么？”认定形式结构时所应遵循的步骤，我们已经在 4.3 节中讲过了，也就是把对象之间的所有组合方式都找出来，然后判断每一对组合中的两个对象，是否具备空间/拓扑关系或连接关系。

但是对于软件系统来说，我们在思考空间/拓扑关系时，还应该把思路放得更宽一些。软件代码中的对象结构，蕴含在缩进格式（某些编程语言中，缩进会影响代码结构）、编码约定以及编程语言的语法中。对于命令式的编程语言来说，空间/拓扑结构中最为重要的元素，就是序列（sequence），也就是哪行代码先执行，哪行代码后执行。比如，图 4.19 中的第 5～7 行代码，就构成了一个序列。这个序列，又位于“if条件语句”中，而“if条件语句”，则位于j 循环中，j 循环外面还有更大的循环。图 4.20 专门画出了第 4～8 行代码的结构关系。

对于软件系统的空间 / 拓扑关系来说，“先于”（precede）或“后于”（follow）等关系，说的是代码在执行时的控制转移顺序。与之类似，“包含”（contain）或“位于其中”（within）等关系，则表示内部的那段代码，会在外围的那个条件得到满足时执行。在本例所举的这种命令式的伪代码中，我们可以通过空间 / 拓扑结构看出最终的控制流（flow of control），或者说至少能够确定与该结构有密切关系的那一部分代码的控制流。

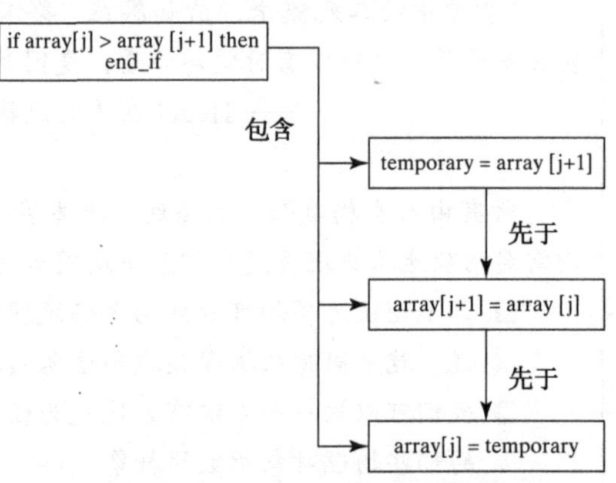

图 4.20　用 OPM 图来表示冒泡排序算法中某一部分的空间 / 拓扑结构

表 4.8 中的 DSM，以表格的形式展现了冒泡排序算法的空间 / 拓扑结构。其中灰色的区域，表示由图 4.20 所呈现的那些代码行。通过这个 DSM，我们能够明确地看出代码行之间的先后顺序，也可以清楚地看到有哪些代码行包裹在“if/end if”这样的语句对中。这张 DSM 还告诉我们：位于排序算法之外的那两个对象，也就是编译器（compiler）和调用例程（calling routine）[⊖]，与例程内部的各行代码之间，是没有空间 / 拓扑关系的。

表 4.8　用设计结构矩阵（DSM）来表示冒泡排序算法的空间 / 拓扑结构。F 表示跟随其后，P 表示位于其前，W 表示位于其中，C 表示包含

对象清单	1	2/10	3/9	4/8	5	6	7	11	12	调用例程	编译器
1	X	F									
2/10	P	X	FM	W	W	W	W				
3/9		PC	X	FM	W	W	W				
4/8		C	PC	X	FM	W	W				
5		C	C	PC	X	F					
6		C	C	C	P	X	F				
7		C	C	C		P	X	F			
11							P	X	F		
12								P	X		
调用例程											
编译器											

在软件系统的结构关系中，连接（connectivity）关系与执行功能交互时所用的连接渠道有关，软件的功能交互，指的是数据或变量的交换。比如，我们可以用表 4.9 中的 DSM，

⊖　也就是调用该算法的那个例程。——译者注

来表示冒泡排序算法的连接关系。单元格里写着该连接所涉及的那两个实体之间所要共享的变量，例如数组、数组长度、临时变量（temporary）、i 循环的下标及 j 循环的下标。

表 4.9 用 DSM 来表示冒泡排序算法的连接结构。单元格中的字母表示该连接所分享的变量。A 表示数组（array），L 表示长度（length），T 表示临时变量（temporary），I 表示 i 循环的下标，J 表示 j 循环的下标，C 表示把整个排序算法当作一条指令与编译器（compiler）共享

对象清单	1/12	2/10	3/9	4/8	5	6	7	11	调用例程	编译器
1/12	X	L	L	A	A	A	A	A	AL	C
2/10	L	X	LI							C
3/9	L	LI	X	J	J	J	J			C
4/8	A		J	X	AJ	AJ	AJ	A		C
5	A		J	AJ	X	AJ	AJT	A		C
6	A		J	AJ	AJ	X	AJ	A		C
7	A		J	AJ	AJT	AJ	X	A		C
11	A			A	A	A	A	X	A	C
调用例程	AL							A		
编译器	C	C	C	C	C	C	C	C		

在早前那个离心泵的例子中，我们看到表 4.5 所列的空间 / 拓扑关系矩阵与表 4.6 所列的连接关系矩阵是较为相似的，然而在这个冒泡排序算法的例子中，表 4.8 和表 4.9 却显得不那么相似。一般来说，信息系统的空间 / 拓扑结构与其连接性结构之间的差别，要比物理系统更加明显。

4.6.3 软件系统所在的整个产品系统、软件系统的边界及使用情境

接下来，我们看表 4.1 中的问题 4d："伴生系统是什么？""整个产品系统是什么？"前面说过，整个产品系统中，包含着对本产品 / 本系统的价值体现起到关键作用的那些伴生系统。冒泡排序算法的价值，是通过排好顺序的数组来体现的。

因此，在整个产品系统中，伴生系统至少包括调用例程和编译器这二者，其中，编译器用来把源代码编译为可以执行的指令。如果考虑地更广泛一些，那我们还可以说执行指令的处理器，以及录入数组数据的输入与输出设备，都是伴生系统。再往大里说，电源、网络、操作人员等，也可以算作伴生系统。然而为了简洁起见，我们把对伴生系统的讨论，局限在编译器和调用例程这一范围之内。在表 4.8 及表 4.9 中，位于虚线以外的那些对象，就属于伴生系统，而虚线本身，则相当于问题 4e 所说的系统边界。

在表格中，位于对角线之外的那些单元格，有可能会揭示出系统的接口。虽然我们从表格中看不出比较重要的空间 / 拓扑接口，但却能够发现一些相当关键的连接接口。比如，调用例程和冒泡排序算法之间，就必须通过某种连接渠道来分享数组及数组长度。

此外，编译器也需要通过某种连接渠道，来查看冒泡排序算法的代码，并据此创建适当的机器指令。

最后我们来到了表 4.1 中的问题 4f："使用情境是什么？"从当前拥有的信息来看，这个问题很难回答。冒泡排序算法可能位于某个供学生所使用的教学模块中，也可能是应用程序库的一部分，还有可能包含在某个对操作系统很重要的嵌入式软件中。在不同的情境下，我们会对该算法的质量控制、可靠性及可维护性提出不同的要求。

总之：

- 软件系统的形式对象是代码，代码（在执行时）会解读成指令。
- 软件的形式可以分解为模块和过程，如果要继续向下拆分，那么还可以分解成一行一行的代码。
- 软件的结构由空间 / 拓扑结构和连接结构组成，前者对软件执行时的控制流起到指向作用，而后者则为软件执行时的数据和变量交换活动提供连接渠道。
- 软件系统所在的整个产品系统，包括该软件本身的代码，也包括编译器、调用例程、处理器、操作系统软件、输入设备与输出设备等伴生系统。软件系统的使用情境中，包含着对该软件提出要求并与该软件的操作方式有影响的那些系统。

4.7 小结

形式是系统的一项属性，是系统的物理体现或信息体现。它已然存在或有可能存在，且对功能起着工具性的作用。形式可以分解为形式对象，这些形式对象之间具有形式关系，形式关系也称为结构。形式最终要实现出来，并加以操作。本系统的形式与其他伴生系统（伴生系统与本系统的边界处有一些接口），合起来构成整个产品系统，这使得本系统的价值能够得以体现。对形式的完整描述，包括本系统的形式对象、形式对象的结构、伴生系统、接口，以及使用情境。

本章我们采用反向工程的思维方式，先从形式这一更加具体的系统属性开始进行分析，而把不那么具体的系统属性，也就是功能，推迟到第 5 章进行讲解。表 4.1 列出了 6 个能够帮助我们分析系统形式的问题，而后续的几节则给出了解决这些问题所依循的步骤，并将这些步骤运用在机械泵及冒泡排序算法这两个简单的系统上。通过这些讲解，我们可以看出：这套分析流程对于这些系统的分析工作来说，是有一定帮助的。

4.8 参考资料

[1] D. Dori, *Object-Process Methodology: A Holistic Paradigm* (Berlin, Heidelberg: Springer, 2002), pp. 1–453.

[2] Figure credit: Holt and Perry (2008), *SysML for Systems Engineering.*

第5章　功　　能

5.1　简介

功能的分析和形式的分析，是相互交织起来的。本章将要为功能分析打下基础，它与第4章互为补充。架构师进行交替思考（参见3.5节）时，会先在形式领域或功能领域中待一段时间，然后再切换到另一个领域。本书之所以先讨论形式，后讨论功能，主要是为了便于组织相关的话题，而不是说分析系统时必须按照先形式、后功能的顺序来做。

与形式相比，功能显得不那么有形，因此，我们需要先在5.2节中给功能一词下个定义，并对其进行一番描述。5.3节会讲述对外体现的功能，该功能与系统的主要目标是有联系的。这个对外体现的功能，是从系统的内部功能中涌现出来的，5.4节将要讲解内部功能。内部操作数创建了功能交互，并产生了功能架构，这是5.5节的话题。除了主要功能之外，系统通常还会向外界体现一些次要功能，这将在5.6节中讨论。本章最后会简要地讲述如何用SysML图来表示功能。

分析功能时，我们也会像第4章那样，提出一系列问题，并以这些问题作为指引来进行分析。这些问题列在表5.1中。

表5.1　定义功能及架构时所要考虑的问题

问　　题	回答该问题所产生的成果
5a. 系统对外体现的、与价值相关的主要功能是什么？与价值相关的操作数是什么？该操作数具备哪些与价值相关的状态，这些状态如何为过程所改变？对工具形式所做的抽象是什么？	能够对系统进行抽象的“操作数—过程—形式”组合
5b. 主要的内部功能是什么？内部操作数与过程是什么？	一套过程与操作数，它能够对系统之下第一级的分解情况进行抽象，而且还有可能对系统之下第二级的分解情况进行抽象
5c. 功能架构是什么？这些内部功能，是怎样连接成价值通路的？主要的外部功能是怎样涌现出来的？	在任意分解层级中的过程之间所发生的一系列功能交互
5d. 其他较为重要且与价值有关的次要外部功能是什么？它们是如何从内部功能及价值通路中涌现出来的？	其他的过程、操作数及其功能架构，它们具备一些位于系统对外体现的主要功能之外的价值

5.2　架构中的功能

5.2.1　功能

功能，说的是系统能够做些什么。功能谈的是活动（activity）问题，而形式谈的则是存在问题。如文字框 5.1 所示，功能涉及操作、转换或动作等方面。性能用来描述系统能否很好地执行其功能，它是功能的一项属性。

文字框 5.1　定义：功能

功能是可以产生或促进性能的活动、操作或转换。在经过设计的系统中，功能就是使系统得以存在的动作，它最终会令系统的价值得到体现。功能是通过形式来执行的，形式对功能起着工具性的作用。功能要从实体之间的功能交互中涌现出来。

功能是产品 / 系统的一项属性。

形式是由形式实体（也就是对象）及这些实体之间的形式关系（也就是结构）所组成的，与之类似，功能也由功能实体及这些实体之间的功能关系（也就是交互）而构成。我们在系统表面所看到的功能，是从系统内部各功能实体之间的交互及整个产品系统中涌现出来的。

功能对于系统和系统架构来说，是极其重要的。系统的奇妙之处以及它们所涌现出来的东西，都发生在功能领域，而设计系统时所遇到的难题，几乎也出现在这个领域。因此我们可以说，功能是系统的一项属性。

所有系统都有其功能，然而对于由人类所构建的系统来说，我们必须对功能进行构思，以便使系统的目标得以达成。由于功能不像形式那样有形，因此其表达方式也比较多样。在组织和机构中，功能有时称作任务、角色或职责。美国宪法把它叫做权力（power）。宪法规定了立法机关、行政机关及司法机关的功能。

5.2.2　把功能视为过程加操作数

在第 2 章中我们说过，功能是由过程和操作数组成的，也就是说，功能＝过程＋操作数。以房屋和紧急逃生指令卡为例，其功能可以分别写为：（房屋的）功能＝安置＋居住者、（指令卡的）功能＝指引＋（逃生的）乘客。为了更好地理解功能，我们首先要理解操作数与过程。

操作数　操作数是一种对象类型（对象的定义参见文字框 4.2）。系统中有些对象是形式元素，有些对象则是操作数。在人类的日常语言中，几乎所有的对象都用名词来表示。

包括操作数对象与形式对象在内的全部对象，都有可能于某段时间内稳定且无条件地存在，但是形式对象必须先于功能而存在。它对功能起到工具性的作用，它是由架构者来设计，并且由系统来提供的。

与形式元素相对，操作数是功能的一部分，用来表示由功能所改变的东西，例如接受安置的居住者和受到指引的乘客。文字框5.2给出了对操作数一词所下的正式定义，从该定义中可以看出，操作数是功能中的过程部分所要操作的东西。它可以先于功能的执行而存在，也可以随着功能的执行而出现。一般来说，操作数要由过程来创建、转换或消耗。

> **文字框5.2 定义：操作数**
>
> 操作数是一个对象，因而有可能会在某段时间内稳定且无条件地存在。这种操作数对象，不需要先于功能的执行而存在，且会以某种方式为功能所操作。操作数可能会由功能中的过程部分来创建、修改或消耗。

值得注意的是，操作数通常都不是由架构师或系统的构建者来提供的，而是会在执行操作时出现，并且通常都出自其他一些来源。比如，居住者不是由房子来提供的，乘客也不是由逃生指令卡来提供的。一般来说，架构师并不能严格地控制操作数。房屋的住户可能有其各自的喜好，乘客所讲的语言也可能与指令卡上的不同。按照惯例，我们在表示系统时，几乎都不会把操作数写出来。

过程 在日常语言中，过程与动词有关，动词是语言中用来表达动作或转换的一种词汇。OPM把过程一词定义为运用于一个或多个对象的转换模式（参见文字框5.3）。过程通常涉及操作数的创建、销毁或改变。以房屋为例，如果我们把房屋的功能定义为安置住户，那么安置就是个过程。该过程会把居住者的状态从“未入住”变为“已入住”。对于飞机上的紧急状况指令卡来说，其过程是指引乘客（逃生）。该过程改变了乘客对逃生知识的了解程度。

> **文字框5.3 定义：过程**
>
> 过程是对象所经历的一种转换模式。过程通常涉及操作数的创建、销毁或改变。

与对象不同，过程是暂时而动态的，它沿着时间轴发生。我们无法用照片拍下某个过程，而是需要把它录下来。单单观察录像中的某一帧，是无法了解整个过程的，我们必须把全部的帧都拼成一个完整的序列，才能理解该过程。比如，我们拍摄了一位短跑运动员冲向终点线的录像。假如单看其中一帧，或是用图5.1中的这个国际通行符号来表示跑步，那我们就没有办法了解整个过程，而是只能对跑步的动态情形加以推测了。漫画师确实可以利用一系列技巧，把运动情况展示在同一帧中，但是像图5.1左边这样的图片，画的究竟是把轮毂罩（hubcap）套在车轮上，还是把它从车轮上拿下来呢？

5.2.3 用解析表示法来展现功能

为了深入分析功能，我们需要拟定一种明确的解析表示法，用以展示过程和操作数。第2章曾经用了一种不太精确的方式来绘制功能，也就是把功能画成圆角矩形，并且把形式、流程和操作数都写在矩形中。

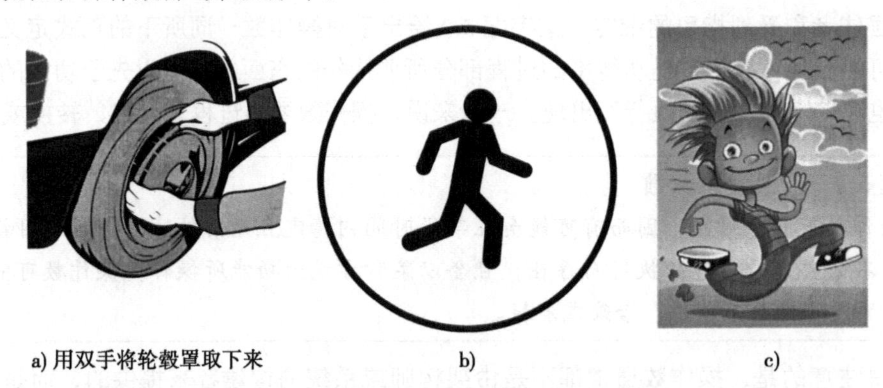

a) 用双手将轮毂罩取下来　　b)　　c)

图 5.1　过程本身是动态的，因而很难用静态图像来表示。从左至右分别是：描述如何去掉车轮盖的示意图，表示奔跑的符号，正在奔跑的卡通人物

图片来源：b) Miguel Angel Salinas Salinas/Shutterstoc；c) Screwy/Shutterstock.

OPM 有一套符号，用来表示对象、过程及其交互，参见图 5.2。过程用椭圆表示，椭圆中的标签是该过程的名称。操作数是对象，因而用矩形来表示，操作数的名称写在矩形中。功能由上述两个 OPM 元素组成，也就是由过程及操作数组成，然而 OPM 并没有专门用来表示功能的符号。

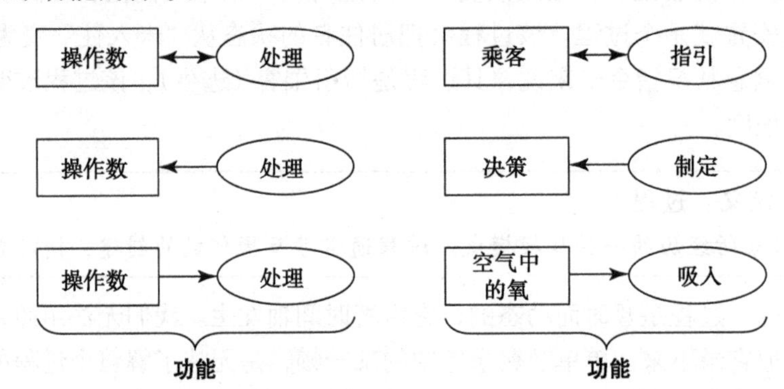

图 5.2　用 OPM 图来表示由过程和操作数所构成的功能。从上到下，分别表示影响操作数的过程，产生操作数的过程，以及消耗操作数的过程

在 OPM 图中，操作数与过程之间的关系有三种表示方式，如图 5.2 所示。从过程指向操作数的单箭头线，表示该过程会创建操作数，例如工厂生产汽车、设计团队制定设计方案等。汽车与设计方案在该过程执行之前是不存在的，它们会出现在该过程执行完毕以后。

从操作数指向过程的单箭头线，表示该过程会消耗操作数，例如工厂在制造汽车时会消耗零部件，肺会消耗空气中的氧气，以便将其运送到各个组织和器官。与产生操作数的那些过程相比，消费操作数的过程，相对来说是比较少见的。它意味着过程执行完之后，操作数所在的那个抽象物，其性质及位置会与原来有所不同。以制造汽车的工厂为例，零部件在汽车出厂之后虽然存在，但却已经成为另一种抽象物（也就是汽车）的一部分了。

两端均带有箭头的那种连线，表示该过程会对操作数造成影响，但它既不消耗操作数，也不产生操作数。比如，居住者在搬进屋子之前与搬进屋子之后，都是同一个人。其区别只在于“是否入住”这一属性发生了变化。操作数的存在性依然没有改变，该过程所改变的，只是其中的某个属性而已。

OPM 图用一端带有圆点的连线，来连接工具对象以及它所承载的过程。而过程又通过适当的箭头线，与操作数相连。不同的箭头线，可以分别用来表示该过程对其操作数的创建、销毁或影响。

现在，我们就可以用解析的方式来展现形式及功能了，正规的系统模型如图 5.3 所示。

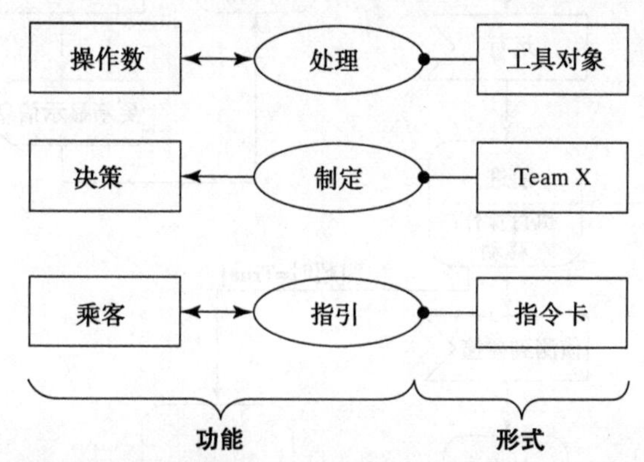

图 5.3 用 OPM 图来规范地表示系统架构：把功能表示为过程以及该过程所影响的操作数，并把形式表示为工具对象

图 5.4 用一种更加明确的方式来绘制正规的系统模型，它画出了操作数的状态。这种视图所强调的，是操作数的状态会在由工具对象所承载的过程中发生变化。

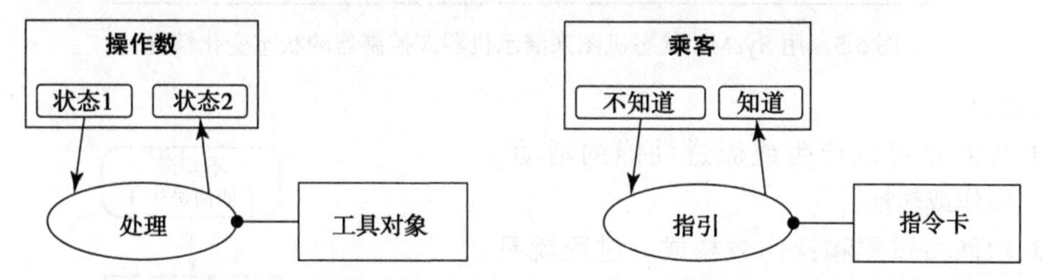

图 5.4 用更加明确的 OPM 图来展示正规的系统架构，这种 OPM 图列出了由过程所改变的那些与价值相关的状态

这种强调操作数状态的表示方式，与 SysML 中表示功能所用的状态机图较为接近。SysML 的状态机图是由状态、状态的转换及事件 / 信号组成的。状态用圆角矩形表示，状态的转换用箭头线表示，事件 / 信号用一个边凹陷或突出的矩形表示。状态的转换是由事件或信号激发的，通过这些事件或信号，我们可以看出系统的状态会在什么情况下发生变化。

图 5.5 是一张典型的 SysML 状态机图，该图用来展示机器人控制器的状态变化情况。

早前曾经讲过，SysML 图与 OPM 图之间的一项差别，就在于 SysML 图会把对形式和结构所做的描述，与对功能和行为所做的描述区分开。因此，SysML 状态机图只包含与功能本身有关的信息，而并不会展示出与功能相关的对象。在图 5.6 这张状态机图中，我们既看不到指令卡，也看不到飞机上的乘客。

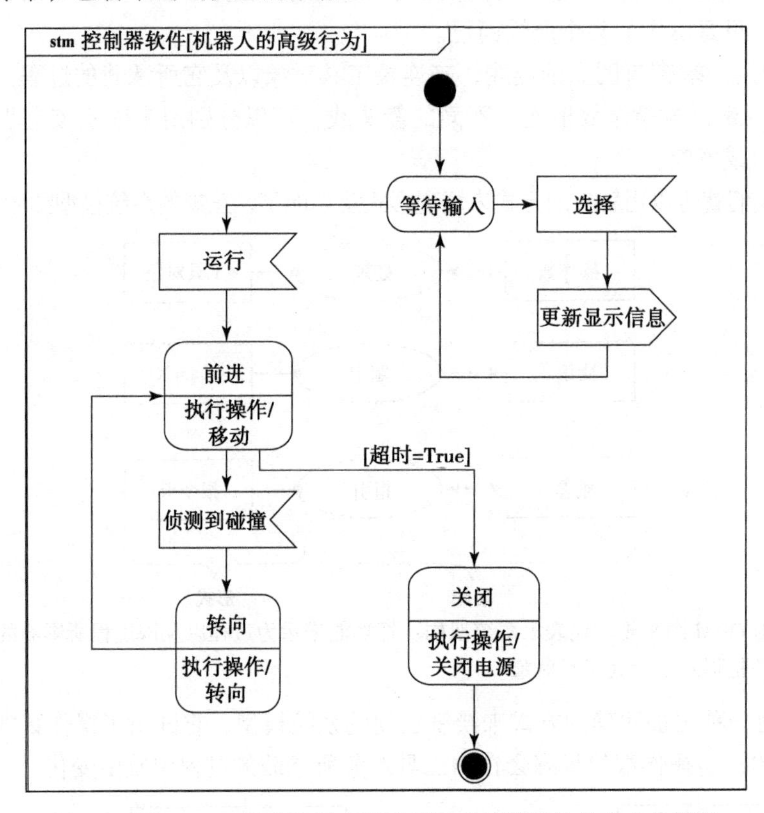

图 5.5　用 SysML 状态机图来演示机器人控制器的状态变化情况

总之：

- 功能是可以产生或促进性能的活动、操作或转换。
- 功能由过程和操作数构成。过程就是一种转换，而操作数则是由过程所操作的对象。过程通常会创建操作数、转换操作数或销毁操作数。
- 正规的系统模型包含操作数、过程和工具对象，过程要以一种能够创造价值的方式来改变操作数，而工具对象则为该过程提供承载。

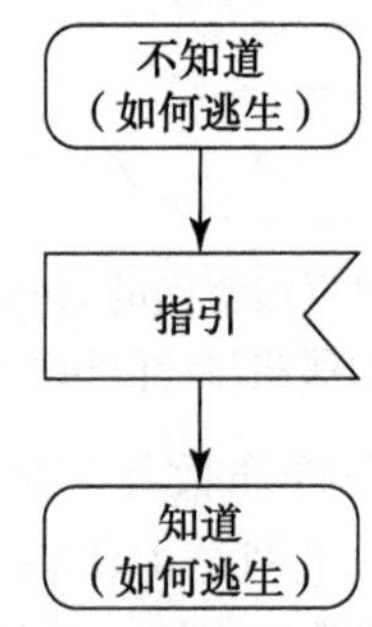

图 5.6　用简单的 SysML 状态机图来表示指令卡。请注意，图中并没有画出指令卡对象本身，也没有画出乘客对象

5.3 分析对外展现的功能和价值

5.3.1 对外界展现的主要功能

现在我们来看表 5.1 中的问题 5a："系统对外体现的、与价值相关的主要功能是什么?"我们可以把这个问题分成两个意思。第一个意思是说，这个功能必须是对外界展现的功能，它必须跨越系统的边界，并对使用情境中的某件事物造成影响。第二个意思是说，这个功能必须是主要的功能，也就是我们构建这个系统时想要达成的功能。表 5.2 列出了几个范例系统，并指出了它们对外界所展现的主要功能。

表 5.2　系统对外展现的、与价值相关的主要功能，以及与该功能有关的形式（表中列出了功能的操作数、操作数的状态以及对操作数进行转换的过程）

功　能			形　式
与价值有关的操作数	与价值有关的属性及状态	与价值有关的过程	系统的形式
输出信号	量值（由高变为更高）	放大	运算放大器
设计方案	完备性（由不完备变为完备）	研发	Team X
氧气	地点（由其他位置变为器官中）	输送	循环系统
水	压力（由低变高）	加压	离心泵
数组	排序性（由未排序变为已排序）	排列	冒泡排序算法的代码
面包	切片性（由整块变为切片）	制作	厨房

有一些系统看起来似乎只是为了形式而构建的。这些系统通常与审美、成就或收藏有关，例如艺术品、奖杯或硬币等。其实，这些系统的形式依然是有功能的，其功能分别是：取悦＋欣赏者、留下印象＋给其他人，以及满足＋收藏的欲望。如果一件艺术品不能令你感到愉悦，那你就不会去购买它或是去看它了。这种特殊的形式所承载的功能，与人类对这种形式的反应有关。因此，这些形式依然体现出了各自的功能。

功能必须以外在的方式得到执行，才能体现出系统的价值。功能的要义，在于它必须是对外展现的（externally delivered），而不能仅仅在系统内部执行。由此我们可以推出系统的一条重要法则，那就是：功能与价值总是体现在系统边界的接口处。以图 5.2 中的某些范例系统为例：放大器只有在输出端产生放大信号时，才能体现出价值，设计团队只有在交付设计方案时，才能体现出价值，而循环系统也只有在把氧气输送到器官或组织时，才能体现出价值。

由人类所构建的系统，都会具备一项想要展示给外界的主要功能。该功能就是我们构建系统时所要达成的目标，或者至少可以说，是我们本来打算达成的目标。如果构建出的系统无法体现这项功能，那它就失败了。运算放大器是用来放大的，尽管它也可以对高频进行过滤，但如果无法体现出放大功能，那它就失败了。Team X 是用来研发设计方案的，如果交不出设计方案，那它就失败了。

之所以要关注主要功能，是因为在当今的工作中，工程师所面对的需求和潜在的功能实在是太多了。许多产品提供了一大堆辅助的功能，但却没有把主要的功能做好。比如，Apple 的 iPhone 手机在加上手机壳之后，信号会受到干扰，从而影响手机的主要功能。架构师应该优先考虑主要功能，而不要把精力过多地分散在其他功能上。

于是，我们应该通过下面两个方法来认定与价值相关的主要功能：

- 先不考虑以后要添加的那些与价值相关的功能，我们刚开始决定构建这个系统时，本来想要展现的是什么功能？
- 或者说，哪一个功能的失败，会导致操作人员抛弃或替换该系统？

在对外界所展现的这些功能中，主要功能以外的那些功能，统称为次要功能（secondary function，辅助功能），它们将在 5.6 节中被讨论。

5.3.2　与价值有关的操作数

系统在执行对外界所展现的主要功能时，会体现出它的价值。正如文字框 5.4 所示，价值是用相关的成本所换取的利益、财富、名望或功用。如果系统能够以适中的成本创造出较大的收益，或是用较低的成本创造出适当的利益，那么这个系统的价值就比较高。请注意，有些人会把“价值”（value）视为“利益”（benefit）的同义词，但本书始终把价值当成有着一定成本的利益，而不是无条件地将两者等同起来。《Lean Enterprise Value》[1] 一书对价值所下的定义，与本书类似，它认为“价值是各种利益相关者在对企业做出相应的贡献时，所谋求的特定财富、功用、利益或回报。”

> **文字框 5.4　定义：价值**
>
> 价值是有着一定成本的利益。利益就是由系统所创造的财富、名望或功用。观察者会对价值进行主观判断。成本是一种指标，用来衡量为了取得利益所必须付出的代价。

如果系统能够正常运作，那么按道理说，它的价值就将会在功能涌现出来时得到体现（参见文字框 5.5），但这个价值是否真能体现出来，则是无法确定的。因为价值是由观察者所做出的主观判断，而这位观察者，本身并不是架构师，他更有可能是客户、受益者或是用户。（第 11 章将会给出一套流程，试图确保设计出来的系统能够传达出令人满意的价值。）

> **文字框 5.5　受益原则（Principle of Benefit Delivery）**
>
> “设计必须反映出商业活动中的实际需求和审美需求，然而最重要的是，良好的设计必须能够给人提供服务。”
>
> ——Thomas J. Watson，IBM 首席执行官
>
> “愤世嫉俗者（犬儒）就是那些只知道每一件东西的价格，但却不知道其价值（也就是利益）的人。”
>
> ——Oscar Wilde

好的架构必须使人受益，要想把架构做好，就要专注于功能的涌现，使得系统能够把它的主要功能，通过跨越系统边界的接口对外展示出来。

- 系统所产生的利益，是通过其对外展示的主要功能而提供的。
- 在系统想要对外界展现的功能中，通常有一个功能，是我们当初设计这个系统时所定义的主要功能，如果缺了这个功能，那么系统就失败了。
- 利益是在系统边界处体现出来的，它一般通过接口得以体现。

在系统所操控的那些操作数中，我们必须认清其中哪个操作数是与价值有关的，而要想认清这样的操作数，我们可以来思考一个问题，那就是：该系统之所以存在，是为了操控哪一个操作数，或者说是为了创建、销毁或影响哪一个操作数？比如，对于运算放大器来说，其存在的原因显然是为了创造高幅输出信号。

确定了这个操作数之后，我们还要考虑该操作数中的哪一项属性是与价值有关的。以表 5.2 中的放大器为例，当“放大”这一过程去操控“信号”这个操作数时，它会将操作数的“振幅”属性由“低”状态变为“高”状态，从而使系统的价值得到体现。图 5.7 用几种不同的 OPM 图，绘制出了运算放大器系统对外界所展现的功能。

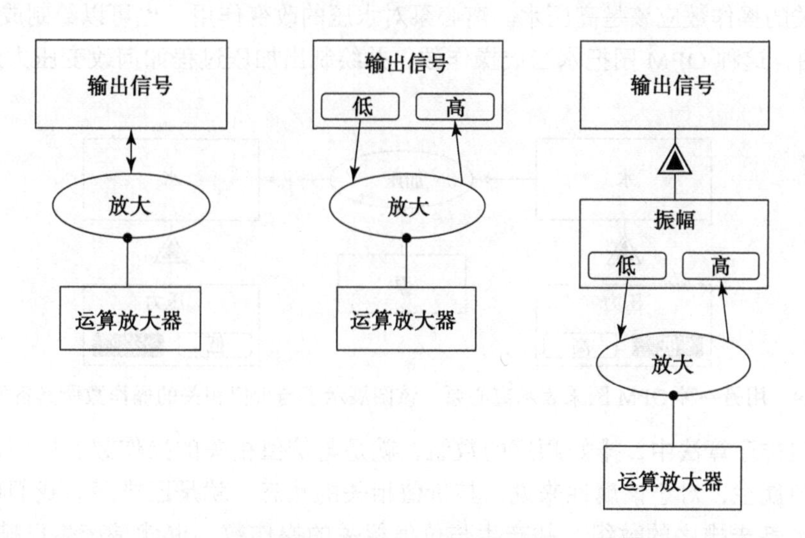

图 5.7 用逐渐细化的三种 OPM 图，来表示系统对外界展现的主要功能

对于 Team X 来说，与价值有关的操作数，指的就是最终的设计方案。除此之外，该团队当然也会产生其他一些输出，例如没有成为最终方案的那些选项、对方案所做的分析，以及考勤卡等。但 Team X 之所以存在，主要还是为了产生最终的设计方案。老板会问：“设计方案定下来没有？”从这个问话中，我们就可以看出与价值相关的功能是什么。

现在我们可以来回答表 5.1 中的问题 5a 了。要回答这个问题，就要专注于系统对外界所展现的主要功能，并思考下面 3 个小问题：

- 如何用最具体的方式来描述系统在体现其价值时所操控的操作数？
- 该操作数的哪一项属性，与价值的体现相关联？在该属性所呈现出的状态中，与价值有关的最终状态是什么？
- 本系统需要通过哪个过程，来改变该操作数中与价值相关的状态？

以离心泵系统为例，我们可以这样来回答上面几个小问题：操作数是水；与价值相关的属性是水压（该属性的最终状态应该是高）；系统改变该操作数所用的过程是加压。如图 5.8 所示，泵可以当成一个吸入低压水并排出高压水的装置，那么，在这两个方面中，我们为什么能够确定高压水才是与价值有关的那个操作数呢？

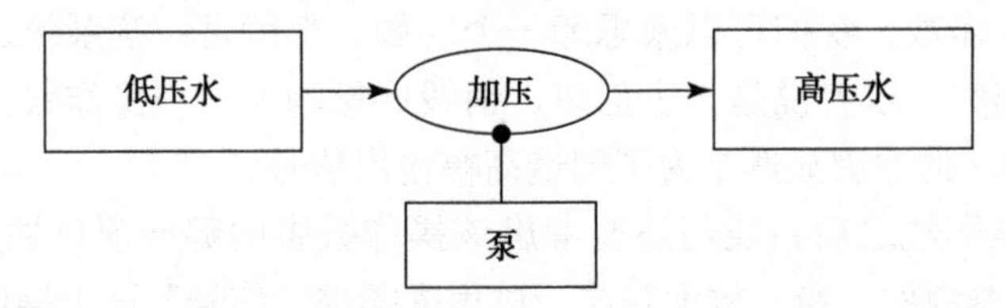

图 5.8　用 OPM 图来表示离心泵，以展示与价值有关的操作数

原因在于，我们构建离心泵，并不是为了消耗低压水，而是为了产生高压水，因此，与价值有关的操作数应该是高压水。离心泵对水压的改变作用，也可以绘制成图 5.9 这样的 OPM 图，这种 OPM 图把水当成操作数，并绘制出加压过程如何改变压力这一属性的状态。

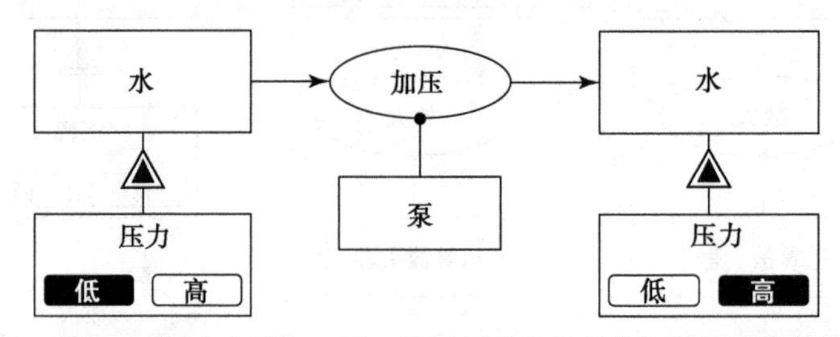

图 5.9　用另一种 OPM 图来表示离心泵，该图展示了与价值相关的操作数所具备的状态

在冒泡排序算法中，排好顺序的数组，就是与价值相关的操作数。排序性，是该操作数的一项属性，对于该属性来说，与价值相关的状态，就是已排序。我们可以把排序过程视为消耗未排序的数组，并产生与价值相关的操作数，也就是产生已排序的数组。此外，我们还可以把该过程理解为：将数组的有序性这一属性，从未排序的状态变为已排序的状态。

一般来说，还有一些操作数对象与价值的体现没有直接关系，这些对象可以称为其他操作数（other operand）。比如，在冒泡排序算法中，数组长度变量也作为一个操作数而传给了该算法，但它并不是与价值有关的操作数，它仅仅是排序过程中用到的一个操作数而已。对于离心泵系统来说，低压水和电源都属于其他操作数。

在本节的最后，我们还要提一个简单的系统，那就是制作切片面包的面包房。表 5.2

的最后一行概括了该系统，它对外所体现出的、与价值相关的操作数，就是已经切成片的面包。在这个系统中，操作数是面包，与价值相关的状态是已切片，过程是制作切片面包。

总之：

- 当过程通过跨越系统边界的接口而运作时，系统对外界所展现的主要功能就会涌现出来。
- 系统所带来的利益，与它对外展现的功能有关。
- 系统中的过程，会对与价值有关的操作数进行操控，并以此产生利益。我们要分析操作数、与价值相关的属性、该属性的状态变化情况，以及操控该操作数的过程。

5.4　对内部功能进行分析

5.4.1　内部功能

接下来我们分析内部功能（参见表 5.1 中的问题 5b）。系统中有一些功能是内部的，而这些内部的功能之间，也会形成一些关系。内部功能与其关系，合起来构成系统的功能架构（functional architecture）。系统对外展现的功能、系统的性能，以及那些以“某某性”(英文词尾多是 ility）为名的特性，都是从内部功能及其关系中涌现出来的。

首先，我们要确定重要的内部功能或功能实体（这会在本节中讲述），然后，我们把功能实体连接起来，以形成功能架构（这将在 5.5 节中讲述）。这两个步骤与系统工程中的功能分解步骤[2]相似。

分析内部功能的关键，在于确定内部功能实体。我们在第 2 章那些简单的范例系统中，已经接触过内部功能了。这些内部功能都有操作数部分及过程部分，如表 5.3 所示。对于运算放大器来说，增益是操作数，对增益的设置是过程；输出信号是操作数（电压是该操作数的一个状态），对输出信号的提升是过程。

表 5.3　系统中与价值相关的主要内部功能。表中列出了功能的操作数部分及过程部分，也列出了系统的形式

主要的内部操作数	内部过程	系统形式
增益	设置	运算放大器
电压	提升	
需求	拟定	Team X
概念	构想	
设计方案	批准	

（续）

主要的内部操作数	内部过程	系统形式
氧气	吸入	循环系统
血	泵送	
氧气	输送	
液体流	加速	离心泵
液体流	扩散	
i 下标	循环递增	冒泡排序算法
j 下标	循环递增	
数组中的元素	测试	
数组中的元素	交换	
面团	揉	面包房
面包	烤	
面包片	切	

5.4.2　确定内部功能

我们如何来确定内部功能呢？可用的办法有好几种，其中包括逆向工程法、标准蓝图法以及隐喻法等。逆向工程法是对形式元素进行逆向工程，以推导出它们的功能。在运算放大器的电路中只有三个元器件。于是我们就可以问："这三个元器件都是做什么用的？"如果对模拟电路有一定的了解，那就可以看出：环路中的分压器，是用来给运算放大器设置有效增益的，而运算放大器，则用来对信号进行放大。

表 5.3 列出了 Team X 的内部功能。那么，这些内部功能是怎样确定出来的呢？要确定 Team X 的内部功能，我们可以运用标准蓝图（standard blueprint）思维来思考其过程。为了涌现出某个功能，我们通常会把某些过程组合在一起。比如，文字框 5.6 就提到了在制定决策时所依照的标准蓝图，这张蓝图是由一系列过程组合起来的。

文字框 5.6　深入观察：内部过程的标准蓝图

某些功能会自然而然地展开成一系列内部功能，而这种展开方式，经过许多年之后，依然能够保持稳定。我们把这样的展开称为标准蓝图。比如，150 年前，一个人要从家中出发骑马去城镇，所遵循的各项过程应该是：从马厩中把马牵出来、上马、沿着路骑向城镇、到达城镇、把马关进马厩；而 150 年后的今天，我们从家出发开车到办公室，所遵循的各项过程则是：从停车场中把车开出、沿路驶往公司、到达公司、停车。将这两套流程进行对比，我们就会发现，其中所包含的内部过程是相当稳固的。

这或许是因为这些系统中本身就蕴含着同一套稳固的流程，也有可能是因为我们在研发新系统时，沿用了由先前系统的那些内部过程所构成的标准蓝图。

下面举一些标准蓝图做例子：

- ❑ 运送重物：克服重力、克服阻力、使物体前行。
- ❑ 传送信息：对信息进行编码、沿着正确的路径传输、对信息进行解码。
- ❑ 雇用员工：招聘求职者、签订合同、培训员工、指定工作任务、定期评估。
- ❑ 制定决策：收集信息、提出备选方案、提出制定决策所依据的标准、评估备选方案、确定最终方案。
- ❑ 拼装零件：把零件聚拢、检视零件、拼装零件、对拼成的系统进行测试。

由于研发设计方案基本上也相当于是在做一系列决策，因此我们会很自然地发现：Team X 团队的内部流程与制定决策时的标准蓝图在某种程度上是相似的。拟定需求（参见表 5.3），就相当于收集信息并提出制定决策所依据的标准（参见文字框 5.6）；构想概念，就相当于提出备选方案；批准设计方案，就相当于评估备选方案并确定最终方案。

表 5.3 也列出了循环系统的内部功能。那么这些功能又是如何确定出来的呢？要确定人体循环系统的内部功能，我们可以把它想象成一套家庭采暖系统。在这两套系统中，都有流动的液体（水 / 血），该液体吸收某种东西（热 / 氧气），并把它输送到相关地点。

除了上面所说的几种方式之外，第 2 章中讲到的那三种技巧，也可以用来分析内部功能，它们分别是：先例法、建模法、实验法。一般来说，即便我们只是对操作过程进行观察，也依然可以得出一些相当有用的信息。运用这些技巧时，必须首先专注于能够创造价值的内部过程，同时还需要运用与特定领域有关的知识和经验。

现在我们用这套思路来分析切片面包的制作。只需要观察面包是如何做出来的，我们就有可能推测出烹饪时所依循的标准流程，那就是：切食材 / 调配食材、加热、打散成块。这套标准流程与制作面包的具体工序之间，差距不是很大，因为做面包也是按照“揉面、把面团烤成面包、把面包切成片”这三个步骤来完成的。图 5.10 中的 OPM 图演示了这些内部过程。

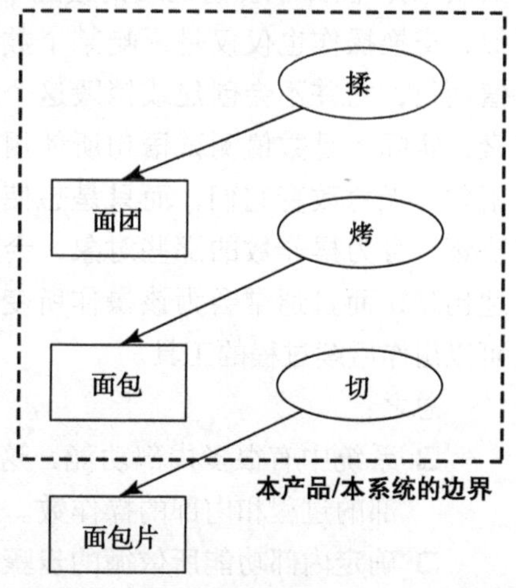

图 5.10 切片面包制作系统的内部功能

我们再来看离心泵的例子。与价值有关的外部功能，是为水增压。专注于这一功能，我们就会发现：要想从中认定该系统的内部功能，必须有相当多的专业知识。泵首先会提升液体的动能，然后把它转化成与压力有关的势能。因此，除了流入和流出这两个内部功能之外，它还有两个主要的内部功能，一个是使液体加速，以便在泵的内部产生速度较快的液体流；

另一个是使液体扩散，以便在泵的内部产生压力较高的液体流。

我们可以用矩阵法来表示内部功能，也就是绘制一个分别以过程和操作数为轴的矩阵。这种矩阵称为PO矩阵（P表示过程，O表示操作数）。单看表5.4中表示“创建”的那些单元格，就可以了解离心泵的内部流程。如果把表示“销毁”的单元格也算上，那么还可以看出该系统的功能架构（详见5.5节）。

表5.4　用PO矩阵（过程－操作数矩阵）来表示离心泵的功能架构。它是由内部过程、内部操作数与接口操作数组成的（c′表示创建，d表示销毁）

过程清单	内部的低压流	内部的高速流	内部的高压流	外部的低压流	外部的高压流
流入	c′			d	
加速	d	c′			
扩散		d	c′		
流出			d		c′

对于冒泡排序算法的代码来说，我们专注于和价值有关的对外操作数，也就是排好顺序的数组。现在打一个比方，假设正在玩扑克，需要把手中的牌从小到大整理好，那么我们可能会成对地交换这些牌，直到它们排好顺序为止。我们也可以对伪代码进行逆向工程，以确定每一行代码的具体含义。此外，还可以把冒泡排序算法本身，当成一套标准蓝图。运用这些技术，我们就可以确定出该系统的4项内部功能，它们分别是：循环递增＋i下标、循环递增＋j下标、测试＋（相邻的两个）数组元素、有条件地交换＋（这两个）数组元素。

冒泡排序算法的内部功能图，展示了该系统的内部功能（参见图5.11）。循环语句会影响下标的值，它只会将该值递增（也就是修改该值的状态），但并不会创建或销毁这个下标本身。与之类似，交换操作也仅仅是影响某个数组元素的位置或取值而已，它并不会创建或销毁这个元素。这些数组元素，实际上是数值测试语句所使用的一种工具，测试语句并无意改变它们，而只是想使用其中的信息来做决策。身为操作数的那些对象，会在操作过程中动态地出现，而且通常会为该操作所变换，此外，它们也可以用作后续过程的工具。

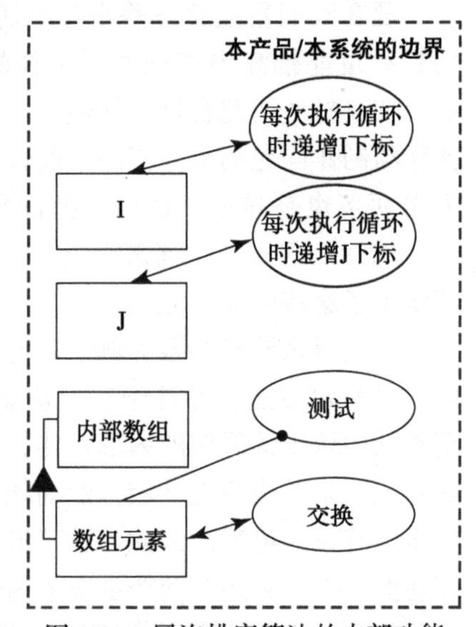

图5.11　冒泡排序算法的内部功能

总之：

- 系统中有很多内部功能，这些内部功能包括内部的过程和内部的操作数。
- 确定内部功能所依循的步骤包括：
  - 专注于系统对外所展现的主要功能，也就是会对与价值有关的操作数进行创建、销毁或影响的那个过程。

- 请领域专家介入。他们的专业经验，是无可替代的。
- 对关键的形式元素做逆向工程，并运用所在领域的标准蓝图及类比隐喻的方式来理解系统的内部功能。

5.5 分析功能交互及功能架构

5.5.1 功能交互与功能架构

认清了内部的功能实体之后，我们就可以来看表 5.1 中的问题 5c 了，这个问题问的是："功能架构是什么？"要回答这个问题，就必须理解功能实体之间的关系，在第 2 章中，我们把这种关系称为交互。这是分析架构的一个关键步骤，因为系统对外界所展现的功能，正是从内部功能的交互中涌现出来的。这一步所依据的核心理念是：（过程之间相互）交换或共享的操作数，就是功能交互。功能与功能交互，合起来构成功能架构。

图 5.12 用 OPM 图来表示切片面包制作系统的功能架构。将图 5.12 与图 5.10 相比较，可以发现其中多了 4 个操作数，那就是面粉、水、盐和酵母。它们是揉面过程所要消耗的输入值，揉好面之后，它们就不再作为实体而存在了。揉面过程所产生的面团，又成了烘烤过程所要消费的输入值，烘烤完成之后，面团也不再作为实体而存在。同理，烘烤过程所产生的面包，成为切片过程所消耗的输入值，切片完成之后，切片面包就做好了。面粉、水、酵母、盐、面团、（整块的）面包及面包片，都是过程之间的交互，它们会由揉面、烘烤及切片等过程所销毁或创建。这样看来，过程会与不只一个操作数相连，而操作数则对过程起到连接作用。与价值相关的对外操作数（也就是面包片），会跨越系统的边界。我们也可以把 OPM 图中的信息用过程 - 操作数矩阵表示出来（参见文字框 5.7）。

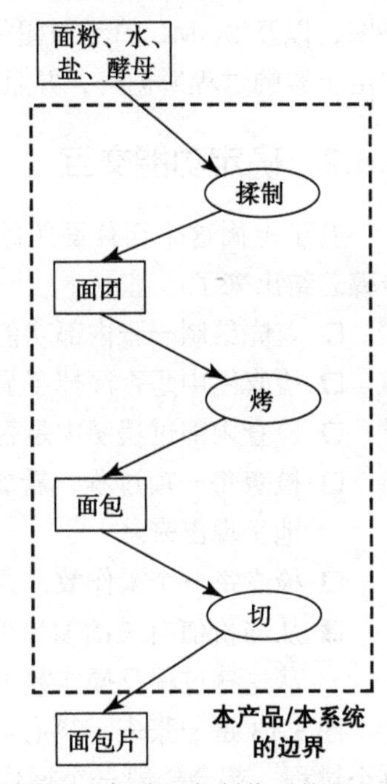

图 5.12 切片面包制作系统的内部功能及功能架构

> **文字框 5.7 方法：根据 OPM 图来创建 PO 矩阵**
>
> OPM 内部过程图及 PO 矩阵，使得我们能够直观地分析系统的内部功能架构。很多人觉得先画 OPM 图，然后将其转换为 PO 矩阵，要比直接画 PO 矩阵更容易一些。这两种表示形式，都能以各自的方式来帮助我们理解系统。将 OPM 内部功能图改写为 PO 矩阵的步骤如下：

- ❑ 创建一个矩阵，该矩阵的每一行，表示一个过程，每一列，表示一个操作数。
- ❑ 逐个处理 OPM 图中的每一个过程。根据图 5.2 及图 5.3 中的图示，来认定与该过程相连的操作数，并将它们与该过程之间的连接情况，写到该过程所对应的行中。
- ❑ 由过程所创建的操作数，写在 PO 矩阵中与该操作数相对应的那一列中，并在其字母后面加上撇号（prime，角分符号），例如 c′。稍后我们在追踪系统中的因果关系时，这个撇号是非常重要的。
- ❑ 过程所影响的操作数用 a 表示，过程所销毁的操作数用 d 来表示，在执行过程之前就已经存在的工具操作数，用 I 表示。这三种操作数，也都放在 PO 矩阵中与该操作数相对应的列中，但是字母后面不加撇号。

把过程之间的交互情况，表示成这样一种简单的流式图，其简洁程度是令人满意的，而且这种表示方式也用在各种类型的工程图中，例如软件的管道与流程图、控制系统的块图，以及 SysML 的活动图等。在这种简单的流式系统中，有一种非常特殊的操作数，它由上游的过程所创建，并且由下游的过程来销毁，这种操作数构成了交互。

5.5.2　确定功能交互

有了上面这个切片面包的例子之后，我们就可以把确定功能交互时应该依循的通用步骤总结出来了：

- ❑ 首先绘制一张内部功能图，图中必须包含与价值有关的操作数。
- ❑ 检查图中是否漏掉了显然应该有的过程，例如输入过程与输出过程。
- ❑ 检查内部过程图中是否漏掉了显然应该有的操作数，例如输入值等。
- ❑ 检查每一项过程，看看该过程是否还必须使用其他一些操作数，才能把功能完整地呈现出来。
- ❑ 检查每一个操作数，看看该操作数是否还与其他过程相交互。
- ❑ 从与价值有关的输出值开始，回溯整个路径，并考虑我们想要的涌现物是否能够从这些过程及操作数中涌现出来。

图 5.13 是一张表示离心泵内部功能的 OPM 图，它采用简单流的模式来绘制，其中每个过程，都会销毁一个操作数，并创建另一个操作数。我们可以用上面讲的那些步骤来推出这张图。首先，用表 5.4 中与“创建”有关的信息，来确定两个内部功能，也就是加速及扩散，同时也找出与价值有关的操作数，它就是外部的高压液体流。除了那两个内部过程之外，还要有流入过程和排出过程，以及外部的低压液体流。在流入过程与加速过程之间，必然会有一个表示内部低压液体流的操作数。把所有操作数都找出来之后，我们将操作数与相关的过程相连，这样就形成了图 5.13 中的样子。根据这张图，我们可以看出过程之间的交互情况。比如，流入过程与加速过程之间的交互，指的就是对内部低压液体流这一操作数所做的交换。

对同一个系统的内部功能来说，并不是只能有一种抽象解读方式，这与形式的分解有所不同。由于形式比功能更加有形，因此对形式所做的分解，相对来说是较为固定的，而内部功能与内部操作数，通常则会有很多种同样有效的定义方式。这些方式的好坏，主要取决于它能否使我们更加方便地理解并预测涌现物。

比如，图 5.13 是把泵当成一个简单的流式系统来表示的，但我们也可以从另外一个角度来观察这个系统：其实水并没有为系统中的哪一个流程所销毁，而且系统也没有创建出新的水，系统所做的，只不过是改变了水的状态而已。于是，我们可以改用图 5.14 来表示离心泵系统，这张图展示了内部液体流的两项重要属性，也就是压力和速度。加速过程会把速度属性的状态从低变为高，而扩散过程既会把速度属性的状态从高变为低，又同时会把压力属性的状态从低变为高。这种从状态转换的角度来展现系统功能的方式，虽然削弱了简单的流式系统这一印象，但却更加精准地抓住了物理方面的特质。

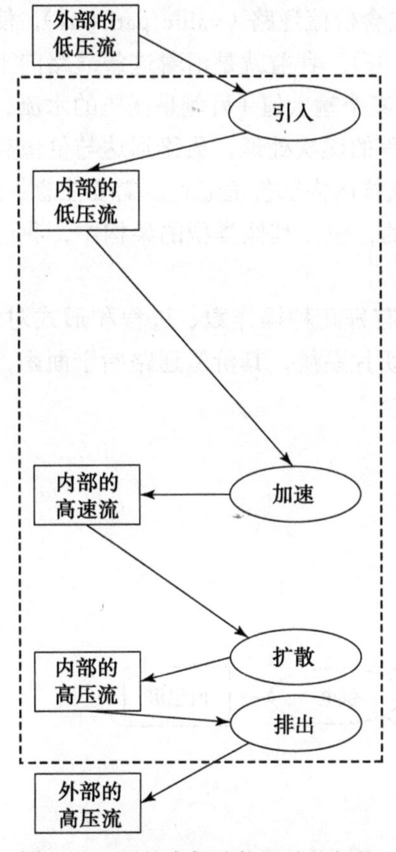

图 5.13　泵的内部功能及功能架构

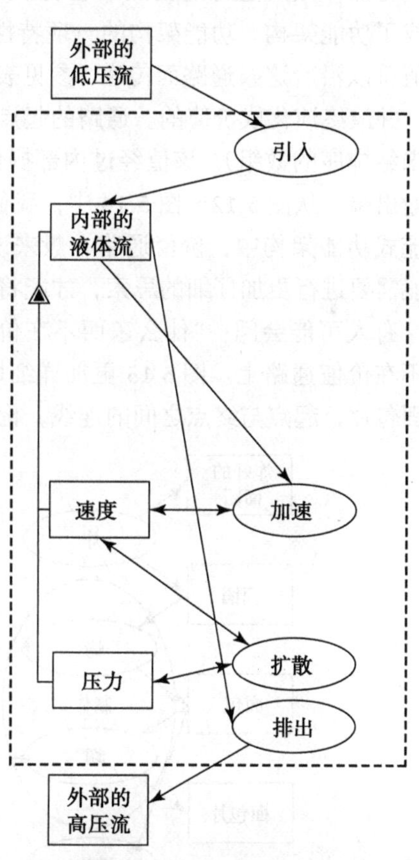

图 5.14　用另外一种方式来展现泵的内部功能及功能架构

表 5.5 中的 PO 矩阵，与图 5.14 是等价的。矩阵顶部明确列出了操作数的状态。“速度状态”这一列中的“a”，表示加速过程会影响（affect，简写为 a）速度状态。

表 5.5　用另一种 PO（过程－操作数）矩阵来表示离心泵的内部过程、内部操作数及接口操作数。这种表示方式明确展示了内部操作数的状态（c′ 表示创建，d 表示销毁，a 表示影响）

过程清单	内部的液体流			外部的低压流	外部的高压流
	内部液体流的存在性	速度状态	压力状态		
流入 A	c′			d	
加速 B		a			
扩散 C		a	a		
排出 D	d				c′

5.5.3 价值通路

对操作数所进行的交换，形成了过程之间的交互，而操作数与内部过程相结合，则构成了功能架构。功能架构的一项特性，就是其中包含价值通路（value pathway），使得价值可以沿着这条通路而传递（参见表 5.1 中的问题 5c）。利益就是沿着这条通路向下行进，并最终演化成价值的。通路的起点，一般来说是某个输入值（可能是低压的水流，或是未经排序的数组），该值经过内部操作数及内部过程的逐次处理，最终到达与价值有关的输出端。从图 5.12～图 5.14 中，我们都可以看见这样的内部价值通路。需要注意的是，在流式功能架构中，价值通路一般来说是显而易见的，但在其他类型的架构中，我们则可能需要进行更加仔细的思索，才能将其找寻出来。

有人可能会问："什么东西不在价值通路上？"有好几种操作数、过程和形式对象，都不在价值通路上。图 5.15 更加详细地描绘了面包切片系统，其价值通路始于面团，终于面包片，起点与终点之间的连线，构成了这条通路。

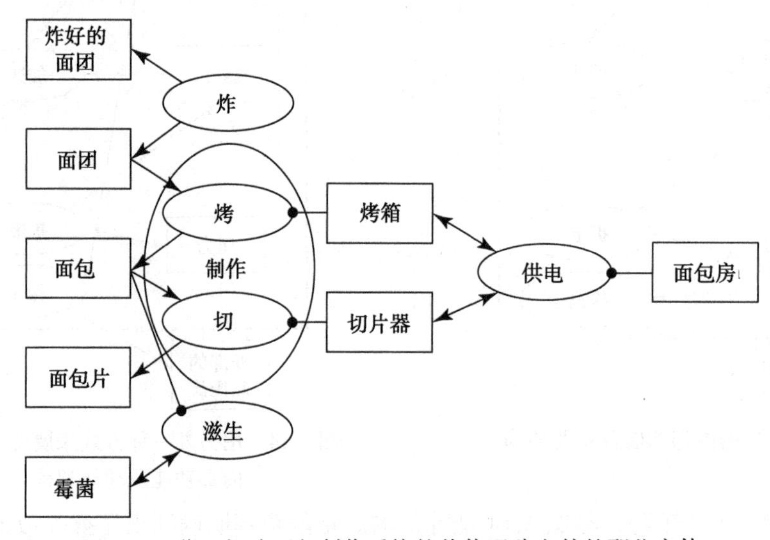

图 5.15　位于切片面包制作系统的价值通路之外的那些实体

不在价值通路上的元素包括：

- 形式实体。正如第 4 章所说，形式并不是功能架构的一部分，它们只是某个过程的工具而已（例如烘烤过程所使用的烤箱，以及切片过程所使用的切片器）。
- 为对外展现的次要功能提供支撑的过程及操作数（例如炸面团的过程以及炸好的面团）。这部分内容将在 5.6 节中讨论。
- 对良好的外部功能起不到涌现作用的过程及操作数。它们有时源自一些糟糕的或遗留的设计方案（例如因处置不当而使面包发霉），并且会给系统增加不必要的复杂度，这将在第 13 章中讨论。
- 对系统起到支撑作用的其他过程和形式。它们与价值通路之间的距离，比前面几种元素还要远（例如面包房为烤箱和切片器供电的过程）。这些元素将在第 6 章中讨论。

5.5.4　涌现与细分

要想用 2.6 节中所讲的方式来有效地预测涌现物，其关键步骤就是要知道系统内部的价值通路。图 5.16 演示了离心泵系统的功能涌现情况。先于过程而存在的操作数，是低压的水，过程结束之后所产生的与价值相关的操作数，是高压的水。左侧那张小图把每个内部的操作数都与相关的过程连接起来，而右侧那张小图，则把那些内部过程统称为加压过程，并将内部操作数与外部操作数直接与涌现出来的这个加压过程相连接。

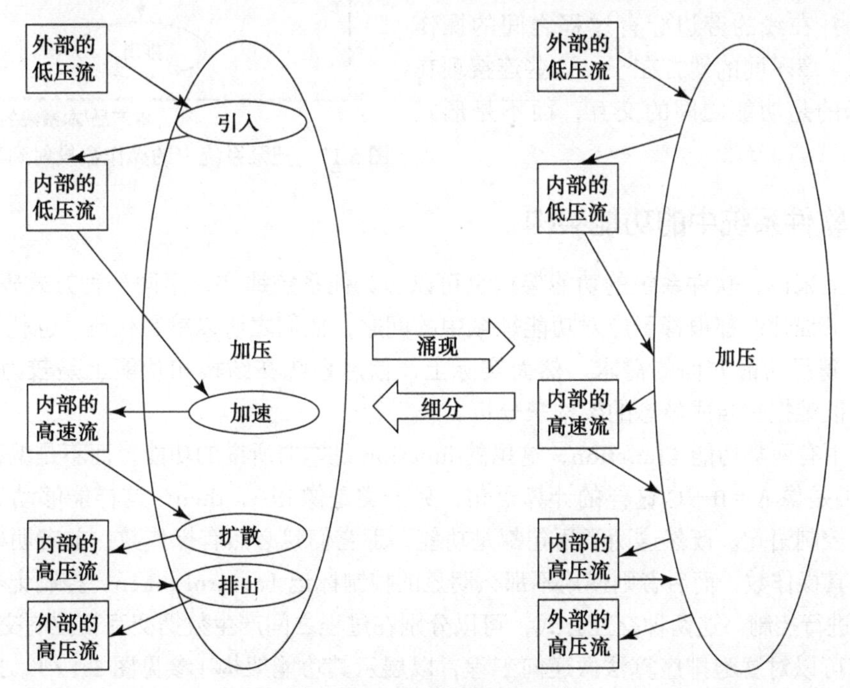

图 5.16　过程的涌现与细分

过程与过程之间，和形式实体与形式实体之间一样，也有着整体与部分的关系。从内部功能到系统涌现物，是个从微观到宏观的关系，而把系统涌现物细分为内部功能，则是个从宏观到微观的关系。如果我们从右往左看图 5.16，就可以看出加压过程是如何细分为若干个内部过程的。在细分时，我们不仅看到了涌现物中的内部过程，而且还看到了外部操作数及内部操作数与这些过程之间的交互情况。

还有一种办法可以用来分析功能架构并预测涌现物，那就是仅仅把功能架构投射到过程上。这使得我们可以更加自然地把操作数视作过程之间的交互。对于简单的流式系统来说，有时只需要通过观察，就可以完成这样的投射，但对于更加通用的系统来说，则最好是运用文字框 5.8 中的办法来进行投射。

图 5.17 是一张 OPM 图，它将泵的功能投射到过程上。我们是用图文框 5.8 中的办法进行投射的，并且把投射的结果转回了 OPM 图。过程之间用第 4 章所说的开尾式箭头线进行连接，并在线的旁边标有过程之间的操作数。与第 4 章不同的地方在于，这些连接现在用来表示的是功能之间的交互，而不是形式结构。

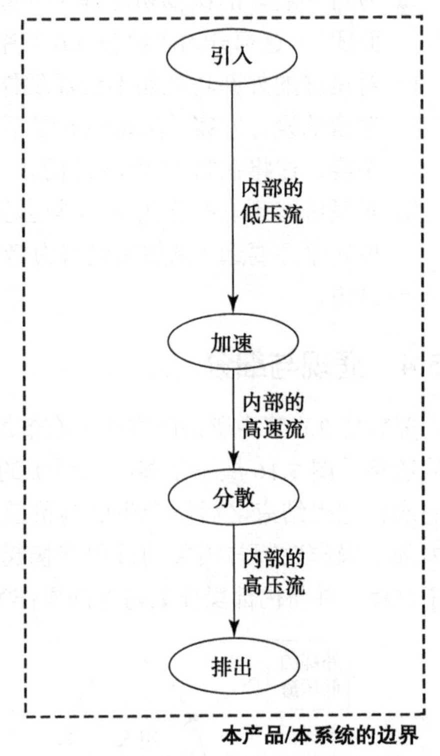

图 5.17　把泵系统中的操作数投射到其过程上

5.5.5　软件系统中的功能架构

原则上来说，软件系统的功能架构也可以像其他系统那样，用同一种方式表示出来，毕竟软件工程师们都很善于应对功能领域中的问题，他们之所以编写代码（也就是形式），就是为了满足功能方面的需求。然而实际上，信息系统在结构和功能上是较为动态的，因此我们很难把它当成静态的架构来分析。

软件中有两类功能（function，这里的 function 是本书所说的功能，而不是编程中的函数）。一类是像 A＝B＋C 这样的计算语句；另一类是像 if…，then…这样能够动态影响执行流程的控制语句。既然这两类语句都是功能，那它们就必然有操作数：前者明确地使用变量作为其操作数，而后者则使用不那么明显的控制标记（control token，控制记号、控制令牌）来进行控制。这两种交互方式，可以分别在过程之间产生数据交互及控制交互。

我们可以对冒泡排序算法做逆向工程，以展示其功能架构（参见图 5.19）。按照早前所说的步骤，先从图 5.11 中的内部流程及操作数开始。与价值有关的操作数，是最终处于排序状态的那个数组，因此，我们把该数组也画上。

文字框 5.8 方法：将操作数投射到过程

矩阵表示法的一项优势，在于它可以参与运算。比如，DSM研究者就创建了一些可以对DSM进行排序和归组的算法[3]。下面我们要介绍一种将DSM分成多个矩阵，并据此进行投射的办法。

首先按照下列方式创建DSM：

$$\begin{vmatrix} PP & PO \\ OP & OO \end{vmatrix}$$

这就相当于把DSM这个大矩阵分成了四个小块。左上角是PP（过程－过程）块，右下角是OO（操作数－操作数）块。PP矩阵是对角矩阵，该矩阵只在其对角线㊀上写有每个过程的标识符。与之类似，OO矩阵也是个对角矩阵，该矩阵只在其对角线上写有每个操作数的标识符。

PO（过程－操作数）矩阵是按照文字框5.7中的办法来生成的，而OP（操作数－过程）矩阵则要按照下列规则来制作，请大家同时参考图5.18：

- 对PO矩阵进行转置。
- 去掉表示创建的字母c后面的那个撇号。
- 把撇号添加到表示销毁的字母d的后面。
- 原来表示影响和工具的字母a与字母l，保持原样。

制作好OP矩阵之后，按照下列算式，进行符号式的矩阵乘法：

$$PP_{operand} = PO \times OO \times OP$$

上述算式将会产生一个能够把操作数投射到过程的矩阵㊁。

这样产生的$PP_{operand}$矩阵是近乎对称的矩阵，它并不表示因果关系。如果对因果关系感兴趣（例如想知道谁在谁的前面，谁在谁的后面），那么只需把带有撇号（′）的单元格置0即可。这会得到一个非对称的矩阵，并且可以像普通的DSM那样，按照先确定列、再确定行的方式来解读因果关系。

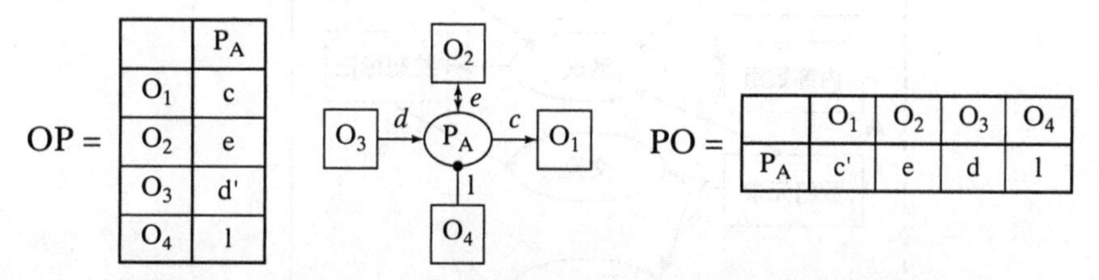

图5.18 用DSM格式来表示操作数对象与某个过程之间的交互

㊀ 是指从左上到右下的那条对角线，也称主对角线。下同。——译者注

㊁ 所谓把操作数投射到过程，意思就是确定某操作数位于哪些过程之间，或是确定过程之间有着哪些操作数。——译者注

然后，我们发现图中还缺少两个过程，也就是引入过程和导出过程，此外还缺少一个内部操作数和三个外部操作数。内部操作数指的是名为“ array length ”的变量，三个外部操作数分别是未经排序的数组、数组的长度，以及经过排序的数组，后者将跨越系统边界，以产生利益。我们可以从外部那个未经排序的数组开始，沿着引入、循环、测试、交换和导出等过程，来认识该系统的价值通路。这样就把它的功能架构确定好了。

这张功能架构图具有一些新的特点。循环递增下标 I 以及循环递增下标 J 的这两个过程，并不会销毁作为内部操作数的那个数组长度，而是只把它当作一种工具使用。一般来说，在操作过程中所创建的操作数，稍后是可以用作工具的。此外，我们也首次在功能架构图中对操作数进行了分解，之所以要做分解，其原因在于：交换操作所影响的只是数组中的两个元素，而不是整个数组。

我们还可以从这张图中发现一个新问题，那就是必然要有一个元素来充当测试过程的操作数，假如没有这个元素，那么与测试过程相连接的，就只剩下该过程的工具了。这个缺失的操作数，是排序例程的命令流中的一个部分。图 5.19 画出了由测试过程所创建的控制标记，交换过程根据这个标记，来判断是否应该对数组中的两个元素进行交换。有了控制标记这一概念之后，我们就会发现：对于那两个循环过程来说，虽然较为明显的职能是对 I 下标或 J 下标进行递增，然而除此之外，它们还必须创建这样的控制标记。从图 5.19 中可以看出，由循环递增 J 下标的那个过程所创建的标记，可以把控制权交给

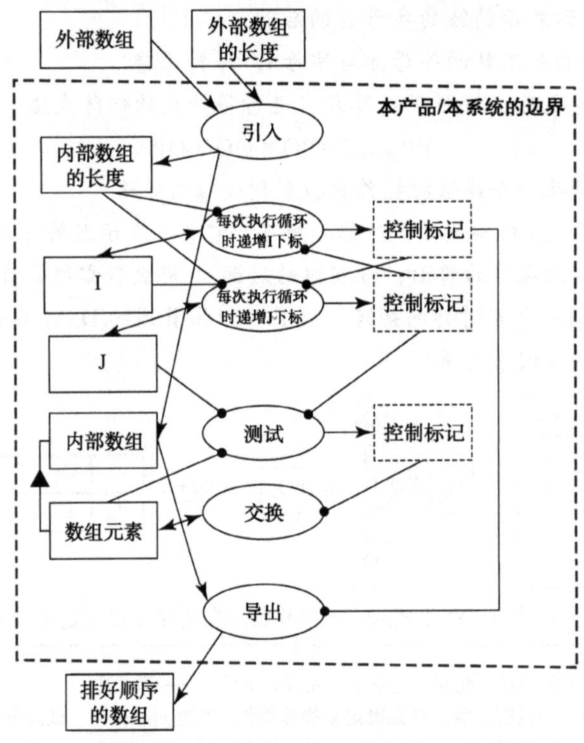

图 5.19　带有命令操作数的冒泡排序算法的功能架构

测试过程或I下标循环过程。而循环递增I下标的那个过程，则可以通过创建控制标记，来把控制权交给J下标循环过程或导出过程。

这个例子表明：软件中不仅有数据的交互，而且同时还有着命令的交互。一般来说，各种信息系统都会同时具备命令交互与数据交互。

总之：

- 内部功能实体、内部过程，以及过程之间的操作数交互，合起来构成了功能架构。内部功能并非只能有一种表示方式，具体如何来表示，取决于我们对内部功能所做的解读，以及我们所用的表示风格。
- 一般来说，功能架构中会有一条由内部操作数和过程所形成的价值通路，与价值有关的外部功能，会沿着这条通路涌现出来。对外部功能进行细分，可以看出其中蕴含着的内部过程及操作数。
- 图和表所展现的功能架构，可以通过投射来进行简化，以便用共享的操作数来表示过程之间的交互。

5.6 与价值相关的次要外部功能及内部功能

系统在展示与价值有关的主要功能时，也可以顺便展示一些次要功能。比如，Team X不仅可以提出设计方案，而且能够顺便把做决策的过程记录下来。循环系统不仅可以输送氧气，而且能够把二氧化碳带回肺部。运算放大器不仅可以放大，而且还能够过滤高频的杂讯。

由于这些次要功能也是客户所要求的功能，而且还能够提升产品的竞争力，因此，我们必须将其正确地识别出来。表5.1中的问题5d，问的是："其他较为重要且与价值有关的次要外部功能是什么？"这些与价值相关的其他外部功能，也必须从内部过程中涌现出来。回答这个问题所应依循的步骤，与确定和价值有关的主要外部功能时一样，也要按照相似的思路来思考。

离心泵系统也可以提供一些与价值相关的次要功能。很多水泵都配有挡水环(slinger)，它可以把从旋转密封部件中渗出的水挡开，以防其进入电动机。此外，泵还可以配有压力传感器，以显示输出的水压，这是一种度量方式，用来衡量与系统所输出的主要价值有关的属性。图5.20中画出了两个与价值有关的次要功能。其中一个位于主要的价值通路附近，另一个则位于其自身的价值通路上。

总之：

- 系统必须展现出与价值有关的主要功能，以体现该系统存在的意义，除此之外，它还可以展现出一些与价值有关的次要功能。

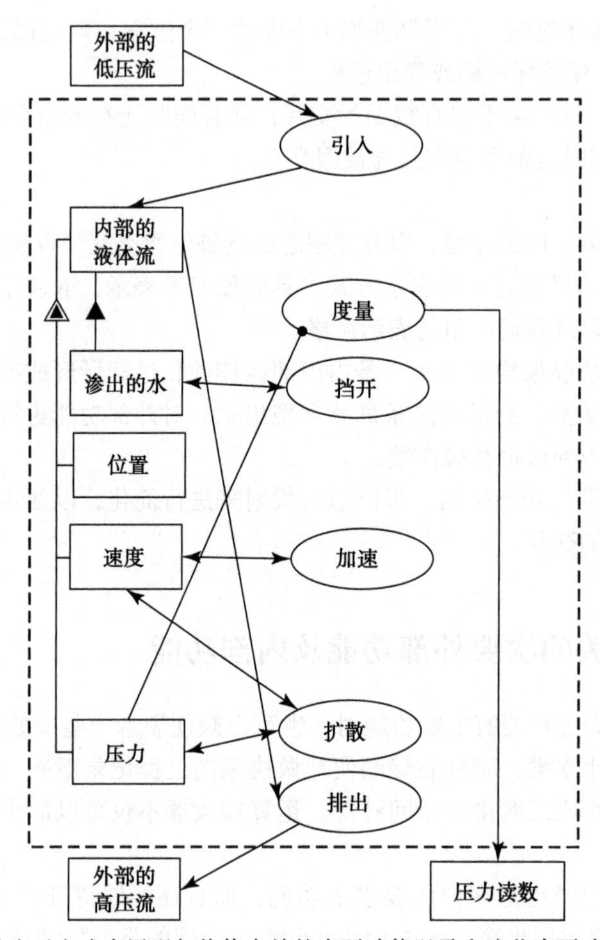

图 5.20　用另一种表示方式来展现与价值有关的次要功能以及和这些次要功能相关的内部功能

5.7　小结

与形式一样，功能也是要由架构师来构思的一项系统属性。它是可以产生或促进性能的动作、活动、操作或转换。功能由过程和操作数组成，过程是一种活动，它对操作数执行操作，而操作数则是一个对象，其状态由过程来改变。

在人类所构建的系统中，会有一个与价值有关的操作数，该操作数所发生的变化是与利益有关的，并最终使系统的价值得到体现。当系统对外展现的功能对跨越系统边界的外部操作数进行操作时，系统的价值就体现出来了。

系统对外展现且与价值有关的主要功能和次要功能，都是从内部的功能架构中涌现出来的，架构中通常含有一条价值通路。对功能架构所做的完整描述，要包含内部的过程以及内部的操作数。

表5.6对比了形式和功能各自所具备的特征。第6章我们将展示系统架构的核心理念，也就是如何把物理/信息功能指派给形式元素。

表5.6 形式与功能的特性汇总

形 式	功 能
系统是什么（名词）	系统做什么（动词）
对象+形式结构	操作数+过程
聚合（与分解）	涌现（及细分）
承载功能	需要以形式为工具
在接口处指定	在接口处指定
是成本的来源	是外部利益的来源
强调该系统的物品层面	强调该系统的服务层面

5.8 参考资料

[1] Tom Allen et al., *Lean Enterprise Value: Insights from MIT's Lean Aerospace Initiative* (New York: Palgrave, 2002).

[2] Gerhard Pahl and Wolfgang Beitz, *Engineering Design: A Systematic Approach* (New York: Springer, 1995).

[3] T.R. Browning, "Applying the Design Structure Matrix to System Decomposition and Integration Problems: A Review and New Directions," *IEEE Transactions on Engineering Management* 48, no. 3 (2001): 292–306.

第6章　系统架构

6.1　简介

现在我们要开始讲解形式与功能的合成物——架构。第4章讲的是形式，它是系统的一项属性，由元素与结构组成。第5章讲的是功能，它也是系统的一项属性，由功能实体及这些实体通过操作数而进行的交互所组成。功能实体及其交互，合起来构成功能架构。本章探讨由形式与功能结合而成的系统架构。

到目前为止，我们已经确认：系统架构是对系统实体及实体间的关系所做的抽象描述。而现在，我们则要给系统架构一词拟定一个更具描述性的定义，如文字框6.1所示。这个定义包含5个关键词，其中功能、形式、关系及环境已经在第2～5章中讨论过了。另一个关键词是概念，它是一种精神意向、一种见解或一种系统构想，用来在形式与功能之间创建映射，这将在第7章中讨论。

> **文字框6.1　定义：系统架构**
>
> 系统架构是概念的体现，是对物理的/信息的功能与形式元素之间的对应情况所做的分配，是对元素之间的关系以及元素同周边环境之间的关系所做的定义。

如图6.1所示，架构并不是一项独立的属性，而是形式与功能之间的映射。

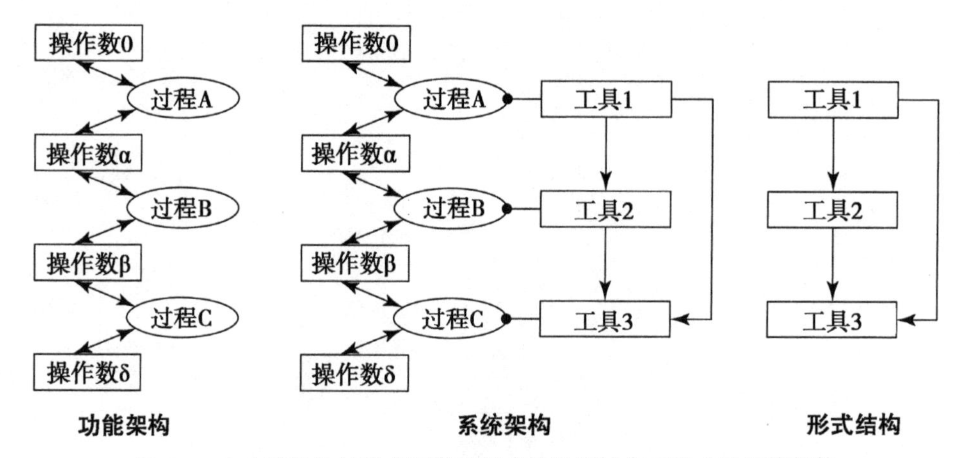

图6.1　由功能架构与形式元素及形式结构相结合而形成的系统架构

文字框 6.2 中的价值与架构原则，表述了架构的重要性。这个原则实际上等于是说：如果我们想使构建出来的系统能够体现出价值，那就必须把系统的架构做好。6.2 节要讲系统架构的核心问题，也就是形式和功能之间的相互映射。6.3 节讲解另外 3 个问题：一个是如何在架构中安排适当的形式，以处理价值通路上的非理想因素；另一个是如何安排构建价值通路所必备的那些功能和形式；还有一个是接口的形式及功能。6.4 节讨论对系统架构进行的操作行为所带来的影响。最后，6.5 节给出一些展现系统架构的方式。本章将以表 6.1 中所列的这些问题为指引，来进行讲解。

文字框 6.2 价值与架构原则（Principle of Value and Architecture）

“设计不仅仅指的是外观和感觉，它还包括运作方式。”

——史蒂夫·乔布斯（Steve Jobs）

“如果要说文明真的改善了人类的生活条件（我也这么认为，不过只有聪明的人才懂得不断增强自身的优势），那它就必须使我们能够在无需增加成本的前提下，造出更好的房屋。成本是为了交换某物而必须立刻付出或持续付出的一种东西，我把这东西叫做生命。”

——亨利·戴维·梭罗（Henry David Thoreau），《瓦尔登湖》

“形式和功能应该在精神上高度统一。”

——弗兰克·劳埃德·赖特（Frank Lloyd Wright）

价值是有着一定成本的利益。架构是由形式所承载的功能。由于利益要通过功能而体现，同时形式又与成本相关，因此，这两个论述之间形成一种特别紧密的联系。研发优秀的架构，就相当于体现适当的价值，优秀的架构是用极简的形式来达成令人满意的功能，而适当的价值则是由极少的成本所创造出来的利益。

- ❑ 利益是从与价值有关的主要功能和次要功能的涌现物中得来的。
- ❑ 精益生产（lean manufacturing）的一项理念是部件（形式）会增加成本。

6.2 系统架构：形式与功能

6.2.1 形式与功能之间的映射

我们如何描述图 6.2 中的这两座桥在架构方面的区别呢？它们都有着相同的外部功能（承载交通工具），其形式看上去也特别相似（中间都有两座塔，也都有路基和钢缆）。

但是这两座桥的架构是不同的，因为它们的形式与功能之间的映射方式各有区别。斜拉桥的路基（形式）承受下压的负载（功能），而悬索桥则不是这样，它用锚碇（形式）来承受主缆的拉力（功能）。由于斜拉桥的路基拉力要由桥本身来承受，因此它不能像悬索桥那样造得特别长。

图 6.2　悬索桥（左）与斜拉桥（右）

图片来源：（左）JTB MEDIA CREATION, Inc./Alamy（右）CBCK/Shutterstock.

表 6.1 中的问题 6a 是第二部分乃至全书的核心，它问的是："工具对象怎样与内部过程相映射？形式结构怎样支持功能交互？它怎样影响系统的涌现物？"这些问题突出了系统架构的重要特性，也就是形式与功能之间的关系。

表 6.1　确定系统架构时所应思考的问题

问　　题	回答该问题所产生的结果
6a. 工具对象怎样与内部过程相映射？形式结构怎样支持功能交互？它怎样影响系统的涌现物？	"对象—过程—操作数"格式的形式关系，它描述的是理想的系统架构
6b. 在实际的内部价值创建路径中，非理想的因素使得我们必须安排哪些操作数、过程及工具性的形式对象？	"对象—过程—操作数"格式的形式关系，它描述的是真实的系统架构
6c. 有哪些起到支持作用的功能及其工具能够为价值创建路径中的工具对象提供支持？	距离价值体现通路一层或两层远的架构，它用来为体现价值的功能及其工具提供支持
6d. 有哪些接口位于系统边界上？ 有哪些需要传递或共享的操作数？ 接口所在的地方有哪些过程？构成接口的工具对象是什么？这些对象之间有何关联（是相同的对象，还是相兼容的对象）？	结构的形式定义和功能定义
6e. 与体现主要功能和次要功能有关的那些过程，是按什么顺序来执行的？	系统为了体现其功能而经历的一系列有序的动作
6f. 还有没有其他功能也在同时按顺序执行着？	系统的序列图
6g. 对理解系统的操作来说，实际的时钟时间是否起着重要的作用？ 还有没有时间方面的问题或限制需要处理？	

图 6.1 中间的那张图，描述的是一种最简单也最容易想到的系统架构，这种简单的流式功能架构会在其每个阶段中都创建出一个操作数，这些操作数之间互不相同。此外，它还会假定每一个内部过程都只与一个工具对象相连，而每一个工具对象也都只和一个内部过程发生联系。这种系统符合独立性（independence）公理[1]。如果系统都能这么简单，那该多好啊！

图 6.3 以切片面包制作系统为例，演示了这种简单的架构。左侧的图中有三个工具：一个是用来揉面的揉面器，另一个是用来烤面团的烤箱，还有一个是用来切片的切片器。这三个形式对象都分别对系统中的某一个过程起到工具性的作用，而且只对该过程起作用。由于每个过程所产生的操作数互不相同，因此我们可以把这些功能简单地归结为“某功能产生某个操作数”。

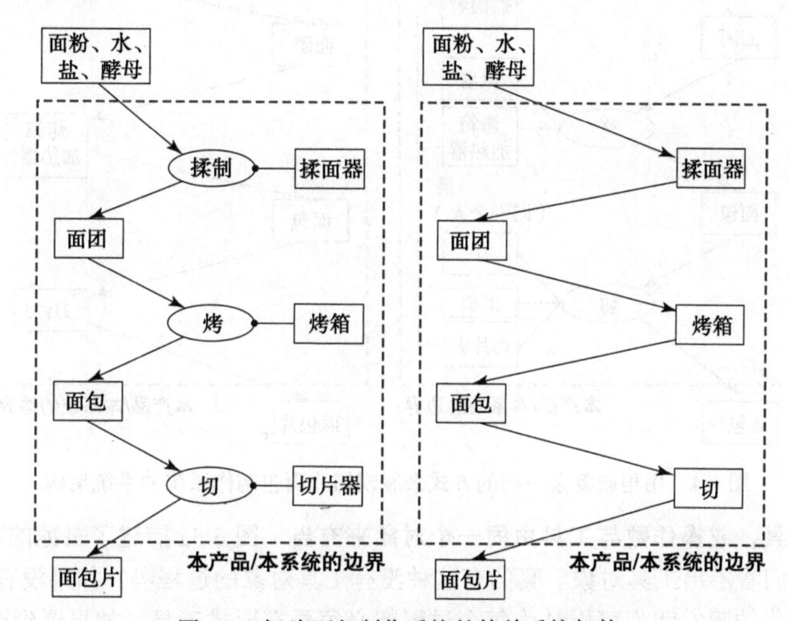

图 6.3 切片面包制作系统的简单系统架构

对于这样的系统来说，我们的思维很容易就能从图 6.3 左侧跳到右侧。在该系统中，形式可以视为过程执行的媒介[2]。面团进入烤箱，就产生出面包。于是，我们可以暂时把过程忽略掉，从而呈现一种工具对象与操作数交错出现的局面。如果这种思路可行，那它自然是相当有用的，但问题是，这种思维范式能够推广到其他系统吗？

只需要像图 6.4 这样，把切片面包制作系统表示得稍微复杂一些，就可以看出问题了。这张图把抽象的“揉面器”替换为搅拌器（例如勺子）、碗和搅拌者（面包师）。此外，它也对烤箱和切片器做了细化。现在，形式元素与过程之间就没有一一对应的映射了，而且有一个工具还映射到了两个过程上，这就是身兼“揉面者”和“切片者”的面包师，图中的结构化连接明确地指出了这一点。细化之后，右侧的那种表示方式就说不通了。碗或刀并不能引入并输出操作数，因此我们不能把这些工具简单地视为过程的执行媒介。

由此可见，一个工具只对应一个过程且一个过程只对应一个工具的这种简单模型，显然是无法推广的。实际上，操作数并不是由形式元素来创建并销毁的，而是要由过程来进行操作。形式与功能之间，不可能总是一一对应的。为了理解各种系统架构模式，我们下面来选一些简单的系统，并对其中的某块架构进行分析。

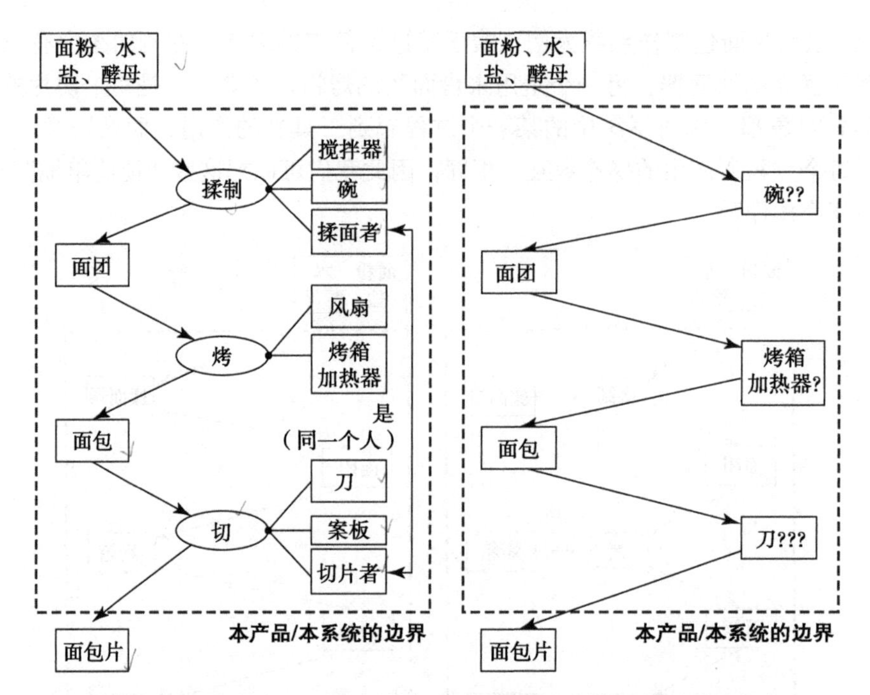

图 6.4 用稍微复杂一些的方式来展现切片面包制作系统的系统架构

没有工具，或操作数与工具由同一个对象来充当 图 6.5a 描述了融冰的架构，从该架构中，我们看不出工具对象。真的有这种没有工具对象的过程吗？如果没有工具对象，冰是怎么融化的呢？我们可以认为每个过程都必须要有形式工具。如果遇到图 6.5a 中的情况，那就要仔细想想该过程的真正承载物是谁。

图 6.5b 所描述的走路属于另外一种情况，也就是身为操作数的人，本身又充当了过程的工具。人“自己靠自己来走路”。如果遇到了没有看似工具对象的过程，那么可以考虑一下该过程的工具对象是不是由操作数来充当的。

为了认清这种稍显矛盾的现象，我们来仔细审视一下前面所给出的那些定义。在文字框 4.1 中，我们把形式定义为“系统的……体现，它存在……且对功能的执行起到工具性的作用……形式先于功能的执行而存在。”图 6.5b 中的人显然满足这一定义。他是行走这一功能所凭借的工具，且先于行走这一功能而存在。接下来我们看文字框 5.2，它说操作数是：“一个对象……不需要先于功能的执行而存在⊖，且会以某种方式为功能所操作。”图 6.5b 中的人，也满足这一定义，他恰好先于功能的执行而存在，并且受到行走这一功能的操作。因此，形式对象与操作数对象的定义，并不是互斥的。一个对象有可能既充当形式元素，又充当操作数。

形式与过程一一对应，但操作数较为复杂 图 6.3 演示了一个简单的流式架构，其

⊖ 也就是说，操作数的存在与功能的执行之间，不需要有明确的先后顺序。无论是否先于功能而存在，都不影响我们对它的认定。——译者注

中的形式和过程是一一对应的。图6.5c中的这个架构则要稍微复杂一些，它描述的是给飞机乘客看的逃生指令卡。指令卡中的每一张示意图，都会影响乘客对逃生方式的掌握程度。这个系统的形式与过程虽然也是简单的一一对应关系，但其操作数并未彼此独立，而是成为乘客这一操作数的不同属性，这产生了额外的耦合。

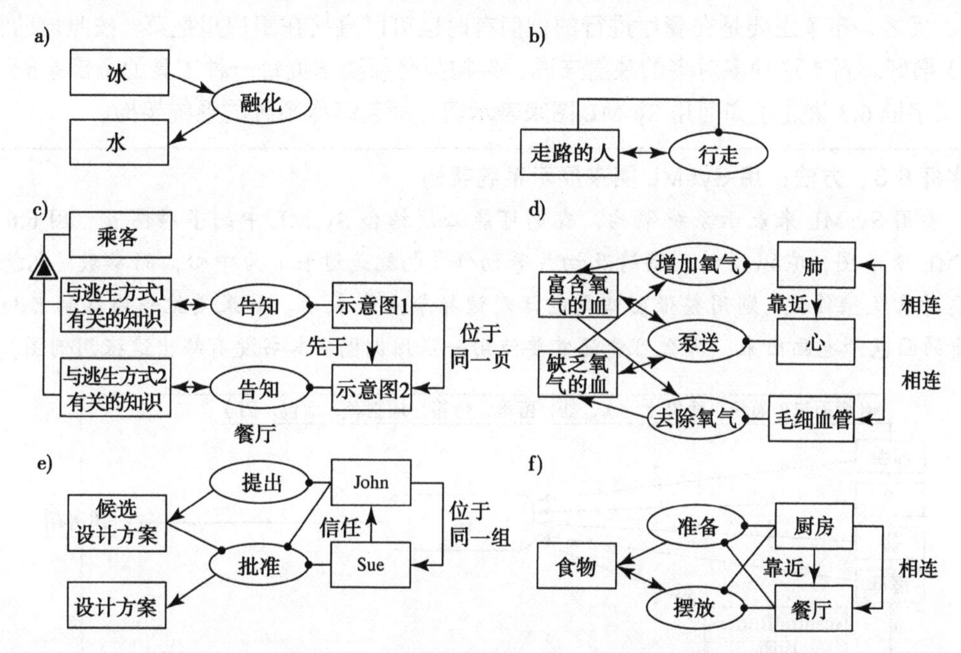

图6.5 简单系统的局部系统架构：a)没有工具对象；b)由操作数来充当工具；c)形式与过程之间一一对应，但多个过程影响的是同一个操作数；d)形式与过程之间一一对应，但这些过程与多个操作数之间对应情况比较复杂；e)形式与过程之间是一对多的映射；f)形式与过程之间是多对多的映射

图6.5d中的心、肺及毛细血管与循环系统中的各个过程之间，也是一一对应的。但是在操作数这一侧，泵送过程不仅影响富含氧气的血，还影响缺乏氧气的血，此外，增加氧气的过程与去除氧气的过程，也会对富氧血和缺氧血的抽象起到创建及销毁作用。通过这三个复杂度递增的例子，我们可以看出：即便在形式与过程一一对应的系统中，过程与操作数之间依然有可能出现比较复杂的情况。

过程与操作数之间是一对多或多对多的关系 在图6.4所示的切片面包制作系统中，如果我们假设揉面者与切片者分别由两个人来担任，那么这就是最为简单的非一一对应关系。每个过程都对应于多个工具，但同一个工具只会与一个过程相对应。这种情况经常容易见到。即便是非常简单的过程，也有可能需要很多的工具。

图6.5e节选了第2章中Team X系统所具备的部分架构，它要比图6.4复杂一些。团队成员John负责提出候选方案，但他也有可能会帮助Sue选定最终的设计方案。Sue只负责最终方案的审定与批准工作，而不负责提出候选方案。于是，John就同时身为两

个过程的工具。在这个例子中，其中一个操作数（也就是候选方案）稍后还会用作审批过程的工具。5.5 节在讨论功能架构时也提到了这种情况。

最后我们来看图 6.5f，它节选了第 4 章提到的房屋系统所具备的部分架构。食物主要是在房屋中的厨房里准备的，但是“准备”过程也有可能发生在餐厅，例如调沙拉、切肉等。反之，布莱主要是在餐厅进行的，但有时也可以直接在厨房里把菜（按照自助餐等样式）摆好。对于这种多对多的映射来说，架构师必须要掌握每一种工具的全部职能。

文字框 6.3 讲述了如何用 SysML 图来表示切片面包制作系统的系统架构。

文字框 6.3 方法：用 SysML 图来展示系统架构

要用 SysML 来表示系统架构，我们可能必须结合 SysML 中的多种图表。图 6.6 是 SysML 活动图，它以揉制、烘烤及切片等动作（也就是过程）为中心，而参数（也就是工具对象及操作数）则用整张图四周的活动边界节点来表示。如果要把作为揉制者和切片者的面包师也画出来，那么可能还需要使用一张用例图（本书没有给出这张用例图）。

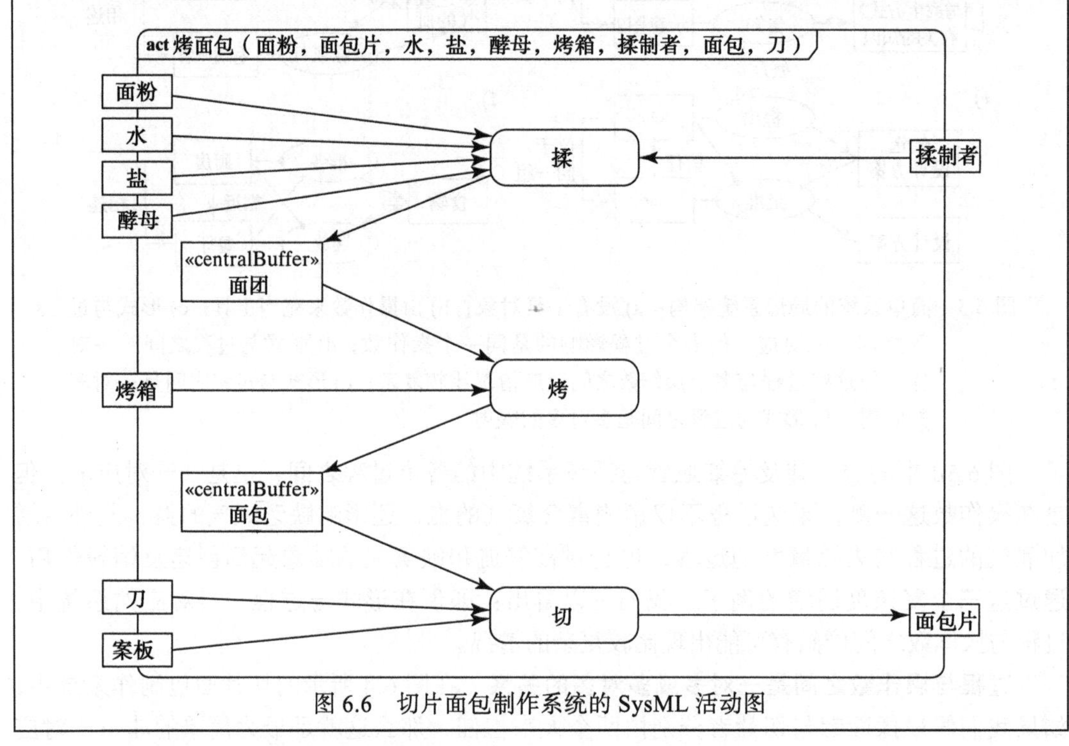

图 6.6 切片面包制作系统的 SysML 活动图

要想演示揉制器或烤箱的分解情况，我们可以绘制框定义图（block definition diagram，BDD）等 SysML 结构图，如图 6.7 所示。

6.2.2 确定形式与过程之间的映射

现在我们要描述一套步骤，用以回答表 6.1 中问题 6a 的其中一个方面，也就是：“工具对象怎样与内部过程相映射？”

- ❑ 找出所有重要的形式元素（参见第4章）。
- ❑ 找出与价值有关的所有内部过程和操作数（参见第5章）。
- ❑ 考虑执行每个过程时所需的形式实体（其中有些实体可能已经位于刚才找出来的那些形式元素中了，还有一些实体则有待于我们去发现）。
- ❑ 将形式元素映射到内部过程。
- ❑ 针对每一个还没有能够与内部过程建立映射的形式元素，试着思考它可能会与哪个过程相映射，并考虑目前有没有必要把该过程表示出来。

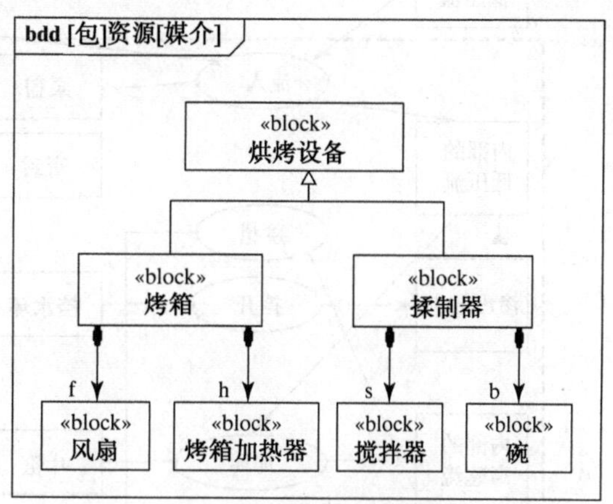

图 6.7 用 SysML 块定义图来表示切片面包制作系统中的烤箱及揉制者

执行完上述步骤之后，看看形式与过程之间的映射情况是不是很复杂，并对系统的涌现物进行思考。

现在我们运用这套步骤来分析离心泵的系统架构（参见图 6.8）。该图所用的信息是从图 4.6 及图 5.20 中得来的。我们将逐个检查每个过程，并思考内部过程与工具对象之间的链接。在主价值通路上，叶轮是提升液体速度这一功能的工具，泵壳既是扩散功能的工具，也是排出液体这一功能的工具。在能够体现出价值的次要功能方面，挡水环是挡开液体流这一功能的工具，而压力度量功能所用的形式工具，则没有画在图 6.8 中，这是因为第 4 章给出的部件清单中没有包括这部分零件。这显然说明我们在分析工具对象时，漏掉了一个传感器之类的元素。形式与功能之间几乎形成一一对应关系，但泵壳是个例外，它同时对应于两个过程。为了获得良好的涌现物，泵壳的设计者必须把这两个功能巧妙地融合在一起。此外，图中还有一些形式元素暂时没有能够与过程对应起来，稍后我们会回过头来看这个问题。

图 6.9 是冒泡排序算法的系统架构，其中的信息是从图 4.20 及图 5.19 中得来的。如果我们把相应的 end…语句算作 for 或 if 语句的一部分，那么导入、循环、测试及导出过程就分别只会与一个形式对象（也就是一行代码）相关联，而交换过程则会跨越多行代码。

从这些形式与过程的映射中，我们很容易就可以看出冒泡排序系统所涌现出的功能。该系统的核心，是用于实现交换功能的那三行代码。交换代码外围的“if”语句实现了有条件的交换操作，而“if”外围的那两个“for”循环则使得这个有条件的交换操作能够用来排序，于是，良好的功能就从系统中涌现出来了。

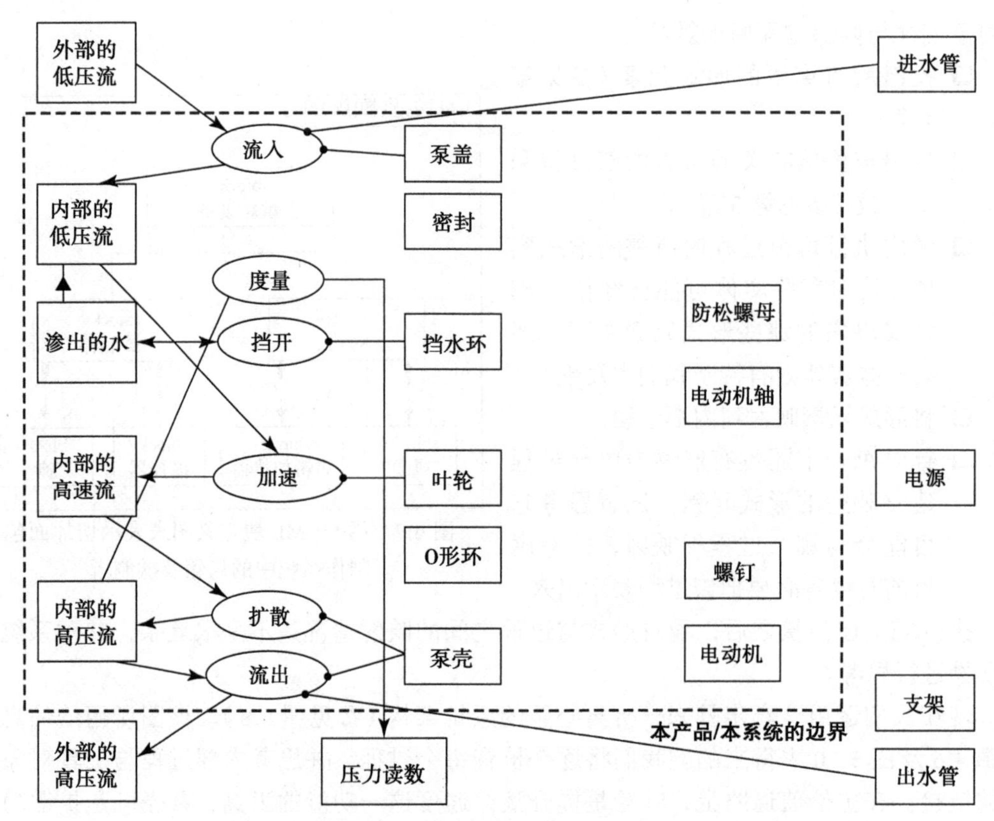

图 6.8　离心泵的系统架构，其中包括与价值有关的主要功能和次要功能

6.2.3　形式结构承载并展现功能交互

把形式拼接起来时，系统对外界所展现的功能就会得以涌现，这个涌现物由形式结构所承载，并且会由形式结构展现。结构就是形式元素之间的形式关系，而 4.4 节曾经说过，这种形式关系可以分为三个类型。第一类是连接关系，它们用来表示形式元素之间是如何链接或如何互连的。第二类是位置和布局关系，包括空间 / 拓扑关系、地址关系和顺序关系，它们用来表示元素位于何处。第三类是无形却存在的关系，包括成员关系、所有权关系和人际关系。

功能交互之所以会发生，一般来说都是因为有形式连接存在。然而，要注意：某些功能交互是不需要连接就可以发生的，例如重力交互与电磁交互，以及粒子和场中的某些“弹道”交互。

通常，位置关系与无形关系并不直接引发功能交互和功能涌现，但是它们会展现或影响交互性或系统的性能。然而，在软件系统中，位置、顺序和地址是可以直接承载功能的。

我们现在重新审视图 6.5 中那些非常简单的架构片段，以演示系统结构所扮演的重要角色。

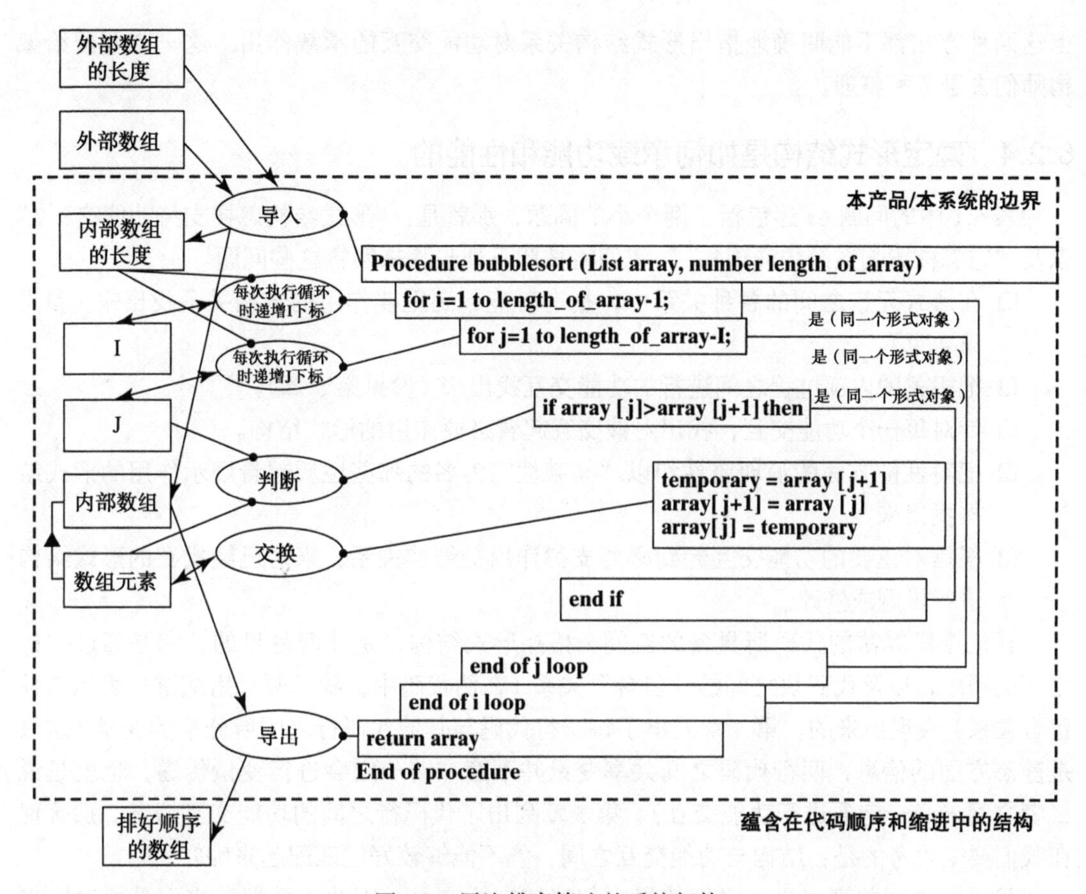

图 6.9 冒泡排序算法的系统架构

在图 6.5d 的循环系统中，连接关系承载着功能交互，也就是使血液得以流动。而心和肺距离较近这一事实虽然对功能来说并非至关重要，但却会展现系统的性能。由于它们距离较近，因此心脏更容易给肺部泵送大量的血液。

图 6.5c 所演示的乘客安全信息卡是一种信息系统，在这类系统中，结构方面的一项重要特征就是顺序。示意图的顺序表示的就是逃生指令的顺序。假如把指令卡中的图片顺序反转过来，那么逃生指令可能就会失效，或者我们至少可以说，这会给乘客带来困惑。因此，顺序对涌现物起着承载作用。该系统中还有一种空间 / 拓扑关系，也就是不同的示意图印在了同一页上（对于软件系统来说，指的可以是多行代码写在了同一个例程中），这种关系能够为用户带来便利。它可以提升系统的可靠性（这是以“某某性”为名的众多特性之一），或是能够使乘客更加迅速地执行这些指令（也就是提升系统的性能），但它对功能的涌现来说，并不是必要的元素。在图 6.5e 的 Team X 系统中，Sue 信任 John（这是一种无形的人际关系），这可能会提高团队的效率。

OPM 图示法与矩阵表示法，均可以用某种方式来展现某个过程所使用的形式元素，但这两种方法都不能明确地指出形式结构关系对功能交互的承载作用。这一点要留给架构师们去思考和整理。

6.2.4　确定形式结构是如何承载功能和性能的

表 6.1 中的问题 6a 还包括了两个小的问题，那就是："形式结构怎样支持功能交互？"以及"它怎样影响系统的涌现物？"我们将按照下列步骤来回答这些问题。

- ❑ 在形式元素之间的各种关系中，把有可能起到重要作用的结构关系找出来（参见第 4 章）。
- ❑ 把相关的内部过程之间进行的功能交互找出来（参见第 5 章）。
- ❑ 针对每一个功能交互，找出对该交互起着必要作用的形式结构。
- ❑ 把对性能方面的涌现属性和以"某某性"为名的那些性质起着展示作用的形式结构找出来。
- ❑ 根据对重要的功能交互起到必要支撑作用的结构关系，来对已经找到的形式结构进行增删或修改。

冒泡排序算法的代码所具备的空间 / 拓扑形式结构，是显而易见的，它是通过代码之间的顺序，以及代码块之间的"包含"关系（在伪代码中，我们暂且用缩进来表示这种包含关系）表现出来的。第 4 章列出了每一行代码与其他代码行之间所分享的变量（这只是静态方面的信息，两行代码之间共享变量并不意味着一定会进行变量传递，也就是说二者之间未必一定要进行功能交互）。第 5 章列出了代码行之间的功能交互情况。那么现在我们要来思考的是：结构与功能交互之间，能不能够较好地匹配起来呢？

代码行之间共享变量，必然使得它们能够交换变量，因此，数据流方面是相对比较简单的。而控制流方面则要分成两部分来讨论，其中一部分是由静态顺序所承载的。在本例中，代码之间的顺序对涌现物起着必要的作用，假如我们把算法中某两行代码的顺序对调，那么排序功能就无法涌现出来了。对于控制流的动态部分来说，控制标记在条件语句中的移动情况还没有完全解决。从我们所创建的系统架构模型来看，其中必然会有某种结构，使得这些控制标记能够沿着控制流而移动，但是代码中看不出这样的结构。因此，这种结构必定会处于编译之后的代码文件中，它会通过对"控制空间"（control space）的共享，来实现控制标记的流动。

对于图 6.8 所示的离心泵系统来说，一项重要的功能交互就是流入过程把内部的低压液体流传给加速过程，引入过程所凭借的工具是泵盖，而加速过程所凭借的工具则是叶轮。另一个重要的功能交互是加速过程把内部的高速液体流传给扩散过程，加速过程所依赖的工具是叶轮，而扩散过程所依赖的工具则是泵壳。

这说明泵盖与叶轮之间，以及叶轮与泵壳之间，似乎都应该有着某种连接性的形式关系，它使得上述两个重要的功能交互得以完成。然而，看一看图 4.16 中的连接结构图，我们就会发现其中并没有这样的关系。那张离心泵系统图中所画的连接关系，是为了给机械部件之间的交互提供支持，而不是对液体流的交互提供支持。我们再来看表 4.7 所列的结构关系，其中只是说叶轮与泵盖之间有着一种空间关系，而这种形式结构就是图 4.14 中所说的“接近”关系。

那么，这个名为“接近”的空间关系能对液体流的交互提供支持吗？实际上，它是可以的，4.4 节已经提到了这一点。比如，水沿着橡胶软管流向喷嘴，并从中涌出，而喷嘴跟桶之间离得很近，并且指着桶的方向，于是，水就会从软管流到桶中。对于某些“弹道”流来说，临近关系与对齐关系同样可以引发功能交互，这两种关系也属于空间结构关系。此外，这种“接近”关系，还能够促进系统的性能。比如，在叶轮与泵壳之间留出一点小空隙，就可以使泵的增压能力得以提高。

总之：

- 系统架构由工具对象与内部过程之间的映射所组成。过程之间通过对操作数所进行的交换或对共用操作数所进行的动作而进行交互。形式对象之间的关系就是系统的结构（参见图 6.1）。
- 形式工具与过程之间可以是一一对应的（这是最简单的情况），也可以是多个工具对应一个过程或一个工具对应多个过程。某些情况下，先于过程而存在的操作数可以充当该过程的工具。
- 形式结构对功能的涌现起到支持作用。实际上，结构中的某些方面就是相关过程在进行交互使所依赖的工具。
- 结构也可以促进系统的性能，也就是令系统能够更好地执行其功能。

6.3 系统架构中的非理想因素、支持层及接口

6.3.1 系统架构中的非理想因素

从图 6.8 中可以看出：密封、O 形环、电动机、电机轴、螺钉、防松螺母、电源及支架，都还没有与内部过程关联起来。那么，这些工具对象是做什么用的呢？

之所以会出现这种情况，是因为我们目前为止分析、思考的都是如何在理想状况下体现出泵的价值。而实际上，系统要想成功，还需要做很多的工作。设计正确的价值通路，是体现系统价值的必要条件，但仅有这一条是不够的。我们还需要对系统的功能做其他方面的工作，这其中就包括处理价值通路中的非理想因素、设计支持性的功能及接口性的功能等。

非理想因素是表 6.1 中问题 6b 的主题。有很多非理想因素都与操作数的管理有关，也就是说，在执行与价值有关的过程时，操作数会在移动、容纳及存储等方面出现一些状况，这需要由系统来做出应对。比如，循环系统要有止回阀（check valve），以防止血液倒流。设计团队必须用文档系统来存储并控制相关的文档。而物理层面的计算也需要

存储并移动大量的二进制位。

此外，还有一些内部过程是用来促进性能或提升健壮性的。比如，我们可以给 Team X（参见图 6.5e）中的 John 提供一些电子设计工具及渲染工具，以提升设计团队的效率。或是通过检测面团的含水量来改进切片面包制作系统（参见图 6.4）的可靠性。我们有时还需要像第 2 章所说的运算放大器那样，对偏差进行抵消。

在做逆向工程时，如果发现某工具并没有与主要或次要的价值通路相关联，那就要想想这些工具是不是用来管理操作数或改进性能及健壮性的。

把这套步骤运用在图 6.8 中的离心泵系统上，我们就会发现：有两个工具对象虽然“接近”价值通路，但是尚未与过程关联起来，这两个对象就是密封和 O 形环，它们都是接触水的部件。O 形环有助于容纳泵中的水，而密封部件则可以减少由电机轴所造成的漏水。泵盖与泵壳已经与理想的内部功能关联起来了，但是除此之外，它们还实现了一个用于应对非理想因素的功能，那就是指引并容纳穿过叶轮的水。这些与非理想因素有关的部件都画在图 6.8 中。

值得指出的是，图 6.9 中的冒泡排序算法似乎并没有出现不理想的因素。数字信息系统一般来说应该具备确定性，它们无需处理不确定的情况。然而，这段代码在运行时的实现机制可能会向其中添加一些指令，以应对与操作数的管理有关的数据移动及数据存储事宜。在通信系统中，我们可能要通过错误检测及纠错码等过程，来处理传输中的非理想因素，以实现正确的传输。

6.3.2　系统架构中的支持功能及支持层

处在价值体现通路中的这些形式对象（例如离心泵的叶轮与泵盖），其本身必须受到支持。一般来说，物理对象都必须受到支撑，以应对重力或其他作用力，此外还必须由电源来供电并接受控制。而 Team X 这样的组织也必须由人力资源部门、信息技术部门以及管理部门给予支持。表 6.1 中的问题 6c 提醒我们去探查这种起到支撑作用的功能，并确定这些功能所依赖的工具。

有关支持层的一个典型案例，出现在网络信息系统中。冒泡排序算法可以运行在应用层，如果待排序的数据来自网络，那么应用层下面还会有很多为其提供支撑的层。无论是 OSI 的 7 层模型，还是 Internet 的 4 层模型⊖，其价值都是在应用层中创造出来的，其他那些层起的是支持作用。第 7 章将讲解网络信息系统的架构，以说明这一点。

图 6.10 展示了离心泵系统的完整架构。一般来说，系统的架构可以建模成下列几种不同的层，它们分别是：与价值有关的操作数层、与价值有关的过程层、与价值有关的工具层，以及起支持作用的过程层和工具层。我们要从机械、能源、生化及信息等方面，来思考那些与价值相关的工具究竟是由谁来提供支持的，这有助于我们确定支持层中的

⊖ 指的是互联网协议族（Internet Protocol Suite，IPS）模型，也称为 TCP/IP 协议族模型。这 4 层分别是应用层、传输层、网络互联层和网络接口层。——译者注

过程及工具。

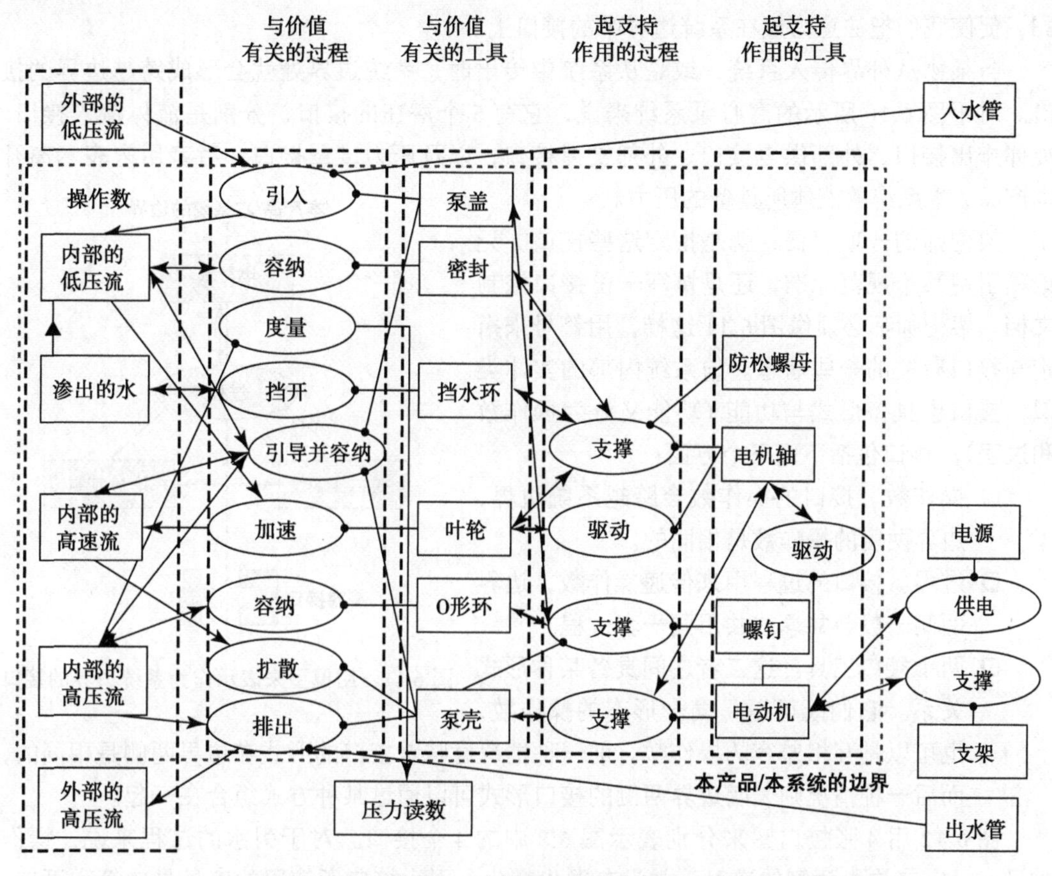

图 6.10 离心泵的系统架构，其中包括起到支持作用和接口作用的过程

仔细观察图 6.10，我们可以看出：起到支持作用的那些过程和形式，具有几个值得注意的特点。电动机驱动电机轴，同时也为电机轴提供支撑。电机轴又驱动叶轮，同时也为叶轮提供支撑。泵壳虽然与电动机和电机轴一样，也能为其他组件提供支持，但我们却把它画在了与价值有关的工具这一列中，它所支持的泵盖及 O 形环，同样位于与价值有关的工具这一列中。由此可见：某个工具到底应该属于与价值有关的工具，还是应该属于起支持作用的工具，其实并没有唯一的答案，一般来说，我们应该尽量把工具画在离与价值有关的过程较近的那一列。

6.3.3 形式与功能中的系统接口

在定义系统时，其中一个关键问题就是确定系统边界（参见 2.4 节）。清晰地划定系统边界，是相当重要的一项工作，其重要性无论怎样强调，都不为过。系统边界可以把本产品 / 本系统中的实体，与其伴生系统中的实体区分开，而且能够指出哪些实体应该处于架构师的控制之下，同时，它还确定了必须受到控制的这些接口。表 6.1 中的问题 6d，促使我们把注意力放在系统边界中的接口上。

当某物从外界传入系统，或是从系统中传出时，系统边界处就会形成跨越边界的接口。对于图 6.10 所示的离心泵系统来说，它有 5 个潜在的接口，分别是液体流入接口、液体排出接口、外部供电接口、外部支撑接口，以及压力度量接口，后者用来表示离开本产品 / 本系统的液体所具备的压力。

架构师的一项职责，就是指定这些接口。无论是引用某个规范标准，还是撰写一份接口控制文档，架构师都必须像图 6.11 这样，用符号来指定与接口有关的一些信息。与系统内部的实体类似，接口也具备形式与功能（功能又分为操作数和过程）。接口包括下面三个方面：

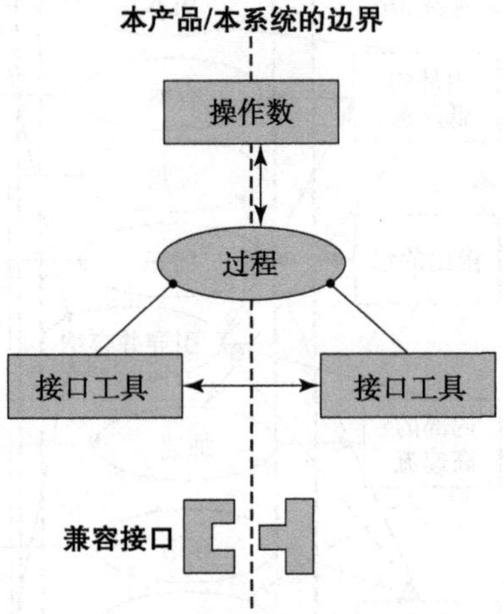

- 操作数。接口的操作数会跨越系统边界，边界两侧的操作数是相同的。
- 过程。接口的过程用来传递操作数，边界两侧一般会共享或共用同一套过程。
- 两个接口工具。这二者之间具备某种形式关系。它们既可以是同一形态的操作数，也可以是互相兼容的操作数。前一种情况意味着接口的形式在边界两侧是相同的，而后一种情况则表明边界两侧的接口形式可以通过某种方式组合在一起。

图 6.11　用模型来表示作为系统边界的接口

图 6.12 用 4 张接口图来分别表示图 6.8 中的 4 个接口。对于引水的过程来说，操作数是水，它在边界两侧传递时，并没有发生变化。引水接口所使用的工具是软管和泵盖，泵盖上面留出了一些空间，使得软管可以接入其中（排水接口的情形，与引水接口类似）。供电接口通过供电过程，来给水泵提供电流，其所使用的工具，是电动机的电缆及电源插座。压力度量接口的传输过程，会把压力读数从水泵内部的导线传输到水泵外部的导线。机械支架接口的支撑过程，会把电机脚所受的力传给固定板。

我们也可以用类似的方式，来分析图 6.9 中的冒泡排序算法所具备的接口。刚开始执行算法时，会通过引入功能来传递两个操作数，也就是待排序的外部数组和数组的长度。该过程在传递操作数时，所借助的工具分别是主例程中的调用语句，以及表示排序算法本身的那条语句[⊖]。导出功能会把与价值有关的操作数，也就是系统边界两侧所共享的那个操作数，导出给外界，该功能的工具，就是用于返回排序结果的那条 return 语句。排好序的那个数组所处的全局地址，可能就是刚开始待排序的那个数组所在的地址。

⊖　也就是图 4.19 中的第 1 行伪代码。——译者注

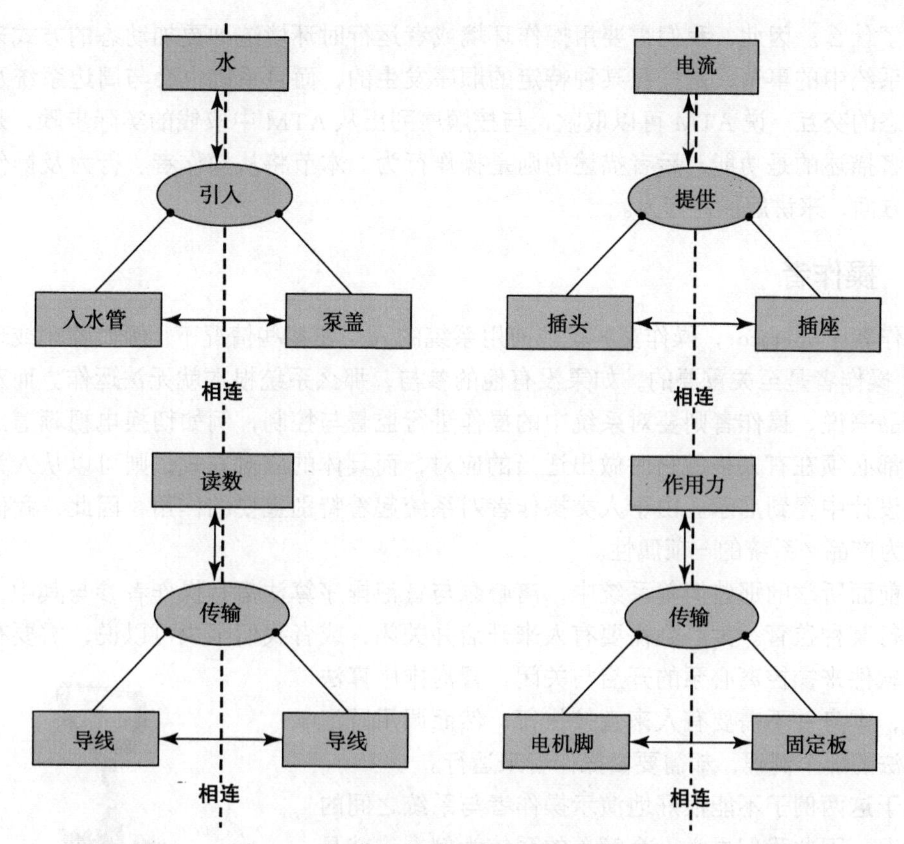

图 6.12　用模型来表示作为系统边界的接口

总之：

- 在理想状况下，系统的主要价值和次要价值可以沿着价值通路对外展现出来，然而实际上，系统架构中总是会出现一些非理想的因素，等着架构师来处理。这些因素通常与操作数的管理有关，它们涉及操作数的容纳、操作数的移动或操作数的存储。
- 系统的架构，可以用操作数层、过程层和形式工具层来表示。除了这 3 层之外，通常还可以再画 1～2 层，用来表示起支持作用的过程，以及额外的工具。
- 接口具备形式和功能。要定义某个接口，至少需要描述三个方面的内容，也就是接口两侧共用的操作数、接口的过程，以及与本产品 / 本系统及其伴生系统相关的兼容工具。

6.4　操作行为

迄今为止，我们对系统架构所做的分析，主要停留在形式和功能上。形式只是对系统所做的一个相当静态的视图，功能描述的也只是系统能做什么，而不是系统运行时实际发生了什么。因此，我们需要用操作环境或者运行时环境这种更加动态的方式来描述系统。系统中的事情，是按照某种特定的顺序发生的，而且系统也会与周边系统及人物进行动态的交互。说 ATM 可以取款，与按顺序列出从 ATM 中取钱的实际步骤，是两回事，前者描述的是功能，后者描述的则是操作行为。本节将从操作者、行为及操作成本这三个方面，来讲解操作行为。

6.4.1　操作者

操作者（operator，操作员）就是使用系统的人。在某些情况下（例如骑车或玩电子游戏），操作者是至关重要的，如果没有他的参与，那么系统根本就无法运作。而对于其他的产品来说，操作者则要对系统中的操作进行监督与控制，例如切换电视频道。所有的系统都必须在有人接触它时做出适当的应对，而具体的应对方式，则可以从人为因素与工业设计中得到启示。由于人类操作者对系统起着特别重要的作用，因此，我们把操作员视为产品 / 系统的一项属性。

在前面所举的那些简单系统中，离心泵与冒泡排序算法都有操作者参与其中，并对系统进行某种监管。离心泵需要有人来开启并关闭，或者我们至少可以说，需要有人通过控制软件来操控离心泵的开启与关闭。冒泡排序算法的代码，本身并不需要有人来直接执行，然而调用冒泡排序算法的那个例程，却需要由操作者来运行。

由于这两例子不能很好地演示操作者与系统之间的互动情况，因此我们再举一个简单的系统为例，这就是带有两个杠杆的开瓶器（two-levered corkscrew，双翼开瓶器），一般称为蝴蝶形开瓶器（butterfly corkscrew）（参见图 6.13），它用来拔酒瓶中的塞子。操作者对于该设备的操作，起着必不可少的作用。操作者首先把设备按在酒瓶的正上方，然后拧螺旋钻头，接下来把开瓶器两侧的杠杆向下压，以便拔出瓶塞，最后将瓶塞从螺旋钻头中取下来。

图 6.13　蝴蝶形开瓶器

图片来源：Ekostsov/Fotolia

6.4.2　行为

行为是由功能以及与功能相关的状态变化情况所构成的序列，系统中的形式对象，应该按照这个顺序来执行各项功能，以便使系统的价值得以体现。行为是产品的一项属性。把对外部功能有所帮助的事件，按照顺序表示出来，是非常重要的。然而我们会把操作顺序（operations sequence）与系统的动态行为，或者说系统时机（timing of the system）加以区分。系统时机特指与时钟的时刻有关的问题，而操作顺序则是根据各动作之间关系来确定的。

操作顺序描述的是系统在动作或过程方面的总体进展情况。该序列中包括与系统对外展现的主要功能及次要功能有关的动作，也包括与起到支持作用和接口作用的功能有关的动作。从另一个角度来说，操作顺序也可以视为一个矩阵，用以描述系统操作数的状态变化情况。序列中的各项步骤之间，未必总是先后关系，还有可能会发生重叠。有时，我们确实需要按照一定的顺序来执行步骤（例如必须先把车发动起来，然后才能开出去），然而还有一些时候，则未必要按照固定的顺序来执行，甚至可以跳过某些步骤（例如可以在把车发动起来之前就调好镜子，也可以等发动起来之后再去调整）。

有很多种表示方式，都能够描述开瓶器在拔塞子时的操作顺序，然而最简单的一种方式，则是像图 6.14 右侧的序列线图（sequence line diagram）那样，把每个过程的起始状态和终结状态表示出来。该图是 SysML 序列图的一个变种。

即便是在这个简单的例子中，我们也会立刻发现：除了瓶塞之外，还有其他一些对象也是非常重要的，它们包括开瓶器所压住的酒瓶，以及用来拔瓶塞的开瓶器。于是，我们还必须在图 6.14 中再画两个序列，才能把开瓶器的操作行为完整地表示出来。每条线的右侧列出该元素所经历的各个过程，而左侧则列出过程的起止状态。尤其值得注意的是：为了使系统的价值得到体现，开瓶器必须经历相当多的过程和状态变化。从图 6.14 的最右侧可以看出，开瓶器经历了从存储到维护（也就是清洗）的诸多过程，我们将在第 8 章中讨论这一点。

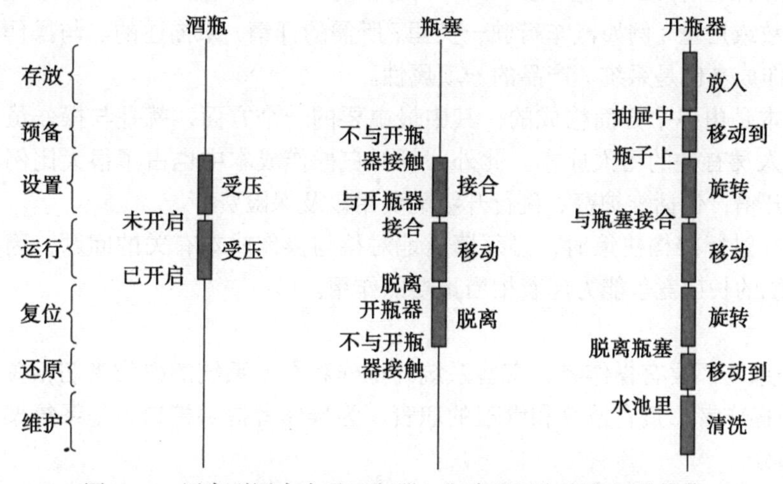

图 6.14 用序列图来表示开瓶器、瓶塞及酒瓶所经历的操作

还有很多种图，也可以用来表示系统的状态、过程以及各过程之间有条件的交互情况。其中包括状态控制图（用在控制论中）以及控制流程图（例如功能流程方块图等）。SysML 可以用活动图和状态机图来表示操作顺序，而 OPM 则可以用上面所提到的那些图来表示操作顺序，另外还可以采用动画来模拟相关的标记在系统中的传递情况，并以此展示操作顺序[3]。

与操作顺序相比，动态行为着重描述的是步骤的执行时机、起始时间、持续时间以及重叠情况等细节。对于实时系统来说，这样的行为是非常重要的。比如，汽车的刹车系统固然要按照一定的操作顺序来执行其中的各项步骤，然而除此之外，它还要受到时机方面的约束[⊖]，也就是说：在踩下刹车的若干毫秒之内，必须把刹车装置部署好。对于那些与时刻和日程紧密相关的系统来说，时机也很重要，例如旅客列车运营系统。

动态行为中经常出现的问题，包括系统在启动时的过渡过程，以及与系统中的信息或元素有关的延迟。实时系统中最为棘手的一件事情，就是如何应对与多个平行的序列或线程有关的时间限制。多线程问题并不是软件所特有的，例如汽车也会出现在转弯时打滑的现象，然而实时软件所遇到的多线程问题尤为复杂，这是因为软件系统在与其他应用程序或操作系统交互时，在时机上会遇到很多不确定的因素，其中还要考虑硬件中断。根据笔者的经验来看，包括多线程、异步事件以及非确定性的事件在内的各种动态行为，最好是能够专门放在系统架构中的某个子领域里来表示，并将其留给架构师去探索。如果这些动态行为确实与产品 / 系统的架构有关，那么建议架构师去研究一下这方面的问题。

6.4.3　操作成本

我们在架构系统时，经常需要预估该系统的操作成本。操作行为、操作理念（参见第 7 章）以及系统的操作细节（参见第 8 章），都会对操作成本造成影响。操作成本通常是按照事件、天数或用量（例如汽车行驶一英里[⊜]所需的开销）来描述的。与操作行为和操作者一样，操作成本也是系统 / 产品的一项属性。

操作成本是由多个方面构成的，其中最主要的一个方面，就是与操作员及运行系统所需的其他人员有关的用人成本。此外，耗材在操作成本中也占了很大比例。另外还有一些间接的开销，包括维护费、例行升级的费用以及保险费等。

架构师在进行架构决策时，必须慎重地对待与操作成本有关的问题，因为这些成本对产品 / 系统的长期竞争能力起着相当重要的作用。

总之：

- 每个系统都要有操作者，有些系统的操作者与本系统的操作密切相关，另一些系统的操作者，负有监督和管理的职责。为操作者提供接口，是系统架构的一个关键部分。
- 行为是由功能所组成的序列，系统必须按照这个顺序来执行，才能体现出它的价值。行为中要包含各个过程的执行顺序，以及与之相关的各项状态的变化顺序。动态行为或时机，专门用来强调操作中的相对时间或绝对时间。
- 操作成本是决定设计出来的系统是否具备竞争能力的一项关键因素，它由直接成本（操作人员与耗材的成本）和间接成本（维护、升级等方面的费用）组成。

⊖ timing constraint，也称为时间（方面的）限制。——译者注

⊜ 1 英里＝1609.344 米。——编辑注

6.5　用各种表示法来推究系统架构

6.5.1　能够对系统架构进行简化的几种方式

我们所讲的这种系统架构视图，在很多情况下显得有些过于完备了。有时，简化浓缩之后的系统架构也同样有效，甚至要比完备的系统架构更加合适，因为它们所提供的信息量恰到好处，或是能够使更多的人看得懂。由图 6.10 中的完整架构出发，我们可以用好几种不同的方式来绘制更为简化的视图，一种方式是隐藏抽象物中的细节，另一种方式是忽略某些细节，还有一种方式是对系统进行投射。第一种方式，意思是用更加宏观的抽象物来隐藏细节。仔细观察图 6.10，我们就会发现：电动机和电机轴，可以改用更加抽象的电机组件（motor assembly）来表示。

简化系统架构图的第二种方式，是忽略某些细节，也就是运用文字框 2.6 所说的聚焦原则，来集中反映体系中较为重要的细节，并排除其他细节，同时还要使观察者能够看出架构中的价值通路（与价值有关的操作数及过程）。

图 6.15 是按照上述方式简化后的离心泵系统架构。将图 6.15 与图 6.10 相对比，我们可以发现：用简化后的视图来理解泵的系统架构，会更加容易一些。该视图把价值通路保留了下来，并且使我们仍然能够看出泵盖和泵壳究竟怎样来处理操作数在移动方面的非理

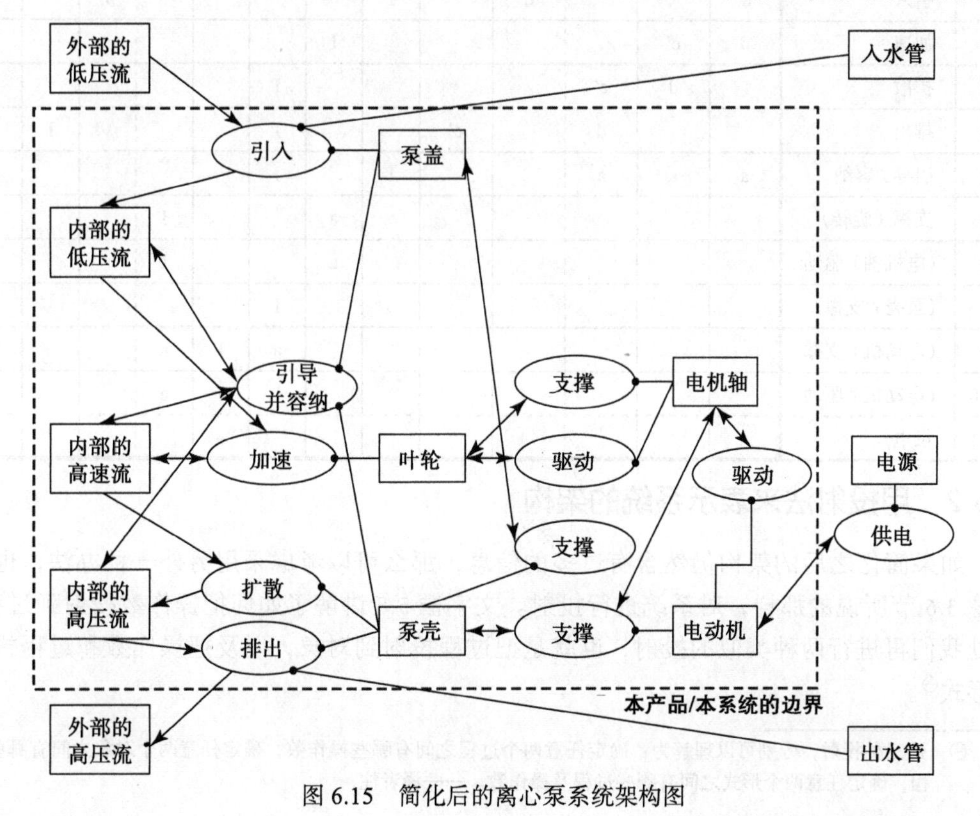

图 6.15　简化后的离心泵系统架构图

想因素。电机轴对叶轮的支持和驱动作用，变得更加明显了，而且关键的操作数接口以及原图中的一个支持接口，在简化版中也得以保留。本章后续内容将使用这个简化版的离心泵架构图来进行讲解。

除了上述两种方式外，我们还可以用矩阵来表示泵的架构。文字框 5.8 讲解了过程 – 操作数（PO）矩阵的构建办法。我们可以把那套办法加以推广，从而构建出过程 – 形式（PF）矩阵，以便表示过程与其工具之间的关系。把这两种矩阵联合起来，就得到了表 6.2 中的 |PO PF| 矩阵，该矩阵所表达的信息与图 6.15 相同。

表 6.2 中的灰色区域，指的是与价值有关的过程。图 6.10 那样的完整架构图，其好处是能够比较直观地看出系统中的各个层次，而表 6.2 这种矩阵，其优点则是更为精简，并且可以按照接下来将要介绍的办法进行运算。

表 6.2　简化的离心泵系统架构表。左侧列出的是内部过程与外部过程。顶端列出的是内部操作数与外部操作数，以及内部工具和外部工具

		O1	O2	O3	O4	O5	泵盖	叶轮	泵壳	电动机	电机轴	管道（入水）	管道（出水）	电源
		内部的低压流	内部的高速流	内部的高压流	外部的低压流	外部的高压流								
P1	引入	c′			d		I					I		
P2	加速	d	c′					I						
P3	扩散		d	c′					I					
P4	排出			d		c′			I				I	
P5	引导 / 容纳	a	a	a			I		I					
P6	支撑（旋转）							a			I			
P7	（电机轴）驱动							a			I			
P8	（泵壳）支撑						a		I					
P9	（电动机）支撑								a	I	a			
P10	（电动机）驱动									I	a			
P11	供电									a				I

6.5.2　用投射法来表示系统的架构

如果简化之后的架构仍然含有过多的信息，那么可以考虑采用另外一种办法，也就是像 3.6 节所说的那样，对系统进行投射。文字框 5.8 讲解了如何把操作数投射到过程。此处我们再进行两种类似的投射，也就是把过程投射到对象，以及把操作数和过程投射到形式[⊖]。

⊖ 这三种投射，分别可以理解为：确定任意两个过程之间有哪些操作数，确定任意两个对象之间有哪些过程，确定任意两个形式之间有哪些过程及操作数。——译者注要进行这两种投射，首先需要按照表6.3来构建DSM。文字框5.8中已经给出了PP、PO、OP和OO矩阵的构建方式，而PF矩阵的构建方式刚才也已经说过了。FP矩阵是采用文字框5.8中所讲的方式，对PF矩阵进行转置而得到的。FF矩阵是个对角矩阵，其对角线上的每个单元格，都写有与本形式对象相对应的标识符，而其余的单元格则留空。该矩阵不用来表示4.4节所说的结构关系。OF矩阵与FO矩阵的各单元格都是0，因为操作数通常不与形式对象发生直接的关系，它们总是通过某个过程间接联系起来。

表6.3　描述整个系统的DSM，这个N×N矩阵的两个轴，都用来表示过程、操作数及形式对象

	过　程	操　作　数	形　式
过程	PP	PO	PF
操作数	OP	OO	OF
形式	FP	FO	FF

6.5.3　把过程投射到对象

在把过程投射到对象时，我们会明确地列出操作数对象及工具对象，并用对象之间的链接来表示两个对象之间的过程。这种投射方式的好处，是可以令对象在观察者的眼中显得更为具体。但是对于不太熟悉系统架构的人来说，则需要稍微了解一下操作数对象这个概念。图6.16演示了如何将过程投射到对象上。

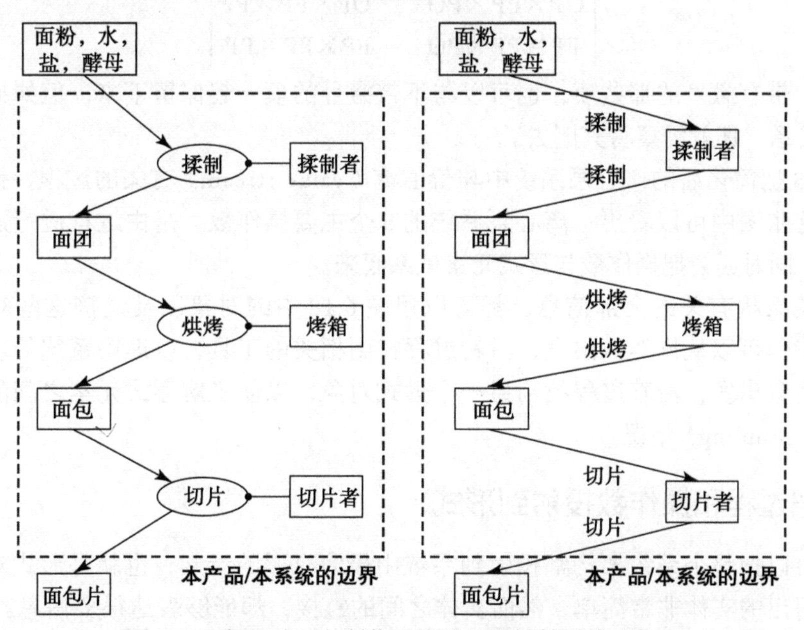

图6.16　把切片面包制作系统的过程投射到其对象上

图6.17演示了如何采用手绘把过程投射到对象的完整OPM架构图：

1. 单独考察每个对象。

2. 沿着与该对象（有的对象是操作数，有的对象是工具）有关的链接找到与之相连的过程，再沿着过程，找到与之相连的另一个对象。

3. 把这个“从对象到过程再到对象”的路径，表示成两个对象之间的一条结构关系，并加以标注。

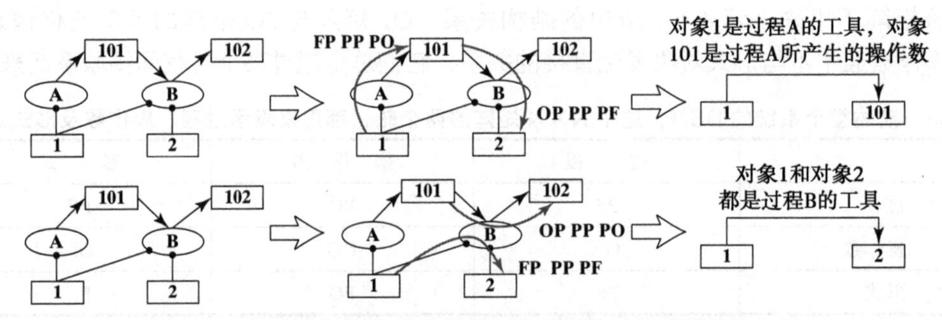

图 6.17　把系统架构中的过程手工投射到其对象时所用的办法

如果用形式论来描述这种矩阵投射法，那就是计算操作数之间（OP×PP×PO）、形式元素之间（FP×PP×PF）、操作数与形式元素之间（OP×PP×PF）以及形式元素与操作数之间（FP×PP×PO）的关系。假如我们采用手绘的办法进行投射，就会得到如图 6.21 所示的投射图。若是用形式论来表示，则可以把投射好的矩阵写成：

$$\begin{vmatrix} OP\times PP\times PO & OP\times PP\times PF \\ FP\times PP\times PO & FP\times PP\times PF \end{vmatrix}$$

矩阵中带有撇号的那些项，也可以与不带撇号的项一起保留下来，但如果想明确地展示因果关系，那就需要将其删去。

图 6.18 把简化后的离心泵系统中与价值流（value stream）有关的过程，投射到了对象上。从这张图中可以看出：离心泵系统的 5 个主要操作数，是由过程进行连接的，而这些过程，同时还会把操作数与形式元素联系起来。

与系统架构有关的全部信息，都可以用图 6.18 中的对象以及链接这些对象的过程来表示。我们可以从操作数出发，沿着过程找到相关的工具，以理解系统的功能，也可以从形式对象出发，沿着过程找到另一个形式对象，以便了解形式元素之间的功能耦合（functional coupling）情况。

6.5.4　把过程和操作数投射到形式

我们可以把整个系统架构都投射到系统中最为有形的元素，也就是形式对象上。这种投射所得出的实体非常简单，然而实体之间的链接，却能够表达很多信息。图 6.19 演示了把切片面包制作系统的过程和操作数投射到形式上所得出的结果。在那张图中，形式对象之间的链接，表示的是与这两个形式对象有关的操作数，以及与该操作数相关的前后两个过程。

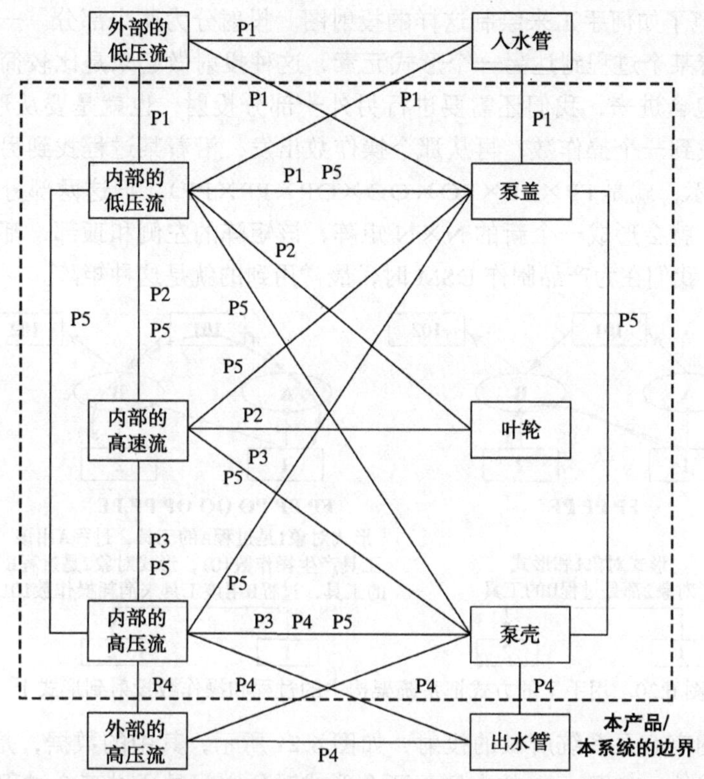

图 6.18　将简化后的离心泵系统中与价值流有关的过程，投射到对象上（图中的代号所对应的具体过程，请参阅表 6.2）

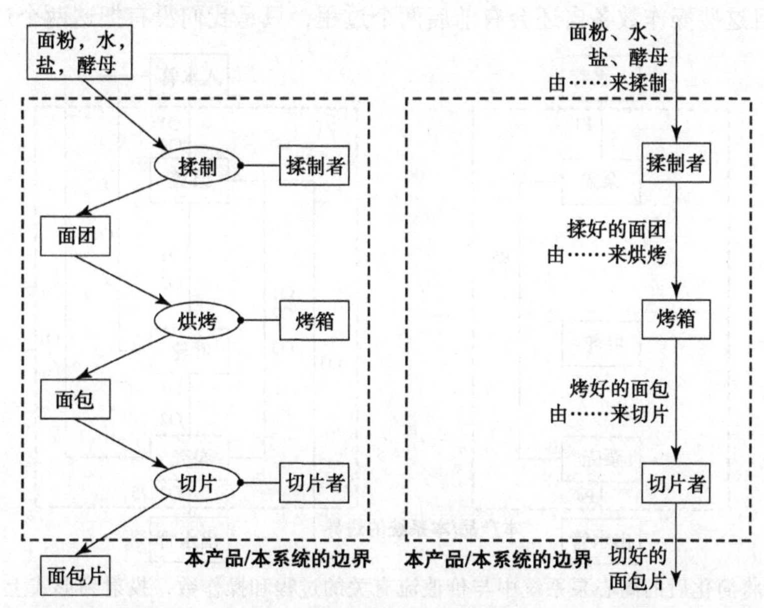

图 6.19　把切片面包制作系统的过程和操作数投射到形式上（此图可与图 6.16 相对比）

图 6.20 示范了如何手工来绘制这样的投射图。投射分为两个部分。一部分是从形式元素出发，沿着某个过程到达另一个形式元素，这种投射做起来是比较简单的。然而为了把操作数也包含进来，我们还需要进行另外一部分投射，也就是要从形式元素出发，沿着某个过程找到一个操作数，再从那个操作数出发，沿着某过程找到另一个形式元素（用矩阵乘法表示，就是 FP×PP×PO×OO×OP×PP×PF）。把这两部分投射所得到的两个矩阵相加，就会形成一个新的 N×N 矩阵，该矩阵的左侧和顶部，都列有系统中的各个形式元素。我们在为产品制作 DSM 时，最常用到的就是这种矩阵。

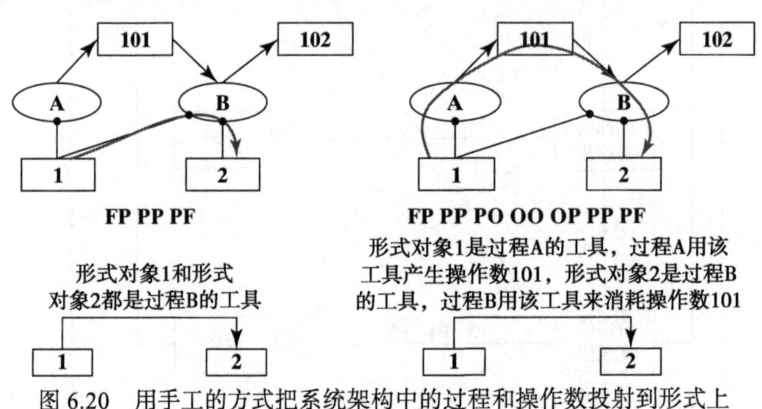

图 6.20　用手工的方式把系统架构中的过程和操作数投射到形式上

对简化后的离心泵系统所做的投射，如图 6.21 所示，其中的数据，是依照表 6.2 中的信息计算出来的。在图 6.21 的左侧，两个形式对象之间是通过某个过程相连接的，这很好理解。然而图 6.21 的右侧就比较复杂了，这是因为两个形式对象之间是通过操作数连接的，而且这些操作数各自还会有前后两个过程，只是我们没有把这两个过程标注上。

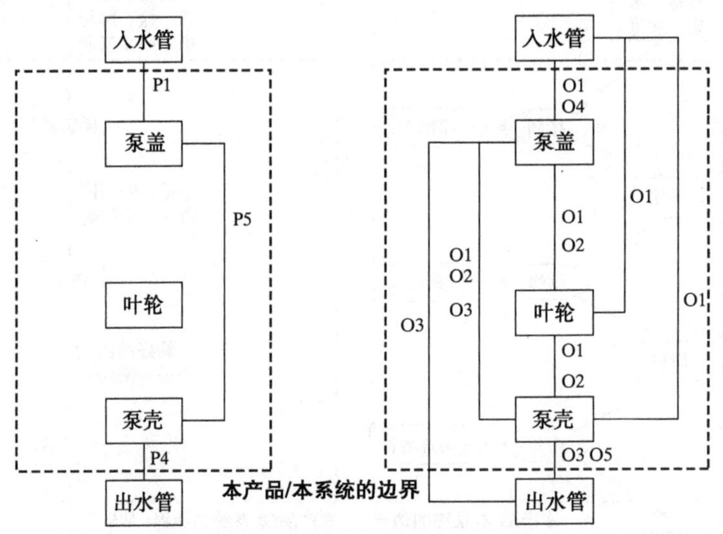

图 6.21　将简化后的离心泵系统中与价值流有关的过程和操作数，投射到形式上（各个代号所对应的详细信息，请参阅表 6.2）

从某些方面看，用图 6.21 这样的方式来表示系统的架构，是最为精简的。因为其中的工具对象都表现得相当具体，而且对象之间的信息也进行了充分的抽象，使得专业领域之外的很多人也能够理解它们。借助 SysML 中的项目流程（item flow）元件，我们可以把图 6.21 改编成与之类似的 SysML 内部块图。在建模时，形式元素之间的操作数交互情况，可以像表 6.4 这样分成几种类型。

表 6.4 对形式对象之间的操作数交互情况所做的分类

<table>
<tr><td rowspan="4">物质</td><td rowspan="2">机械的</td><td>质量交换</td><td>传递物质流</td></tr>
<tr><td>力 / 动量</td><td>推动</td></tr>
<tr><td rowspan="2">生化的</td><td>化学品</td><td>起化学反应</td></tr>
<tr><td>生物品</td><td>复制</td></tr>
<tr><td rowspan="2">能量</td><td rowspan="2"></td><td>工件</td><td>导电</td></tr>
<tr><td>热能</td><td>加热</td></tr>
<tr><td rowspan="4">信息</td><td rowspan="2">信号的</td><td>数据</td><td>传输文件</td></tr>
<tr><td>命令</td><td>触发</td></tr>
<tr><td rowspan="2">思维的</td><td>认知思维</td><td>交换想法</td></tr>
<tr><td>情感思维</td><td>给予信念</td></tr>
</table>

总之：

- 用包含各种操作数、过程及形式对象的方式来描述系统的架构，其好处是可以记录与系统有关的全部信息，并将其展示出来，但缺点则是这样所得的示意图或矩阵比较复杂。有时，可以对其进行一些简化和抽象。
- 我们可以把架构中的过程，投射到操作数对象与形式对象上。这样所得的示意图会比较简单，对架构师来说也更加有用，但是查看这种示意图的人，需要对操作数这一概念有所了解。
- 此外，还可以把架构中的过程和操作数单单投射到形式对象上，这样做出来的示意图最为精简，而且所有人都能看得懂，只不过我们要把很多信息都保存到形式对象之间的链接中。

6.6 小结

在第 4～6 章中，我们讲解了系统架构的核心概念，也就是形式、功能、功能与形式之间的对应，以及把各种形式对象拼接成系统时所产生的功能涌现。尽管形式与功能都是系统的属性，但二者之间的对应，也就是架构，却并不是一项系统属性，它是形式与功能之间的映射。

形式结构对我们理解涌现物，起着相当重要的作用。形式结构中的某些方面对涌现物起着承载作用，另外一些方面则对与涌现功能有关的性能起着促进作用。

系统的主要功能和次要功能，是沿着价值通路而涌现的，但是在涌现时，我们通常需要管理一些与操作数有关的事务，并处理一些不确定的问题，以解决这些非理想因素。位于价值通路中的工具，必须由起到支持作用的过程和工具来提供支撑，这种支撑一直要持续到与使用情境相对接的接口处。

最终展示出来的系统架构，可能会相当复杂，其中包含与实体及关系有关的大量信息。因此，这样的架构或许有些难懂，也就是说，这样的架构理解起来可能不是那么容易。此时架构师可以借助各种各样的抽象法、简化法及投射法来化简这个架构，以便使自己能够更加顺畅地思索该架构，并与他人互相交流。

现在我们回到文字框 6.1，看看当时给系统架构一词所下的定义。根据这个定义，本章实际上已经把系统架构的精髓部分[⊖]讲完了，而形式元素及形式元素之间的关系（也就是结构），与功能及功能之间的关系（也就是交互），也在前面的章节中讲过了。因此，在架构一词的定义中，只剩下一个方面还没有讨论到，那就是概念。

6.7　参考资料

[1] Suh, Nam P. "Axiomatic Design Theory for Systems." *Research in Engineering Design* 10.4 (1998): 189–209.

[2] Ulrich, Karl T., and Steven D. Eppinger. *Product Design and Development.* Vol. 384. New York: McGraw-Hill, 1995.

[3] 对SysML的9种视图来说，其中有6种视图已经可以采用软件直接从OPD中生成了，但我们还是可以自己试着去研究一下如何在这两种图表之间进行转化，这种研究是有意义的 (Grobhstein and Dori, 2010) 。

⊖ 也就是对功能与形式元素之间的映射所做的分配。——译者注

第7章　与特定解决方案无关的功能和概念

麻省理工学院的Peter Davison为本章的撰写提供了巨大帮助，在此表示感谢。

7.1　简介

7.1.1　正向工程与更加复杂的系统

迄今为止，我们采用的都是逆向工程的办法，也就是先假设系统已经出现在我们面前，然后试着理解系统是什么（也就是其形式）以及系统怎样运作（也就是其功能）。在第4～6章中，我们以离心泵、冒泡排序算法及切片面包制作等简单的系统为例，讲解了各种系统架构方式，然而这些系统的复杂度，与我们在真实工作中遇到的那些系统相比，毕竟还是少了很多。实际上，用系统架构技术来处理冒泡排序算法或离心泵这样简单的系统，就相当于拿大锤去砸图钉一样，有点小题大做。

如果仅仅从逆向工程的角度来分析如此简单的系统，那我们是不可能掌握系统架构技术的。因此，本章将以正向工程的角度来进行讲解，并引入两个重要的观念，一个是与特定解决方案无关的功能（参见7.1节），另一个是概念（参见7.3节）。此外，还要给出两个复杂度更高的系统，也就是空运服务与家庭数据网络。选择空运服务为例，是想演示怎样把系统架构技术运用到服务的设计上，而选择家庭数据网络为例，则是因为它是全球信息网络的一个缩影。

本章我们将以一组新的问题为指引来进行讲解，并试着把第4～6章中的那些问题，整理成一套方法。请注意：笔者对原来的某些问题做了修改，增加了一些新的信息，表7.1用中括号来表示这些新的信息。

表7.1　确定系统的概念时所要回答的问题。我们从这张表格开始，构建一种正向工程的思维视角。笔者对第5章中的问题5a和5b做了补充，以便描述第7章所要讲解的一些新观念，这些补充的内容，放在中括号里

	问　题	回答该问题所产生的结果
7a.	谁是受益者？他们的需求是什么？为了满足需求，需要改变哪一个与特定解决方案无关的操作数的状态？与价值有关的属性是什么，改变状态所用的与特定解决方案无关的过程是什么？这些操作数和过程，还具备其他哪些属性？	一套与特定解决方案无关的构想，用来满足系统的预定功能

（续）

	问　　题	回答该问题所产生的结果
5a.	系统对外体现的、与价值相关的主要功能是什么？与价值相关的［特定］操作数是什么，该操作数具备哪些与价值相关的状态，这些状态如何为［特定的］过程所改变？对工具形式所做的抽象是什么？［概念是什么？还有其他哪些概念也能够满足与特定解决方案无关的功能？］	能够对系统进行抽象的“操作数—过程—形式”组合
5b.	主要的内部功能是什么？内部操作数与过程是什么？［对这些过程所做的特化是什么？概念片段是什么？整体概念是什么？操作概念是什么？］	一套过程与操作数，它能够对系统之下第一级的分解情况进行抽象，而且还有可能对系统之下第二级的分解情况进行抽象

7.1.2　对与特定解决方案无关的功能和概念所做的介绍

我们首先要说的是概念（concept）。概念是一种观念（notion）或简记法（shorthand），用来简单地解释待研究的那个系统。以第 6 章的开瓶器为例，这种简单的系统，能够用来开启酒瓶的塞子，然而除此之外，我们还能不能提出其他一些开启瓶塞的概念呢？

怎样用一种通用的方式来描述开瓶器？开瓶器使用螺旋把瓶塞拔起来，这显然不是开启瓶塞的唯一方式。只要发挥创造力，就可以想出其他一些“拔”瓶塞的办法。比如，将一个把手粘在瓶塞上，然后通过提这个把手，把瓶塞拔出来。甚至我们都可以在不接触瓶塞的前提下开启酒瓶，比如，在瓶塞周围创造一种低压环境，利用瓶内和瓶外的压差所引起的吸力，把瓶塞拔出来。当我们想到利用压差来拔瓶塞时，可能会考虑给瓶内的气体增压。这种解决方案实际上已经做成一种家用产品了，它还提供一根中空的小针，用来刺入瓶塞，以及一个手动的空气泵，用来对瓶内空气加压。此外，在某些豪华餐馆中，开酒的服务生有时会用一种类此叉子的工具，从侧面把瓶塞撬出来。

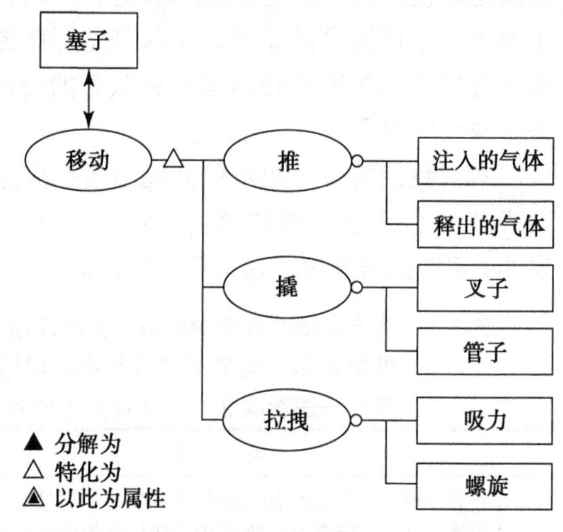

图 7.1　能够用来去除酒瓶塞子的各种概念

图 7.1 列出了能够用来除去酒瓶塞子的各种概念，我们以“操作数 – 过程 – 工具”的格式来描述这些概念，例如“瓶塞（操作数）– 推（过程）– 注入的气体（工具对象）”。

这个例子虽然简单，但却说明了一个影响深远的理念，这就是与特定解决方案无关的功能[1]。与特定解决方案无关的功能（solution-neutral function），指的就是不涉及功能实现方式的系统功能。文字框 7.1 解释了该理念以及它所带来的好处。

文字框 7.1　与特定解决方案无关的功能原则（Principle of Solution-Neutral Function，解决方案中立原则、中性解决方案原则）

“我们在解决问题时，不能像创造问题时那样去思考。”

——阿尔伯特·爱因斯坦（Albert Einstein）

糟糕的系统规范书，总是把人引向预先定好的某一套具体解决方案、功能或形式上，这可能会令系统架构师的视野变窄，从而不去探索更多的潜在选项。尽量使用与特定解决方案无关的功能及语言结构来描述系统，以便使架构师能够意识到该问题的探索空间其实是相当广阔的。

图 7.1 采用与特定解决方案无关的方式，将系统的功能表述成“移动瓶塞”，然后将这个移动瓶塞的功能特化为推、撬和拉曳。请注意：同一种特化功能，可以与多个工具对象进行搭配，因此，只说“拉曳”是不足以描述概念的。要想把移动瓶塞这一概念加以特化，就必须指出相关的工具对象，例如我们可以说：“用螺旋来拉曳瓶塞”，这样就特化出了一个开瓶器。

用这种有结构的表示方法来描述概念是有很多好处的，其中一个主要的优点，就是能够促使我们去思考其他一些特化的功能。比如，我们知道可以用拉拽的方式来开瓶塞，那么就会想：能不能改用推的方式去开瓶塞呢？绘制图 7.1 这样的示意图，是一种对创造力加以整理的方式，我们将在第 12 章中讨论该方式。

与特定解决方案无关的功能，可以像图 7.2 这样形成一套体系。移动瓶塞，可以泛化成去除瓶塞，而去除瓶塞却不一定非要特化成移动瓶塞，它还可以特化成摧毁瓶塞，例如烧掉瓶塞或熔化瓶塞。去除瓶塞可以泛化成开启酒瓶，而开启酒瓶不一定非要特化成去除瓶塞，它还可以特化成使瓶塞裂开（例如在其中钻孔）。开启酒瓶可以泛化成取得酒，而取得酒也不一定非要特化成开启酒瓶，它还可以特化成打破酒瓶，这样做照样能够得到酒。于是，取得酒，就位于整个功能体系的顶端。为了把这些与特定解决方案无关的功能全都画在一张图中，笔者在图 7.2 中省略了相关的工具对象，例如拉拽瓶塞所用的开瓶器、熔化瓶塞所用的喷灯，以及打破酒瓶所用的桌沿等。

我们所提出的概念究竟够不够宽广，很大程度上取决于对功能意图（functional intent）所做的描述是否宏观。与取得酒相比，把功能意图描述成去除瓶塞，会使可供考虑的解决方案变得少一些。在其他条件都相等的前提下，把系统的功能意图描述得离特定解决方案越远，我们所提出的概念就越广。

然而我们必须在这个与特定解决方案无关的功能体系中，找到一个适当的起点。假如沿着取得酒这一功能继续向上推，那么还可以把它继续泛化成提供酒水，但我们要考虑的是：这种泛化究竟有没有实际的意义。这是一个功能意图方面的问题。如果桌子上明明已经摆着一瓶酒了，那我们所想到的意图，就是获取瓶中的酒，在这种情况下，去讨论比它更宽泛的那些概念是没有意义的。

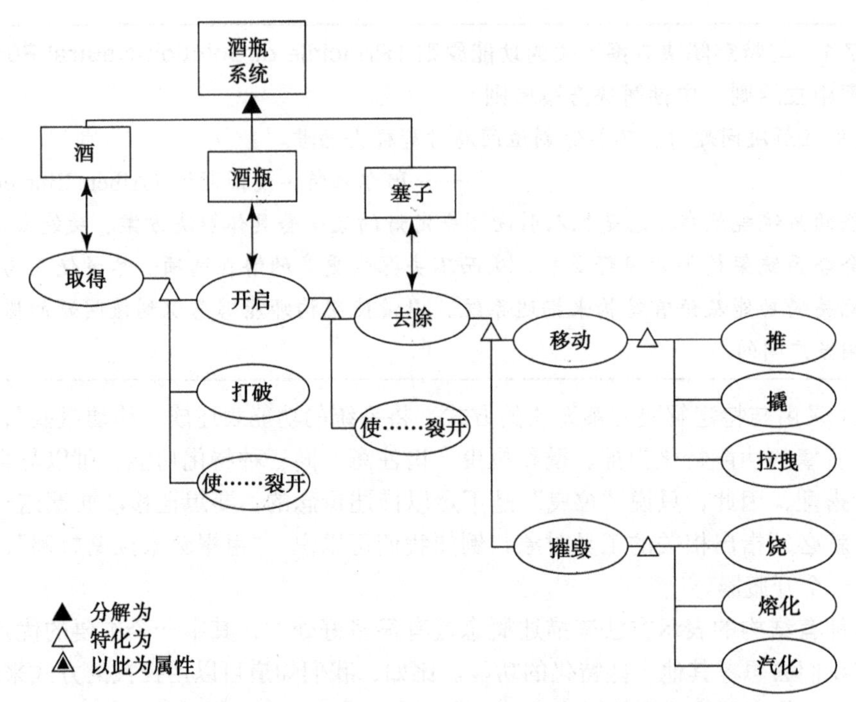

图 7.2　由更多的概念所构成的体系，这些概念都能够用来获取瓶中的酒

在介绍完概念、与特定解决方案无关的功能，以及功能意图这三个理念之后，我们现在要针对复杂度更高的系统，来给这三个理念分别下一个更为严谨的定义。

7.2　确定与特定解决方案无关的功能

为了从前面所讲的那些范例系统推进到更为现实的系统，我们现在要引入两个复杂度更高的例子，也就是空运服务和家庭信息网络。首先，我们要确定功能意图，并将其表述成与特定解决方案无关的功能。笔者用意图（intent）这个词来指代系统的目标。为了思考系统的架构，我们需要理解与系统目标有关的某样东西。

此处所重点关注的这样东西，叫做功能意图，它是根据主要受益者的主要需求而推导出来的。我们将在第 11 章中给出一套更详细、更完备的办法，用来排定各种利益相关者之间的优先顺序，以及根据他们的需求所得出的系统目标。

对于空运系统来说，我们关注的重点是作为主要受益者的旅客。旅客的主要需求，可能是飞往其他城市去拜访客户，以拓展业务。对于家庭数据网络来说，主要受益者就是使用该网络的那个人，我们将其称为上网者（surfer)。他的主要需求，可能是在线购买一本书。

根据目前已经讲到的这部分内容，我们现在提出一套步骤，使得架构师可以用与特定解决方案无关的措辞，来描述系统的功能意图。表 7.1 中的问题 7a，就概括了这套步骤，它包括下面几个环节：

- 考虑本系统的受益者。
- 确定受益者的需求，我们想要满足的正是这个需求。
- 确定与特定解决方案无关的操作数，如果对这个操作数加以操作，那么将会产生预期的利益。
- 确定与特定解决方案无关的操作数所具备的属性，如果该属性发生变化，那么将会产生预期的利益。
- 可能还应该确定与特定解决方案无关的操作数所具备的其他相关属性，这些属性对于描述功能意图及满足系统目标，都起着重要的作用。
- 确定与特定解决方案无关的过程，该过程用来改变与利益有关的属性。
- 可能还应该确定与特定解决方案无关的那个过程所具备的相关属性。

遵循上述步骤来分析空运服务和家庭数据网络，我们就可以得出表 7.2 中的描述信息。通过这两个例子可以看出：为了用一种与特定解决方案无关的方式来描述系统的目标，我们必须仔细思考受益者的需求。

表 7.2　对运输服务和家庭网络中与特定解决方案无关的功能意图所做的总结

问　题	运输服务	家庭网络
受益者？	旅客	上网者
需求？	访问另一座城市中的客户	买一本好书
与特定解决方案无关的操作数？	旅客	书
与利益相关的属性？	位置	所有权
操作数的其他属性？	独自一人带有轻便的行李	与购买者的品位相符
与特定方案无关的过程？	改变（运送）	购买
过程的属性？	安全、及时	在线

对于第一个例子来说，我们知道旅行者的需求是拜访另一座城市。拜访一词，在概念上是个相当宽的说法，它可能包含着旅行者去某地，旅行者在那里待一段时间，以及旅行者从外地返回等意思。于是，我们就可以把旅行者认定为该系统的操作数。把旅行者的位置，认定为与价值相关的状态，把（位置的）改变，认定为与价值有关的过程。因此，与价值有关的功能就可以描述为：改变旅行者的位置。改变旅行者的位置，也可以说成输送旅客或运送旅客。除了地点这一属性之外，我们还应该知道旅行者所具备的其他属性，例如旅行者是独自一人出行，且带有轻便的行李。对于运送旅客这一过程来说，我们也应该知道它所具备的属性，也就是该过程必须是及时且安全的。

现在，我们可以把与特定解决方案无关的功能总结成：将带有轻便行李的旅客，安全而及时地运送到新的位置。请注意，我们在总结这个功能时，并没有提到具体应该如何去完成运送，而是站在中立于特定解决方案的立场上去说的。

表 7.2 也列出了对家庭数据网络这一范例系统所做的分析，在该例中，上网者的需求是买书。操作数是书，操作数中与价值有关的属性是所有权。除了所有权，还有一个属性，是该书要能够与上网者喜欢阅读的内容有关。改变所有权所用的过程是购买，也就是用钱来换取货品，对于这个购买过程来说，它所具备的属性是在线，也就是说，购买过程发生在互联网上。于是，我们可以把与特定解决方案无关的功能描述为：在线购买一本上网者所喜欢的书。

上面这两个与特定解决方案无关的功能，分别成为这两个系统各自的功能意图。如果能够达成这些以价值为中心的目标，那么就有可能满足受益者的需求，并使得系统的价值得到体现。除了上述功能意图之外，系统中当然也会有其他一些意图，那些意图是根据系统对外体现的次要功能而表达出来的，例如由企业的利益相关者所提出的需求等。第 10 章将会讲解影响系统目标的各种因素，第 11 章则会给出一套步骤，用以列出系统中的全部目标。

系统运作起来之后，会发生一件奇妙的事情，那就是：系统的意图消失了。看到飞机上的乘客，我们很难知道他们各自都是为了什么原因而旅行的，看到一屋子服务器，我们也难以分辨出每台服务器的具体用途。设计系统时，架构师必须阐明与特定解决方案无关的功能，而系统一旦构建起来，我们就很难再判断出它的意图了。

这看上去似乎是相当自然的事情，但它却揭示了一个重要的事实，那就是：系统的意图虽然经常在口头提起，但却很少落在纸面上。这个意图通常出现在较为随意的谈话中，例如“我想我们要做一辆复古风格的 minivan (多功能休旅车)”，或是作为产品概念的核心部分而描绘出来，例如“这是画师绘制的复古 minivan 草稿”。架构师必须从这些场合中找出系统的主要功能意图，并将其记录下来，以便指导系统的设计。

总之：

- 系统的功能意图，应该阐述成与特定解决方案无关的功能。
- 与特定解决方案无关的功能，是由一个操作数和一个过程所组成的。操作数与过程都可以各自具备一些属性，把这二者联系起来，可以体现出系统的价值。该功能不涉及具体的解决方案。

7.3 概念

7.3.1 作为一种观念的概念

从与具体方案无关的功能，跳到系统的架构，这中间有着巨大的认知鸿沟。为了帮助架构师完成这种思维转换，我们创造了一个认知结构，它就是概念。这个认知结构，虽然并不是完全必要的，但它对于我们思考复杂的系统来说，却非常有用。

概念是从功能到形式的宏观映射。文字框 7.2 给出了概念一词的定义。它是表述系统图景时所用的一种便捷而精确的方式。若是换一种说法，我们也可以把概念理解为：

- 概念是一个过渡点，使我们的思维从与特定解决方案无关的方面，转换到与特定解决方案相关的方面。
- 概念必须使得与价值有关的功能在形式的承载下得以执行。
- 概念能够为解决方案创建一套词汇表，并且是我们研发系统架构的起点。
- 概念本身就确定了系统的设计参数。
- 概念本身就确定了系统的科技水平。

文字框 7.2 概念的定义

概念是我们对产品或系统所形成的图景、理念、想法或意象，它把功能映射到形式。它是对系统所做的规划，描述了系统的运作方式。它能够使人感觉到系统会如何展示其功能，也能够体现出对系统的形式所做的抽象。它是对系统架构的一种简化，有助于我们对架构进行宏观的探索。

概念虽然不是产品/系统的一项属性，但它却是形式与功能这两项属性之间的一种观念映射。

概念与架构中都包含着从功能到形式的映射，但概念是以一种通用的方式，来解释功能是如何映射到形式的。图 7.3 对比了概念和架构：虽然两者都把功能映射到形式，但前者强调的是观念，而后者则包含更为详尽的信息。如果脑中有了概念，那么它能够对架构的研发进行指导；反过来说，如果有一套架构摆在我们面前，那么我们可以用概念来合理地解释这套架构。

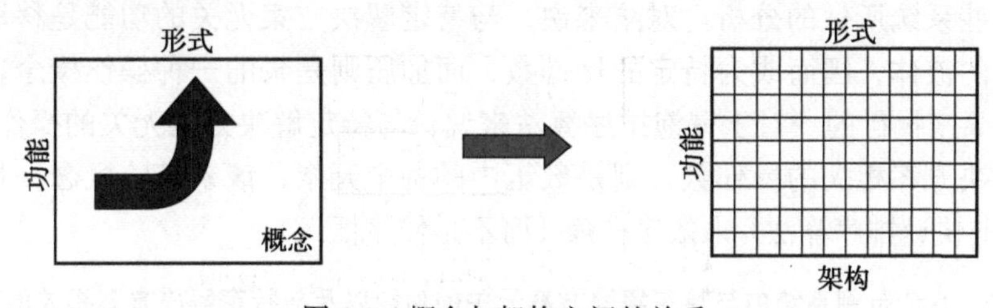

图 7.3 概念与架构之间的关系

我们可以用简单的系统来说明这些要点。对泵来说，与特定解决方案无关的功能是“移动液体”，而概念则是用离心泵对水加压，其中离心泵是特定的形式工具，水是特定的操作数，加压是特定的过程。这里所说的特定，意思是处在与特定解决方案相关的领域中，而不是处在与特定解决方案无关的领域中。于是，我们就通过对概念的选择，从与特定解决方案无关的领域，转到了与特定解决方案有关的领域。一提到离心泵，就立刻会想到电动机、泵壳和叶轮等词，而选择离心泵这一概念，本身就意味着我们确定了其中要有叶轮速度和增压能力等设计参数，同时也意味着我们确定了它的科技水平（离心泵的技术含量比运水的桶要高，但比高温涡轮机械要低）。描述概念，只需要用“对水加压的离心泵”这个简单的短语就可以了，而要定义它的架构，则需要像第6章那样，详细给出各部件的描述信息、它们的结构，以及它们和内部功能之间的映射。

与上一个例子相似，冒泡排序算法这个名字，实际上也就是该系统的概念名称。与特定解决方案无关的功能是“对数组排序”，而概念则是用冒泡排序算法依序地交换数组，其中冒泡排序算法是特定的形式工具，数组是特定的操作数，依序交换是特定的过程。冒泡排序算法虽然能够排序，但不如快速排序算法（quicksort）那样迅捷。学过算法的人，只要听到冒泡排序这几个字，立刻就能想出一套简单的算法、一张与解决方案有关的术语表，以及一组定义系统架构所必备的工具对象（也就是代码）。从这两个例子中，我们可以清楚地看出：选定概念之后所能确定的内容，要比尚未选定概念时丰富得多，而要想根据概念来确定系统的架构，则还要指定更多的内容。

7.3.2　对概念构想有所帮助的框架

图7.4中的这些元素，能够严谨地定义系统的概念。我们把与特定解决方案无关的功能，放在图7.4的概念框之外，并将其置于画面最左侧，与之相对应的那一列，称为“意图”。然后，我们把与特定解决方案有关的操作数、功能以及它们的属性，放在画面中间，与之相对应的那一列，称为“功能”。该列是对它左边那个与特定解决方案无关的功能列所做的特化。最后，我们把特定的形式以及形式的属性放在画面右侧，与之相对应的那一列，称为“形式”。

图7.4中有5个要点，它们分别以边线加粗的图形来表示。表7.3列出了我们对当前所讨论的这些系统所做的分析。对泵来说，与特定解决方案无关的功能是移动液体。水是一种具体的液体，因而成为特定的操作数，而加压则是泵的一种操作概念，该操作概念是用离心泵来执行的。对于冒泡排序算法来说，与特定解决方案无关的操作数是数组，而与特定解决方案相关的操作数，则是数组中的各个元素，该系统的概念，是用冒泡排序算法（而非快速排序算法）来依序交换（而不是依序插入）。

表7.3　5个范例系统中与特定解决方案无关的功能以及与特定解决方案相关的概念

与特定解决方案无关的操作数	与特定解决方案无关的过程	特定的操作数	特定的过程	特定的工具
液体	移动	水	对……加压	离心泵
数组	对……排序	数组的元素	依序交换	冒泡排序算法
塞子	移动	塞子	拉拽	螺旋
旅客	运送	旅客	空运	飞机
书购买		互联网	访问	家中的宽带连接

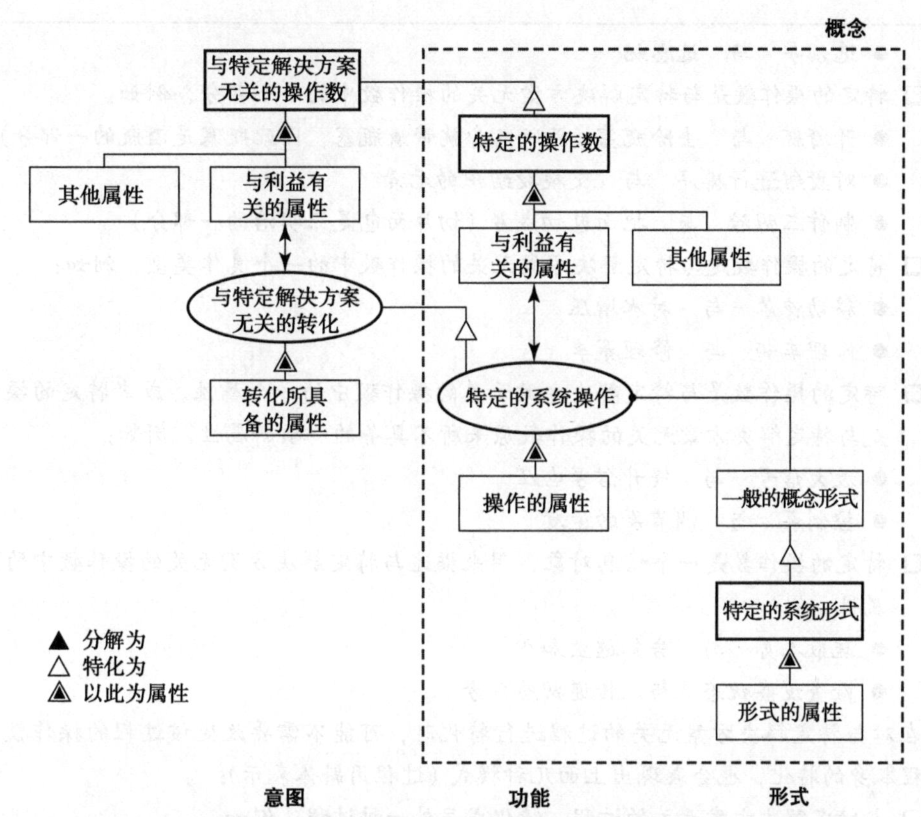

图 7.4　根据与特定解决方案无关的功能意图来推导概念时所依循的模板

通过表 7.3 中的范例，我们可以明确一点，那就是：特定的操作数和与特定解决定案无关的操作数之间，并没有一种简单的关系可供推导，特定的过程和与特定解决方案无关的过程之间，也是如此。文字框 7.3 讨论了这个问题。

文字框 7.3　方法：把与特定解决方案无关的功能特化成概念

没有哪一种方式能够把与特定解决方案无关的功能自动地特化成概念，要进行特化，就需要仔细地思考，并发挥创造力。特化操作数时，尤其如此。在操作数的特化过程中（操作数用斜体表示），可能会出现下面这些情况。虽然这份列表并不完备，但它指出了操作数在特化时可能发生的几种变化。

- ❑ 与特定解决方案无关的操作数和特定的操作数之间完全不同，与特定解决方案无关的过程和特定的过程之间，也完全不一样，例如：
  - 使*人*开心　与　观看 *DVD*
  - 保存*记忆*　与　采集*图像*
  - 服务*顾客*　与　给出*现金*
- ❑ 与特定解决方案无关的操作数和特定的操作数之间完全不同，但过程是一样的，例如：

- 选领导 与 选总统

- 特定的操作数是与特定解决方案无关的操作数中的一个部分，例如：
  - 开*酒瓶* 与 去除*瓶塞*（酒瓶本身就带着瓶塞，因此瓶塞是酒瓶的一部分）
  - 对*数组*进行排序 与 交换*数组中的元素*
  - 制作*三明治* 与 把面包切成*片*（切片面包是三明治的一部分）
- 特定的操作数是与特定解决方案无关的操作数中的一个具体类型，例如：
  - 移动*液体* 与 对*水*增压
  - 修理*车辆* 与 修理*赛车*
- 特定的操作数是与特定解决方案无关的操作数中的一个属性，或者特定的操作数是与特定解决方案无关的操作数原来所不具备的一项新属性，例如：
  - 放大*信号* 与 提升*信号电压*
  - 控制*泵* 与 调节*泵的速度*
- 特定的操作数是一个信息对象，用来描述与特定解决方案无关的操作数中的某个属性，例如：
  - 疏散*人员* 与 告知*逃生知识*
  - 检查*设备状态* 与 传递*状态信号*

在对与特定解决方案无关的过程进行特化时，可能不需要改变该过程的操作数，但是过程本身的特化，也会表现出上面几种模式（过程用斜体表示）：

- 与特定解决方案无关的过程，特化成另外一种过程，例如：
  - 给人*提供避难所* 与 使人*住进*房子里
- 与特定解决方案无关的过程，特化成该过程的一种具体类型，例如：
  - *运输*旅客 与 *空运*旅客
  - *保护*木材 与 给木材*刷漆*
  - *烹制*土豆 与 *煮*土豆
- 给与特定解决方案无关的过程增加一项属性，或改变其现有属性，从而将它特化为与特定解决方案有关的过程：
  - 给工具*提供动力* 与 （*用电*）给工具提供电力

7.3.3 构想概念时所应依循的步骤

图 7.4 实际上已经完整地蕴含了构想概念时所应依循的步骤，这就是：找到一种特定的操作数，该操作数所发生的变化，要能够满足系统的功能需求；找到这种特定的操作数中与利益有关的一项属性，该属性所发生的变化，要与系统的价值有关。其他的步骤也可以类推。表 7.1 中的问题 5a 概括了这套步骤中的要点。

我们依照图 7.4 所示的方法，对本章所举的两个复杂度较高的系统进行分析，并将结果列在表 7.4 中。我们把运输过程，特化成较为具体的空运过程，把“飞行物”这个模糊的形式，特化成商用飞机。在这个例子中，与特定解决方案无关的操作数，和特定的操作数之间是相同的，但过程却发生了特化。该系统的概念，用简单的语言来表述，就是：商用飞机以少于两个小时的时间，空运一位带有轻便行李的旅客。

表 7.4　确定运输服务系统和家庭网络系统的概念时所用的特定功能及特定形式。与具体方案无关的功能，请参见表 7.2

问　题	运 输 服 务	家 用 网 络
特定的操作数？	旅客	互联网
与利益有关的属性？	位置	访问权
操作数的其他属性？	独自一人带有轻便的行李	高速的网络连接
特定的过程？	空运	使上网者能够获取（访问）
过程的属性？	少于 2 小时	可靠地
宽泛的概念形式？	“飞行物”	“访问者”
特定的形式？	飞机	家庭宽带
形式的属性？	商用的	平价的

家庭网络的那个例子，其特化过程与刚才的例子有所不同。与特定解决方案无关的操作数是书，但是特化后的操作数却是网络。特化后的过程，是获得访问权，也可以简称为访问。该过程的属性，是说本过程必须可靠地得到执行。“访问者”这个较为模糊的形式，特化成平价的家庭宽带网络。该系统的概念，用简单的语言来说，就是：平价的家庭宽带网络（使上网者能够）可靠地访问高速的互联网。

正如第 2 章所说，描述系统所用的“操作数 - 过程 - 工具”这一格式，与人类语言中的“名词 - 动词 - 名词”这一结构，是可以相互联系起来的。按照图 7.4 中的模板来描述概念时，我们注意到：概念是用一个完整的句子来表述的。其中，工具是名词，用作句子的主语，工具的属性是修饰该主语的形容词。过程是句子中的动词，而过程的属性，则是修饰该动词的副词。操作数从语法角度来看，是句中的宾语，其属性充当修饰该宾语的形容词。正因为有了这种联系，所以我们才能够把系统的概念归结为日常语言中的一句话。

概念，与软件中的模式（pattern）非常接近。软件模式，就是“由处在给定情境中的问题及其解决方案所构成的组合”[2]。结合图 7.4 来看，模式中的问题，指的就是与特定方案无关的功能意图，而模式中的解决方案，指的则是我们所提出的概念。

7.3.4　为概念命名

没有哪一种简单的方式能够为所有的概念命名。按理说，概念应该能够以操作数＋过程＋工具的格式来命名，例如表 7.5 中的发光二极管，就是按照“光＋发出＋二极管”

的格式来命名的。那张表格中也列出了其他一些命名惯例。一般来说，概念不能仅仅依靠操作数而命名，因为操作数中所含的信息，并不足以完整地描述这个概念。在英语中，我们可以给表示过程的动词后面加上 er 后缀，使它听起来像是一个作为工具而出现的名词，例如可以把动词 mow（割）变为名词 mower（割……的机器），但是，这样做其实并没有大幅增加概念所表达的内容。

表 7.5 为概念命名时所依照的惯例

概念命名惯例	操作数	过程	工具	中文名⊖
操作数 – 过程 – 工具	光	发出	二极管	发光二极管
	数据	存储	仓库	数据（存储）仓库
操作数 – 过程	草坪	割	（机）	割草机
	头发	吹干	（机）	吹风机
操作数 – 工具	塞子	（去除）	螺旋	螺旋拔塞器
	火	（燃烧）	地方	壁炉
	帽子	（存放）	架	帽架；衣帽架
	衣服	（装）	箱子	衣箱
过程 – 工具	（食物）	用餐	房间	餐厅
	（东西）	装	箱子	储物箱
过程	（电视）	控制	（器）	遥控器
	（图像）	投影	（仪）	投影仪
工具	（头部）	（覆盖）	帽子	帽子
	（食物）	（盛放）	桌子	（餐）桌
	（人）	（载）	自行车	自行车

有时我们会用过程或工具的一项属性来为概念命名，例如 20 世纪初和 21 世纪初都有“无线”（wireless）这一说法，只不过它们所表达的是两个不同的概念，前者是说不需要电线，而后者则是说不需要网线。

7.3.5 对候选的概念进行整理

构想概念的过程，是一种自由创造的过程。可供选择的概念多一些，对架构师来说是有好处的。

等到有序创新阶段或头脑风暴（brainstorming，脑力激荡）阶段结束之后，就应该对提出的概念进行整理和筛选了。至于筛选的标准，应该根据利益相关者的需求及产品 / 系统的目标来拟定，这将在第 11 章中进行讲解。本节不讨论如何筛选的问题，而是要谈谈怎样对这些候选概念进行归类与整理。

⊖ 本列为译者所加。同一概念的中文命名方式，其所依照的惯例可能与英文有所区别。——译者注

图 7.5 是一张 OPM 图，它描述了一套可以对候选概念进行规整的办法。首先，我们把对每一种特定的操作数进行操作的那些概念，都写在同一页纸上。不同的概念，可能会通过操作不同的特定操作数，来达成同一种与特定解决方案无关的结果。比如，如果我们把泵所要达成的结果，以中立于特定解决方案的说法，描述成移动液体，那么用泵抽水和使空气循环（以增加水的蒸发率），就可以成为两个不同的候选概念。它们把与特定解决方案无关的操作数，也就是液体，分别特化成水与空气，这种特化情况，我们已经在文字框 7.3 中讨论过了。

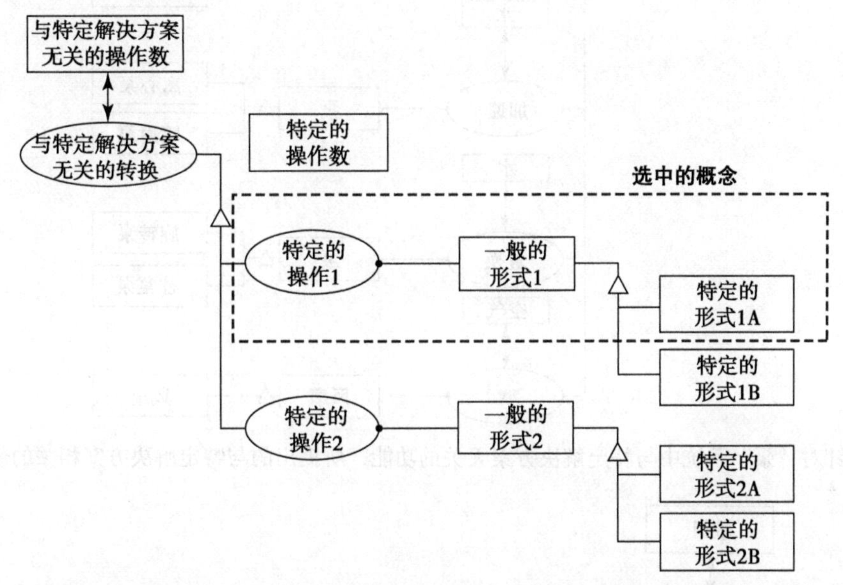

图 7.5　用树状图来整理候选的概念。这些概念所进行的特定操作以及所使用的特定形式工具，是有所区别的，但它们操作的都是同一个特定的操作数

图 7.5 这种整理方式，将候选概念从左至右划分成三层，第一层是操作数，第二层是过程，第三层是作为工具的形式。一般来说，各方案在操作数上的分歧，要比过程少一些，而在过程上的分歧，又要比形式少一些，因此，这种树状划分方式是较为合理的。

图 7.6 中的表格整理法，与图 7.5 中的树状整理法，都可以用来反映对概念所做的决策。在对泵所构想出来的 7 种候选概念中，离心泵只是其中的一种，对泵所做的特化，当然并不止这 7 种方式。同样是以水为操作数，我们可以想出好几种原理不同的操作，一种操作是“增压”，该操作可以用离心泵或轴流泵来完成。另一种操作叫做加速，它可以通过其他类型的离心泵或是喷射泵来实现。除此之外，还可以使用活塞泵（displacement pump，容积式泵），它的操作原理与前两种操作又有所不同。图 7.7 也是如此，有三种原理不同的操作都可以进行排序，而每一种操作原理又可以用几种特定的算法来实现，这些算法都是对运算形式所做的一种抽象。

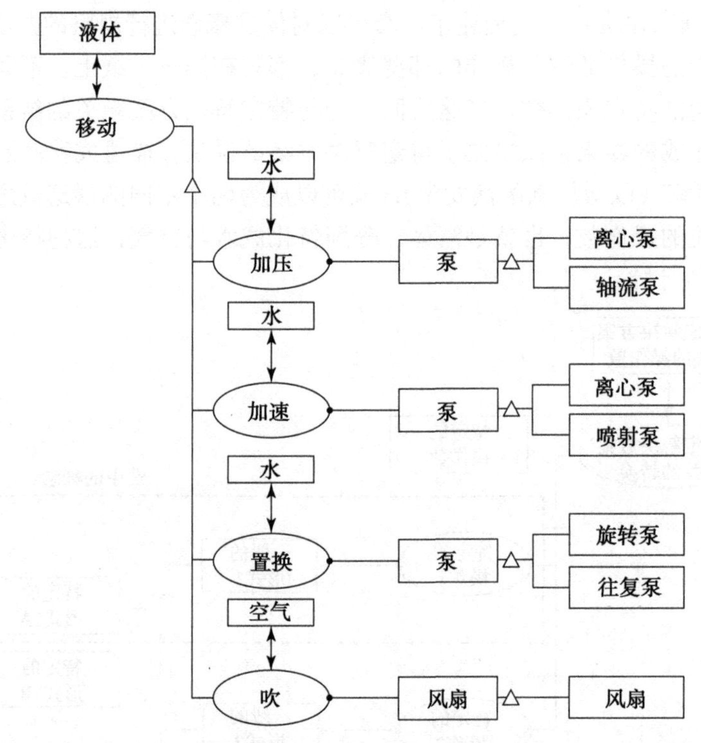

图 7.6　针对“泵”系统中与特定解决方案无关的功能，所提出的与特定解决方案相关的候选概念

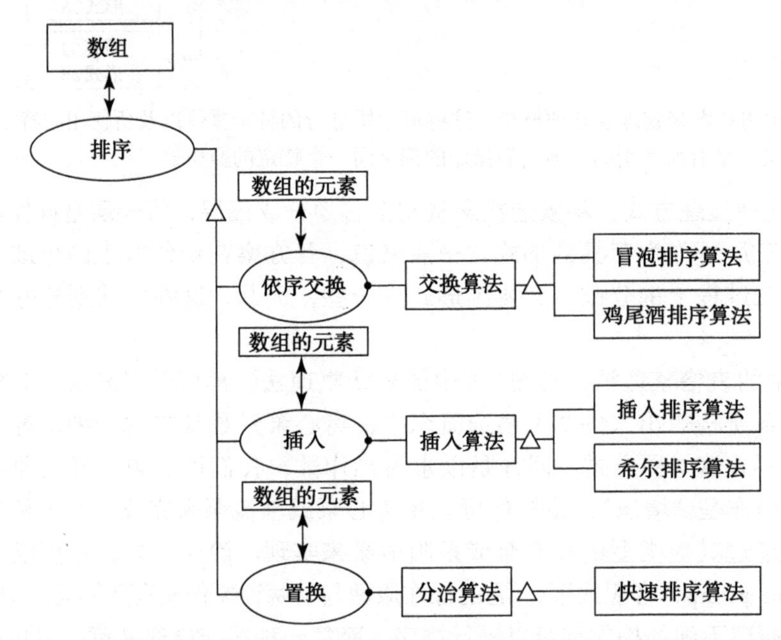

图 7.7　针对“冒泡排序算法”系统中与特定解决方案无关的功能，所提出的与特定解决方案相关的候选概念

图 7.8 画出了与运送旅客有关的各种概念，对于这些概念来说，能够作为操作数而出现的对象，应该就只有旅客这一种了，但是，输送旅客所用的特定过程却非常丰富，而且人类一直都在努力研发各种运输方式。在本例中，我们把特定的过程限定在空运、陆运（车运）及水运这三大类中，并将其与常见的运输工具联系起来。

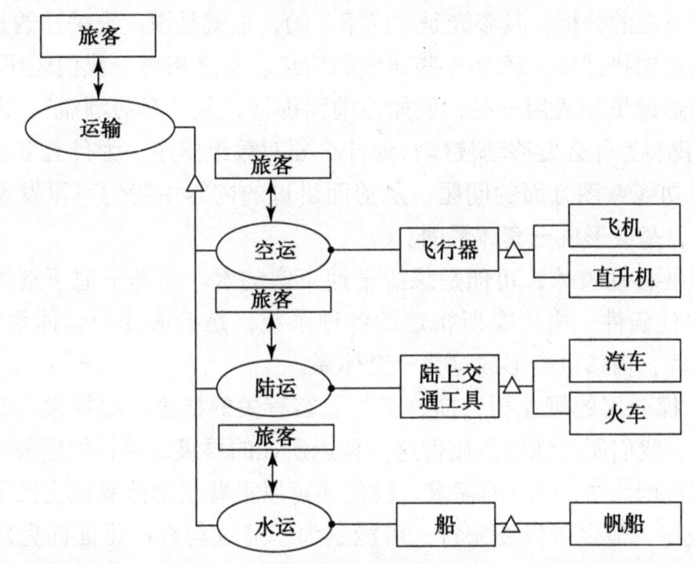

图 7.8　针对“运输服务”系统中与特定解决方案无关的功能，所提出的与特定解决方案相关的候选概念

在图 7.9 所演示的家庭网络系统中，可供选择的概念是相当少的。要在线买书，就很难不去上网，因此，概念之间的差别，仅仅体现在上网方式上：例如是通过某一种家庭网络连接来上网的，还是通过公共场合或工作场合所提供的连接来上网的。

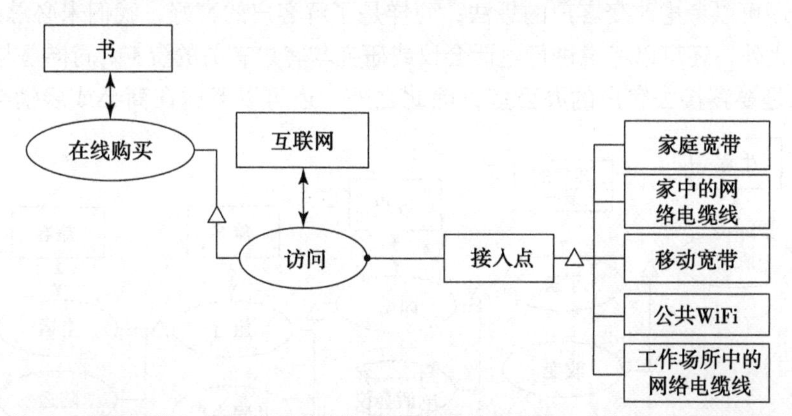

图 7.9　针对“家庭网络”系统中与特定解决方案无关的功能，所提出的与特定解决方案相关的候选概念

架构师在深入研究系统的架构细节之前，一定要先对各种候选概念做一个全面的了

解，以回答表 7.1 中问题 5a 里的最后一项，也就是“还有其他哪些概念也能够满足与特定解决方案无关的功能？”

7.3.6 由更为广阔的概念所形成的体系

对候选概念所做的分析，其眼光是“向下”的，也就是说，它关注的是如何在与特定解决方案无关的意图描述中，添加一些详细的信息。与之相对，我们还可以“向上”看，也就是把意图表达地更加通用一些，例如像前面那样，从“开启酒瓶”，向上推至“取得酒瓶中的酒”。我们为什么要移动液体？为什么要对数组排序？为什么要旅行？为什么要买书？这都属于功能意图方面的问题。从前面讲过的内容中我们可以发现：与特定解决方案无关的意图，是会形成一套体系的。

我们之所以要移动液体，可能是想排干地下室的水。而排干地下室的水，可能是为了改善房屋的居住条件。由人类所构建的各种系统，是会形成一套体系的，与之类似，各种功能意图之间，自然也会形成这么一套体系。

图 7.10 用一棵分层的概念树，描绘了与旅客有关的概念。根据表 7.2 和表 7.4 来看，在这棵概念树中，我们所关注的是旅行这一概念所在的层级，并且特别关注该层级之下的空运概念。然而根据表 7.2 所述的需求，我们还可以沿着概念体系向上推测，去探寻这位旅客为什么要旅行。他之所以要旅行，可能是为了通过与客户见面而完成某件事情。于是，我们就可以用这个思路，在图 7.10 中沿着旅行的原因逐层向上追溯：之所以要坐飞机，是因为要旅行；之所以要旅行，是因为想去客户的办公室见客户；之所以要见客户，是为了更多地了解客户的偏好；之所以要了解客户的偏好，是为了谈成一笔生意。在每一个层级中，我们都会发现：除了当前这条路径中的这一个概念之外，还有其他的一些概念，也是可供选择的。比如，同样是谈生意，我们未必总是要通过了解客户的偏好来掌握其需求，除此之外，还可以考虑改变客户的想法；同样是了解客户的喜好，我们未必总是要与客户面谈，除此之外，还可以考虑进行电话会议或研究与客户有关的资料；同样是与客户面谈，我们未必总是要直接去客户的办公室，除此之外，还可以考虑在商会或展销会上见面。

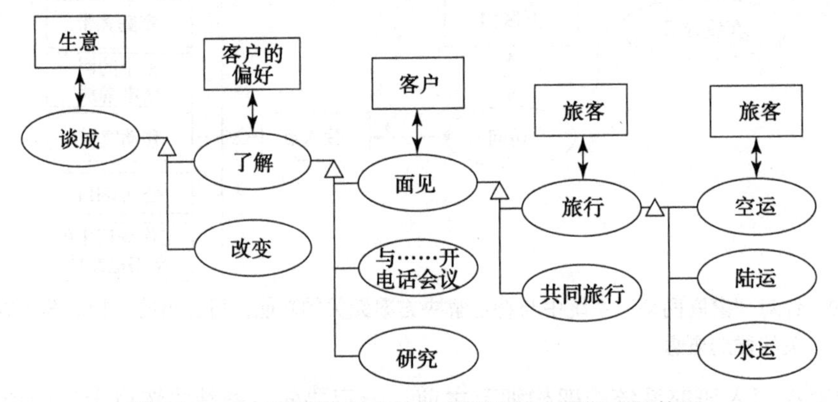

图 7.10 由与空运旅客有关的意图和概念所形成的体系

通过这张体系图，我们可以看出：某一个层级中的特定功能，对于它的下一个层级来说，就成了与特定解决方案无关的功能意图。比如，和“谈成一笔生意”相比，了解客户的偏好是一项特定的功能，但是如果和“与客户会面”这一项更加具体的功能相比，那它又成了与特定解决方案无关的意图。

那么，我们究竟应该从体系中的哪一个级别开始，来检视系统的目标呢？这个问题没有固定的答案，实际上，为了更好地理解意图体系，架构师应该沿着当前系统向上推导一层或两层。

图 7.11 以家用网络为例，绘制出了与图 7.10 类似的意图和概念体系。它从自我休闲开始，先将其特化为读书，然后又把读书特化成借书或买书，接下来，把买书特化成在线买书，最后，又把在线买书特化成在家中访问互联网上的在线购书网站。通过这一套体系，我们或许可以发现新的概念，比如，同样是买书，除了买纸质书之外，还可以买电子书。

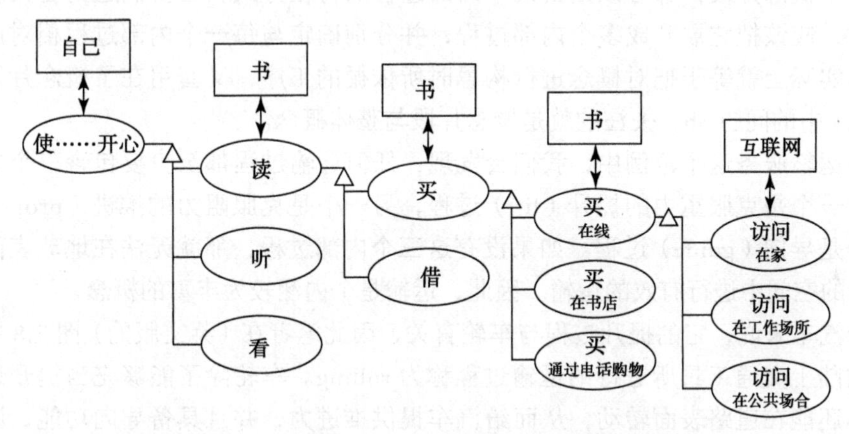

图 7.11　由与在家上网有关的意图和概念所形成的体系

总之：

- 概念是一幅系统图景，它把功能映射到形式。概念能够建立一套与特定解决方案有关的词汇表，并且能够确立一套设计参数。概念可以用来解释架构方面的细节，并对架构的研发做出指导。
- 要想得出概念，就要像图 7.4 那样，对与特定解决方案无关的操作数和过程进行特化，使之变为特定的操作数与过程，并且要对形式进行抽象（也就是找出特定的工具）。
- 对概念的命名，并没有一条通用的约定，操作数、过程或工具，都可以出现在名称中。
- 我们应该将提出的候选概念加以整理，把与同一个操作数有关的各种功能概念与工具概念全都放在同一组中。

- 概念之间会形成一套体系。某一个级别中的特定功能，对于下一个级别来说，就成了与特定解决方案无关的功能意图。架构师一定要对这套体系中的若干层级都有所了解。

7.4　整体概念

在概念中，我们通常会发现过程部分的含义是特别丰富的，它可以立刻展开或拆解为多个更加具体的内部功能。比如，当我们知道某位旅行者要去“拜访”客户时，立刻就会想到，拜访这一过程本身就含有去客户所在的地点、在那里待一段时间，以及返回本地这三个意思在里面。三者缺一不可，否则，就称不上拜访了。

整体概念（integrated concept，综合概念）由小的概念片段（concept frag-ment）所组成，每一个概念片段，都可以指出某个内部过程的特化方式。当我们遇到含义较为丰富的过程时，应该把它展开成多个内部过程，并分别确定与每一个内部过程相对应的概念片段。这实际上就等于把对概念进行构思时所依循的工序，又套用在了概念片段的分析上。表 7.1 中的问题 5b，关注的就是概念片段与整体概念。

回到运输服务这个范例中，我们会发现：任何运输过程都至少要包含三个重要的内部过程，一个是克服重力的提升（lift）过程，另一个是克服阻力的推进（propel）过程，还有一个是导向（guide）过程。如果没有这三个内部过程，那就无法在地球表面或接近地球表面的空间中进行有效的运输。因此，运输是个内涵较为丰富的概念。

对于汽车来说，它的提升过程与车轮有关，因此笔者在（英文版的）图 7.8 中，把用带车轮的陆上交通工具所进行的运输过程称为 rolling。车轮除了能够充当提升过程的工具之外，还能在道路表面转动，从而给汽车提供推进力，并且具备导向功能，以控制汽车的行驶方向。

明白了这一点之后，我们可以针对这三种重要的内部过程分别选择多种不同的工具，把这些工具搭配起来，就可以得到数量相当庞大的概念。表 7.6 演示了这些整体概念。在这种形态矩阵（morphological matrix）中，每一列都分为几个概念片段，而每一个概念片段，都选择了一种形式工具，用来承载与该片段相对应的内部过程。从表中可以看出，汽车分别采用“车轮 – 车轮 – 车轮”这三个工具，来实现“提升 – 推进 – 导向”这三个内部过程，而火车在实现这三个内部过程时，则分别以“车轮 – 车轮 – 地面”为工具。汽车与火车在概念上的区别，就在于它们导向时所依赖的工具有所不同。第 14 章将会详细讲解形态矩阵。

从表 7.6 中，我们可以观察出一些模式。比如，喷气式飞机和滑翔机都是用翼来漂浮，并用舵来导向的，二者只是在推进方面有所区别。然而直升机与前两者之间的差别，则显得非常大，因为它在提升、推进和导向方面，靠的全都是螺旋桨。飞艇与潜水艇在概念上是一样的，只是它们在行进时所处的介质不同而已。这种形态矩阵使得架构师能够看出：与内部过程相对应的概念片段是怎样组合成整体概念的。

表 7.6　由实现运输过程所需的三个内部过程以及每个内部过程所用的工具所组合而成的形态矩阵。组合好的各种整体概念，写在表格上方的那一行中

内部过程	工具	汽车	火车	喷气式飞机	螺旋桨飞机	直升机	飞艇	滑翔机	船	潜水艇	喷射艇	水翼船
提升	轮	X	X									
	螺旋桨					X						
	翼			X	X			X				X
	密闭的机体						X			X		
	开放的机体								X		X	
推进	轮	X	X									
	螺旋桨				X	X	X		X	X		X
	喷射器			X							X	
	重力							X				
导向	轮	X										
	螺旋桨					X						
	舵			X	X		X	X	X	X	X	X
	地面		X									

表 7.7 列出了家庭数据网络系统的形态矩阵。我们在该系统中确定了 5 个关键的内部过程，它们分别是：将局域网与 ISP（Internet Service Provider，网络服务提供商）相连；对 ISP 的载波信号进行调制；管理局域网中的数据传输；将用户设备与局域网相连；与用户交互。对于每一个内部过程来说，都有很多种形式工具可供选择。工具与内部过程，合起来就构成了概念片段。在该表中，笔者用物理设备本身（例如网关）来指代与该设备有关的电子器件、软件及协议。

表 7.7　由与家庭网络相关的 5 个内部过程所用的各种工具所构成的形态矩阵

功　能	一般的形式	特定的形式
将局域网与 ISP 相连	物理连接	光纤
		同轴电缆
		双绞线
		（拨号）电话
	无线电连接	移动宽带（行动宽频）
		卫星

（续）

功　能	一般的形式	特定的形式
对 ISP 的载波信号进行调制	嵌入式调制解调器	嵌入式的移动宽带调制解调器
		嵌入式的拨号上网调制解调器
	外置的调制解调器	DSL 调制解调器（宽带猫）
		电缆调制解调器
		光纤调制解调器（光猫）
		外置的移动宽带调制解调器
		卫星调制解调器及天线
管理局域网中的数据传输	单功能的硬件	无
		WAP（无线网络接入点）
		家庭网关
		交换机
		手机网络分享设备（热点）
	多功能的硬件	家庭网关＋交换机
		交换机＋WAP
		调制解调器＋家庭网关
		调制解调器＋家庭网关＋交换机
		调制解调器＋家庭网关＋交换机＋WAP
将用户设备连接到局域网	单一连接	无
		WiFi
		USB
		蓝牙
		以太网
	混合连接	WiFi＋以太网
		WiFi＋USB
与用户交互		智能手机
		电视
		笔记本电脑
		家用服务器
		VOIP 电话
		台式电脑
		打印机

如果我们针对每个内部功能，都选择一种特定的形式工具，那么把这些形式工具组合起来，就可以形成一个与家庭数据网络有关的整体概念。图 7.12 所演示的这个整体概念，与表 7.8 中的整体概念 1 相对应。该概念把一个独立的 DSL 调制解调器以及一个含有网关与交换机的箱体组合起来，箱体中的交换机，可以管理与 WiFi 接入点及接入以太网的设备有关的网络连接。还有一些与之类似但是稍有区别的整体概念，例如把 DSL 调制解调器放在箱体中的家庭网络系统，或是使用其他用户设备的家庭网络系统。

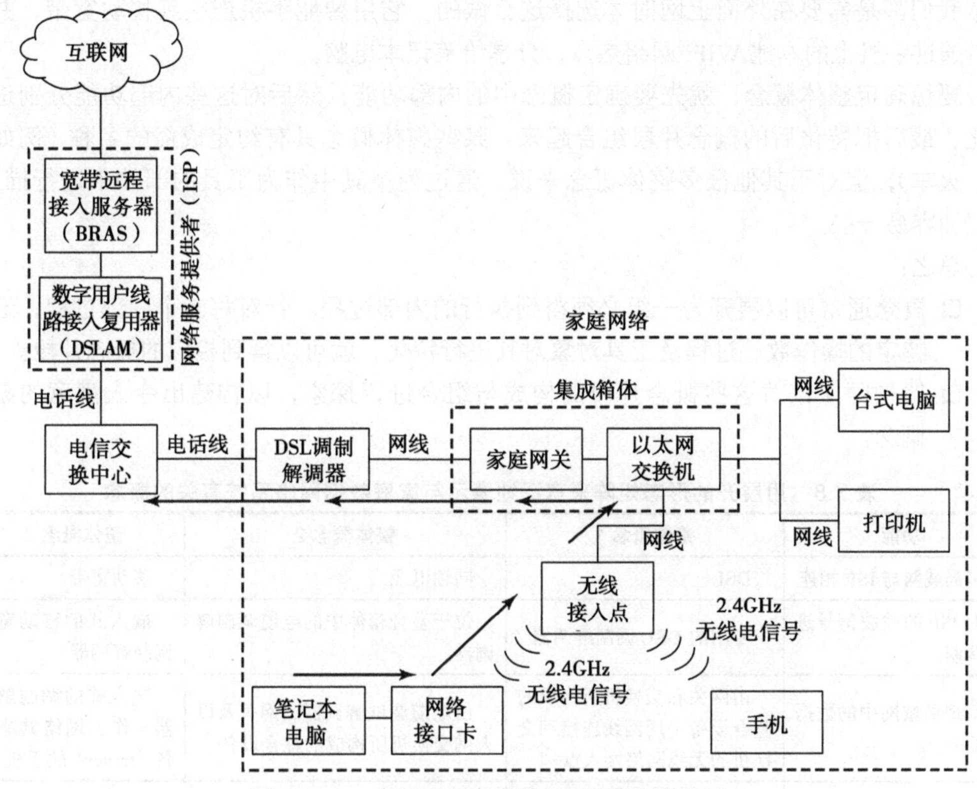

图 7.12　一套适用于家庭数据网络的整体概念

要注意的是：整体概念，严格地说，并不是要把每个内部功能都与某个形式工具一一对应起来，在对概念片段进行组合时，可以做得灵活一些。比如，我们可以把管理数据网络这个内部过程，同时与由家庭网关及交换机所组成的箱体，以及箱体外的无线接入点（wireless access point，WAP）对应起来。与之类似，虽然表 7.7 中的形态矩阵是把各种用户设备分开罗列的，但是在表 7.8 这个展开的形态矩阵中，我们却可以把笔记本电脑、智能手机、台式电脑以及打印机这 4 个设备合起来用在整体概念 1 中。选择概念片段所使用的工具时，可以像刚才那样进行灵活组合，这有助于架构师在表达整体概念时发挥其创造能力。如果要对形态矩阵进行与运算有关的搜寻，那么就要把它描述得更为严谨一些，这个问题将在第 14 章中讨论。

表 7.8 中的整体概念 2，一般适用于通过电缆线来上网的家庭，在这种家庭网络系统中，VOIP（Voice over Internet Protocol，网际协议通话）电话、电缆及以太网交换机是绑定在一起的。系统中有一个综合设备，它由电缆调制解调器、网关及以太网交换机组成。由台式机与打印机等本地设备构成的有线网络，通过这个以太网交换机连接到互联网。电视直接与电缆线相连，而 VOIP 电话则可以通过 WiFi 来上网。

表 7.8 中的第 3 套整体概念，与前两套的区别比较大，虽然它也适用于家庭网络，但通常我们都是需要在外面上网时才选择这么做的。它用智能手机连接到移动宽带，并将宽带通过手机上的本地 WiFi 网络热点，分享给笔记本电脑。

要想确定整体概念，就先要确定概念中的内部功能，然后对这些内部功能分别进行特化，最后把特化后的概念片段组合起来。某些整体概念具有约定成俗的名称（例如汽车、火车），但对于其他很多整体概念来说，通过列举其中作为工具的部件来进行描述，会更加容易一些。

总之：

- 概念通常可以展开为一组必须得到执行的内部过程。针对每一个内部过程，选用特定的操作数、过程及工具对象对其进行特化，就可以得到相应的概念片段。
- 架构师应该对这些概念片段的构成与组合进行探索，以构建出令人满意的整体概念。

表 7.8　用展开的形态矩阵来宽泛地表示与家庭数据网络系统有关的概念

功能	整体概念 1	整体概念 2	整体概念 3
将局域网与 ISP 相连	DSL	同轴电缆	移动宽带
对 ISP 的载波信号进行调制	专用的 DSL 调制解调器	位于整合箱体中的电缆调制解调器	嵌入式的移动宽带调制解调器
管理局域网中的数据传输	由网关和交换机所构成的整合设备＋用网线连接到交换机的无线网络接入点	由电缆调试解调器、网关及以太网交换机所构成的整合设备	嵌入式的调制解调器＋作为网络共享设备（tether）的手机
将用户设备连接到局域网	WiFi（供笔记本电脑和手机使用）＋网线（供台式电脑和打印机使用）	本地电缆线（与电视机相连）＋以太网线（与台式电脑、打印机及 VOIP 电话相连）	WiFi
与用户交互	笔记本电脑＋手机＋台式电脑＋打印机	VOIP 电话＋电视机＋台式电脑＋打印机	笔记本电脑

7.5　操作概念与服务概念

我们已经定义了系统的概念，然而表 7.1 中的问题 5b 里，还有一个与概念构想有关的方面尚未得到解答，那就是操作概念（concept of operations），或者简称为“conops”。本书第 6 章介绍了系统的操作行为，当时我们说过：操作比功能更为广泛。功能是一种相当静态的视图，它描述的是系统能够做什么。而操作则是由使主要功能得以体现的事物所构成的序列，它描述的是系统实际上做了什么。

操作概念与详细的操作序列之间的关系，就像系统概念与系统架构的关系那样。操作概念概括了系统的操作方式，也就是说，它描述了系统由谁来操作、何时进行操作，以及需要与其他哪些事物相互协调。

例如，图 7.12 用图形的方式展现了表 7.8 中的第 1 套整体概念，然而无论是用表格来表示，还是用图形来表示，我们所看到的系统都是相当静态的。至于这个系统实际上是怎样操作的，则要依靠操作概念来描述。此概念会指出该网络系统所执行的三项主要操作，那就是：把数据从用户设备（例如笔记本电脑）移动到 ISP，把数据从 ISP 移动到用户设备，以及对用户所在的局域网进行管理，以避免网络拥塞。这个数据网络系统之所以复杂，其中一项原因就在于：它要使这些操作能够同时得以执行。

图 7.12 中的那些箭头，可以出表示由本地向外部传送数据时所依循的操作概念。其具体的操作序列是：把数据先从笔记本电脑端通过无线接入点（WAP）移动到交换机，然后从交换机移动到网关，接下来从网关移动到调制解调器，最后通过电话线移动到 ISP。由 ISP 向本地的笔记本电脑传送数据时，所使用的也是这么一条路径，只不过方向相反而已。交换机和网关所进行的网络通信管理工作将在第 8 章中讨论。有了这个操作概念，我们就可以更为容易地看出：家庭数据网络是怎样通过实际的操作来体现其价值的。

我们再来举一个例子。图 7.13 左侧所绘制的是航空运输机的操作概念。在飞行前的几周时间里，就要对飞机与机组人员进行调度，在飞行当天，要制定飞行计划。临近起飞前，要把人员和货物装载到飞机上，然后才能执行实际的飞行操作。飞机到达目的地后，要进行卸载。此外，飞机还要根据指定的时间间隔来接受维护。由此可见：操作概念所包含的信息，要远远多于飞机的功能所描述的信息。从功能上来看，飞机就是用来运输旅客与行李的。然而从操作概念的角度来看，我们更为关注的则是飞机究竟怎样执行运输，而不太关注旅客与行李之间的区别，甚至可以把旅客也当成一种“行李”。

上面说的是从操作的角度来看飞机。但若是从运输服务的角度来看，会是什么样呢？如果企业交付给客户的是工具，那么这个交付出来的东西，就称为货品（good）；但如果交付的是功能，则称其为服务（service）。具体到飞机的例子来看，那就是：飞机制造商把飞机作为货品，卖给航空公司，而航空公司把飞机对乘客和行李的运输作为一项服务，售卖给旅客。

图 7.13 右侧是以客户为中心的服务概念（concept of service）视图。旅客计划搭乘某架飞机，并购买计票。到了机场之后，办理登机手续并托运行李。旅客与行李分别通过各自的过程登上飞机。在装载（登上飞机）这一方面，服务概念与操作概念是相同的。至于飞机的滑行及起飞等详细操作，对于旅客来说，则不那么重要。完成卸载过程之后，旅客与行李就都从飞机上面下来了，然后，乘客离开机场。

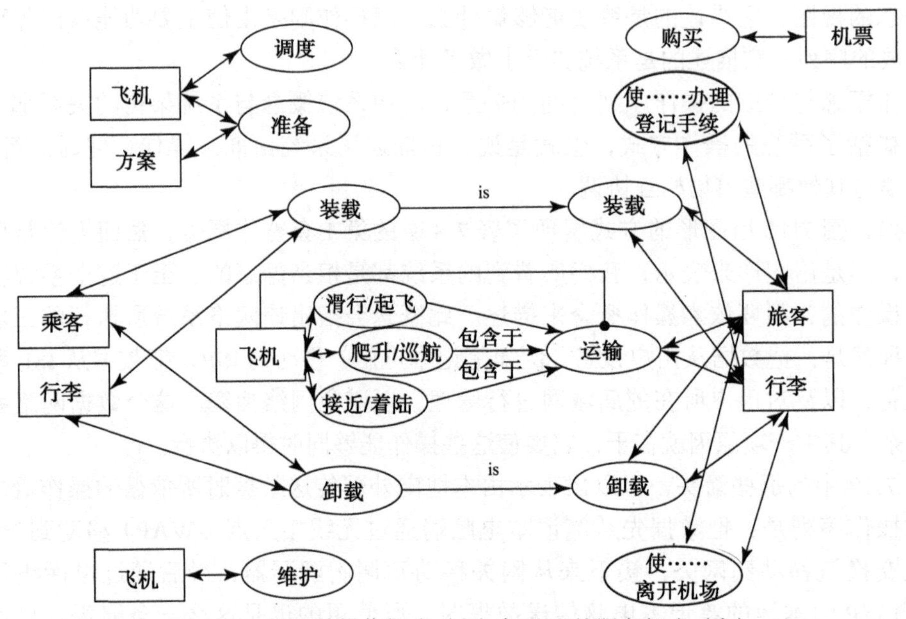

图 7.13　飞机的操作概念（左）与空运的服务概念（右）

在操作期间，有着一个非常重要的关系，这个关系与飞机有关。从操作概念的角度来看，飞机是操作数：它是装载过程、飞行过程等过程的操作数。而从服务概念的角度来看，飞机则是工具：它是运输旅客所需的工具。

回想一下前面讲过的系统架构知识，我们就会发现，服务的架构方式与产品型的系统是一样的，只不过它更加关注过程而已。因此，我们可以说：服务就是一种系统。此外，我们还看到：操作概念中所包含的信息，对于理解系统的架构来说，起着特别重要的作用。

总之：

- ❑ 操作概念是从概念层面来对系统进行定义，它所定义的是系统在传达价值时如何进行实际的操作。
- ❑ 操作概念可以针对（产品型的）系统本身来定义，也可以针对构建在该系统上的服务来定义。

7.6　小结

从本章开始，我们由简单的系统转向较为复杂的系统，并且不再以原来那种纯分析的方式来研究系统架构，而是改用综合的方式来进行研究。表 7.1 给出了一个新的问题（也就是问题 7a），以引领本书的讲解，同时，我们还对第 5 章所研究的某些问题做出了修改，以便把与特定解决方案无关的功能和与特定解决方案有关的概念区分开。

采用这种综合的方式来进行架构时，首先要检视利益相关者的需求，并确定与特定解决方案无关的功能。然后，开始进行实际的设计，也就是要对操作数和过程进行特化，并添加工具对象。经过这几个步骤，我们就可以定义出系统的概念了。对于同一个与特定解决方案无关的功能来说，通常可以提出好几个不同的概念。比如，同样是针对运输旅客这个功能，我们就可以提出开车及搭乘飞机这两个不同的概念。架构师应该创造性地提出这些概念，对它们加以整理，并选定其中的一个概念，将其演化为一套架构，而这正是第 8 章的主题。我们或许应该把选定的这个概念展开为概念片段，并将这些概念片段重新组合，以形成整体概念。在结束概念构思环节之前，还可以考虑对系统的操作概念进行构想。

在第 8 章中，我们将根据选定的系统概念及操作概念来研发系统的架构。

7.7　参考资料

[1] Nam P. Suh, "Axiomatic Design: Advances and Applications," *The Oxford Series on Advanced Manufacturing* (2001).

[2] Erich Gamma, Richard Helm, Ralph Johnson, and John Vlissides, *Design Patterns: Elements of Reusable Object-Oriented Software* (Pearson Education, 1994).

第 8 章　从概念到架构

麻省理工学院的 Peter Davison 为本章的撰写提供了巨大帮助，在此表示感谢。

8.1　简介

从第 9 章开始，我们就要正式讲解系统架构的综合创建过程了。然而在结束本书第二部分之前，还剩下一些步骤需要说明，那就是怎样把概念扩展成架构。概念是功能与形式工具之间的一种观念性的映射，而架构则是对内部功能与形式工具之间的关系所做的一种相当详尽的描述。

正如第 7 章所说，我们可以先定义出与特定解决方案无关的功能意图，然后用一定量的信息来填充图 7.4 中的那份模板，以确定系统的概念。描述系统概念所需的这个信息量，也就是填充图 7.4 中的那份模板所需的信息量。但是若想描述系统的架构，那么所需提供的信息量，则要比描述系统概念时高几个数量级。比如，要描述泵或冒泡排序算法的概念，只用一句话就能说清，但要描述其架构，则必须把第 6 章所展示的那些信息全部拿出来。

表 8.1 列出了第 4～7 章中的所有关键问题。这些问题大致总结了描述系统架构时所需记录的信息。其先后顺序与按照我们对系统架构进行综合时所依照的次序相同。表 8.1 中包含第 4 章所提的形式问题、第 5 章所提的功能问题、第 6 章所提的形式与功能之间的映射问题，以及第 7 章所提的与特定方案无关的功能问题和概念问题。此外，还有本章所提的 8a 和 8b 这两个新问题。它们分别询问了如何把架构从系统之下第 1 级扩展到系统之下第 2 级，以及是否有可能对系统之下第 2 级的对象进行模块化处理。

表 8.1　进行系统合成时所要回答的问题。与表 7.1 一样，中括号里的那部分内容也是为了阐明该任务和概念之间的关系而添加进来的

7a. 谁是受益者？他们的需求是什么？为了满足需求，需要改变哪一个与特定解决方案无关的操作数的状态？与价值有关的属性是什么，改变状态所用的与特定解决方案无关的过程是什么？这些操作数和过程，还具备其他哪些属性？
5a. 系统对外体现的、与价值相关的主要功能是什么？与价值相关的 [特定] 操作数是什么，该操作数具备哪些与价值相关的状态，这些状态如何为 [特定的] 过程所改变？对工具形式所做的抽象是什么？ [概念是什么？还有其他哪些概念也能够满足与特定解决方案无关的功能？]
5b. 主要的内部功能是什么？内部操作数与过程是什么？ [对这些过程所做的特化是什么？概念片段是什么？整体概念是什么？操作概念是什么？]

（续）

5c. 功能架构是什么？这些内部功能是怎样连接成价值通路的？主要的外部功能是怎样涌现出来的？
5d. 其他较为重要且与价值有关的次要外部功能是什么？它们是如何从内部功能及价值通路中涌现出来的？
4a. 系统是什么？
4b. 主要的形式元素是什么？
4c. 形式结构是什么？
4d. 伴生系统是什么？整个产品系统是什么？
4e. 系统边界是什么？接口是什么？
4f. 使用情境是什么？
6a. 工具对象怎样与内部过程相映射？形式结构怎样支持功能交互？怎样影响系统的涌现物？
6b. 在实际的内部价值创建路径中，非理想的因素使得我们必须安排哪些操作数、过程及工具性的形式对象？
6c. 有哪些起到支持作用的功能及工具能够为价值创建路径中的工具对象提供支持？
6d. 有哪些接口位于系统边界上？有哪些需要传递或共享的操作数？接口所在的地方有哪些过程？构成接口的工具对象是什么？这些对象之间有何关联（是相同的对象，还是相兼容的对象）？
6e. 与体现主要功能和次要功能有关的那些过程是按什么顺序来执行的？
6f. 还有没有其他功能也在同时按顺序执行着？
6g. 实际的时钟时间对理解系统的操作来说是否起着重要的作用？还有没有时间方面的问题或限制需要处理？
8a. 怎样把系统之下第 1 级的架构扩展到系统之下第 2 级？
8b. 用什么样的方案可以对系统之下第 2 级的对象进行模块化？

问题 5c～6g 总结了研发系统之下第 1 级的架构时所需完成的主要任务，这部分内容将在 8.2 节中讲解。第 1 级架构定出来之后，我们还要把这套步骤再运用一遍，以研发第 2 级架构，并针对它提出模块化方案。我们将在 8.3～8.5 节中讨论这些与问题 8a 和 8b 有关的话题。

本章将以空运系统为范例来讲解上述任务。在 8.4 节中，我们还会对家庭数据网络的架构研发过程做出总结。

8.2　研发系统之下第 1 级的架构

8.2.1　把概念扩展为功能架构

要想把概念扩展为功能架构，首先要确定系统在体现其主要价值时所依循的价值通路。而确定价值通路的办法，则是从整体概念中确定关键的内部函数（参见问题 5b），并将这些函数从输入端或起点一直链接到输出端或终点。

对于空运服务来说，与特定解决方案无关的功能是运输旅客，而概念则是用飞机来空运旅客，这是我们已经确定好的。图 8.1 左边那两列是空运服务的主要价值通路，将第

7 章所说的那些重要的内部函数链接起来就可以得到这条通路。该图把旅客视为主要操作数，而把托运的行李视为与价值有关的次要操作数，这将在后面进行讨论。值得注意的是，除了购买机票之外，其余各项过程都是以旅客为操作数。旅客的状态从离开始发城市时的“checked-in”（已办理登机手续）逐渐变为到达目标城市时的“checked-out”（已离开机场）。除了旅客，就只剩下机票这一个操作数了，这个操作数本质上就是一个信息对象，其中含有与航程、旅客状态、订票情况及费用有关的信息。这套功能架构展示的是一条简单的“廉价”（no frills）航线，它把旅客从 A 地直接运到 B 地。图 8.1 与表 8.1 中的问题 5c 是相对应的。

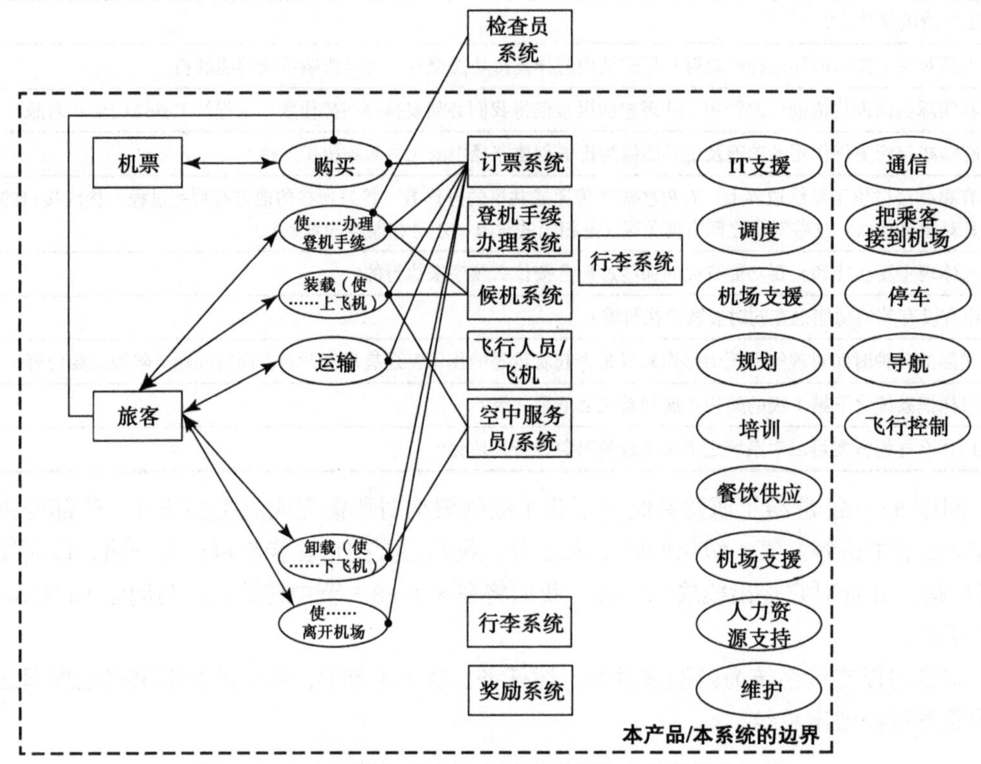

图 8.1　与空运服务系统的主要价值通路有关的部分架构

与这套相当简单的功能架构不同，图 8.2 在此基础上添加了一条次要的价值通路，这条通路用来表示本系统对托运的行李所进行的传输，对休闲品和食物所进行的供给，以及对经常搭乘本公司航班的乘客所进行的奖励计划。图 8.2 与表 8.1 中的问题 5d 相对应，它令本系统的架构明显变得比原来更为复杂了，比如，原来针对旅客执行的很多操作现在要针对行李再执行一遍。

8.2.2　定义形式

第 3 章中提到了交替思考这一理念，意思就是在功能与形式这两个领域中先选定一个领域，尽可能久地思考下去，然后再切换到另一个领域。比如，我们现在只能把空运服务对旅客的运输功能分解到图 8.2 这样的地步，要想进一步了解这些功能，就必须对概念中的形式部分进一步进行描述。

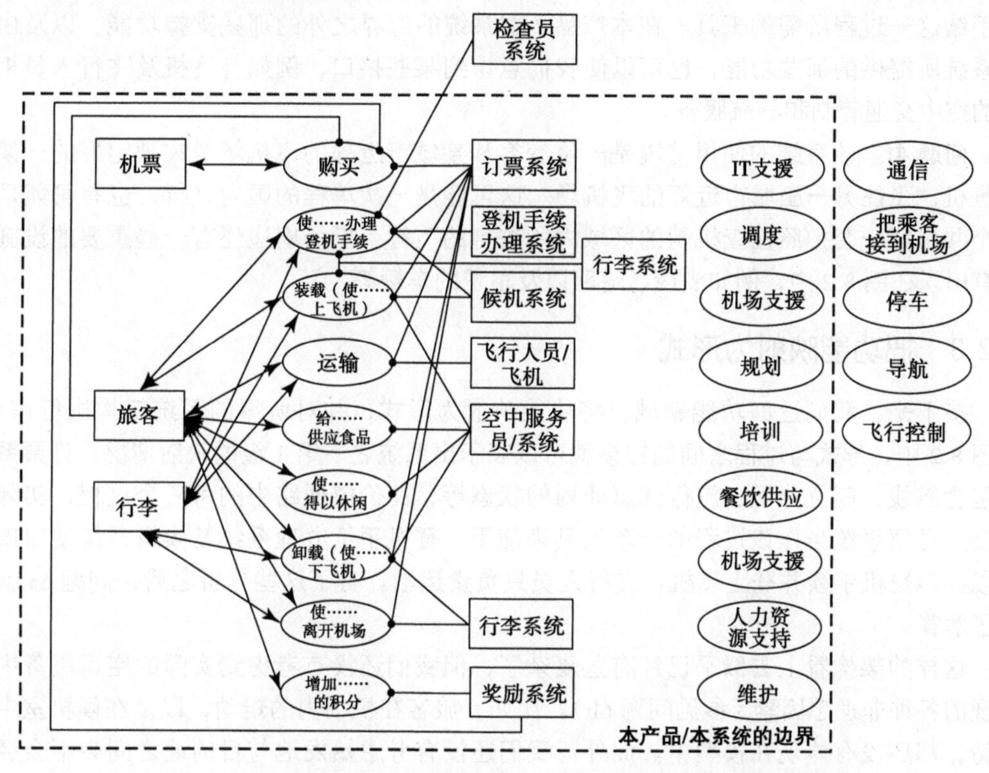

图 8.2　与空运服务的主要价值通路及次要价值通路有关的部分架构

我们在功能领域中已经尽可能久地进行了思考，现在该转换到形式领域来回答表 8.1 中的问题 4a～4f 了。

问题 4a　该问题要求我们对构成系统的形式进行抽象。在图 8.2 中，虚线以内的部分就是我们对该问题所给出的答案，其中包括航空公司本身的雇员及设备，以及航空公司向机场租用的一些设备，那些设备与旅客及行李的处理有直接的联系（例如行李传送带和票务台）。位于系统形式之外的那部分实体包括与航空公司无关的机场服务（例如开车到机场及停车），以及由政府提供的空中交通管制、导航及安保服务。

将系统之下的第 1 级进行分解而得到的形式画在图 8.2 中（该图只给出了与体现价值有关的那些过程所依赖的工具）。然而这张图并没有表现出形式结构，也就是没有指出这些形式对象的位置及连接方式。结合这两点来看，问题 4b 已经部分得到了解答，而问题 4c 则尚未得到解答。我们稍后再来思考问题 4c。

问题 4d　图 8.2 并没有完整地分析伴生系统的形式，但是我们可以从中推出伴生系统里的某些过程所使用的形式实体。例如，导航服务需要由地面上的无线电发射机或空中的导航卫星来完成。飞行控制服务需要依赖航空管制员及塔台等工具。

问题 4e　与问题 4d 类似，图 8.2 也没有完整地分析接口的形式，不过其中可以明确地看出一个接口，那就是由联邦政府所提供的安检人员及安检设备，这些实体是办理登机手续这一过程所需的工具。在本产品 / 本系统的边界之外的那些支持功能，以及由伴生系统所提供的那些功能，也可以使我们意识到某些接口，例如与飞机及飞行人员相交互的空中交通管制和导航服务。

问题 4f　该系统的使用情境是一位旅客从某城市近郊的飞机场搭乘预定好的一架民航班机，飞往另一座城市近郊的飞机场。这可能是一次单程的国内飞行，也有可能是在某个共用同一套护照检查机制的区域内所进行的飞行。机场周边还有一些重要的设施也没有出现在图 8.2 中，例如酒店、道路以及租赁的车辆等。

8.2.3　把功能映射为形式

接下来，我们返回功能领域，将功能映射为形式，并对所得的系统架构进行审视。在图 8.2 中，形式与过程之间的链接就可以表示出系统之下第 1 级的映射情况。订票系统中包含航线、座位分配、旅行优惠计划的状态等，而价值通路中的每一个过程，实际上都会把订票系统当作该过程的一项工具来使用。登机手续办理系统及候机系统使得旅客可以办理登机手续并登上飞机。飞行人员只负责运输。有了这些分析之后，问题 6a 就得到了解答。

这样的架构看上去似乎已经有些复杂了，但我们还没有考虑到实际的空运服务中所出现的各种非理想因素（参见问题 6b）。比如，旅客在机场内的走动，以及在候机室中的等待，都还没有体现在模型中。此外，我们还没有考虑始发地与目的地之间会不会经过中转机场，或是会不会在两个护照检查机制不同的区域之间进行国际旅行。

图 8.2 画出了起到支持作用的功能（参见问题 6c），但是没有把它们和与价值有关的工具连接起来。这是因为我们必须先在系统之下的第 2 级中更为深入地理解功能和形式之间的映射，然后，才能把这些支持功能与相应的工具相连。此外还有一个原因，就是这些功能与相应工具之间的映射关系会显得太过稠密。比如，与人员有关的支持性工具几乎都要由人力资源（HR）过程来进行培训和支持。

操作序列（参见问题 6e）可以从图 8.2 的画法中推断出来：价值通路中的那些过程是从上到下排列的，而实际的执行顺序也是如此。乘客先买票，然后办理登机手续，接下来登上飞机。此外，该图还提供了一个明显的暗示，它告诉我们：除了这个主要的操作序列之外，还有其他一些操作也在按照一定的顺序同时进行着（参见问题 6f）。比如，在对乘客执行操作的同时，还有几乎一整条路径用来处理乘客所托运的行李。乘客与行李从办理登机手续的时候分离，并且（应该）在乘客将要离开机场的时候汇合。此外，在飞行途中，还要执行为乘客提供食物及为乘客提供休闲品这两个过程。根据经验，我们知道实际的时钟时间对本系统来说是非常重要的（参见问题 6g），飞机确实在按照一定的日程飞行，但是这部分信息并没有画在图 8.2 中，我们应该用附加的示意图来表示它们。

总之，与系统之下第 1 级（Level 1）的架构研发有关的那些任务都列在表 8.1 中。系统本身（Level 0）的信息是我们研发架构时的出发点，这些信息包括：与特定解决方案无关的功能（指的是与特定解决方案无关的操作数 O_{sn} 和与特定解决方案无关的过程 P_{sn}）、与特定解决方案有关的概念（指的是 O_0、P_0 和 F_0）及操作概念（指的是 OPS_0），如图 8.3 所示。

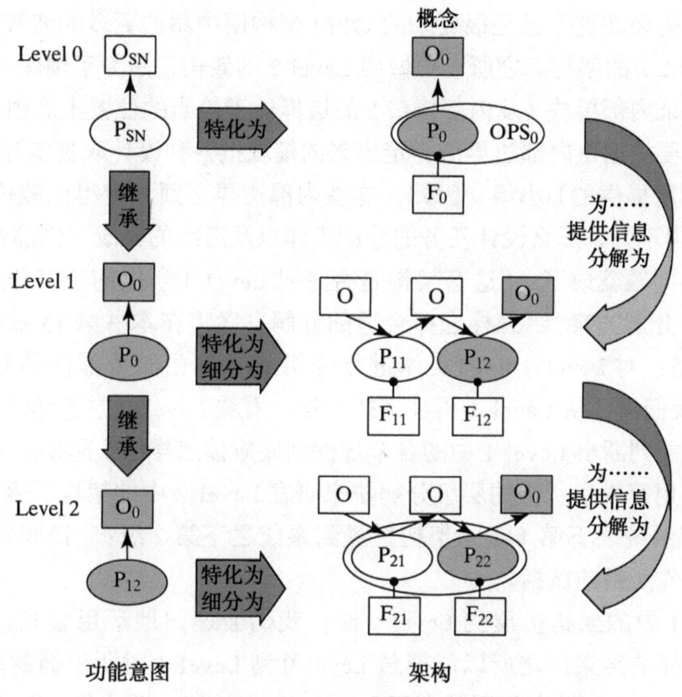

图 8.3　对系统之下第 1 级和第 2 级的架构进行思考

为了研发出系统之下第 1 级的架构，我们把 Level 0 中的特定功能（也就是概念中的功能部分）当成 Level 1 的功能意图。这种思维方式的要点就是：把上一级中的解决方案当成下一级中的问题描述。我们将这种思考方式称为功能 - 目标思考法（function-goal reasoning）。此外，Level 1 中的功能意图也继承了 Level 0 中的功能意图所具备的其他一些方面。

接下来，对 Level 1 中的功能意图进行特化及细分，以便得出 Level 1 中的功能架构，该架构是由操作数（其中包含 O_0 这个外部操作数）及 Level 1 中的内部过程（包括 P_{11} 和 P_{12}）所组成的。同时，我们把 Level 0 中的形式分解为 Level 1 中的形式实体，并把这些形式实体与 Level 1 中的内部功能相映射。Level 0 中的操作概念（Ops Concept，OPS_0）也为这个映射过程提供一定的信息。最后，将 Level 1 中的架构所缺失的细节信息填补完整，例如功能中的非理想因素、起到支持作用的过程与形式，以及接口等。

8.3　研发系统之下第 2 级的架构

8.3.1　第 2 级的功能意图以及对第 2 级所做的递归思考

在根据图 8.2 所得到的完整 Level 1 架构中，至少有 18 个内部过程（有 9 个与价值相关的过程，另外还有至少 9 个起支持作用的过程），此外还有与这些过程相关联的形式，以及与某些伴生系统相交互时所用到的接口。这已经够复杂的了。

然而我们还需要在这个已经很复杂的 OPM 架构图中添加更多的细节，以研发系统之下第 2 级（Level 2）的架构。之所以要做出 Level 2 的架构，是为了确保 Level 1 中的架构足够精确，并保证内部模块（及内部接口）的边界处于恰当的位置上。由于在研发好架构之后，接下来就要根据由内部边界所界定出来的模块把各种设计职责实际分配给其他（内部的或由供应商所提供的）小组，因此，这些内部边界必须划定得比较恰当。如果 Level 1 中的架构分解得不好，那么设计任务的分配工作以及后续的集成工作都会受到影响。

因此，主要问题就成了："这套架构是否是对 Level 1 所做的正确分解，或者说，它是不是一套好的分解方案？"怎样选择合适的分解方案将在本书第 13 章中详细讨论，而此处的重点则是：对 Level 1 中的实体进行分组或模块化时所需的信息其实是隐藏在 Level 2 中的。我们需要从 Level 1 再往下挖一层，看看 Level 2 中的详细部件究竟是怎样运作的，然后才能判断出 Level 1 中的各个部件到底应该怎样组织起来。

于是，我们用第 3 章所讲的层级分解法来研发 Level 2 中的架构。表 8.1 中的问题 8a 问的是"怎样把系统之下第 1 级的架构扩展到系统之下第 2 级？"该问题就是对 Level 2 中的架构研发工作所做的概括。

在把 Level 1 中的架构扩展到 Level 2 时，我们会递归地运用表 8.1 中的相关步骤，以得到图 8.3 这样的结果。之所以能把从 Level 0 到 Level 1 时所依循的那套分析方式递归地运用到 Level 2 上，核心原因就在于：Level 1 中的每一项功能，都变成了对 Level 2 中的功能意图所做的陈述。正因为有了这一规律，所以我们才可以把原来用过的功能 - 目标思考法套用在 Level 2 上。

比如，如果我们在 Level 1 的架构中关注"购买机票"这一过程（参见图 8.2），那么"购买机票"就成了 Level 2 的功能意图。有很多种特定的购买过程都能实现"购买机票"这个意图（例如在线购买），而我们要在这些特化的购买过程中选取一种合适的过程，并对其细分，这将在下面进行讨论。

Level 2 中的意图通过继承囊括了 Level 0 和 Level 1 中的总体意图。此外，我们通常还想从操作中收集意图。比如，空运服务中的机票购买是按照怎样的顺序发生的？最迟可以在预定的起飞时间之前多久购买机票？

8.3.2　研发第 2 级中的架构

理解了第 2 级（Level 2）中的意图之后，就可以推导 Level 2 中的架构了。我们会从表 8.1 中的问题 5b 开始，把推导 Level 1 中的架构时所思考的那些问题套用在 Level 2 上，以便找出扩展之后的操作数、属性及过程。

我们将以 Level 1 中的机票购买过程为例来研发 Level 2 中的架构。Level 1 中的“购买机票”这一功能到 Level 2 中变成了一项功能意图。如图 8.4 所示，我们把这项功能意图特化为一套在线系统，该系统主要是由订票系统来支撑的。我们在系统中确定了 5 个内部过程，以及 3 个新的内部操作数（此外，Level 1 中的机票也作为操作数继承了下来）。Level 1 中的订票系统可以分解为本系统内的 3 个工具，此外，在本系统 / 本产品的边界之外还有 3 个伴生的工具。

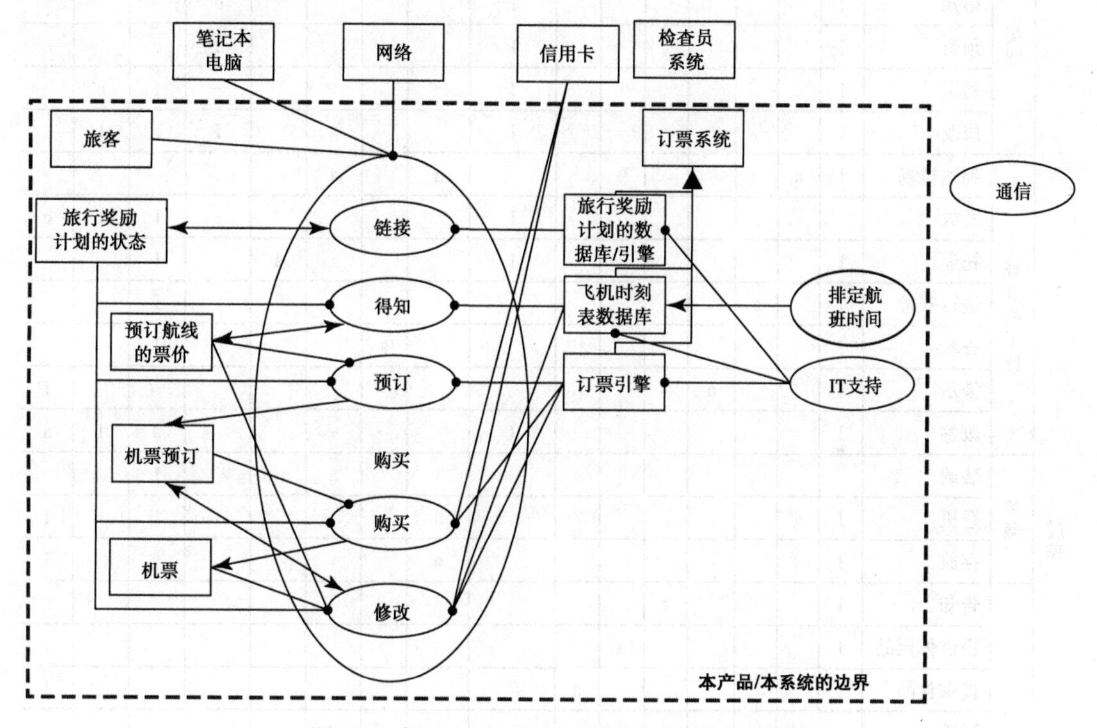

图 8.4　在 Level 2 中对机票购买过程进行细分

如果对图 8.2 的价值通路中的那 9 个过程都分别运用这种方式进行细分，那么将会在 Level 2 中得到 28 个内部过程，这些过程列在表 8.2 中。请注意，图 8.2 中有 3 个过程，从 Level 1 “降级”到了 Level 2，它们分别是“使（旅客）得以休闲”“给（旅客）提供食品”以及“增加（旅客）的积分”。这样一种判断通常是在进行架构设计时做出的。表 8.2 还指出了这 4 个主要的操作数所具备的一共 16 个状态。所有操作数都会在某些方面受到内部过程的影响，其中某些操作数还充当内部过程的工具。

表 8.3 把这 28 个内部过程映射为 22 个形式工具上。这种映射情况看上去似乎有些接近一一对应的关系，但是工作人员及空中服务员是两个例外，因为这两种人对应着很多个角色。

表 8.2　用矩阵表示空运服务 Level 2 中的各过程以及这些过程与操作数之间的关系（I 表示工具，a 表示影响，c 表示创建）

		操作数															
		乘客								随身行李		托运行李		行程			
		乘客	位置	安检	戒备状态	信息	乐趣	营养	旅行奖励计划的状态	位置	查验	位置	托运状态	预订航线的票价	机票预订	机票状态	登机牌
过程：买票	链接	I							a								
	得知	I							I					a			
	预留	I							I					I	c		
	购买	I							I						I	c	
	修改	I							I					I	a	I	
办理登机手续	到达机场	I	a							a		a					
	发放								I						I	I	c
	托运	I							I				a		I		
	进行安检	I		a											I		
	查验	I									a				I		
	警示	I			a												I
	改签	I							I						a	I	a
装载	装载											a			I		
	登机	I	a							a							I
	存放	I								a							I
运输	告知	I				a											
	提供休闲品	I					a										I
	提供食品	I						a									I
	运输		a														
	传送									a							
	运送											a					
	疏散	I	a														I
卸载	收纳	I								a							
	下飞机	I	a							a							I
	卸载											a			I		
离开机场	收纳	I										a	a		I		
	离开机场	I	a							a		a					
	增加积分								a						I		

表 8.3　空运服务 Level 2 中的过程与形式之间的映射（I 表示工具，a 表示影响）

			工具对象																				
			旅客奖励计划的数据库引擎	飞机时刻表数据库	订票引擎	计算机网络	信用卡	车	工作人员	行李传送带	安检人员	金属探测器	X光	启事板	行李装卸员	移动传送带	登机牌检查员	乘客数据库	空中服务员	影片	食物	飞行人员	飞机	环形传送带
过程	买票	链接	I			I																		
过程	买票	得知		I		I																		
过程	买票	预留		I	I	I												a						
过程	买票	购买				I	I																	
过程	买票	修改		I	I	I	I																	
过程	办理登机手续	到达机场						I																
过程	办理登机手续	发放							I															
过程	办理登机手续	托运							I	I														
过程	办理登机手续	进行安检									I	I												
过程	办理登机手续	查验									I		I											
过程	办理登机手续	警示							I				I											
过程	办理登机手续	改签							I															
过程	装载	装载													I	I								
过程	装载	登机							I								I	I	I					
过程	装载	存放																	I					
过程	运输	告知																	I	I				
过程	运输	提供休闲品																		I				
过程	运输	提供食品																	I		I			
过程	运输	运输																				I	I	
过程	运输	传送																				I	I	
过程	运输	运送																				I	I	
过程	运输	疏散																	I					
过程	卸载	收纳																						
过程	卸载	下飞机																	I					
过程	卸载	卸载													I	I								
过程	离开机场	收纳													I									I
过程	离开机场	离开机场						I																
过程	离开机场	增加积分	I																					

把表 8.2 与表 8.3 结合起来，就可以展示出 Level 2 中的架构。然而，在整个产品 / 系统中，还有一些起到支持作用的系统、接口，或外围的伴生系统，没有在这两张表格中列出。

此时，还可以把这套架构研发步骤继续向下套用一遍，以推导出 Level 3 中的架构。然而我们是不是真的需要这样呢？这可以从是否达到了预定成果的角度来进行思考。之所以要研发 Level 2 中的架构，是为了完成两项目标：其一，是要确认我们在 Level 1 中所做的宏观抽象是合理的；其二，则是要寻找为 Level 1 进行分组或模块化处理的恰当方式。分组或模块化将在 8.6 节中讨论。

此外，还可以从复杂度的角度来考虑。对于一般的模型来说，Level 1 中通常会有 7±2 个主要的价值过程，以及一些用于处理非理想因素的过程与一些起到支持作用的过程，此外，还有数量大约与过程相当的形式实体，这样算下来，Level 1 中总共会有 20～30 个实体。在一套完整的模型中，Level 2 中的实体可能有 50～100 个，而 Level 3 中的实体则会达到好几百个。因此，3 级架构是很难研发的，而且实体数量过多也会导致我们理解起来不那么容易。于是，我们决定不再考虑 Level 3 了。

总之，我们之所以要对 Level 2 中的架构进行研究，其原因就在于想通过它来确保 Level 1 中的架构足够健壮，并保证其模块划分得较为合理，从而令架构师可以将该架构拆解成小块，并将其分别指派给其他人，以便进行深入的研发。从图 8.3 中可以看出，要想构建 Level 2 模型，我们可以逐次检视 Level 1 模型中的每一个内部过程，并把表 8.1 中所描述的那套步骤轮番套用在这些过程上，这样就可以研发出 Level 2 的架构了。研发过程的要点就在于运用功能 – 目标思考法，也就是把 Level 1 中的每一个内部功能都当成 Level 2 中的一项目标来进行分析。

8.4 家庭数据网络系统的第 2 级架构

现在我们以家庭数据网络系统为例来展示 Level 2 架构，以验证刚才讲解的那套架构分析方法所能达成的效果。对于该系统来说，与特定解决方案无关的功能是买书，而概念则是采用 DSL 调制解调器来访问互联网。该系统的整体概念所涉及的设备有：一台专用的 DSL 调制解调器，一个网关与交换机的集成体，一个通过以太网线连接到交换机的无线接入点（WAP），以及一台通过 WiFi 连接到 WAP 的笔记本电脑（参见表 7.8）。图 7.12 演示了该系统的 Level 1 架构。

图 8.5 演示的是 Level 2 架构，从该架构中我们可以看到：由家庭网络中的一台笔记本电脑所发出的 IP 数据包，是沿着怎样的路径离开本地网络并到达某台外部服务器或计算机的。我们把功能架构分解成 3 层，也就是互联网层（IP 层）、链路层及物理层。这种对架构进行分层的理念在 6.3 节中讲过。

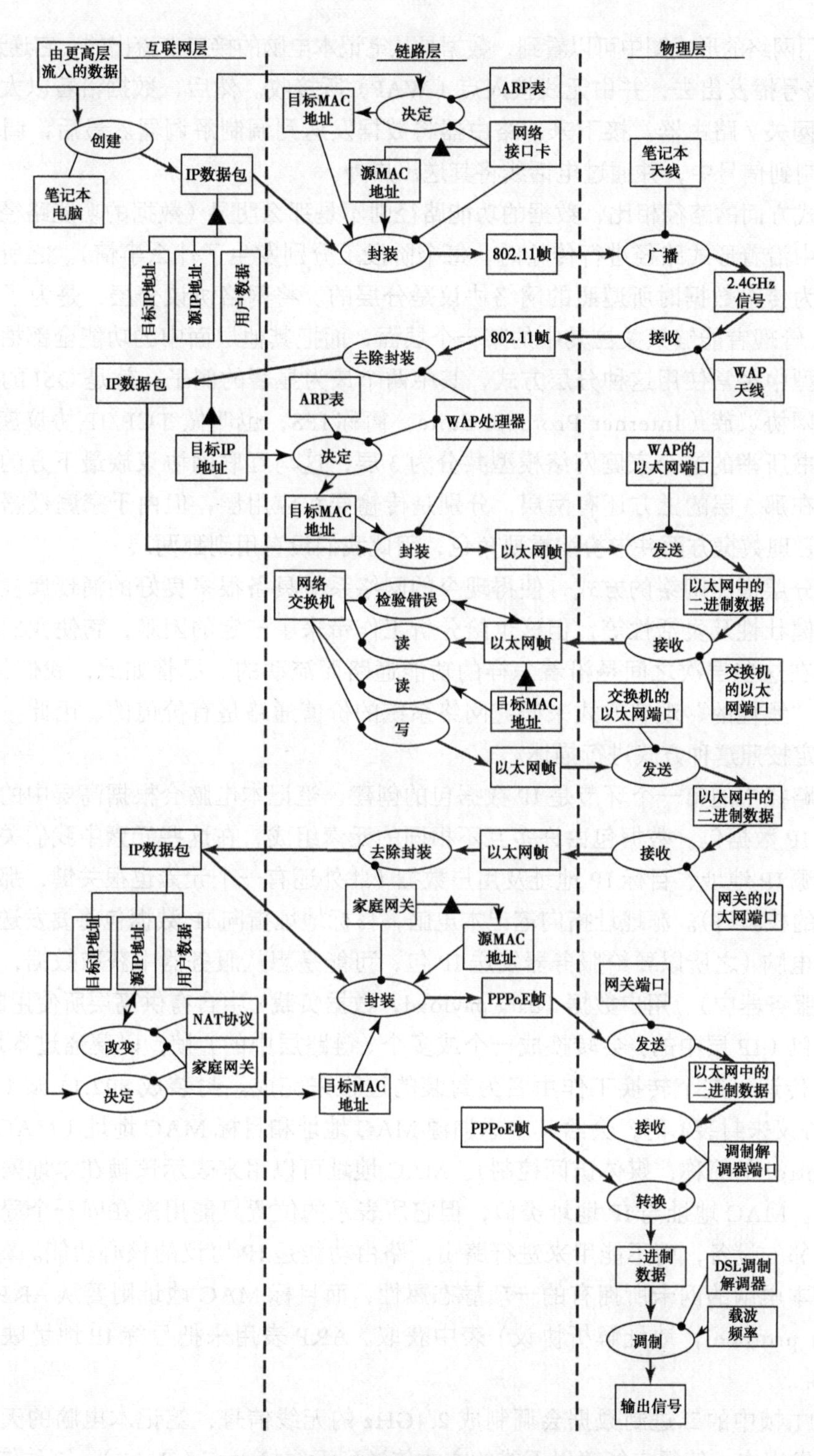

图 8.5　家庭数据网络的 Level 2 架构

从家用网络的形式图中可以看到，数据是从笔记本电脑的接口卡流出的，它通过2.4GHz的WiFi信号播发出去，并由无线接入点（WAP）所接收。然后，数据沿着以太网交换机走到家用网关/路由器。接下来，路由器将数据发送到调制解调器。最后，调制解调器把数据调制到信号中，并通过电话线将其送出户外。

与形式方面的路径相比，数据的功能路径则不是那么明显（数据的功能路径，是指数据在网络中沿着形式路径进行传输时，每个阶段上分别发生了什么事情）。之所以不太明显，是因为传输数据时所遵照的网络协议是分层的。将网络协议分层，是为了使网络设计者或IT管理者能够只关注其中的某一个层面，而把其他层面中的功能全都抽象掉。网络通信模型中经常使用这种分层方式，其中两个最为显著的例子，就是OSI的七层模型以及互联网协议族（Internet Protocol Suite，简称IPS，也叫做TCP/IP协议族）的五层模型。本书所举的这个家庭网络模型共分为3层，这与互联网协议族最下方的那3层是一样的。在那3层的上方还有两层，分别是传输层和应用层，但由于家庭数据网络在创建数据或管理数据方面并未扮演重要角色，因此我们没有用到那两层。

这种分层搭建网络的方式，使得现今的网络系统具备很多良好的涌现属性，诸如可缩放性、健壮性及灵活性等，但这也给分析工作带来了一定的困难，它使我们不太容易看出数据在这些层次之间是沿着怎样的功能通路而流动的。尽管如此，我们仍然认为：采用这种“线性的”观察方式来研究网络系统的价值通路是有价值的。因此，我们接下来还是决定按照这种方式进行描述。

这条路径中的第一个环节是IP数据包的创建，笔记本电脑会根据高层中的某个数据源来创建IP数据包。数据包由许多互不相同的元素组成，在这些元素中我们关心的3个元素是：源IP地址、目标IP地址及用户数据（此外还有一个元素也很关键，那就是用于检查错误的校验码）。源地址指向笔记本电脑，目标地址指向IP数据包将要发送到的那台服务器或电脑（之所以要给服务器发送IP包，可能是想从服务器中获取数据，或是把数据上传到服务器中）。用户数据（data payload，数据负载）中含有供高层所使用的数据。

数据包（IP层中的）会转换成一个或多个（链路层中的）帧，以便通过本地的WiFi连接进行传递。这个转换工作由名为封装的过程来完成。封装成802.11帧（这种帧按照WiFi协议来封装）时，会给其中添加源MAC地址和目标MAC地址（MAC是media access control的简称，媒体访问控制）。MAC地址可以用来表示该帧在本地网络中的位置和目标。MAC地址与IP地址类似，但它所表示的位置只能用来在同一个局域网内区分彼此相邻的设备，而不能用来进行路由，路由功能是IP协议的核心功能。源MAC地址是笔记本电脑的网卡所拥有的一项静态属性，而目标MAC地址则要从ARP（address resolution protocol，地址解析协议）表中获取。ARP表用来把目标IP地址映射为目标MAC地址。

802.11帧中的二进制数据会调制成2.4GHz的无线信号，笔记本电脑的天线会把这个信号播发出去，使得它能够以无线的方式传送到无线接入点（WAP）。这种传输是在物理层中进行的。WAP 收到数据之后，会拆解 802.11 帧，以便重新构建 IP 数据包。由于 WAP 需要知道数据的下一个目标，因此它会读取目标 IP 地址。从读出来的 IP 地址中，它发现数据接下来是要传送到家庭网关那里的，于是，它就把 IP 包封装为以太网帧，并将家庭网关的地址设置成目标 MAC 地址。

WAP 接下来会通过以太网线把该帧发送给网络交换机，以便使这个帧能够到达网关。这一次对二进制数据所做的传输与传送 802.11 帧时一样，也发生在物理层中，只不过传输介质是铜线而已。交换机收到该帧之后，把它存放到缓冲区中，并读取其目标 MAC 地址。由于已经有了这个地址，而且还知道了家庭网关所在的位置，因此，交换机可以把缓冲后的帧沿着与家庭网关相连的那条链路发送出去。此外，交换机还会执行错误检查功能，以确保从该帧中读到的数据以及对该帧所进行的传输都是正确的。

以太网帧到达家庭网关之后（这种传输也是通过物理层中的连接而进行的），又会进行拆解，以便还原为本来的 IP 包。此时，网关会执行一种名为网络地址转换（Network Address Translation，NAT）的功能，该功能会把笔记本电脑的局域网 IP 换为家庭网关的公网 IP，也就是把“对内”的 IP 地址换为“对外”的 IP 地址。这项地址转换实际上完成了两个小的功能：第一，它节省了 IP 地址资源（有了 NAT 之后，我们不需要给每个能够上网的设备都分配一个彼此不同的公网 IP）；第二，它又添加了一层安全保障，因为本地网络中的用户设备无须将其 IP 地址播发给更广的网络。

设置好 IP 地址之后，IP 包会封装成 PPPoE（Peer-to-Peer Protocol over Ethernet，以太网上的点对点协议）帧，使得网关可以在链路层上用这种帧与 ISP（互联网服务提供商）进行通信。然后，DSL 调制解调器会把该帧调制到高频载波信号中，这种信号会沿着家中的电话线传送到电信公司的交换中心，进而到达 ISP 那里，最后，它会路由到最终的目标地址上。

总之，我们可以用与空运服务类似的方式把家庭数据网络的架构从 Level 1 扩展到 Level 2。图 8.5 是该系统的 OPM 架构图，其中有 24 个内部过程，此外还有一些与内部过程有关的操作数。通过这些操作数与过程，我们可以看出数据在系统中的流动情况。在充当工具的那些实体中，既有笔记本电脑、交换机和天线等物理设备，又有软件及数据表等信息对象。根据 Level 2 中的模型，我们可以判断出 Level 1 中的建模工作和相关的模块化工作进行得是否稳健。

8.5　为系统之下的第 1 级架构做模块化处理

刚才我们已经把两个范例系统的架构分别从 Level 1 扩展到 Level 2 了，但 Level 1 中所选用的分解方式是否合适，我们还没有做出解答。从 Level 1 扩展到 Level 2，是为了检视系统中的各个实体在 Level 2 中的关系。而这些关系应该能够给我们为 Level 1 所做的模块化工作或归类工作提供指导信息。表 8.1 中的问题 8b 问的是“用什么样的方案可以对系统之下第2级的对象进行模块化？”该问题说的就是模块化的过程。

在空运服务那个例子中，我们一开始是按照坐飞机出行时所依循的时间表来制定Level 1的，也就是根据时间表中的主要事件，把Level 1表示为买票、办理登机手续、装载、运输、卸载及离开机场等几个过程。那么，现在应该如何来判断对空运服务所做出的这种分解是否恰当呢？

我们的目标是把架构中紧密互联的实体归为一组[1]。这样做可以尽量缩减模块之间的交互，并尽量增大模块的内聚性。在对Level 2中的实体分组情况进行检视时，我们首先要决定如何进行分组㊀（参见文字框8.1）。本例采用以过程为中心的方式进行分组，并根据操作数方面的交互情况来考虑过程之间的关系。我们做出这样一个假设：如果两个过程共用了大量的操作数，那么它们就是紧密耦合的。至于交互的具体性质则可以省略，因为我们在这里只关注交互的数量。例如，从表8.4中可以看出，“到达机场”这一过程总共与4个不同的操作数进行了交互㊁，而其中有3个操作数是和“(使旅客）登机”这一过程共用的。

文字框8.1　方法：根据系统矩阵中的交互情况为过程分组

要进行分组，就必须完成三项重要的任务：首先要选定分组标准，然后把相关的信息表示出来，最后对信息进行计算，以确定分组。

分组的常见方式是根据过程或形式来划分。如果按过程分，那么一般会考虑过程之间通过操作数所形成的链接，也就是专注于操作数方面的交互（参见图文框5.8）。如果按形式分，那么可以考虑形式之间经由过程和操作数所形成的链接，以强调形式对象之间的交互（参见6.5节），或是考虑形式结构方面的链接，以强调静态关系。

在第4～6章中，用（PO及PF）矩阵来表示系统时，我们会把相应的OPM图中所标注的交互类型（例如创建、销毁、影响等），也写在矩阵中。但是在进行分组时，则不需要考虑交互的类型，而是只关注其连接数量即可。我们把PF及PO矩阵中表示交互类型的那些符号都替换为1，并把PP、OO及FF矩阵都设置成单位矩阵㊂，如此计算出来的矩阵中就只会包含数字了。我们可以用行列交汇处的单元格中的数字来表示两个过程之间的操作数交互情况。

最终的分组是根据聚类算法（clustering algorithm）来确定的。该算法会对各行各列所对应的DSM实体进行重新排列，把彼此之间连接较为紧密的那些实体归为一组，使得同组内的各实体之间具有更高的耦合度，并降低它们与其他小组之间的耦合[2]。

接下来，我们采用Thebeau算法[3]对过程进行分组。表8.4给出了空运服务的

㊀ cluster，也称为归类、聚类、分群。——译者注

㊁ 主对角线上的数字表示该过程一共与多少个操作数进行了交互。比如，第6行第6列的单元格中写的是5，这就表示“改签”这一过程总共与5个操作数相交互。——译者注

㊂ identity matrix，指主对角线上的元素均为1且其余元素均为0的矩阵。——译者注

$PP_{operand}$ 矩阵，该矩阵描述了空运服务在 Level 2 中的架构，并对相关的过程分别进行了归组。

表 8.4　用 DSM 矩阵来表示空运服务中的各个过程在操作数方面的耦合情况，并以此来指导 Level 1 的分组工作。行列交汇处的单元格中所写的数字表示对应的过程之间是通过多少个操作数链接起来的

		机票预订					机票			乘客							托运行李					随身行李				次要			
		链接	得知	预留	购买	修改	改签	发放	增加积分	到达机场	进行安检	登机	运输	下飞机	疏散	离开机场	托运	装载	运送	卸载	收纳	查验	存放	传送	收纳	警示	告知	提供休闲品	提供食品
第1组	链接	2	2	2	2	2	2	1	1	1	1	1	0	1	1	1	2	0	0	0	1	1	1	0	1	1	1	1	1
	得知	2	3	3	2	3	2	1	1	1	1	1	0	1	1	1	2	0	0	0	1	1	1	0	1	1	1	1	1
	预留	2	3	4	3	4	3	2	2	1	2	1	0	1	1	1	3	1	0	1	2	2	1	0	1	1	1	1	1
	购买	2	2	3	4	4	4	3	2	1	2	1	0	1	1	1	3	1	0	1	2	2	1	0	1	1	1	1	1
	修改	2	3	4	4	5	4	3	2	1	2	1	0	1	1	1	3	1	0	1	2	2	1	0	1	1	1	1	1
第2组	改签	2	2	3	4	4	5	4	2	1	2	2	0	2	2	1	3	1	0	1	2	2	2	0	1	2	1	2	2
	发放	1	1	2	3	3	4	4	2	0	1	1	0	1	1	0	2	1	0	1	1	1	1	0	0	1	0	1	1
	增加积分	1	1	2	2	2	2	2	2	0	1	0	0	0	0	0	2	1	0	1	1	1	0	0	0	0	0	0	0
第3组	到达机场	1	1	1	1	1	1	0	0	4	1	3	1	3	2	4	1	1	1	1	2	1	2	1	2	1	1	1	1
	进行安检	1	1	2	2	2	2	1	1	1	3	1	0	1	1	1	2	1	0	1	2	2	1	0	1	1	1	1	1
	登机	1	1	1	1	1	2	1	0	3	1	4	1	4	3	3	1	0	0	0	1	1	3	1	2	2	1	2	2
	运输	0	0	0	0	0	0	0	0	1	0	1	1	1	1	1	0	0	0	0	0	0	0	0	0	0	0	0	0
	下飞机	1	1	1	1	1	2	1	0	3	1	4	1	4	3	3	1	0	0	0	1	1	3	1	2	2	1	2	2
	疏散	1	1	1	1	1	2	1	0	2	1	3	1	3	3	2	1	0	0	0	1	1	2	0	1	2	1	2	2
	离开机场	1	1	1	1	1	1	0	0	4	1	3	1	3	2	4	1	1	1	1	2	1	2	1	2	1	1	1	1
第4组	托运	2	2	3	3	3	3	2	2	1	2	1	0	1	1	1	4	1	0	1	3	2	1	0	1	1	1	1	1
	装载	0	0	1	1	1	1	1	1	1	1	0	0	0	0	1	1	2	1	2	2	1	0	0	0	0	0	0	0
	运送	0	0	0	0	0	0	0	0	1	0	0	0	0	0	1	0	1	1	1	1	0	0	0	0	0	0	0	0
	卸载	0	0	1	1	1	1	1	1	1	1	0	0	0	0	1	1	2	1	2	2	1	0	0	0	0	0	0	0
	收纳	1	1	2	2	2	2	1	1	2	2	1	0	1	1	2	3	2	1	2	4	2	1	0	1	1	1	1	1
第5组	查验	1	1	2	2	2	2	1	1	1	2	1	0	1	1	1	2	1	0	1	2	3	1	0	1	1	1	1	1
	存放	1	1	1	1	1	2	1	0	2	1	3	0	3	2	2	1	0	0	0	1	1	3	1	2	2	1	2	2
	传送	0	0	0	0	0	0	0	0	1	0	1	0	1	0	1	0	0	0	0	0	0	1	1	1	0	0	0	0
	收纳	1	1	1	1	1	1	0	0	2	1	2	0	2	1	2	1	0	0	0	1	1	2	1	2	1	1	1	1
第6组	警示	1	1	1	1	1	2	1	0	1	1	2	0	2	2	1	1	0	0	0	1	1	2	0	1	3	1	2	2
	告知	1	1	1	1	1	1	0	0	1	1	1	0	1	1	1	1	0	0	0	1	1	1	0	1	1	2	1	1
	提供休闲品	1	1	1	1	1	2	1	0	1	1	2	0	2	2	1	1	0	0	0	1	1	2	0	1	2	1	3	2
	提供食品	1	1	1	1	1	2	1	0	1	1	2	0	2	2	1	1	0	0	0	1	1	2	0	1	2	1	2	3

原先我们是按照“各功能在时间表上的发生顺序”来整理这些进程的，而现在这套分组方式则更强调功能本身。第 1 组可以叫做 Level 1 中的机票预订过程，它用来处理订单的创建及修改事宜。第 2 组与第 1 组之间的关系比较密切，它里面所包含的那些过程

会影响乘客所买的机票。

接下来那 3 组中的过程，分别用于对乘客、托运行李以及随身行李的运输路径进行控制。这 3 个组在把相关的人和物从始发地运往目的地的过程中都遵循着一套相似的模式，那就是：先办理登机手续，然后移动，最后离开机场。除了上述 5 组之外，还有第 6 组，该组内的过程是与次要价值有关的过程，旨在提升乘客的旅行体验。

这种分组方式并不完美，因为每个组之间依然有一些交互，不过无论如何分组，组与组之间的交互都是难免的。在本节中，我们按照过程之间所共用的操作数对这些过程进行了聚类分析（clustering analysis），这种分析方式虽然与图 8.2 那种按照时间推移来进行划分的方式有所不同，但并不意味着它对 Level 1 所做的模块化处理就一定比原来那种方案好。这两种分解方式只是代表对空运服务进行整理的两种思路而已。如果看重的是时间，那么根据时间来进行分组会比较好一些，但如果更关注空运系统在全程中的可靠性，那么本节所用的分组方式会更加适当。

总之：

- 为了使系统能够在 Level 1 中划分为适当的模块，我们有必要把 Level 1 中的架构扩展到 Level 2，并检视过程与过程或形式与形式之间的关系，然后对过程或形式进行分组，来创建一套新的 Level 1 分解方案。
- 聚类算法可以重新把实体排列成多个组，以尽量增加组内各实体之间所发生的交互，并尽量降低组与组之间的交互。这样得出的分组可能比扩展架构之前所定的那套方案更合适，而且它还能给架构师提供更好的建议，告诉他们应该如何分解系统、如何定义接口，以及如何把这些模块分派给其他人，以进行更为详细的设计。

8.6　小结

本章从一个简单的概念出发来演示系统架构的开发，我们先将这个概念演化成 Level 1 中的架构，然后重复运用这种方式，将 Level 1 中的架构扩展到 Level 2。之所以能够这样做，其要点就在于：从 Level N 到 Level N+1，是有一套流程可循的，这套流程既可以把概念演化成 Level 1 中的架构，也可以同样有效地把 Level 1 中的架构扩展到 Level 2。与 Level 1 中各实体之间的关系有关的重要信息其实是掩藏在 Level 2 中的，因此，我们必须从系统本身出发，向下探测两层，在 Level 2 中寻找自己所关注的关系，然后根据这些关系来确定 Level 1 的分组。

本书的第二部分就此结束。在这一部分中，我们描述了架构分析的全套流程：确定形式及结构（第 4 章），确定由过程及操作数所形成的功能架构（第 5 章），在形式与功能之间建立映射（第 6 章），确定与特定解决方案无关的功能以及与特定解决方案相关的概念（第 7 章），并研发 Level 1 与 Level 2 中的架构，以确保 Level 1 能够得到适当的模块化处理（第 8 章）。这套分析流程是以第一部分所讲的那些知识为基础而建立的，也就是系统思维（第 2 章）以及对复杂系统所进行的思考（第 3 章）。有了第一部分和第二部分所打下的坚实基础之后，接下来就可以讨论架构的创建工作了，我们将关注如何在复杂的现实世界中生成新的架构。

8.7 参考资料

[1] Steven D. Eppinger and Tyson R. Browning, *Design Structure Matrix Methods and Applications* (Cambridge, MA: MIT Press, 2012).

[2] 更多信息参见 DSMweb.org: <http://www.dsmweb.org/en/understand-dsm/technical-dsm-tutorial0/clustering.html>.

[3] Ronnie E. Thebeau, "Knowledge Management of System Interfaces and Interactions for Product Development Process," 2001. MIT 硕士论文：<http://www.dsmweb.org/?id=121>

第三部分

创建系统架构

在第二部分中，我们以一些已有的系统为例，回顾并分析了其他架构师对这些系统所做的决策。我们是从那些已经构建好的系统中逆推出形式、功能、架构及概念的。而本书的第三部分，则要开始处理更为实际也更为困难的合成工作，也就是要定义目前并不存在的架构，而且是要为复杂的系统定义这些架构。

第三部分采用正向思维来进行讲解，首先确定系统的需求，然后选择系统的概念，接着再研发系统的架构。不过，对于复杂的系统来说，我们是不可能在举例时把整个系统都描述出来的。我们只能通过选择恰当的视角来关注系统中的架构方面。明智地选择观察系统时所用的角度是个越来越重要的问题，如果观察点选得不好，那就会淹没在大量的信息中。

第 9 章从任务和可交付的成果这两个方面来概述架构师的职责，然后关注架构师的第一项任务，也就是减少歧义。接下来，介绍一个可以从系统中消除歧义的工具，这个工具就是一整套产品开发流程。第 10 章把组织机构方面的接口当成在架构中减少歧义的契机，它们包括公司策略、市场、法规、内部和外部生产能力以及运作等方面。

第 11 章会讲述如何用一种系统化的方式来捕获利益相关者的需求，排定这些需求的优先顺序，并把它们转换成系统目标。第 12 章提出一些手段，帮助架构师更有创意地构思并选择概念。最后，我们将于第 13 章中讲述一些在开发系统时管理复杂度的办法。

第 9 章　架构师的角色

9.1　简介

在整本书中，我们从各个方面强调了架构师所起到的作用。从架构师所要管理和考虑的问题数量来看，这会给他们带来很大的压力。由于对架构师所提的各方面要求非常多，因此容易使人误以为架构师的角色是无法划定边界的。但其实并非如此，架构师不是设计团队，也不是财务总监、销售主管或工厂经理。用 Eberhardt Rechtin 的话来说，架构师并不是通才，而是致力于简化复杂度、解决歧义并关注创造力的专才。

架构师构想出系统的图景，并与利益相关者及范围更大的项目团队就此图景进行交流。在架构师所扮演的各种角色中，我们主要强调下面这三个方面的职责：

- 减少歧义，也就是确定系统的边界、目标及功能。
- 发挥创造力，也就是创建概念。
- 管理复杂度，也就是为系统选定一种分解方案。

本章将要介绍架构师的角色，并确定该角色所交付的成果。9.2 节将会讨论不同类型的歧义，并将它们与架构师的角色联系起来。9.3 节讲述产品开发流程，并将该流程视为可供架构师使用的一种工具。本章最后会给出一个对民用建筑所做的案例研究，以强调建筑中普遍蕴含着的某些主题。

9.2　歧义与架构师的角色

9.2.1　架构师的角色

在架构师着手进行架构之前，其实已经有一个“上游过程”（upstream process）把新系统中的事务、机遇及需求定义出来了。可是，这个上游过程中充满了歧义。比如，有哪些需求是由客户所提出的高优先度需求，又有哪些需求属于那种“最好能够满足一下”的需求？有哪些规章制度是必须加以考虑的，应该如何应对它们？产品制造能力是否和预想的产品相匹配？

架构师要消除上游过程中的歧义。架构师负责创建系统边界并明确系统目标。该职责所包含的任务有：

- ❑ 解读公司策略和职能策略。
- ❑ 解读对竞争市场所做的分析。
- ❑ 听取用户、受益者、客户或其代表人的意见。
- ❑ 考虑企业及延伸的供应链的能力。
- ❑ 考虑系统的运作情况及运作环境。
- ❑ 适当地注入技术。
- ❑ 解读现有的和将来有可能出现的法规对系统造成的影响。
- ❑ 推荐一些标准、框架及最佳实践方式。
- ❑ 根据上游的影响来制定系统的目标。

定义好系统的目标之后，有一项创造性的任务等着架构师来完成，那就是定义系统的概念。虽说好的概念未必能够保证系统成功，但差的概念几乎总是会使系统失败。

架构师为产品创建概念时，要发挥创造力，使得该概念能够从实质上概括本系统的图景，并把本产品与早前那些概念所衍生出的产品区分开。这一职责包含如下任务：

- ❑ 提出并制定各种备选概念。
- ❑ 找出关键的衡量尺度及驱动力。
- ❑ 进行宏观的权衡和优化。
- ❑ 选定其中一个概念，并继续向前推进，有时可能还要再选一个备用的概念。
- ❑ 用整体思维去思考产品的整个生命期。
- ❑ 考虑有可能出现故障的各种情况，并制定缓解与恢复方案。

刚刚选好概念时，定义该系统可用的信息相对来说还是比较少的。但是当团队成员开始定义外部接口，当我们开始对系统之下的第一级进行设计和分解，当对下游因素所进行的考量开始确定下来之后，信息量就会暴增。

架构师要对复杂度方面的投入以及复杂度的演化进行管理，以确保系统能够实现其目标。架构师在管理复杂度时，其职责中的一个关键部分，就是要确保所有的人都能够理解当前这个系统。这一点是通过下列几个方面达成的：

- ❑ 分解形式和功能。
- ❑ 阐明功能与形式元素之间的对应关系。
- ❑ 定义子系统之间以及系统与外围环境之间的接口。
- ❑ 配置子系统。
- ❑ 管理灵活性与最优性。
- ❑ 确定模块化程度。
- ❑ 清晰地体现纵向策略和横向策略。
- ❑ 在自行设计生产与外包之间进行权衡。
- ❑ 控制产品的演化。

上面谈到了架构师所扮演的三种主要角色，它们都围绕着信息而展开。第一项职责，是说架构师要通过减少歧义，来确定必要的、连贯的及重要的信息；第二项职责，是说架构师要通过发挥其创造能力，来获得新的信息；第三项职责，是说架构师要在最终确定下来的架构中对信息进行管理，使其不要过分膨胀。

传统的系统工程学把对项目所进行的管理，视为对性能、工期和成本这三个因素所做的权衡[1]。有一条定理，是说系统工程师必须辨明这三个要素之间的相互制衡关系，并最终锁定其中的一个变量，对第二个变量进行管控，并使得第三个变量能够来回游移。性能、成本及工期之间的联动情况，已经基本上由一套名为系统动力学（System Dynamics）的项目管理模型定义出来了[2-4]，但是对这三个变量本身所做的估量却非常少见，因为校准这些模型所需的数据及专业知识很难获取。

复杂性、创造性及歧义性这三个因素，并不像性能、成本和工期那样直接耦合，它们比后者还要难于确定和管理。不过系统工程学所用的那个张力隐喻，却可以直接套用在架构师的职责上，也就是说：架构师在工作时所秉持的一项主要理念，就是发现系统中的紧张关系，为此进行沟通，并加以解决（参见文字框 9.1 中的架构师角色原则）。

文字框 9.1　架构师角色原则（Principle of the Role of the Architect）

“必须有人做主，否则什么都定不下来。”

——亚伯拉罕·林肯

“求雨的舞管不管用，全看跳的时机对不对。”

——牛仔谚语

架构师的角色是解决歧义、专注创新，并简化复杂度。架构师致力于创建那种能够体现价值并具备竞争优势的优雅系统，他们要定义系统的目标、功能及边界，要创建出能够融合适当技术的概念，要对功能与形式之间的映射情况进行分配，也要定义接口与体系，并对系统做出抽象，以管理其复杂度。

- ❑ 由于大多数系统中都有一些模糊而复杂的因素需要进行权衡，因此架构最好是能够由一个人或一小群人来创建。
- ❑ 架构师一方面要对系统进行整体的观察，另一方面也要专心解决对设计至关重要的那几个问题。
- ❑ 架构师并不执著于某一种方法，而是会适当地采用不同的框架、视角和范式来进行架构。

9.2.2　减少歧义

Zhang 和 Doll[5] 造了“模糊前端”（the fuzzy front end）这个词，用来表现早期开发活动所遇到的挑战，因为在开发之初，目标是不够明确的。目标之所以不够明确，可能是因为某个客户群无法清晰地体现出接下来的需求，也可能是因为终端客户不够清晰，还有可能是因为底层的技术进展情况不够明朗。

领导能力不单单是系统架构师所要面对的管理问题。要想为公司设定愿景，并从模糊的情境中凝聚出一套可执行的方案，也需要有领导力。然而我们认为，这项管理任务对于架构师来说，难度尤其大：因为架构师位于公司的策略与产品 / 系统的定义之间，所以他必须要能胜任这两个世界之间的贯通工作。

因此，我们认为，架构师必须要意识到各种类型的歧义，并解决这些歧义。严格来说，只有模糊的信息和不确定的信息，才能称为有歧义。但我们一般还把不正确的信息、缺失的信息或互相矛盾的信息，也算作一种歧义。

如果某个事件或某种状态可以解读为多种不同的含义，那就会出现模糊（fuzziness）现象。颜色可能是模糊的，因为一种颜色到底是蓝色还是紫色，不同的观察者或许会给出不同的答案。尽管每种颜色都有其波长，但它究竟应该属于蓝色还是紫色，依然是模糊不清的。在客户所表达出来的需求中，到处都会有模糊不清的地方。比如，他们会说自己需要“光滑的”喷涂或是“良好的”每加仑英里数⊖。有些模糊性可能是由使用情境引发的。比如，不同背景的客户对良好的每加仑英里数有着不同的理解。北美与欧洲人所期望的数值是不一样的 [6]。

如果某事件的结果不明确或是值得怀疑，那就会出现不确定（uncertainty）现象。掷硬币的结果就是不确定的。我们虽然可以清楚地说出硬币有可能出现的状态，但却无法确定它的最终状态。比如，为新产品提供支持的某项新技术，是否能如期到位可能就是不确定的。

模糊与不确定相混合会产生三种现象，它们分别是：未知信息、矛盾信息与虚假信息。我们采用（X, Y, Z）这种简记法来演示这三种现象，其中的 X、Y 和 Z 分别表示本来应该输入给系统的那些正确值。

未知的信息可以记为（X, __, Z），当相关的信息尚待决定或无法获取时，就会出现这种现象。刚进入产品开发周期时经常会碰到这个问题。比如，你可能对于竞争对手的产品 / 市场动机一无所知。如果你知道自己缺少某一条信息，那么这可以称为已知的未知（known unknown），例如你知道自己对“现有的竞争者是否会发布新产品”这一问题不够了解。还有一种未知更加可怕，那就是连自己也不知道自己是不是缺少某一条信息，这通常称为未知的未知（unknown unknown）。比如，你不知道有没有新的竞争者会推出一款有竞争力的产品。

矛盾的信息可以用（X, D, Z 与 X, B, Z）来表示，它表示两条或多条信息所提供的指引是互相冲突的。这种信息的毛病在于：可以决定信息内容的理据过多，导致无所适从（over-determined，超定）。比如，你从某条渠道获知，政府会做出一项对你的产品造成影响的新规定，但是另外一个渠道却告诉你，政府不会做出这样的规定。

虚假的信息可以记为（F, Y, Z），它表示输入值有误。这种情况下，你可能误以为自己获取到了全部的信息，但实际上，你所获取的信息是不完整的，因为其中有某一部分是错误的。比如，有人告诉你，供应商将在某一天到位，但实际上，供应商方面在那一

⊖ 1 加仑＝3.785 41dm³，1 英里＝1609.344m。——编辑注

天并没有做出安排。

请看下面这些表述，并分别判断它们具有哪种歧义。

- 请给电话加个光滑的壳。（模糊）
- 男孩还是女孩？（不确定、模糊）
- 确保你能完成你的季度目标。（未知、矛盾）
- 制造一种低成本、高质量的产品。（矛盾、模糊、未知）
- 每四年就有一个闰年。（虚假）

在能够对产品造成影响的上游因素中，几乎总是会出现歧义，我们按照公司中的职能安排把这些歧义分为下列几种情况。

- 策略方面的：公司、委员会或政府愿意承担多大风险？
- 市场方面的：是否能够与产品线定位方面及分销渠道方面的市场计划相匹配？
- 客户方面的：客户想要 / 需要什么？他们的需求会不会随时间而变化？
- 制造方面的：生产该产品的制造设备就位了吗？
- 运作方面的：在出现哪些故障时，产品必须要能够继续保持运作？
- 研发方面的：那项技术是不是很难融合进来？
- 法规方面的：该产品所应遵守的法规有哪些？它们是否有可能变化？
- 标准方面的：该产品所应遵照的标准有哪些？它们是否会变化？

在上述每一个方面，架构师一开始所获得的信息都有可能是模糊的、不确定的、缺失的、矛盾的或虚假的。

由于这些信息源所给出的信息充满了歧义（参见文字框 9.2），因此架构师的职责就是要给团队提供更加确定且不那么模糊的信息。在某些情况下，可以通过分析来削减歧义。而在其他一些情况下，则可以通过施加某些限制，以便使问题更容易解决。有时，我们必须做出某种假定才能使工作可以继续进行，然而这种假定应该做得较为明智，以便将来可以对其进行验证。

文字框 9.2 歧义原则（Principle of Ambiguity）

人和鼠定的那些好计划，
基本都不灵。

——Robert Burns

系统架构的早期阶段充满了歧义。架构师必须解决这种歧义，以便给架构团队定出目标，并持续更新该目标。

- 只有在接受了不确定性之后，才有可能开始进行开发。
- 一般来说，没人能对架构工作的上游过程进行设计或严格管控，所以，不要盼着上游能够毫无歧义。上游总是会给我们带来一些未经整理的、不完整的和互相矛盾的输入信息。

> - 不确定中也隐藏着机遇，它并非总是坏事。
> - 歧义包括已知的未知和未知的未知，也包括矛盾的信息和错误的假设。
> - 在与上游的影响因素进行对接的接口处，歧义尤为明显，因为没有人能够对上游过程进行设计。
> - 应该找出各种不确定因素，并按照优先顺序对其进行排列，以便于管理。

架构师必须意识到，没有人会对这些上游的影响因素做出“设计”，相反，它们通常会产生出不完整的、重叠的或是相互矛盾的结果。我们总是容易落入一个陷阱，误以为对产品造成影响的这些上游机构具备一些能够减少歧义的知识，或误以为他们有责任通过对早期的架构方案发表意见，来为架构工作提供指导。

架构师必须与这些上游影响物相接触，并消除这些歧义，以便为产品创建一幅图景，并为其制定成功的方案。这需要架构师了解这些上游影响物都是什么，谁“控制”着这些影响物，以及应该怎样较好地去应对它们。架构师必须牢记自己的任务，那就是：为产品拟定一套连贯、完整、可达、清晰而精确的目标。

移除、减少并解决歧义，是架构师在与上游的影响物相对接时所扮演的主要角色。本书会给出一些能够对架构师起到帮助的工具，其中包括：架构师可以交付的成果列表以及对整体产品开发流程的运用（参见 9.3 节），对上游和下游中会给本产品造成影响的几个主要方面所做的探讨（第 10 章），ABCD 产品论证框架（第 10 章），以及把利益相关者的需求转化成系统目标的过程（第 11 章）。

9.2.3　架构师可以交付的成果

下面这份列表总结了架构师这一角色所能交付的各项成果。请注意，可交付的成果与任务之间有着很大的区别。前者是最终结果，而后者则是达成某种状态所经过的工序。架构师可以交付的成果有：

- 一套清晰、完整、连贯的目标（其中的重点是功能方面的目标）。架构师自信这套目标（有 80%～90% 的概率）是可以达成的。
- 对系统所在的大环境，以及（包括法律法规与行业标准方面的）整个产品环境所做的描述。
- 系统概念。
- 系统的操作概念，其中包括系统在意外情况和紧急情况下的运作。
- 系统的功能描述，其中至少要有两层分解。该描述中包含对系统对外界所展现的主要功能和次要功能所做的描述，包含由内部操作数和内部过程所构成的过程流，包含非理想因素、支持过程及接口过程，也包含一套确保功能分解得以执行的工序。
- 对形式所做的两层细分，对功能与形式之间的映射所做的分配，以及这一层级上的形式结构。

- 对所有的外部接口以及一套实现接口控制的过程所做的详细描述。
- 一套涉及开发成本、工期、风险以及设计计划与实现计划的观念。

除了最后那一项之外，其余的可交付成果都可以通过回答表8.1中的相关问题而达成，而这本身也可以看作是对当前从事的项目所做的概括。尽管如此，架构师所面临的挑战依然很多，其中有一项挑战就是怎样用一种易于理解且便于运用的方式，将这些可交付的成果展示出来。在第三部分中，我们专注于讲解怎样在复杂的项目开发环境中展示系统的架构，在讲解这部分内容时，我们会发现：OPM及SysML这样的图表式语言尽管具有精确的语义，但却不能很好地与现有的开发工序及工作氛围相融合。于是，架构师的一项职责，就是要把第二部分中收集到的那些信息以更加容易理解的方式表述出来。

总之：

- 架构师的职责包括减少歧义、发挥创造力以及管理复杂度。
- 架构要跨越上游活动与下游活动。上游活动是指那些在架构创建之前就已经做好的事情，而下游活动虽然是指那些在创建好架构之后再去做的事情，但是这些事情仍然需要在创建架构时加以考虑。无论是上游活动还是下游活动，都有可能产生歧义。
- 日常工作中所遇到的歧义，是由模糊的信息、不确定的因素、缺失的信息、矛盾的信息以及不正确的信息交织而成的。架构师在与上游（也就是模糊前端）对接时的主要工作，就是要把系统中的模糊之处尽量厘清。
- 有一种宏观的做法能够厘清这些模糊之处，那就是开始着手准备架构师所能交付的各项成果。

9.3　产品开发过程

当今的每一家大公司几乎都会定义一套内部的产品开发过程（product development process，PDP）。这套过程会对产品开发的方法进行归纳，其中包括术语、阶段、里程碑、工期安排以及任务和输出物的列表。PDP的意图是给企业提供一套框架，该框架能够对企业在过去的开发中所积累的经验加以利用，也能够提供标准的过程及开发方式（其中，与上游有关的流程反映了企业从过去的开发工作中得到的经验，而与测试有关的流程则对产品是否能够符合相关规定起着特别重要的作用）。

从系统架构的角度来看，PDP的一项主要优势，就在于它可以通过对任务和职责的定义而成为一种可供架构师用来削减歧义的工具。我们很容易就会误认为PDP能够一步一步地解决上游中的暧昧问题，从而使架构师能够对策略、市场、客户需求及技术等方面有一个清晰的理解。实际上并非完全如此。如果我们做出了一些过分脱离现实的假定，那么 PDP 反而会给架构师帮倒忙。因此，在检视上下游对产品的影响时，我们应该把 PDP 当成切入点，从这一方法入手，来厘清系统前期的一些不明确之处。

9.3.1　各企业所使用的 PDP 之间的异同

翻看各种以企业为中心的 PDP 我们就会发现：尽管这些 PDP 所针对的行业和部门各有不同，但它们之间有着惊人的相似之处。这意味着在产品开发工作中，应该蕴藏着一种有效的实践方式。本节的主要目标是提出一套通用的 PDP，因此，笔者将刻意使用一种与传统的门径管理图（stage-gate graphic）不同的表示方式。我们所关注的，是产品开发中普遍出现的那些活动，而不是它们的顺序，这套通用模型，既适用于门径式的流程，也适用于非门径式的流程。

本节的第二个目标是培养读者的理解能力与评估能力，使得大家可以更好地认识从当前的产品开发中涌现出的创新产物，例如精益（Lean）、敏捷（Agile）、六标准差（Six Sigma，六西格玛）、Scrum 及客户之声（Voice of the Customer，VOC）等开发方法。当代的系统工程学充满了各种方法论和创新学说。某些方法论所提出的命题是可以进行验证的，而其他一些则无法验证。某些方法论试图对公司文化中较为无形的那些方面加以归纳，而它们各自的效果也有好有坏。笔者的目标，是使大家在面对这些方法论时能够有充分的准备，以便适当地评估它们的实用性，理解它们所蕴含的寓意，并在合适的场合中使用它们，而不是对其加以滥用。

从范围的角度来看，很多 PDP 都把与构想产品（也就是确定我们要构建的产品是什么）有关的上游过程排除在外了。而且许多 PDP 没有把产品的实际运作环节包含进来，它们只是简单地假设：产品构建者的责任在交付产品之后就结束了。对于某些部门来说，确实是这样，但仍然有许多行业需要密切关注产品的运作及服务，直到产品退役为止。因此，这套通用的 PDP 也应该把产品的运作包含进来。为了与前面所提到的整体方式相配合，我们所寻求的这套 PDP，不仅要提供“从生到死”（birth to death）的关怀，而且还要提供“从始至终”（lust to dust）的呵护。也就是说，它要概括的是从产品刚开始构想的那一刻起，一直到最后一件产品停用为止所发生的全部活动。

我们首先以 NASA 为例来进行讲解。图 9.1 是 NASA 所采用的 PDP，该 PDP 确实包含某些与模糊前端有关的方面（可行性、审批、需求），然而其模糊之处更多地体现在对 GFE（government furnished equipment，由政府所提供的设备）的申请上。NASA 的这套过程中也含有运作环节，因为 NASA 的大多数产品都是由它自己来操作的。

能够对 NASA 的 PDP 造成影响的上游机构并没有体现在这套 PDP 中，我们本来以为其中还应该包括市场分析，但它却只提到了可行性的问题。实际上，NASA 确实会对市场进行分析，这种市场分析要对预算决策、公共价值、科研目标以及工业基地等多种问题进行综合考虑。从理论上来说，NASA 的这套 PDP，会由可行性评估阶段开始，从头至尾地推进到运作阶段[8]，它既没有在其中进行迭代，也没有明确提到技术开发过程。

控制闸门：GFE申请　FA/form EA-002 审批　ITA/PMP　SRR　PDR　CDR　SAR　FRR　EMR

	第1阶段	第2阶段	第3阶段	第4阶段	第5阶段	第6阶段	第7阶段	第8阶段
产品生命期中的各个阶段：	可行性分析	项目定义及审批	需求定义	初步设计	详细设计	飞行器的生产和认证	部署	运作

图 9.1　NASA 约翰逊航天中心（JSC）的飞行产品研发过程[7]，该过程展示了预期的线性进展情况以及其中的各个门径

图片来源：Project Management of GFE Flight Hardware Projects. EA-WI-023. Revision C, January 2002. 2014 年 8 月 12 日查阅

NASA 的 PDP 反映的是其利益相关者的现实考量，以及它所构建的各种产品，例如科学卫星、国际空间站，以及航天飞机等。这些产品主要都是一些体积小而成本高的航天系统。它们在运作之前是无法进行就地测试的，而且也不容易加以修理。如果发生公众事故，那么其代价会相当大[9]，对于载人航天计划来说，尤其如此。无论是从安全方面还是从运作方面来看，NASA 的 PDP 都特别强调对于需求，以及对于评阅、审批、变更等方面的正式控制流程所做的追溯。这种可供追溯的性质，有时会令相关人员受到称赞（例如对哈伯太空望远镜的镜片瑕疵所做的修复过程），有时则会令相关人员受到问责（例如哥伦比亚号航天飞机事故调查委员会）。

图 9.2 是某家直升机公司的 PDP，该公司的名字已经隐去。这家直升机公司制作军用与民用的直升机。它的收入主要来源于政府方面的订单，而其产品是在一个受到高度管控的市场中进行竞争的。与 NASA 的 PDP 互相对比之后，我们会发现，图 9.2 中的这套 PDP，其迭代循环较为明显。这也表明：即便是在与 NASA 较为相似的这样一种航天开发环境中，迭代也是无法避免的，而且它与门径式的过程并不冲突。直升机公司所采用的这套过程，从表面上来看，是围绕着 FAA（美国联邦航空管理局）认证这一监管方面的问题而展开的，但实际上，FAA 认证只是另外一项更为重要的过程所依赖的工具，那项过程指的就是销售。

从这张图中，我们可以看出（由客户所提供的）产品反馈环节，但是该图却并没有把客户直接表示出来。直升机公司到底是先构想产品，然后再把它们投放到市场中进行测试，还是先收集客户需求及开发资金，然后再构想产品，又或者是同时结合了这两种思路？这一问题，在该图中得不到解答。从该图所表现的层面上，我们只能够断定：由客户及利益相关者那里所获得的信息，是蕴含在任务陈述中的。从直升机公司所用的 PDP 中，我们可以看出四个主要活动。凡是完整的 PDP，几乎都包含这四项活动，因此，我们的通用 PDP 也以这四项活动为基础，它们分别是：构想（任务陈述、概念构想、系统级别的设计）、设计（详细的设计）、实现（装配、测试、量产）以及运作（虽说直升机公司的 PDP 中并没有明确表示出运作环节，但是产品支持与产品退役环节中却隐含着这个意思）。

我们再来看第 3 个例子。图 9.3 是某家照相机公司所使用的 PDP，该公司的名字已

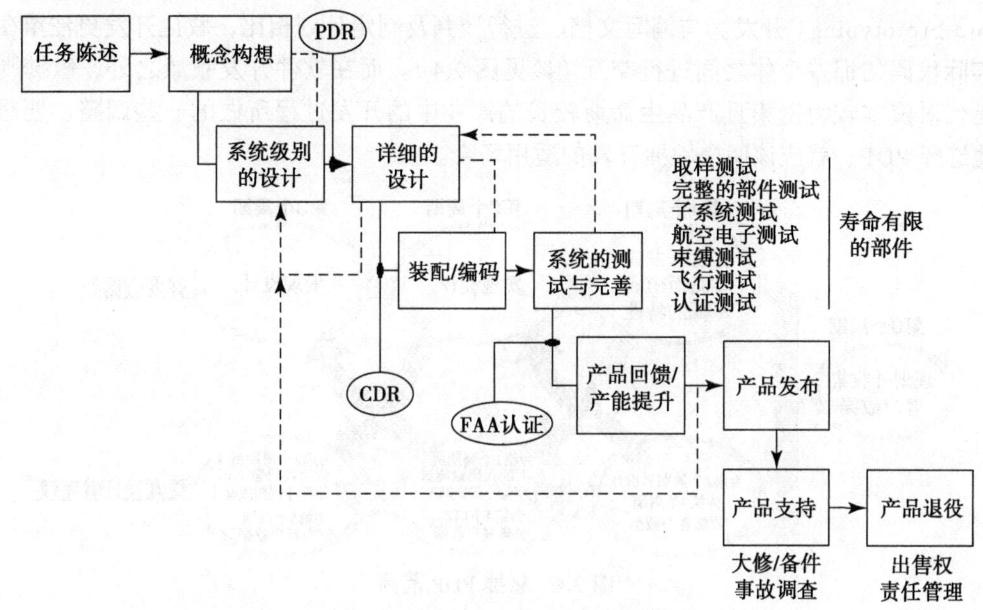

图 9.2　直升机公司的产品开发过程

经隐去。这家照相机公司，向业余用户及专业用户出售胶卷及照相机。该公司所要面对的市场，其竞争程度与 NASA 及直升机公司有很大区别，其客户群的分散程度及多样程度也与前两个例子不同。照相机公司的 PDP 明确地画出了上游的商业策略过程、客户之声过程以及研发过程，而对于我们所要提出的通用 PDP 来说，其构想环节中也会包含这几个部分。照相机公司处在一个由过程来驱动的行业中，而其制造开发过程出现在产品开发之前，于是这就表明：在整个 PDP 中，产品的实现是一个重要的驱动力。

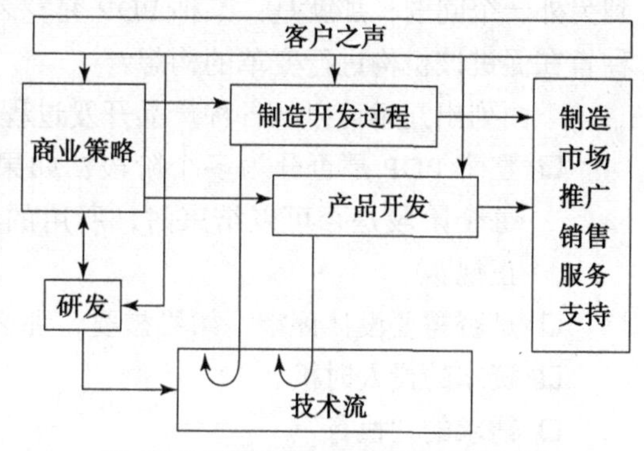

图 9.3　照相机公司的产品开发过程

虽说一般人会把照相机公司看作研发驱动（R&D-driven）型的公司，但是从上面那张图中我们却可以看到，客户之声这一环节在理论上是位于研发及科技流环节之前的。这究竟是对实际过程的真实体现，还是说只是一种尝试，想使这家一向专注于技术的公司更多地倾听客户的意见？在这套 PDP 中，生产环节放在了产品开发环节之前，而这对架构师在削减歧义工作中的角色有没有影响呢？如果这家照相机公司有着稳定而忠实的客户群，那么对于架构师来说，消除生产质量方面的歧义，可能要比产品创新更为重要。

我们再来看第 4 个例子，也就是强调迭代式开发与增量式开发的敏捷 PDP。相互协作的团队之间通过使用敏捷（Agile）开发方法，以一种演化式的手段去逐渐厘清需求并改进其解决方案。它源自那种针对小型及中型应用程序的软件编码工作所做的快速原型

（rapid prototyping）开发。与编写文档、进行谈判及制定计划相比，敏捷开发更注重在构建实际代码的那些个体之间进行交互（参见图 9.4）。而在软件开发领域之外，敏捷则用来指代对资本较为密集且产品生命期较长的产业中的开发过程所做的一些调整。要想明智地选择 PDP，就应该明白敏捷开发的适用场合。

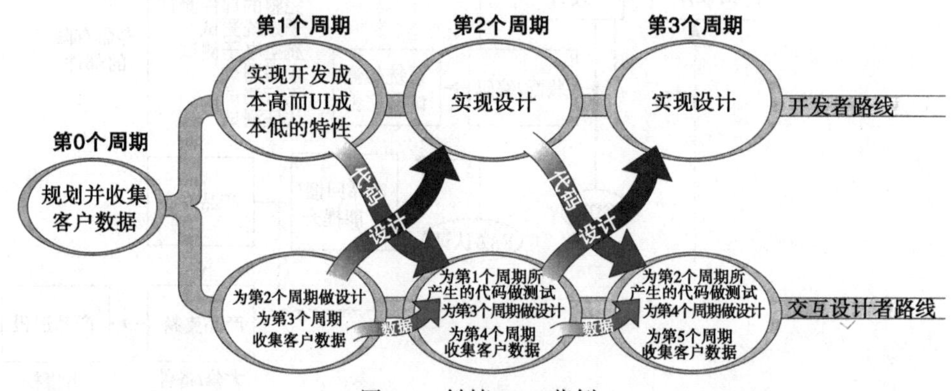

图 9.4　敏捷 PDP 范例

在对上述四种产品开发过程进行分析时，我们可以发现很多相似与不同之处。而我们在讨论 PDP 时，关键问题就是要思考：这些 PDP 仅仅是表面上有区别，还是说本质上有着不同？这些区别是否反映了各组织所处的行业之间的区别？与之类似，我们还会想到另外一个问题，那就是：某种 PDP 究竟表示的是某个机构的产品开发“现状”，还是一种旨在促进该机构进行变革的构想？

下面列出几条可以从各种产品开发过程中观察到的区别：

- 整个 PDP 是否分为多个阶段？如果分为多个阶段，那么具体有几个阶段？决定每个阶段是否可以结束时，所用的标准是什么？（决策过程是否需要进行得特别正规？）
- 是否需要设计评审？如果需要，那么要做几次？
- 资本的投入时机。
- 需求的“执行”。
- 对客户意见、反馈、销售及配件市场整合的强调程度。
- 对显式 / 隐式迭代的强调程度。
- 原型的数量。
- 内部的测试和验证工作的工作量，对可追溯性的强调程度。
- 供应商的参与时机。

我们可以认为，上述某些区别只是表面上的区别，例如阶段数量方面的差距以及对客户意见的展示方式等。那么，真正重要的区别又是什么呢？

有很多因素都可能导致 PDP 之间出现差别，例如开发的是硬件还是软件？是现有产品还是新产品？是独立的产品还是一整套平台？产量是小还是大？资本密集度是低还是高？产品是由技术推动的，还是由市场拉动的，又或者是属于过程密集型的产品？明智的 PDP 使用者应该根据自己的经验来判断 PDP 中的哪些方面是行之有效的，并把这些切实可行而且很有必要的环节合理地运用到正在开发的产品上。

9.3.2　通用的产品开发过程

尽管各种 PDP 之间有着上述这些区别，但它们同时也有着很多相似之处。实际上，各行各业的工程师及架构师都可以略过这些表面的差别，从而发现很多行之有效的共同点。我们正是要把这些共同点整理到将要提出的这套通用 PDP 中。

图 9.5 展示了这套通用 PDP 中的普遍活动，该图要强调的就是这些类型多样的活动。这张图不应该理解为门径式开发的示意图。有研究表明，采用线性方式去表现设计过程，是有严重缺陷的 [10]。由于它们假设时间和精力会直线式地穿越各个门径，因此没有办法表示出迭代与反馈。因此，如果门径的过关标准设定得不够严格，那么就会掩盖设计方案中的不足之处。

构思		设计		实现		运作	
任务	概念设计	初步设计	详细设计	创建元素	安排集成测试	生命周期支持	演化
← 下游影响							
• 商业策略 • 功能策略 • 客户需求 • 市场细分 • 竞争者 • 技术 • 法规 • 范围和计划	• 目标 • 功能 • 概念 • 商业/产品计划 • 平台计划 • 供应商计划 • 架构 • 承诺	• 需求定义 • 模型开发 • 需求细化 • 细节分解 • 界面控制	• 设计精化 • 目标验证 • 故障与应急分析 • 经过验证的设计	• 采购 • 实现量产 • 元素的实现 • 元素的测试 • 元素的完善	• 产品集成 • 产品/系统测试 • 完善 • 认证 • 市场定位 • 渠道 • 交付	• 分销 • 运作 • 物流 • 客户支持 • 维护、修理、大修 • 升级	• 产品改进 • 平台扩张 • 退役

架构师的主要领域

图 9.5　本书所提出的通用 PDP。这张图用来表示一套完整 PDP 中的各项活动，而不应该理解为门径式过程的示意图

图 9.5 中的这套通用 PDP 应该视为一份备忘录。在设计完整的 PDP 时可以对照着这张图来检查一下，看看相关的活动有没有包含进来。图 9.5 中的活动，大致可以分成构思、设计、实现与运作这 4 个组。构思，是根据市场需求以及目前可供使用的技术来决定将要构建何种产品；设计，是把将要实现的东西表达成信息对象；实现，是把设计变为现实；而运作，则是对真实的系统进行操作，以体现其价值。笔者刻意选择了“实现”这个词，因为它可以概括软件的编码工作、实物的生产工作以及系统的整合工作。此外，“运作”这个词也有两方面含义，既可以指现有产品的支持工作，也可以指新产品的发布

工作。产品会一直运作到退役为止。

图 9.5 也画出了架构师的系统边界。架构师通常是在功能策略决策等几个上游活动进行完毕之后参加到项目中来。架构师要想成功，必须完全融入图中标有“架构师的主要领域”的那些活动中。

架构师的一项职责是把相关的下游信息移入架构阶段。这在图 9.5 中是用反向的流程箭头来表示的。从笔者的经验来看，把下游中的限制移动到上游，相对来说较为容易。比如，如果认定可修理性是产品的一项重要属性，那就应该把可能磨损的部件标上不同的颜色，使得修理者可以迅速定位并诊断这些部件。而要把下游中的信息移动到上游，则会稍微麻烦一些，不过，还有一件更为困难的事情，那就是要确定：哪些信息能够把不同的架构区分开。第四部分会重新提到这一话题。

为了在各种产品开发过程之间进行更进一步的对比，我们将脱离这套传统的表现方式，转而构建另外一套 PDP，也就是全局 PDP（Global PDP）。之所以要构建这套 PDP，是为了提供一条比原来更宽广的基准线，使我们可以针对不同的 PDP 进行分析，从而确定上游和下游对架构所造成的影响。

为了构建这套全局 PDP，我们将采用三种不同级别的视图来分析架构方面的影响。图 9.6 是第一种级别的视图，它以产品架构为中心，并通过本产品 / 本系统的七项属性展示出来。功能与架构已经在第二部分全面讨论过。对系统架构所做的选择是对产品目标的一种反映，而产品目标又是对市场及利益相关者的需求所做的一种回应。在架构之外，我们还以产品操作者的角度描绘了下游的运作，其中包括操作和成本这两个方面，它们都是由架构方面的决策所塑造的，而且会从下游给架构带来歧义。

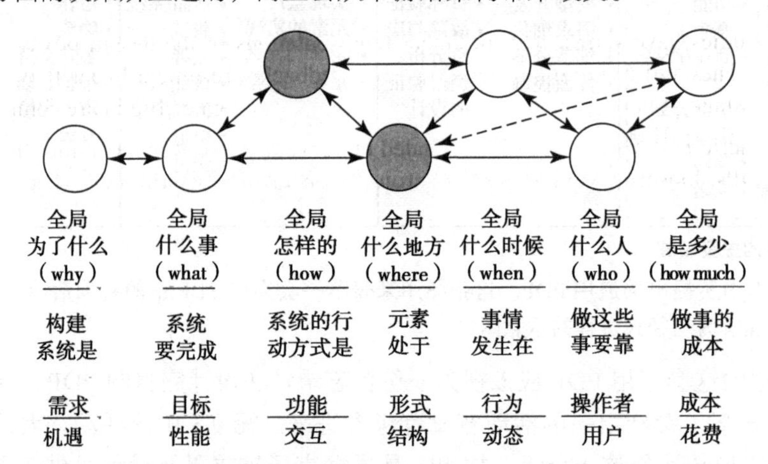

图 9.6　在产品开发中进行全局架构时所需考虑的产品 / 系统属性。请注意，图中的交互都是双向的，整个过程不一定要从左至右解读。架构主要是由形式和功能组成的，该图的中心部分所强调的那两个圆圈表示的就是架构

虽说这张图可以从左到右来解读，但它所表示的只是通用的活动而已，并不是一种门径式的过程。图中的双向箭头用来展示各方面之间的主要依赖关系，它也表明，我们

可以在这些方面进行迭代。

在这样的一种放大级别中，架构师要回答经典的 W 问题，也就是图 9.6 中所画的 why（为何）、what（何事）、how（如何）、where（何地）、when（何时）、who（何人）及 how much（何量）⊖。请注意，在这种展示方法中，形式回答的是 where 问题，因为形式谈的是一种存在，它是有位置的。笔者的一位学生曾经说，他来 MIT 是想听研究生课程的，而不是想把大学四年级的内容再重新学一遍。然而与其他方面的许多基础知识一样，当我们在寻求系统的整体开发方式时，肯定还是会重新用到这份列表的。

各种语言中的 W 问题，在语言学上都可以找到共同的祖先，那就是印欧语系中的 quo。印欧语系中的很多语言，都使用同一种发音来作为这一组词汇的基础发音，例如在法语中，W 问题是“qu”问题，也就是 qui（who）、quoi（what）、quand（when）、combien（how much）、ou（where）、comment（how）和 pourquoi（why）。在印度语中，W 问题是“k”问题，也就是 kab（when）、kya（what）、kyon（why）、kitne（how much）、kisne（who）和 kahan（where）。古希腊雄辩家赫尔马戈拉斯（Hermagoras）提出，所有的问题都是由 7 个核心要素组成的，它们分别是：quis（who）、quid（what）、quando（when）、ubi（where）、cur（why）、quem ad modum（in what manner，以何种方式）和 quibus adminiculis（by what means，用何种手段）。这也就意味着，架构师要想整体地观察产品开发过程，就必须很好地理解这些属性。

沿着图 9.6 向上走一级，我们就来到了图 9.7。这张图把全局 PDP 中的设计过程及实现过程中的活动也画进去了，请注意，设计过程和实现过程也分别有它们自己的 W 问题。设计过程可能有一套自己的形式，其中尤为显著的就是一套设计工具，这套工具将会塑造并限制可供设计阶段所使用的系统形式（比如，绘图员用直尺画出来的图肯定和用曲线板画出来的图不一样）。

设计成本可能会对架构造成影响，例如，很多汽车制造商都采用一次性功能费用（non-recurring engineering，简称 NRE）策略来控制汽车平台设计方面的成本，也就是说，同一年度同一产量的车型，必须平分这一笔 NRE 设计成本。这一策略显然不是对概念进行技术评估时所包含的内容，也不会体现在门径式的评审中，然而它却清晰地画在了我们的通用 PDP 中，这是因为，它会对产品的价值体现能力产生巨大影响。

与之类似，实现方面的过程也有其能力与限制。对架构师来说，图 9.7 这种表示方法可以提醒他们把实现方面已有的这些流程考虑到产品的架构中。

我们可以把任何一种 PDP 或新的设计方法与图 9.7 中的这 21 个问题相对比，以便对其做出评判。很少有哪一种方法能够全部回答这 21 个问题，因此，我们进行这种比较，只是为了理解某个架构的强项位于其中哪一方面而已。比如，精益运动源自对丰田生产方式（Toyota Production System）所做的研究，并演化成一系列旨在降低生产成本及改

⊖ 图 9.6 中的 7 个问题都要按照从下到上的顺序来阅读，例如“构建系统是——为了什么？”“系统要完成——什么事？”——译者注

善生产质量的原则、方法与工具[11]。后来，精益运动又想从生产方面向上影响设计方面，以寻求一些有利于精益生产的设计决策方式[12]。除此之外，精益也可以直接运用到设计过程中[13]，只是这种用法与它的本意已经有很大距离了。

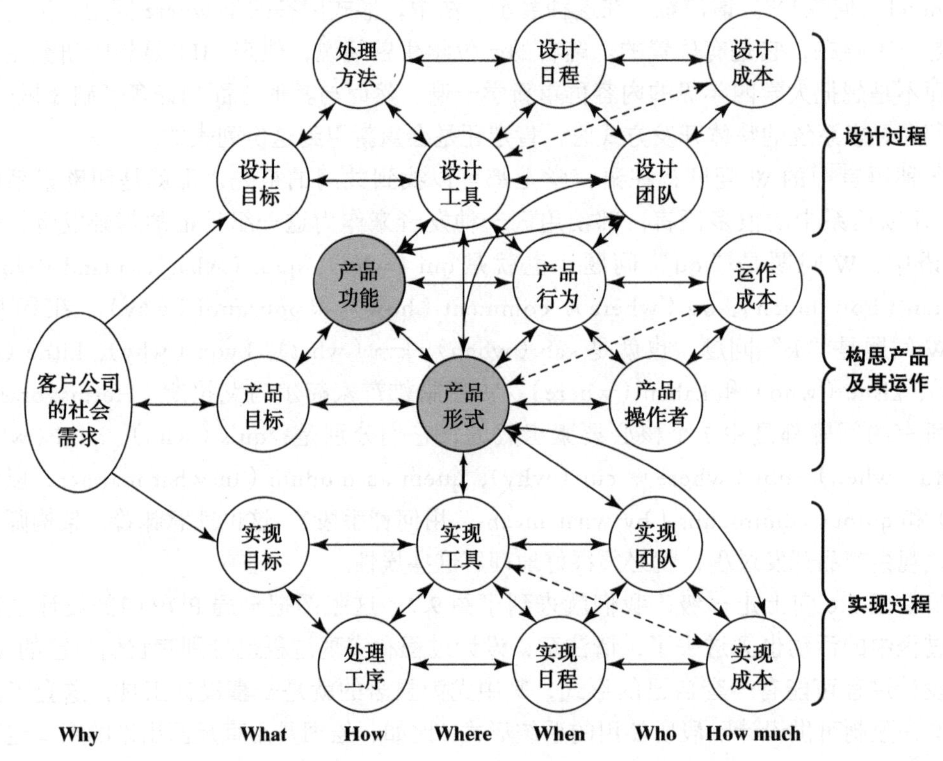

图 9.7　全局 PDP 的第二种视图，它展示了产品 / 系统开发的整体框架，并且把设计活动和实现活动明确地列为与构思活动平行的工作。请注意，图中的交互是双向的，整个过程不一定要按照从左至右的方向来解读

图 9.8 是全局 PDP 的第三种视图，它把公司的 PDP 放在总体活动的大环境中去考量。公司的某些职能位于企业边界之内。比如，研发与公司职能主要位于上游，公共关系、销售及分销位于下游，而员工技能、信息系统及工程工具则散布在图中的各个地方。某些功能可以较为合适地表现在上游或下游中，但另外一些功能（例如公司策略）则有可能在很多地方发挥着作用。

该图也在企业边界之外列出了一部分对企业有影响的参与者与属性，例如市场中的资本供应情况、竞争情况及社会影响等。如果某项公司职能距离这些外部交互较近，那就意味着该职能可以促进这种交互。

之所以要用这种最为广阔的方式来观察 PDP，是为了提醒架构师：只理解 PDP 本身的内容是不够的。正如文字框 9.3 中的现代实践压力原则所说，除了 PDP 之外，架构师还必须要注意对企业及其环境有影响的其他事情。

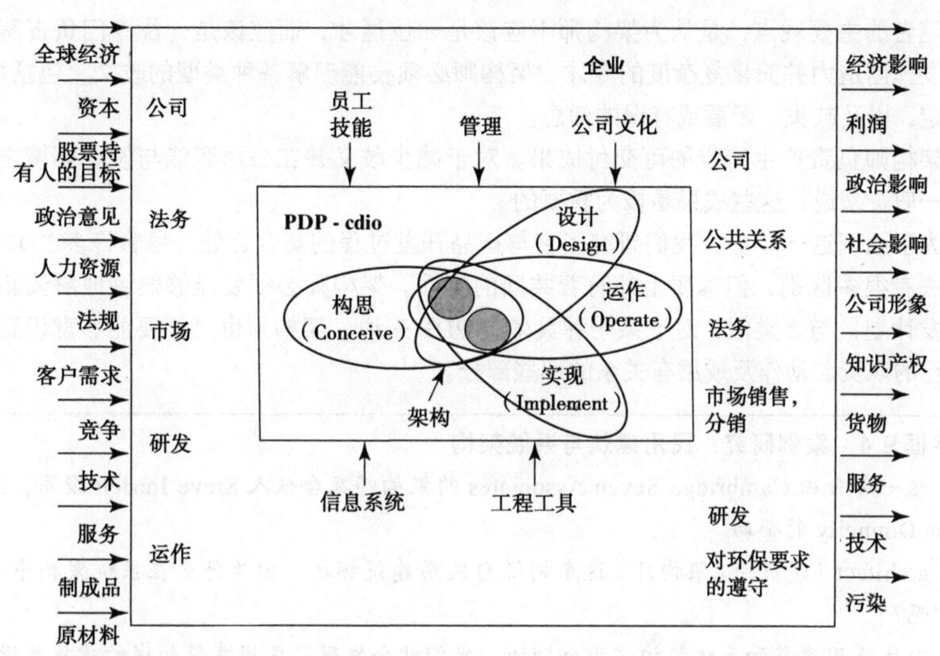

图 9.8　在生产企业的大环境中审视 PDP。图中标出了企业内部的职能以及位于企业边界处的交互对 PDP 的影响

文字框 9.3　现代实践压力原则（Principle of the Stress of Modern Practice）

“至关重要的事情，决不能受制于那些微不足道的事情。”

——Johann Wolfgang von Goethe

现代的产品开发过程是由同时工作着的多个分布式团队来进行的，而且还有供应商的参与，因此，它更加需要有优秀的架构。架构师要认清这一趋势，并且要认清该趋势给架构过程带来的影响。

- 由于要通过并行式的开发来提升产品开发速度，因此，初始的概念决策就显得更为重要了。
- 由于要把决策权尽量下放（赋权），并且要使用分布式的或不在同一处工作的团队来进行开发，因此，需要更加强调良好的协调能力以及宏观的设计指导能力。
- 由于供应商会在较早的时候参与到 PDP 中，因此，架构概念及架构基线就显得更为重要了，如果定得好，那么供应商这一因素可以使我们对系统所做的分解更加清晰，但如果定得不好，则会给系统的分解工作带来障碍。

9.4　小结

本章重点讲解架构师的角色，并且尤其关注架构师对减少歧义这一工作所发挥的作用。笔者的主要观点，是认为架构师不应该是一位通才，而应该是一位专门负责解决歧义、发挥创造力并简化复杂度的专才。架构师必须要能理解各种类型的歧义，包括模糊、不确定，以及缺失、矛盾或有误的信息。

架构师负责产生特定的可交付成果。对于减少歧义并在公司职能与设计环境之间沟通这一职责来说，这些成果是极为重要的。

为了强调这一职责，我们研究了它与产品开发过程的契合之处。尽管许多 PDP 表面看上去有很多区别，但本质上却有着共同的特性。架构师必须要能够熟练地解读新产品的开发计划，与之类似，对于某一种具体的 PDP 来说，架构师也必须要能够意识到其中与自己的职责、动作及成果有关系的那些部分。

文字框 9.4　案例研究：民用建筑与系统架构

这一部分由 Cambridge Seven Associates 的架构师及合伙人 Steve Imrich 撰写，感谢 Allan Donnelly 的帮助

architect（建筑师 / 架构师）这个词源自民用建筑领域，但为什么在系统架构中也使用它呢？

对比民用建筑和系统架构这两个领域，我们就会发现：民用建筑领域的建筑物设计，在“诠释—交互—性能”这一方面，与许多其他形式的工业设计或产品设计都有着区别。与那些产品不同，建筑物本身就具有复杂的文化意义和象征意义，这会对空间规划、建材质量以及用户体验带来影响。在理想的情况下，建筑物的“设计”应该由它所面对的“特殊问题”来指引。直升机、帆船及计算机等产品都是为了解决这种“特殊问题”所形成的产物，这样的例子还有很多，它们都表明：概念、设计及工程可以为产品带来一种优雅、简洁、美观的感觉，这超越了产品本身的风格。由于建筑物自身必须和其所处的地点结合起来才能为人所感知，因此，建筑物所面临的“特殊问题”总是与大背景之下的时间、文化、既有设施、人类行为、当地环境，以及重新诠释后的用途有关。由于建筑物一般都不会通过预先制造样品来进行实验，因此，其设计工作是有一定风险的……艺术品通常都是如此。

与通常所说的产品开发过程不同，我们使用的是下面这种“有个性的设计过程”，之所以要这样做，是为了使人们能够注意对建筑物的成功及持久起决定作用的那些重要的涌现属性。

- ❑ 情境（Context）　建筑物所处的情境，是由邻近的已有建筑物、文化习俗，以及本建筑物与其他一些因素之间的联系所组成的，这些因素包括：建成环境、周边情况，以及本建筑所要服务的那些机构与人员的沿革及动机。
- ❑ 内容（Content）　建筑物的内容，既包括预先规划的需求，也包括实际的使用性能。内容描述的是该建筑物的服务目标以及达成此目标所借助的元素。
- ❑ 概念（Concept）　建筑项目的概念，是对建筑的结构和用户体验进行设计时的出发

点。概念是一种凝聚起来的观念，所有的设计决策都要通过概念来进行评估（参见图 9.9）。

- 线路（Circuitry）　建筑物中的线路就是其功能组件之间的连接通路。线路如果设计得好，那么不仅能够充当从 A 点到 B 点的路径，而且还能够激发人的兴趣和期待感，并以动态的方式逐渐呈现出建筑物内各个空间的界限、门槛及边沿。
- 性格（Character）　与人一样，建筑物也有性格，有些建筑物能够长时间吸引人，有些建筑物能够呈现出短暂的魅力，还有一些建筑物则无法给人留下印象。建筑物是否能够与自然环境及所处地点相融合，是否能够在建材的拼合之上产生一种生命感，这些都与性格有关。我们一般通过建筑物的外观及模式来评价自身所处的环境质量，然而随着时间的推移，和建筑物的用途及视觉呈现有关的一些积极联系将会形成一种超越其外观及模式的存在物。
- 魔力（Magic）　建筑物的魔力是一项无形的品质，它主要是由用户的感觉来确定的。能够表现出魔力的建筑物具有广泛的吸引力和生命感，这种感觉超越了拥有者和设计者的原意。如果设计得好，那么建筑物的这种魔力本身就会给人一种意想不到的体验，令人觉得喜悦和快乐。最具魔力的那些建筑物通常会成为这个世界的显著标志（参见图 9.10）。

a)

b)

图 9.9　民用建筑中的概念。“概念”是对性能及形式进行集成时的出发点

图片来源：a) Funkyfood London-Paul Williams/Alamy；b) Francisco Javier Gil/Fotolia

现在重点谈谈其中的概念和魔力这两个方面。

我们应该在设计中加入一些什么样的东西才能使建筑物超越其本来的功用呢？这是建筑师经常碰到的问题。概念是随着整个建筑项目而来的一种想法，但这种想法并不是用三言两语就能应付过去的。概念要有实质意义，要有深度，要丰富，要精妙，也要清晰。概念必须有实质的意义，它不是一个说词、一个幌子或一个隐喻，而是必须把建筑的结构及外表包括进来。如果概念能够把建筑物在内容方面的本质与其所处情境的本质融合起来并加以平衡，那么这个概念就是成功的。为此，建筑师必须进行深入研究，以确定这个“本质”。概念只是出发点，它不可能刚一出来就非常完美。

a)

b)

图 9.10　民用建筑物所体现出的魔力。这种力量使得该建筑能够成为给人留下深刻印象的文化标志

图片来源：a) Wim Wiskerke/Alamy；b) EvanTravels/Fotolia

由于建筑项目本身较为复杂，因此在设计过程中，我们应该保持一种更宏大、更简洁的想法。一个强大的概念能够为性能与形式的集成提供框架，而建筑物的架构，则应该使建筑物能够给用户提供良好的体验。清晰的概念与卓越的执行力结合起来，能够令用户在无需参照外界信息的前提下，理解设计者的想法。

对于建筑物来说，魔力是很重要的。它在建筑层面奇妙地体现出建筑物的优雅与个性。魔力是一种很难下定义的品质，然而一旦建筑物体有了魔力，这种品质立刻就会表现出来。如果某建筑物能够令人欣喜，并给人留下挥之不去的印象，那么该建筑就有魔力。魔力并不常见，但是好的建筑物却总是会体现出魔力。在具有魔力的建筑面前，人会突然感到惊讶和敬畏。Eladio Dieste 说："艺术品和建筑物所带来的惊奇感，有助于我们进行沉思。生活使我们的好奇心越来越少，而这种惊奇感，则使我们开始发现这个世界的真实面貌。"当建筑物的形式元素与功能特征相结合时，如果能够给人一种有感染力的、恒久的，且未曾预料到的感觉，那么魔力就来了。

芭蕾舞演员与体操运动员在表演时有一些共性：他们都体现出了运动方面的美感，都有一定的动力模式，而且都注重细节方面的呈现，只是前者属于一种"艺术"，而后者则更像是一种"专业的体育运动"。在具有魔力的建筑物中，也可以体会到这种奇妙的艺术表现手法，它是用完全融合的方式来展示其功能的，这使得该建筑能够散发出一种简洁而又自然的优雅感，这种感觉超越了我们平常对建筑物的预期（参见图 9.11）。

魔力背后还有着一层神秘的惊喜感，它会随着时间的推移而表现出来。真正的魔力，不仅能够使人在刚看到建筑物时就感受到它的象征意义和标志意义，而且这种感觉还会以一种超越原有意图的方式持续存在下去。有魔力的建筑物具备广泛的吸引力，因为它能够发自内心地与用户交流，并拨动其心弦。有魔力的建筑物，会把最强烈的观念与建筑物的品质及材质结合起来，使得双方能够相互增强。魔力不是一种很容易设计出来的品质，然而一旦具备魔力，就可以影响人的观念，并改变这个世界。

建筑，是个有风险的事情。

a)

b)

图 9.11　建筑师要把建筑的性能与意境融合起来，以理解这些成分之间的交互方式，这也是建筑师取得成功的一个机遇

图片来源：a) Cheese78/Fotolia；b) Gerard Rancinan, Jean Guichard/Sygma/Corbis

9.5　参考资料

[1] Benjamin S. Blanchard and Wolter J. Fabrycky, *Systems Engineering and Analysis* (Englewood Cliffs, NJ, 1990), Vol. 4.

[2] Edward B. Roberts, "A Simple Model of R & D Project Dynamics," *R&D Management* 5, no. 1 (1974): 1–15.

[3] Sterman, John D. Business Dynamics: Systems Thinking and Modeling for a Complex World. Vol. 19. Boston: Irwin/McGraw-Hill, 2000.

[4] James M.Lyneis and David N. Ford, "System Dynamics Applied to Project Management: A survey, Assessment, and Directions for Future Research," *System Dynamics Review* 23, no. 2–3 (2007): 157–189.

[5] Qingyu Zhang and William J. Doll, "The Fuzzy Front End and Success of New Product Development: A Causal Model," *European Journal of Innovation Management* 4, no. 2 (2001): 95–112.

[6] http://www.c2es.org/federal/executive/vehicle-standards/fuel-economy-comparison

[7] Project Management of GFE Flight Hardware Projects. EA-WI-023. Revision C, January 2002. Retrieved August 12, 2014 from: http://snebulos.mit.edu/projects/reference/International-Space-Station/EAWI023RC.pdf

[8] Robert Shishkoand Robert Aster, "NASA Systems Engineering Handbook," *NASA Special Publication* 6105 (1995).

[9] B.J. Sauser, R.R. Reilly, and A.J. Shenhar, "Why Projects Fail? How Contingency Theory Can Provide New Insights–A Comparative Analysis of NASA's Mars Climate Orbiter Loss," *International Journal of Project Management* 27, no. 7 (2009), 665–679.

[10] Klaus Ehrlenspiel and Harald Meerkamm, *Integrierte produktentwicklung: Denkabläufe, methodeneinsatz, zusammenarbeit* (Carl Hanser Verlag GmbH Co KG, 2013).

[11] D.T. Jones and D. Roos, *Machine That Changed the World* (New York: Simon and Schuster, 1990).

[12] K. Yang and B. El-Haik, *Design for Six Sigma* (New York: McGraw-Hill, 2003), pp. 184–186.

[13] J. Freire and L.F. Alarcón, "Achieving Lean Design Process: Improvement Methodology," *Journal of Construction Engineering and Management* 128, no. 3 (2002), 248-256.

第 10 章　上游和下游对系统架构的影响

10.1　简介

在第 9 章中，我们看到了很多上游因素和下游因素对架构所带来的影响，而在本章，我们则要选出其中的几种影响，来进行详细的研究。笔者并不是要为每一种影响都拟定一套框架，而是想以此来促使读者去思考这些影响与架构之间的耦合关系。其中哪些影响能够有效地减少歧义？哪些影响又有助于我们在候选的架构中进行选择？在思考这些问题时，我们应该想想这些影响因素对架构决策所起的作用（参见文字框 10.1）。

文字框 10.1　架构决策原则（Principle of Architectural Decisions）

“我们没有理由靠直觉来修正问题的重要程度。或许应该反过来说：利害程度较高的问题更有可能激发强烈的情感与强烈的行动力。”

——Daniel Kahneman

架构决策是设计决策的一部分，其影响力非常深远。它们与功能和形式之间的映射有关，它们划定了性能的范围，它们把对最终产品所做的关键权衡蕴含了进来，而且通常会在很大程度上决定着产品的成本。我们要把架构决策与其他决策分开，并且要提前花一些时间来谨慎地决定这些问题，因为以后如果想变更，会付出很高的代价。

- 架构之间的根本区别是由架构抉择所导致的。比如，汽车有几个驱动轮？飞机是否需要尾翼？算法是否需要实时运行，等等。
- 架构决策与设计决策不同。汽车座椅是用皮料还是布料，这属于设计决策，而非架构决策。它不会对技术参数或重要的指标构成实质影响。选皮料还是选布料，只会影响成本，而且还是以一种可以预测的方式来影响的。这种决策，不太可能产生涌现物。
- 要尽早地找出架构决策点，并谨慎地做出决策，因为错误的决策会对最终产品的实现产生无可挽回的阻碍作用，无论在细节设计或组件优化方面做多大的努力，也没有办法修复重大的架构问题。

我们将会在本书的第四部分重新谈论架构决策，然而在讨论上游和下游的影响因素时，脑中还是要有这个概念才好，因为我们在面对这些因素时，必须要考虑每个因素对架构所造成的影响程度到底有多大。（比如，市场因素会不会对汽车是二轮驱动还是四轮驱动这一决策造成影响？）

带着这些问题，我们开始讨论上游因素对架构的影响，也就是要讨论“哪些上游因素会对架构决策造成影响？”我们会从四个方面来讲述上游因素的影响力，10.2 节讨论公司策略对架构决策的影响，10.3～10.5 节依次讨论市场、法规以及技术融合对架构决策的影响。本章的后半部分，关注的是下游因素对架构的影响。无论是要收集与企业的生产能力有关的信息，还是要对一系列衍生产品进行规划，我们都必须思考下游的因素对架构所带来的影响。这也是对产品设计领域的 Design for X（为 X 而设计，简称 DFX）理念所做的一种泛化[1]，其中的 X 可以是任意一种下游因素（例如我们可以说：为制造而设计，为服务而设计，为升级而设计，等等）。实现、运作、Design for X，以及产品演化，分别是 10.6～10.9 节的主题。最后，我们在一种名为“Product Case”的迭代模型中，对上游和下游的这些影响因素进行总结。

10.2　上游的影响因素：公司策略

在对架构有影响的上游因素中，最重要的因素就是企业的策略。对于公司来说，策略描述了该公司达成其目标所用的手段，公司的目标可以是增加盈利能力或是构建强有力的股东价值。对于政府部分来说，其策略也同样确定了该机构完成任务所用的手段。策略，应该把机构或企业在完成其目标时所用的手段明确体现出来，从“维持产品利润并增加公司收入”这条策略中，我们是看不出该公司做了哪些决策的。策略必须要把机构所做的具体活动定义出来，也就是说，它要定出企业的任务、活动的范围、长期和中期的目标、资源的分配办法，以及计划好的行动。

对于有效的公司策略来说，其最为重要的意义，应该是为股东及团队提供一种可以对公司的愿景与发展方向进行沟通的方式，并且为稀缺资源的投资提供指导。它应该要提供一种连贯、统一而又整合的决策模式。策略要反映出有哪些市场、特性及客户纳入了公司的考虑范围，同时还要反映出有哪些因素排除在了公司考虑范围之外。策略相当于一场经过计算的博弈，但不能保证每次都成功。假如每次都能成功，那策略就变成无风险的债券了。

对于很多技术公司来说，系统架构对公司的策略有着巨大的影响，反之也一样。IBM 公司决定把操作系统的开发工作外包给微软（Microsoft），同时决定建立一套针对个人电脑的稳定架构，而这套架构，则影响了台式机市场在其后 25 年中的形态。空中客车公司（Airbus）决定给 A319、A320 及 A321 等机型设计同一套玻璃座舱，这对公司的市场策略产生了特别积极的影响，使得客户在购买这些产品时能够享受到这种共性所带来的好处，也就是可以降低培训及维护方面的开销。

以盈利为目标的机构，会发布一种面向股东的公司策略年度报告，而对策略不熟悉的工程师，一开始则会对这种报告感到失望，因为他们觉得其中缺乏有用的信息。这种级别的报告，给出的是公司的长期目标（例如“在2018年成为销售量最大的汽车制造商”[2]）、行动计划（例如“激发业务部门之间的成本协同效应”）以及资源分配优先度（例如“继续对能源存储技术的研发工作进行投资”）。按理来说，公司在对外发布的报告中，不太会给出竞争者所感兴趣的信息，这些报告不会把排除在公司考虑范围之外的内容，以及真正优先的那部分内容说出来。比如，对于全球5家较大的汽车制造商来说，谁不想成为销量最高的那一个？“在2018年成为销售量最大的汽车制造商”只是公司的目标而已，单凭这样的目标，我们无法获得足够的信息来判断公司为了实现该目标会采取什么样的行动。

策略会对竞争环境中的机遇与威胁做出评估，也会对企业的强项和弱项进行评判。它确定了企业将要采取的措施和行动计划。财务分析师可以从这种级别的股东年报中提取信息，并总结出它们对公司策略所起到的作用，这也是了解公司策略的另一种办法。分析师在所做的报告中，会评判竞争环境中的机遇与威胁（例如有哪些竞争者会因为管制的放松而丧失结构优势），也会指出公司的强项和弱项（例如公司的核心竞争力在于能够设计一套较好的文件处理流程，而潜在的弱点则是不善于评估并制定服务计划）。

面向股东的公司策略年报，与公司的执行策略是两个完全不同的东西。位于执行管理策略层面的报告，会确定公司正在从事或应该从事的业务，然后确立一种有选择性的投资方式，以提升该公司维持其竞争优势的能力。这种级别的报告，会给出公司执行各种事务时的明确次序（这主要是通过投资决策来体现的），而且更为重要的是，它会指出有哪些事情是不在公司考虑范围之内的。这种执行管理策略明确了公司的思路、设置了股东的期望值、划分了业务、制定了水平/垂直策略，并且考虑了全球的发展趋势及宏观的经济趋势。

比如，BMW决定在2009年退出F1（一级方程式赛车）比赛，以便能够在每年省下数百万美元。公司的最高管理团队衡量了参加F1的好处和坏处，其好处是可以提升BMW的品牌知名度，维持BMW与F1的品牌关联度，并使得F1技术渗入（trickle-down）BMW所生产的汽车中，而其坏处则是失去了其他的市场及研发投资机会。BMW在其新闻发布稿中说：“品牌的增值将越来越多地体现在可持续性及环境兼容性上。这才是我们想要继续保持领先优势的领域。[3]”因此，BMW根据对宏观经济趋势的预测，设立了BMW i这个新的商业部门，它专注于研发小巧而实用的城市型汽车[4]。

在大公司中，执行层面的公司策略之下，还有着业务部门策略。业务部门策略是从行业、市场、地域或技术的角度，特意为业务部门而制定的策略。以BMW为例，BMW i这个子品牌的业务部门策略，涉及下面这几个问题：针对小巧而实用的城市型汽车，BMW i这个子品牌应该如何对其客户进行细分？其中有哪些威胁，是想通过积极的投资来缓解的？又有哪些机遇，是排除在其考虑范围之外的？为了进行有效的架构工作，架构师必须非常熟悉业务部门策略，以便理解其所处的环境、做事的优先顺序、所做的决策以及投资的过程。

在业务部门内部（有的时候是在多个业务部门之间）有着功能策略，它按照职能对公司目标进行聚合（例如市场、研发以及采购等）。这些功能策略可以描述功能应该如何服务于公司的某项目标（例如“为了使公司能够靠技术来抢先占有市场，在采购方面应该采取哪些措施？”）或是表达与公司的盈利能力间接相关的改进计划。下面列出几个经常出现在功能策略中的关键策略问题：

- 市场。公司在什么样的环境中竞争（什么样的市场、什么样的细分市场、什么样的竞争者、什么样的地域）？如何竞争（也就是制定“攻击计划”，其中包含成本、质量、服务、功能创新 / 功能追随等方面的内容）。
- 研发 / 技术。新技术对于业务有多重要？我们以什么样的方式、在什么样的投资水平上、用什么类型的多产品规划来开发 / 获取这项技术？
- 生产 / 采购。低成本的生产对业务有多重要？是在企业内部进行生产，还是把它外包出去？怎样把供应商集成进来？
- 产品开发。怎样开发新产品？是否要利用平台来开发？是全球性的产品还是区域性的产品？是在公司内部开发，还是把它外包出去，或是将两者相结合？

架构师必须深入地了解这些功能策略。

在这四种级别的公司策略（股东年报、执行策略、业务部门策略、功能策略）中，目标通常都是以公司财务方面的指标来表述的。如果公司在进入亚洲市场的策略中制定了年复合增长率 20% 这一目标，那么架构师就必须从这个数字中看出它对产品研发时间表所造成的影响，否则，他就没有办法在项目中针对这一目标进行沟通了。与之类似，如果公司决定把 3% 的收入投入到研发中，那么架构师也必须看出这种投入水平是否能够在某个系列的产品中开发出一款主要型号，同时又使重要程度处于第 2 位和第 3 位的型号能够对研发资金的摊销（amortization）起到帮助，此外，还必须要看出每个型号对投资回报率（Return On Investment，ROI）的影响，并与整个产品平台对投资回报率的影响进行对比。

公司策略如何影响架构？架构又如何影响公司策略？这些都是架构师必须仔细思考的问题。在策略和架构之间所形成的各种关系中，有一些关系的影响力是比较大的，接下来我们就来讲解这些关系。

任务和范围　架构必须要能够直接完成企业所面临的任务，并直接满足企业的股东所提出的需求。架构必须反映出由公司的策略所圈定的范围，尤其是必须反映出哪些活动不在公司的考虑范围之内。反过来说，架构也可以对公司策略所适用的范围进行限定，然而这必须通过适当的沟通来进行。

企业目标　架构必须满足企业在收入、利润及投资回报率等方面的财务目标，或对该目标有所贡献，它必须为公司的增长提供支持。新系统要能够抓住某个确定的市场机会，或是能够抵御竞争对手所带来的威胁。此外，架构可能还必须应对品牌与技术发展方向等其他一些目标。架构师要能够根据企业的核心竞争力来对产品的构建进行规划，使企业的竞争优势得以扩大，或是能够为企业之外的其他人员对企业活动的参与进行规划。

资源分配决策 架构的开发必须与资源分配方针相符，架构师必须注意决策的过程，并注意自己应该如何为项目争取到足够的资源。

措施及行动计划 架构应该适当地对公司的措施及功能策略加以利用。在制定新的功能策略时，架构可以发挥核心作用，然而有的时候，还必须就某些限制因素进行沟通，以防它们把公司的措施与行动计划变得过于复杂。

10.3 上游的影响因素：营销

《*Office Space*》这部电影[⊖]，准确地刻画了营销部门在工程师眼中的真实形象，电影中的销售代表是这样说的："……客户交给我处理就好，工程师别来掺和。"在某些公司中，营销人员和工程人员的关系较为紧张，他们都觉得产品的创建应该由自己来主导，而且都认为自己比对方更了解客户的需求。营销人员说自己能够根据销售及市场数据判断出客户的需求，而工程人员则说自己能够根据客户反馈、保修报告和产品测试情况来进行判断。笔者合作过的一家消费品公司，就曾经描述了这种紧张的局面：工程部门所提出的产品路线图，与市场营销居然完全不同。对于简单的系统来说，营销部门与工程部门或许可以对产品分别进行构思（例如对于牙膏公司来说，把同样的牙膏换一种新包装，就可以算作一款新产品了），然而对于复杂的系统来说，要想把这两者分开，可没那么容易。

我们可以认为架构师是营销部门与产品开发部门之间的一座重要桥梁，成功的公司，会将这两个部门的功能紧密联系起来。首先来看营销一词的通用定义：（营销就是）"为客户创造价值、与客户就价值进行沟通、向客户传递价值，并……以有利于组织及其利益相关者的方式来管理客户关系。[5]"这个定义在某种程度上，把上游功能与下游功联系了起来，它既涵盖了价值的创造，又顾及了下游的交付。笔者认为我们应该把内向营销和外向营销区分开，前者是指发现用户需求的过程，而后者则是指满足该需求的过程。在目前的企业中，营销人员有时把内向营销称为"产品开发"。

外向的市场营销（参见图 10.1）就是大部分人所说的那种市场营销，Edmund McCarthy 的 4P 理论经典地概括了它的要义：Product（产品）、Price（价格）、Promotion（促销，也称为 communication，交流）、Place（地点，也称为 distribution，分销）。然而在大多数情况下，我们都不能够认为营销工作可以在不与上游进行必要交互的前提下，直接在产品开发的下游来进行。在工程产品史上，有很多为了迎合外向营销活动，而给具备某种特性的产品重新起名的例子。比如，塞斯纳飞机公司（Cessna Aircraft Company）就因为在 20 世纪 60～70 年代自创的一些产品术语而出名，例如用 Land-o-Matic 来表示三轮起

⊖ Office Space, 20th Century Fox, 1999。

落架，用 Stabila-Tip 来表示翼尖燃料箱，用 Omni-Vision 来表示后窗玻璃，等等。外向营销不应该视为对产品价值主张的一种过分简化，笔者认为，成功的架构师通常应该把架构的创建工作同市场策略结合起来。这并不是说 4P 中的每一个方面都在架构决策过程中发挥着作用，而是想提醒架构师注意观察：架构工作与外向营销之间的哪些耦合关系，是在做决策时应该加以考虑的。

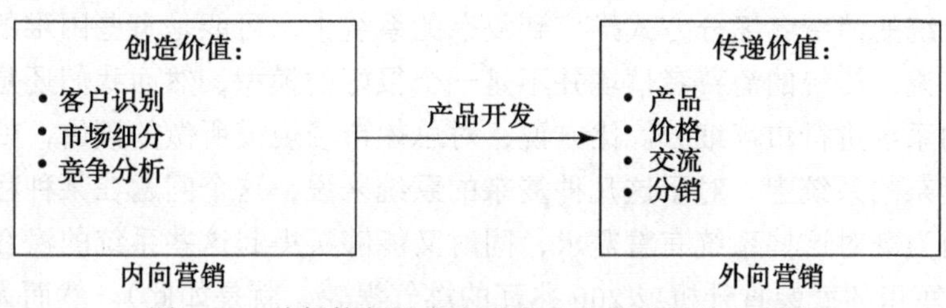

图 10.1　从架构师的角度观察内向营销与外向营销

10.3.1　内向营销

在市场营销的各个方面中，与架构师关系最大的一个方面，就是内向营销。传统的内向营销，其任务包括客户识别、需求分析、市场细分以及竞争分析，如图 10.1 所示。扩展版的内向营销，可能还包括确定潜在的新产品、对价值主张进行测试、帮助公司确定新的产品需求，乃至为产品提出一套商业论证方案。大家一定要记住，内向营销中的种种任务，都是从“客户寻求替代产品”这一参考案例中提出的，该案例是说：“每个人都知道什么是红色 polo 衫，而我们要创造一种更好的红色 polo 衫”。在复杂的技术系统中，架构师的工作就是在必要时，把这套参考模型泛化到消费品以外的案例上。

在内向营销的诸多任务中，最最重要的任务，是确定（包括客户在内的）利益相关者、理解他们的需要，并将这些需要转化为系统的需求。我们将会在第 11 章中讨论这个过程。不过正如下面所要讲解的那样，该过程既可以发生在市场细分与竞争分析之前，也可以与内向营销中的这两项任务同时进行。

在成熟的市场中，市场细分是为了把具有相似需求并对外向市场做出相似反应的客户，划分到相应的群组中，使得公司能够把精力合理地分配到这些群组中。对这些细分市场中的客户所做的描述，可以用来为产品或系统创建用例，也可以用来对上游的客户需求调查或客户访谈进行安排，还可以用来进行下游的原型评估及广告测试工作。对于消费者所处的市场来说，传统的市场细分，是根据地理因素或人口因素进行的（可能会使用人口普查数据来进行细分）。而现今的市场细分，则可以做得更为精致，例如按照态度、价值观、个性及兴趣等标准来细分。网络广告确实迅速地改变了市场营销人员所能使用的信息量。

细分市场的一项重要属性，就是它的规模（还包括目前的增长率以及预期的增长率），因为在商业论证中进行投资方面的权衡时，经常需要参照这项属性来做决策。尤其值得注意的一点是，商业论证中所要考虑的规模，通常是指总体市场规模（total addressable market），也就是在假设该公司已经将市场完全占领的前提下，所得出的年度销售量。根据这个总体市场规模，公司可以推测出达到某个销量所需的初始渗透率（penetration rate）以及完成初步渗透之后的稳定渗透率，在商业论证中，我们可以基于这一方面的预测，来对产品开发成本进行权衡。

要想把传统的消费者细分方式推广到复杂的系统上，可能是有些困难的。因为对于复杂的系统来说，传统的消费者情境并不是一个很好的模型，然而我们还是会使用这种方式对复杂的系统进行市场细分。比方说，对总体市场规模所做的预估，就可以很好地套用在某些复杂的系统上。对于这几种复杂的系统来说，这个问题在某种程度上反而更容易解决，因为既对这些系统有着需求，同时又能够买得起这些系统的潜在客户，是特别少的（例如军用的武装直升机或200兆瓦的燃气涡轮，就是如此）。然而大部分复杂系统所处的竞争市场，都是相当难以预测的。历史上出现过很多偏差达到两个数量级的例子（有的是高估了，有的是低估了）。资本密集型产业对准确度的要求尤其严格，如果预估值是实际值的2倍以上，或是不足实际值的1/2，那么产品可能就会失败。

我们以卫星市场中的光学通信设备为例，来看看进行市场预测时所遇到的挑战。有人说[6]，光学通信技术将成为无线电通信技术之后的一种新趋势，它既适用于两个卫星在太空中的通信，也适用于卫星和地面接收站之间的通信，而且它可以用比原来更轻的设备达到更高的数据传输率。该技术所服务的基础市场，主要有两个部分，其一是主要为了军事用途而购买通信卫星的政府；其二是提供诸如卫星电视和卫星电话等消费者服务的商业卫星运营商。尽管这项技术近期已经确定可以在太空中使用[7]，但技术方面及运营方面还是有着很大的不确定因素。比如，能否发射出瞄准精度及稳定程度都足够好的激光束，就是技术方面的一个不确定因素，而市场对于光学信号在多云天气时无法在卫星和地面之间传输这一现象会做何反映，则是运营方面的一个不确定因素。此外，面向基础服务的市场，也是难以预测的，例如，Iridium（铱卫星）公司所推出的卫星电话设备，就因为体积太庞大而遭到市场拒绝。

内向营销的最后一步，是进行竞争分析。基于技术的企业在做竞争分析时，经常犯的一个错误，就是以为竞争对手不会在他们现有的市场产品基础上进行改进。为了防止出现该错误，企业应该把竞争对手的产品所具备的性能及特性描绘出来，并对其发展趋势加以预测。更宽泛地说，企业应该了解其竞争者所采用的营销方式，并制定相应的产品或计划，以阻止对手成功。最后要说的是，我们不应该把市场中有竞争者当成一件坏事，因为他们会令客户积累更多的信息和经验，从而促进市场的增长。

正如我们前面所说，营销与市场架构之间的交互，是比较重要的，对于内向营销来说，更是如此。下面列出营销与架构之间的某些重要交互。

利益相关者及其需求　架构是通过对利益相关者的需求进行理解而塑造出来的。选定的这套架构，有助于我们满足其中的某些需求，而另外一些需求或许得不到满足。

市场细分、市场规模与市场渗透 架构师必须深入了解市场细分情况，以便提出适当的系统需求，该需求要与客户群的真实需要相符。对产品所处的市场规模所进行的预估，会极大地影响对财务回报所做的预测，而后者是商业论证中的一部分。如果估算出来的销售量无法使公司获得稳固的利润，那么公司可能就不会对产品开发提供资金支持。市场渗透的时机也会对架构在市场中的稳定程度造成很大影响。

竞争者与竞争产品 每一位客户都会把企业所开发的产品与竞争者的产品相对比，以衡量其功能及性能。因此，架构师必须尽可能准确地对竞争者所生产的系统进行预估，以便为本企业有效参与市场竞争打下基础。

外向营销 产品收入是由外向营销来确定的。无论它是能够反映出架构的要旨，还是只能够反映出其中的某些次要特性，架构师都必须使外向营销得以顺利开展。此外，架构师还应该关注营销人员在产品定义⊖方面所做的计划、沟通计划以及分销渠道（分销渠道会影响服务的提供）等。

10.4 上游的影响因素：法规及类似法规的因素

法规方面的因素既有可能使公司的竞争优势扩大，也有可能成为公司进入某个市场的障碍。法规因素可能会使某个现有的系统架构在超过其使用寿命之后依然能够良好地运作，也有可能使新的架构有机会对现有的市场造成冲击。比如，Tier 4 Final 排放标准出台之后，越野载重车所要遵守的排放标准，实际上就变得更加严格了，这需要公司对与发动机有关的整套组件进行升级，然而它同时也是一项机遇，使得汽车公司可以在燃料效率方面展开新的竞争。

法规所带来的显著影响体现在设计和架构方面。比如，2015 年的一项规定要求 2018 年美国的所有新车都必须安装倒车后视摄像头，而医疗设备方面的某些规定则对设备的材料有一些限制。

法规对架构的影响，还会通过另一个渠道表现出来，那就是：它们可能会对下游的某些因素施加限制。比如，法规可能对生产设施所在的地点做出限制，可能对公司招聘及解雇团队成员的频率做出限制，还有可能对产品所能发售到的市场做出限制。这些限制，都会影响产品的经济可行性（economic viability）。

法规中的哪些元素，是我们在选择架构时一定要考虑的？又有哪些元素，是可以在进行详细设计与测试时才去加以应对的？我们下面就要来讨论这些法规以及类似法规的因素（例如标准、有可能出台的法规以及诉讼），它们全都会给架构带来影响（参见图 10.2）。若想了解规制经济学（regulatory economics，管制经济学）的概况，请参阅 Viscusi (2005)[8]。

⊖ product definition，也称为产品界定、产品定位。下同。——译者注

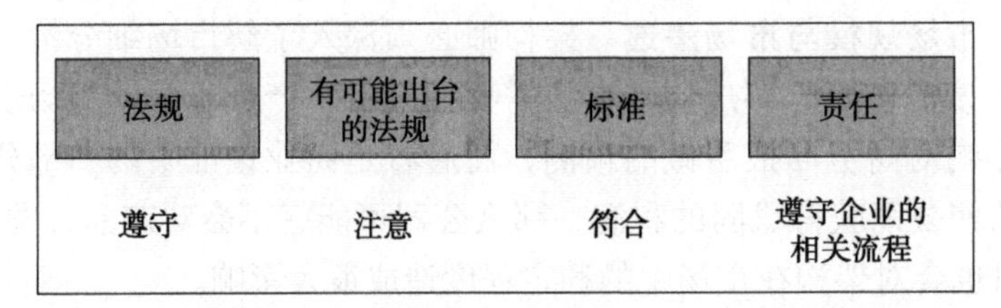

图 10.2　架构师可能会遇到的法规和类似法规的因素，以及架构对这些因素的重视程度

10.4.1　法规的来源

法规是从哪里来的呢？美国的法规是由联邦、州及市 / 县制定的，此外还有一些法规属于国际法规。本书将以美国的法规作为参考案例来进行讨论，然而世界上主要的工业国家，也都具有某些类似的法规。在美国，联邦法规记录在《美国法典》（U.S. code）中，它的执行情况，由食品药品监督管理局（Food and Drug Administration，FDA）、美国农业部（U.S. Department of Agriculture，USDA）、联邦航空管理局（Federal Aviation Administration，FAA）和国家环保局（Environmental Protection Agency，EPA）等机构来监督。此外，某些州还出台了一些与产品和系统有关的法规，例如加利福尼亚州空气资源委员会（California Air Resources Board，CARB）所制定的法规，以及机动车安全设备方面的法律。市与县的法规，会记录在地方法典中，但是这些法规通常来说太过分散，复杂的系统很难把它们全都考虑到。在需要进行认证的监管环境中（例如与飞行器型号认证的发放有关的法规就是如此），这些法规一般是比较容易找到的，而在其他情况下，则较为困难。架构师的一项职责，就是把有关的法规全都找出来，这项工作，有时可能要在企业法务部门的协同下完成。

对于架构工作来说，若想使产品符合法规，首先要理解监管意图。设立法规的理由有很多：

1. 保护消费者。比如，消费者金融保护局（Consumer Financial Protection Bureau）最近做出规定：只要信用卡用户每个月所还的金额达到最小还款额，那么信用卡账单上就必须列出还款期限。

2. 设立一些防止个人在工作场所受伤的标准。比如，职业安全与健康管理局（Occupational Safety and Health Administration，OSHA）就针对与有毒物质相接触的人员，设立了与通风系统及保护措施有关的标准。

3. 保护环境，例如限制污染物的产生。比如，统合平均燃料效能（Corporate Average Fuel Economy，CAFE）标准就针对汽车制造商设立了汽车的平均排量。

4. 实现一些旨在鼓励或抑制生产者采取某种行动的产业政策。比如，把充电式电动车的生产与税额减免相挂钩，这就属于一种鼓励政策，而设置隐性关税及运营规则，则属于一种抑制政策。

5. 防止敏感技术或国防技术外泄。比如，国际武器贸易条例（International Traffic in

Arms Regulations，ITAR）就针对向非美国公民透露与军事物资有关的信息做出了规定。

尽管上面给出的这份列表并不完备，但我们依然可以由此看出法规的许多种意图。我们把法规视为法律方面的问题，公司的产品必须遵守这些法规。之所以要理解法规的意图，其原因有两个，首先，理解法规的意图，可以使我们明白应该怎样实现出符合法规的产品；其次，可以帮助我们预测将来有可能出台的法规，并对相关事宜进行管控。

执法部门可以通过多种方式，对法规的遵守情况进行监督，例如必须先获得某个认证，然后才能开始运营某件产品或某个系统；把相关计划提交给监管部门，以接受评审并等待审批；由专门的检查人员来审批产品；接受监管部门对公司的定期检查或突击检查，等等。在极端的情况下，公司甚至必须向某个内部团队证明某件产品确实符合规范，而且要把相关的记录保留下来。这样的评审是在没有外界监督的情况下进行的，直到有投诉案或诉讼案爆发出来为止，到了那时，公司必须给出相应的文档。

为了掌握法规在各个方面的严格程度，企业需要判断出自己应该以什么样的方式去应对法规。处于领先地位的企业所执行的标准，会比法规所规定的标准高一些，之所以要这样做，有可能是想给客户提供价值更高的产品，也有可能是想从中获得营销效益。一般来说，法规总是落后于市场前沿，这也就意味着：在市场中处于领先地位的企业，总是会走在法规的前面。然而有的时候，法规也用来推动业界，促使其做出一些对社会更有好处的举动。在法规的影响之下，公司会尽可能做出离规定的限制值最为接近的产品，这使得它们可以获得额外的经营价值并降低产品的成品。因此，我们一定要根据监管意图来推断相关法规在哪一个方面会比较严格。

10.4.2　与法规类似的因素：可能出台的法规、标准和法律责任

之所以要理解监管意图，其第二个原因，就是去预测有可能出台的法规，并对相关事宜加以管控。从短期来看（这里所谓的短期，一般是指好几年，具体长度，则要根据所在行业来确定），可以通过法规在相关部门中的进展，来追踪其出台情况。立法部门在打算制定某项法规时，会给出通知，而且一般会邀请业内人士发表意见。比如，汽车公司会游说议员不要通过强制安装倒车摄像头的法规，他们会给出汽车造价有可能升高等理由，并且会根据产品开发的提前期（lead time），对法规所拟定的最后期限提出看法。虽然政治进程中充满了各种各样的法规，但其导致的结果，则是无法确定的，尽管如此，架构师一般还是可以设法了解法规的出台情况，并在某种程度上对其进行预测。

如果想对法规的制定情况进行长远的预测，那么在立法方面处于领先地位的那些地区，有可能会给我们提供一些参考。比如，瑞典就针对国内的“白色货物”（指的是大型家用电器）制定了特别严厉的噪声控制标准。虽说其他市场可能不会受到类似标准的影响，但是大型家电的噪声在这 20 年来确实是明显地降低了。与之类似，瑞典制定了非常严格的汽车安全法规，而加利福尼亚州所制定的汽车排量法规，也在事实上几乎成了全美国所公认的规范。架构师可以对这些在立法方面处于领先地位的区域加以观察，并在

某种程度上对法规的发展方向进行预测。

除了现有法规和有可能出台的法规之外，行业标准也扮演着与法规类似的角色，而且有的时候，还要考虑诉讼案件所带来的影响。比如，ISO14001 与 MIL-STD 1553 就属于这样的标准，前者是环境管理认证标准，后者是与串行数据总线的操作参数有关的标准。设定这些标准，主要是为了使各公司之间的产品可以互相兼容，但这也同时意味着：是否遵循某个标准，可以由公司自己来决定。然而行业协会通常要求想要入会的公司必须先遵守相关的业界标准，之所以这样做，是为了在整个行业中形成一种自我调节，使得外部的行政法规不要那么快就确定出来。架构师必须对遵守这些标准所带来的好处和坏处做出评判。此外，标准有时也可以用作推行竞争策略的一种手段，公司可以通过设定并控制行业标准，来提升市场对其产品的需求量。比如，英特尔（Intel）公司长久以来就一直扮演着标准设定者的角色，例如在半导体制造行业，晶圆尺寸的变化，就是由英特尔来主导的。违背某些标准，可能会引发诉讼。比如，当年的 Java 拥有者 Sun Microsystems 公司，就曾经因为微软公司没有恰当地实现 Java 1.1 标准，而对其发起控告。此外，还有其他一些诉讼案也会对架构工作带来影响，例如与产品责任有关的集体诉讼，以及因为不遵守合同约定而引发的诉讼等。

架构师在法规方面的角色，是理解企业中与法规及类似法规的因素有关的公司策略和法律策略，并确保产品能够遵守各种强制性的规定，同时对非强制性的标准做出必要的或适当的应对。必须强调的是，架构师在法规方面的角色，与企业法务部分的角色有着很大的区别。后者的角色是防御性的，也就是使公司免于承担不必要的风险及责任。法律顾问并不会因为产品在市场中获得成功而受到奖赏。此外，法律顾问主要是根据现有的法律来为公司提供意见，法务部分也很少会参与对法律法规的预测工作。因此，法律顾问所涵盖不到的地方，应该由架构师来填补，架构师要根据现有的法规以及类似法规的因素对架构所造成的影响，来为产品的开发工作提供全方位的指导。

10.5　上游的影响因素：技术融合

新技术在新产品中一般处于核心地位，技术发生变化，通常是我们必须重新进行架构的一项主要原因，对于创业公司来说，更是如此。创业公司所推出的第一件产品，其关键点可能就是其中的某项专利技术。架构师的一项重要职责，是判断某项新技术能否融入，以及如何融入架构中。由于有很多资料都在谈论这个过程，因此本节只给出简单的概述。

架构师要解决的第一个问题是：技术是否已经准备就绪，从而可以融入产品中。这里我们主要关注处在 S 形发展曲线早期的那些技术。技术的发展是一个过程，它会以自己的步调向前迈进，这种步调，与新产品或新系统的开发时机是没有关系的。某项新技术可能恰好在我们开发系统时变得成熟，也有可能在稍晚一些的时候成熟起来，甚至有可能长期沉寂，直到开发团队都解散了，也没有能够成熟。倡导技术融合的人，有时会夸大技术的成熟程度。我们可以使用一种有效的工具，来评估某项技术是否已经到位，该工具就是图 10.3 中的技术就绪水平（Technology Readiness Level，TRL）量表。尽管我们可以通过 TRL 水平来了解某项技术的就绪程度，但技术的发展并不是一个线性的过程。它通常都要经过一些返工和迭代，才能达到可以与产品相融合的程度。架构师的职责，就是去了解有哪些潜在的技术可以融入产品中。

技术就绪水平（TRL）	描　述
1. 已经确定并上报了基本的原理	程度最低的技术就绪水平。科学研究开始转变为面向应用的研究与开发（research and development，R&D）。举例：对技术的基本属性进行研究的论文
2. 已经提出技术概念和 / 或对技术的应用方式	发明工作开始进行了。在确定了基本原理之后，就可以开始发明实际的应用方式了。这些应用方式是假想出来的，相关的假设可能并没有加以证明或没有进行深入的分析。处于该水平的技术成果，都是一些研究性的分析
3. 已经对关键功能进行了分析与实验，并且 / 或者对特征做了概念验证	开始进行活跃的研发工作了。通过分析性的研究和实验室研究，以物理手段来验证对技术中的各个元素所做的单独分析预测。举例：尚未集成或不具有代表性的组件
4. 已经在实验室环境中进行了组件验证和 / 或面包板验证	基本的技术组件已经集成起来了，这表明它们是能够协同运作的。这种“低保真度的”（low-fidelity）集成与最终的系统相比，有着很大的距离。举例：在实验室中临时（ad-hoc）集成起来的硬件
5. 已经在相关环境中进行了组件验证和 / 或面包板验证	对技术所做的面包板（breadboard，试验板）验证，已经越来越接近真实的系统了。基本的技术组件已经与较为真实的支援性组件集成起来，以便在模拟环境中接受测试。举例：以“高保真”（high-fidelity）方式对组件所做的实验性集成
6. 系统 / 子系统的模型或原型已经在相关环境中进行了演示	具有代表性的模型或原型系统，已经在相关环境中接受了测试。位于该水平的技术，其成熟程度要远远高于 TRL 5。这是技术就绪过程中的一大步。举例：在高保真的实验环境或模拟出来的操作环境中对原型进行测试
7. 系统原型已经在操作环境中进行了演示	原型已经接近或处在了预定的实战系统中。这表示技术的成熟度又在 TRL 6 的基础上迈进了一大步，因为现在已经能够在（飞行器、车辆或太空等）操作环境中演示实际的系统原型了
8. 实际的系统已经完工，并且通过了测试与演示	最终形态的技术已经可以在预期的条件下运作了。在绝大多数情况下，如果达到这一水平，那么真正的系统研发工作就可以结束了。举例：在预定的武器系统中对本系统进行开发性的测试与评估（Developmental Test and Evaluation，DT&E），以判断其是否符合设计规范
9. 实际的系统已经可以成功地完成实战任务	最终形态的技术已经可以在实战条件中进行实际运用了，比方说在作战测试与评估（Operational Test and Evaluation，OT&E）环境中进行运用。举例：在实战条件下运用系统

图 10.3　美国国防部所定义的技术就绪水平 [9]。这张技术水平量表，使得架构师与技术开发人员可以对技术的就绪程度达成共识

资料来源：Department of Defense, Technology Readiness Assessment (TRA) Guidelines, April 2011.

架构师要思考的另外一个关键问题是：从客户和其他利益相关者的角度来看，技术能不能给产品创造额外的价值？要回答这个问题，我们最好是在概念设计环节（参见第12章）中，对融入了新技术的架构与未融入该技术的架构进行比较分析。在分析时，架构师还必须考虑到该技术会不会给公司带来风险，导致公司无法按时交付产品，以及公司有没有长期的技术供应商作为其基础。

如果我们认定该技术已经成熟，并且能够创造出客户价值，那么最后要思考的问题就是：怎样把技术有效地转移到产品或系统中？⊖大家一看到这个问题，通常立刻就会想到知识产权（Intellectual Property，简称IP）的归属上。虽说知识产权是架构师必须要考虑的因素之一，但是仅仅考虑这个因素，未必能确保我们一定可以有效地进行知识转移（knowledge transfer，知识迁移、知识转化）。知识产权的归属与授权，只涵盖了转移中的"know what"问题（用什么来进行转移？），而转移的真正问题，却在于"know how"（如何进行转移？）。

迄今为止，最有效的知识转移手段就是人。如果公司有自己的研究实验室，那么技术研发人员通常会把研发出来的技术带给产品开发团队。而在目前的商业实践中，很多公司所采用的办法是从技术研发中抽身，转而求助于供应链，也就是通过供应商、大学及政府实验室来获取技术，同时还会通过对小公司的收购来获取技术。

如果以市场的观念来看待技术，那么这个所谓的技术市场，是非常低效的。因为技术研发人员通常不清楚技术所能带来的价值，因此他们基本上完全不了解架构师打算如何运用该技术，此外，他们也没有足够的金钱与时间，去把技术的成熟度提高到适当的水平，使得架构师能够下定决心把该技术融入产品中。因此，架构师要与企业的技术团队相互合作，拟定一套有效的知识转移机制，使新技术能够顺利融入产品中。

10.6　下游的影响因素：实现——编码、制造及供应链管理

与上游的那些影响因素一样，下游的影响因素也是相当重要的，因为它们同样有可能使系统的架构变得不够明确。系统架构师的一项重要职责，就是对下游的相关细节进行精简，将它们提取出来，并注入到早前的决策过程中。我们首先从实现开始，来讨论下游的这些影响因素。

所有的系统都必须实现出来。对于物理系统来说，设计与生产之间的界限是较为明显的（尽管其本身也可以进行迭代），然而对于软件系统来说，这个界限则有些模糊，因为其设计与产品，都是通过信息对象来表现的。笔者采用"实现"（implementation）这个词来代替"制造"（manufacturing），因为前者可以同时涵盖硬件与软件，而后者则偏向于硬件方面。软件的设计包括选择算法和抽象方式、设计数据结构和程序流程，以及编写伪代码等工作。而软件的实现则是指编写实际代码并对其进行测试。在进行编码、生产

⊖ 感谢Rebecca Henderson教授指出这个问题。

及供应链管理等工作的同时，还有很多工作也正在展开，因此，我们着重讨论的是这些工作与架构之间的相互关系。

与技术开发一样，实现也是一个持续进行的业务过程。架构师所控制的产品，将会与其他项目一起，放在实现系统中去生产。因此，架构师一定要了解制造该产品的这套实现过程。架构师必须针对这套实现过程来进行设计，而且从开发工作的早期开始，就要与实现者相互协作。

实现（implementation）是一套范围很广的活动，包括采购（建立战略伙伴关系、选择供应商、签订供应合同）、实现的资本化与实现的建立及量产、软件模块的开发与测试、硬件元件的制造与质量控制、供应链管理、系统集成、系统级的测试、认证，以及日常的运作。

架构的构思活动与设计活动，必须同采购活动及供应链管理活动相合并，而这两股流程，正是在实际的实现过程中进行合并的，如图 10.4 所示。

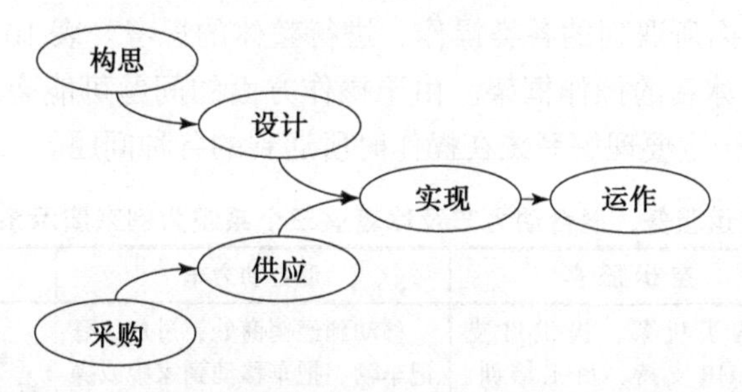

图 10.4　把产品架构环节中的构思及设计流程，与实现阶段中的采购及供应流程合并起来。这两套流程的合并，必须在架构师与实现团队的协作之下谨慎地进行

从架构师的角度来看，实现方面的关键决策，就在于确定是制作还是购买，也就是说：产品的实现是在企业内进行，还是交给供应商去做？这个问题的答案，取决于企业在实现方面所确定的核心竞争力，换句话说，公司是否具备（或是否想要具备）构建整套系统所需的实现能力？除了该问题之外，还有一个容量方面的问题也需要考虑，那就是：实现过程中有没有制作该产品所需的“空间”？

如果实现过程要有关键的供应商过来参与，那么架构师还得面对另外两个问题，一个是供应商应该在什么时候参与进来，另一个是他们对架构分解所带来的影响应该如何处理。较早地引入供应商是有好处的，例如可以更快地利用供应商所具备的技术以及实现方面的专业技能等，然而这样做也有缺点，比方说，供应商可能会为了他们自己的目标而影响系统的架构。一旦决定请供应商来提供某个组件，那么该组件就会成为一条严格的界限，并对架构的分解造成影响。供应商有可能促进架构的分解，也有可能阻碍架构的分解。架构师应该尽早与实现团队接触，应该参与到对“制作还是购买”这一问题的讨论中，而且应该谨慎地选择把供应商引入架构过程中的时机。

最后，架构师还要注意一个实现方面的问题，那就是供应链的动态。实现系统是非常庞大的，其中有很多需要协调的地方（协调时所需的信息通常不够完备），而且会产生拖延。现代企业有一些用来对供应链进行管理的办法，这些办法可以用来协调此类事务，然而架构师依然应该把这些有可能出状况的地方考虑到，因为它们会对与时机有关的许多决策造成影响，例如产品首次切入市场的时机等。

10.7　下游的影响因素：操作

系统操作，就是对系统的部署行为和使用行为，它是一项关键的下游影响因素，因为系统的价值是在操作过程中体现出来的。系统的操作，主要与用户对产品或系统的使用方式有关。产品到达操作环境之后，将会由操作者按照他们认为适当的方式来进行操作，而且产品还会遇到许多很难预测的操作环境。本节将给出一套框架，使得架构师能够对系统在其使用期内所遇到的各类操作，进行整体的思考。表 10.1 分别描述了空运服务、混合动力车以及冰箱的操作框架。由于操作方面的问题可能会对架构的选择起到决定作用，因此架构师一定要理解系统在操作时所遇到的各种问题。

表 10.1　以空运服务、混合动力车及冰箱这三个系统为例来演示系统的操作框架

	空运服务	混合动力车	冰　箱
预备（Get Ready）	购买机票、提供 IT 支持、HR 支持、员工培训、机场支持、排定飞行时刻	移动到经销商处、过户、登记车辆、把车移动到家中或操作地点中	移动到销售点、转移所有权、移动到家中、安装
设置（Get Set）	使旅客办理登机手续、给旅客行李贴标签、使旅客登机、装载餐饮用品、制定飞行计划	给车加油、从停车场或短期停放地点把车开出来、发动车辆、调整座椅和镜子、装载行李、使乘客落座、倒车	首次使用冰箱时所进行的冷却、把水放入冰箱、调整架子、设定初始温度、首次把食物放入冰箱
运行—正常运行—主要价值	运输旅客	运送货物与乘客	保存食物
运行—正常运行—次要价值	给旅客提供食品、给旅客提供休闲品	车内气候控制、给乘客提供休闲品、提供导航信息	提供凉水及冰、对食物进行冷冻、提供可以可以粘记事贴的地方
运行—偶发情况	将本航班的延误信息告知旅客、将转机航班的延误情况告知旅客	修理漏气的轮胎、防滑、在发生低速撞击时保护车辆	易于清理溢出物
运行—紧急情况	将旅客引导至迫降位置、使旅客通过滑梯离开飞机	在遭遇撞车时保护乘客	防止把人锁在运转中或已经废弃的冰箱内
运行—独立操作	空机返航（不载乘客的飞行）	在驾驶员不进入车中的情况下自动启动车辆、自动锁定车门、自动开启车窗	（无）

（续）

	空运服务	混合动力车	冰　箱
复位（Get Unset）	从头顶的行李架上取下行李、卸载托运的行李、旅客下飞机	使乘客下车、卸载行李、停车	把冰箱中的东西腾空
还原（Get Unready）	清理飞机、将飞机停放一夜	清理车辆、长期停车	拆除冰箱、丢弃冰箱
维护（Fix）	例行维护、系统升级	进行常规的维护与修理、在发生特定事件时进行维护与修理	在发生特定事件时进行维护与修理

我们在 6 章说过，除了与价值相关的功能之外，系统中还有一些支持功能及接口功能，当这些功能按照一定的顺序执行时，就可以涌现出系统的某项操作行为。然而这些关注的都是系统在理想状况下如何体现其主要价值与次要价值，所谓理想状况，是说系统的各个方面都在正常地运行，而且运行得都很完美。但实际上，系统的运行是不可能如此理想的，因为系统毕竟要有个登场与退场的过程，而且还会遇到偶发状况和紧急状况等不常见的操作模式。系统的架构必须要能够应对各种非理想的模式。

10.7.1　系统的登场与退场

系统并不会神奇地出现在它应有的位置上，并立刻开始执行其功能。在执行之前，必须先经过移动、准备、待发、启动、调整、预热等过程。我们把这些前期工作称为登场（commission，服役）。操作完系统之后，还要有退场（decommission，退役）的过程。描述系统操作的人，经常容易忘记这两种过程，而是只把稳态操作（steady-state operation）表示了出来。以宴会为例，登场指的就是采买食物、烹调食材、布置餐桌等，与价值有关的主要操作，指的是宴会本身，而退场，则是指打扫卫生并把所有用过的东西都放起来。

预备（Get Ready）、设置（Get Set）、进行（Go），这三者可以构成一套简单的框架，它能够激发我们的创造力，促使我们去构想出其他一些必要的过程。我们用预备来表示系统的安装，也就是运输、获取、连接、供电及初始化等。系统的分销与销售渠道，也可以视为预备环节的一个部分（参见表 10.1）。设置，用来表示每次执行系统时都要做的那些过程，它和预备是有区别的，预备，指的是正式使用系统之前只需执行一次的那些过程。在设置环节中，我们可能需要把数据或耗材加载进来，并把系统放到适当的物理位置或逻辑位置上。在这两个环节之后，就是运行环节，也就是执行正式的操作。

我们可以根据预备和设置这两个环节，来拟定两个与之相反的环节，并把它们安排在与系统价值有关的那些过程之后。复位（Get Unset）环节包括执行完正式操作之后的那些例行步骤，例如卸载、归档以及常规检查等，而还原（Get Unready）环节，则是指与系统的长期存放或退役有关的步骤，例如终止、断开连接、断电、存储等，这些步骤不需要频繁地执行。最后，是维护（Fixing）环节，它是指常规的保养或在发生特定事件时所进行的保养，包括检查、校准、修理、大修、升级等。

10.7.2　偶发操作、应急操作与独立操作

在对系统进行操作时，不可能所有的事情都是按计划进行的，部件会出现故障、预定的日程会错过、通信连接会断开，有时甚至会出现雷击。系统必须要有足够的韧性，以便对这些有可能发生的状况做出响应。我们将把这样的事件分为两类，一类是偶发事件，另一类是紧急事件。

偶发操作（contingency operation）是一种处于正常操作之外的操作，系统应该合理地面对这种操作，而且要能够在不丧失主要功能且不引起人员及财产损失的情况下进行必要的恢复。系统的性能或许不能够优雅地下调（degrade gracefully），但决不应该造成生命或财产损失。偶发的状况包括：冰箱中出现了溢出物，汽车在光滑表面上打滑，在通过 TCP/IP（互联网的一种基本通信语言或协议）传输数据时丢包，等等。操作者应该能够从这些状况中从容地将系统恢复正常，而且系统在构建时本身就应该把这些状况考虑到，例如冰箱中的置物架具有易于清洁的表面，不会使液体流到冰箱的其余部位；汽车装有防抱死制动系统（Anti-lock Braking System，简称 ABS）；接收方若在一定时间内没有收到数据包，发送方则会重新进行传送，等等。架构师必须预见到有可能会出现的偶发状况，并提供相应的解决办法。

应急操作（emergency operation）也是一种处于正常操作之外的操作，它们不和偶发操作归为一类。在紧急情况下，系统必须把与价值有关的主要功能放弃掉，并且专注于挽救生命及降低财产损失。紧急状况包括：小孩有可能在冰箱内丧生（因此，要防止有人给冰箱门加锁），汽车可能会相撞（因此，必须通过防撞设计、安全带以及气囊等措施来保护乘车者），TCP/IP 通信连接有可能丢失（因此，通信协议要进行重新传输，或将其判定为超时）。对于民航飞机来说，如果一个以上的发动机出现故障，那么就发生了紧急状况，在飞机中，有上百种特性都是为了减少这种紧急状况下的损失而设计的，例如门、座椅、应急电源以及安全指南等。架构师有极大的责任去处理好这些可以预见的应急操作。

独立操作（stand-alone operation）与上述两种操作稍有不同，它也属于非理想状况下的操作。如果系统必须能够在不与正常的支持系统相连接的情况下运行，那么就会发生独立操作。这种情况通常出现在系统接受测试时，然而在日常使用中也有可能发生，例如在系统处于临时隔离状态或脱离了它平常所处的环境时，就有可能需要进行独立操作。比如，冰箱可以在停电之后的一段时间内，继续起到冷藏食物的作用，这就是一种（不加电的）独立操作。把某段代码从它本来应该处在的大环境中拿出来，单独进行测试，也属于一种独立操作，而飞机在不能进行无线电通信时继续飞行，则同样是如此。

10.8　下游的影响因素：Design for X

Design for X（Dfx，为了 X 而设计）是一个术语，用来描述一系列设计准则，例如

Design for Manufacturing（为制造而设计）、Design for Six Sigma（为六标准差而设计）、Design to Cost（为成本而设计）以及 Design for Test（为测试而设计）等[10]。比如，给电路板中插入一些探测点，就属于 Design for Test。每一种 Design for X，都可以从下游收集到一些限制因素或值得考量的问题，并将其回传给上游。在广泛地探讨了实现和操作对系统架构所带来的影响之后，现在我们来看看 Design for X 能够给架构师指出哪些值得注意的地方。

思考 Design for X 问题的一种方式，就是分析图中列出的这些以“某某性”为名的性质，这些性质，都是与系统的实现和操作有关的一些属性。图 10.5 一共列出了 15 个以“某某性”为名的性质，并且绘制出了每种性质在各个年代的期刊论文中出现的次数，请注意，纵轴是按照对数尺度（log scale）绘制的。图中的每一个属性，都有可能成为下游的一个影响因素。

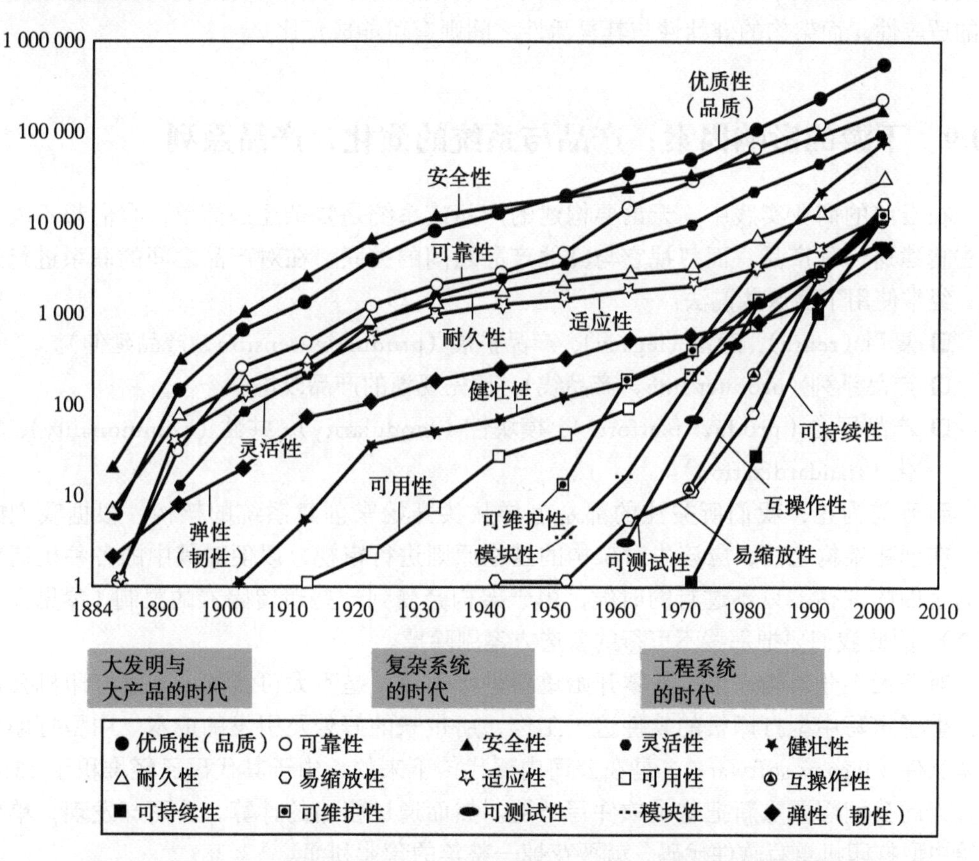

图 10.5　各种以“某某性”(-ility) 为名的性质，其流行程度与时间之间的关系

图片来源：de Weck, Olivier L., Daniel Roos, and Christopher L. Magee. *Engineering Systems: Meeting Human Needs in a Complex Technological World*, © 2011 Massachusetts Institute of Technology, by permission of The MIT Press.

然而，并非所有以“某某性”为名的特性，都能够起到区分不同架构的作用，而且我们也不能单凭其中的某一个特性，来对各种产品的架构进行评判。尽管可靠性可以用来评判水泵的架构是好还是坏，但它却未必能够对车辆的架构进行评判，因为车辆的架构决策中可能并没有定义与可靠性有关的属性。对于车辆来说，这些属性可能会体现在详细的设计决策层面或装配方法层面，而不一定体现在架构层面。在决定平板电脑到底采用整合架构还是模块化架构时，可维护性可能会是架构师所要考虑的一个因素，但它也有可能通过一个与架构无关的独立组件而体现出来，比方说，如果从易于清洁屏幕的角度来考虑可维护性，那么我们可以通过给玻璃屏幕贴上保护层来提升该特性，而不一定非要把它和架构联系起来。

另外值得注意的是，这些以“某某性”为名的特性，并不是相互独立的。比如，架构的持久性可能与制造环节对品质的要求有着相互的联系，架构的模块性可能会影响架构的适应性，而架构的健壮性与其灵活性之间则有可能成反比。

10.9　下游的影响因素：产品与系统的演化、产品系列

在当前的商业实践中，无论要构建的产品或系统是复杂还是简单，我们都不太可能单去构建这一种产品，而忽视它与其他产品之间的关联。在对产品之间的联系进行规划时，经常使用下面这些说法：

- 复用（reuse）、遗留（legacy）、产品扩展（product extension，产品延伸）。
- 产品系列（product line，产品线）、预先规划的产品改进。
- 产品平台（product platform）、模块性（modularity）、共性（commonality）、标准化（standardization）。

到目前为止，我们所关注的都是怎样从头开始来创建系统的架构。根据我们的经验，在创建架构之前，应该先对架构的基本原则进行审视，以便对其中的各种机遇做出最为全面的评估。只不过有的时候，由于架构会受到一些遗留因素的限制（参见文字框10.2），因此我们要把那些不可行的备选方案剔除掉。

对于大部分架构来说，从零开始重新进行创建，是不太可能的。某家打印机公司曾经评估了重写中型打印机的软件这一工作，所带来的好处及引发的成本。中型打印机的遗留软件（legacy software），是在公司内逐代传下来的，由于其代码已经堆积了15年之久，因此公司想要重新把这个软件写一遍。然而通过粗略的计算，公司却发现，单单为了给中型打印机重写软件代码，就要花掉一整年的营业利润。

文字框 10.2　遗留元素复用原则（Principle of Reuse of Legacy Elements）

“我们这一代人所学的知识，是从上一代人那里获得的。”

——柏拉图（Plato）

“不能超越老师的学生，是可怜的。”

——列奥那多·达·芬奇（Leonardo da Vinci）

“要想从头开始做苹果派，你得先造个宇宙出来。”

——卡尔·萨根（Carl Sagan）

由人类所构建的系统，都会在概念上或是从物理/信息的意义上，对遗留元素进行复用。要透彻地理解遗留系统及其涌现属性，并在新的架构中把必要的遗留元素包括进来。

- 遗留系统中含有一些我们还没有彻底了解或彻底领悟的属性，如果对它进行全新的设计，那么这些属性可能就会丢失。
- 遗留系统所依据的那套架构，通常是随着时间逐步修正出来的。架构师应该对早前的那套架构在新系统中的定位进行评估，看看它是否能够较好地满足新系统的目标，以及是否能够较好地反映出经过修正之后的假设。
- 由于遗留系统原先并不是针对目前的情境而设计的，因此，要想在目前的系统中使用遗留元素，可能需要先对其进行大规模的重新测试。
- 应该把设计元素用文档记录下来，以便将来可以更加方便地复用这些元素。

10.9.1　复用与遗留元素

复用（reuse），就是要把部件或模块放在原来设计好的使用情境之外去使用（参见文字框 10.2）。由于待复用的部件、模块与代码都已存在，因此，从这个意义上来看，复用时几乎不会碰到尚未确定的因素，这些部件的性能与功能都是已知的（至少在它们本来所处的遗留系统中，是已知的），它们已经通过测试及验证，而且很有可能已经经受了市场的检验，并经历了产品改进的过程。于是，对于复用来说，待复用的部件、组件或代码，是个已知量。而未知的因素，则在于怎样把它们集成到新的情境中。

比如，NASA 考虑过把航天飞机设计中所遗留的部件，复用到将来要发射的一些运载火箭上，例如把航天飞机的固体火箭发动机，复用到战神一号（Ares-1）运载火箭上（这个运载火箭计划后来取消了），又如把航天飞机的主发动机，复用在太空发射系统（Space Launch System）上。待复用的遗留备件（legacy spare）是给原系统设计的，而现在要把同样的部件复用到新系统上，因此，不仅需要改变遗留备件的用途并对其重新进行认证，而且还有可能要重新设计泵、阀，以及其他一些历经 40 年之久的部件。

复用的好处，是能够节省原来已经支付过的那部分开发成本（尽管有时还是要进行必要的集成和修改工作），能够免去工具作业（tooling）的费用，并且能够清楚地了解性能方面的一些特征。而复用的坏处，则是遗留元素会给系统施加一些限制。比如，如果要复用一条网络总线，那么新系统所能达到的数据传输率，就要受到该总线的限制。

复用与平台式的开发不同。复用是指按照与原来的设计意图不同的方式，在新系统中重用旧系统中的某些部件，而平台式的开发，则是在预先设计好的产品平台上，开发一系列相似的产品。

10.9.2 产品系列

产品系列（product line，产品线）或产品家族（product family），是指相互联系的一组产品，例如 GE 医疗（GE Healthcare）公司的 LOGIQ 系列超声机（ultrasound machine），就是一个产品系列，如图 10.6 所示。同一产品家族中的各项产品，未必要采用同一套组件或架构。我们之所以要给这些各具特色的产品赋予相似的名称，并将其安排成一个系列，有时可能只是为了满足不同的行销目标而已，并不是一定要通过共用组件或架构来达成减少开发时间等目标。如果要明确地构思一套系列化的产品，那么架构师就必须考虑到产品的多样程度。是只用一种超声机来满足整个市场的需求比较好，还是用不同的超声机去满足市场中不同客户的需求比较好？在构思系列化的产品时，我们也会想到产品进化方面的问题，例如这一系列产品是同时投放到市场中，还是分阶段地投放进去？

LOGIQ E9 with XD olear

使用专业的工具来达到超凡的成像效果，与旗舰产品LOGIQ* E9相配合，实现简洁的工作流程

LOGIQ ST Ultrasound

功能非常丰富，适用于多种临床专业及临床应用

LOGIQ S8

性价比均衡的轻量级便携式设计

LOGIQ P6

性能、人体工学设计与价值兼备的超声系统

LOGIQ P5

这套便携系统可以为多个医疗保健领域提供优质的超声波诊断功能

LOGIQ P3

高渗透能力、高分辨率、高色彩灵敏度的先进成像仪器

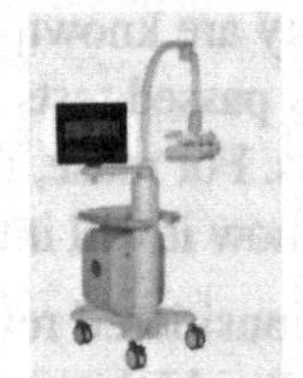

LOGIQ A5

轻量级的便携式超声系统，能够提供满足成像需求的超声波功能

LOGIQ *e* Ultrasound

具有先进的成像能力，并会随着临床实践而发展的紧凑平台

图 10.6 GE 医疗公司的 LOGIQ 系列超声机

图片来源：GE Healthcare，该图的使用已经过 GE Healthcare 同意

与复用时所面临的位置因素类似，大部分产品家族的进化情况（参见文字框 10.3）也是无法预测的。对于铁路市场这种比较稳定的市场来说，公司很可能会在稳定的架构中进行一些组件级别的创新，而对于发展速度更快的手机市场来说，架构师则很难预测出公司究竟应该以什么样的变化方式和创新方式来应对市场的发展。架构师可以在设计时运用实质选择权（real option），例如创建一些有助于将来进行模块化工作的额外接口。笔者所观察到的最佳做法，是在变化速度较慢的组件与变化速度较快的组件之间设置明确的接口，这种做法所依据的假设是：目前还没有预料到的那些进化方式，会发生在接口

中变化速度较快的那一侧。

10.9.3 平台与架构

平台化（platforming）是一种刻意要在产品之间或产品内部共用某些部件或过程的做法。这要求架构师构思出一种通用部件或软件模块，并预测出该部件或模块可以用在哪些更大的模块中。与复用有所区别的地方在于，架构师在进行平台化时，可以主动选择应该给该平台施加哪些限制，但同时，平台化还必须要能够应对将来出现的各种不确定的应用方式。与之相对，在进行复用时，我们已经知道了部件或模块的性能，而且也了解到这些部件或模块在已有系统中的用法。

平台化，已经成了实现产品多样性的一项重要策略。它使得企业可以向多个市场及多个垂直的细分市场投放相似的产品，它也使得企业能够更加迅速而灵活地进入一些缝隙市场（niche market，利基市场），因为这些市场的需求是已经确定出来的。此外，它还能够与大规模定制（mass customization）策略结合起来。

文字框 10.3　产品进化原则（Principle of Product Evolution）

“学如逆水行舟，不进则退。”

——中国传统谚语

“在生存竞争中，最适者胜出，而其他物种则灭绝，这是因为最适者能够最好地适应其环境。”

——查尔斯·达尔文（Charles Darwin）

“万物皆流。”

——赫拉克利特（Heraclitus，公元前 540 年—公元前 480 年）

系统必须进化，否则就会失去竞争力。在进行架构时，应该把系统中较为稳固的部分定义为接口，以便给元素的进化提供便利。对系统的进化情况进行规划时，要有宏观的视野，而且要预留足够的资源。

平台化的一项主要优势，就是可以把成本分摊到各个产品中。比如，大众集团 A 平台（Volkswagen’s A platform，其中包括大众捷达（VW Jetta）、奥迪 TT（Audi TT）和西亚特 Toledo（Seat Toledo））、联合打击战斗机计划（Joint Strike Fighter program，该计划有分别针对美国空军、美国海军陆战队和美国海军的不同版本）以及百得公司（Black & Decker）的一系列手持电动工具等，就都是平台化的例子。实现平台化之后，开发成本可以在各个产品中分摊，其熟练曲线（learning curve）也可以使产品生产中需要执行手工操作的工时（touch labor hour）得以降低，而且我们还可以通过需求聚集（demand aggregation）⊖来降低安全库存级别。平台化策略能够使公司以较小的基础成本生产出较多版本的产品。图 10.7 总结了与平台化有关的诸多好处。

⊖ 聚集起来的需求，称为总需求（Aggregate Demand，AD）。——译者注

阶段	追求共性所带来的好处	解　　释
构思	更快地向市场推出新版本的产品	只需要对新旧版本之间有所区别的那一部分进行设计就可以了
	在缝隙市场（利基市场）中盈利	如果部件可以在产品之间复用，那么当缝隙市场出现时，企业就可以更为省力地确定并打入这些市场
	在该领域内研发新的技术	如果产品与平台之间的接口是相同的，那么部署新技术所需的工作量就会少一些
	降低技术风险	技术风险将会集中于少数几个组件中
开发	降低开发成本	开发后续的衍生产品时所需的工程工作会少一些
	减少测试和 / 或调试时间	随着熟练程度的增加，后续产品所需的测试时间会变短
	在多个版本的产品之间共用测试设备	同一套测试设备，可以分别用在多个不同的产品上
	共用外部测试 / 认证	可以重复使用原来所获得的类型认证，或使用与原来略有不同的类型认证；可以针对整个产品系列来申请监管方面的审批
生产	在多个版本的产品之间共用同一套工具	把工具成本分摊到多个版本的产品中
	减少需要执行手工操作的工时	随着熟练度的增加，制造单件产品所需的工时数会减少
	在制造方面形成规模经济	随着资本的投入，单件产品的成本会降低
	有利于批量购买	由于同一种零件的订购量很大，因此能够以更低的价格从供应商那里购买
	降低库存	通过需求聚集来降低安全库存级别
	（在平台所限定的范围内）灵活地调整各种产品的产量	能够根据各产品的需求变化情况来进行调整
运作	减少维护工程的工作量	需要维护的部件数量较少
	在各产品之间分摊固定成本	可以在更多的产品之间分摊设备成本
	减少操作人员的培训工作	操作人员可以把某种产品的操作技巧运用到同一系列的其他产品中
	在运作方面形成规模经济	随着资本的投入，可以形成大量的操作规程
	有利于批量购买耗材	由于同一种耗材的订购量很大，因此能够以更低的价格从供应商那里购买
	降低库存	由于后勤管理的效率得以提高，而且零件的使用更加节省，因此，可变成本会降低
	降低备件的替换率	由于质量提高，因此所需购买的备件数量就会变少
	更加灵活地运作	可以在不同版本的产品之间切换
	不同产品可以用同一套方式来接受监管方面的（反复）检查	为遵守相关法规而进行的工作量变少了

图 10.7　平台化可能带来的诸多好处。该表是根据 Simpson (2013) 中的 Cameron (2013)[12] 而重制的

然而，平台也会极大地增加产品开发的复杂度。在不对产品进行平台化时，由于各产品无需围绕着某一个中心而展开，因此可以各自针对某个细分市场进行优化，但在引入了平台化机制之后，我们就要判断市场究竟需要多少个版本的产品，以及为了在这些产品之间共用某些组件，我们必须在什么地方设计一些性能有可能超过单个产品要求的元素，此外，还要定义一些能够满足多个组件需求的接口。虽说组件级的共性，可能并不会影响到架构（例如对 M8 螺栓和 M10 螺栓所进行的标准化，就不太会影响到架构），但是有些架构，却有利于我们在子系统层面或系统层面，实现出很多共性策略。比如，在不同的卡车中使用同一种发动机，就属于子系统层面的共性策略，而在不同的卡车中使用同一套滚动底盘、传动系统和几何结构，则属于系统层面的共性策略。架构可以确定模块之间的搭配方式，例如哪一种机轴与哪一种传动器相搭配等。

为了节约开发成本而进行的平台化，通常可以使我们设法将关键的部件或模块做得更加通用，也就是把处于架构核心部位的部件或模块做得更加通用。比如，百得公司设计了一种电动机，它可以用在很多种便携式手持工具上。对这些部件或模块所做的改动，是一种系统级别的优化，因此可能会影响到系统中的其他很多部件。

MIT Commonality Study 的研究成果 [11] 表明，很多公司在平台化方面的投入是相当大的，它们投在平台上的资金与投在单独开发上的资金相比，最多能高出 50%（参见图 10.8）。然而很多公司实际达到的共用水平，却没有本来预想的那么高，这种现象叫做分化（divergence）。某些分化现象，出现在系列产品的早期开发过程中，其原因，可能是

阶段	代价和缺点
构思	这些共用的组件在未来的用法方面，会受到一些限制
	这些共用的组件在工期方面，会有更大的风险
	产品之间可能缺乏差异，这会给公司的品牌带来风险
	同一公司所推出的低利润产品，可能会侵蚀掉（cannibalize）高利润产品的销售份额
	如果只从同一个供货商那里购买某种部件，那么该供货商可能会提高这种部件的售价
开发	为多个不同的用例进行设计，会产生一定的开销
	创建更加灵活的测试设备，会产生一定的开销
生产	对性能要求不高的产品，必须和对性能要求较高的产品一样，共用同一种高性能的部件，这会增加前者的成本
	需要对生产线进行额外的配置管理
	生产设备的工作负荷会增大
运作	各产品所共用的部件如果出现问题，那么这些产品都会受到影响
	与单独针对每种产品进行优化设计相比，平台化的设计可能会使某些产品在性能方面表现得不够理想

图 10.8　平台化生产总是需要进行额外的投资，而且通常还会带来其他一些缺点和损失（本表是根据 Simpson (2013) 中的 Cameron (2013) 而重制的）

不同版本的产品在开发进度方面出现了较大的差距（通常差几个月，有时会差几年），也有可能是原先针对这些不同版本的产品所设定的那些目标，现在已经无法实现盈利，或是不值得为了创建共用的组件而设计一些性能高于实际要求的元素了。

总之，产品系列、产品演化与平台化，对架构师来说，都是可能对架构的决策造成重大影响的下游因素。架构师所选的架构，决定了产品的寿命，也决定了与新功能的研发有关的模块化程度。正如我们将在本章最后的研究案例中所看到的那样，架构师所选的架构，对下游的很多性能问题及成本问题，都会起到决定作用。

10.10 产品论证：架构商业论证决策框架（ABCD）

我们已经讨论了很多对架构有影响的上游因素和下游因素。架构师的职责是排定这些影响因素之间的先后顺序，并决定首先应该对其中的哪些因素进行谨慎的思考。但如果只是按照纯列表的方式进行思考，则显得有些太过线性化了。想按照从前到后的顺序来处理这些影响因素，是不太可能的，我们在构思概念时，不能只是简单地把它们的目标和约束列举出来，然后进行总计。因此，本节将会讲解一种简单的迭代模型，以便把这些因素明确地结合起来。

产品及系统的创新，一般来自两个方面：要么就是公司确定了一种新的客户需求，要么则是公司对一种新的技术进行了商业化，使它可以用性价比更高的方式来满足现有的客户需求。给冰箱里加装制冰器（icemaker），是以现有技术来响应新的客户需求，而要想使冰箱能够自动地追踪其中所存储的食物，则要取决于RFID（Radio-frequency Identification，射频识别）技术的发展程度。我们所提出的这套模型，是从一种非常简化的角度来观察产品策略的。它没有展示出通过向后整合（backwards integration，后向一体化）及向前整合（forward integration，前向一体化）而在价值链中发现新价值时所用的策略，没有展示出利用国内市场来实现区域扩张或全球扩张时所用的策略，也没有展示出利用企业现有的硬件基础来提供高利润的服务策略时所用的策略。

图10.9中的这个简单模型，包含了迭代过程中的技术因素及客户需求因素，并且提供了一个简单的中心，使得我们在公司中进行架构创新时，能够围绕该点来进行最为宏观的考量。我们把这套模型称为Product Case（产品论证）模型。

这张图想要传达的观点是：商业论证的开发流程，与系统架构的选择流程之间，有着强烈的互动。公司如果在产品创新中发现了某种客户需求，那么该需求就会为系统架构设定目标。此时，架构师必须评估相关的解决方案是否可行，并且要依据该方案所需的成本，来帮助公司确定商业论证是否已经“闭合”（所谓闭合，就是指能够经得起财务方面的审视，详见下文）。同时，如果产品创新是源自某项新技术的，那么架构师就必须帮助公司评判出相关的解决方案能否满足客户的需求。实际工作中所遇到的挑战，当然比这个要更多一些，因为还有外部和内部的其他一些因素需要考虑。

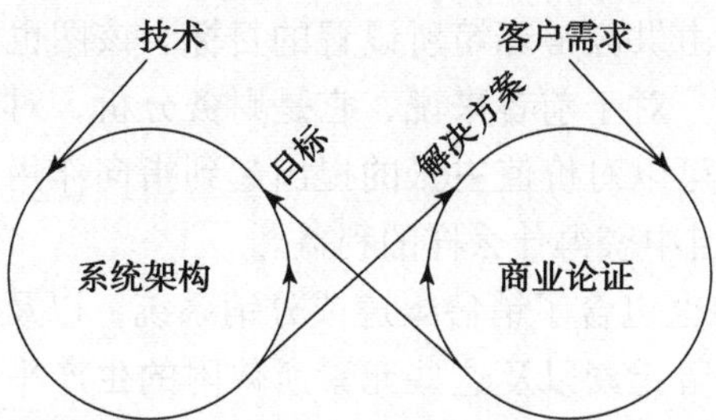

图 10.9　最初版的 ABCD（Architecture Business Case Decision，架构商业论证决策）框架，它只列出了促发新产品的两个最常见因素，也就是对新技术的商业化运用以及对新需求的理解

图 10.10 展示了完整的 ABCD 框架。该图首先向框架中添加了两个外部驱动力，也就是竞争环境与法规。竞争环境主要影响的是商业计划，例如进入市场时的障碍，竞争者所提供的产品，以及进入市场的时机，等等，就属于竞争环境方面的问题。法规主要约束的是产品可以使用的技术方案，不过，创造性地运用监管环境方面的因素，有时也可以在商业论证中形成极大的优势。比如，Tier 4 Final 排放标准的出台，其主要影响是给越野载重车设定了新的排放限制，使得汽车公司必须通过新的设计来满足这些限制。然而该标准也对商业论证带来了影响，并且创造了一个市场机会，汽车公司可以借着这个机会，来重新调整它所提供的产品。因此，它一方面给公司带来了挑战，迫使各公司在最后期限来临之前，把已经制造好的这部分货品卖完；另一方面，又给各公司创造了机遇，使其在最后期限到来之后，能够在新的方面展开竞争。

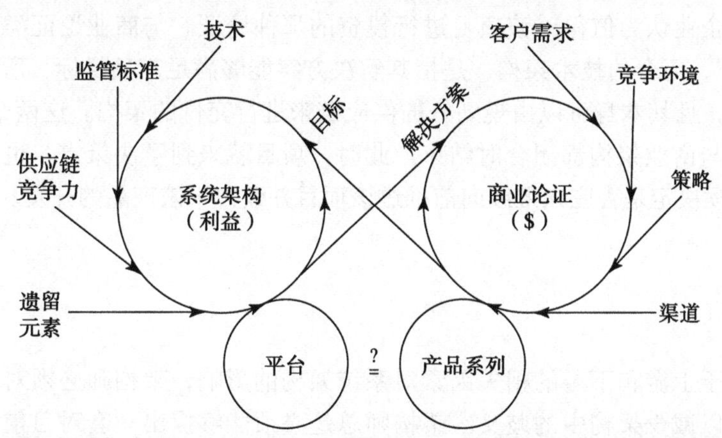

图 10.10　完整的 ABCD 框架，它列出了对这两个彼此交互的迭代循环具有影响力的几个主要因素，这两个循环会在决策点那里汇聚，此时，公司需要决定是继续开发该产品，还是不再进行开发

这张图添加了两个新的内部驱动力，也就是公司的策略以及它在供应链执行方面的竞争能力。正如早前所说，架构师必须理解由策略所设定的目标。之所以要这样做，是为了使企业层面的投资，能够对本架构的商业论证起到积极作用，而不是对其施加约束。

同理，架构师还必须掌握由供应链环境所设置的目标。该图也展示了商业论证分析与系统架构分析中的金融问题。对于前者来说，它是财务分析，对于后者来说，则是利益分析。这两种分析，合起来可以对价值主张的提出起到指向作用。价值主张，描述的是公司可以用多少成本从该项目中获得什么样的利益。

完整的 ABCD 框架中也包含了销售渠道或分销系统，以及通过该渠道所销售的产品系列，此外，还包括了遗留元素以及这些元素所依附的生产平台。可能会令读者感到奇怪的地方在于：销售渠道为什么也成了进行架构工作时所要考虑的因素呢？这是因为，从利益相关者的需求来看，架构对渠道分销显然起着一定的作用，它有可能会阻碍或促进渠道的铺设。平台与产品系列之间的关系，是不确定的。在某些业务中，二者是同义词，但在其他一些情况下，平台只是纯粹的技术工件，而产品系列则与销售渠道密切相关。比方说，最近有研究[13]指出，在某个案例中，重型设备产品的零售渠道，除了要负责现有产品系列中的四种产品之外，同时还要负责销售五种新的产品。这样做的原始动力，可能是为了与产品竞争者的价格点（price point）相匹配，但这个动力，并不一定会促使企业去生产计划之外的新品种。渠道客户不仅可以从中看到商机，而且还会努力为抓住这一商机而进行游说。

ABCD 框架想要清晰地表达一个观点，那就是：架构的创建虽然不像“商业论证”那样受人关注，但它也是一项与后者并存的固有过程。在某些企业中，系统架构方面的文档与商业论证方面的文档，合起来称为“产品论证”（pruduct case）。对于商业论证来说，我们经常谈论它是否“闭合”，闭合的商业论证，是指其预期收入能够给企业带来足够利润，使企业认为值得对该项目进行投资的那种论证。与商业论证类似，技术架构也必须“闭合”，闭合的技术架构，是指其解决方案能够满足产品目标，所需技术已经存在或正在研发，且其本身可以由规划好的供应链来进行交付的架构。这两个平行的循环，会在技术架构与商业架构都闭合时结束。此时，项目就来到了决策点，也就是说，企业需要在这个时候决定是否应该继续向前推进该项目并致力于该产品的开发。

10.11　小结

本章专注于上游和下游的相关因素对系统架构的影响，架构师必须对这些因素做出解读和概括，以减少架构中的歧义。架构师总是必须能够提出一套对目前来说较为有效的信息，使得其他人能够继续进行他们的工作，而这套信息，也会持续地进行修正和更新。本章所讲述的影响因素包括：

- 公司策略。架构师要理解公司的策略，以便了解公司在资源投资方面的一些指导原则，并使产品的开发能够与企业的大方向保持一致。
- 营销。架构师要与营销人员密切合作，以便使利益相关者能够互相尊重，使市场范围能够得到确定并加以细分，同时能够对竞争者的情况进行了解。

- ❑ 法规以及与法规类似的因素。对当前的法律法规进行解读，对有可能出台的法律法规进行预测，并对行业标准和企业责任等方面与法规类似的因素加以掌握。
- ❑ 技术融合。不仅要彻底地了解现有技术的可用性及其成熟程度，而且还要了解把该技术融入企业的过程，以及该技术所创造的价值。
- ❑ 实现。与企业内的实现专家一起工作，使其尽早地参与到项目中，并帮助我们对“制作还是购买”等问题进行决策，另外，还要在适当的时候使供应商参与进来。
- ❑ 操作。架构师要理解产品的操作环境，包括产品在正常情况和非常情况下的操作，以及产品在登场（commission，服役）和退场（decommission，退役）时的操作。
- ❑ 产品与系统的演化、产品系列。清晰地展望产品的演化情况，并展望该产品与其平台或共用同一套子系统的其他产品之间的关系。
- ❑ 对迭代式 ABCD（Architecture Business Case Decision，架构商业论证决策）框架的运用。该框架是一个工具，可以把上游中有可能给架构带来歧义的许多重要信息流，都集成到同一个决策过程中，这套决策过程，称为 Product Case（产品论证）。

还有一种重要的方式，也能够减少歧义，它要求架构师与利益相关者进行接触。我们将在第 11 章中讲解这个话题。

文字框 10.4　案例研究：架构与平台：B-52 和 B-2

为了演示架构方面的决策，我们以图 10.11 中的 B-52 轰炸机和 B-2 轰炸机为例，来讨论遗留系统、产品进化以及产品平台等因素对架构所造成的影响。这两种飞机之间的区别有很多，但是其中的哪些区别是开发早期就已经决定的？又有哪些区别对产品的性能范围起着最为重大的影响？

图 10.11　左侧：B-52 轰炸机。右侧：B-2 轰炸机。两者在架构方面有什么区别？

图片来源：U.S. Air Force 的图片

两者之间的一个重要区别，就是 B-52 有尾翼，具体地说，就是具有与机翼这个主升力面（main lifting surface）距离很远的水平操纵面（control surface）和垂直操纵面。B-2 除了在其主机翼中安装有操纵面之外，并没有提供任何水平操纵面和垂直操纵面，这对其升降（pitch）能力以及水平方向上的左右旋转（yaw）能力，有着很大的影响。

两者之间的第二个区别，在于发动机的摆放方式。B-2 的设计方案采用隐蔽式的发动机，这有助于防止飞机在雷达上留下标记，而 B-52 则把发动机放在机翼下面。B-2 的发动机摆放方式，显得较为整合，而 B-52 的摆放方式，从视觉上来看，则更具模块性。实际上，B-52 的发动机经过了多次升级，因为发动机技术的发展速度，要比飞机结构的发展速度更快。

B-52 的架构，叫做“管状机身－机翼”（tube-and-wing）式架构，而 B-2 的架构，则称为“飞翼”(flying wing) 式架构。那么，这两种架构对飞机制造者变更其飞机尺寸的能力，有着怎样的影响呢？我们来看图 10.12，该图列出了两个民航飞机系列，它们是分别采用这两种架构而构建出来的。

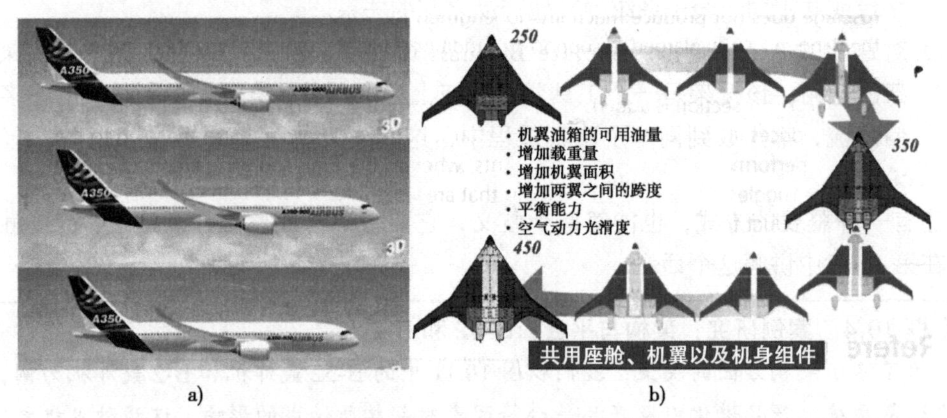

图 10.12　左侧：A350 产品系列。右侧：一种处于构想阶段的“飞翼式”民航飞机系列，更具体地说，这种架构称为翼身融合（Blended Wing Body）架构

图片来源：a) 版权归 Airbus 所有；b) Liebeck, Robert H.,“Design of the Blended Wing Body Subsonic Transport,” Journal of Aircraft 41, no. 1 (2004): 10-25，在 American Institute of Aeronautics and Astronautics, Inc. 的许可之下重印 [14]

对于那种座位数（seating capacity）有所不同，但明确需要用同一套产品平台来共享组件的系列产品来说，它们经常会使用“tube-and-wing”架构。这种架构的概念，在于按照系列产品中最长且最重的那一种产品来设计机翼，机翼会产生升力，以便在飞行中支持飞机本身的重量，而机身（也就是“tube-and-wing”中的那个“tube”）则根据具体的需要来延长或缩短。由于机翼的优化费用很高，因此同一系列中的各产品通常会共用同一种机翼，只是对其稍加改动而已。这样做，对于系列产品中体型最小的飞机来说，是一种“过度设计”，因为它所能提供的升力，比该型号的飞机所需的升力要大。

与之相对，图 10.12 右侧的那种产品，采用了另外一种扩展方式。它的中心线把机翼分成左右两部分，而中间的那个浅灰色区域，则可以随着座位数的增加而扩大。

那么，下游的哪些因素会对采用这两种架构的系列产品带来影响呢？下游因素给架构所带来的影响，是非常大的。图 10.13 中的深灰色区域，展示了两种飞机的升力分布情况。对于 tube-and-wing 式架构来说，它的机身并不产生升力，而为了延长机身并增加座位数，它必须扩大机翼，以支持多出来的这些重量。因此，采用 tube-and-wing 式架构的系列飞机，其机翼尺寸必须按照各产品中最重的那一种产品来设计。对于 flying-wing 式架构来说，如果要增加其座位数，那么就要扩大其中心区域，而最为重要的一点是：由于中心区域本身也是机翼的一部分，因此它是会产生升力的。采用 flying-wing 式架构的系列产品，可以按照每一种型号的具体性能要求，来做出更为精准的优化，而采用 tube-and-wing 式架构的产品，则总是要面对机翼的过度设计问题，因为对于整个产品系列中体型最小的那种产品来说，这种性能过高的机翼，并不是最优的机翼。

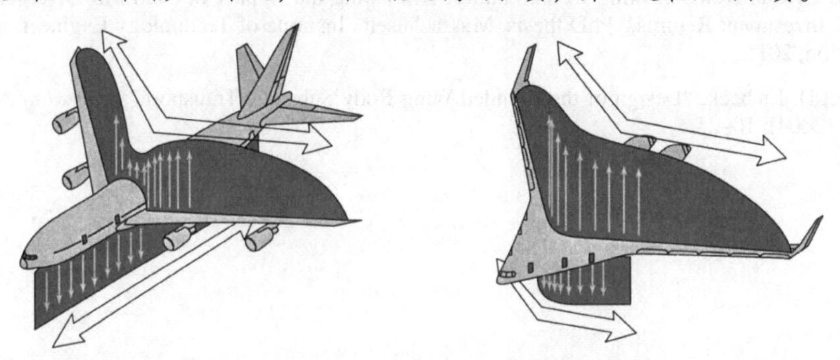

图 10.13　深灰色区域表示 tube-and-wing 架构和 flying-wing 架构的升力分布情况，对于前者来说，其机翼的尺寸必须按照各产品中最重的那一种产品来设计，而对于后者来说，其升力则可以根据每种产品的大小进行调整

图片来源：Robert H. Liebeck, "Design of the Blended Wing Body Subsonic Transport," Journal of Aircraft 41, no. 1 (2004): 10-25

10.12　参考资料

[1] T.C. Kuo, S.H. Huang, and H.C. Zhang,"Design for manufacture and design for 'X': Concepts, applications, and perspectives," *Computers & Industrial Engineering* 41, no. 3 (2001): 241--260.

[2] http://www.volkswagenag.com/content/vwcorp/content/en/the_group/strategy.html

[3] https://www.press.bmwgroup.com/global/pressDetail.html?title=bmw-to-exit-formula-one-at-end-of-2009-season&outputChannelId=6&id=T0037934EN&left_menu_item=node__803

[4] http://www.bmwgroup.com/e/0_0_www_bmwgroup_com/investor_relations/corporate_news/news/2011/Neue_BMW_Submarke_BMW_i.html

[5] "The American Marketing Association Releases New Definition for Marketing," American Marketing Association, Jan. 14, 2008. http://www.marketingpower.com/aboutama/documents/american%20marketing%20association%20releases%20new%20definition%20for%20marketing.pdf

[6] S. Arnon and N.S. Kopeika, "Performance Limitations of Free-space Optical Communication Satellite Networks Due to Vibrations—Analog Case," *Optical Engineering* 36, no. 1 (1997): 175—182.

[7] http://esc.gsfc.nasa.gov/267/278/279/487.html

[8] W.K. Viscusi, J.E. Harrington, and J.M Vernon, *Economics of regulation and antitrust* (Cambridge, MA: MIT Press, 2005).

[9] http://www.acq.osd.mil/chieftechnologist/publications/docs/TRA2011.pdf

[10] G. Pahl and W. Beitz, *Engineering Design: A Systematic Approach* (New York: Springer, 1995).

[11] R.C. Boas, B.G. Cameron, and E.F. Crawley, "Divergence and Lifecycle Offsets in Product Families with Commonality," *Journal of Systems Engineering*, 2012 (accepted, doi: 10.1002/sys.21223).

[12] B.G. Cameron and E.F. Crawley, "Crafting Platform Strategy Based on Anticipated Benefits and Costs," in T.W. Simpson et al., *Advances in Product Family and Product Platform Design: Methods & Applications* (New York: Springer, 2014).

[13] Bruce G. Cameron, "Costing Commonality: Evaluating the Impact of Platform Divergence on Internal Investment Returns," PhD thesis, Massachusetts Institute of Technology Engineering Systems Division, 2011.

[14] Robert H. Liebeck, "Design of the Blended Wing Body Subsonic Transport," *Journal of Aircraft* 41, no. 1 (2004): 10–25.

第 11 章　将需求转换为目标

11.1　简介

在第二部分中，我们讨论了如何确定已有系统的价值，我们对系统的形式做了逆向工程，以得出系统的功能，并根据有可能出现的用例，判断出了系统的设计意图。而本章将要讲的，则是如何确定新系统的价值，这比确定已有系统的价值，要更加困难一些。

很多具有变革意义的架构，都源自新的价值主张，或者是为了当时还没有确定出来的需求而服务的。在播客（Podcast）没有发明出来之前，有谁能知道客户“需要”在早晨上班途中听《经济学人》（*Economist*）的播客节目呢？在钥匙占据主流地位的时代，有谁能知道酒店的房间“需要”安装电子门卡的读卡器（key card reader）呢？确定系统的价值，是一项困难的工作，因为一方面我们的思维会受到原有设计的束缚；而另一方面，我们又要试着去发现潜在的用户需求。

复杂的产品（包括货品与服务）所要应对的那些利益相关者，通常各自有着不同的需求。在建设新的发电站时，我们所关注的事情可能是向主要的利益相关者提供一座能够发电的公用设施，然而州政府可能会指导发电站的建设，因为它想借此展示清洁能源的好处，或者联邦政府可能对其投资，以增加电网的冗余度。尽管这三个利益相关者都想看到该项目得以实现，但他们的需求与各自所认定的优先事务，却有可能互相冲突。这个项目所面对的这些利益相关者，原本可能是各自对立的，而且其需求会带来潜在的风险或是会促使该项目去拟定相应的缓解策略。

除了要提出新的价值主张并对各种利益相关者的要求进行排序之外，复杂系统所面临的另一项重大困难，就在于它要间接地体现其价值。发电站并不直接与终端的用电者打交道，而是要通过一个或多个公共机构及中介机构来进行。联邦政府的拨款，可能会通过中介机构或州政府送达。因此，项目所面临的挑战，不仅在于确定重要的利益相关者，而且还在于如何把价值传递到他们那里。本章专门讲解一些原则和方法，用来确定并排列这些利益相关者及其在复杂系统中的相应需求。

本章将以混合动力车（Hybrid Car）作为实例来进行讲解，通过该实例，我们可以看到开发复杂系统时所遇到的很多挑战。第 11 章着重讲解如何确定混合动力车的需求及目标，第 12 章将会提出能够满足这些目标的概念。

我们首先确定系统的利益相关者，然后对他们所提出的需求进行优先度排列，接下来设定相关的目标。图 11.1 给出了笔者在讲解本章内容时所依循的逻辑，该图展示了一套需求—目标转换框架。首先确定利益相关者及受益者（11.2 节），然后描述他们的需求（11.3 节）。接下来，把这些需求转换为目标（11.4 节），最后，排列这些目标之间的优先次序（11.5 节）。本章结尾会给出一个与利益相关者的管理有关的案例研究。

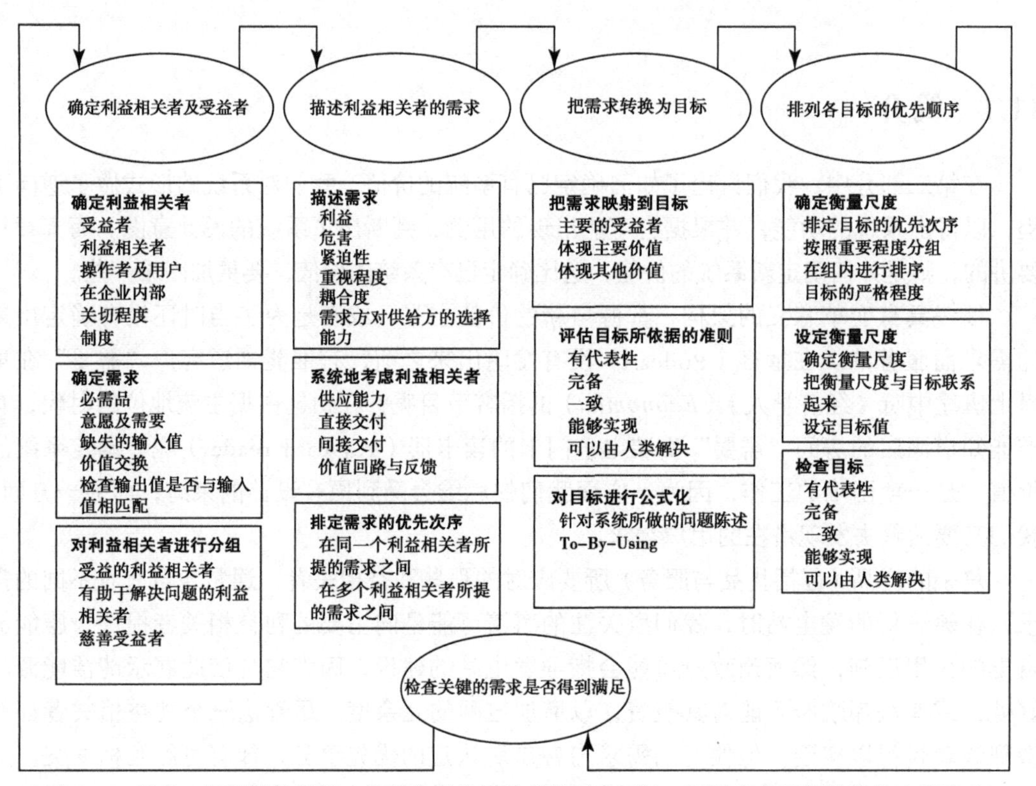

图 11.1 需求 – 目标转换框架，从确定利益相关者的需求开始，到排定各目标的优先次序为止

11.2 确定受益者和利益相关者

11.2.1 受益者和利益相关者

Edward Freeman 在 1984 年出版的 Stakeholder Management 书[⊖]中，确立了 “stakeholder”（利益相关者、利害关系人、持份者）这一说法，并指出公司应该把对 stakeholder 的管理，当成一项重要的日常任务。自此之后，这个词的使用范围就变得越来越广了。经过多年的发展，该词的意义已经遍及与系统有所接触的全部人员，这样造成的结果是，大家通常

⊖ 书名是《Strategic Management: A Stakeholder Approach》。——译者注

会把“对 stakeholder 所进行的管理”，理解成下游的一种公共关系活动，而不再把它当成确定潜在客户并为其提供服务的一种上游过程。

为了解决这种词义上的模糊，我们引入受益者这个概念。受益者（beneficiary），就是那些可以从公司的行动中受益的人。架构会产生某种成果或某个输出值，以满足他们的需求。对他们来说，你是相当重要的。为了确定系统的需求，我们必须对受益者进行审视。

与受益者相对的，是利益相关者（stakeholder），也就是与你所要研发的产品或你所在的企业有利害关系的人。他们所产生的某个成果或输出的某个值，能够满足你的需求。对你来说，他们是相当重要的。这与 stockholder（股票持有人）一词本来的概念非常接近，stockholder，是那些提供（公司所需的）资金，以便在公司中获利的人，最显著的获利方式，就是分得公司利润的一部分。

这两个概念虽然彼此不完全相同，但它们有着一定的重合，如图 11.2 所示。在这张图的中心，是受益的利益相关者（Beneficial Stakeholder，受益持份者），也就是既接收你所输出的价值，同时又给你提供价值的人。是受益者，但不是利益相关者的那部分人，称为慈善受益者（Charitable Beneficiary），也就是公司会向其输出价值，但却不会（以直接或间接的方式）得到回报的人。是利益相关者，但不是受益者的那部分人，称为有助于解决问题的利益相关者（Problem Stakeholder，问题持份者），之所以这样称呼他们，是因为你需要从他们那里获取解决问题所需的东西，然而他们却不需要你为此提供回报。

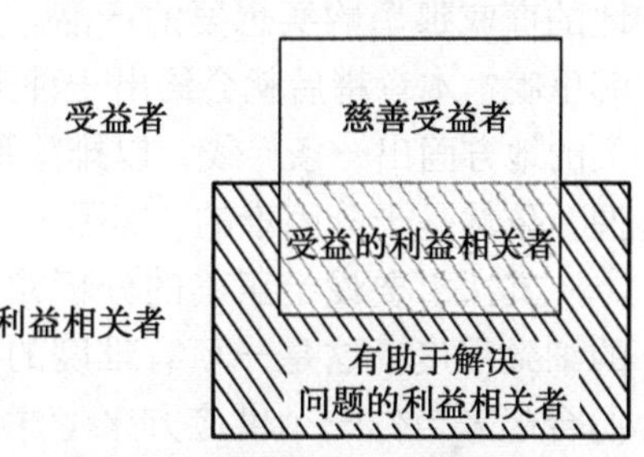

图 11.2　利益相关者与受益者

产品 / 企业的受益者和利益相关者有很多，其中既有组织内部的，也有组织外部的。内部的受益者和利益相关者，包括技术开发者、设计团队、实现人员、运营人员、销售人员、服务人员、管理人员 / 策略制定人员以及营销人员等。外部的受益者和利益相关者，包括监管者、客户、操作者、供应商、投资者以及潜在的竞争者等。

还有一个问题，会对受益者和利益相关者的认定造成影响，那就是：有时会出现这样一种操作者（operator），他既不是主要的受益者，又不是主要的利益相关者。对于出租车来说，如果这辆车是归出租车公司所有的，那么出租车司机就不是主要的利益相关者了，而且，他还不是主要的受益者，因为主要的受益者应该是乘客。为此，我们有必要区分操作者、利益相关者和受益者这三种角色。在消费者市场中，这三个角色通常是由同一个人来扮演的，例如，买车的是客户，开车的是客户，从车中受益的，也是这位客户。而对于涉及公司和政府的市场来说，绝大部分情况下都不是这样，因为会有某些因素，导致这些行为将由不同的人来执行。对这三个角色所进行的划分，能够使我们意识到：为了体现出产品的价值，必须在利益相关者中，关注主要的那个受益者。

无论做什么样的利益相关者分析，其第一步都是像图 11.1 这样，先把利益相关者和受益者确定出来。要确定利益相关者，我们就要思考一个问题，那就是：该项目取得成功所需的输入值，是由谁来提供的？而要确定受益者，则要思考另外一个问题，那就是：该项目所输出的值，会使谁受益？

一般来说，着手列出一份潜在的利益相关者及受益者列表，并不是十分困难的事。根据市场中现有的产品、现有的客户、现有的股东以及现有的供应商，很快就能写出长长的一串名字。此外，正如第 10 章所说，我们还可以从影响架构的上游因素和下游因素中，分析出有可能成为利益相关者及受益者的人。

认定利益相关者和受益者时的主要困难，在于如何划定分析的边界，以及如何设定分析的粒度。

首先，我们必须划定边界，也就是说，要决定我们在进行分析时，应该从自己的系统或所在的企业出发，向外延伸多远。比如，经济学中有个概念叫做乘数效应（multiplier effect），它说政府投入到承包商中的资金，会在更为广泛的经济范围内产生回响，使得承包商会与供应商之间进行交易，并使得在承包商那里上班的雇员，会用自己的收入在本地的商家那里购买想要的产品。那么，面对如此庞大的影响范围，我们应该把界限画在哪里呢？本章稍后就会给出一种定量分析方式，使我们能够在利益相关方的影响力逐渐消失的地方画出一条界线，以排除那些关系较小的下游利益相关方，不过，对分析深度的把握，依然是十分困难的（实际上，有大量的研究都在讨论应该如何衡量乘数效应）[1,2]。

其次，要设定正确的分析粒度，换句话说，对利益相关者进行抽象时，要选择合适的细致程度，这是一项有难度的工作。我们是应该单独分析每家供应商，还是应该把它们合起来当作一个供应方来考虑？是应该单独分析每一位重要的人员，还是应该把他们所在部门或所在企业当成一个整体来分析？不同的供应商是有着不同的需求和影响，还是说有很多供应商都有着相似的需求？进行利益相关者分析时所要达成的目标，是从 3 万英尺㊀的高空㊁俯视整个市场环境，还是详细地制定商品的规格？

架构师应该以架构方面的影响为指导，来划定适当的分析边界并选定适当的抽象粒度。要想对架构方面的影响进行判断，就要考虑我们对当前备选的这些架构所做出的选择，是否会对某个利益相关者或受益者有着重要的意义。如果所有的架构都能为他们提供相同的利益，那我们依然应该将其作为利益相关者来进行管理，但是，在做架构方面的决策时，或许就不用考虑他们了。文字框 11.1 详述了对利益相关者进行认定时的一些指导原则。本书的第四部分将讲述一套能够定量地测试架构影响度的方法。

文字框 11.1　开端原则（Principle of the Beginning）

“开头的工作最重要。”

——柏拉图（Plato），《理想国》(The Republic)

“故善战者，立于不败之地，而不失敌之败也。”

——孙子，《孙子兵法》

㊀ 1 英尺 = 0.3048 米。——编辑注

㊁ 也就是从计划管理（program management）的角度。——译者注

> 在产品定义的早期阶段所列出的（企业内部和企业外部的）利益相关者，会对架构产生极其重大的影响。因此，要谨慎地决定哪些利益相关者应该在项目初期参与进来，并且要思考他们会给架构带来怎样的影响。
>
> - 在制定这份最初名单时，应该考虑对项目的输出值具有强烈需求的那些利益相关者，以及其输出值对本项目来说非常重要的那些利益相关者。
> - 架构师在决定是否需要请利益相关者按照自身观点来参与项目时，应该根据这些利益相关者将要拥有的决定权而做出权衡。比如，他们是应该得到通知、以备咨询还是说拥有投票权乃至否决权。

依照这套流程，我们可以制定出第一轮的利益相关者及受益者列表。稍后，我们在排定利益相关者的优先顺序时，还有可能会重新检查该列表。

- 驾驶者 / 拥有者（主要受益者）
- 监管者
- 生产企业或公司
- 企业的投资者
- 供应商
- 本地社区
- 环保 NGO
- 石油公司
- 混合动力车项目

按照这套流程，我们列出了混合动力车项目的利益相关者与受益者。请注意，在分析过程中，我们本来也可以把其他一些汽车公司添加进来。比如，有些汽车公司能够反映出市场份额方面的问题，有些汽车公司对增加市场份额或提升用户对混合系统的满意度，有着积极的作用。然而在本次分析中，我们还是将那些汽车公司省略掉了。此外，我们把混合动力车这个项目本身，也作为一项参考物，添加到了这份列表中，以便演示利益相关者与项目之间的交互情况。

11.2.2　确定受益者和利益相关者的需求

受益者和利益相关者都有其需求（need）。需求是产品 / 系统的一项属性，我们所构建的系统，要能够满足这些需求。于是，在对利益相关者进行第一步分析时，其中的一个重要环节，就是确定受益者和利益相关者的需求（参见图 11.1）。

文字框 11.2 给出了需求的定义。有些需求是已经表达出来的（也就是说，提出需求的人知道自己想要什么），有些需求是尚未表达出来的，另外还有一些需求，是连受益者自己都没有意识到的。

文字框 11.2　需求的定义

需求可以定义为：

- ❑ 必需品
- ❑ 总体的意愿或需要
- ❑ 对缺失的物品所表现出的愿望

需求存在于受益者的思维中（或心中），而且通常是以一种模糊或宽泛（也就是不够明确）的方式来表达的。有些需求尚未表达出来，另外还有一些需求，连受益者自己都没有意识到。需求一般处在生产企业之外，它们为受益者所拥有。

需求是产品/系统的一项属性。架构师会对需求中的某些部分做出解读，以确定产品或系统的目标。

在很多情况下，我们都是从客户所指定的技术需求或过去的技术系统中来认定需求的，而没有能够去检视提出需求的这些人。此外，在选定需求时会有一种倾向，也就是总喜欢去强调技术方面的需求，因为那些需求更容易进行量化。从过去的经验来看，对需求所做的分析，与对利益相关者所做的分析，未必总是能够较好地结合起来，因为我们很难把后一项分析的输出值，转译为前一项分析的输入值。比如，1995 年的 *NASA Systems Engineering Handbook*，就没有提到利益相关者。新版（2006 年）的 *NASA Systems Engineering Processes and Requirements* 文档规定：在需求定义流程的第一个步骤中，要对利益相关者做出分析，以便“推导并定义出用例、场景、操作概念以及利益相关者的期望。”

由于无法对受益者谈论需求的方式加以结构化，因此，掌握受益者的需求，就成了架构师所要负责的一项工作，而这项工作，有时需要在商业开发人员与营销人员的协助之下完成。

当我们刚开始确定需求时，应该考虑每一个利益相关者及受益者，并思考利益相关者所拥有的哪些需求，是可以由目前正在规划的这个系统所满足的。

笔者所能提供的一项最为重要的指导原则，就是先从主要受益者及该受益者的主要需求开始进行分析，正如第 7 章所说，系统通过改变与价值有关的主要操作数，来满足主要受益者的需求。有一条判断准则是：如果主要受益人的主要需求得不到满足，那么系统就决不会成功。对于混合动力车这个例子来说，驾驶者想要从车中得到的主要利益，是其运输功能。此外，系统的操作者可能也会提出一些需求，而我们在把受益者和操作者的需求转化成目标时，利益相关者可能还会起到一些重要的作用。尽管受益者、利益相关者及操作者这三种角色可能是彼此分离的，但在混合动力车这个例子中，我们将其视为同一个人，也就是该车的驾驶者/拥有者。于是，这位驾驶者/拥有者，就成了该系统的主要受益者。

驾驶者/拥有者希望得到一件具有运输功能的产品，尤其希望该产品在运输时能够尽量节省燃料。图 11.3 列出了我们为混合动力车项目而确定的利益相关者和受益者。请注意，为了使图中的内容便于管理，我们在本阶段中，没有把所有的需求全部列出来。此外，驾驶者 / 拥有者所提出的需求，并非总是能够由实际的混合动力车产品来满足。比如，经济奖励方面的需求就是如此，例如混合动力车的受益者可能希望获得联邦政府的减税待遇，而这项需求，就不是能够由汽车制造公司来满足的。

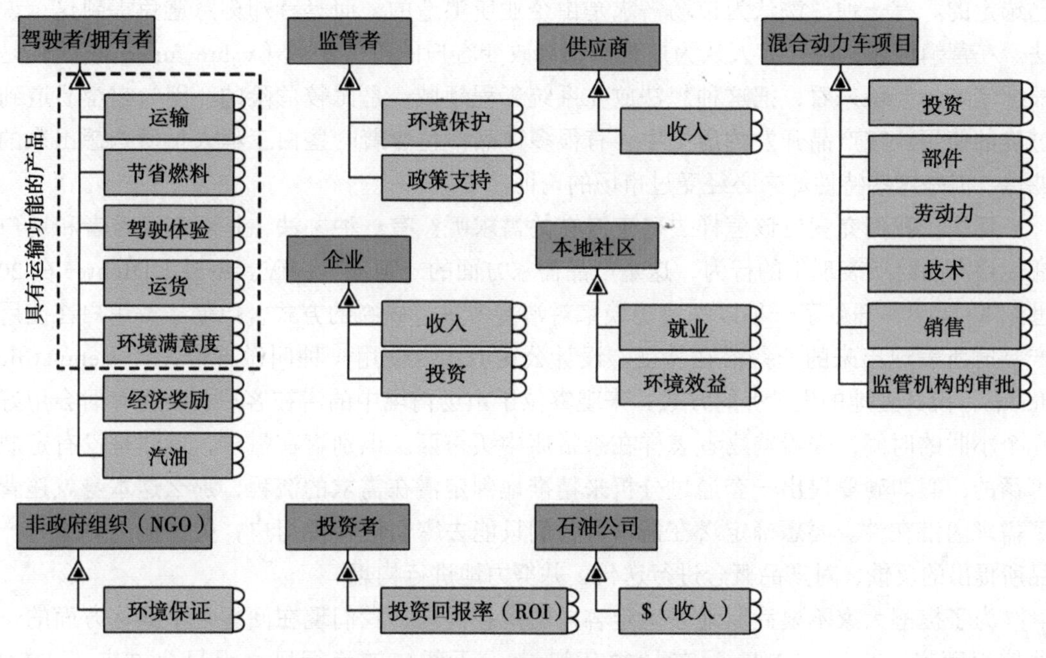

图 11.3　混合动力车的受益者所提出的需求

在本章开头我们提到了给复杂系统作利益相关者分析时所遇到的三个困难：

1. 复杂系统，尤其是具备新架构的复杂系统，通常会提出新的价值主张，或致力于解决潜在的需求。

2. 复杂系统要服务于多个利益相关者，而这些利益相关者的需求，通常各不相同。一般来说，很难在他们之间排定优先次序。

3. 复杂产品（包括复杂的货品和服务）通常以间接的方式来体现其价值，这使得我们很难确定系统中的全部需求。

我们在讨论受益者和利益相关者时，提到了产品要服务于多个利益相关者，而且要间接地体现其价值，除了这两个问题之外，还有一个问题没有提到，那就是：产品所要满足的需求，可能是潜在的需求（latent need）。针对每一个受益者列出两三条需求，可能是比较容易的，但困难的地方并不在于确定那些已经可以由现有的产品来满足的需求，而是在于确定当前的产品还没有想到要去满足的那些潜在需求。这是架构综合工作的一个难点。带有造冰器（ice dispenser）的冰箱尚未在市场上出现时，惠而浦（Whirlpool）

公司怎么能知道客户“需要”在冰箱外面安装这样一个器具呢？在客户已经有了手机的情况下，通用（GM）公司怎么会知道客户还“需要”一个在遇到紧急状况时能够呼叫服务中心的 OnStar™（安吉星）系统呢？

“潜在需求”这个词想要表达的意思是：有这么一种需求，虽然市面上还没有出现能够满足它的产品，但是对于受益者来说，它却是个相当重要的需求。需求不是由企业自己选定的。有一种说法认为市场需求是由企业所塑造的，而笔者却刻意避免提到这个说法。在营销领域，经常有人认为广告活动会改变客户的价值函数（value function），但是根据笔者的经验来看，把这种想法放在系统工程领域，是比较危险的，因为它容易遭到过度的使用。在产品开发的历史中，有很多产品都包含着一些由工程人员所构想出来的特性，但是这些特性却未必经受过市场的论证。

那么，我们究竟应该怎样去确定潜在的需求呢？有一种办法，是观察受益者和用户在使用产品时所表现出的行为，这是产品需求方面的一项重大突破。Ernest Dichter 在 20 世纪 50 年代，开创了一种以深度访谈来对消费者进行研究的方式，以便了解用户在使用产品时所表现出来的一些潜在特征。设计公司 IDEO 使用一种叫做移情设计（empathic design，设身处地的设计）的方式，来观察位于市场情境中的潜在客户，公司有时会用好几个小时的时间，去看购物者怎样在杂货店中买东西。识别潜在需求，显然是没有定规可循的，假如硬要提出一套通过分析来精准地判定潜在需求的流程，那么这本身就违背了需求的潜在性。要想确定潜在需求，我们只能去密切地审视用户，关注他们对原有产品所提出的反馈，对产品概念进行迭代，并努力地进行构想。

为了提醒大家不要武断地去确定客户的潜在需求，我们现在回想一下架构方面的一些错误预言。Thomas Edison 在 1922 年说过：“无线电的流行风潮迟早会过去。”DEC（Digital Equipment Corp，迪吉多）公司的创始人 Ken Olson 在 1977 年说：“客户没有任何理由在他们家里摆一台电脑。”由此可以想见，架构师在过分自信之下，可能会错误地估计客户的潜在需求，从而构建出一些经不住市场考验的产品。

11.2.3　从交换中确定利益相关者及其需求

利益相关者理论的一个核心原则，就是认为利益相关者的价值是从交换中得来的。我们确定受益者的需求，并据此构建系统，以满足他们的这些需求，这是交换过程的前一半，也就是说，我们所输出的值或产生的成果，可以满足受益者的需求。而交换的后一半则是：利益相关者所输出的值或产生的成果，能够满足我们的需求，如图 11.4 所示。这种交换，就是对利益相关者进行分析时的核心思路。这一论述，有助于我们去发现其他潜在的利益相关方及其需求。

在确定产品的受益者时，我们问的是：“谁会从这个项目所输出的值中受益？”现在我们发现，该问题本质上可以分成两个部分，一个部分是项目的输出值或成果，另一个部分是受益者的需求。一般来说，应该把项目的输出值明确列出来，并判断这些输出值是否全都为受益者所接收到了。比如，如果项目中提出了一项需要经过监管部门审批的混合动力新技术，那么假设该技术通过审批，企业中会不会有其他项目也能够受益或与之形成利害关系？供应商会不会同时受益？对这样的问题进行思考，或许能够使我们发现其他一些需求。

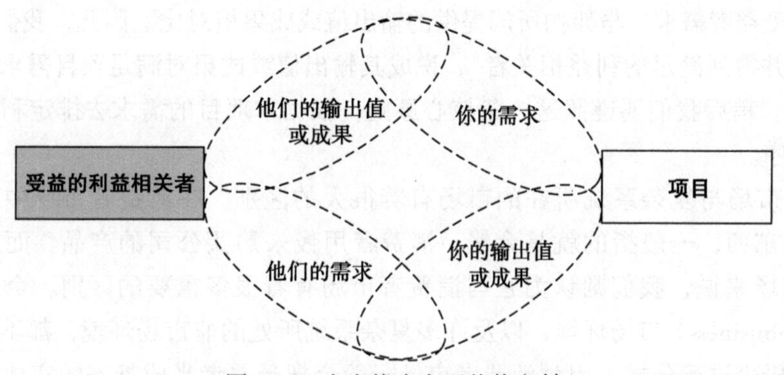

图 11.4　在交换中实现价值交付

在确定产品的利益相关者时，我们问了另外一个问题："项目获得成功所需的输入值，是由谁来提供的？"这个问题，与确定受益者时所问的那个问题，是互为补充的。根据刚才提到的交换理论，我们会发现，这个问题与上一个问题一样，反映的是同一个交换过程的两个方面。我们已经从本项目的角度列出了自己的需求，然后可以把利益相关者和受益者所提供的输出值也列出来，看看这些输出值中有哪些是对项目比较重要的。实际上，这种做法就相当于把参考系轮番地放到每一个利益相关者身上，思考他们各自所需的输入值以及各自所产生的输出值。在确定需求时，这种做法能够激发我们的创造力。

比如，汽车驾驶者 / 拥有者会产生驾驶行为，也就是说，他会对车辆进行操作。那么，这种驾驶行为，对项目来说重要吗？这对于我们理解驾驶者的需求，可能会有所帮助。一款带有汽油发动机的电动车，可能会在仅仅 80 公里的范围内，就因为找不到充电设备而出现里程焦虑（range anxiety）现象，但是我们从一款原型产品中收集到的数据却表明：有一部分买家，只会在 5% 的时间内进行大于 80 公里的旅行，这一数据或许会使我们对里程的重要性产生新的认识。因此，有一些项目可能会把客户所返回的这种驾驶行为，当成交换中的一个重要组件，从而制作出一系列混合动力车型，例如 BMW 的 MiniE 及 ActiveE 等演示车型就是如此。

在列举利益相关者和受益者时，我们可以根据项目与受益的利益相关者之间这种具有交换性质的重要关系，来判断这个列表是否完整。该方法的核心就在于，它能把每个利益相关者及受益者想从项目中获得的需求都列出来（一般来说，自己的需求是最容易确定的，而要想确定自己的项目所提供的价值应该由谁来接受，则较为困难)，然后促使我们去寻找能够提供这些需求的利益相关者。在使用本方法把整个网络迭代一遍之后，我们就可以得到一份完整的利益相关者列表，并在给定的细节层面上列出他们的输出值。这就是图 11.1 中所说的检查输出值是否与输入值相匹配。

项目和利益相关方及受益者之间的这种链接是非常重要的，它使得我们可以把自己确定出来的受益者需求，与架构所能提供的输出值或成果相对比。因此，我们可以把“必须加以考虑并得到满足的利益相关者”，说成其输出值或成果对满足项目需求较为重要的利益相关者。稍后我们要遵照这一条核心原则，根据本项目的需求去排定利益相关者之间的先后次序。

消费者市场与复杂系统所在的市场有着很大的区别。在消费者市场中，消费者输出给公司的东西，一般指的就是金钱，消费者用钱来购买公司的产品。而对于复杂系统所在的市场来说，我们则认为它与消费者市场有着很多重要的区别。企业对企业的（business-to-business）市场环境，以及许多复杂系统所处的非市场环境，都不能按照消费者市场的逻辑来进行分析，因为消费者市场一般会把受益者当成静态的实体来看待，并且认为这些实体对市场所给出的反馈，只有接受和拒绝这两种态度而已。对于复杂的系统来说，其利益相关者和受益者，会更加积极地参与到产品定义活动中。这些利益相关者与受益者可以而且必须深入地参与到我们对项目所做的定义工作和对标准所做的设定工作中。

11.2.4　对利益相关者进行分组

把混合动力车应该满足的潜在需求列好之后，我们接下来执行图 11.1 中第一个步骤的最后一个环节，也就是对利益相关者和受益者进行分组，以便初次排列他们之间的优先次序。

在图 11.5 中，我们对利益相关者和受益者进行了分类，把它们归为慈善受益者、受益的利益相关者以及有助于解决问题的利益相关者这三种类型。比如，我们会从监管机构那里获得监管方面的审批，但我们并不清楚自己能够给他们提供何种价值。与之相对的是，我们需要从供应商那里购买配件，而供应商也需要靠我们的订单来填满其生产线。此外，我们需要石油公司所提供的汽油，但由于该项目致力于生产一款耗油量较少的混合动力车，因此，我们把石油公司列为有助于解决问题的利益相关者。然而这个分类有可能会发生变化，例如如果我们与石油公司的零售部门相互合作，在他们的加油站中设立快速充电站，那么，石油公司所在的分类就会改变。在那种情况下，石油公司需要通过混合动力车的驾驶者在充电站的充电行为而赚钱，同时，我们也需要借助充电站网络来为混合动力车的消费者创建用例，于是，我们可能会把这家与本公司相互合作的石油公司，从有助于解决问题的利益相关者，调整为受益的利益相关者。

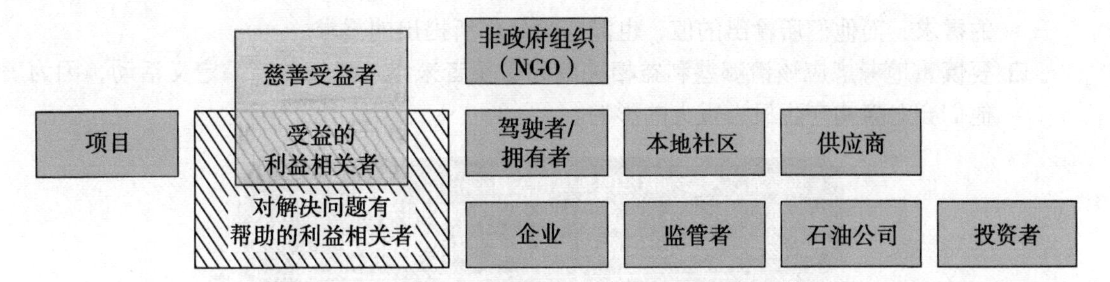

图 11.5　混合动力车项目的慈善受益者、受益的利益相关者以及对解决问题有帮助的利益相关者

把有助于解决问题的利益相关者，放在慈善受益者的前面，看上去似乎是较为合理的，然而受益的利益相关者与有助于解决问题的利益相关者之间，究竟谁更重要一些呢？此外，在每一个小组内部，又应该如何进行排列呢？比如，在有助于解决问题的这些利益相关者中，哪一个利益相关者是最为重要的？

在受益者与利益相关者之间进行划分，并确定了受益的利益相关者之后，我们现在可以使用“stakeholder”一词的习惯含义来进行讨论了，除非特别说明，否则以后提到的利益相关者，指的都是习惯意义上的利益相关者。

有很多种框架都可以对利益相关者进行分组。比如，还有一种有用的分组方式，是根据利益相关者对决策过程的参与度来进行划分的。按照重要程度从高到低，可以划分为 5 类：对决策有否决权的利益相关者；对决策有投票权的利益相关者；虽然没有投票权，但其观点对我们很重要的利益相关者；进行决策时应该去咨询的利益相关者；做好了决策之后应该通知他们的利益相关者。

就笔者所知，最简单的分组办法是把利益相关者分成如下 3 类：

- 必须加以考虑和满足的利益相关者。
- 必须加以考虑并且应该满足其要求的利益相关者。
- 应该加以考虑并且有可能满足其要求的利益相关者。

图 11.6 将按照上述方式对利益相关者进行划分，不过我们此时在做这种划分时，并没有依照某一套明确的标准来执行，而只是做一个初步的猜测。根据笔者的经验，在进行深入分析之前，最好能够先按照自己的认识，把各种利益相关者对于项目的重要性列出来，这有助于我们把自己当初所形成的认识，与最后分析出来的结果进行比对。在图 11.1 的第 2 步中，我们一方面要排列各种需求之间的优先次序，另一方面也会对各种利益相关者进行系统的考量，将这两个流程合起来，就能够给利益相关者的优先级排序工作提供一些指导。

总之：

- 受益者拥有需求，对他们来说，你是比较重要的。
- 利益相关者会产生你所需要的输出值。对你来说，他们是比较重要的。
- 价值是在交换中得以体现的，你所输出的值，能够满足受益的利益相关者所提出的需求，而他们所输出的值，也能够满足你所提出的需求。

- 要慎重地考虑应该请哪些利益相关者和受益者来参与早期的产品定义活动，因为他们会对架构产生极为重大的影响。

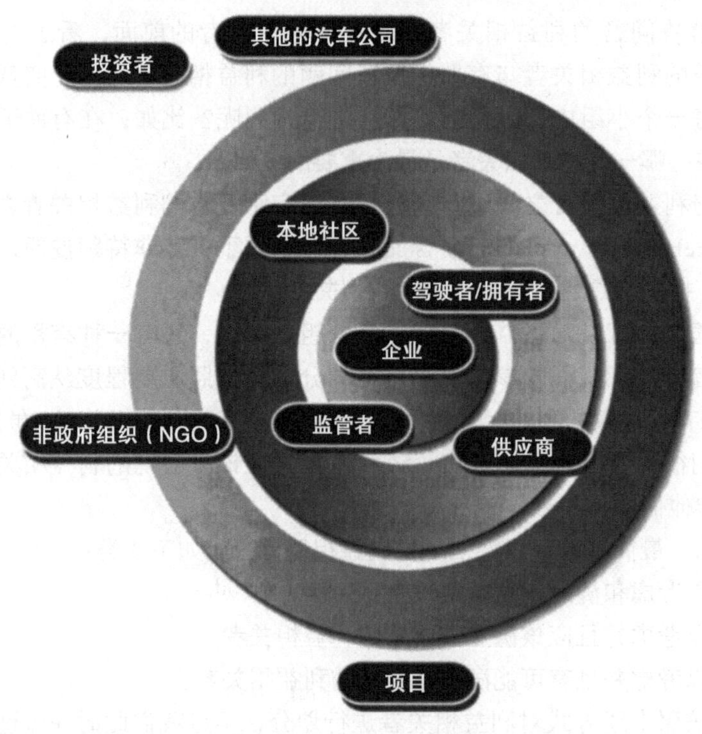

图 11.6　混合动力车利益相关者的优先次序

11.3　描述需求的特征

11.3.1　从各种维度来描述利益相关者的需求

“各种利益相关者可能会提出互相冲突的要求，要在这些互相冲突的要求中，寻求适当的平衡。每一个要求都值得考虑，但有些要求比另外一些更为重要。”

——Warren G. Bennis

我们已经列出了利益相关者，并确定了他们的需求，于是，图 11.1 中的第 1 列，就已经完成了。下一步是对他们的需求进行描述，同时排定这些需求之间的优先次序。

我们可以从很多方面对需求进行描述。

- 受益的强度：需求得到满足，会带来多大的用处、价值或利益？
- 危害：需求得不到满足，会带来多大的危害？
- 紧迫性：需求必须在多长之间内得到满足？
- 重视程度：利益相关者对其需求有多重视？
- 耦合度：某个需求得到满足之后，会在多大程度上缓解或增强另一个需求？
- 需求方对供给方的选择能力：是否有其他供应源能够满足该需求？

有很多种办法都可以用来描述需求。我们可以对每一位利益相关者进行调查访问，并请其排列他们各自提出的那些需求。可以采用写有数值的量表进行排列，也可以像联合分析法（conjoint analysis）或层次分析法（analytic hierarchy process，AHP）[3]那样，通过受访者对两两比较所进行的选择，来进行排列。

有一套实用的模型，能够把许多方面的需求描述集成起来，这就是 Kano 分析模型⊖ [4]。这套方法本来的用途是从消费者的角度对产品属性进行分类。对于每一项需求来说，Kano 方法都要求提出需求的人根据自己在该需求存在或缺失时的态度，把它归入下列 3 类之一：

- 必须有：它的存在是绝对必要的，如果没有，我会觉得不满。
- 应该有：如果有，我会觉得满意；如果没有，我会觉得不满。
- 可以有：如果有，我会觉得满意；如果没有，我并不会觉得不满。

图 11.7 演示了 Kano 分类法。刹车是一项“必须有”的属性。车辆的制动能力良好，并不会使利益相关者感到特别的满意，但如果车辆的制动能力不佳，那么利益相关者就会不满。省油能力通常是一项“应该有”的属性。汽车越省油，利益相关者的满意度就越高。自动停车能力目前还属于一项技术方面的特色，它并不是利益相关者所期望的能力，不过，汽车若具备该能力，则可以将其视为一个卖点。它目前还是一项“可以有”的属性，但以后或许会成为一项“必须有”的属性。

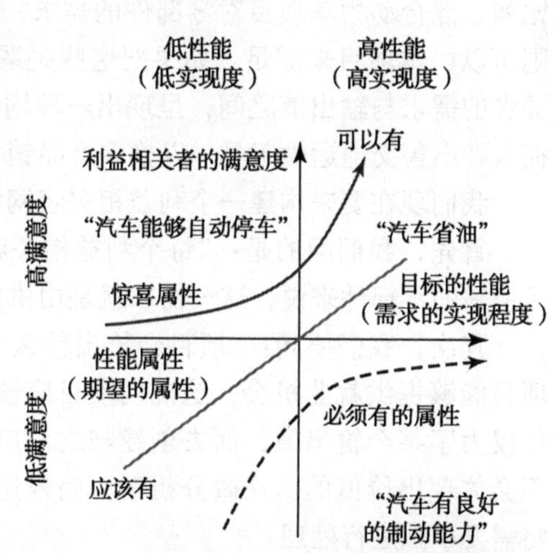

图 11.7 Kano 分析模型采用目标的性能（需求的实现程度）及利益相关者的满意度这两个维度，来把需求分成 3 种类型

笔者现在给出与需求描述有关的两个重要观点。第一，对于许多市场来说，用 Kano 分析模型等形式化的分析方法，来排定需求之间的优先次序，其效果比不上经验丰富的人士所

⊖ 也称为狩野模型，是由狩野纪昭（Noriaki Kano）等提出的。——译者注

做出的判断。如果有大量的数据可以供我们据此对消费者的购买模式进行分析，或是某些成熟的市场正在围绕着技术方面的购买准则进行发展，那么对这样的市场进行形式化分析，当然会对需求描述工作大有帮助，可是，这种分析绝对不应该代替个人的判断。第二，在同一个利益相关者所提出的需求之间进行对比，确实有很多种方法可供选用，然而很少有方法能够对多个利益相关者所提出的需求进行对比，因为这种对比可能产生的排序方式，要远远多于前一种对比，这是对人类推理能力的一项挑战。下一节将会给出一套能够完成此种对比的方法。

11.3.2 将利益相关者作为系统：间接的价值交付及利益相关者关系图

刚才我们曾经做出了一个重要的论述，也就是把利益相关者之间的关系视为一种交换。那么现在我们可以更进一步地说：如果把这些利益相关者合起来视为一个群组，那么其中的各个利益相关者之间所发生的交换，就可以形成一个系统。要想理解这个系统，首先要把其中的每一个交换关系描述出来。

在确定需求时，我们检查列表是否完备所用的办法是：判断已经确定出来的这些受益者，除了接受我们的输出值之外，是否还反过来能够产生我们所需要的输出值，并判断这些已经确定出来的利益相关者，除了给项目提供输入值之外，是否还反过来需要我们的混合动力车项目给他提供输入值。然而，到目前为止，我们还没有明确地把受益的利益相关者所输出的值表示出来。现在，我们就来进行表示。

从图 11.3 中列出的利益相关者及其需求来看，这些利益相关者之间是相互联系的。比如，混合动力车项目对零部件的需求，可以由供应商来满足，而供应商对收入的需求，则可以由本项目来满足。如果把这些关系都表示在图 11.8 中，那我们就会看到：利益相关者的需求与输出值之间，呈现出一种均衡的状态。比如，混合动力车项目会向驾驶者/拥有者出售交通运输工具，以换取产品销售的收入。

我们现在要来构建一个利益相关者网络。为了构建该网络，我们将分三个步骤进行。

首先，我们问的是："每个利益相关者的需求，可能会由谁来满足？"比如，针对项目所需的零部件来说，这一需求就是由供应商来满足的。

其次，我们要问："项目会输出什么？这些输出物要提供给谁？"比如，混合动力车项目能够提供就业机会，这说明项目应该有与之对应的劳动力需求。但是，我们并不能仅仅为了某个输出值，而去创建与之对应的需求。未能与真正需求相连的那些输出，是不会体现出价值的。在做分析时，尚未用到的输出值，也是一项重要的分析产物，它们将需要单独进行处理。

通过前两个步骤，可以创建出图 11.8 这样的图表。请注意，我们把利益相关者的需求，表示成了潜在的价值流。这并不意味着我们已经明确指定了项目必须要满足哪个利益相关者，也不意味着我们已经选好了与如何满足利益相关者的需求有关的概念。笔者刻意采用了一种与特定方案无关的措辞，来标注相应的箭头。该模型中的"价值流"

(value flow)，指的就是一条连接，它从某个利益相关者的输出端，指向另一个利益相关者的输入端。单就某一条价值流来看，它是单向的，也就是说，并不意味着一定会有与之配套的反向箭头。这些价值流，可以像图 11.8 这样，分成 6 个类别。

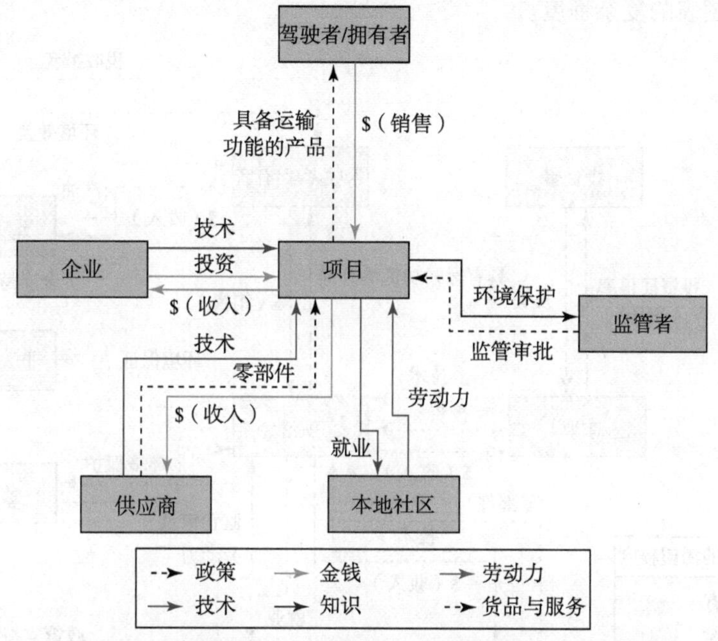

图 11.8　混合动力车项目的轴辐式（hub-and-spoke）关系图

有了这张图，我们就能够以此为基础，来审视那些在交换方面没有达到平衡的利益相关者，也就是那些我们没有满足其任何需求的利益相关者。对于这种利益相关者来说，我们可以把它从受益的利益相关者，改为有助于解决问题的利益相关者。此外，我们还可以在图中看出慈善受益者，也就是那些不会给项目提供价值流的受益者。

请注意，图 11.8 中缺少了几个利益相关者，也就是 NGO、石油公司以及投资者。之所以没有把他们表示在图中，是因为这些利益相关者没有给项目产生输出值，或是不直接从混合动力车项目中接收任何价值。

构建利益相关者网络的第三步，是把这些利益相关者之间的所有组合方式都找出来，并针对每一种组合方式中的那两个利益相关者，来思考他们之间具有哪一些与本项目有关的联系。至于他们之间所具备的联系，是不是真的和本项目有关，我们可以随着分析的进行而逐步厘清，但在这一阶段，宁可多发现一些需求，也决不能把某个需求漏掉。完成第三步之后，我们就得到了图 11.9 中的这张关系网。请注意观察从本地社区指向混合动力车驾驶者 / 拥有者的那一条价值流，该价值流旁边标有税收减免的字样。

到目前为止，我们所做的是把项目的利益相关者表示成一个系统（参见图 11.9）。我们已经确定了该系统中的实体，以及这些实体之间的关系。但是，我们并没有定义系统边界，而是根据一套判定该系统是否完备的标准，来确保所有潜在的利益相关者都已经列了出来。这样做可以排除一些不会受到项目影响的实体。与其他系统一样，我们也需要决定：本系统中的哪些实体，是应该画在图表中的，这项决策会影响分析成果的实用程度以及系统图表的复杂程度。

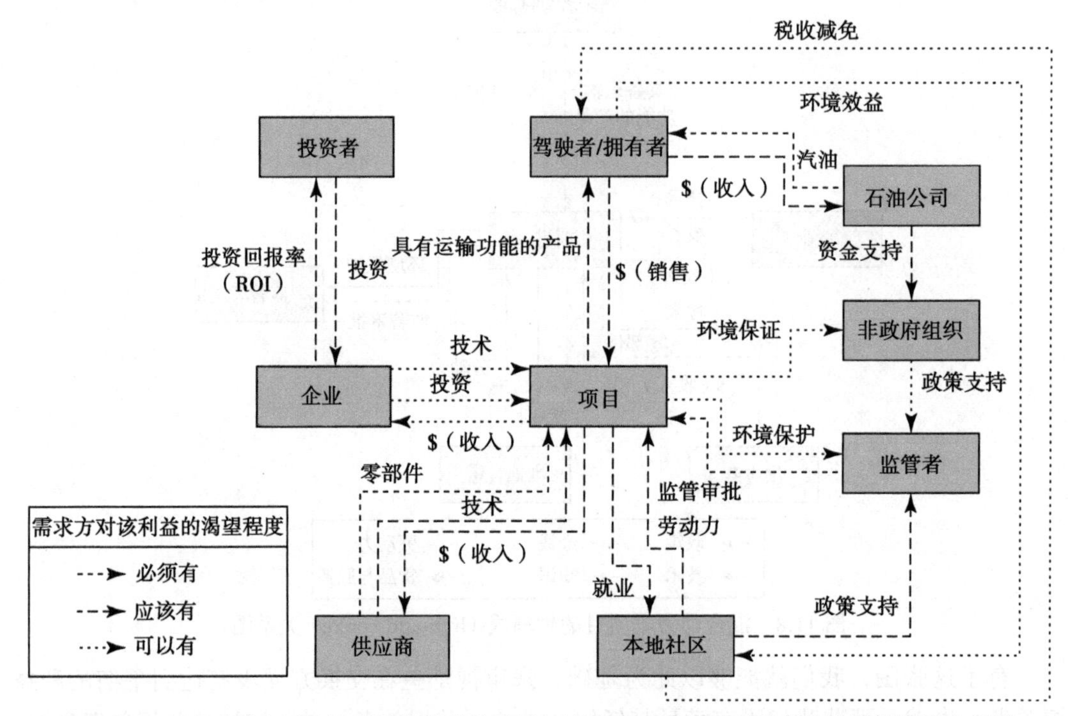

图 11.9　混合动力车项目的利益相关者关系图，这张图已经把每项需求的特征都描述出来了

我们采用“价值回路”（value loop）这个词，来表示从某个利益相关者出发，最终又回到该利益相关者的一系列价值流，在我们所构建的利益相关者系统中，这种价值回路就相当于系统行为。早前所绘制的图 11.8，是一张轴辐式的网络图，而现在的图 11.9，则是一张内容更为丰富的图表，它画出了系统中的各个利益相关者之间所形成的反馈回路。价值回路是这个系统的核心，因为它们可以反映出有哪些利益相关者的需求，是由强力的反馈回路所满足的，又有哪些利益相关者的需求，是没有得到很好满足的。

我们还可以采用其他一些尺度，来对该图所描绘的各种需求进行标注。比如，可以像图 11.10 这样，在每个价值流上标出供给方对于需求方的重要程度㊀，这个重要程度，用来表明某个实体所需的物品，是否可以由不同的供给者来满足。从理论上来说，如果不同的供给者所提供的物品是可以相互替代的，那么供给者对需求者的议价能力就会降低[5]。对于监管机构来说，申请进行环保审批的项目应该有很多个，我们的混合动力车

㊀ 也就是供给方的不可替代性。某物品如果只能由这一个供给方来提供，那么它对于需求方来说，其不可替代性就比较高。——译者注

项目只是其中之一，然而反过来说则不然：我们的项目所要获得的监管审批，只能由监管机构来提供。

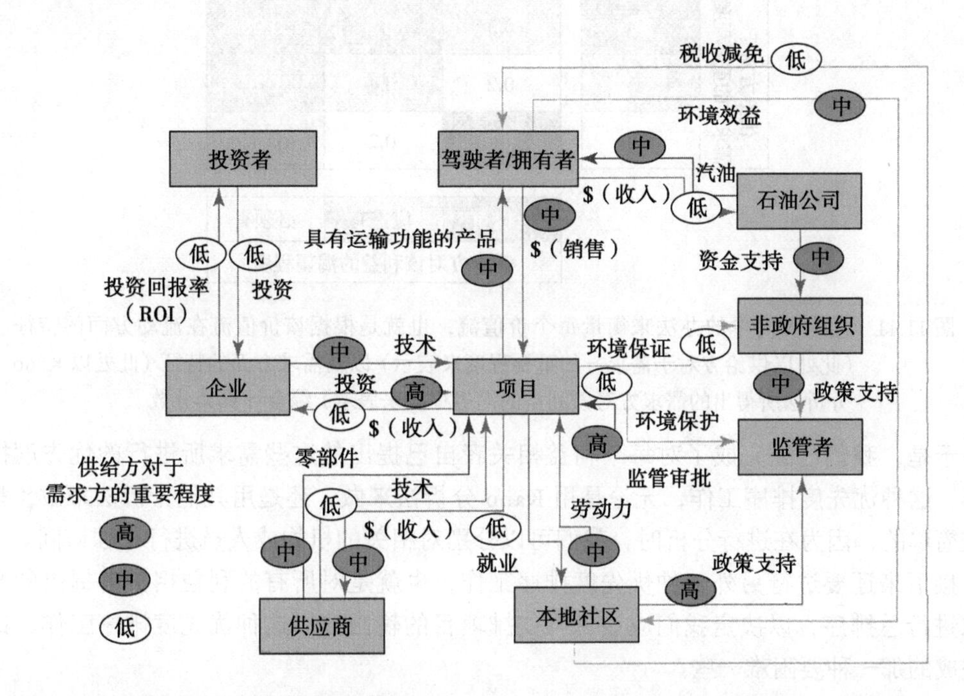

图 11.10　混合动力车项目的利益相关者关系图，这张图详细标明了各实体所需的物品是否可以由不同的供给者所满足

严格来说，供给者方面的竞争，不能算是需求的一项属性，而应该算作价值流的一项属性。但是我们可以把这方面的信息，融入到对需求进行优先度排序的那个过程中，因为如果某个供给品能够由多个供给者来满足，那么该需求的优先次序就会降低。

有的时候，我们可以从多个方面对需求进行分析，然后把这些方面对需求所造成的影响综合起来。比如，刚才我们分别从需求方对利益的渴望程度，以及供给方对于需求方的重要程度来对各项需求进行了分析，然而我们也可以任选其他两个方面来进行这两种分析。在早前的图 11.8 中，我们把需求分成了 6 个类型，稍后我们会看到，在这 6 个类型的需求中，有一种需求，不仅仅是价值流的一项属性，而且还有着更为重要的作用。我们可以根据图 11.11 所提出的办法，把这两个维度综合起来，统计出某个需求的利益得分和供给得分，并将其累计，以便在位于该项目输入端的各项需求之间进行比较。

11.3.3　在各个利益相关者的需求之间排定优先次序

我们现在已经把项目所在的利益相关者网络表示出来了。在表示该网络的过程中，我们演示了很多定量分析的方法，例如检查尚未满足的需求、检查由项目所输出但却尚未使用的值，以及对有助于解决问题的利益相关者与慈善受益者所做的归类等。

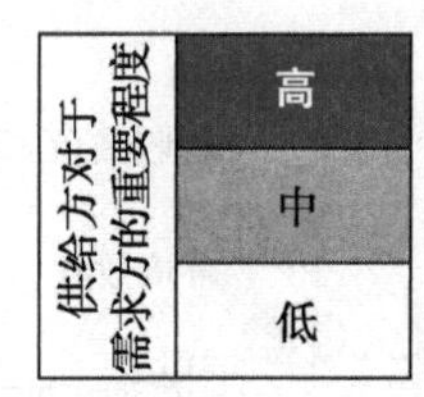

供给方对于需求方的重要程度	可以有	应该有	必须有
高	0.3	0.5	0.95
中	0.2	0.4	0.8
低	0.1	0.2	0.4
	需求方对该利益的渴望程度		

图 11.11　用一种简单的办法来衡量每个价值流，也就是根据该价值流在流动方面的特征（此处以供给方对于需求方的重要程度来表示）以及需求方面的特征（此处以 Kano 分析法所得出的需求方对该利益的渴望程度来表示）综合计算其分数

于是，我们已经完成了对每个利益相关者自己提出的这些需求所进行的优先度排序工作。这种优先度排序工作，无论是用 Kano 分析法来做，还是用其他分析法来做，都是比较简单的，因为在进行分析时，我们可以分别对相关的机构或人员进行单独访问。

接下来还要进行另外一种优先度排序工作，也就是对所有的利益相关者提出的全部需求进行总排序，以决定我们应该怎样安排项目的输出值。这种优先度排序工作，比已经完成的那一种要困难一些。

由于我们已经对每个利益相关者自身所提出的那些需求进行了优先度排序，因此，有一种办法就是：令项目去满足其中最为重要的那些需求，而不要在乎那些需求究竟是由谁提出来的。在某些情况下，这么做较为棘手，因为很多公司都是以利益相关者为单元来进行管理的。也就是说，重要的客户总是能够得到水平较高的服务，哪怕他们所提出的那个请求不太重要，也依然能够受到公司的重视。

还有一种办法，是给不同的利益相关者设定不同的权重，以便在不同的利益相关者所提出的这些需求中，选出权重最大的那一组需求。然而这样做，基本上就相当于忽视了分析的成果，因为它并没有用到我们刚才在需求层面进行分析时所得到的数据。

我们可以把这个问题，从概念上分成两个部分来考虑 [6]：

- 在给公司提供某种好处的利益相关者之间进行优先级排序。
- 找寻公司与利益相关者之间所发生的间接交易。

如果各种利益相关者都只会给公司返回一条收入流（revenue stream），那么对这些利益相关者进行优先度排序，就不会太过困难。在这种情况下，我们可以根据他们带给公司的收入，来决定他们之间的优先次序（如图 11.12 左侧所示）。但是对于非货币流来说，这种办法则无法奏效，而且它也不能够很好地表达出供应方面的关系。如果某个利益相关者会给系统提供一种虽然不太贵，但却非常关键的部件，那么这个利益相关者的优先度该如何来判定呢（参见图 11.12 右侧）？

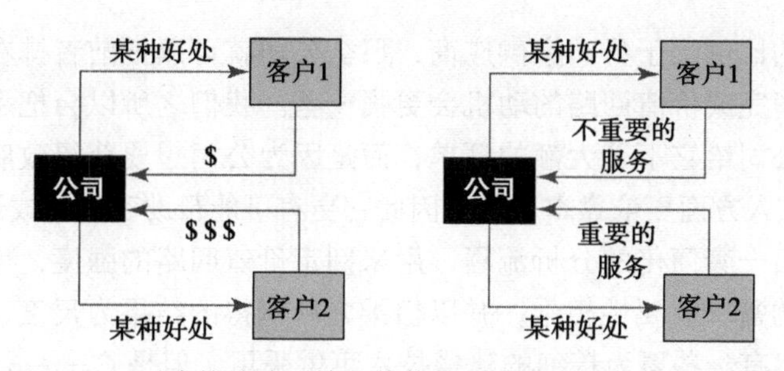

图 11.12　对直接给公司输出价值的两个客户进行优先度排序

对利益相关者进行优先度排序时，有一条重要的原则，那就是要按照他们提供给项目的值来进行排列。对这些值所进行的比较，可以像货币流那样，以金额为标准，不过若是已经采用 Kano 分析法对项目的需求进行了分类，那么就应该使用分类所得的信息来排定利益相关者之间的优先次序。

用这种直接交换框架来思考问题，有助于我们去考虑另一种更加复杂的问题，那就是在利益相关者系统中会出现两个实体，它们之间虽然没有直接的交易，但是却通过价值循环来间接地交换货品及服务，如图 11.13 所示。我们可以把这种通过价值循环而进行的间接交易，理解为公司与最终的利益相关者之间借助一个或多个中介者来完成的交易。在间接交易中，我们并不要求受益者直接为他所得到的好处而给我们付款。

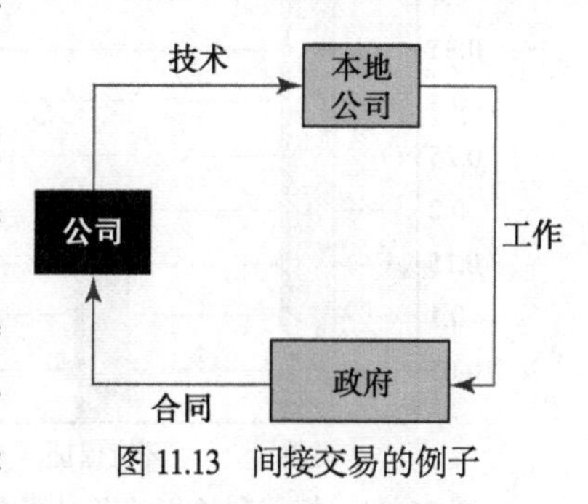

图 11.13　间接交易的例子

在复杂的系统中，有很多交易都会表现出这种间接行为，例如某公司在本地合作伙伴的帮助下，签订涉外合约。又如像图 11.13 这样，公司给本地的合作伙伴提供技术，本地的合作伙伴帮助政府解决就业问题，而政府部门又与本公司签约。

在发生间接交易的情况下，虽然公司所输出的值，与它所接收的值之间没有直接联系，但我们依然可以为公司的各种输出值排定优先次序。办法是：从公司中较为重要的输入端开始进行回溯，找到提供这些输入值的利益相关者，然后确定公司所输出的哪一些值，可以满足这些重要的利益相关者。按照这种思路，如果有一家当地小公司，虽然只能为本公司提供较少的收入，但是却对政府部门有着强烈的影响，以致可以提升本公司赢得合约的概率，那么，我们仍然有可能把该公司放在较为优先的位置上。

本书作者 Cameron 给出了一种分析方法，能够根据刚才所说的几条原则，计算出每个需求的相对重要程度。如果有多条路径都能给项目输入价值，那我们会优先考虑更为强大的那一条价值回路。在其他方面都均等的前提下，如果某条价值回路能够满足该路径上的所有利益相关者所提出的重要需求，那我们就认为它是一条较强的回路。比如，有两家游说能力相同的供应商，如果本公司提供给其中一家供应商的订单，在那家供应商的收入中所占的比例大于另一家供应商，那么公司就可以把前者排在较为优先的位置上，因为该供应商完成价值回路的动机会更强一些。我们之所以会把那家供应商排在前面，并不是因为公司给它下了大额的订单，而是因为公司想要获得政府机构的合约，由于那家供应商在收入方面更依靠本公司，因此它更有可能帮助我们达成这一目标。

据此可以提出一套简化的分析流程，用来判定价值回路的强度，也就是把价值回路中每一段连接上的需求重要性相乘，并以相乘之后所得的结果为尺度，来对各条价值回路进行比较。虽然有一些更为精细的建模技术可供采用，但是 Cameron 表示，他所提出的这个办法，在某些情况下还是比较有效的。我们可以针对与项目的输出值有关的各条价值回路，采用这个办法计算其得分，并根据该得分，来确定每一种输出值的权重。

根据上面的这些原则，我们可以分别计算出 6 种需求的优先程度，这 6 种需求都是由利益相关者所提出，并且直接由混合动力车项目的输出值来满足的，如图 11.9 所示。计算优先度所用的数据，列在本章末尾。计算出的结果，画在图 11.14 中。

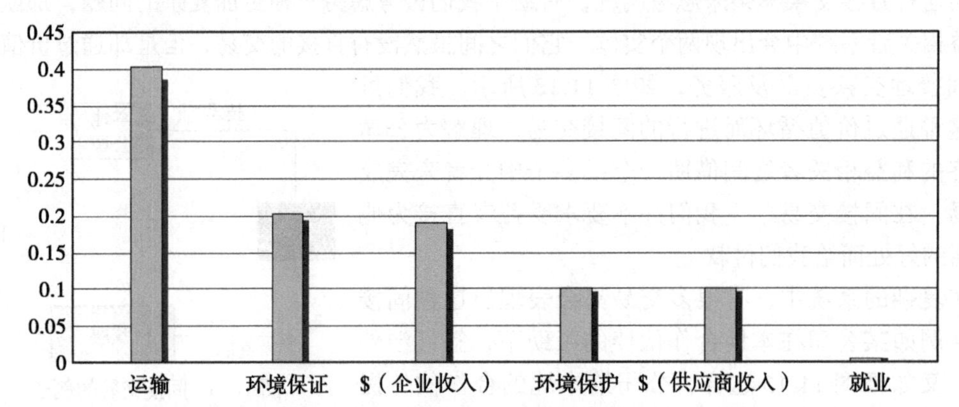

图 11.14　根据利益相关者对混合动力车项目的各种输出值所表现出来的需求强度而计算出的分数，我们将根据该分数来进行优先级排序。我们对各条价值回路的得分进行了标准化处理，使其总和是 1

这套方法可以使我们看到最重要的利益相关者以及他们所提出的最重要的需求，同时，它还不需要公司来进行干预，也就是不需要请公司来判断哪些利益相关者比其他一些更为重要。要想构建这套模型，只需参照由利益相关者所组成的网络结构图，并根据图 11.11 计算出各项需求所对应的优先度分数即可，除此之外，不需要使用其他数据。这套模型并不要求我们对企业与监管者谁更重要等问题做出预设。

假如我们把间接交易忽略掉，那么这套办法还能变得更加简单。也就是说，可以只把混合动力车项目想要的东西按顺序列出来，然后根据各个利益相关者对这些需求的满足程度对他们进行排序，最后把这些利益相关者所提出的较为强烈的需求摆在优先位置。这样做的问题在于：它可能会忽视那种有第三方参与的事务，例如 NGO 对于本公司所涉及的双边交换来说，并不是十分重要，但它对于能够做出审批的监管者来说，却有着重要的影响，由于我们非常渴望从监管者那里获得审批，因此，是不能够忽视 NGO 的。架构师在面对复杂的系统时，必须用判断力来决定是应该把间接发生的交易也考虑进来，还是只需考虑与本项目有直接关系的利益相关者。

11.3.4　对排列各需求的优先次序所做的小结

总之，在本节中，我们对利益相关者所提出的需求进行了特征描述。我们首先定义了一些维度，并沿着这些维度来分别确定每项需求在这一方面所具备的特征。这些维度可以帮助我们对某个利益相关者所提出的多个需求进行优先度排序。然而真正的困难却是，怎样在多个利益相关者所提出的多项需求之间进行优先度排序。为了便于排列这些利益相关者之间的次序，我们把每个利益相关者的需求，都当成该实体的一个输入端，这样一来，就可以构建出一套由利益相关者所组成的系统，该系统的网络图，能够展示出这些利益相关者之间的依赖关系。

这个利益相关者系统中的很多双边交换，其实都可以很容易地当成一项交易来看待，比方说客户用金钱来交换混合动力车，就可以理解为一项交易。然而当我们把这些利益相关者放在整个系统中去思考时，却发现了另外一种类型的交换，那种交换，指的就是间接交换，或者叫做反馈回路。

对于许多产品市场，尤其是消费者市场来说，只需要对直接交换进行分析就足够了。由于主要的利益相关者是消费者，因此只需要与消费者直接沟通即可。由单个消费者所形成的网络是非常分散的，因此没有办法有效地分析他们之间的交互，于是，我们会简单地采用一些诸如“口碑”(word of mouth) 或 “率先采用者”(lead adopter) 等概念。

与上面那种情形有所不同，很多复杂的系统，是受惠于多位利益相关者的，而这些利益相关者之间的优先次序，却又未必总是能够明确地列出来（参见文字框 11.3）。为此，我们把各个利益相关者当成一个系统来讨论。这样做，主要是想促进读者的心智模型（mental model)。刚才我们已经展示了一套用于分析这个利益相关者系统的方法，但是对于系统架构师的日常工作来说，把这套方法提炼成一些原则，是更为有用的。

文字框 11.3　平衡原则（Principle of Balance）

“使原力保持平衡，别叫它落入黑暗……”

——Obi-Wan Kenobi

“没有哪个复杂的系统，能为所有的利益相关方进行优化。”

——Eberhardt Rechtin

有很多因素都会影响并作用于系统的构想、设计、实现及操作。架构师必须在这些因素中寻求一个平衡点，使大多数重要的利益相关者得到满足。

- 在由人类所构建的系统中，我们可能无法把每一个因素都列举出来，至于量化，更是不可能的事情。架构师必须在已经认识到的这些因素中做出权衡和妥协，以便针对这些已知的影响因素，来找寻能够满足它们的解决方案，同时还要认识到：由于除此之外尚有一些未加考虑的因素，因此，想要形成一种形式化的优化方案，或许是不太可能，甚至是没有意义的。

- 系统必须作为一个整体来进行平衡，不能仅仅对其中每个元素单独进行平衡，然后将其相加。
- 在各种需要平衡的因素中，架构师尤其要注意优化度与灵活度之间的平衡。一般来说，架构针对某个应用场景的优化程度越高，它适应新用例及新技术的灵活性就越低。反之，架构越灵活，变化的余地通常就越大，这进而使架构变得更加灵活，但同时也使其优化程度降低[7]。

11.4　把需求转换为目标

任何一个产品/系统，都可能会有许多的利益相关者，而每个利益相关者，也有可能会提出许多的需求。要想把所有利益相关者提出的每一个需求都加以满足，几乎是不太可能的，但我们应该在这些需求中清晰地划分出一个子集，并把该子集中的需求，表示成企业所要达成的目标。本节我们来思考图 11.1 的第 3 列，也就是如何把需求转换为目标。

我们设计的这一整套分析方式，是想从需求开始，一步一步地将其转化成目标，但是到现在为止，我们还没有给目标一词下定义。文字框 11.4 将目标（goal）一词，定义为计划要完成的事情以及设计者想要达成或获得的事情。笔者之所以给出这么一个定义，是为了使读者明确地认识到：目标是由架构师所做出的决策，而需求则是对受益者很重要的事情。

文字框 11.4　目标的定义

目标可以定义为：

- 计划完成的事情。
- 生产企业想要达成的事情。

目标是产品/系统的一项属性。

需求存在于利益相关者的思维和心中，而目标则是由生产企业来确定的，企业之所以确定目标，是为了要满足这些需求。目标规定了企业所构建的系统应该怎样去满足受益者所提出的需求。目标位于生产企业的控制之下。它们并不是静态的，而且在设计过程中，经常要与产品/系统中的其他属性相权衡。因此，目标应该单独视为系统的属性。目标是由架构师所定义的，至少在某种程度上可以这样说。

我们会在受益者所提出的那些需求中，选出当前产品或系统应该解决的需求，此外再确定出项目还应该解决哪些与利益相关者有关的需求，例如公司策略及法律法规方面的需求等，然后将这些需求综合起来，以创建出系统的目标。这种说法可能会令很多人感到担忧，因为这似乎就相当于在说：公司策略与法律法规等方面的需求不是一种强制性的需求，而是一种可以由项目主动选择是否去满足的需求。其实笔者并不是说架构师应该去构建违背强制规范的系统，而是想说：企业对自己应该在哪个市场中参与竞争，以及自己是否应该在最后期限尚未到来时就提前部署符合规定的产品等问题，是可以自主选择的。

不同的行业对目标有着不同的叫法，例如规范（specification，规格）、要求（requirement）、意图声明（intent statement）以及约束（constraint，限制）等，而且同一种叫法在不同的行业中，可能也有着不同的含义。本书把这些统称为目标，目标这个词，涵盖了各种意图声明。由于笔者想强调做决策时的主动性，而不想凸现强制意味，因此，本书会刻意避免提到"要求"（requirement）这个词。我们注意到，很多工程组织并不使用"必定（shall）、应该（should）"等优先程度不同的词来描述目标，而且，他们更不会把要求（requirement）当成一件可以商量的事情。然而，系统架构从本质上来说，却正是在很多相互冲突的目标中所形成的一种权衡。因此，想要找寻一套能够满足所有约束的设计方案，通常是不会奏效的，基于这种想法所形成的设计范式，无法反映出潜在的价值体现过程，因为价值并不是一种能够用约束来加以公式化的东西。我们将在本书的第四部分讨论这些问题，此处我们先来展示这套易于缩放的人工流程。

11.4.1　设定目标时所依据的标准

如果把目标说成是由架构师所做出的决策，那我们就应该设定一套做决策时所依据的标准。设定目标时，应该依据下面这 5 项标准来做决策：

- 有代表性的（Representative）：目标要能够代表利益相关方所提出的需求，使得系统能够通过满足这些目标，来进而满足利益相关方的需求。
- 完备的（Complete）：如果能够满足所有的目标，那么就可以满足所有较为优先的利益相关者需求。
- 可以由人类解决的（Humanly Solvable）：目标是可以为人所理解的，而且能够提升解题者找寻解决方案的能力。
- 一致的（Consistent）：目标之间不能相互冲突。
- 可达成的（Attainable）：目标必须能够以可用的资源来实现。

为了与本书所提出的这 5 项标准相对比，我们来看看 INCOSE（系统工程国际委员会）的《Systems Engineering Handbook》一书中，为要求（requirement）的确立所设定的 8 项决策标准，它们分别是：必要性、实现独立性、清晰与简洁性、完备性、一致性、可达成性、可追踪性以及可验证性。实际上，必要性、可追踪性以及可验证性，都是代表性的一部分，而实现独立性以及清晰与简洁性，则是人类可解性的一部分。因此，这两套决策标准本质上是同一个意思。本书所说的目标，在其他一些人来看，可能是高层次的（high-level，宏观的、高阶的）要求，笔者表述目标时所采用的这种方式，更加强调架构师在各种目标之间所做的权衡。

尽管我们原来并没有明说，但实际上，对利益相关者的需求进行详细分析，就是为了要获取相关的知识，以便提出具有代表性的完备需求。保证需求的代表性和完备性，与对要求所进行的验证（validation of requirement）是类似的，后者所依据的基本假设是：如果要求得到了满足，那么提出这些要求的客户，也就能够得到满足。这个思路中包含了完备性的概念在内，这里的完备性是指所有客户的要求都得到了满足。把由利益相关者所组成的网络当成一个系统来审视，使得我们可以将每一个利益相关者，都视为系统的内在组成部分，当我们把系统架构这个循环[㊀]封闭起来之后，我们就（在部分程度上）完成了对完备性的检查。除此之外，还要进行另外一项较为关键的完备性检测，那就是把目标与上游影响因素列表相对比，看看其中的每一个影响因素是否都包含在了目标中或排除在了目标之外。一致性和可达成性这两个标准，将在11.5节中讨论。

在这5项标准中，最难把握的是人类可解性。要想把握住这个标准，架构师所能运用的重要工具之一，就是去构造系统设计中所使用的问题陈述（problem statement）。人类设计者和构建者将会怎样解读目标？笔者下面给出几种有助于思考人类可解性的思路。

首先，目标必须清晰，而且要尽量简洁。问题描述中所含的信息，要能够使读者提前对该问题有一个了解，并能够促使他们进行思考。比如，有这样一个问题描述：当12安的电流加在了120伏的直流电路上时，5欧姆的电阻所产生的电压降（voltage drop）是多少？在这一条问题描述中，“120伏的直流电路”不仅显得多余，而且还有可能分散解题者的注意力或干扰其思路。在由已知的物理元素所构成的简单情境中，这条信息是完全可以删掉的，然而对于复杂的系统来说，额外的信息则未必总是能够那么轻易地去除。在构造问题陈述时，架构师应该明智地选择自己将要使用的信息。

其次，问题陈述中没有包含进来的那些信息，有可能遭到忽视，更为糟糕的情况是，它们有可能会用来排定目标的优先次序。比如，如果问题陈述中没有包含温度数据，那我们可能就会认为，在该问题中，无需考虑温度对电阻的影响。

文字框7.1描述了与特定解决方案无关的功能原则，该原则对问题陈述的构造也会产生影响。INCOSE采用实现独立（implementation-independent，独立于实现、与特定实现无关）这个词，来表示与特定解决方案无关这一含义。与特定解决方案无关的陈述，能够提升架构师在这套过程中的创造力，并且能够给我们留下更为广阔的设计空间。下面我们将会根据这一原则，来构建一套拟定系统目标所应遵循的流程。

Herb Simon的说法：问题的复杂程度，超过人脑的处理能力[㊁]。因此，我们可能要对其进行极大的简化，并忽略掉问题陈述中的某些部分，或是用我们自己认为正确的心

㊀ 参见10.10节的图10.10。——译者注

㊁ 西蒙的原话是针对有限理性（bounded rationality）原则而说的。——译者注

智模型，来填充其中未知的部分，这有可能会对结果产生重大的影响。

于是，创建有用的问题陈述，也就相当于在各种信息中做出权衡，并且用与特定解决方案无关的足够信息，来把握重要的需求，同时又不引入多余的或误导人的信息。

Maier 与 Rechtin[8] 指出，F-16 战斗机本来的问题陈述，是要制造一种 Mach2+ 战斗机（马赫数大于等于 2 的战斗机）。这项性能方面的目标，是由美国空军设定的，但是该目标所依据的需求，则是要能够在空战中迅速逃脱。因此，问题陈述中的“Mach2+ 战斗机”，实际上关注的是该战斗机的最大速度，而不是其加速能力。因此，该问题陈述可以修订为：制造一种马赫数为 1.4（Mach1.4），且具有高推力—重量比（thrust-to-weight ratio）的战斗机，使其在必要时，能够产生高于对手的加速度。

11.4.2　人类可以解决的目标：系统问题陈述

我们将围绕着系统问题陈述（System Problem Statement，SPS）这一理念，来讨论如何创建人类可以解决的目标。与各种组织的使命陈述（mission statement，使命宣言、宗旨声明）一样，系统问题陈述也是一项论述，它指出了系统为体现其价值而打算完成的事情，若能完成这件事，则表明系统取得了真正成功（参见文字框 11.5）。当前的需求工程（requirements engineering）领域所遇到的一项挑战，就是会产生一些篇幅较长的文档，这种文档不容易使人迅速地理解，而且会给人一种只见树木、不见森林的感觉。在这样的框架之下，真正的问题陈述，其实指的通常是对原有产品所做的修饰，例如“更便宜的电烤箱”或“更高效的跑车”等。Maier 和 Rechtin 指出：问题陈述通常都是结构不佳、不够完备或过分受限的。而且通常还把需求、目标、功能及形式混在了一起。

文字框 11.5　系统问题陈述原则（Principle of the System Problem Statement）

对问题所做的陈述，确定了系统的高层目标，并划定了系统的边界。它会把内容从周边情境中分离出来。就问题陈述的正确性进行反复的辩论和完善，直到你认为满意为止。

- 问题的陈述对最终的设计有着很大影响。它提供了一个起点，其他所有的目标陈述，都会以之为出发点，而且对于团队来说，它也是一条连贯且传播范围很广的消息。
- 问题陈述很少是一遍就能做好的，应该尽早对问题的范围及问题的陈述进行反复讨论。

我们将以混合动力车项目为例，从一条典型的问题陈述开始，逐渐对其进行修改，直至把它打造成一条人类可以解决的目标陈述为止。

第 1 轮迭代：系统问题陈述　针对具有环保意识的消费者，生产并出售一款成功的油 / 电混合动力车。

这一条问题陈述的不妥之处在哪里？首先要说的是，它毕竟告诉了我们一些信息。

“生产”这个词，意味着产品不打算外包，而“消费者”这个词，也指明了主要的客户不是政府。然而，这条问题陈述毕竟是模糊不清的。“成功”怎么能作为汽车的属性呢？有哪个架构师想构建“不成功”的产品？汽车是什么类型的？轿车、都市车，还是轿跑车？而且，最为重要的是，该车所面对的究竟是消费者中的哪一部分人？

说的更具体一些，在第 1 轮迭代所提出的这个 SPS 中，与特定解决方案无关的操作数是什么？与特定解决方案无关的过程又是什么？这个过程显然不是“销售”或“生产”，因为这两者都与主要的受益者无关。

我们可以按照下面这个正规框架来构建问题陈述。本书将其称为“To-By-Using”（为了 – 通过 – 使用）⊖框架，然而该框架绝对不是笔者自创的。

为了……【对与特定解决方案无关的意图所做的陈述】

通过做某事【对与特定解决方案相关的功能所做的陈述】

使用【对形式所做的陈述】

美国宪法中就有这样的例子：

……为了形成一个更完善的联邦，……增进全民福利，……

（通过）订立并征收税金、偿还债务……

（使用）国会的……权力……

To-By-Using 框架最为重要的一项目标，就是使人能够在问题陈述中，关注“向主要受益者体现价值”这一意图。比如，我们当前所要研发的混合动力车，是把驾驶者 / 拥有者当成主要受益者的。假如我们的混合动力车主要面对的不是消费者，而是警用车的购买者，那么可能就需要对 SPS 做出更改了，这种改动，会在碰撞安全性、模块性（与添加新设备时的方便程度有关）、车辆的闲置时间等方面，对系统的架构产生重要的影响。在构造系统问题陈述时，应该把系统对主要受益者所体现的价值，率先表达出来。

请注意，完整的问题陈述，既要包含与特定解决方案无关的功能（也就是“为了……”，To），也要包含与特定解决方案相关的功能（也就是“通过……”，By）和形式（也就是“使用……”，Using）。然而我们刚才说过，如果把问题陈述中的特定功能及形式过早地确定下来，那么可能会使最终的设计出现偏差，并且会使创造力受到限制。稍后我们会呈现出完整的 SPS，根据这个 SPS，我们可以给出一套详细的设计，不过架构师要注意：SPS 是在架构阶段拟定出来的。在早期的会议中，只应该使用与特定解决方案无关的功能意图进行讨论，而与特定解决方案相关的功能及形式，则应该等到以后再添加进来。

图 11.15 详细地展示了 To-By-Using 框架，以及它和 OPM（对象过程方法）示意图之间的关系。由于我们已经熟悉了如何像图 7.4 那样，用 OPM 来表示功能意图及系统概念，因此，这种对应关系应该不会令大家感到惊讶。

⊖ 有时可以按照中文的习惯，把“为了”改为“来”“以”“以便”等词。——译者注

- **To（为了与特定解决方案无关的转化）**
  - （与特定解决方案无关的转化所具备的属性）
  - （操作数）所具备的（与利益有关的属性），其值会从（A）变为（B）
  - （操作数的其他属性）
- **By（通过与特定解决方案有关的操作过程）**
  - （过程的属性）
  - （特定的操作数）所具备的（与利益有关的状态）
  - （其他属性）
- **Using（使用特定的系统形式对象）**
  - （特定的系统形式对象所具备的属性）

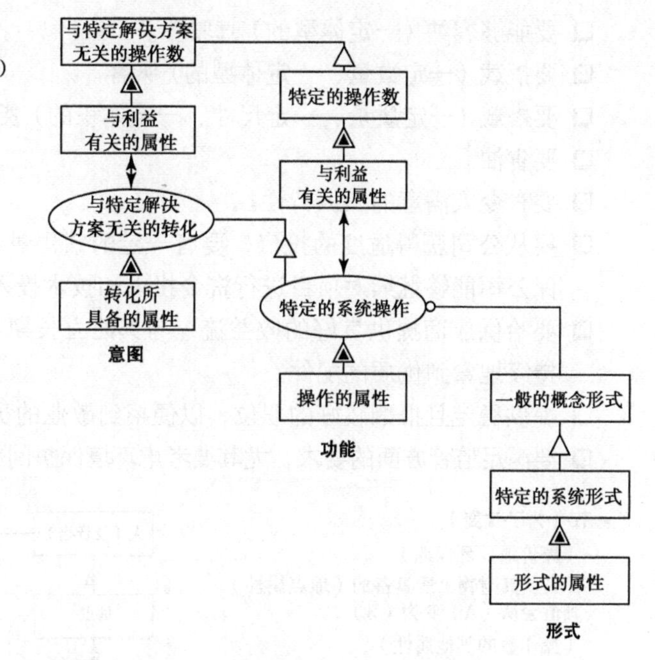

图 11.15　构建良好的系统问题陈述（SPS）所使用的 To-By-Using 框架

对于油 / 电混合动力车来说，我们把驾驶者 / 拥有者认定为主要的受益者，并且把“改变人和其财物的位置”当作与特定解决方案无关的变化（transformation），这种变化，也可以说成“运输人及其财物”。接下来，我们据此对系统的问题陈述进行第 2 轮迭代。第 2 轮迭代所产生的问题陈述，会指出目标中与意图、功能及形式有关的概念。

第 2 轮迭代：系统问题陈述　向我们的客户提供这样一种产品：

- ❑ 为了（To）以廉价且环保的方式运输客户及其货物。
- ❑ 通过（By）一种省油且易于操纵的手段，使客户载着自己、乘客以及轻量货物。
- ❑ 使用（Using）油 / 电混合动力车。

企业目标中的“向我们的客户提供……”这一部分，通常出现在目标陈述的开头。这表示的是一种内部的企业意图，而不是外部的价值体现。

图 11.16 根据 To-By-Using 模板，完整地表示出了系统问题陈述。有了这份 SPS 之后，我们就可以对照模板逐条进行检视，并列举出一套更为详细且具备描述性的目标了。现在，我们就针对混合动力车项目所要满足的每一项需求，来列举与之对应的目标，列举时，先不考虑各目标之间的优先次序。

描述性的目标：

- ❑ 要具有（范围、速度、加速度等方面的）传输性能。
- ❑ 要便宜。
- ❑ 要令驾驶者对环境满意。

- ❑ 要能够容纳（一定体型的）驾驶者。
- ❑ 要搭载（一定数量、一定体型的）乘客。
- ❑ 要搭载（一定质量、一定尺寸、一定体积的）货物。
- ❑ 要省油。
- ❑ 要有令人满意的操纵特性。
- ❑ 要从公司获得适度的投资，要有一定的销售量，要给公司提供良好的回报，以确保公司能够继续对项目进行资金投入和技术投入。
- ❑ 要给供应商提供良好的收益流，与其建立长期且稳定的关系，以便从供应商那里持续地拿到优质的配件。
- ❑ 提供稳定且报酬较好的职位，以便招到敬业的员工。
- ❑ 要满足监管方面的要求，尤其要考虑环境保护问题，以及向 NGO 所做的环境保证。

- **To（为了改变）**
  - –（廉价地、环保地）
  - –（人及其财物）所具备的（地点属性），其值会从（A）变为（B）
  - –（操作数的其他属性）
- **By（通过驾驶）**
  - –（省油、易于操纵）
  - –（驾驶者、乘客及轻量货物）所具备的（地点）属性
  - –（其他属性）
- **Using（使用车）**
  - –（油/气混合动力）

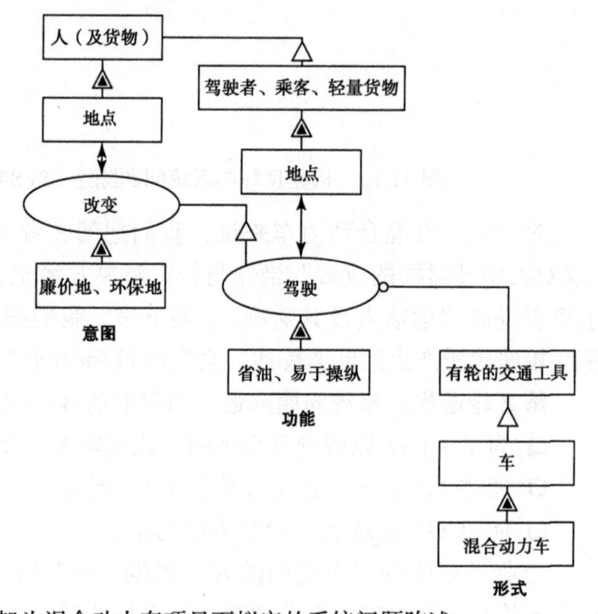

图 11.16　用 To-By-Using 框架为混合动力车项目而拟定的系统问题陈述

请注意，前 8 个目标反映的是车辆的属性，它们用来满足运输方面的需求，而且应该根据受益者的价值函数来进行估量。而剩下的那 4 个目标，反映的则是系统应该带给其他利益相关者的价值，图 11.14 中的利益相关者系统，演示了这两种目标所反映的需求[⊖]。这意味着，为了把利益相关者网络中的价值流表示成目标，我们有时必须把间接价值交换路径中的每一段价值流都连接起来。比如，项目向 NGO 做出环境保证，NGO 对监管机构给予政策支持，而监管机构则对项目进行审批，这三者之间，形成了一条价值传递回路。为了将这条回路归纳为目标，我们需要写出一条针对环境保证的目标，但同

⊖ 可以参照图 11.9 和图 11.10。——译者注

时也必须记录下相关的意图，那就是：NGO 会把这些信息传递给监管机构。请注意，在这一阶段，所有的目标都是以“shall”（要……）开头的。它们之间的优先次序还没有定出来。

总之，我们没有采用 requirement（要求）这个说法，而是采用 goal（目标）这个词，来强调架构师必须在各项目标之间反复进行权衡。我们给出了创建系统问题陈述所用的 To-By-Using 框架，创建系统问题陈述，是为了能够以一种简洁的方式传达产品的目标。接下来，我们要讨论对目标做决策时所依据的 5 项标准，并从 SPS 中拟定出一份详细的目标列表。

11.5　排列目标之间的优先次序

我们想要达到的最终状态，是一份优先顺序已经排好的目标列表，也就是图 11.1 中的最后一列。为此，我们把目标分成 3 类：关键目标、重要目标和理想目标。关键目标中包含着对产品的成功起到绝对必要作用的 3～7 个要素，这种目标，有时也称为“生死攸关的目标”（live or die goal）。重要目标是指对产品的成功起到贡献作用，但并未起到绝对必要作用的目标。理想目标则是指那种最好能够实现，但实现不了也没有重大关系的目标。

这套目标分类框架，实际上指出了项目经理应该如何来分配有限的项目资源。他应该把资源优先投放在关键目标上，然后在各种重要目标之间进行权衡，以决定剩余资源的分配情况，最后如果还有剩余，那么再将其投放到理想目标中。

在实际工作中，很多组织都把目标的重要程度与需求的严格程度混为一谈了。后者是由客户的说法来决定的，例如有些需求带有绝对的约束性（例如“汽车必须满足监管方面的要求”），有些需求带有一定的约束性（例如“汽车必须能够容纳体型为 X×Y×Z 的驾驶者”），还有的需求则不带约束性（例如“汽车必须有好的燃料效率”）。架构师必须在这些约束性各不相同的需求之间做出判断，以决定产品应该满足和应该忽略的需求（忽略某些需求，可能会使产品的目标市场变小）。

决定每个需求对每个利益相关者的重要程度，相对来说，是比较简单的。然而怎样在利益相关者之间去比较这些目标呢？我们所采用的基本原则，与早前在做利益相关者分析时所采用的原则类似，那就是：根据利益相关者提供给企业的输入值所具备的重要程度，来排列利益相关者之间的优先次序。

我们提出的这种系统目标分类方式，是以利益相关者之间的优先次序为依据的。请注意，如果需要对目标的严格程度进行说明，那么笔者会在该目标的后方以括号形式标出它的严格程度（也就是指出该目标是带有绝对约束性的目标，还是带有一定约束性的目标）。通过对目标的严格程度进行分析，我们可以看到：目标的严格程度，与目标的重要程度之间，并没有必然的联系。

描述性的目标：

关键的目标

- ❑ 必须令驾驶者对环境感到满意。
- ❑ 必须给供应商带来良好的收入流，以便与其建立长期且稳定的关系（稍具约束性）。
- ❑ 必须能够容纳（一定体型的）驾驶者（带有一定的约束性）。

重要的目标

- ❑ 应该能够在一定范围内进行运输。
- ❑ 应该满足监管方面的要求（带有一定的约束性）。
- ❑ 应该能够搭载（一定体型、一定数量）的乘客。
- ❑ 应该提供稳定且薪酬较好的职位。
- ❑ 应该有良好的燃料效率。

理想的目标

- ❑ 可以从公司获得适度的投资，可以有一定的销售量，可以给公司提供良好的贡献和回报（稍具约束性）。
- ❑ 可以有理想的操纵特性。
- ❑ 可以搭载（一定重量、一定尺寸、一定体积的）货物。
- ❑ 可以是廉价的。

这份目标列表中缺少了什么呢？它缺了目标值，此外，尽管我们可以从中推出每项目标所用的衡量尺度，但它毕竟没有将这个尺度明确地指出来。比如，我们可以推想：燃料效率应该是用每加仑燃料的英里数（Miles Per Gallon，MPG）来衡量的，但这并没有明确体现在目标中，而且我们也没有给燃料效率设定一个目标值，来规定究竟怎样的燃料效率才算良好。目标应该要有衡量尺度和目标值。下面的这份目标列表，已经标注了每条目标的衡量尺度，其目标值，将在以后提供。

关键的目标

- ❑ 必须令驾驶者对环境感到满意［根据EPA（美国国家环境保护局）标准来衡量］。
- ❑ 必须给供应商带来良好的收入流，以便与其建立长期且稳定的关系（稍具约束性）［根据对供应商所做的调查来衡量］。
- ❑ 必须能够容纳（一定体型的）驾驶者（带有一定的约束性）［根据所能容纳的美国男性和女性分别占美国男女总数的百分比来进行衡量］。

重要的目标

- ❑ 应该能够在一定范围内进行运输［英里数］。
- ❑ 应该满足监管方面的要求（带有一定的约束性）［合格证明］。

- ❑ 应该能够搭载（一定体型、一定数量）的乘客［具体多少个？］。
- ❑ 应该提供稳定且薪酬较好的职位［人员流动率］。
- ❑ 应该有良好的燃料效率［MPG（每加仑[⊖]燃料所能行驶的英里数）或 MPGe（相当于一加仑汽油的能源所能够行驶的英里数）］。

理想的目标

- ❑ 可以从公司获得适度的投资，可以卖出一定数量的产品，可以给公司提供良好的贡献和回报（稍具约束性）［资本回报率，以美元为单位的收入］。
- ❑ 可以有理想的操纵特性［在试车场中测得的加速度，以重力加速度 g 为单位］。
- ❑ 可以搭载（一定重量、一定尺寸、一定体积的）货物［立方英尺］。
- ❑ 可以是廉价的［售价上限］。[1]

尽管上述分析过程经过了很大的简化，但我们还是迅速得出了许多目标。最为关键的是，我们排定了目标之间的优先次序，而且明确设立了衡量尺度与目标值，这使得我们可以在某种程度上对其复杂度进行管理。与排列优先次序时所选的方法相比，更重要的地方在于：我们确实对目标之间的优先次序进行了排列。在当前的系统工程领域中，工作人员可能会把 requirement（要求）分成 shall（必须要满足）和 should（应该要满足）两大类，以体现它们在优先度方面的区别，然而根据笔者的经验，在复杂的系统中，这些 requirement 通常都是以同等重要的措辞记录下来的，然后，再交给系统架构师或销售代表去处理。在创建人类可以解决的目标这一过程中，对复杂度的管理，是一个关键的部分，参见文字框 11.6。

文字框 11.6　歧义与目标原则（Principle of Ambiguity and Goals）

“总是应该设定一个比你想爬到的地方更高一些的目标，因为人通常会在将要达到自己设定的目标时停下来。”

——中国传统谚语

系统设计的早期阶段中，通常包含着大量的歧义。架构师必须解决这些歧义，以便提出几条有代表性的目标并持续地更新它们。这些目标要完备而一致，要兼具挑战性和可达成性，同时又要能够为人类所解决。

- ❑ 歧义包括已知的未知和未知的未知，也包括相互冲突的假设和错误的假设。
- ❑ 一般来说，没有人能够对架构的上游过程进行设计或严格的控制，因此，我们不应该指望能出现毫无歧义的情况。我们总是会遇到一些相互不协调的、不完备的或彼此冲突的输入值。
- ❑ 设定的目标，必须要能够代表受益者的需求。系统若想成功，则必须满足这些真正的需求。
- ❑ 设定的目标，必须能够使人注意到竞争方面的压力，必须与企业的策略相一致，

⊖ 1（英）加仑 = 4.54609dm³。——编辑注

必须既有挑战性，又能够以可用的资源及科技来完成，同时，必须尊重监管机构的意见并重视与法律法规类似的影响因素。

- 由于市场环境和客户都在不断演化，因此必须有一套流程，来对这些目标进行持续的重新考察及更新。

11.5.1　具备一致性与可达成性的目标

对于目标来说，一致性是个非常微妙的属性，它是系统工程的核心。许多目标是互相冲突的，这一点很容易就能看出来。比如，混合动力车可能会通过减少里程数来降低电池重量。然而，在里程与重量之间所做的这种权衡，到底是只会产生表面的影响，还是会带来深远的影响或其他形态的影响，则不太容易看得出来。

有的时候，目标之间的一致性，可以通过逻辑验证来进行检查。比如，如果两个目标采用相同的衡量标准，但却有着相反的目标值，那么这显然说明两者不一致。有些系统所采用的衡量标准，其值是线性增长的，例如每向混合动力车中添加一个硬件特性，车的重量就会有所增加，混合动力车的总重量，可以根据各部件的重量之和来进行计算。但是，对于某些涌现出来的指标来说，我们很难像线性指标那样，对其进行逻辑判断。

有的时候可以通过解析的方式来检测一致性，例如可以像我们将要在第四部分所做的那样，采用模型来验证一致性。无论模型的保真度（fidelity）是低还是高，都可以依据相关的衡量标准，来对比不同的需求给系统造成的影响，例如在减少汽车重量与增大汽车加速度之间进行对比。与所有模型一样，在根据某个模型进行决策之前，应该先评估该模型的精确程度是否符合我们的要求。

架构师可能会为组织设定一些故意挑战其极限或是令其在竞争中占先的目标。而目标的可达成性，则意味着所有的产品目标与策略目标，都必须在现有的技术限制之下完成，而且它们还要与开发进度、资源及风险管理等方面的目标相匹配。对于从原有产品派生出来的产品来说，其可达成性是比较容易得到保证的，而对于重新开始设计的产品来说，则要困难许多。如果目标无法达成，那么有两种办法可选，一是缩减目标范围，二是增加资源。在第四部分中，我们将在进行决策时明确使用成本模型及性能模型来评估目标模型的可达成性。然而此处我们所关注的重点，则是从需求到目标的这一整套合成过程，无论有没有模型的协助，我们都要能够直接根据当前的产业实践来完成这个过程。

读者可能会发现，我们还没对可确认性或可验证性进行深入讨论。因为在系统工程方面的教材[9]、[10]中，这些话题已经得到很好的讲解了。正如我们在第10章中讨论下游影响因素时所说的那样，这些方面的问题，有时可能会产生极大的约束或极好的机遇，使得我们在做架构决策时，必须对其加以考虑。

图 11.17 演示了内部的验证（verification）循环以及外部的确认（validation）循环。这张图可以大致总结出设定目标时所依据的那 5 条标准，在决策框架中所处的位置。那 5 条标准是：代表性、完备性、人类可解性、一致性及可达成性。读者可以把这张图与目标管理中的 S.M.A.R.T. 原则相对比。该原则率先出现在 George Doran 编著的《Management Review》（管理评论）中，而且频繁地用在项目管理的教学中。S.M.A.R.T. 分别表示 Specific（特定的、具体的、明确的）、Measurable（可衡量的）、Attainable（可达成的）、Relevant（相关的）以及 Time Bound（有时间限制的、有时效的）。由于 Doran 框架所关注的内容，是单个的要求，而不是由多项要求所形成的系统，因此，它没有提到完备性与一致性，然而该框架强调了时间因素在项目管理中的重要地位。

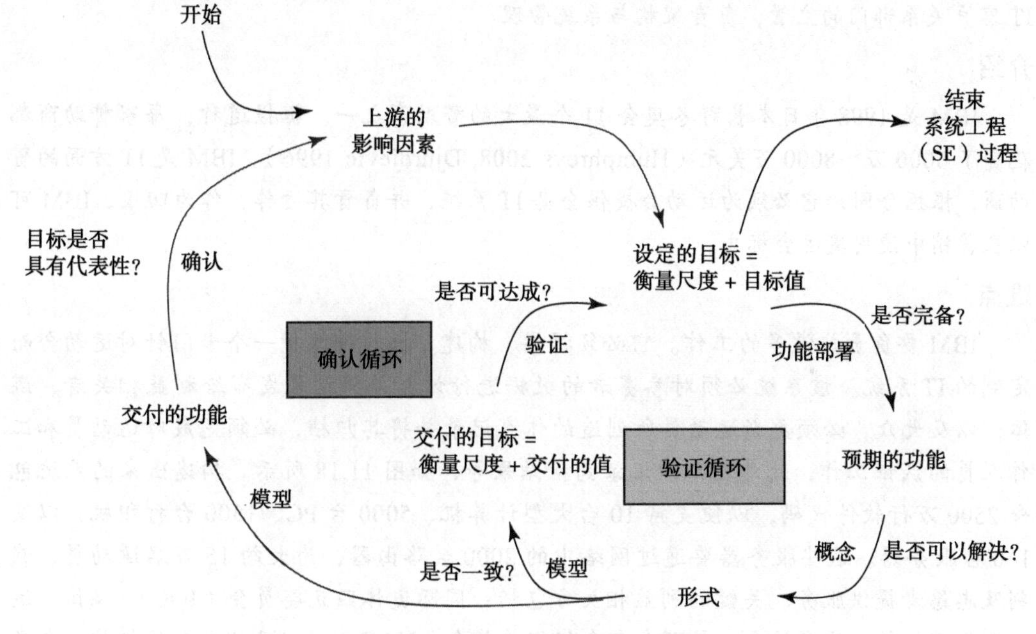

图 11.17　判断目标是否符合标准时所使用的总框架

11.6　小结

复杂的系统经常会碰到与利益相关者的管理有关的困难。系统要面对的利益相关者有很多，而且他们之间的优先次序也不清晰，尤其是当他们所输入的价值流不是货币流（例如监管机构给产品发放许可）或是与公司之间没有直接的双边交换时，其优先次序就更加难以排定了。此外，用新的架构来构建复杂的系统时，会遇到与研发新产品时相似的困难，那就是：我们不仅要确定市场中的现有产品所能够满足的需求，而且还要去发现一些潜在的需求。

本章专门讲解了在进行架构时，怎样根据利益相关者的需求，来排定各项目标之间的优先次序。在讨论过程中，我们提出了很多重要的思路。首先，是把价值视为一种交换，在交换过程中，我方的成果用来满足对方的需求，而对方的成果也同时用来满足我方的需求。第二个重要思路，是根据利益相关者对本产品的重要程度，来排列其优先次序。第三个重要思路，则是把系统的目标，展示在系统问题陈述（System Problem Statement，SPS）中。我们要谨慎地创建 SPS，因为其中的一个细微差别，都有可能会影响问题的解决方式。

文字框 11.7　案例研究：1998 年长野冬季奥林匹克运动会：IT 架构中的利益相关者

这一部分内容由 Victor Tang 博士撰写。Tang 博士是 IBM 公司 1998 年冬奥会项目 IT 客户关系部门的主管，负责架构与系统管理。

介绍

IBM 是 1998 年日本长野冬奥会 11 个最大的赞助商之一。据报道称，每家赞助商都花费了 6000 万～8000 万美元（Humphreys 2008, Djurdjevic 1996）。IBM 是 IT 方面的赞助商，根据合同，它必须为运动会提供全套 IT 系统，并负责其运作，作为回报，IBM 可以在营销中使用奥运会标志。

难点

IBM 要负责非常多的工作。它必须提供、构建、操作并维护一个专门针对运动会而定制的 IT 系统。该系统必须对参赛者的数据进行计算并将结果发布给利益相关者、媒体，以及大众，必须更新运动员所创造的体育记录并将其归档，必须完成对运动员和工作人员的认证工作，此外还必须记录药检结果等，如图 11.18 所示。构建出来的系统包含 2500 万行软件代码，以便支持 10 台大型计算机、5000 台 PC、1500 台打印机，以及 160 台服务器。这些服务器要通过网络中的 2000 台路由器，为大约 15 万名运动员、裁判及志愿者提供服务。关键的利益相关方包括：国际奥林匹克委员会（IOC）、媒体、运动会管理机构、体育协会、长野冬奥会组织委员会（NAOC），以及许多其他机构。冬奥会的 IT 系统，是一个由系统所组成的系统（system-of-systems，SoS），大系统中的每一个小系统，都有着不同的利益相关者，这些利益相关者之间的优先次序、关注重点以及偏好，也各有区别。

除了工作范围非常大之外，公司还面临着一个问题，那就是：IOC 及其利益相关者，正在丧失对 IBM 的信心，因为 IBM 在 1996 年亚特兰大夏季奥运会上面表现得比较糟糕。IOC 告诉 IBM 说，他们“没有发现任何一个做得比较出色的方面”。

IBM 对策略所进行的反思

在亚特兰大夏奥会上，IBM 采用了错误的策略。它想要去演示一些产品、技术和系统，但是这些东西却还没有为演示而做好准备。由于缺乏准备，所以在赛事的运行和业务

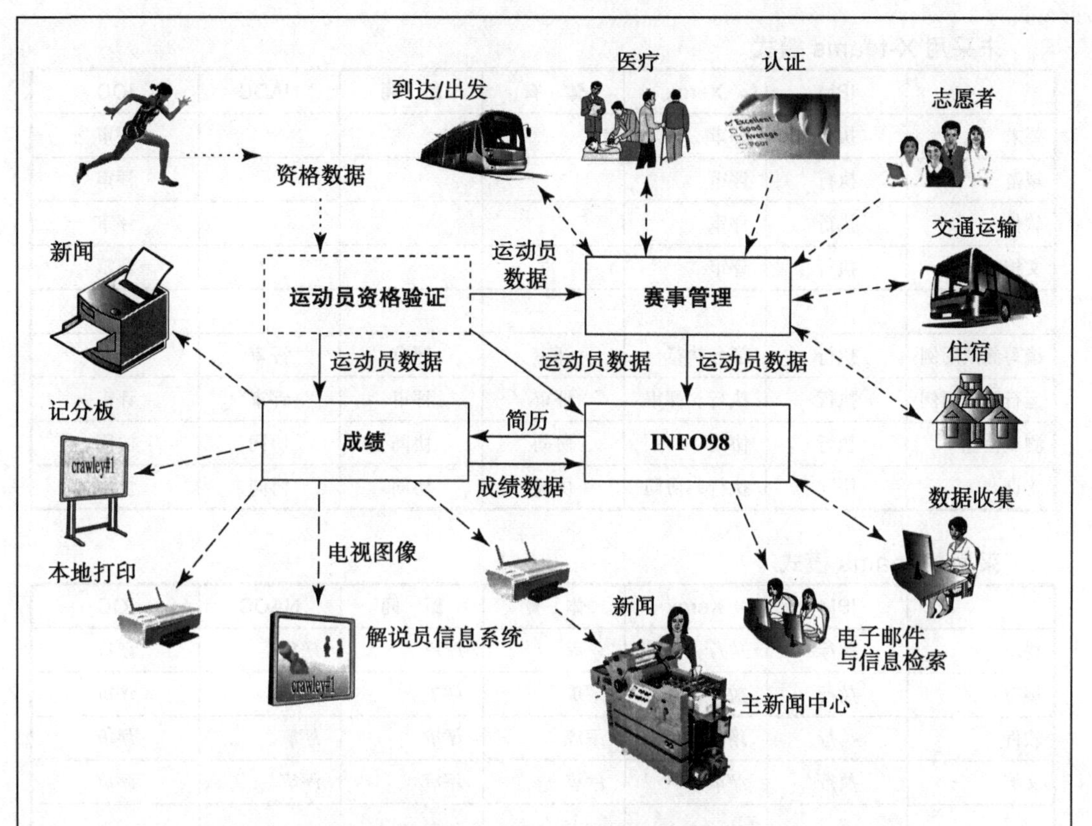

图 11.18　1998 年长野冬奥会的 IT 系统以及该系统的客户与用户

的管理方面，普遍出现了中断现象。为了防止灾难重演，IBM 决定改变原来那种以产品和技术为中心的短视策略，在新的策略中，产品和技术是提供服务的手段，而不是目标本身。IBM 把这次策略转变描述为“将 IT 作为一种服务……协助赛事的举办者来举办本次赛事……[并] 增强奥运会的体验。”换句话说，IBM 明确地移动了系统的边界。

社会架构（social architecture，社交架构）是用 X-teams 组织模式来实现的（Ancona et al. 2009）。在 X-team 模式中，领域专家可以跨越组织之间的边界，以便与相关的人员进行协作。IBM 对这种协作方式加以形式化，它宣称：① IBM 邀请利益相关者参与本公司 IT 系统的开发，② IBM 本身也会参与到奥运会的利益相关者所进行的各项过程中去。通过图 11.19 可以看出：采用 X-teams 模式来完成开发工作，与不采用该模式相比，有着极为明显的区别。在为本次奥运会开发 IT 解决方案时，IBM 的工程师通过与利益相关者之间的互动，对技术要求和各组织之间的相互依赖关系有了极为全面的了解。对于 IBM 来说，这些利益相关者现在变成了有效的代言人与可靠的支持者。他们原来只扮演批评者的角色，而现在，则成了 IT 开发团队的一部分。

未采用 X-teams 模式

	IBM	Xerox	体　育	新　闻	NAOC	IOC
要求	执行	评审				评审
规范	执行	评审				评审
软件	执行	评审				评审
文档	执行	评审				评审
编写测试用例	执行	部分执行	评审	评审	评审	评审
运行测试用例	执行	执行、评审	评审	评审	评审	评审
测试性能	执行	协同	协同	协同	协同	协同
培训	协同	执行、协同	协同	协同	协同	协同

采用 X-teams 模式

	IBM	Xerox	体　育	新　闻	NAOC	IOC
要求	*执行*	*执行、评审*	*评审*	*评审*	*评审*	*评审*
规范	*执行*	*执行、评审*	*评审*	*评审*	*评审*	*评审*
软件	*执行*	*评审*	*评审*	*评审*	*评审*	*评审*
文档	*执行*	*评审*	*评审*	*评审*	*评审*	*评审*
编写测试用例	*执行*	*评审*	*执行、评审*	*执行、评审*	*执行、评审*	*评审*
运行测试用例	*执行*	*评审*	*执行、评审*	*执行、评审*	*执行、评审*	*评审*
测试性能	*执行*	*协同*	*协同*	*协同*	*协同*	*协同*
培训	*协同*	*执行、协同*	*执行、协同*	*执行、协同*	*执行、协同*	*协同*

图 11.19　在采用 X-teams 模式与不采用 X-teams 模式的协同开发工作之间所进行的对比

要求

IBM 从亚特兰大奥运会的不良表现中吸取了教训，并提出了 4 项 “IBM 必须做” 的目标：①满足技术系统与管理系统的所有要求，②确保赛事的进行过程中不会出现异常，③提供 24 小时 ×7 天的不间断运作，④确保系统具有较高的安全性和可用性。上面这些任务，是 IBM 已经根据自身所面对的情况而拟定出来的。

这些目标说起来容易，做起来难。技术和体育比赛方面的特定要求，详尽地记录在由 IOC 和体育协会所编的大量文献中。还有一套虽然不那么正式，但规模却同样庞大的文献，记录着与如何处理由 Seiko（精工）所提供的计时设备有关的技术要求。打印和分发方面的要求由 Xerox（施乐）提出，此外还有与提供新闻、电视、广播、医疗服务、交通运输及住宿的人员有关的水平鉴定要求和安全要求，以及志愿者的技术培训要求及教育要求等。IBM 考虑过自己应该如何有效地满足数量如此庞大的要求。

IBM 发现，自己可以从 ICPG（International Competitions Prior to the Games，奥运会前举办的国际比赛）中找到答案。ICPG 是指体育协会在正式的奥运会开始之前，采用新的或修改之后的奥林匹克规则及 IT 系统所举办的赛事。许多世界级的杯赛，都属于 ICPG。举办 ICPG，是想确保在举办正式奥运会时，能够一切正常。IBM 不打算专门去查看过去那些 ICPG 的简报，而是召集了一次全体会议，以讨论 IBM 在那些 ICPG 上的表现。IBM 邀请了冬季运动联合会、IOC 代表以及重要的利益相关者，一起在长野开会。他们带来了一些文档，文档中写有 IBM 在那些赛事中的错误和缺点。经过长时间的沟通之后，与会者认为：改正原有的错误和缺点，就可以使 IBM 满足本次冬奥会的全部要求。因此，例外管理法（management-by-exception，按照异常进行管理）就成了实现“IBM 必须做”的那 4 项目标时所使用的策略。

架构

摩天大楼的创始者路易斯·沙利文（Louis Sullivan）说过一句名言：“Form follows function”（形式因功能而生，形式服从功能），因此，所谓架构，实际上就是从功能空间到形式空间的映射。映射是从想法开始的。若想提出有意义的想法，就必须要有切实可行的概念，以便描述我们应该如何把想法做成一件能够正常运作的制品。这就是想法的体现，也是架构中最需要运用创造力且最为困难的部分。杰出的架构需要有杰出的体现。

IBM 重新制定了奥运会 IT 系统的概念，把它定位为一种高度安全且即插即用的设施，该设施会为赛事的进行提供相关的数据和信息。网络服务器相当于该设施中的发电厂和供电网络，它是全天候不间断的，应用程序相当于发电机，而结构化的数据，则相当于发电厂所输出的电能，这些数据能够为该设施的客户及消费者（也就是利益相关者及公众）提供服务，参见图 11.20。很多人一开始对这些概念是持保留和怀疑态度的。

复杂系统的架构很少会从头开始做。它必须考虑那些无需重新发明的遗留子系统和遗留组件，以便对其进行复用、修改或保护。对于长野冬奥会的 IT 系统来说，从之前的系统中继承下来的遗留部分，主要集中在运动员认证、比赛成绩、赛事管理以及 INFO98 系统（一个基于 Web 的奥运会信息系统）这几个部分中。它们构成了长野冬奥会 IT SoS 的核心，参见图 11.18。其中最为重要的一个子系统，当然是成绩系统（Results System），它必须处理运动员的比赛成绩。这些系统采用数据与信息流原则（Pahl and Beitz 1995）而凝聚为一个整体。在本次案例研究的后续文字中，我们将以成绩系统为例，具体地描述长野冬奥会的 IT 系统架构。

架构是从功能到形式的映射。除了极其简单的系统之外，这些映射很少是能够只用一个步骤就直接做好的，而是要分成多个步骤来谨慎地完成。在构建长野冬奥会的 IT 系统时，IBM 采用了经典的按步骤分解方式，对系统进行了分解和细化。比如，成绩系统从体系上

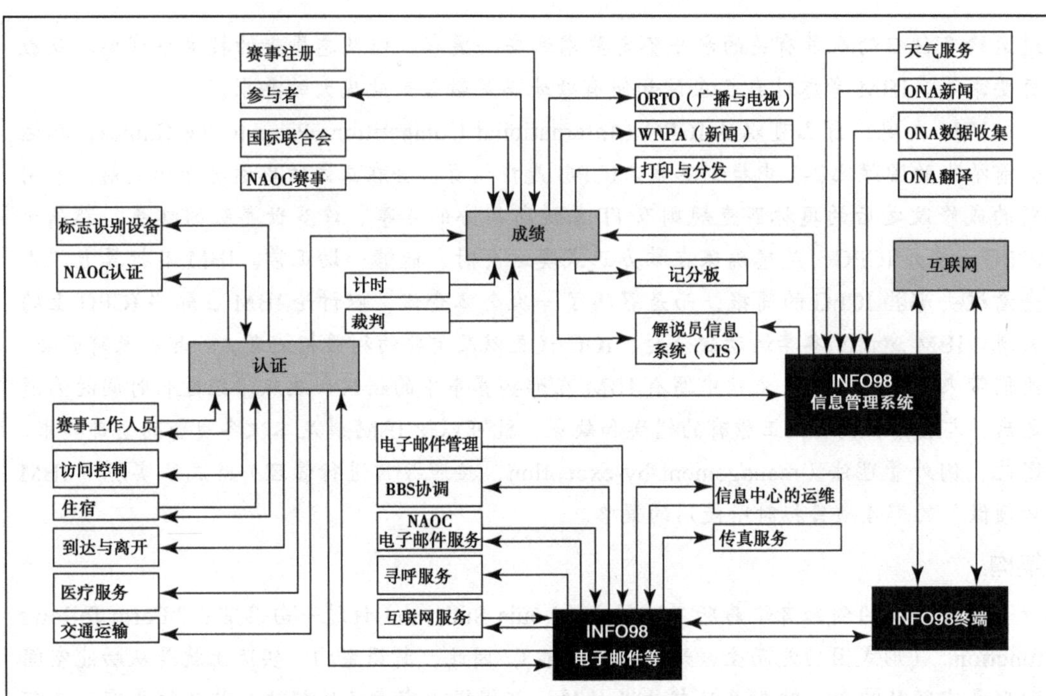

图 11.20　1998 年长野冬奥会 IT 系统的数据流式架构图

可以分成多个成绩子系统，每个子系统都对应于一个比赛场馆。对成绩子系统所做的第一层分解，是在输入端和输出端的限制下，按照数据功能流的原则来进行的，Seiko 计时设备所记录的比赛成绩会输入给子系统，而子系统则会把处理好的结果输出到记分板上。IBM 提供了相关的 IT 硬件和软件系统，以便将 Seiko 输入设备和 Seiko 输出设备连接起来。图 11.21 展示了这套架构所使用的模式（Gamma 1995），该模式“通过增加冗余度而提升系统的可靠性”。这个想法听上去很简单，但实现起来还是很有难度的。在该模式中，重要的功能部件和子系统都有许多个备份。假如其中的某个部件或子系统发生故障，那么备用的部件或子系统就会接替前者的工作，使得系统的运作不会出现中断。该模式反复地运用于 IBM 的这套 IT 系统中。从计时界面、PC、局域网、广域网、数据库，到中型与大型的服务器，都采用这种办法来防止整套 IT 系统因为其中某个部件出故障而变得无法运作。

学到的关键经验

从这些奥运会赛事中，IBM 得到了两条与利益相关者的管理和 IT 架构有关的重要经验。

1. 套用一句克列孟梭（Clemenceau）的名言：“IT 架构太重要了，不能完全依赖技术专家。㊀”IT 是对公司业务策略的一种技术表达。IT 架构必须放在公司的业务策略中去

㊀　那句名言的大意是：战争太重要了，不能全部依靠军方。——译者注

考虑，这样才能够做出对决策制定者、利益相关者及 IT 用户有意义的架构（Henderson and Venkatraman 1983）。由此可以推出，IT 不仅仅是产品，它同时也是一种服务。而这种服务，不能够仅仅是修理和维护服务，若想使客户满意，我们必须提供知识密集型的服务，以便自始至终都能够有效地处理由多家厂商和多位利益相关者所形成的社会技术系统（social technical system）所带来的复杂问题。这种系统，现在称为产品—服务系统（Product-service Systems，PSS）（Tang and Zhou 2009）。

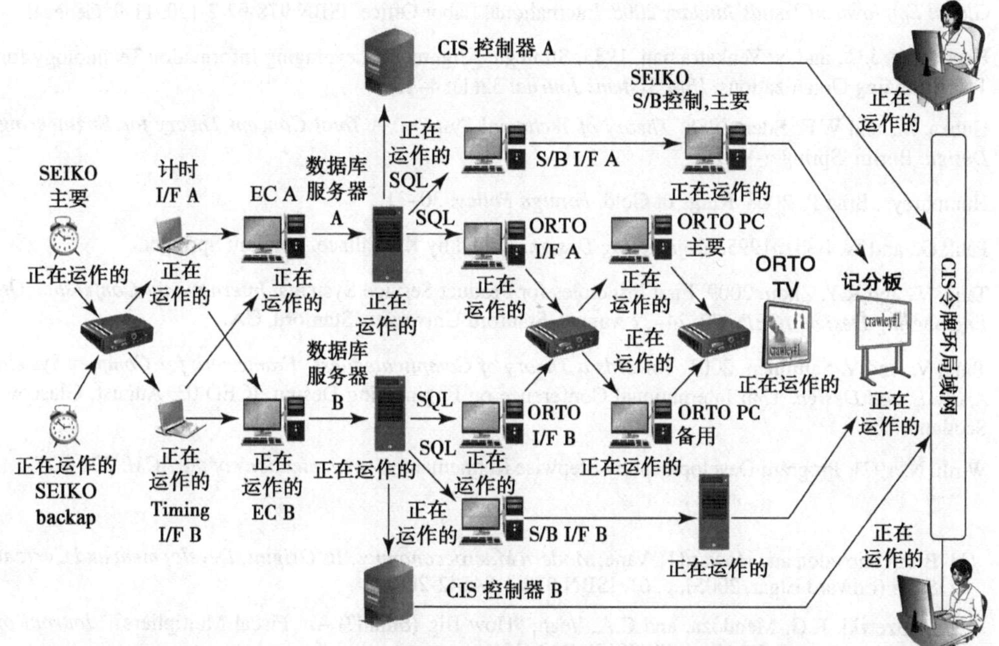

图 11.21　长野冬奥会的 IT 系统所采用的架构模式，该模式通过增加冗余度而提升系统的可靠性

2. 架构师总是有责任保证系统的完整性，但他们并不负责系统的实现，而是必须把实现工作委托给其他人。对于大规模的社会系统与技术系统来说，更是如此。架构师必须制定出映射的规范，给出对形式所做的描述，并制定出系统所要涌现的成果，而实现工作则应该委托并分派给其他人完成。

IBM 在进行长野冬奥会的技术工作之前，IOC 及其利益相关者对其并没有足够的信心，而这次冬奥会结束之后，IOC 则在新闻稿中说“IBM 在长野冬奥会的表现可以赢得金牌。”IOC 的总干事 Francois Carrad 很少对人表示恭维，不过这次他却说：“长野冬奥会的技术工作执行得很出色。”这次冬奥会所取得的成功，说明 IBM“把 IT 视为一种服务”的策略是正确的，也说明 IBM 所采用的技术架构和组织架构在实践中得到了认可。

11.7 参考资料

Ancona D., H. Bresman, and D.Caldwell. 2009. Six Steps to Leading High-Performing X-Teams, *Organizational Dynamics,* Vol. 38, No. 3, 217–224.

Djurdjevic, B. 1996. *A 5-Ring Circus.* http://www.truthinmedia.org/Columns/Atlanta96.html.

Gamma E., R. Helm, R. Johnson, and J. Vlissides. 1995. *Design Patterns: Elements of Reusable Object-Oriented Software.* Reading, MA: Addison-Wesley.

Global Employment Trends January 2008. International Labor Office. ISBN 978-92-2-120911-9. Geneva.

Henderson, J.C., and N. Venkatraman. 1983. Strategic Alignment: Leveraging Information Technology for Transformaing Organizations, *IBM Systems Journal* 32(1): 4–16.

Hubka, V., and W.E. Eder. 1988. *Theory of Technical Systems: A Total Concept Theory for Engineering Design.* Berlin: Springer-Verlag.

Humphreys, Brad R. 2008. Rings of Gold. *Foreign Policy*: 30–31.

Pahl, G., and W. Beitz. 1995. *Engineering Design.* Edited by K. Wallace. London: Springer.

Tang, V., and R.Y. Zhou. 2009. First Principles for Product Service Systems. *International Conference On Engineering Design, ICED '09.* 24–27 August, Stanford University, Stanford, CA.

Tang, V., and V. Salminen. 2001. *Towards a Theory of Complicatedness: Framework for Complex System Analysis and Design.* 13th International Conference on Engineering Design, ICED'03. August, Glascow, Scotland, UK.

Wirth, N. 1971. Program Development by Stepwise Refinement. *Communications of the ACM*: 221–227.

[1] Brian Snowdon and Howard R. Vane, *Modern Macroeconomics: Its Origins, Development and Current State* (Edward Elgar, 2005), p. 61. ISBN 978-1-84542-208-0.

[2] E. Ilzetzki, E.G. Mendoza, and C.A. Vegh, "How Big (Small?) Are Fiscal Multipliers?" *Journal of Monetary Economics* 60, no. 2 (2013): 239–254.

[3] Thomas L. Saaty and Kirti Peniwati, *Group Decision Making: Drawing Out and Reconciling Differences* (Pittsburgh, PA: RWS Publications, 2008). ISBN 978-1-888603-08-8.

[4] Noriaki Kano et al., "Attractive Quality and Must-Be Quality," *Journal of the Japanese Society for Quality Control* (in Japanese) 14, no. 2 (April 1984), 39–48. ISSN 0386-8230.

[5] Porter, M. E. "*How Competitive Forces Shape Strategy,*" Harvard Business Review 57, no. 2 (March–April 1979): 137–145.

[6] B.G. Cameron et al., "Strategic Decisions in Complex Stakeholder Environments: A Theory of Generalized Exchange," *Engineering Management Journal* 23 (2011): 37.

[7] A.P. Schulz and E. Fricke, Incorporating Flexibility, Agility, Robustness, and Adaptability within the Design of Integrated Systems—Key to Success? Proc IEEE/AIAA 18th Digital Avionics Syst Conf, St. Louis, 1999.

[8] M.W. Maier and E. Rechtin, *The Art of System Architecting* (CRC Press, 2002).

[9] *INCOSE System Engineering Handbook* V3.2.2. INCOSE, October 2011.

[10] Dennis M. Buede, *The Engineering Design of Systems: Models and Methods,* Vol. 55 (New York: John Wiley, 2011).

附：对利益相关者提出的系统需求所进行的特征分析

提出方	需求	供给方	提出方对该需求的渴望程度			供给方对提出方的重要程度			权重
			可以	应该	必须	低	中	高	
项目	监管审批	监管机构			x			x	0.95
	$（销售）	驾驶者/拥有者		x		x			0.2
	劳动力	本地社区		x			x		0.4
	部件	供应商			x		x		0.8
	投资	企业		x		x			0.2
	技术	企业		x			x		0.4
企业	$（收入）	项目		x		x			0.2
	投资	投资者		x		x			0.2
本地社区	就业	项目		x		x			0.2
	环境效益	驾驶者/拥有者	x				x		0.2
监管者	环境保护	项目	x			x			0.1
	政策支持	NGO	x				x		0.2
	政策支持	本地社区	x				x		0.2
投资者	资本回报率	企业		x		x			0.2
驾驶者/拥有者	交通运输能力	项目		x			x		0.4
	燃料	石油公司			x		x		0.8
	税收减免	本地社区	x			x			0.1
供应商	$（收入）	项目		x			x		0.4
NGO	环境保证	项目	x			x			0.1
	财务支持	石油公司		x			x		0.4
石油公司	$（收入）	驾驶者/拥有者		x			x		0.4

第 12 章　用创造力生成概念

感谢 Carlos Gorbea 博士就本章所提供的巨大帮助。C. Gorbea, “Vehicle Architecture and Lifecycle Cost Analysis in a New Age of Architectural Competition.” Verlag Dr. Hut, Dissertation, TU Munich, 2012

12.1　简介

进行利益相关者分析和拟定系统目标，是为了减少系统中的模糊之处，而提出系统概念，则基本上是一个创造性的过程。第 11 章已经提出了与特定解决方案无关的系统问题陈述，而且是在适当的抽象层级上提出的，这有助于我们在不影响公司核心竞争力以及不超越项目预定范围的前提下，提出新的想法。这样的新想法，显然不能仅仅通过分析来得出，而是要运用一定的创造力，来产生出能够令人兴奋、能够解决设计中的矛盾，且能够带来新功能的概念。

尽管许多人把概念当成架构师所产出的核心成果，然而笔者所得到的经验却是：除了概念本身，架构师还必须学会从概念出发，沿着上、下两个方向进行架构。也就是说，上游过程和下游过程中，都有着一些能够影响概念的因素，那些过程决定了我们究竟能够在何种程度上塑造概念的结构并对概念运用创造力。

图 12.1 是一个漏斗状的示意图，它所要表达的意思是：概念是一种最为简单的系统表示方式。它是从多位利益相关者的需求中提炼出来的，提出了概念之后，我们要面对的问题就是，怎样把这个复杂而有深度的系统最终实现出来。在第 9 章中，我们列出了架构师所能交付的成果，根据图 12.1，这些成果可以分成 3 类。上游的影响因素和对利益相关者所做的分析，与减少系统定义中的歧义有关。而在概念的下游，对复杂度所进行的管理，则成了架构师的主要任务，这么做是为了使系统对于有关各方来说，能够继续处在易于管理和易于理解的状态。我们会在第 13 章讲述此话题。

在第 7 章中，我们对概念进行了分析，并确定了概念的组成部分。本章将运用分析的结果，来帮助架构师针对混合动力车去创建一个新的概念，在创建概念时，我们重点要强调的是如何运用创造能力。

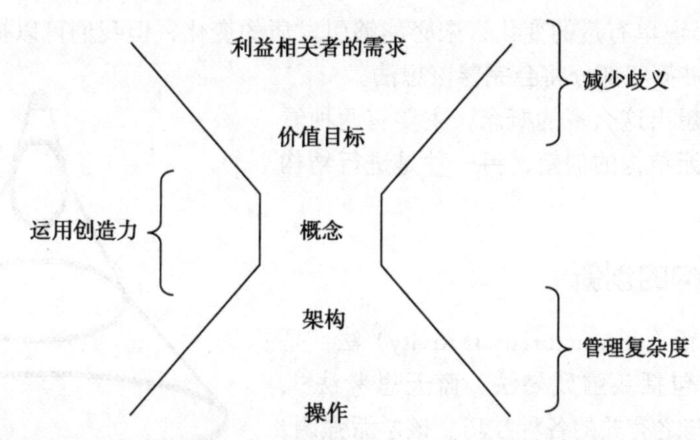

图 12.1　对复杂系统进行架构时的 3 个主题，这 3 个主题表明架构师必须从架构出发，沿着上游和下游两个方向进行探索

我们首先讨论不同的创新模式。然后会在 12.2 节中重新审视生成概念所用的框架，只不过这次不再使用对象过程方法（Object Process Methodology，OPM）来表示了。然后，我们在 12.3～12.5 节中，详细地运用这套概念生成过程，来拟定混合动力车系统的概念。最后，我们通过案例研究来了解汽车行业中的架构竞争。

12.2　对概念进行创新

12.2.1　创新

什么是创新？对于这个问题，很多人都认为：创新必须产生新的结果，所谓新的结果，就是以前不知道的结果。然而，与创新有关的另外两个问题，却无法达成共识，那两个问题分别是：创新是否必须有意地进行，以及创新是否必须产生影响或效果。笔者认为，创新必须有意识地进行。无意间创造出来，且没有为大家所发现的产品，基本上是不能算作创新的[1]。比如，如果你无意识地拿颜料在画布中抹上几笔，然后又把它扔进垃圾篓，那么这样的绘画就不具备创新性。创新必须是有意识而进行的，但这并不等于说创新必定是个线性的过程，这个过程，甚至都可以是一种未知的过程，只要你是在有意地进行它就可以。笔者还认为，创新不一定非要产生影响或效果。是否产生影响或效果，应该由创意阶段完成之后所选用的衡量尺度来定。笔者的经验是：如果在进行创新时过分关注它所产生的效果，那么可能会使创造力本身受到限制。比如，参加头脑风暴（brainstorm，脑力激荡）的人，不应该在构想阶段就批评其他人所提出的创意。

笔者在这里要给出一个重要的观点，那就是：在一个理想的创意过程中，可以考虑的概念数量应该会极速地增加（参见图 12.2）。这个想法，首先是由头脑风暴法的创始人 Alex Osborn 提出的，他给出了这样一个假设：“quantity breeds quality”（量的变化引起质的变化）[2]。虽说单有量的变化，未必能够引发质的变化，但我们可以把这种想法作为一个切入点。本书第四部分将会完善该想法。

对于如何构想出这么多的概念，主要有两种看法，一种是进行无结构的创新，另一种是进行结构化的创新。

12.2.2　无结构的创新

无结构的创新（unstructured creativity）法，是相当流行的。它包括头脑风暴法、蓝天思考法⊖、自由联想法以及与之有关的各种技巧。该学派强调，我们应该在不带有偏见或不受到原有经历影响的情况下进行创新。Edward de Bono[3] 认为，思维确实会受到现有思想通道的限制，而创新的目标，则是要在概念空间中开辟新的思维通路。他自己所提出的一套创新技巧，就能够很好地演示这种创新方式：翻开一本书，随便指向某一页中的某个词，然后试着把这个词与你当前所要解决的问题联系起来。

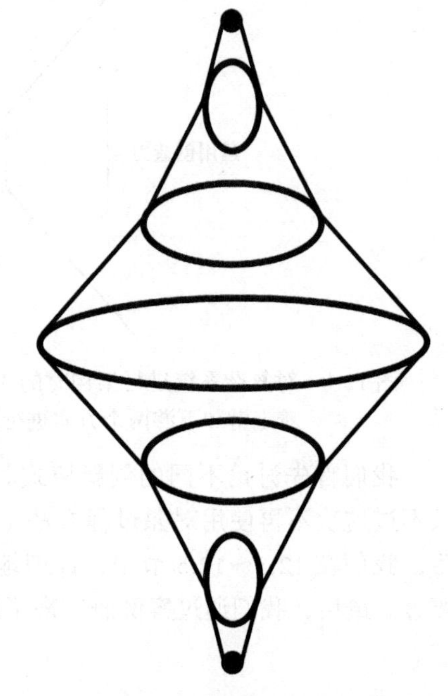

图 12.2　要想有意识地对概念进行创新，首先应该提出越来越多的概念，然后根据这些概念“与目标的契合程度”，逐步对其进行筛选

无结构的创新，源自一种潜意识过程中的顿悟（aha! moment），这种顿悟，虽然表面看上去好像毫无来由，但毕竟能够给思考者带来一种解决问题的办法。有些人认为，创新本来就是无意识的，而且必须突如其来地发生。如果它源自一个已知的或确定的过程，那么它就不是创新了。尽管这种说法可以讲得通，但笔者却认为，它在某种程度上，是不利于我们在工作中进行创新的。因为它给创新设定了一个标准，而这个标准本身，却并不鼓励我们进行创新。笔者想要提出的办法，是一种既可以进行有意识创新，又可以进行无意识创新的办法。

历史上有很多“具有创造力的思考者”，例如爱因斯坦、毕加索、达·芬奇、马娅·安杰卢等，这些人都有一个共同的特征，那就是具备发散思维的能力，可以提出很多新的想法。与无意识的、天赋式的创新观念相对，还有一种观念认为创新是有结构的，他们认为，创新可以通过分析来促发，而且认为创造性的思考方式，与解决问题时的思考方式或日常的思考方式相比，基本上没有太大的区别。

12.2.3　结构化的创新

结构化的创新（structured creativity）观念，认为对问题所做的分析，对于解决方案

⊖ blue sky idea 或 blue-sky thinking，是一种不受制于现有思维方式的思考方法。——译者注

的综合来说，是有帮助的。回想第 7 章中那个开瓶器的例子。在那个例子中，我们把与特定解决方案无关的陈述，也就是“获取酒”，窄化成了与特定解决方案有关的陈述，也就是“移除瓶塞”。接下来，我们将在这个结构化创新的例子上进行阐述，以演示如何通过对组件进行重新组合以及运用完备性框架来进行创新。

在结构化的创新中，我们会频繁提起一项活动，那就是对组件进行重新组合。待解决的问题可以分成好几个部分，而每一个部分，都可能会有多个选项，于是，我们可以把自己对每一部分所做的选择综合起来，以构成一套解决方案。笔者原来并没有特意强调这种把一个问题分解成多个部分的思路，因为这种分解，有时候注重的是形式与功能之间的对应关系（例如像图 12.3 那样，给这 3 个功能分别选择一种承载形式），有时候注重的则是把一个与特定解决方案无关的功能，变为一个与特定解决方案相关的功能。第 7 章所介绍的形态矩阵（morphological matrix），以及第 14 章将要介绍的其他一些决策支持工具，都使用了这种问题分解思路。

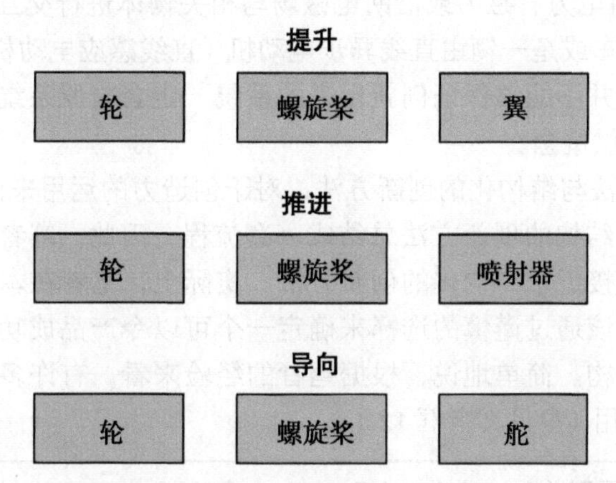

图 12.3　通过对组件进行重新组合来激发创造力：从每一行的 3 个灰色方框中选择一个组件作为该功能的形式，然后把针对每个功能所做的选择组合起来，这样就可以像第 7 章所讲的那样，探索出很多不同的概念了

完备性框架是结构化创新的另一种形式，它使用一份列表来激发创意。比如，我们可以提出一份能量形式的列表，其中包括：线性动能、旋转动能、势能、化学能等。在面对问题时，我们可以问问自己，利用列表中的每一种能量形式，分别可以提出什么概念？比如，当前有很多混合动力车都使用存储在电池中的能量来推动汽车。然而，我们也可以使用旋转的动能来实现推进，例如保时捷的 GT3 RS 混合动力车和 2009 年 WilliamsF1 车队的赛车，就使用了飞轮来为汽车提供动能。

还有一种更为抽象的完备性框架，那就是 de Bono 的六顶帽思考法（Six Hats）[3]。这是一种基于团队的思考方法，它给想要解决问题的团队成员分派了 6 种不同的角色。这种结构划分方式，是基于一种理论而提出的，该理论认为：思维模式不同的人在一起进行讨论，有助于使团队更加全面地思考问题，而且有可能促成新的解决方案。虽说从“大脑和认知科学”(brain and cognitive science）的角度来看，这 6 顶帽子（管理［蓝色］、信息［白色］、情绪［红色］、洞察［黑色］、积极响应［黄色］、创新［绿色］）并不是完全正交的⊖，但它们确实指出了一种对工作组中的成员进行职能分解的方式。

最知名的一种结构化创新方式，叫做 TRIZ（Theory of Inventive Problem Solving，发明式的问题解决理论)，它是由苏联海军的 Genrich Altshuller 所提出的，他研究了 4 万份专利摘要，并从中定义了 40 条发明原理。他首先从某些看似矛盾的表述入手，例如“想造一辆速度更快的火车，就需要一台更强大的发动机，而一台更强大的发动机，却会使火车变得更重……（因此，会使火车从更强大的能量中所获得的加速度增益变少)，而另一方面，我们又想在保持重量不变的前提下使火车跑得更快。”这些想法之间的矛盾，可以用他所提出的 40 条发明原理来解决，例如其中有一条原理叫做机械置换（Mechanics Substitution）原理，也就是把某个机械设备换成一种感应设备（例如光学感应或声音感应设备等)，也可以改用电力、磁力或借助电磁场与相关物体进行交互。这将会把一辆柴油机车变为一辆电力机车或是一辆由直线异步电动机（直线感应电动机）来驱动的机车。请注意，虽然这些原则并不能够保证创新出来的系统一定会与原系统重量相同，但是它们确实可以给新系统提供概念。

无结构的创新方法与结构化的创新方法，对于创造力的运用来说，都是必不可少的。但由于我们很难将无结构的创新方法总结成一套流程，因此，笔者对系统架构进行审视时所采用的思路，更接近于结构化的创新方法。实际上，笔者在本节开头部分所说的观点已经表明，我们应该通过谨慎的选择来确定一个可以令产品成功的架构，而不是单凭运气去获得这样的架构。简单地说，根据笔者的经验来看，有许多创新形式都对优雅的架构起到了关键的作用（参见文字框 12.1)。

文字框 12.1　创新原则（Principle of Creativity）

“想象力比知识更重要。”

——阿尔伯特·爱因斯坦

“变化是通过对立面的斗争而发生的。”

——Vladimir Lenin，《哲学笔记》(Philosophical Notebooks，1912～1914 年)

“直面困难，就会有所发现。”

——Lord Kelvin

“在目前的现实与对系统的展望之间拉开一段距离，就可以引发创新。”

——Peter Senge

对于每一个有意义的现实问题来说，在我们给系统所设定的那些目标中，基本上

⊖ 也就是说，它们并不是各自完全独立的，而是有着某种重叠或联动关系。——译者注

都会出现一些矛盾。在架构中进行创新，就是要追求一种能够解决矛盾的好架构。为了尽可能地给创新提供机会，我们要抛开组织结构或人文环境方面的制约，将所有的目标都视为可以权衡的目标，以便考虑到每一种可能性。

- 由于架构工作是在策略层面所进行的设计，因此，架构师必须创建出总体的系统概念，以解决宏观目标中的矛盾。
- 要想解决矛盾，我们应该发挥自己的创造力，来找寻一种能够使所有目标都得到满足的概念。若是在现有的技术水平之下找不到这样的概念，那么还可以通过对目标进行修订来解决其中的矛盾。
- 创新是一种迭代式的过程，要在目标未知的状况之下寻找路径。正如 E.L. 多克托罗所说："创新就像开夜车。你虽然只能看到前灯照见的这么一点地方，但依然可以这样一直地开下去。"
- 开动脑筋，在现有的信息片段之间进行新的联想，这样就会产生创新。
- 要想找到新颖的解决方案，就得抛开思维定势，全面地去探索各种替代办法，否则，你所找到的解决方案就只会是对现有设计方案的渐进式改良。

12.2.4　确定概念

我们在第 7 章中，把系统的概念（concept）定义为能够将功能映射到形式的图景、理念、想法或意象。概念中必须体现出系统的功能与操作原理，同时也要包含对形式所做的抽象。系统的概念是由架构师创建的。这是最需要创新的时候，因为对概念所做的选择，会对系统产生深远的影响。架构师所选的概念，应该能够为系统确立一份与特定解决方案相关的词汇表，这就是架构工作的开端。建筑师 Steve Imrich 指出："概念为建筑物的结构提供了理据"[⊖]概念本身虽然并不是产品的一项属性，但它却是从产品的一项属性（也就是功能）到另一项属性（也就是形式）的一种映射。

概念与架构是相互分离的，它只为架构提供了部分的答案。之所以要把二者分开，其原因就在于：概念是表达想法时所使用的语言，而架构则是谈论实现时所使用的语言。

第 11 章描述了一种对 OPM 图中的概念进行分析的办法，那套办法会从与特定解决方案无关的功能，以及与特定解决方案相关的功能和形式中收集信息，并以此来填充 To-By-Using 框架。而本章我们要讲的则是复杂的系统，对于这种系统来说，尽管也可以用对象过程方法（OPM）表示出系统之下第一级的分解情况，但我们很快就会发现，领域特定的语言和方法才是更为重要的东西。

接下来，我们将把概念的构想阶段分为下面 4 个步骤。在第二部分中，我们曾经构建了一套问题框架（其中包含问题 4a～8b），那套框架先提出了一些与概念有关的问题，

⊖ 这句话有双重含义。建筑师与架构师，英文中都写作 architect，建筑与架构，都写作 architecture。——译者注

然后提出了一些与架构有关的问题。此处我们主要关注的是如何生成多个概念，这实际上就相当于对表 8.1 中的问题 5a 和问题 5b 进行扩充。

1. **提出概念**

- 从系统问题陈述（SPS）和具有描述性的目标出发。
- 对 SPS 和目标进行分析（并重新解读），以确定出涉及系统价值且与特定解决方案无关的操作数及过程。
- 运用创造力进行特化，以确定出一套由具体的操作数（operand）/ 过程（process）/ 工具（instrument）所组成的概念。
- 对我们提出的每一个概念进行检查，看看它是否与系统问题陈述中的目标相符，如果有必要，可以对与特定解决方案无关的陈述进行调整。

2. **扩充概念并提出概念片段**

- 针对蕴含着多个功能的丰富概念进行扩充或分解，以揭示出其中的主要内部功能，或揭示出扩展之后的操作数 / 过程 / 工具。
- 针对刚才发现的每一套操作数 / 过程 / 工具，再次运用“提出概念”这一个大步骤下面的各条小步骤，以确定出操作数 / 过程 / 工具格式的概念片段。

形式
功能
概念

图 12.4 概念的呈现

3. **演化并完善整体概念**

- 在概念和概念片段的空间中系统地进行搜寻，以确保没有遗漏。
- 在满足约束条件的前提下，将概念片段以各种组合方式进行组合，以确定整体概念。

4. **选出几个整体概念，进行进一步的发展**

- 运用逆向思维来思考：哪个概念最有可能满足系统目标？
- 运用正向思维来思考：哪个概念最有可能做出好的架构？
- 对选出的这些概念进行检查，看看它们是否能够满足 SPS 及描述性的目标，同时也可以对其进行必要的调整。

在本章的后续内容中，我们将运用上述框架，来为油 / 电混合动力车的架构生成一些概念。

12.3 提出概念

首先我们来看概念框架中的第一个步骤，也就是提出概念。我们原来在对混合动力车进行利益相关者和目标分析时，曾经提出了与特定解决方案无关的过程及操作数，那就是：改变人及其货物的地点，我们还给这个过程添加了两个修饰属性，一个是“廉价地”，另一个是“环保地”。

我们所提出的系统问题陈述，实际上已经开始界定系统的概念了，因为我们已经把与特定解决方案无关的过程，特化成了“驾驶”，而且还给该过程设定了“节省燃料”及“易于操纵”这两个属性。

向我们的客户提供这样一种产品：

- 为了（To）以廉价且环保的方式运输客户及其货物。
- 通过（By）一种省油且易于操纵的手段，使客户载着自己、乘客以及轻量货物。
- 使用（Using）油 / 电混合动力车。

定义系统目标的过程，可以促使我们去罗列一些更为具体的过程。在 11.2 节和 11.3 节中，我们采用了一种结构化的方法，通过发挥创造力，为受益的利益相关者提出了一些需求，然后，我们又从中选出了一些需求，把它们写入了为混合动力车所指定的描述性目标中。

目前的形式概念，只是一个“混合的”（hybrid）东西，我们既没有详细地完善概念中的形式，也没有详细地指定功能与形式之间的映射。hybrid 这个词是一种简称，单从这个形容词来看，我们既不知道它所修饰的工具（本来应该修饰 car，构成 Hybrid Car），又不知道究竟是哪两种动力相混合。读者可能会想当然地认为是油（gas）和电（electric）相混合，但正如本章结尾的案例研究所示，曾经有一段时间，占据主流的混合方式是蒸汽（steam）和油（gas）。

我们在第 11 章中已经给出了系统问题陈述，并在定义系统目标时进行了特化，同时，我们还运用第 7 章中所说的办法，对传输过程和工具对象也进行了特化，因此，现在可以直接跳到第二个步骤，也就是扩充概念。请注意，在第 1 阶段结束时，我们只得到了 1 个概念，也就是油 / 电混合动力车，实际上，我们也可以把多个概念一起带到第 2 阶段中。

12.4　扩充概念并提出概念片段

12.4.1　对推进功能进行扩充

在第 7 章中，我们说过，概念可以拆分为多个小的想法，每个想法都称为一个概念片段（concept fragment）。概念创建框架中的第 2 步，是要对概念进行扩充，并提出各种概念片段。对于混合动力车来说，我们把与特定方案相关的过程，定义为“驾驶”（driving），而这个概念的内涵，是相当丰富的。为了扩充该概念，我们要对驾驶过程进行分解，以确定其中的概念片段。在由驾驶这个概念所分解而来的这些片段中，我们首先来讲解“推进”（propulsion），然后再讲解其他 7 个概念片段。

具体来说，我们首先要根据推进系统的结合方式，对混合动力进行分类。根据车辆的推进系统对外部能源的依赖情况，可以把混合动力车的概念分成三大类，也就是：单能源类、双能源类及多能源类。

- 单能源架构：这种架构的汽车，只能依靠一种外部能源。当今的绝大部分汽车，都是装有内燃机的单能源汽车，它使用汽油或柴油等液体作为燃料。以高压电池作辅助内部能源的混合动力车，也属于单能源汽车，因为这种车所依赖的外部燃料来源，依然只有一种。
- 双能源架构：这种车的动力系统，可以依赖两种外部能源。插电式混合动力车，就属于双能源汽车或灵活燃料车（fuel-flexible car，可变燃料车）。这种车可以接收并存储电及燃料这两种外部能源。
- 多能源架构：这种车的动力系统，可以依赖于两种以上的外部能源。它们能够获取三种或三种以上的能源。比如，Fiat Siena Tetrafuel 就是一款采用多能源架构的汽车，它可以加汽油，可以加 E20 至 E25 的乙醇汽油混合物，可以加纯乙醇（也就是 E100），还可以成为一种以压缩天然气（Compressed Natural Gas，CNG）为替代能源的两用燃料汽车[4]。

经过上述分解之后，我们可以看出，原来所提出的那个概念，是把推进系统的架构锁定为双能源架构，然而实际上，除了双能源架构之外，还有很多架构也同样能够解决我们所提出的系统问题陈述。不过请大家注意：在这几种类型的混合推进架构中所进行的选择，是不能算作概念片段的，因为它并没有把功能映射到形式。

为了有助于构想出更多的概念，我们可以把推进功能进一步分解为能源的携带 / 存储，以及车辆的移动（通常称为动力总成，powertrain）。对于四种较为普遍的能量存储通路来说，其概念都是已知的，它们分别是：蒸汽、内燃机、电池以及基于燃料电池的概念，在这四种方式之间进行组合，还可以得到其他一些概念。四种动力总成概念及其输入能源，也总结在了图 12.5 中。请注意观察这张图是如何把能源携带和车辆移动这两个主要的内部功能演示出来的。

基于蒸汽的概念，曾经在早期的汽车市场（也就是 1790～1906 年的汽车市场）中占据着主导地位，然而其后并没有取得商业上的巨大成功。曾经有人想把早期的蒸汽概念与其他概念进行结合，例如制作蒸汽与电力相混合的混合动力车，或是用内燃机所排放的气体来产生蒸汽[5]。BMW 的 turbo-steamer 项目曾经做过概念验证，证实了内燃机的废气确实可以用来产生蒸汽，并且可以用多余的能源将汽车的扭矩提升 10%，然而这样做会使重量增加 220 磅。根据蒸汽、蒸汽—电力混合以及内燃机—蒸汽机混合等概念所制作出的汽车，其总体效率可以说是不如当前普通汽车的。

对于内燃机（Internal Combustion Engine，ICE）来说，常见的两个种类分别是以汽油为动力的火花点火（Spark Ignition，SI）式发动机，以及以柴油为动力的压缩点火（Compression Ignition，CI）式发动机。虽说汽车也可以使用涡轮发动机等其他类型的内燃机，但是有研究表明：与 SI 式和 CI 式发动机相比，这种发动机在燃料消耗方面的表现较差。[6]

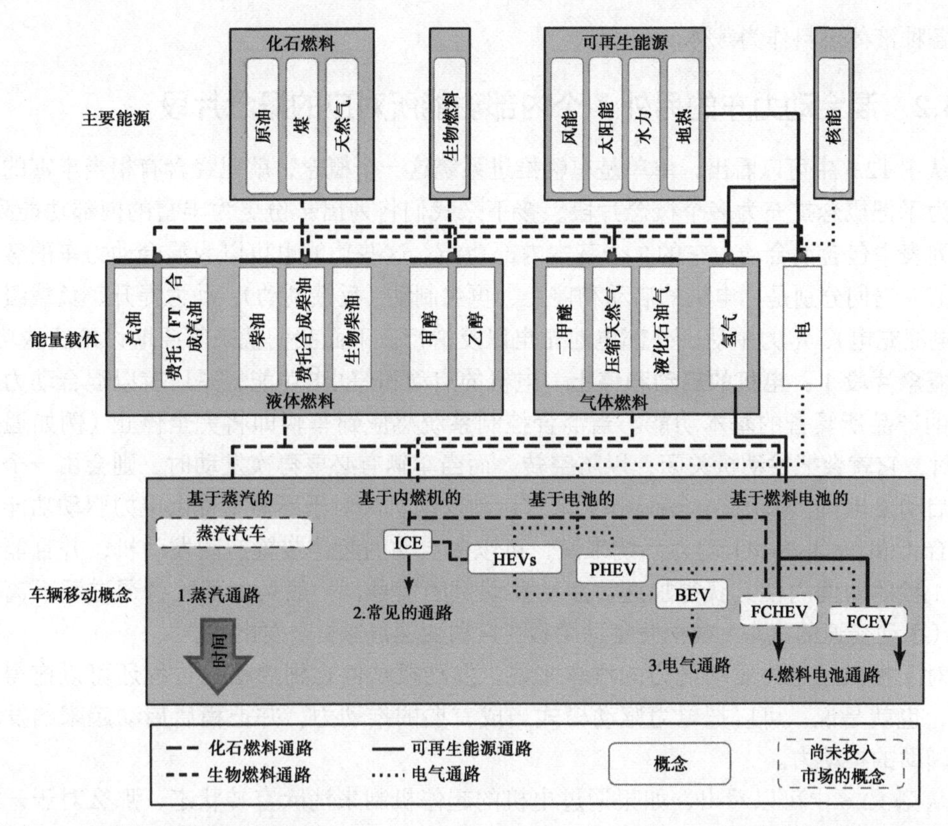

图 12.5　四种主要的车辆移动概念（ICE、HEV、PHEV 及 BEV），以及它们所依赖的主要能源

在环境保护方面，减少驾驶过程中的废气排放，已经成了一项主要的议题，因此，由电池电力来驱动的动力总成，开始变得流行起来。混合电动车（Hybrid Electric Vehicle，HEV）是在传统的内燃机汽车之外，率先取得商业成功的混合动力车。起初的混合电动车，只是通过小的电气系统来协助内燃机把动力传递给车轮，然而由于这类早期的混合电动车取得了成功，因此业界开始提出用更大的电池来供电这一概念，也就是由外部的电源来给电池充电，例如插电式混合动力车（Plug-in Hybrid Electric Vehicles，PHEV）。对于城市中的驾驶以及短距离通勤的客户来说，电池电动车（Battery Electric Vehicles，BEV，纯电动车）将会开始受到欢迎 [7]。这种基于电池的概念，其优势在于能够减少尾气排放量，并且可以更为灵活地选择一种二氧化碳排放量较低的电力产生方式，来作为其主要能源。基于电池的概念，其所受到的最大限制，就在于电池本身。这个概念要想取得成功，就必须设法延长电池寿命、缓解能量密度限制并降低成本 [8]。

最后一个概念是燃料电池，这类产品虽然还没有投入市场，但已经有了数十年的开发历程 [9]。最先出现的商用燃料电池汽车（Fuel Cell Electric Vehicle，FCEV），应该是把大型的电池电力系统和燃料电池增程器（fuel cell range extender）相结合，将燃料以化学方式转化为电力，以推进电动机。燃料电池动力总成可以用氢气作为燃料，也可以用甲醇等各种液体燃料作为载体。

12.4.2 混合动力车的另外 7 个内部功能所对应的概念片段

从图 12.5 中可以看出，单单是车辆推进系统这一个概念，就已经含有相当丰富的功能了。为了把概念扩充为多个概念片段，接下来我们将列出一份更为丰富的内部功能列表。这份列表中包含混合动力车的 7 个基本内部功能，这些功能也可以为混合动力车的客户提供价值，它们分别是：电机的启动和停止、再生制动（反馈制动）、动力提升、负载级别提升（电池充电）、电力驱动、外部电池充电以及滑行。下面我们就来简要地讨论这些功能。

概念片段 1：电机的启动和停止 电机的启动和停止⊖功能，是所有以混合动力车为概念的产品所具备的基本功能。当混合控制系统感应到车辆即将完全停止（例如遇到红灯）时，它就会把发动机关闭，以防空转。而当车辆有必要再次发动时，则会由一个电动机或启动发电机（starter-generator）来对启动发动机。对于不需要提供电力驱动功能的轻度混合（micro hybrid）动力系统来说，可以由自动的起停装置启动发动机，并且能够在不到 1 秒的时间内使其获得加速。启动发动机的信号，一般是由驾驶者通过踩下离合器踏板（手动变速的汽车）或松开制动踏板（自动变速汽车）来发出的。

对于提供了电力驱动能力的汽车来说，发动机从停止到启动的过程还可以拖得更长一些，也就是说：可以把电力驱动模式当成首要的推动力，并把稍后启动起来的发动机作为辅助的推动力。

从图 12.6 中可以看出，如果通过电机的起停机制来消除空转状态，那么对于一款在城市内驾驶的普通参考车型来说，燃料的消耗量可以减少 5%～7%[10]。把最优的控制策略与负载级别提升、动力提升、电力驱动及滑行（详见下文）等功能结合起来，还可以再节省 5%～9%。在我们讨论的这 7 个概念片段中，只有外部电池的充电功能没有体现在图 12.6 中。该功能是想在标称行驶状态之外，再向系统提供一些能量。图 12.6 中的值，可以代表那种具备有限的电力驱动能力的全混合动力总成，而不是那种基本上可以不消耗燃料的插电式混合动力系统。

概念片段 2：再生制动 “再生制动”（regenerative braking）是指把一般汽车系统在制动时由于摩擦和热所损失的能量储存起来。把牵引电动机（electric traction motor）设置为再生模式，令其产生与车辆移动方向相对的反作用力，这样就可以实现对制动能量的再生了。通过再生制动所获取的能量，可以直接存放在高压电池中，以便稍后为电气系统中的组件提供加速或动力。图 12.6 表明：通过再生制动机制，可以再节省 5%～9% 的燃料消耗量。

使用电动机作为制动设备，可以应对绝大多数需要刹车的情况。然而为了安全考虑，还需要再安装一套摩擦制动系统。带有高压电池（也就是大于 42 伏的电池）的混合动力车，其再生制动系统会延长摩擦制动系统的寿命，这对客户来说也是个好处。再生制动

⊖ 也称为怠速熄火（idling stop）。——译者注

系统的效果，受制于电池系统在短时间内存储脉冲能量的能力。对于轻度混合和中度混合（mild hybrid）的动力系统来说，非常适合在再生制动系统中使用超级电容器，因为这样做可以保证电容器在两三秒时间内充入或放出较高的能量。目前还不能通过超级电容器来实现持续的电力驱动。

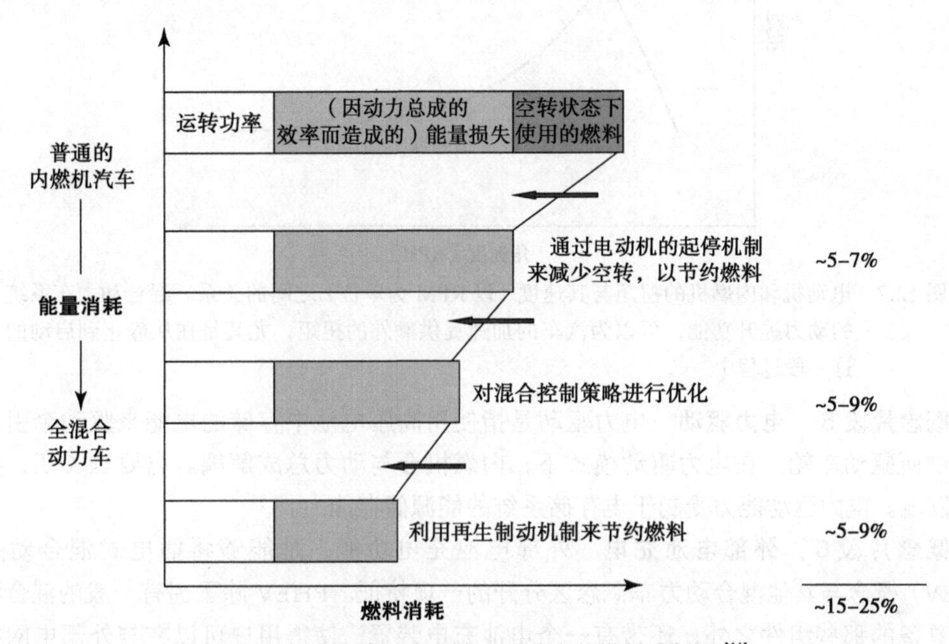

图 12.6 全混合动力系统可以节省的燃料消耗量 [11]

图片来源：M. Ehsani, A. Emadi, and Y. Gao, *Modern Electric, Hybrid Electric, and Fuel Cell Vehicles: Fundamentals, Theory, and Design*, CRC Press, 2009

概念片段 3：动力提升 如果驾驶者所需的加速能力，比内燃机所提供的还要大，那么可以通过电动机来为车轮提供额外的扭矩（torque），这就叫做动力提升。当车辆行驶在斜坡或是处于受到拖动的状态时，也需要动力提升功能。在这些情况下，电池的电量已经耗尽，因而汽车需要以电动机作为辅助的动力来源。

动力提升功能尤其适合改善汽车在 0～100 公里 / 时（也就是 0～60 英里 / 时）时的加速度能力。从图 12.7 中可以看出，电动机表现出最高扭矩的那个时刻，位于从静止到 RPM（每分钟转速）较低（0～900RPM）的这段过程中，而一般的四冲程循环内燃器，则要在 RPM 较高时（2000～2500RPM）才能达到最大动力。因此，为了增强系统性能，混合动力车在从静止到开始启动的这一段过程中，一般会采用电动机来向动力总成提供扭矩。

概念片段 4：负载级别提升 负载级别提升或者再生模式，使得发动机能够与再生模式的电动机一起，用剩余的动力来发电。额外的负载级别，可以用来提升发动机的扭矩及 RPM，使其达到一个能够提供额外动力的较优状态。产生的电可以用来给电池充电，或是为电气系统中的其他部件提供电力。

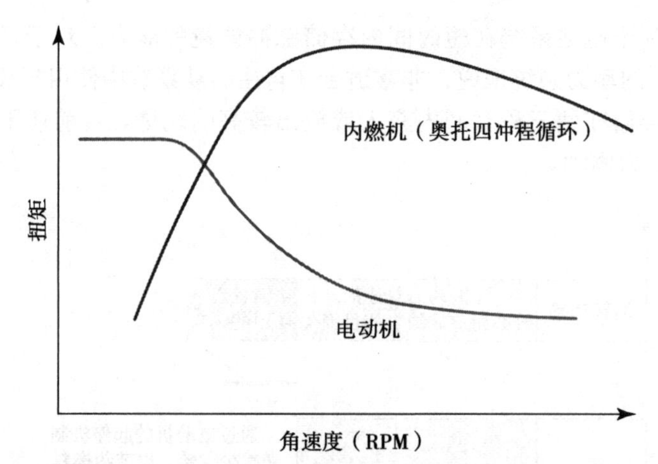

图 12.7　电动机和内燃机的扭矩与其速度（以 RPM 为单位）之间的关系。混合动力车系统的动力提升功能，可以为汽车的加速提供额外的扭矩，尤其是在从静止到启动的这一段过程中

概念片段 5：电力驱动　电力驱动是指使用高压电池中存储的电能来驱动牵引电动机，进而驱动车轮。在电力驱动模式下，内燃机会与动力总成解耦。它要么关闭，要么用来发电。电力驱动能力受制于电存储系统的能源储存能力。

概念片段 6：外部电池充电　外部电池充电功能，是能够将插电式混合动力车（PHEV）概念与其他混合动力车概念区分开的一项特征。PHEV 除了拥有一般的混合动力车所具备的那些组件之外，还带有一个电池充电装置，使得用户可以在与外部电网相连的地方或是充电站给它充电。无论是在家中充电，还是去充电站充电，PHEV 的用户都必须要给汽车充电，这是这类汽车的一个局限所在。

由于插电式混合动力车能够与电网相连，因此用户可以在夜间对其充电，电是一种很便宜的能源，而且本地的发电站在夜间的电力负载一般都很低。在对电力机动性（electric mobility）所做的研究中，“车辆到电网”（Vehicle-to-grid，V2G）方面的研究可以与其他方面的研究互补，这种研究最近正在受到关注 [12]。

概念片段 7：滑行　混合动力车的最后一个功能是“滑行”（gliding），虽然听上去微不足道，但是它对于优化混合动力车的控制策略来说，却很有用处。滑行时，发动机和电气系统都要与车轮解耦，并且要使车辆能够在其动力总成没有摩擦损失的前提下，依靠重力来推进。普通的汽车在下坡时会自然地滑行，而混合动力车则必须在驾驶者切入或切出滑行状态时，迅速地将最适合当前驾驶状况的动力总成与车辆相连接。

总之，这 7 个概念片段表示了混合动力车的潜在特性。某些概念片段（例如动力提升）直接关系到驾驶体验，而另外一些片段则用来提升汽车的总体性能，它们与驾驶者的操作体验并没有直接的关系。提出了这些概念片段之后，我们现在回到整体概念的问题上来。既然要根据两个主要的内部功能（也就是能量存储与车辆移动）和 7 个概念片段来提出整体概念，那么我们就需要思考：这些概念之间如何交互？它们会不会相互冲突？它们能否协调地运作？

12.5　演化并完善整体概念

概念框架的第 3 步是演化并完善整体概念。概念片段的一个好处，是它们本身就可以重新进行组合并形成模块。第 3 步的意图，是通过对概念片段的重新组合，来列举各种备选的整体概念，以便在概念空间中进行系统的搜寻。要想以分析的方式来搜寻概念片段之间的组合方式，有一种办法是根据功能与形式之间的不同映射关系来进行查找。在第 7 章中，我们曾经用形态矩阵（morphological matrix）找出了各种与交通工具有关的概念。比如，如果交通工具的提升、推进和导向功能，都采用螺旋桨来实现，那么就会形成直升机这个整体概念。本书第四部分将会以计算式的方法找出所有的组合方式，不过在本节中，我们暂且采用分析的办法来讨论这个话题。

我们可以从能量存储与动力总成这两个概念片段入手，从“电气通路”（electric pathway）的角度来分析电气化程度不同的各种架构，包括混合电动车（HEV）、插电式混合动力车（PHEV）以及电池电动车（BEV，纯电动车）。

具体到混合动力车来看，与形式和功能之间的映射有关的问题就是：能量存储功能是否会给车辆移动功能提供输入？如果是，那就意味着这两项功能会共用同一种形式，如果不是，则说明能量存储功能与车辆移动功能是相互解耦的，它们分别对应于不同的形式。

这两种映射方式体现出了并联式混合与串联式混合之间的区别，如图 12.8 所示。并联式混合动力系统（parallel hybrid powertrain system）是一种累积系统，可以把两种驱动力联合起来，而与之相反，串联式混合动力系统（series hybrid powertrain system）则是以串行的方式来工作的，基于燃料的动力总成，会向基于电力的动力总成提供动力。图中的能量负载消耗，指的是推进汽车所需的能量。能够把并联式及串联式混合动力系统的特性结合起来的动力系统，称为混联式混合动力系统（combined hybrid system）。混联式的混合动力车，可以像动力分配式的混合动力系统（power split hybrid）那样，把从燃料转换器中得到的能量，同时分配到串联式与并联式的能量路径中，也可以通过一个开关，把汽车切换到只使用并联式系统或只使用串联式系统的状态。

我们应该对并联式与串联式混合方案的各种搭配方式进行探索，不过为了简洁起见，本书直接给出通过探索而得的整体概念。各种混合动力车的架构，从概念上来说，可以像图 12.9 这样，依照电力行驶范围与电气化程度这两个维度来进行描述。第一个维度是电力行驶范围，也就是汽车依赖电力推进系统所能够行驶的距离，第二个维度是电气化程度，它取决于电动机的累积峰值功率与电动机和发动机联合起来的最大功率之比。电气化程度为 0 的汽车，就是传统的内燃机汽车，这种汽车中没有电力系统，而电气化程度为 1 的汽车，则表示纯电动车，这种汽车中没有安装内燃机。

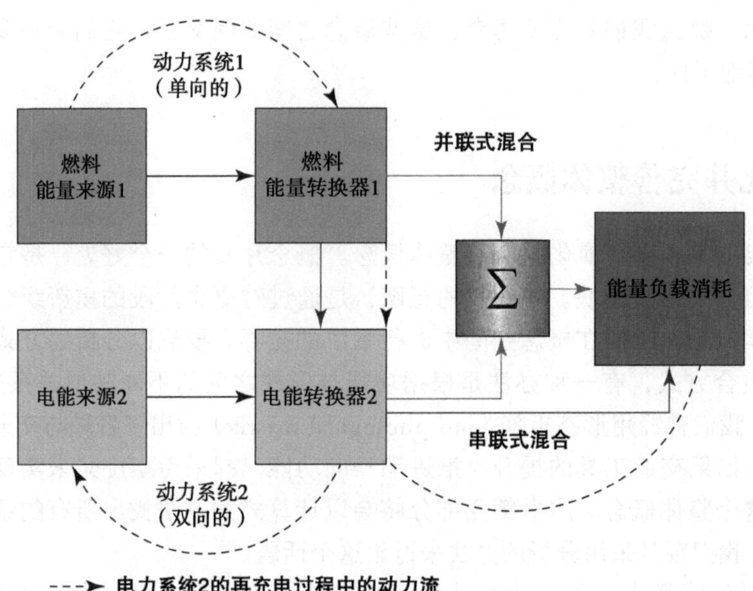

图 12.8　混合电动车的概念示意图

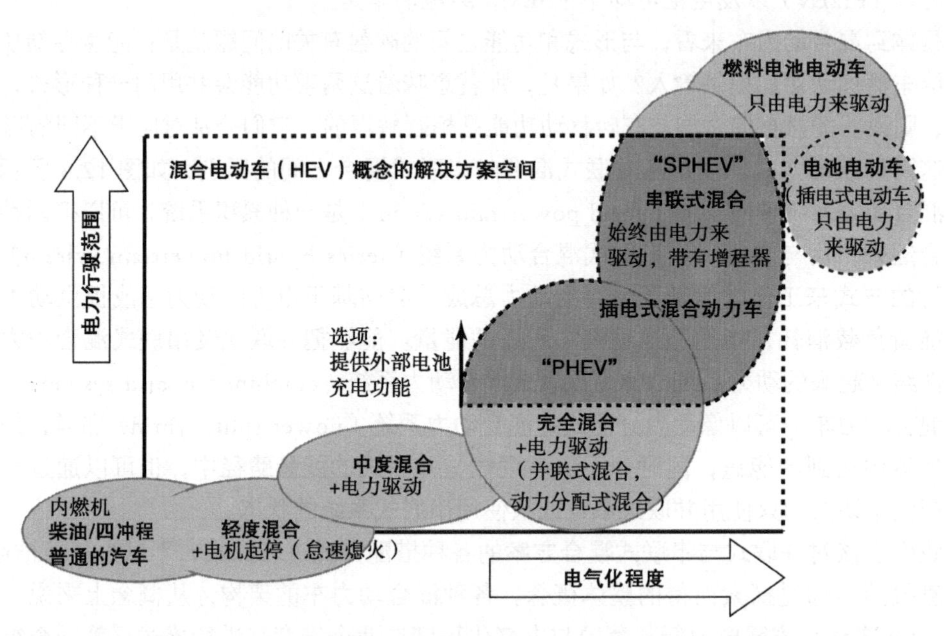

图 12.9　描述各种混合电动车概念的解决方案空间，它展示了各种通用的车辆概念在该空间中所处的位置，这些概念是依据电力行驶范围和电气化程度这两个维度来定位的 [13]

图片来源：Carlos Gorbea, " Vehicle Architecture and Lifecycle Cost Analysis In a New Age of Architectural Competition," Dissertation, TU Munich, 2011

在由不同的架构所组成的解决方案空间中，一共形成了 7 种整体概念，它们分别是：普通的内燃机汽车、轻度混合动力车、中度混合动力车、完全混合动力车、插电式混合动力车、电池电动车（纯电动车）以及燃料电池电动车。这些整体概念，是把与能量存储及车辆移动有关的概念片段，以及那 7 个描述内部功能的附加概念片段结合起来而得到的。

- 普通的内燃机（ICE）汽车。普通的内燃机汽车概念，是当前占据主流地位的汽车架构。这种最为流行的普通汽车，带有柴油发动机或是 Otto 四冲程循环发动机。它的电气化程度和电力行驶范围都是 0，也就是说，车中没有电力推进系统。
- 轻度混合电动车（Micro HEV）。轻度混合电动车的推进，完全由内燃机来完成，只不过它在某些方面具备混合动力车的特性而已，在这些特性中，最为重要的是电机起停（怠速熄火）功能。轻度混合电动车的起停功能，可以通过 12 伏或 16 伏的电力电池系统来实现，同时也需要具备更为健壮的启动发电机。某些轻度混合动力车还具备有限的再生制动能力。轻度混合动力车有时也称为高级的内燃机汽车，因为它们本来就是普通的汽车，没有电力驱动能力，而且电气化程度也极低。
- 中度混合电动车。中度混合动力车与轻度混合动力车的区别，在于它们提供了有限的电力驱动能力（某些中度混合车型，不能够完全由电力来驱动）。中度混合动力车具备电力驱动系统的三个关键组件：高压电池、推进用的启动发电机，以及一个控制系统，后者用来决定电力系统与内燃机系统何时应该协同运作。中度混合动力车全部都是并联式的混合系统，其电动机可以对内燃机起到额外的补助作用，而且它的再生制动能力也比轻度混合动力车要强。
- 完全混合（重度混合）动力车。完全混合式的电动车，其电气化程度比中度混合电动车更大，可以达到 10%～30%，而且具备短途的电力驱动能力，例如可以在依靠电力来驱动的情况下，行驶 500～3000 米。这种汽车的主要推进系统仍旧是内燃机，只是电力系统可以给车轮提供辅助的动力。完全混合式的动力车，大部分都采用并联式或混联式的动力系统。这种电动车具备中度混合动力车的全部功能，而且拥有更高的再生制动能力。
- 插电式混合动力车。插电式混合动力车与其他混合动力车的区别在于，它可以通过一个插入外部电源的电池充电器，来为高压电池充电。插电式混合动力车所采用的架构各不相同，并联式、串联式和混联式都有。这种车依靠电力可以行驶更长的距离，一般是 5～160 千米。它的电气化程度通常高于 35%。串联式插电混合动力车（sPHEV）的增程器是由内燃机和发电机组成的，其中的内燃机，既可以采用大型的内燃机动力系统来实现，也可以由小型的“limp home”（跛行回家、蹒跚而回）式应急内燃机来充当。
- 电池电动车（BEV，纯电动车）。电池电动车落在了解决方案空间的外面，我们在图 12.9 中把这种车的电气化程度视为 1。电池电动车并没有安装内燃机，而是一种插电式的汽车，通过其名称就可以看出：这种汽车只能依靠电力来行驶。电池电动车能够行驶的距离，取决于实际的电气化程度。

- 燃料电池电动车（FCEV）。燃料电池电动车具备一块电化电池（electrochemical cell），能够把某种燃料来源转化成电流。燃料电池电动车主要采用串联式架构，在该架构中，燃料电池动力系统会向推进汽车所需的电力系统提供能量。

总之，这 7 个整体概念，表示了我们所要面对的决策。我们以分析的方式，针对两个主要功能，把形式与功能做了组合，然后又探索了 7 个概念片段之间的配对组合方式，并据此生成了这些概念。这种办法使我们能够比较完整地对整体概念空间进行探索。本节的重点在于展示结果，而这个创新的过程，则很难展示出来，尤其是其中会出现一些无法实行或相互冲突的选项。在第四部分中，我们将会讲解一套以计算形式来搜寻概念空间的办法，那种办法同时还可以记录下互相冲突的概念片段以及无法实行的组合方式。

12.6　选出几个整体概念，做进一步的发展

概念开发的最后一个步骤，是从上一步所得出的那些概念中，选出几个整体概念，做进一步发展。之所以要讨论概念的开发，是因为我们想多给出几个可供考虑的概念。假如做决策时只有一个选项可以选，那么这就变成了一种命令，因为毫无选择的余地可言。架构师在概念生成阶段的职责，通常是要多保留一些选项，而不要在压力之下过早地进行筛选并把资源集中投放到某一个概念上。概念评估的难点，就在于这些概念通常都不够详细，导致架构师在急于进行选择时，容易把那些本来有可能满足系统目标的概念过早地抛弃掉。

Bazerman 较好地概括了管理决策中的各种偏见 [14]，而这种概括与我们所要谈的概念选择，也有着直接的关系。比方说，在对候选概念进行展示时，我们可能会过多地展示那种易于回想的概念、能够对现存想法加以确认的概念、信息较多或保真度（精确度）较高的概念，以及那些自己早已中意或较为熟悉的概念。由于做决策时可能会产生上述偏见，因此，我们应该把判断的依据明确化。笔者现在先来讲解一种能够针对混合动力车项目进行概念筛选的简单办法，然后再于第四部分中讨论其他更为复杂的方法。

我们主要想用两个方面的标准来对概念进行筛选，一方面，是要回顾这些概念能否满足早前已经排好顺序的那些目标；另一方面，则是要展望这些概念能否发展为良好的架构。在第 11 章中，我们把目标分成了关键目标、重要目标以及理想目标这三类，而本章将要依照这三种类别，采用表 12.1 这样的 Pugh 矩阵来对候选概念逐个做出评定。Pugh 矩阵 [15] 是一种概念比较工具，它会根据一系列标准来评估每一个候选概念。笔者此处所选用的标准，就是我们在第 11 章进行利益相关者分析时所得到的那些系统目标。Pugh 矩阵想用一套简单的衡量尺度，来评判每个候选概念与每一项筛选标准之间的契合度，这套尺度有三个级别：有利、平均、不利。笔者在这 3 个级别的基础上，又添加了非常有利（++）和诸多不利（--）这两个级别，将其扩充为 5 个级别。

表 12.1 以完全混合（重度混合）动力车为参照，对本章所提到的各种混合动力车架构进行了定性的对比。虽然 Pugh 矩阵会给每一项筛选标准都赋予相等的权重，但我们也可以根据各项标准的重要性（参见第 11 章），来对这些权重进行调整。总体来看，电气化的好处是可以减少从油槽到车轮（tank-to-wheel）的排放量，降低燃料消耗量，给人以更好的环保印象，并获得政府激励，这些好处可以使公司将新的电气化动力总成架构制作得更有吸引力。而对动力总成进行电气化的坏处，则是会增加汽车重量、降低行驶范围、提升制造成本，并使公司承受由于高压电池的替换或维修而带来的商业风险。第一批进入新兴混合动力车市场的商家，都会面临这些技术方面的不利因素，因此，他们必须着手进行改进，以确保市场中的领先地位。假如我们先用 Pugh 矩阵对候选概念进行了定性分析并筛选，那么同时还应该像第四部分所说的那样，在筛选出的良好概念之间进行定量的对比。

表 12.1　以并联式完全混合动力车概念作为参考架构，在各种混合动力车的架构概念之间进行定性比较

评估标准	内燃机（ICE）	轻度混合	中度混合	完全混合电动车（参照）	插电式混合动力车（PHEV）	燃料电池电动车（FCEV）	电池电动车（BEV）
评估标准 **关键目标** 必须令驾驶者对环境感到满意［根据 EPA（美国国家环境保护局）标准来衡量］	--	--	–	o	+	++	++
必须给供应商带来良好的收入流，以便与其建立长期且稳定的关系（稍具约束性）［根据对供应商所做的调查来衡量］	o	o	o	o	o	o	o
必须能够容纳（一定体型的）驾驶者（带有一定的约束性）［根据所能容纳的美国男性和女性分别占美国男女总数的百分比来衡量］	o	o	o	o	o	o	o
重要目标 应该能够在一定范围内进行运输［英里数］	+	+	+	o	o		--
应该满足监管方面的要求（带有一定的约束性）［合格证明］	o	o	o	o	o	o	o
应该能够搭载（一定体型、一定数量）的乘客［具体多少个？］	o	o	o	o	o	o	o
应该提供稳定且薪酬较好的职位［人员流动率］	o	o	o	o	o	o	o

（续）

评估标准	内燃机（ICE）	轻度混合	中度混合	完全混合电动车（参照）	插电式混合动力车（PHEV）	燃料电池电动车（FCEV）	电池电动车（BEV）
应该有良好的燃料效率［MPG（每加仑燃料所能行驶的英里数）或 MPGe（相当于一加仑汽油的能源所能够行驶的英里数）］	--	--	-	o	+	++	++
理想的目标 可以从公司获得适度的投资，可以卖出一定数量的产品，可以给公司提供良好的贡献和回报（稍具约束性）［资本回报率，以美元为单位的收入］	++	++	+	o	--	--	--
可以有理想的操纵特性［在试车场中测得的加速度，以重力加速度 g 为单位］	+	+	o	o	-	--	--
可以搭载（一定重量、一定尺寸、一定体积的）货物［立方英尺］	+	+	o	o	-	--	--
可以是廉价的［售价上限］	++	+	+	o	-	--	--

注：++ 非常有利；+ 有某些优势；o 平均；- 有某些劣势；-- 诸多不利。

请注意：并非所有的目标都能够用来对概念进行区分（这是从回顾的角度来看的）。比如，要想知道哪一个概念更有利于和供应商建立稳定而长久的关系，那就得在更为详细的层面上进行判断。因此，判断标准中的这一项目标，会对产品开发方面的决策起到一定的作用，但是与概念决策的关系则不是特别大。我们在进行概念决策时所用的那些目标，应该要能够把各种概念区分开才好，它们是系统目标中的一个子集。

在考虑概念时，架构师应该明确地想一想：这个概念是否能够产生优雅的架构（这是从前瞻的角度来看的）。这个问题，或许是整本书都在探讨的问题，然而我们很容易就能想到一些简单的判断标准，例如解决方案是否简洁、是否令人满意等主观标准。此外，我们还可以根据功能与形式之间的映射来进行判断，看看它们是像 Suh 所提出的公理化设计那样，呈现出一一映射关系，还是有着更为复杂的映射关系。这种判断有时可能比较困难，因为必须要等到架构方面的某些定义确定下来之后，才能做出判断，因此，这个过程是有必要反复进行迭代的。我们还可以考虑从其他维度上进行解耦，例如可以根据形式是映射到开发团队，还是映射到生产工作站来进行解耦。在选择 2～3 个概念进行进一步拓展时，其最后一个步骤，通常就是根据优雅程度等主观标准进行筛选。

总之，在完成了概念构想的全套流程之后，应该得到少数几个可以进一步拓展的概念。我们应该根据在架构方面有区分能力的一些重要的描述性目标来制定筛选标准，来对候选概念进行筛选，筛选时，也要考虑到它们是否能够产生优雅的架构。

12.7 小结

本章的目标是用创造力去生成一系列可供选择的概念。在提出这些概念时，我们既会进行结构化的创新，也会进行非结构化的创新。之所以要提出多个概念，其原因有两项：第一，概念数量的增多，有助于我们发现更多的概念；第二，与单单在一个概念上进行构建相比，在多个概念之间进行选择，更有可能产生成功的架构。

图 12.10 演示了概念数量在构想初期的激增过程，以及在详细权衡之下的缩减过程。具体来说：

与特定解决方案无关的功能，是 1 个。

根据这个功能，可以提出 N 个概念（第 1 步）。

对这 N 个概念分别进行扩展，从每个概念中发现 3～4 个内部功能，并针对每个内部功能，提出对应的概念片段，这样一共有（3～4）×N 个概念片段（第 2 步）。

对这些概念片段进行组合，一共有（3～4）×N! 种组合方式（第 3 步）。

通过定性分析，筛选出 10～20 个概念（第 4 步的一部分）。

通过定量分析，筛选出 5～7 个概念（第 4 步的一部分）。

概念构想阶段的最终成果，应该是 2～3 个概念（第 4 步的一部分）。

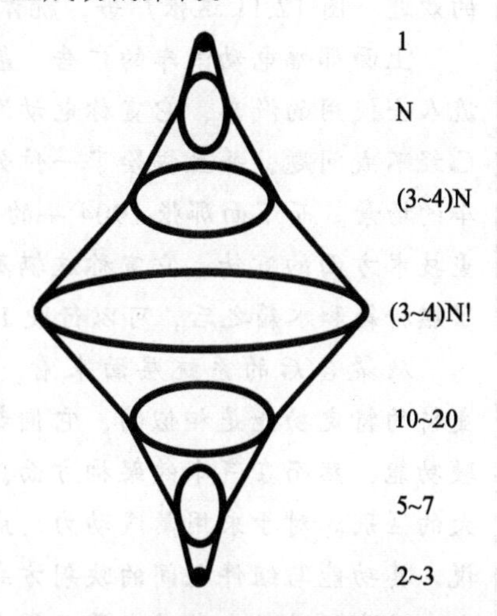

图 12.10　我们通过对概念所做的扩展，以及对概念片段所进行的重组，极大地增加了可供考量的概念数量。然后，我们又根据筛选标准对这些概念进行遴选，从中挑出了少数几个概念，以供深入设计之用

为了在本书接下来的内容中给架构描绘出一幅更加完整的图景，我们现在要从概念方面转向架构方面了。而在这最后一个阶段中，架构师的主要职责，是要对复杂度的投入进行管理，因此，我们在第 13 章中，就会给复杂度下定义。现在我们已经看到：对于概念和架构来说，解决方案的分解是相当重要的，而在第 13 章中，我们同样会把分解作为复杂度管理工具来使用。

> **文字框 12.2　案例研究：架构竞争**
>
> **汽车行业早期的架构竞争**
>
> 架构竞争[16]是一种基于产品架构的竞争，旨在将自己的产品与市场上的其他产品区分开。在早年的汽车行业中，有 3 个不同的概念都想占据市场主导地位，它们分别是：电动汽车、蒸汽汽车和内燃机汽车。在这一阶段，大型和小型的汽车制造商都围绕着车辆的基本架构进行创新，但它们所用的概念，却有着极大的区别。市场中呈现

出了架构竞争的状态：同样是实现推进功能，不同的汽车却在以不同的方式来对动力总成中的各个部件进行连接。

20 世纪 90 年代早期的客户，需要决定哪一种架构的汽车最能够满足自己的交通需求。比如，电动汽车由于使用比较简单，而且不太需要进行维护，因此受到女性驾驶者的欢迎，而内燃机（ICE）汽车和蒸汽汽车，则因动力和速度较强而受到男性驾驶者的欢迎。图 12.11 这张广告，就体现了早期汽车市场中的架构竞争。

上面那幅电动汽车的广告，展示了一辆供上流人士使用的汽车，它宣称电动汽车的行驶范围已经不成问题，并且描绘了一位妇女正在乡间开车的场景。而下面那张 1904 年的广告㊀，则更偏重技术方面的宣传，它宣称这辆蒸汽汽车在填满了燃料箱和水箱之后，可以行驶 100 英里。

图 12.11 早期的电动汽车广告 [17]

图片来源：Baker Electrics

从聚合后的系统层面来看，这两种汽车所支持的特定功能是相似的，它们都为客户提供驾驶功能，然而在汽车的架构方面，它们却有着很大的区别。对于采用蒸汽动力总成的那套架构来说，其功能与组件之间的映射方式，是从蒸汽机火车时代经过数十年的发展而得来的，这套架构移入汽车之后，就形成了蒸汽汽车这种新的产品系统。而电动汽车虽然也有某些组件与蒸汽汽车类似，但是其他一些部件的形式和功能，则是按照不同的方式进行配置的。

是什么因素引发了架构竞争，并决定了占主导地位的架构呢？在现代汽车行业的早期阶段（1885～1915 年），蒸汽架构显然是主流，这种架构起源于 18 世纪 80 年代末。蒸汽机的主要弱点之一，是依赖于水，而后来出现的一系列技术突破，则解决了这个问题，于是，占据主导地位的架构就开始发生变化了。内燃机和电动机，都属于能够克服蒸汽机弱点的技术，它们都解决了蒸汽机对水的依赖问题。在进入新兴的汽车行业之前，这两种技术主要是用在铁路市场和发电市场中的。

在蒸汽机、电动机和内燃机汽车相互竞争的过程中，价格和质量因素变得越来越重要。蒸汽汽车虽然比较贵，但是加速过程却很快，它们只需要不到 10 秒钟的时间，就可以达到 0～65 千米 / 时（0～40 英里 / 时）的速度。蒸汽机表现出最大动力和扭矩

㊀ 原书没有给出这张广告。读者可参考：www.antiquesnavigator.com/d-919773/1904-white-steam-car-ad-100-miles-on-fill-up.html ——译者注

的时刻，出现在汽车从静止到启动的这段过程中。然而，早期的蒸汽汽车，只要行驶超过 2 英里，就必须给水箱加水，然后还要等待超过 20 分钟，才能使锅炉产生足够的压力，以推动汽车前进。

早期的电动汽车，其价格与蒸汽汽车相当，而且需要使用电源，当时的大城市中几乎都能找到给车充电的地方。它每充好一次电之后可以行驶的距离，小于 64 千米（40 英里），速度也局限在 32 千米 / 时（20 英里 / 时）以内。这主要是早期铅酸电池的能量密度较低所致。汽油燃料的能量密度是 12200 瓦特 · 小时 / 千克，而当时的铅酸电池，只有 15～20 瓦特 · 小时 / 千克。然而，电动汽车也具备着比较大的优势，那就是易于操作、不需要复杂的换档机制、基本不需要维护或是不会排出令人不适的污染物。

早期的内燃机汽车，其性能与电动汽车相当，但低于蒸汽汽车。喜欢蒸汽汽车的人，经常把内燃机（internal combustion engine）戏称为"内爆炸发动机"（internal explosion engine），当时的内燃机汽车，确实不如蒸汽汽车安全。尽管内燃机汽车也可以在几分钟之内启动起来，但有很多驾驶者都在用外部手摇曲柄发动汽车的时候受了伤——这真的是一个安全问题。

内燃机架构占据主导地位

图 12.12 展示了汽车市场在 1885～2008 年的架构发展情况，它可以分成三个阶段：起初的架构竞争阶段、内燃机架构占据主导地位的阶段，以及新的架构竞争阶段。从图 12.12 中可以看出，在中间那个阶段中，内燃机架构成了占据主导地位的架构，它把其他架构从市场中挤了出去。从 20 世纪 30 年代中期开始，采用内燃机架构和原则所设计的汽车，就独占了汽车市场，这种情况一直以来没有发生太大变化 [18]。由于整个市场都采用这种架构，因此公司根本不用担心架构的选择问题。这使得制造商只需要专心在子系统层面进行创新即可，而无需在系统架构层面进行全局式的创新。

内燃机架构之所以获得主导地位，得力于两个重要的事件：第一，内燃机汽车生产线的建立，使得汽车价格大幅降低；第二，电子启动器得到了发展。由于内燃机汽车在价格和质量方面都有了改进，因此到了 1920 年，它已经成为大众消费者可以买得起的产品了，于是，这种解决方案就胜过了其他两种方案。

蒸汽汽车在 1920～1930 年，一直是面向高端市场的产品。为了与内燃机汽车相比拼，业界也对蒸汽汽车进行了大幅改进，例如在其中集成了冷凝器，以便回收水分，又如安装火花点火启动器，使得汽车能够在 1 分钟之内获得启动所需的足够压力。然而这些系统使得本来产量就比较低的蒸汽汽车，变得更加昂贵和笨重。从 18 世纪 80 年代起占据主导地位的蒸汽汽车，到了 1930 年，彻底退出了市场。

在内燃机架构占据主导地位的那段时期中，出现了很多渐进式的创新。各时代的内燃机汽车，均使用同一种基本架构，它们所做的改进，都只是针对主要的子系统而进行的。在内燃机架构成为主流的这段时期中，汽车制造者几乎没有考虑过其他类型的动力总成，而是集中精力去提升核心竞争力，以求对这一主流架构进行优化。

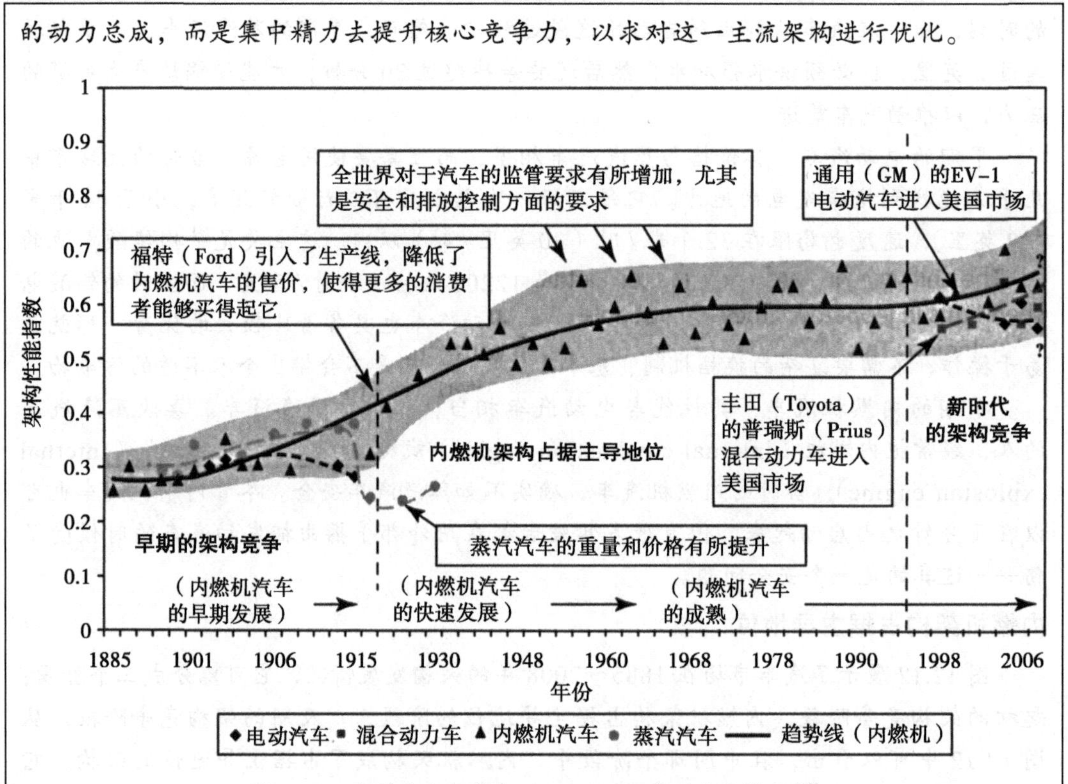

图 12.12 各种汽车架构在 1885～2008 年的变化情况 [19]

图片来源：Gorbea, C.; Fricke, E.; Lindemann, U., " The Design of Future Cars in a New Age of Architectural Competition, " ASME 2008 International Design Engineering Technical Conferences and Computers and Information in Engineering Conference IDETC/CIE. Brooklyn, New York, 3-6 August 2008. 经许可重印

未来的架构竞争

从图 12.12 中可以看出，在当前这个阶段（也就是 1998～2008 年），业界又开始把注意力重新放在了汽车的架构上。促使汽车市场进入这个新时代的关键事件有两个，一是重新引入了电动汽车；二是推出了首批产量较大的混合电动车。目前的汽车市场中已经出现了一些新的架构，最为显著的例子就是电动汽车与混合动力车的复兴。那么，内燃机汽车是否会像当年的蒸汽汽车那样，逐渐消失呢？就目前来看，某些汽车生产商确实想把注意力从渐进式的创新转移到架构式的创新上，然而真正转移起来并不容易。因为大部分公司还是围绕着汽车中的主要子系统来进行规划的，它们在提升核心竞争力方面所进行的投入，依然是想改进内燃机汽车中某个具体领域内的设计。

这种从渐进式竞争到架构竞争的转移趋势，对汽车行业造成了重大影响，因为它可能会使一些不能够适应新竞争环境的老牌公司陷入危机。在 20 世纪 20 年代，有很多蒸汽汽车的生产商，就是因为没有适应市场变化而失败的。电动汽车曾经是 1910 年的输家，在这个重新进入架构竞争的新时代中，它能够变回赢家吗？

12.8　参考资料

[1] R.W. Weisberg, *Creativity: Understanding Innovation in Problem Solving, Science, Invention, and the Arts* (New York: John Wiley & Sons, 2006).

[2] A.F. Osborn, "Applied Imagination," 1953. http://psycnet.apa.org/psycinfo/1954-05646-000

[3] E. De Bono, *Six Thinking Hats* (Penguin, 1989).

[4] Agência AutoInforme: Siena Tetrafuel vai custar R$ 41,9 mil http://www.webmotors.com.br/wmpublicador/Noticias_Conteudo.vxlpub?hnid=36391 Accessed on 3 June 2009.

[5] M. Phenix, "BMW's Hybrid Vision: Gasoline and Steam: This Novel Concept Uses Your Car's Wasted Heat to Enhance Power and Fuel Economy," *Popular Science* 268, no. 3 (2006): 22.

[6] R. Harmon, "Alternative Vehicle-Propulsion Systems (Electric Systems, Gas Turbines and Fuel Cells)," *Mechanical Engineering-CIME* 114, no. 3 (1992): 58.

[7] J. King, *The King Review of Low Carbon Cars: Part I–The Potential for CO_2 Reduction* (London: UK HM Treasury, 2007). ISBN: 978-1-84532-335-6

[8] R. Lache, D. Galves, and P. Nolan (Eds.), *Electric Cars: Plugged In, Batteries Must Be Included* (Deutsche Bank Global Market Research, 2008).

[9] A.S. Brown, "Fuel Cells Down the Road?" *Mechanical Engineering-CIME* 129, no. 10 (2007): 36.

[10] D. Naunin, *Hybrid, Batterie- und Brennstoffzellenelektrofahrzeuge: Technik, Struckturen und Entwicklung* (Renningen: Expert Verlag, 1989). ISBN: 3816924336, 9783816924333

[11] M. Ehsani, A. Emadi, and Y. Gao, *Modern Electric, Hybrid Electric, and Fuel Cell Vehicles: Fundamentals, Theory, and Design* (CRC Press, 2009). ISBN: 1420053981.

[12] D.B. Sandalow, *Plug-In Electric Vehicles: What Role for Washington?* Washington, DC: Brookings Institution Press, 2009). ISBN: 0815703058, 9780815703051

[13] C. Gorbea, "Vehicle Architecture and Lifecycle Cost Analysis in a New Age of Architectural Competition." Dissertation, TU Munich, 2011.

[14] M. Bazerman and D.A. Moore, "Judgment in Managerial Decision Making," 2012. https://research.hks.harvard.edu/publications/citation.aspx?PubId=9028&type=FN&PersonId=268

[15] G. Pahl and W. Beitz, *Engineering Design: A Systematic Approach* (New York: Springer, 1995).

[16] R.M. Henderson and K.B. Clark, "Architectural Innovation: The Reconfiguration of Existing Product Technologies and the Failure of Established Firms," *Administrative Science Quarterly* 35, no. 1 (1990): 9–30.

[17] G. Farber, *American Automobiles* http://www.american-automobiles.com/Electric-Cars/Baker-Electric.html Accessed on 18 December 2009.

[18] J.M. Utterback, *Mastering the Dynamics of Innovation* (Cambridge, MA: Harvard Business School Press, 1996). ISBN: 0875847404, 9780875847405

[19] C. Gorbea, E. Fricke, and U. Lindemann, "The Design of Future Cars in a New Age of Architectural Competition," ASME 2008 International Design Engineering Technical Conferences and Computers and Information in Engineering Conference IDETC/CIE. Brooklyn, New York, 3–6 August 2008.

第 13 章　把分解作为复杂度管理工具来使用

13.1　简介

当架构师选定概念，并开始在功能与形式之间定义完整的映射关系时，项目的范围与信息量就会呈现指数式的增长。在设计阶段，各个子系统所需的资源都会添加到项目中，例如营销人员会开始拟定产品信息，制造方会开始进行实际的规划，等等。在 3.2 节中，我们把复杂度视为系统的一项指标，而现在，我们则要专注于如何对复杂度进行管理。

在这一阶段中，最为重要的任务，或许就是架构师对复杂度所进行的管理了。当开发计划变得复杂之后，无论要对它做什么样的分析，都会感到非常困难。不管是对宇宙飞船做热学建模（这是一项经典的系统分析），对跑车做操纵性评估，还是对新软件做运算时间优化，都是这样。因此，架构师的责任，就是要产生一种系统描述，使得相关的部门、各种职能人员及利益相关者都能理解这一描述并对其做出贡献。

本章的一个中心话题是复杂度的存在性，也就是说，复杂度是系统所固有的，它本身并没有好坏之分。要想实现系统目标，就必须投入精力来管理复杂度。

13.2 节会介绍复杂度的一些属性，以帮助架构师理解自己应该对复杂度进行怎样的投入。接下来的 13.3 节，着重讲解架构师应该如何把分解当成一项管理复杂度的关键工具来使用。最后，我们以土星 5 号（Saturn V）和自由号空间站（Space Station Freedom）为例，来做一个针对复杂度和分解的案例研究。

13.2　理解复杂度

13.2.1　复杂度

我们在第 3 章中，把复杂度定义为使得系统具有很多高度相关、高度互联或高度混杂的元素或接口的一种性质。日常工作中所接触的大多数系统，都是复杂的系统，因此，系统架构的复杂度，实际上也在增长。系统之所以会变复杂，其中一方面的原因在于：我们总是要求系统具备更多的功能、更高的性能、更强的健壮程度以及更大的灵活程度。而另一方面的原因，则是我们要求多个系统必须同时运作并相互连接起来，例如根据电网容量来监控制造基地的电力需求[⊖]，将客户订单系统直接与制造计划相衔接，以及在同

⊖ 比如，EnerNOC 就提供了这样一种电网解决方案：它与公司签订合约，帮助其降低能源消耗量（使得消耗量不超过电网容量），并收取费用。

事之间进行即时通信等。

这样来定义复杂度，就意味着复杂度会随着系统中的实体数量而增加（30 个人的团队，要比 10 个人的团队更复杂），同时也意味着复杂度会随着实体之间的连接数量而增加（10 个人同时做一项任务，要比 10 个人各自完成相同的任务更复杂）。

除此之外，还有很多种定义复杂度的方式，但在比较大的范围内，没有哪一种定义方式显得特别实用。接下来我们将会列出其中的某些方式，以进行对比。笔者认为，像文字框 13.1 这样极为简单的定义，从概念上来说，或许是最有效的。

文字框 13.1　定义：复杂度

我们先来看看衡量复杂度所用的一些简单指标：

物体的数量：N1

物体类型的数量：N2

接口的数量：N3

接口类型的数量：N4

最常提到的一种复杂度衡量指标，就是物体的数量 N1。比如，微软说它的数据中心里有 100 万台服务器[1]。波音公司也在营销及供应商资料中，用 747 飞机的零件数量（有 600 万个，其中有一定数量的铆钉）来强调这种飞机的复杂程度[2]。

按照零件数量或物体类型的数量（N2）来判断复杂度，似乎显得有些局限，然而有很多公司确实在按照部件数量来备货，按照生产线旁边的（line-side）部件数量来规划制造工作，并按照部件数量来创建设计方案。比如，家得宝（Home Depot）会在每家商店里保持 40 000 个 SKU（库存单位）[3]。

与前两项指标类似，N3 与 N4 分别表示接口的数量以及接口类型的数量。建筑物的电气系统如果具备较多的插座——也就是接口（N3）——那么其复杂程度就会变大。若是还要提供不同类型的插座（N4）——例如需要一些美国标准、欧洲标准和澳洲标准的插座等——则其复杂度会进一步提升。这种情况下，我们可能需要在每一个安装插座的位置都提供各种类型的插座，或是只在建筑物中的特定位置来使用插座类型相符的电器。

最简单的复杂度衡量办法，就是把这 4 个因素加总，也就是：$C=N1+N2+N3+N4$。这种方案还有很多个版本。比如，Boothroyd 与 Dewhurst[4] 就提出，可以根据 $C=(N_1\times N_2\times N_3)^{1/3}$ 来计算形式复杂度（formal complexity）。

笔者所选的这种衡量办法有个好处，那就是一旦把“衡量标准”和“原子级别”定下来之后，就可以用公式把复杂度表示成系统中可以计量的一项绝对属性了。这使得我们能够在架构之间进行对比。如果一个架构的物体数量、物体类型数量、连接数量以及连接类型数量比另一个架构多，那么它在客观上就比另一个架构更加复杂。

大多数公司都在使用“复杂度”这个词，但你如果问他们复杂度应该怎样来确定，他们可能就会给你拿出一份包罗万象的定性办法，这套办法既冗长又不便于操作。比如，曾经与笔者共事的一家汽车制造商，就把零件的共享情况（part sharing）定义成复杂度的一项驱动因素，也就是说，那家制造商基本上是按照实体数量和实体类型来定义复杂度的。要确定零件共享情况，就需要参照图 13.1 这样的产品体系图。整个体系要分为 13 层，而且分解起来也不太容易。那家公司想确定出体系中的每一个层级上所分享的实体数量。用这种分析方式来定义复杂度，虽说并没有错误，但由于它特别麻烦，因此这套衡量标准实际上是没办法使用的（之所以麻烦，部分原因是公司内部对产品的分解方式并没有达成广泛的共识）。像这样过于繁琐的复杂度衡量办法，无法进行实际的操作。

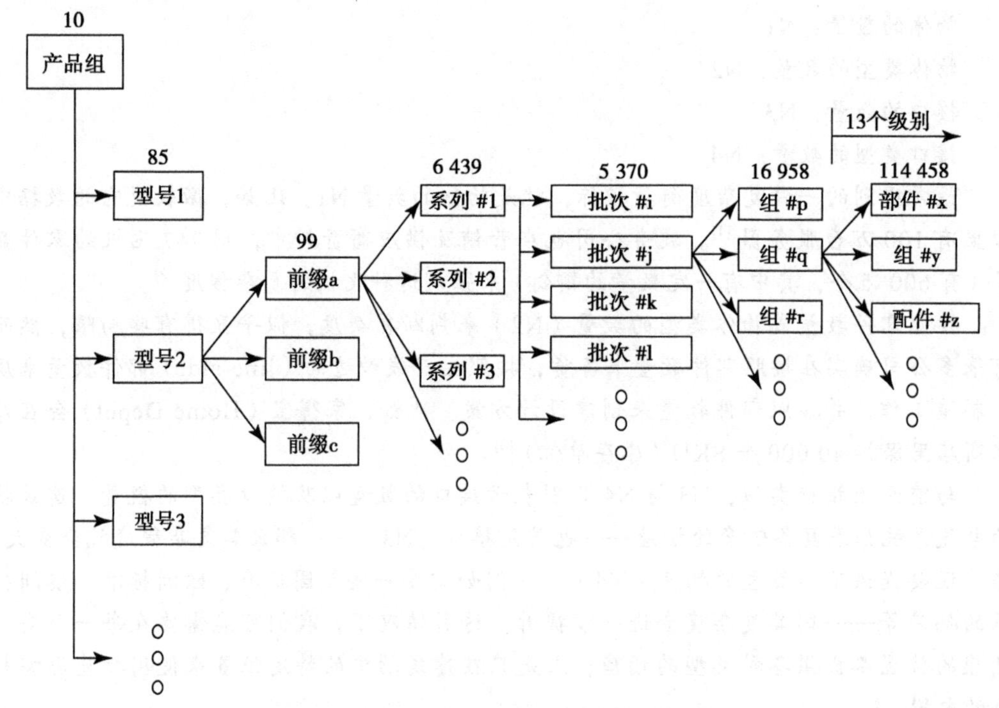

图 13.1　某家汽车制造商在根据产品间的部件共享情况来衡量复杂度时，所创建的产品体系图

对复杂度的定义方式达成共识之后，复杂度就成了系统中一项可以量化的绝对属性了。无论是采用笔者所推荐的简单定义，还是另选一种其他的定义方式，我们都认为复杂度应该当成一个可以度量的值。它不应该视为设计过程的成果，而是应该视为一种需要管理的量。根据笔者的经验：如果把复杂度看作一种难于应付的东西，那么它就更有可能会遭到忽视，这样反而又增加了复杂度。

除了要对复杂度进行衡量之外，本章还要讨论与复杂度有关的其他一些话题，也就是表面复杂度（也称为难懂程度）以及必要复杂度与无谓复杂度之间的对比。

13.2.2　复杂与难懂

笔者刚才说过，架构师的一项职责，就是对系统复杂度的演化情况进行管理。这并不等于说复杂度是系统的一项负面属性。当前的各类复杂系统，例如区域性的交通基础设施以及网络化的通信系统等，其所带来的价值都要比自行车和信件邮寄这种简单的系统更大。复杂度是架构师所做的一项投入，而它的产出，则是系统的性能。架构师要在复杂度的产出效果与复杂度所带来的挑战之间进行权衡。复杂度的增长，已然成为事实。

问题在于，越复杂的系统，人类理解起来就越困难。在第 3 章中，我们提出了一个想法，就是把那种复杂到不容易为人类所观察和理解的系统，称为难懂的（complicated）系统。难懂的事物具有较高的表面复杂度（apparent complexity，或者难懂度（complicatedness）），这种事物更容易令人迷惑，或是更容易使人无法捉摸（参见文字框 13.2）。比如，在图 13.2 中，我们可以说左边的建筑物，其难懂程度低于右边的建筑物。也就是说，在结构上，我们可以自信地宣称金字塔更好懂一些。至于这两个系统所涌现出的美感，则要请读者根据自己的审美标准去判断了。

a)

b)

图 13.2　建筑物结构的难懂程度。金字塔和泰姬陵的功能都是埋葬王室成员，但前者的难懂程度低于后者。建筑物的结构是否会构建得比较“难懂”，显然有美学方面的原因需要考虑

图片来源：a）Mrahmo/Fotolia；b）Omdim/Fotolia

文字框 13.2　表面复杂度原则（Principle of Apparent Complexity）

“更少即是更多。”

——Ludwig Mies van der Rohe，《纽约先驱论坛报》(New York Herald Tribune)，1959 年 6 月 28 日

“更多则是不同。”

——Phillip Anderson，《科学》(Science)，1972 年

现代系统的复杂程度，已经超过了人类的理解能力。因此，我们要对系统进行分解、抽象及分层，将其表面复杂度控制在人类所能理解的范围之内。

- 表面复杂度类似于系统的“难懂”程度。难懂的系统，是指人类理解起来比较困难的系统。
- 随着健壮的特性数量和/或系统对象数量的增大，系统的复杂度也会随着组合方式的增多而变高。由于受到人类认知能力的限制，我们不能够把处理简单的系统时所用的工序与技术，直接套用在复杂的系统上。

架构的复杂程度，一定要与难懂程度分开对待。难懂的架构是那种看上去好像不太容易对付和管理的架构。在给难懂一词下定义时，我们之所以要参照人类对复杂度的认知和理解能力，就是想要强调不易进行管理这一特征。请看图 13.3 和图 13.4。这两个系统的功能是相同的，而且在电学层面，它们的输入和输出也是一样的，但是后一种架构要比前一种架构好懂，也更容易进行分析和修改。

图 13.3　较为难懂的网络

图片来源：AP Photo/ Bela Szandelszky

难懂的事物，具有较高的表面复杂度。那么这个表面复杂度，又是因为什么原因而增加的呢？乍看之下，系统的难懂程度仿佛是随着复杂度而增加的，也就是说，实体的增多、连接数量的增多，以及实体类型和连接类型的增多，都会导致难懂程度变大。图 13.3 中的系统之所以难懂，很多人都会把关键因素归结为线缆的排布方式，而图 13.4 中的系统之所以好懂，其原因也正在于它的线缆排布得比较有条理。这两张图所表示的物理实体是相同的，但即便我们把有条理的那个网络系统扩大规模，而把混乱的那个网络系统缩小规模，其难懂程度也依然不会有太大变化，我们可以想见：庞大但是有条理的网络系统，还是要比微小但是杂乱的网络系统好懂一些。总之，系统的复杂程度与难懂程度未必总是以同样地速度增长，这个结论使得我们有可能在控制好难懂程度的前提下，增加系统的复杂度。

图 13.4　不太难懂的网络

图片来源：Andrew Twort/Alamy

“有条理”本身就是个模糊的说法。比如，我们想请一位初级网络工程师来排布机房中的网线，那么这个布线的任务，就不适合化约为一套按步骤来执行的过程。为了理清机房中的网络排布状况，我们应该先采用第 3 章所说的工具，对其进行分解和抽象。网络可以分解为网线、路由器和机架等实体。在图 13.4 这种“有条理”的网络中，这种分解方式显得更为明显，因为对于观察者来说，成捆的网络线缆本身就表明这些相似网线应该归为一组。同一捆线缆中的每条网线，都能够用同样的方式来分析，因为我们可以把功能相似的实体归为一个类别，而每一根网线，则是该类别中的一个实例。如果引入“总线”（bus）这个词，那么就可以把这一捆网线合起来抽象成一根总线，于是网络会变得更加简单，因为我们能够意识到：总线中所流动着的都是同一种类型的信息，我们没有必要再像图 13.3 中那个难懂的系统那样，区别对待每一根网线了。

图 13.4 的条理化程度是否已经达到极致？在不了解该网络详细功能的情况下，很难回答这个问题。那么，我们是否可以用一种更加易懂的方式来表现这个网络呢？这是完全可以做到的，不过同时还要考虑我们究竟想要突出什么样的信息。我们可以画一张网络图，这张图中没有点对点的网线连接情况，而是分成了不同的层，其中有一层，叫做物理连接层。这种表示方法能够更多地传达出与组件之间的功能交互及网络的宏观使用情况有关的信息，然而它同时也把线缆之间的映射情况给抽象掉了。在某种程度上来说，这种图会“假设”网络中的线缆都已经用正确的方式排布好了，该假设使得看图的人不用再去担心布线的问题。至于这么做到底是好还是不好，则要取决于该图表的具体用途了。

想一想机器语言和汇编语言这样的低级编程语言。即便对于经验较多的程序员来说，它们也属于很难使用的语言。为了减少编程的困难度，业界研发出了 Java 和 MATLAB 等高级语言。由于引入了编译器、解释器、中间件及图形界面等复杂的新技术，因此系统的复杂程度极大地上升了，然而另一方面，这些系统也变得更加直观、更加好懂且更加易用了。它们给人留下了一种难懂程度大幅降低的印象。用汇编语言来求矩阵的逆矩阵，是非常麻烦的，而若是改用 MATLAB 来做，则只需一行指令就能完成。对于某些用户来说，以提升复杂程度来降低难懂程度，是值得的，而其他一些用户则认为这样做不值得，因为他们可能会担心性能或可扩展性受到损失。

13.2.3　必要的复杂度

正如我们刚才定义的那样，复杂度是系统的一项绝对属性（absolute property）。而为了使系统的性能变高、功能变强，架构师又必须投入精力对复杂度进行管理。这似乎就会引出一个问题：在具备一定功能和保持一定性能的前提下，是否可以把系统的复杂度尽量降到最低？答案是可以的。我们把此时的复杂度，称为系统的必要复杂度（essential complexity，本质复杂度，参见文字框 13.3）。

文字框 13.3　必备复杂度原则（Principle of Essential Complexity）

“复杂度本身并没有好坏之分。”

——Joel Moses

> “凡事都应该尽量简单，直到无可简化为止。”
>
> ——阿尔伯特·爱因斯坦
>
> “在其他方面都一样时，优先选择简单的解决方案。”
>
> ——Occam's Razor
>
> “现代科学的最后一课是：结构最简单的东西，并不是通过尽量缩减元素数量制成的，而是通过极力提升复杂度得来的。”
>
> ——拉尔夫·沃尔多·爱默生
>
> 系统的必备复杂度取决于它的功能。把系统必须实现的功能仔细描述出来，然后选择一个复杂度最低的概念。
>
> - 必备的复杂度，就是系统要实现概念中所蕴含着的稳健功能（robust functionality）时，所需具备的最小复杂度。
> - 无端的复杂度，是一种超出必要的复杂度，在实现任何一个概念中的任何一个稳健功能时，都不需要这种复杂度。因此，无端的复杂度应该尽量避免。
> - “沿着简洁之路（road of simplicity）从简单走向复杂，当这条路与完满的功能之路（road of full functionality）相交时，这个交点，就是优雅所在。”
>
> ——Daniel Kern，MIT 2001

比如，要制作一个电动的提升门（liftgate），也就是很多掀背车（hatchback，背部有垂直门的车）和多功能休旅车（SUV）都安装的那种门。大家首先能想到的一个复杂度最小的系统，应该是带有下列两项特征的机动化提升门：①一个开关，用以切断对提升电机的供电；②一套反转电机方向的逻辑。然而，这个简单的开关，并不能够实现图 13.5 中的这个系统所具备的功能，也就是说，它没办法阻止用户在车辆移动时打开提升门。

图 13.5 演示了提升门系统在用户开关按下之后，所必须检查的一些条件，只有当这些条件得到满足时，提升门才能提起或放下。圆圈代表过程，线代表系统中的对象，也就是信号。在 SUV 中，提升门系统的性能不仅要看速度和操作流畅度等物理方面的指标，而且还要考虑检测条件的广度等安全方面的指标，以及检测的准确度等因素。尽管这张图看上去似乎很难懂，但如果仔细检视一遍，那就会发现：图中很可能并没有包含一些毫无必要的功能或形式。这张图是否像文字框 13.3 所说的那样，代表着一个只包含必备复杂度的系统[5]？该系统看上去是否从遗留系统中继承了以前的某些架构，从而会带有一些由于历史原因而造成的无端复杂度？

系统级别的必备复杂度或无端复杂度，与它的表面复杂度是互相独立的。图 13.6 是协和飞机（Concorde）的驾驶舱，它从表面上看，是极其复杂的，而且必须经过丰富的训练，才能学会如何进行操作。这样的架构具备较高的表面复杂度，也就是说，从表面上来看，这个系统是复杂的。然而实际上协和飞机还是获得了成功，因为就那个时代的技术水平来看，这种复杂度可以说是维持飞机性能所必备的。

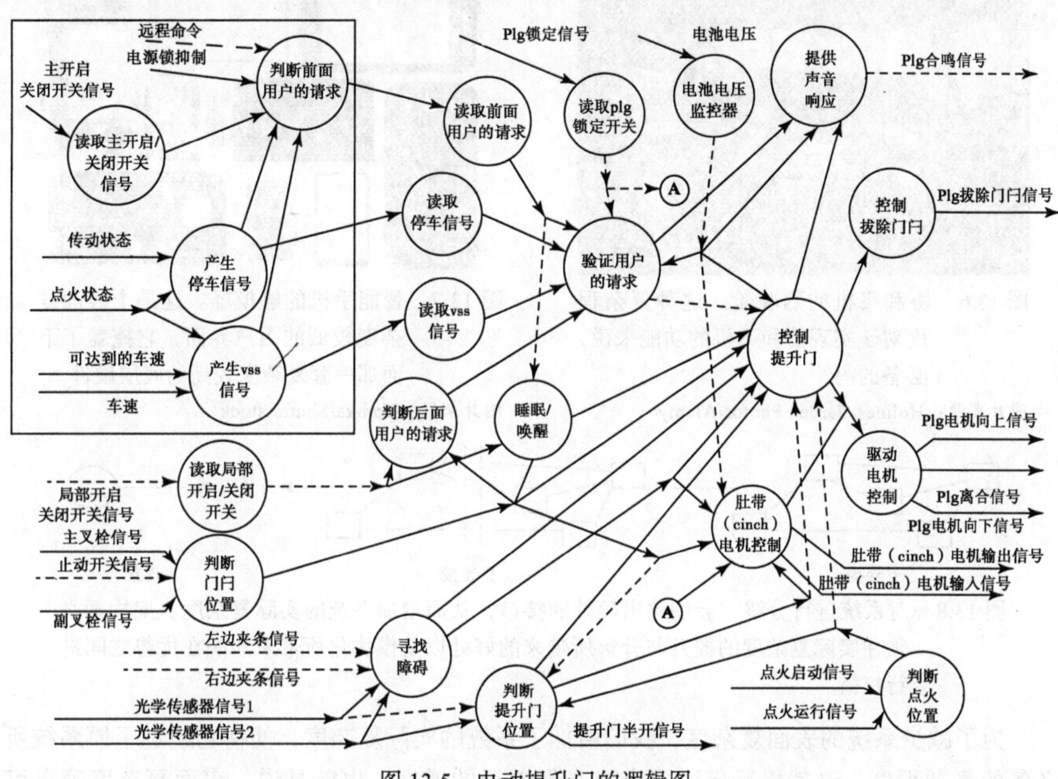

图 13.5　电动提升门的逻辑图

与飞机的驾驶舱相反，图 13.7 中的智能手机，其表面复杂度就比较低，作为一款面向消费者的产品来说，这样的用户界面，设计得是比较好的。用户只需要少量的训练或者根本无需训练，就可以直接去操作它。这套界面的下方，其实有着很多复杂的硬件，只不过那些硬件都为该界面所掩盖了。如果不深入进行详细的分析，那就很难判断其内部系统究竟是只包含着必备的复杂度，还是说带有一些无端的复杂度。协和飞机的驾驶舱，恐怕没有办法像手机这样，压缩成一套拥有层级菜单、四个按钮和滚动功能的界面。

我们大致说过：分解与抽象可以用来减少系统的表面复杂度；然而我们同时又说过：表面复杂度与实际复杂度是在两条坐标轴上各自发展的。实际上，这两种复杂度之间也可以互相联系起来。请思考图 13.8 中的这个系统。左侧的那张示意图有 5 个实体和 6 条连接。如果将该系统分成两组，左边三个实体一组、右边两个实体一组，那么我们就可以减少它的表面复杂度。在右侧的那张示意图中，我们把每一组都视为一个实体，这样的话，两个实体之间，就只有一条连接了。

然而我们还应该注意图 13.8 中间的那张示意图，它也是很重要的。通过那张示意图可以看出：将系统分解成两组，实际上就相当于在这两个小组之间引入了一套接口，于是，系统中的实体数量就增加到了 6 个，而连接数量，也增加到了 9 个。

图 13.6　协和飞机的驾驶舱。这种复杂程度对于实现协和飞机的功能来说，必备的吗？

图片来源：Holmes Garden Photos/Alamy

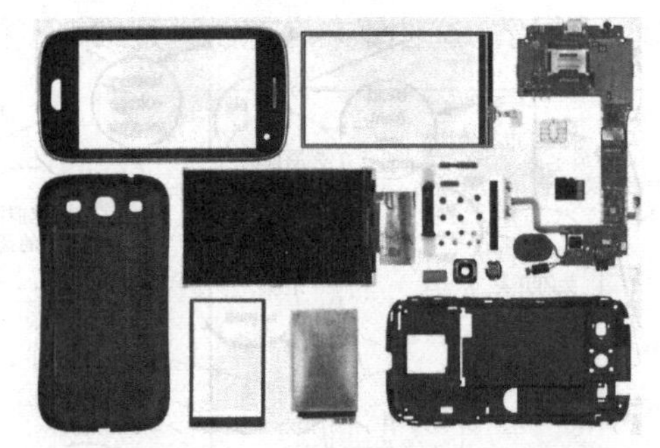

图 13.7　智能手机的触摸屏。这是个表面复杂度较低的用户界面，它掩盖了下面那一套复杂度较高的底层硬件

图片来源：Yomka/Shutterstock

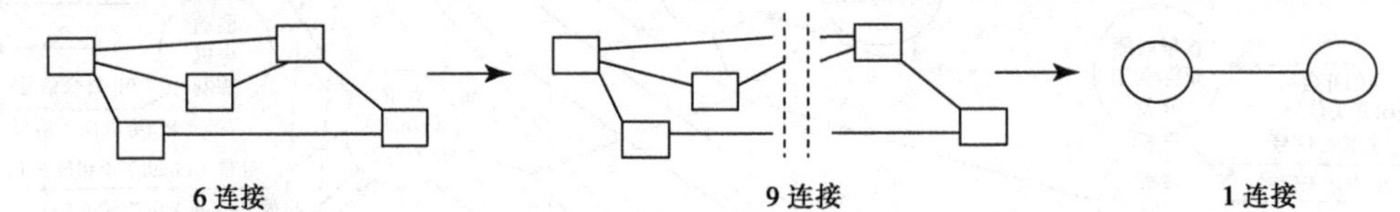

图 13.8　对系统进行分解，会创建出额外的接口，从而增加系统的实际复杂度。架构师必须在实际复杂度的提升与分解所带来的好处以及模块化所带来的潜在优势之间进行权衡

为了减少系统的表面复杂度，我们增加了系统的实际复杂度，使得它超过了原系统所必备的复杂程度。这就揭示出了一个意义很深远的道理，也就是说，表面复杂度确实可以设法减少，但有时，必须以提升实际复杂度为代价，才能够减少它。架构师必须决定是否应该为了减少表面复杂度而投入更多的精力去应对实际复杂度（参见文字框 13.4）。

文字框 13.4　Principle of the 2nd Law（第二定律原则）

"设计软件有两种办法，要么设计得非常简单，使它明显没有任何缺陷，要么设计得非常难懂，使任何人都看不出它有明显的缺陷。"

——C.A.R. Hoare

"软件就像熵，很难掌握且无法称量，而且还遵守热力学第二定律，也就是说：它［的复杂度］总是会增加。"

——Norman Augustine

系统的实际复杂度总是会超过必备复杂度。架构师要令实际复杂度尽量接近必备复杂度，同时又要把表面复杂度控制在人类可以理解的范围之内。

- 实际复杂度才是衡量系统复杂度的真正指标。对系统进行抽象、分解及分层时，它的复杂度会有所上升，从而超过必备的复杂度。
- 实际复杂度可能还会因为复杂度无端地蔓延而有所增加。

在用户界面的设计史上，有很多试图通过简化接口来减少表面复杂度的失败案例。比如，BMW（宝马）的第一代 iDrive 就是如此。它的设计意图是减少仪表盘上的开关数量，把它们全都浓缩到一个可以旋转、移动和按压的按钮中，以减少表面复杂度。这套系统是通过屏幕上的菜单来操作的，然而用户却发现菜单的嵌套程度实在是太深了[6]，要想控制暖气，必须经过 5 层菜单。媒体嘲讽地说道：" iDrive（是我来开车你来控制的意思）吗？别想了！是你来开车，我来折腾这个控制按钮[7]。"由开关所引发的表面复杂度确实减少了，但却令菜单界面变得无比难懂，这反而从总体上增加了表面复杂度。

13.3　管理复杂度

本书已经讲过一些复杂度管理工具了。在第 2 章中，我们讲解了怎样创建抽象、怎样确定实体，以及怎样确定实体之间的关系。在第 3 章中，我们讲了分解和层级化，还讲了一些特定的逻辑关系，例如类 / 实例、类型 / 特化、递归等。架构师可以把这些工具结合起来，以展示架构的各个方面，并把无关的细节去掉，以便用复杂度最小的办法来表示系统。

在创建架构时，我们必须思考怎样用这些工具对系统复杂度的变化情况进行管理。架构师要负责选定系统的分解方式，要负责决定与系统相关而且有用的抽象方式，还要负责决定自己所选的层级化方式会对系统的设计造成什么样的影响。

在这一阶段，系统的复杂度会膨胀，各种与领域相关的术语表、方法及工具，也都会涌现出来。笔者并不是想要给出一套确定的过程，使我们可以按部就班地进行套用，而是想要解释一些相关的原则。我们的讨论是围绕着分解而展开的，对于复杂度的管理来说，分解可能是最强大的工具和最重要的决策了。

13.3.1　选定分解方式

现代的工程学，总是与物料清单（Bill of Materials）的使用纠缠在一起，这种物料清单可以把设计分解成各种需要采购的组件（有时是针对构成大配件所需的小配件（sub-assembly）来进行分解的）。尽管这种分解方式很具体，但对于概念的功能分解来说，却不一定合适。功能分解的意图，是决定每个子系统或实体各自要实现什么功能，同时要决定有哪些功能是必须由整个系统涌现出来而无法加以分解的，并且要把架构的意图带到设计层面（我们稍后就要谈到这一点）。这些目标，不太适合用一种纯形式化的分解方式来完成，那样做会使用户误以为只需要对分解出来的部件进行管理，就可以产生出自己想要的涌现效果。

分解，是对系统架构所做的明确选择[8]（参见文字框 13.5），是影响力最大的决策。好的分解方式，可以促进接口的测试，也可以凸显重要的子系统之间的耦合关系。而坏的分解方式，则会使某些子系统或功能担负着数量极多的任务，而同时却使另外一些子系统或功能只有少量任务可做。更糟糕的是，坏的分解方式可能还会漏掉某些与本系统有关的功能、系统或操作条件。比如，如果只把系统的操作从名义上分为预备（get ready）、设置（get set）、运行（go）、复位（get unset）和还原（get unready）等几个阶段，那么这种分解方式就仅仅关注了正常情况之下的操作，而把紧急情况和偶发情况之下的操作给忽略了，此外，它也没有考虑到系统的登场（commissioning）等过程。

文字框 13.5　分解原则（Principle of Decomposition）

“分而治之。”

——古罗马谚语

分解是由架构师主动做出的选择。分解会影响性能的衡量标准，会影响组织的运作方式及供应商的价值捕获（value capture）潜力，还会影响产品的演变等其他很多方面。要尽可能多地根据这些因素来选好分解时的切入面，以便将系统的表面复杂度降至最低。

- ❑ 对分解方式所做的选择，不仅仅意味着要在系统内划分多少个系统边界以及怎样划分这些边界，而且更为重要的是，它还意味着这些内部边界是从哪个方面来进行划分的。
- ❑ 在考虑系统内部的耦合关系时，我们要选择应该从哪个方面（形式、功能、操作、供应商等）来切入系统，这是个相当关键的决策。

很多人都以为，复杂的大型系统所面临的核心问题，就在于怎样把组件集成起来。其实在很多情况下，组件的集成工作本来可以不用变得这么困难，它之所以困难，是由于在架构阶段没有把问题划分好。

因此，对系统进行分解，是一项很重要的工作，但我们如何判断分解得好不好呢？若想判断 Level 1 中的分解方式是否合适，我们必须深入 Level 2 中。现在假设一个有 30 位学生的班级（Level 0）分成了两个小组（Level 1），1 号学生位于第 1 组，第 2～30 号学生位于第 2 组。为了判断这种分组方式是否合理，我们必须继续根据学生身高或视力情况等标准，在 Level 2 上进行分解。如果 Level 2 是按照身高进行分解的，那么 Level 1 中的这种分组方式就不够实用，因为 1 号学生单独成为一组，可能会令身高的分布出现偏差。反之，如果我们为了使学生能够更清晰地看到教学演示材料，而决定根据视力情况来分组，并且 1 号学生的视觉有障碍，那么这种分组方式就比较实用了。（这个例子只是个比喻而已，我们在这里把分解的概念与统计学中的抽样概念，创造性地结合了起来。）

笔者把这个原则称为 2 下 1 上（参见文字框 13.6）。该原则所表达的思路是：对于层级化的系统来说，对系统之下第 1 级进行分群或分组所需的那些真实信息，其实是掩藏在系统之下第 2 级的结构和交互情况中的。如图 13.9 所示，如果我们想从 Level 0 开始分解，那么不应该立刻就试着把 Level 1 中的元素分解方式确定下来，而是应该先在 Level 1 中提出一套试探性的分解方案，接下来深入 Level 2 并确定其中的结构与交互情况，然后根据这些知识，划定 Level 1 中各个小组之间的边界。

文字框 13.6　“2 下 1 上”原则（Principle of “2 Down, 1 Up”）

“真正深沉的人，力求明确；故作深沉的人，力求晦涩。只要看不见底，众人就会以为深不可测，因为大家都不敢下水。”

——Friedrich Nietzsche

要想判断出对 Level 1 所做的分解是否合适，必须再向下分解一层，以确定出 Level 2 中的各种关系。然后对 Level 2 中各元素之间的关系进行分组，并选出一种最能够反映分组情况的方式，来对 Level 1 进行模块化。

- 进行模块化时，应该尽量增加同一组内各元素之间的耦合程度，并尽量减少组与组之间的耦合程度。虽然未必总能奏效，但一般来说，这样做是有好处的。
- 对 Level 1 进行分组所需的真正信息，实际上包含在 Level 2 中的那些相互关系中。
- 因此，要想从 Level 0 分解到 Level 1，我们应该直接向下分解两层（2 下），到达 Level 2，对 Level 2 进行适当的分组，然后采用这一信息来决定 Level 1 的最终分解方式（1 上）。

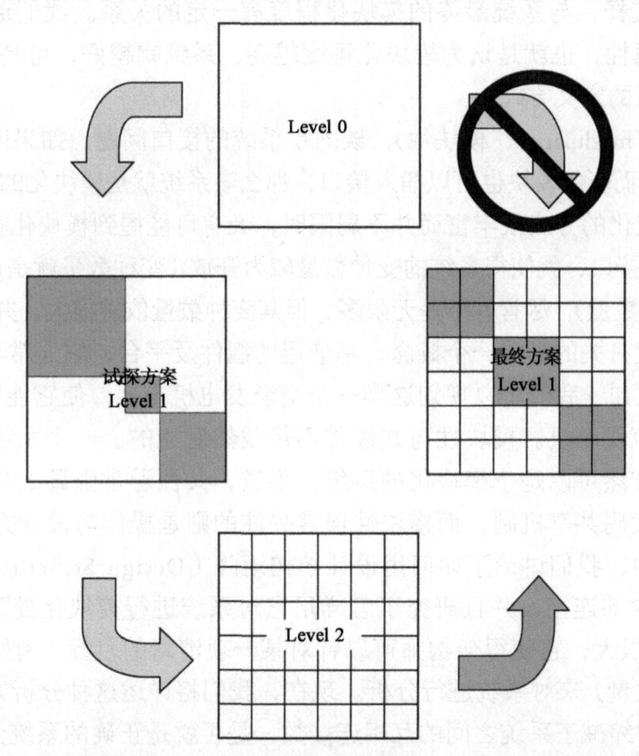

图 13.9　“2 下 1 上”分解原则示意图。要想判断系统之下第 1 级分解得是否合适，最好的办法就是根据系统之下第 2 级的分解情况对第 1 级进行评估

第 8 章曾经以空运服务为实例，演示了这个原则。我们从 Level 0 中的概念（也就是

用飞机空运旅客）出发，提出了一种试探性的 Level 1 架构（参见图 8.2）。这套架构是围绕着顺序而展开的，也就是说，它强调的是哪件事情先发生、哪件事情后发生。接下来，我们把 Level 1 中的过程分解到 Level 2 中，分解的结果参见表 8.2 和表 8.3。然后，我们对 Level 2 中的分组情况进行了检视，并提出了另外一种对 Level 1 进行模块化的方式，那种方式更加强调功能方面的交互。基于顺序的 Level 1 分解方式与基于功能的 Level 1 分解方式之间，并没有谁对谁错的问题。它们只是从不同的角度分解了系统，并按照各自的切入面对系统中的元素进行了适当的分组而已。

笔者的经验是，每一级分解所包含的元素，以 5～9 个为佳（参见第 2 章）。如果多于 9 个元素，那么设计者就很难进行设计，而且元素之间的组合分析，也变得更加困难，这会使一部分工作必须上移到架构师这里。如果少于 5 个元素，那么又会导致分解的级别过深，因为我们必须创建很多级，才能把所有的组件完整地表示出来。分解级别越深，垂直思考起来就越困难。

13.3.2　模块化程度与分解

分解方式的选择，与系统最终的模块化程度有一定的关系。我们通常认为模块性是系统的一项良好属性，也就是认为模块化程度越高，系统就越好，可是，模块性这个词，却很少有一种清晰的定义方式。

模块化程度（modularity，模块性），谈的是系统的接口问题。如果旧的模块可以从系统的接口处移除，而新的模块也可以插入接口，那么该系统就是模块化的（modular）系统。当我们想要强调变化的方式很丰富而并不局限时，最有可能提到模块化程度这个说法。乐高（Lego）积木的接口，就使得系统的变种数量较为开放（变种数量就是用很多块乐高积木所能搭建成的形状数量），尽管并不是无限多，但其变种数量依然很大，并且不容易预测。

与模块化程度有关的另外一个概念，是通用的组件及平台，它通常与闭合的（closed）变种数量有关。比如，我们可以规划这样一个交流发电机支架，使它能够承载生产线中 3 种不同类型的交流发电机。模块性与共性并不是截然对立的。一个系统在具有很多通用组件的情况下，依然可以是个模块化的系统，不过，共性通常强调的是一些旨在节省成本的组件共享或代码共享机制，而模块性通常关注的则是操作与设计方面的灵活程度。

在第二部分中，我们讨论了如何用设计结构矩阵（Design Structure Matrice，DSM）来表示系统中的内部连接，并且研究了怎样用它对系统进行模块化处理（参见第 8 章）。DSM 这个工具很强大，它使得架构师可以针对某一项清晰的目标（例如尽力缩减子系统之间的互相连接数量）来对系统进行分析。现在，我们将详述这种分析方式，并提出一个重要的问题：竭力缩减子系统之间的互相连接数，是否就是正确的系统分解原则呢？

在进行分解和模块化时，有两个观念非常重要，那就是元素、块或功能的数量，以及分解平面（plane of decomposition）。前者较为容易，而后者则有些困难。

现在我们以技术报告为例，来讨论架构分解。假设这份报告要包含 3 个技术概念，并且要对每个概念做 3 种类型的分析，那么我们应该如何规划这份报告呢？我们可以按照概念来进行规划，也就是把每个概念都写成 1 章，并在每章中列出对该概念所做的 3 种分析（参见图 13.10）。这样做可以使读者在这三种分析方式之间进行全面的评估，甚至能够帮助读者在概念中发现一些尚未分析到的方面。反之，我们也可以按照分析方式来分章，并在每一章内，依照当前这种分析方式所用的尺度，来直接对比这 3 个概念。这种分析平面，使读者能够针对每一种分析方式来理解概念的广度，并且有可能在这个过程中创造性地发现其他一些有待分析的概念。此外，我们当然也可以把这两种分章办法结合起来：先对这三种分析方式进行概述，然后再用 3 章分别详述这 3 个概念。

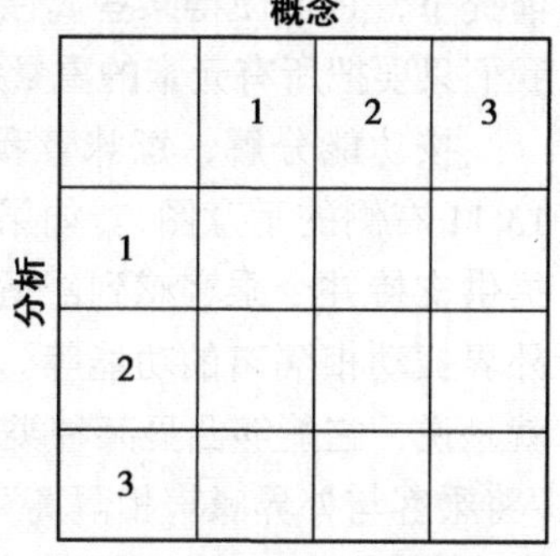

图 13.10　撰写技术报告时可以考虑的分解平面

笔者举这个例子是想指出：在对架构进行分解时，最为关键的决策，应该是所选的分解平面，而不是分解的块数。对分解平面所做的选择，会影响读者或用户的理解。这使得创造力和涌现物能够沿着所选的这个平面而发生，同时也使得它们不太可能会出现在其他平面上。对分解方案所做的选择，会极大地影响最终架构的优雅程度（参见文字框 13.7）。

> **文字框 13.7　优雅原则（Principle of Elegance）**
>
> “悦目的东西都是美丽的。”
>
> ——Thomas Aquinas
>
> “我在解决问题时，从来不去想自己的解法是不是好看，但如果最后得出的解决方案不漂亮，那我就知道自己做错了。”
>
> ——R. Buckminster Fuller
>
> 对于身处其中的架构师来说，如果系统的必备复杂度较低，而且其分解方式能够同时与多个分解平面相匹配，那么该系统就是优雅的，对于外在的用户来说，系统如果能够体现出美感、具备较高的品质和较低的表面复杂度，那么它就是优雅的。架构工作要围绕着这些能够使系统变得优雅的属性来进行。

本书花了很大的篇幅去讨论形式与功能的区别，这可能会使读者产生一个想法，也就是把按形式分解，视为对系统进行分解的第一种方式，而把按功能分解，视为对系统进行分解的第二种方式。然而稍后我们就会看到，除了这两种方式之外，其实还有很多种方式可供选择。

我们首先来看按形式分解和按功能分解这两种方式。按形式分解，就是把一个或多个形式元素，分配给 Level 1 中的每一个实体，这使得形式能够得到清晰的划分（参见图 13.11 左侧的示意图）。比如，我们可以把混合动力车分解为车身、底盘、动力传动系统以及内部零件这四个部分。按形式来分解的好处，在于它更加具体。在不考虑涌现物的前提下，它也使得某些属性（例如重量）可以通过对各部件进行线性求和而得出。于是，我们只要把所有元素的重量加起来，就可以确定整个系统的重量。

按功能分解，意味着我们要把系统的各项功能当作 Level 1 中的各个实体（参见图 13.11 右侧的示意图）。如果按功能来分解混合动力车，那么我们可以将它分解成给乘客提供支持并令乘客感到舒适的功能、存储能量的功能、产生动力的功能，以及将乘客与外界振动相隔离的功能等。功能分解强调的是分解决策会怎样影响最终的系统性能，也就是说，它能够凸显某种类型的涌现物。比如，如果混合动力车的 Level 1 分解中包含着“将乘客与外界噪声相隔离”这一功能，那么它就会迫使我们从系统层面去思考潜在的振动来源，以及使振动得以减弱的原因。驾驶者确实很关注振动的来源，他们想知道振动是来自动力总成、路面、车轮，还是外部的装饰物。这是一个经典的系统问题，它说明架构师所选用的分解方式可能会促进或阻碍自己对涌现物的观察。

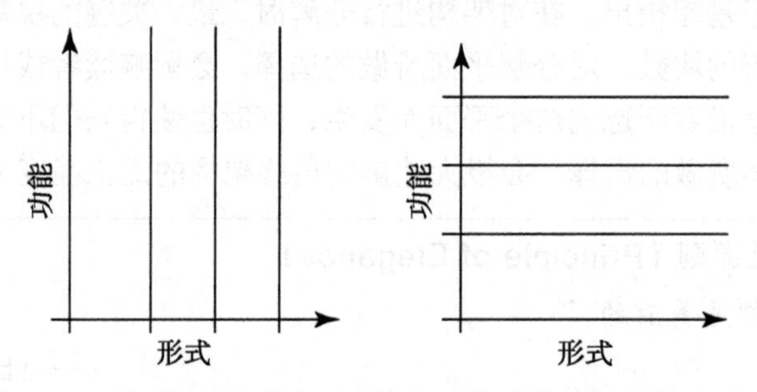

图 13.11　按形式分解的概念（左）及按功能分解的概念（右）

我们并没有理由认为，按形式分解和按功能分解，是对系统进行分解时仅有的两个分解平面。制造混合动力车的公司，可以按照物料清单进行稳定的形式分解，也可以按照工程组织（engineering organization，例如振动、结构等）来进行稳定的功能分解，这两种分解方式都能够使公司良好地运作下去。但是，如果公司所需的组件是由两家不同的供应商提供的，而公司的竞争优势又恰好依赖于对这两家供应商的整合能力，那么这就意味着，企业应该在供应商 A 所提供的组件与供应商 B 所提供的组件之间，定义明确的接口了。

1968 年，计算机科学家和程序员 Melvin Conway 提出了一个说法：“设计系统的组织，总是会产生出与该组织的沟通结构相同的设计 [9]。”系统的模块性，总是会不可避免地与研发该系统的组织纠缠在一起。正如大家所知，我们一般都是从组织的结构如何反映产品这个角度来思考问题的，而 Conway 定律却从相反的角度描述了该问题，它讲的是产品怎样反映组织的结构，不过，最合适的表述应该是：组织的结构与产品是相互耦合的。在火星气候探测者号（Mars Climate Orbiter）的失败事件中，就贯穿着 Conway 定律：由于两个团队采用了不同的单位（一个采用公制单位，另一个采用英制单位），因此导致探测者号在错误的高度上启动了接近火星表面的工作流程。最近有研究者对 Conway

定律进行了测试，并且发现了一些强有力的证据，能够说明组织与产品在软件产品的模块性方面，有着因果联系[10]。

我们很有可能会认为，模块性是一个应该不断追求的属性，也就是说，模块性总是好的，而且越多越好。但实际上，模块性的增加却是有成本的。图 13.8 已经表明，在系统中引入接口，会增加其复杂度。但即便这些接口本来就有，我们要想在接口中构建模块，也还是必须设法满足一系列性能目标（例如不同的结构载荷（structural load)，或是给连接器（connector）添加一些有时可能会用到的针脚等）。计算机科学家 Alan Perlis 以编程语言方面的前沿工作而出名，他说过一句话："有模块的地方就有可能产生误解，因为把信息隐藏起来就意味着需要对沟通情况进行检查[11]。"

文字框 13.8 列出了 12 个可供考虑的分解平面，并对每个分解平面的用法给出了一些指引。这份列表绝对无法涵盖所有的分解平面。系统最终所能获得的竞争优势，在很大程度上要受到分解方式及其模块性的影响，因此，我们在分解过程的每一个步骤中，都要牢记某个原则或因素，并且要从整体的角度来观察系统的整个生命周期。分解平面之间的契合度越高，就越有可能在合适的情况下获得优雅的分解方式。

文字框 13.8　方法：可供考虑的系统分解平面

交付的功能及涌现物	要注意那种把重要的外部功能分散到多个元素中的分解方式，因为那样做需要进行大量的功能接口管理工作，而且会使功能的涌现变得复杂起来
形式与结构	把具有高度连接性或重要空间关系的形式元素归为一组。不要在连接性比较高的区域放置接口，那样做会提升实际复杂度
设计的自由度和变更的传播	在设计方面紧密耦合的组件应该归为一组，以便我们能够在模块内部获得更大的设计空间，要尽量减少施加给设计者的限制，也要使设计方面的变更尽量不要跨越模块接口
变化程度与进化情况	要放置一些有利于模块之间互相结合的接口，使得模块可以结合成平台，并对产品的进化提供支持。这些内部接口，将会成为架构中的稳定特性
集成的透明度	创建有利于测试的接口，这种接口还要使得集成过程更加可见，并使得接口处发生的事情更容易理解
供应商	在某些特定的地点创建接口，使得供应商能够在这些地方独立地进行有创造性的工作，并把新的技术融入到设计中。供应商既有可能起到提升模块性的作用，也有可能起到降低模块性的作用
开放程度	如果模块接口将要开放给第三方，那么在放置接口时，就要使接口能够在由创新和网络效应所带来的优势以及由信息共享所带来的缺点之间进行权衡
遗留组件	在进行与遗留组件的复用有关的设计工作时，通常会在分解方面遇到限制，并在接口的设计方面碰到困难
技术变革的速度	创建这样一种接口，使得不同的技术可以按照不同的速度进行变化，同时又能够以异步的方式替换这些技术
营销与销售	在无需改变架构的前提下，既要能够实现一些有助于体现产品差异的特性，又要能够使我们可以对现有的产品进行一些修饰性质或幅度较小的更新。创建一种稍后可以在制造环节自由结合的模块，以促进产品的定制

（续）

操作与互操作性	在进行分解时，要使得我们能够方便地描述并获取操作员的接触点与产品中的磨损部件，以利于培训、维护和修理
投资时机	在进行模块化时，要注意安排好开发方面的开销。使得初次投入的资金能够产生某种价值，并使得后续投入的资金能够增加产品的价值
组织	使系统的模块化方式与组织相匹配（参见 Conway 定律）

13.4　小结

管理复杂度是架构师的一项重要任务。系统的表面复杂度会对系统的设计、测试、操作及复用造成影响。我们将系统的表面复杂度，也就是系统的难懂程度，与系统的必备复杂度区分对待。必备复杂度是由系统的功能所驱动的，我们要求系统完成的事情越多，系统中的必备复杂度就越大。

要管理系统的实际复杂度，架构师就必须以一种实用且易于理解的方式，来向不同的利益相关者展示系统的架构。架构师可以通过抽象、层级化、分解及递归等手段来减少表面复杂度，但这样做可能会提升实际复杂度。

在架构师做出的决策中，影响较大的一项决策，就是对系统所进行的分解。如果分解得不好，那么就有可能会破坏子团队之间的重要通信渠道，或是会损害系统未来的模块性。我们要根据 2 下 1 上原则来判断某种分解方式是否合适，也就是说，要想判断一种分解方式好不好，必须先向下分解两层，并根据第 2 层中的分解情况，来检视第 1 层中的那些分组是否与系统相匹配。有许多不同的分解平面可供选用。架构师必须根据系统所要强调的重点来选择适当的分解平面，然后运用 2 下 1 上原则，来确定合适的分解方式。

文字框 13.9　案例研究：土星 5 号与自由号空间站的分解

为了演示与各种分解平面相契合的重要性，我们现在来对比两个复杂的空间系统：土星 5 号（Saturn V）运载火箭及自由号空间站（Space Station Freedom），前者是 20 世纪 60 年代执行阿波罗（Apollo）任务所用的运载火箭，而后者则是 20 世纪 80 年代提出的空间站设计方案。我们将会看到，土星 5 号与不同的分解平面之间有着良好的契合，而空间站设计方案则拥有更为复杂的图景。笔者认为，在这两个主要的 NASA 计划中，其中一个计划之所以会取得相对的成功，至少有一部分原因应该归结为分解方式上的区别。

土星 5 号运载火箭

土星 5 号（参见图 13.12）是 NASA 在 1962～1968 年所研发的运载火箭。它用来发射阿波罗指挥服务舱（Apollo Command Service Module）、登月舱（Lunar Module）以及相关的宇航员，将其从地球表面带入地球轨道，然后朝着月球飞行。对于该项目来说，与解决方案无关的功能就是：通过速度的特定变化，来使有效载荷（payload）获得加速，在火箭领域，这个变化量叫做 Delta-v（Δv）。

表 13.1 给出了与特定解决方案无关的功能矩阵，这是个非常简单的 3×3 设计结构矩阵（DSM），它是根据运载火箭中的形式元素（称为级，stage）来安排的。通过 DSM，我们可以形象地看出这个与特定解决方案无关的功能平面，应该和什么样的分解方式相对应。在这个例子中，与特定解决方案无关的功能，其中有一部分是从每个元素中涌现出来的，例如 Delta-v1 就是从第一级中涌现出来的。即便我们不画 DSM，也照样可以把与特定解决方案无关的功能清晰地分解成这 3 个阶段，但 DSM 毕竟为我们制定分解策略提供了帮助。然而在下一个例子中，我们则会看到，与特定解决方案无关的功能，未必总是能够进行分解。

图 13.12　土星 5 号运载火箭，从下到上分别是第一级、第二级、第三级以及阿波罗指挥服务舱。登月舱隐藏在指挥服务舱下方

图片来源：感谢 National Aeronautics and Space Administration、NASA History Office 及 Kennedy Space Center 供图

在表 13.1 中，我们还可以通过供应商矩阵和操作矩阵，来了解另外两个形式分解平面，也就是分别按照供应商和操作，来对系统进行分解。由供应商矩阵可知，该火箭的各级，是由三家供应商各自提供的。针对这三级所进行的地面测试，也可以分别进行。正常情况下的操作就是对第一级点火，然后使第一级掉落，对第二级点火，然后使第二级掉落，接下来对第三级点火。第三级将会在飞往月球的途中掉落。表 13.1 中的第 4 个矩阵，演示了这种简单的顺序操作。请注意，在某一级处于运作状态时，与之相连的其他级是不会激活的。

在表 13.1 中，我们通过与特定解决方案无关的功能矩阵、供应商矩阵和操作矩阵可以看出：这些形式元素之间有着稀疏的非耦合关系，而且这些分解平面之间的契合度非常高。那么，内部功能应该如何进行分配，才能巩固这种稀疏的连接性呢？土星 5 号的主要内部功能，就是推进（产生推力）、指引火箭飞行（产生引导扭矩）、承载内部的结构载荷，并对外部的空气动力学载荷做出反应。架构方面的关键决策，是在每一级中都重复同一套内部功能。比如，第一级的内部功能是产生推力、产生引导扭矩、承载内部载荷及空气动力载荷，而第二级的内部功能也是如此。重要的内部接口只有一种，在表 13.1 中的内部功能矩阵中，这种接口用 L 来表示，它出现在主对角线以外的单元格中。该接口是结构载荷接口，用来把力传给堆叠中的上面一级，以使其获得加速。

表 13.1 土星 5 号运载火箭的分解

与特定解决方案无关的功能

	第一级	第二级	第三级
第一级	Delta $v1$		
第二级		Delta $v2$	
第三级			Delta $v3$

内部功能

	第一级	第二级	第三级
第一级	TGLA		
第二级	L	TGLA	
第三级		L	TGLA

T——产生推力；
G——产生引导扭矩；
L——承载结构载荷；
A——对空气动力载荷做出反应

供应商

	第一级	第二级	第三级
第一级	波音公司		
第二级		北美航空	
第三级			麦克唐纳公司

操作

	第一级	第二级	第三级
第一级	第一级火箭点火		
第二级		第二级火箭点火	
第三级			第三级火箭点火

令不同级别的火箭具备同样的功能，会产生一些不够理想之处，比方说，本来整个火箭可以共用同一套引导系统，但现在，每一级都必须有各自的引导系统。不过，从分解平面之间的契合度来看，这样做却会产生巨大的优势，对供应商来说，更是如此。因为每个供应商只需要遵守非常简单的结构接口，就可以对自己所负责的那一级进行相对独立的集成和测试了。最后，这三级会在肯尼迪航天中心发射复合体的航天器装配大楼中进行拼装。在对这三级进行拼接的过程中，其内部接口只需要由一定的螺旋模式（bolt pattern）和某些控制线材及传感器线材来构成。

结果，土星 5 号成了历史上最大的运载火箭，并且保持了完美的发射记录。它获得成功的原因有很多，包括得到了与登月竞赛相关的资源，以及 20 世纪 60 年代的航天工程师具备丰富的经验等。土星 5 号的表现之所以精彩，还有一个重要的因素，就是这些模块化平面之间的契合度很高，这使得接口变得简单，使得形式与功能之间的映射变得清晰，使得每个承包商都可以在各自的场地中进行测试而无需集中在一起测试，也使得集成工作得到了简化。

自由号空间站

自由号空间站（Space Station Freedom，SSF）是一个半永久式的地球轨道站概念，由里根（Reagan）总统于 1984 年发表。SSF（参见图 13.13 中的 NASA 示意图）一直都没有构建出来，在十多年时间里，它在经历了好几次设计方面的修改，最终于 1993 年演变为国际空间站（International Space Station）。

尽管 SSF 要完成的目标有很多，但我们可以推想：与特定解决方案无关的功能，应该是提供一个科学实验室，尤其是要提供一个能够进行微重力研究并对地球进行观测的实验室。本来它还担负着航天操作基地的职责，包括对卫星进行维修，以及给地球轨道之外的太空任务提供集合地点等。在冷战时期，巩固国际关系，也成了 SSF 所要担负的一项重大政治功能。SSF 中要包含由欧洲、加拿大和日本所提供的元素。

从形式上来说，SSF 中的元素可以分为三类：太阳能电池阵、桁架以及太空舱。桁架要负责连接其他主要元素并安置多种系统，太空舱则包含居住舱、实验舱以及连接节点。这三种类型的元素都可以从图 13.13 中看出来。

表 13.2 列出了与特定解决方案无关的功能矩阵，由此可以看出：对于这样的系统来说，我们没有办法把与特定解决方案无关的功能分配到形式元素上，因为每一个功能都必须要从所有的形式中涌现出来。因此，与特定解决方案无关的功能，并不是一个能够对模块化工作起到很大帮助的分解平面。

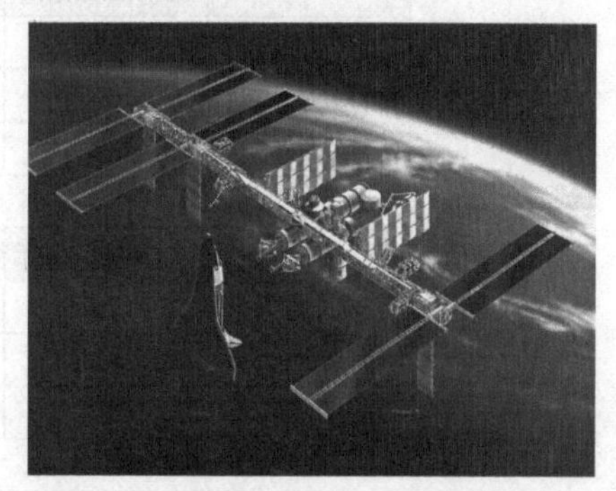

图 13.13　自由号空间站，从左侧至中心，分别是：太阳能电池阵、连接桁架，以及居住与实验舱

图片来源：NASA

自由号空间站的模块化工作非常复杂。形式中的每一小块，都是某个元素（例如桁架、实验室）、某个系统（例如温度控制系统、电力系统）或某个发射套件（launch package，例如 1 号飞行任务、2 号飞行任务）的一部分。

为了把握住这种复杂的关系，我们可以试着像表 13.2 中的内部功能矩阵这样，把 5 个重要的内部功能映射到各种类型的形式元素上。电力是由太阳能电池阵产生的，但由于电力系统要负责对电力进行控制并分配，因此，这一项内部功能，会遍及所有的元素。与之类似，每一个元素都要承载并交换结构载荷。有一些实验是在桁架外面进行的，还有一些则需要在太空舱内进行。只有姿态控制及宇航员支持这两个功能，大体上来说是分别在桁架和太空舱内发生的。

NASA 航天中心与各供应商相互搭配，形成了 4 团队，每一个团队都要负责某些元素及系统。因此，每个团队的职责也就遍布了空间站中的许多个地方。比如，Rocketdyne 公司是太阳能电池阵的建造者，它同时也是分布式电网的建造者。这种元素（形式）与系统（功能）之间的混合，造成了很多复杂的问题。比如，约翰逊航天中心（Johnson Space Center）与麦道公司（McDonnell Douglas）所组成的团队，要对人工系统中的“人为因素”进行控制，而这些人工系统，则位于由马歇尔太空飞行中心

（Marshall Space Flight Center）和波音公司组成的团队所负责的居住舱中。这种开发流程要求把部件从系统的构建者那里运送到某个NASA航天中心去做系统测试，运送到另外一个NASA航天中心去做元素测试，再运送到发射地点去做发射前的测试。尽管有着如此长久的开发计划和如此复杂的硬件流程，但某些需要相互配对的部件，还是要等太空站进入了轨道之后，才能安排进行对接。我们已经在3个维度（系统/功能、元素/形式及操作/发射套件）上对自由号空间站进行了划分，并且发现每个部件都会受到多组因素的影响，而这些组在优先度和组织职责方面，也发生着相互抵触的现象。表13.2中的供应商矩阵，描述了我们在认识系统的复杂度时所进行的这种尝试。

表 13.2　按照 1987 年的设计，对自由号空间站所做的分解

		太阳能电池阵	桁架	太空舱	
与特定解决方案无关的功能	太阳能电池阵	ISM	ISM	ISM	I–国际关系； S–航天操作； M–微重力科学
	桁架	ISM	ISM	ISM	
	太空舱	ISM	ISM	ISM	
		太阳能电池阵	桁架	太空舱	
内部功能	太阳能电池阵	PL	PL	P	P–提供电力； L–承载结构载荷； E–进行实验； A–姿态控制； C–安置宇航员
	桁架	PL	PLEA	PLE	
	太空舱	P	PLE	PLEC	
		太阳能电池阵	桁架	太空舱	
供应商	太阳能电池阵	R	R	R	R–Rocketdyne； M–麦道公司； B–波音公司
	桁架	R	RM	RM	
	太空舱	R	RM	RMB	
		太阳能电池阵	桁架	太空舱	
操作	太阳能电池阵	1	1		MB–1； MB–2；　1987年的载货单 MB–3；
	桁架	1	123	23	
	太空舱		23	23	

表13.2中的最后一个矩阵，是按照操作来绘制的，该矩阵无法与其他分解方式相契合。为了最大限度地利用有效载荷，航天飞机会在特定的飞行任务中携带某些组件。大量的在轨组装（on-orbit assembly）工作列入了计划中。表13.2中的操作矩阵，依照1987年规划的载货清单，演示了前三次组装飞行任务所要携带的部件。该矩阵应该会使我们感觉到：这种按组装操作进行分解的方式，与其他几种分解方式没办法契合。

表13.2中的矩阵，在某种程度上体现了分解过程中所遇到的危机。我们按照功能、供应商及操作这3个因素，分别对系统做了3次分解，而每一次分解所得到的，都是一个高度耦合的系统，这样的系统，很难进行模块化处理。把这几个矩阵合起来观察，我

们就会发现，没有哪一种分解方式，能够在这些分解平面上全都保持明显的一致。

结果就是，尽管在 10 年间投入了大约 100 亿美元，但自由号空间站的开发，却只产生了些许的进展。造成这种失败局面的原因有很多，包括资金不足、管理系统过分复杂等，然而不良的架构分解，也是一个较为主要的因素。

到了 1993 年，该项目进行了大规模的重组。重组后的项目中，只有一个主要的承包商，就是波音公司，它只接受一个 NASA 航天中心的监督，也就是约翰逊航天中心，其余的供应商，都通过波音公司进行分包。重新设计之后所产生的一项重要成果，就是把发射套件和元素契合起来了。重组之前，三个维度上的架构分解，全都没有办法与元素相契合，但重组之后，我们已经消去了这样的一个维度。功能与元素之间也贴得更近了，而且日程方面的修改，又使得项目能够进行更多的地面整合测试工作。

从这两个案例中我们可以看出，优雅的架构（参见文字框 13.7）能够以很多种彼此契合的方式进行分解，这使得所有的因素都能够按照同样的办法接受模块化处理，以形成较为简单的接口。像土星 5 号这样的良好架构，不仅能在多个分解平面上对齐，而且还能够适应某些不规则的因素。反之，糟糕的架构，则没有办法在多个分解平面上互相对齐，架构师在进行模块化处理时，必须选定其中的某一个分解平面，并忽略其他的平面，这样的选择是很难做的，而且会产生一套较为复杂的接口。

13.5　参考资料

[1] http://www.microsoft.com/en-us/news/speeches/2013/07-08wpcballmer.aspx

[2] http://www.boeing.com/787-media-resource/docs/Managing-supplier-quality.pdf

[3] https://corporate.homedepot.com/OurCompany/StoreProdServices/Pages/default.aspx

[4] G. Boothroyd and P. Dewhurst, *Product Design for Assembly* (Wakefield, RI: Boothroyd and Dewhurst, 1987).

[5] F.P. Brooks, *The Mythical Man-Month* (Reading, MA: Addison-Wesley, 1975. Enlarged and republished in 1995). http://www.inf.ed.ac.uk/teaching/courses/rtse/Lectures/mmmWikipedia090302.pdf

[6] J.G. Cobb, "Menus Behaving Badly," *New York Times,* May 12, 2002. Retrieved January 18, 2008. http://www.nytimes.com/2002/05/12/automobiles/menus-behaving-badly.html

[7] A. Bornhop. "iDrive? No You Drive, While I Fiddle with This Controller," *Road and Track,* June 1 2002. http://www.roadandtrack.com/car-reviews/page-2—2002-bmw-745i

[8] D.L. Parnas, "On the Criteria to Be Used in Decomposing Systems into Modules," *Communications of the ACM* 15, no. 12 (1972): 1053–1058.

[9] Conway, Melvin E. (April, 1968), "How Do Committees Invent?" *Datamation* 14, no. 5: 28–31.

[10] A. MacCormack, C. Baldwin, and J. Rusnak, "Exploring the Duality between Product and Organizational Architectures: A Test of the 'Mirroring' Hypothesis," *Research Policy* (Elsevier, 2012).

[11] Perlis, A. J. (September 1982). "Epigrams on Programming." ACM SIGPLAN Notices (New York, NY, USA: Association for Computing Machinery) 17 (9): 7–13. doi:10.1145/947955.1083808

第四部分

作为决策的架构

第二部分和第三部分展示了对架构进行分析和综合时所使用的一些原则与方法。由于架构本身必然会有着一定的复杂度，因此分析和综合过程中的许多步骤很难完全详尽地加以执行。比方说，我们在第 12 章讲解混合动力车的例子时，就只考虑了 7 种概念，而没有详尽地在概念空间中搜寻概念片段之间的每一种组合方式。尽管这些任务的某一些方面可以划归为计算问题，但在根据计算模型所输出的结果来进行推荐时，则必须格外小心。我们在第四部分中，将带着这些想法来讲解架构方面的决策支持，并讨论一些对架构师的工作起到支援作用的方法与工具。要注意的是：这些方法和工具，不能取代架构师这一角色。

第四部分会介绍一些对系统架构有益的计算方法和计算工具。这些方法与工具，来自决策分析、全局优化（global optimization，整体最佳化）及数据挖掘等领域。

该部分有两个目标。第一个目标是要使架构师能够利用这些方法与工具来增强自己的分析能力，以便更好地减少歧义、发挥创意，并管理复杂度。第二个目标则是要创建一些心智模型（例如权衡空间模型）。根据笔者的经验来看，这一部分所展示的某些推理方式或推理模式，即便在不去实际构建分析模型的情况下，也依然能够对架构方面的决策起到支持作用。

第四部分是这样安排的。首先，我们在第 14 章中把系统架构的过程当成一种决策制定的过程来进行讲解。我们会对决策支持进行概述，同时把视野集中在正确的决策中。从理论上来说，绘画者所画的每一笔，都是一项决策，但并非所有的决策都能称为架构决策（architectural decision）。我们将会以一个简单的案例研究来演示这些方法与工具的强大之处，这个案例，就是阿波罗计划对任务模式所做的选择。

然后，我们将在第 15 章中讲解怎样对架构权衡空间中的信息进行综合，也就是怎样对评估一系列架构所得的结果进行综合。这一章会讨论如何将帕累托分析、试验设计以及敏感度分析等工具结合起来，以求更好地理解几种主要的架构决策之间的权衡、敏感度及耦合度。我们尤其要研究怎样围绕决策体系来对复杂的架构权衡空间进行规划。笔者的主张是：提出决策体系，是管理复杂度的一种关键手段。同时笔者认为：寻找模型中所蕴含着的最佳架构方式，固然是非常重要的，然而了解诸多决策中的哪一些决策有着较大的影响力，也同样重要，甚至比前者更加重要。

接下来，我们将在第 16 章中演示怎样把架构决策编码成一套模型，使得计算机可以根据该模型自动生成权衡空间并对其进行探索。这一章首先会介绍系统架构问题这一概念，并介绍架构师所做的经典决策类型。然后基于这些内容，提出 6 种架构决策模式，并从优化问题（optimization problem）的角度，来介绍与之相对应的公式化方法。我们要检视这些问题的数学结构，并讨论它们与背包问题、旅行推销员问题等传统的优化问题之间有何异同。我们会把启发式优化算法（heuristic optimization algorithm）单独视为一类工具，并介绍怎样以计算的方式使用这类工具来解决架构问题。

最后，我们会在附录中给出一些可以对决策支持的主要功能（也就是展示、模拟、结构化以及查看）起到支援作用的工具。我们尤其要在附录中讨论怎样使用基于规则的系统来自动地对架构进行列举和评估，以及怎样使用聚类算法来对权衡空间进行安排。

第 14 章　作为决策制定过程的系统架构

感谢 Willard Simmons 博士就本章所提供的巨大帮助。

14.1　简介

系统架构师的工作，是把一系列需求和目标转换成系统架构。对于复杂的系统来说，架构工作是具有挑战性的，这是因为设计参数之间有着复杂的关系，而且还有着各种替代方案，这使得待搜索的空间变得非常庞大，无论是人脑还是电脑，都很难把整个空间彻底地搜寻一遍。本章所要提出的一个观点是：系统架构可以有效地表示成一系列互相连接的决策（interconnected decisions）。毫无疑问，这些决策本身就构成了一个系统，每项决策，都是该系统中的一个实体，而决策之间的连接，则是该系统中的关系。由这些决策所构成的这个系统，是一个中介系统，它位于需求系统与最终架构之间。该系统有一个更为重要的意义，那就是使我们能够以人为思考或电脑计算的方式来运用这些决策，以降低架构工作所表现出来的复杂程度。

首先来看一个例子：20 世纪 60 年代阿波罗计划的架构过程。肯尼迪总统在 1961 年 5 月发表了著名演说，他宣称美国要在这一个十年结束之前，将一个人送上月球并使其安全返回地球[1]。该需求以及其他的一些需求和目标，后来转化成了系统的架构。而架构师在完成转化时所用的办法，则是确定一个由候选的架构所构成的空间，并通过决策来缩减该空间内的架构数量。

为了减少架构工作的复杂度，NASA 确定了几个关键的决策点，这些决策能够定义阿波罗计划的任务模式，该模式用来描述多种元素在太空中相遇的方式和地点，以及宇航员在这些元素之间的移动办法。根据史料[2]，阿波罗计划的进度，起初进展得比较缓慢，直到 1962 年 6 月选定了月球轨道集合方案作为任务模式之后，才开始变得快起来，这项决策为该计划指明了正确的路径，使其在 1969 年顺利地完成了登月任务[3]。

架构中的主要决策点有两个，一是要不要在地球轨道中进行集合与对接操作（这叫做地球轨道集合，Earth Orbit Rendezvous，EOR）；二是要不要在月球轨道中进行集合与对接操作（这叫做月球轨道集合，Lunar Orbit Rendezvous，LOR）。如果既不进行 EOR，又不进行 LOR，那么就称为直接起飞模式，在这种模式中，一艘巨大的航天器会发射到地球轨道中，然后飞往月球轨道，接下来降落到月球表面，最后从月球表面升入月球轨道并返回地球。该方案能够把所要开发的运载工具数量降至最低。在LOR模式中，两艘航天器会发射到月球轨道中，然而其中只有一艘会降落到月球表面。执行完月球表面的任务之后，该航天器升入月球轨道，并与原来留在那里的航天器进行组装，返回地球所需的燃料，存放在后者中。这个方案所用的燃料是最少的。如果改用EOR模式，那么两艘航天器就会在地球轨道中进行组装，然后一起飞到月球表面。从降低风险的角度来看，该方案是最佳的，因为最危险的操作（也就是航天器的组装），是在离地球比较近的地方进行的，万一操作失败，宇航员可以更为安全地返回地球。除了上述三种方案之外，还有一种任务模式，是同时进行EOR和LOR。

涉及月球轨道集合（LOR）的那种任务模式，最终获选为阿波罗计划的任务模式。通过这个决策，系统架构师给设计工程师提供了一套稳固且可以接受的设计方案，这套方案最终细化为一个详尽的设计。

在本章中，笔者将要提出一个观念，那就是：把系统架构过程视为决策制定过程（system architecting as a decision-making process），该观念会极大地改变早期设计活动的进行方式。在本书的介绍文字中，笔者曾经强调过一个想法，是说架构工作中的前十个决策，会决定大部分的性能和成本因素。即便每个决策只有两种选项，设计空间中也依然会出现 2^{10}，也就是1024种可选的架构。我们在第一部分至第三部分中所讨论的内容，有助于系统架构师根据自己的经验和一些经验法则[⊖]来缩减这个空间内的备选架构数量。本章我们会演示决策树等典型的决策支持工具，这些工具令架构师可以更为容易地梳理设计空间中所存在的大量候选方案，并帮助其做出明智的抉择。毫无疑问，这些工具并不是用来取代架构师的，它们只是用来增强架构师的判断能力。我们所要提出的这套方法与工具，其主要的功能就是减少复杂度，同时，也要能够厘清架构中的不明确之处，并帮助架构师进行创造性的思考。换句话说，我们正试着优化人脑和电脑在系统架构工作中的功能分配问题。

14.2　对阿波罗计划的架构决策问题进行公式化处理

14.2.1　做决策时可以考虑的经验法则

要想把阿波罗计划的决策制定过程公式化，就要选择一系列有待决策的问题（包括与之对应的各种选项）和一系列用来衡量效果的尺度。本小节会给出三条有助于将决策过程加以公式化的经验法则，并演示它们是怎样运用到阿波罗计划的架构工作上的。

有助于把决策问题加以公式化的第一条经验法则，是谨慎地给待考虑的架构空间划定边界（参见第11章的系统问题陈述原则）。对阿波罗计划进行分析时，所要考虑的架构应该处在什么样的范围之内？阿波罗计划最为宏观的系统规范，可以从肯尼迪总统1961

⊖ 原文为heuristic，本书将根据文意，酌情译为经验法则、启发法或试探法。——译者注年的演说中得出，那就是："将一个人送上月球并使其安全返回地球"。这项陈述，设定了阿波罗计划的最小范围，也就是至少要把一个人送上月球。系统架构可以在这个基础上进行扩充，但又不能扩充地太过分，由于 NASA 的日程安排较为紧张，因此诸如火星探测和空间站等功能，就不应该包含在本架构的范围之内。

NASA 所要面对的一个决策，是宇航员的数量问题。在 20 世纪 60 年代早期，即便只把 1 个人送上月球，也是个相当宏大的目标[4]。然而登月任务是一项既漫长又复杂的任务，单单叫一名宇航员来完成，显得过于冒险。同时，由于进度方面的限制，也不太可能像 von Braun 在 *Conquest of the Moon* 中所说的那样，组织一个庞大的宇航员团队来进行这项任务[5]。于是，我们在做回顾式的分析时，就把宇航员的数量限定为最少 1 人且最多不超过 3 人。

另外一项决策是任务模式的选择问题。阿波罗计划刚刚开始时，在太空中所进行的集合操作与对接操作是否具备可行性与可靠性，还是一个极有争议的话题。地球轨道集合方案的技术风险比较低，但是所带来的好处也比较少。NASA 工程师 John C. Houbolt 认为，月球轨道集合方案虽然有一定的挑战性，但是从技术上来说，仍然是可行的。他认为，在月球轨道中进行集合与对接，是一种应该加以考虑的方案，因为这可以提供一些减轻重量与降低发射成本的契机[6]。因此，我们在做回顾式分析时，会同时把 EOR 和 LOR 纳入考虑范围。

第二条经验法则是：决策应该要能够大幅度地影响评估架构所用的衡量指标。这看上去是显而易见的道理，但是当架构决策模型创建出来之后，我们经常会发现：其中确实有一些决策对衡量指标的影响很低（也就是说，无论针对这些决策问题做出什么样的选择，衡量出来的数值都不会有太大差别），这说明我们应该把这些决策问题拿掉。在执行太空任务时，有两个衡量指标是比较重要的，一个是任务元素的总重量，另一个是任务成功率。这两个指标都会极大地受到任务模式和宇航员数量的影响，而且也会受制于航天器飞行时所用的燃料类型[7]。

第三条经验法则是：决策模型只应该包含架构方面的决策。对于阿波罗计划来说，与任务模式有关的决策会直接影响功能与形式之间的映射。比如，如果任务模式中包含月球轨道集合操作，那么该任务的概念中就要含有两个运载工具，一个是载人的航天器，它带有防热盾（heat shield），以便能重新进入地球大气层；另一个是登陆月球的航天器，它专门用来降落到月球表面。有时，某些决策会间接地影响架构。比如，燃料类型会影响发动机的种类以及燃料箱的要求。我们可以运用这一条经验法则，从决策模型中排除一些决策，例如与发射场的位置有关的决策就应该排除，因为它并不会对架构造成较大影响。

14.2.2　阿波罗计划的决策

考虑到上述三条经验法则，我们选了图 14.1 中的这 9 项决策问题，来对阿波罗计划进行研究。决策模型的创建过程，从本质上来说应该是个迭代式的过程。比如，有一些架构只在针对 X 问题的决策上表现出了差别，而在其他问题上都做了同样的决策，但我们却发现这些架构在模型中的某个指标上获得了完全相等的分数，那我们就应该修改这个模型了。此时可以把针对 X 问题的那项决策从模型中删去，或者可以再引入一项新的衡量标准，以反映这些架构在 X 问题上的差异。

短ID	决策	单位	选项 A	选项 B	选项 C	选项 D
EOR	地球轨道集合	无	否	是		
earthLaunch	地球端的发射类型	无	轨道	直接		
LOR	月球轨道集合	无	否	是		
moonArrival	到达月球的方式	无	轨道	直接		
moonDeparture	离开月球的方式	无	轨道	直接		
cmCrew	指挥舱的人员数量	人	2	3		
lmCrew	登月舱的人员数量	人	0	1	2	3
smFuel	服务舱的燃料类型	无	低温燃料	可储存燃料		
lmFuel	登月舱的燃料类型	无	不适用	低温燃料	可储存燃料	

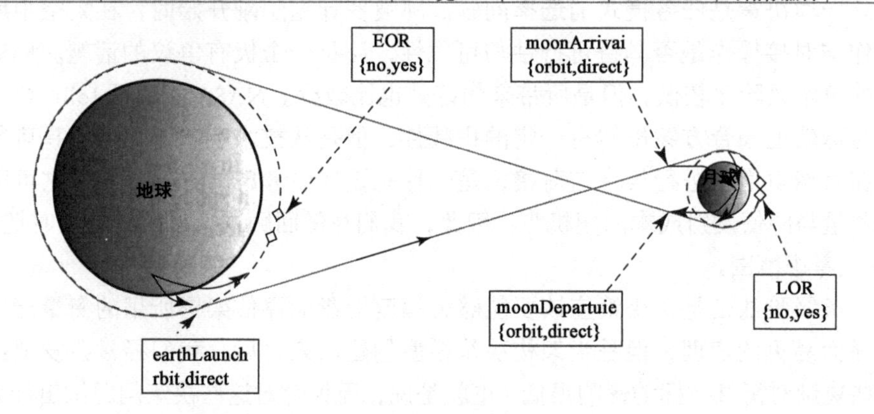

图 14.1　将阿波罗计划的任务模式与 9 项决策对应起来。请注意：针对这 9 项决策所做的选择，必须要满足表 14.1 中所规定的逻辑约束

图 14.1 中的 9 项决策，涵盖了阿波罗项目的任务模式、人员数量以及火箭推进剂的类型。该图也给出了每个决策点所包含的各种选项。图中的这种表格，叫做形态矩阵，我们将会在 14.5 节中讲解怎样用形态矩阵来对架构决策进行结构规划。

图 14.1 中的前 5 个决策，与任务模式有关。EOR 说的是需不需要在地球轨道进行集合与对接。earthLaunch 说的是航天器应该先进入环绕地球的轨道中，然后再飞向月球，还是直接飞往月球。LOR 说的是需不需要在月球轨道进行集合与对接。moonArrival 说的是应该先进入环绕月球的轨道，然后再降落到月球，还是直接降落到月球表面。moonDeparture 说的是离开月球时，应该先进入月球轨道，然后再飞向地球，还是直接飞往地球。针对这 5 个问题所做的决策，决定了飞行器在任务执行过程中的相关地点上所采取的行动。把针对这 5 项决策所做的选择联合起来，就可以确定一种任务模式。

剩下的那 4 项决策，与人员数量及燃料类型有关。cmCrew 表示指挥舱的人员数量，lmCrew 表示登月舱的人员数量，如果某个方案根本就不使用登月舱，那么其数量自然就是 0。smFuel 及 lmFuel 分别表示服务舱与登月舱的燃料类型。如果没有这样的舱，那么对应的单元格里就写着“不适用”（Not Available，NA）。“低温燃料”（cryogenic）表示能量较高的 LOX/LH2（液态氧 / 液态氢）推进剂，而“可储存燃料”（storable）则表示能量较低但更加可靠的自燃推进剂。

14.2.3　约束及衡量指标

除了要把这些决策定义出来之外，我们还需要完整地描述架构模型所包含的约束规则及衡量指标。约束规则中可以体现出一些与系统有关的知识，也可以体现出各项决策之间的关系。逻辑约束（logical constraint）用来排除逻辑上无法成立的决策组合。表 14.1 列出了阿波罗案例中的逻辑约束。比如，规则 d 就要求登月舱的人数必须小于等于指挥舱的人数，因为在靠近月球的地方，不可能会突然冒出来几个宇航员。

表 14.1　阿波罗案例中的逻辑约束

ID	规 则 名 称	适 用 范 围	描述规则的算式
a	EORconstraint	EOR, earthLaunch	(EOR== 是 && earthLaunch== 轨道)||(EOR= 否)
b	LORconstraint	LOR<moonArrival	(EOR== 是 && moonArrival== 轨道)||(LOR== 否)
c	moonLeaving	LOR, moonDeparture	(LOR== 是 && moonDeparture== 轨道) || (LOR== 否)
d	lmcmcrew	cmCrew, lmCrew	(cmCrew≥lmCrew)
e	lmexists	LOR, lmCrew	(LOR== 否 && lmCrew==0) || (LOR== 是 && lmCrew>0)
f	lmFuelConstraint	LOR, lmFuel	(LOR== 否 && lmFuel== 不适用) || (LOR== 是 && lmFuel!= 不适用)

从表 14.1 中可以看出，最为关键的一项决策，就是对 LOR 问题所做的决策。根据约束规则 b 和 c 可知，如果决定进行 LOR，那么就不能直接降落到月球表面，起飞时也不能直接离开月球，而是都必须先进入月球轨道，另外，根据约束规则 e 和 f 可知，如果决定进行 LOR，那么登月舱的人员数量至少要是 1，而且必须带有推进剂。

除了逻辑方面的约束之外，还有一些不那么严格的约束，可以称为合理性（reasonableness）方面的约束，这些约束用来排除那种不太可能会组合在一起的决策选项。比如，如果登月行动是由多个国家联合进行的，那么就不太可能出现由美国构建一个登陆舱，而由另外一个国家再构建一个登陆舱的情况。那样做虽然没有任何逻辑错误，但却会造成资源的浪费，因此，它是不合理的。

在评估架构的有效程度时，我们通常会发现一些能够对性能、成本、开发风险及操作风险的某些方面进行衡量的指标。对于阿波罗案例来说，各种架构在性能方面是等效的，也就是说，只要某个架构能够把至少一名宇航员送到月球表面，那么它在性能上就满足了 Kennedy 所提出的那个目标。因此，为了评估阿波罗项目的成功率，我们选用下面这两个指标来对架构进行衡量，第一个指标是操作风险，第二个指标是近地轨道的初始重量（Initial Mass to Low Earth Orbit，IMLEO），该指标可用来推测项目的成本。每个架构的 IMLEO 值，都是根据火箭方程[8]及 Houbolt 的原始文档中所记录的参数[9]而计算出来的。

表 14.2 列出了各方案在风险方面的得分，该得分直接关系到操作的成功率。把每一套架构在各种单项操作上的成功率相乘，就得到了该架构的总成功率。操作的风险分为四级：高风险（成功率为 0.9）、中风险（成功率为 0.95）、低风险（成功率为 0.98）和极低风险（成功率为 0.99）。这些操作的风险得分，是根据 20 世纪 60 年代早期所撰写的文档，以及对关键决策者所做的采访而推算出来的。

表 14.2 计算阿波罗案例的操作风险时所用的表格，每个选项所对应的成功率，写在该选项下方的括号中

短 ID	决　策	选项 A	选项 B	选项 C	选项 D
EOR	地球轨道集合	否	是		
风险		（0.98）	（0.95）		
earthLaunch	地球端的发射类型	轨道	直接		
风险		（0.99）	（0.9）		
LOR	月球轨道集合	否	是		
风险		（1）	（0.95）		
moonArrival	到达月球的方式	轨道	直接		
风险		（0.99）	（0.95）		
Moon Departure	离开月球的方式	轨道	直接		
风险		（0.9）	（0.9）		
cmCrew	指挥舱的人员数量	2	3		
风险		（1）	（1）		
lmCrew	登月舱的人员数量	0	1	2	3
风险		（1）	（0.9）	1	1
smFuel	服务舱的燃料类型	低温燃料	可储存燃料		
风险		（0.95）^（burns）	（1）		
lmFuel	登月舱的燃料类型	不适用	低温燃料	可储存燃料	
风险		（1）	（0.9025）	1	

这些衡量指标，也是一种能够把各项决策彼此联系起来的方式。比如，任务的总成功率是通过对每一项小任务的成功率进行连乘而得到的，因此，每一项决策都通过总成

功率这一指标，与其他决策联系了起来。

14.2.4　计算各种阿波罗架构的得分

图 14.2 展示了各种适用于阿波罗计划的架构所得到的分数，我们把每一种符合逻辑约束的决策组合方式都找了出来，并根据 IMLEO 和任务成功率来计算其得分。笔者特意标出了接近 Utopia 点（理想点，也就是重量最低且成功率最高的那个点，在图 14.2 中以符号“U”来表示）的那 8 种优秀架构。这 8 种架构的重要之处在于，它们恰好反映了当时所提出的 3 种主要方案，一个是 von Braun 所说的直接起飞方案，另一个是 Houbolt 的 LOR 概念，还有一个是苏联设计的任务执行方案。

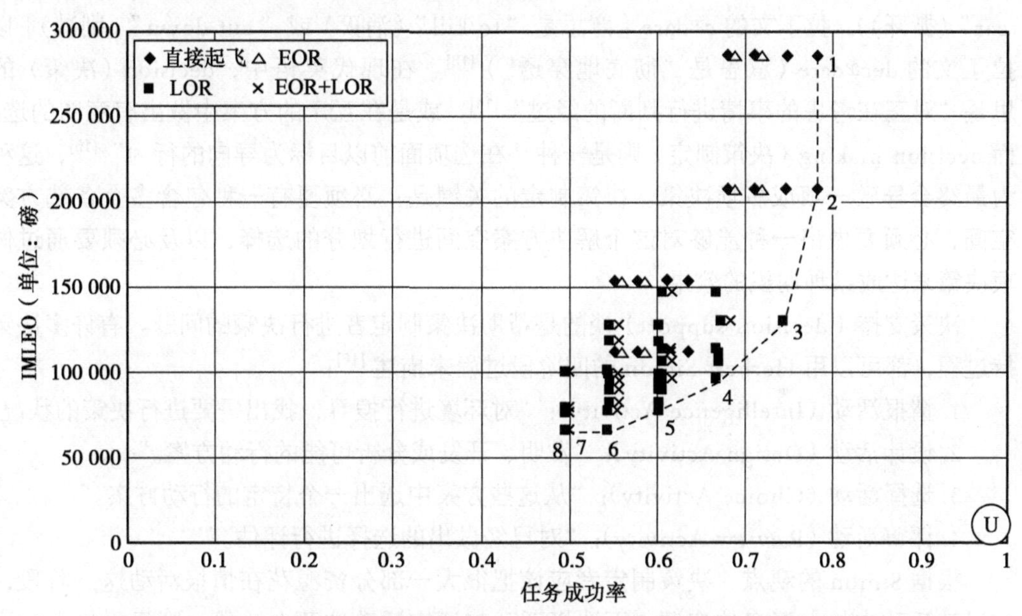

图 14.2　根据 IMLEO 与任务成功率所绘制出的坐标图，该图展示了阿波罗计划的权衡空间。图中的每一个点，都表示一种在逻辑上可行的决策组合。由虚线连接起来的那 8 个点，表示 8 种最优的架构。写有符号“U”的那个点是 Utopia 点（理想点），它表示的是一种理想的方案，该方案在各项指标上都可以取得最完美的分数

点 1 和点 2 所对应的设计方案，分别表示包含 3 名宇航员和 2 名宇航员的直接起飞方案。这种直接起飞的任务模式，既不进行月球轨道集合，又不进行地球轨道集合，而且根本没有登月舱。在 von Braun 最初提议的那些任务模式中，就包含有这两种任务模式[10]。它们的可靠性是比较高的，但其代价则是 IMLEO 也会比较大。

3～8 号点所对应的那些架构，都是包含了月球轨道集合操作的架构。3 号点对应的那个设计方案，就是当年阿波罗计划所采用的实际方案：它的指挥舱中有 3 名宇航员，登月舱中有 2 名宇航员，并且使用可储存燃料作为服务舱和登月舱的推进剂[11]。该方案在重量和风险之间取得了合理的平衡。点 8 所对应的那个方案，是重量最小的方案，它的

指挥舱中有 2 名宇航员，登陆舱中有 1 名宇航员，并使用低温燃料作为登陆舱的推进剂。点 8 所代表的设计方案，与苏联的登月任务所提出的架构最为接近[12]。我们用计算的方式来对各种有可能成立的架构进行搜寻，并且发现了 20 世纪 60 年代进行任务模式决策时所考虑过的那三个主要候选方案。第 15 章将会讲解怎样从这种类型的图表中提取出有用的信息，以帮助我们对系统架构的过程进行规划。

14.3　决策与决策支持

根据 R. Hoffman 的说法，“decide”（决定）这个词源自梵文的 khid ´ati（意思是“to tear”（撕开）），拉丁文的 cædare［意思是“to kill”（消灭）或“cut down”（削减）］以及拉丁文的 decædare（意思是“彻底地穿透”）[13]。在现代英语中，decision（决策）的意思是“对正在考虑的事情进行判断的经过”[14]，或是在互斥的方案中做出有意图的选择，而 decision making（决策制定）则是一种“在选项面前以目标为导向的行为”[15]，这种行为最终会导致一项或多项决策。决策制定的关键是：必须要有一种包含多个备选方案的空间，必须要做出一种能够对这个解决方案空间进行划分的选择，以及必须要通过做这项决策来达成某种期望的效果。

决策支持（decision support）谈的是帮助决策制定者进行决策的问题。有许多决策支持过程，都可以用 Herbert Simon 的四阶段过程来描述[16]：

1. 情报活动（Intelligence Activity）：“对环境进行搜寻，找出需要进行决策的状况。”
2. 设计活动（Design Activity）：“发明、开发或分析可能的行动方案。”
3. 选择活动（Choice Activity）：“从这些方案中选出一个特定的行动方案。”
4. 评审活动（Review Activity）：“对已经做出的选择进行评估。”

根据 Simon 的观点，决策制定者应该把很大一部分资源花在情报活动这一阶段，并在设计活动中投入更多的资源。而选择活动与评审活动这两个阶段，则只需投入一小部分资源即可。

Simon 还为自己的研究做出了一个补充论述，那就是认为，在各种决策类型中，有两种决策类型，分别位于两个极端，一种是程序化的决策（programmed decision），另一种是非程序化的决策（non-programmed decision）。其后还有一些作者，有时也会把这两种决策分别叫做“结构化的”（structured）决策和“非结构化的”（unstructured）的决策[17]。图 14.3 演示了这两种决策的特征。

程序化的决策是指“重复性的、常规性的决策”，我们可以遵循一套预先确定好的流程，来对这种问题进行决策。在程序化的决策中，有些决策是比较简单的，也有一些决策相当复杂。比如，决定付给服务生的小费数量、决定控制系统的最优增益（optimal gain），以及决定飞越美国上空的所有飞行器所应遵循的路径，就全都属于程序化的决策。

对于这些决策来说，决策制定者能根据一套已知且确定的方式，来得出一个满意的选择。像这种有待决策的问题，其行为是可以建模的，而且其目标也定义得比较清晰。但是要注意，把一项决策归类到程序化的决策中，并不等于说它就变成了一项“简单的”决策，这只是意味着存在一种已知且可行的方法，能够解决这个待决策的问题而已。此外，把某项决策归类为程序化的决策，也不一定意味着我们能够定量地求出使用预定流程对其进行决策时所需耗费的资源。对于很多工程问题来说，这种预定的规程是很难实现出来的，或者需要大量的成本才能将其计算出来[18]。Simon 认为，程序化的决策，是运筹学（Operations Research，作业研究）领域中的话题。

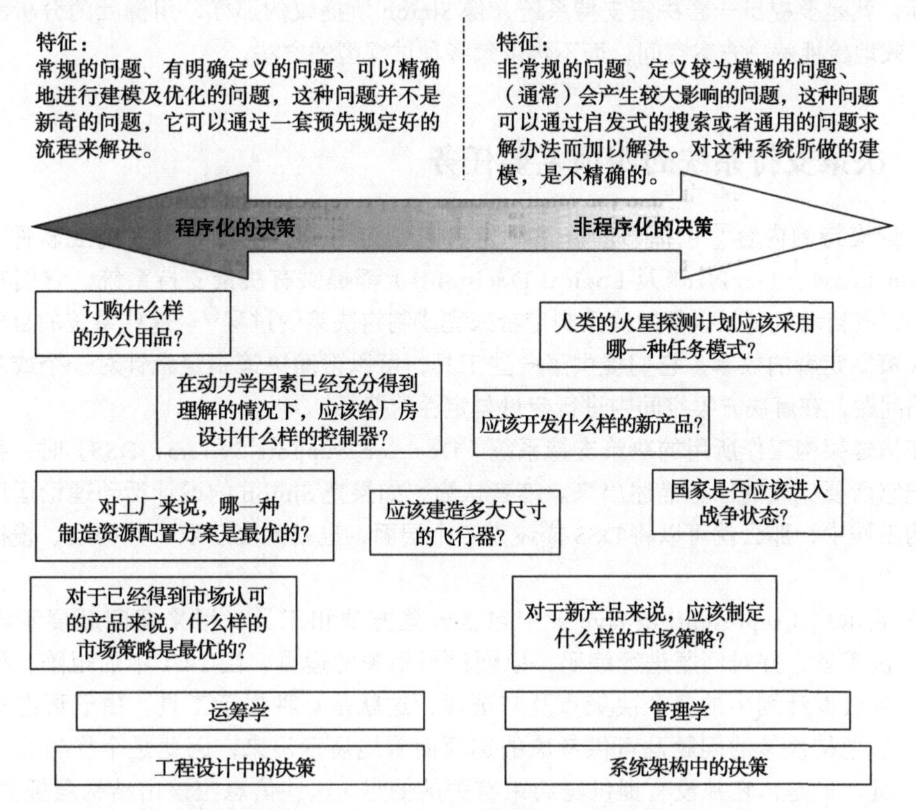

图 14.3 各种类型的决策，它们位于程序化决策与非程序化决策这两个极端之间

处在另一端的决策类型，是非程序化的决策。这些决策是创新的决策，是没有清晰结构的决策，而且通常会产生较大的影响。阿波罗计划的任务模式决策，就属于这种决策。Simon 认为：非程序化的决策一般可以通过创造力、判断力、经验法则以及试探法等通用的问题求解方法来加以解决。在图 14.3 所举的例子中，决定国家是否应该开战，决定未经市场考验的新产品所应采取的营销策略，以及决定人类的火星探测任务所应采用的任务模式，都属于非程序化的决策。Simon 认为，非程序化的决策，是管理学领域中的话题。

在很多情况下，一旦有聪明人发明了一种能够解决问题的程序化方法，那么相应的非程序化决策，就会变成程序化的决策。因此，非程序化的决策似乎应该说成“尚未程序化的决策”。比如，Christopher Alexander 引入了“模式语言”（pattern language）这一概念，对民用建筑物的架构进行了系统化的总结，这就是一个把原来的非程序化问题变为程序化问题的例子。模式语言将建筑元素归纳为各种可以复用的模式，每个模式都由三部分组成，一是该模式的使用情境，二是该模式所要解决的问题，三是该模式提供的解决方案 [19]。本书将在第 16 章讨论模式的概念。

很明显，有时我们可以把非程序化的决策变为程序化的决策。本章和本书其余部分的目标，就是要提出一套决策支持系统，像 Simon 所提议的那样，用健壮的分析法来全面且有效地检视解决方案空间，而不再依赖各种试探型的方法。

14.4　决策支持系统的四项主要任务

决策支持的内容，包括帮助决策制定者来制定决策。现在有很多商业软件（例如 Decision Lens®、TreePlan® 及 Logical Decisions®）都提供有决策支持系统，它们实现了某种形式的自动机制，以帮助决策制定者来完成制定决策的过程⊖。这些系统的目标是要提升决策制定者的效率，它们提供了一些工具，可以帮助决策制定者针对一个或多个待决策的问题，在解决方案空间中进行定量与定性的搜寻。

在构建架构工作所用的决策支持系统（Decision Support System，DSS）时，我们应该先把它所要完成的任务描述出来。笔者认为，如果把 Simon 的设计活动理论运用到系统架构工作中，那么就可以将 DSS 描述为四个层面，也就是展示层、结构层、模拟层及查看层 [20]：

- 展示层（representing layer）中包含一些方法和工具，用来把问题展示给人类决策者，并对问题进行编码，以便进行相关的运算。图 14.1 中的矩阵，列出了阿波罗计划中的各个决策点及其选项，这就是一种展示工具。由于形态矩阵能够把待决策的问题及可供考虑的选项简单地展示出来，因此是个相当有用的工具。但是，它并没有提供与约束有关的信息（这些信息应该由结构层提供），也没有给出与各方案的优劣程度有关的信息（这些信息应该由模拟层提供）。除了形态矩阵之外，还有一些办法也能够用来展示架构空间，例如树、图、OPM 及 SysML 等。
- 结构层（structuring layer）用来对决策问题本身的结构进行整理。其中包括判定各项决策之间的顺序及连接性等。比如，在阿波罗计划的那个例子中，我们就不

⊖ 运筹学与管理学协会（Institute for Operations Research and the Management Sciences，简称 INFORMS）的网站上有一份决策分析软件的列表：http://www.orms-today.org/surveys/das/das.html。

能把地球轨道集合与直接飞往月球这两种操作同时选中（参见表 14.1）。各项决策之间的这种逻辑约束关系，以及其他类型的耦合关系，都可以用含有双向互动信息的设计结构矩阵（Design Structure Matrix，简称 DSM）来表示。14.5 节将会详细讲解 DSM。

- 模拟层（simulating layer）要判断出决策选项之间的哪些组合方式能够满足逻辑约束，并且要根据衡量指标来计算这些组合方式各自的得分。因此，模拟层要具备对系统架构进行评估的能力，以判断这些架构是否满足利益相关者的需求。比如，在阿波罗计划的那个例子中，我们根据两项衡量指标所计算出来的图 14.2，就发挥着模拟层的作用。能够进行系统模拟的工具有很多，其复杂程度也各不相同，可以用简单的公式进行模拟，也可以采用离散事件仿真技术来进行模拟 [21]。
- 查看层（viewing layer）要把结构层和模拟层中的决策支持信息，以一种易于理解的格式表示出来。比如，图 14.2 中的那张坐标图，就在某种程度上发挥着查看层的作用，因为它能够形象地把权衡空间中每一种架构的评估结果全都展示出来。我们将在第 15 章详细讨论权衡空间以及怎样从其中提取信息。

请注意，我们只把与展示、结构化、模拟及查看有关的方法和工具归入了 Simon 的设计活动中，至于实际架构的选择过程，则应该是 Simon 的选择活动所设定的目标。与选择活动有关的步骤将在第 16 章中进行讨论。

14.5　基本的决策支持工具

决策支持系统一共有四个层面，正如大家所见，本书第二部分和第三部分所提到的工具，可以在其中某几层面上发挥一定的作用。比如，我们不仅用对象过程方法（Object Process Methodology，OPM）展示了系统的架构，而且还用它展示了如何针对具体的问题来进行决策，例如像图 7.2 那样，对形式或功能进行特化。此外，我们也用形态矩阵简单地展示了某些问题的决策制定过程，例如像表 7.10 那样，通过形态矩阵来进行概念选择。在第二部分的很多范例中，我们还使用了设计结构矩阵来展示系统中各实体之间的接口。那些例子所强调的，都是展示方面的作用，而在本书的第四部分中，我们则要关注决策支持的其他三个方面，也就是结构化、模拟及查看。

本节首先要重新审视形态矩阵与 DSM，以说明这两种工具对结构化的支持是比较有限的，而且无法提供模拟和查看方法的支持。然后，我们会介绍一种广泛使用的决策工具，也就是决策树，它在结构方面和模拟方面提供了某些支持，使得我们能够在面对不确定的因素时进行决策。（此外还有其他一些决策支持工具，其使用面也比较广泛，例如马尔可夫决策过程（Markov Decision Process）等，但由于它们很少用来进行系统架构工作，因此本节不讲解那些工具。）

14.5.1　形态矩阵

第 7 章所介绍的形态矩阵，是一种以表格来对决策进行展示和整理的方式。形态矩阵首先是由 Zwicky 定义的，他在研究系统形态学（ system morphology，也就是系统的“总体配置空间”）时，把这种矩阵视为研究方法的一部分 [22]。从此以后，形态矩阵就作为一项决策支持工具而开始得到广泛的使用了 [23]。图 14.1 中就给出了阿波罗案例所用的形态表格。

如图 14.1 所示，形态矩阵可以列出有待决策的问题，以及每个问题的各种选项。要选定一套系统架构，我们就必须对写有决策问题的每一行都逐个做出选择，问题的选项列在右侧的那 4 列中，它们的标题分别是“选项 A”“选项 B”“选项 C”和“选项 D”。请注意，我们可以针对不同的问题搭配不同的选项，而未必总是要从同一个列中进行选择。比如，我们可以这样来选择阿波罗计划的架构：EOR 问题选 A（否），LOR 问题选 B（是），服务舱的人数问题选 A（2 人），登月舱的人数问题选 C（2 人）。表 7.10 中的形态矩阵，采用了一种更为详细、更为明确的格式来展示我们对各项决策所做出的选择。

从决策支持的角度来看，形态矩阵是一种既实用又直观的方法，它可以展示出有待决策的问题以及每个问题所具有的选项。这种矩阵构建起来和理解起来，都是比较容易的。但是由于它无法表示出衡量决策时所用的标准或决策之间的约束关系，因此，这种工具不能够对决策问题的结构进行规划，不能够对决策的成果进行模拟，也不能够使我们查看决策的结果。

14.5.2　设计结构矩阵

正如第 4 章所介绍的那样，设计结构矩阵（Design Structure Matrix，DSM）实际上就是一种决策支持的形式。这个词是 Steward 于 1981 年提出的 [24]，现在已经广泛地运用在系统架构、产品设计、组织设计以及项目管理等领域了。

DSM 是一种正方形的矩阵（方阵），它可以展示出某一个集合之内的多个实体，以及这些实体之间的相互关系（参见表 4.4）。正如第二部分的那些范例所示，DSM 所展示的实体，可以是产品的部件、系统的主要功能或团队中的人员。

如果用 DSM 来研究各项决策之间的相互关系，那么每一行及每一列就都对应着 N 个决策中的某一个决策，而行列交汇处的单元格，则表示相关的两项决策之间是否具备某些联系。这里的联系，可以指逻辑方面的约束，也可以指“合理性”方面的约束，还可以指衡量指标方面的关联。

比如，在表 14.3 中，代表 EOR 的那一列与代表 earthLaunch 的那一行相交汇的那个单元格中，写有字母 a，这说明我们对这两项决策所做的选择，其相互之间的关系必须符合表 14.1 中的逻辑规则 a。与之类似，写有字母 b～f 的那些单元格，也表明相关的决策选项之间所具备的关系，必须分别符合表 14.1 中的另外那 5 条逻辑规则。如果某个行列交汇处的单元格中没有内容，那就表明相关的两个决策之间并没有直接的逻辑约束。

表 14.3　用 DSM 来表示阿波罗案例中的各个决策因逻辑约束而形成的互连关系

		1	2	3	4	5	6	7	8	9
EOR	1		a							
earthLaunch	2	a								
LOR	3				b	c		e		f
moonArrival	4			b						
moonDeparture	5			c						
cmCrew	6							d		
lmCrew	7			e			d			
smFuel	8									
imFuel	9			f						

DSM 中的单元格，还可以用来表示某项衡量指标会受到哪两个变量的影响。比如，表 14.4 就列出了能够对 IMLEO 指标造成影响的各项决策之间所具有的关系。矩阵中的各个单元格，可以用不同的字母、数字、符号或颜色来表示不同类型的关系。

表 14.4　用 DSM 来表示阿波罗案例中的各个决策因 IMLEO 指标而形成的互连关系

		1	2	3	4	5	6	7	8	9
EOR	1									
earthLaunch	2									
LOR	3						I	I	I	I
moonArrival	4									
moonDeparture	5									
cmCrew	6				I			I	I	I
lmCrew	7				I				I	I
smFuel	8				I			I		I
imFuel	9				I			I	I	

表 14.5 对表 14.3 中的 DSM 进行了分区和重排，以尽量降低决策块之间的互连关系。同一个决策块之内的各项决策，基本上应该同时进行决定，因为它们彼此是互相耦合的（例如是否采用 LOR 的问题，与登月舱的人数、服务舱的人数、服务舱的燃料类型以及登月舱的燃料类型等问题之间的耦合关系）。Steward 的文章给出了分区所用的算法及其范例。更通用的方式是采用聚类算法进行分区，该算法请参见本书的附录 B。

DSM 为决策支持系统的表现层及结构层提供了信息。它能够表示出各项决策以及这些决策之间的互连关系（然而并不能表示出每个决策所对应的各种选项）。使用分区算法或聚类算法对 DSM 进行排序，我们就可以看出在这些决策中，有哪几项决策是紧密耦合起来的，有哪几项决策耦合得不那么紧密，又有哪几项决策根本没有耦合关系。这种与耦合情况有关的信息，可以为系统分解工作提供指导，此外，如果要按照矩阵中的先后顺序来制定各项决策，那么这种信息还能够指出我们应该进行架构决策的时机[25]。

表 14.5　用 DSM 来表示阿波罗案例中的各个决策因逻辑约束而形成的互连关系，并对该 DSM 进行重新排列

		1	2	3	4	5	6	7	9	8
EOR	1		a							
earthLaunch	2	a								
LOR	3				b	c		e	f	
moonArrival	4			b						
moonDeparture	5			c						
cmCrew	6							d		
lmCrew	7			e			d			
imFuel	9			f						
smFuel	8									

14.5.3　决策树

决策树（decision tree）是一种很常见的决策表示方式，用来表示有顺序且相互联系的决策。决策树中有三类节点：决策节点、机会节点和叶节点。决策节点用来表示待决策的问题，这种问题是受到决策制定者控制的。这种节点会伸出数量有限的树枝，用来表示该决策的各种选项。机会节点用来表示机会变量。这种变量不受决策制定者的控制。但它也有数量有限的几种可能性，每一种可能性也用一条树枝来表示。决策树的终端节点叫做叶节点，每个叶节点都表示一个完整的方案，该方案对每一个机会变量和决策问题都进行了确认。

如果这些决策都是架构决策，那么决策树中的每一条路径实际上就定义了一套架构。因此，不含机会节点的决策树，可以用来表示不同的架构。图 14.4 所描绘的这棵决策树，演示了阿波罗案例中与任务模式相关的五个决策。除了每条树枝最末端的叶节点之外，这张图中的其他节点全都是决策节点。表 14.1 中的前三项约束实际上都在这棵决策树中得到了体现。比如，如果“earthLaunch＝直接”，那么就没有“EOR＝是”这条分支了。也就是说，我们根据逻辑方面的约束，把这条分支从决策树中“砍掉”(prune）了。

请注意：决策树可以把各种选项之间的所有组合方式全都明确地表示出来（也就是把每一种有可能出现的架构都明确表示出来），而形态矩阵只能列出每个待决策的问题所对应的各种选项，至于这些选项之间所形成的架构，则需要我们自己去推断。从图 14.4 中很容易就能看出决策树的局限之处，那就是：这种树会随着决策点和选项的增多而迅速增大，即便待决策的问题数量不是特别多，它也会膨胀得非常快。

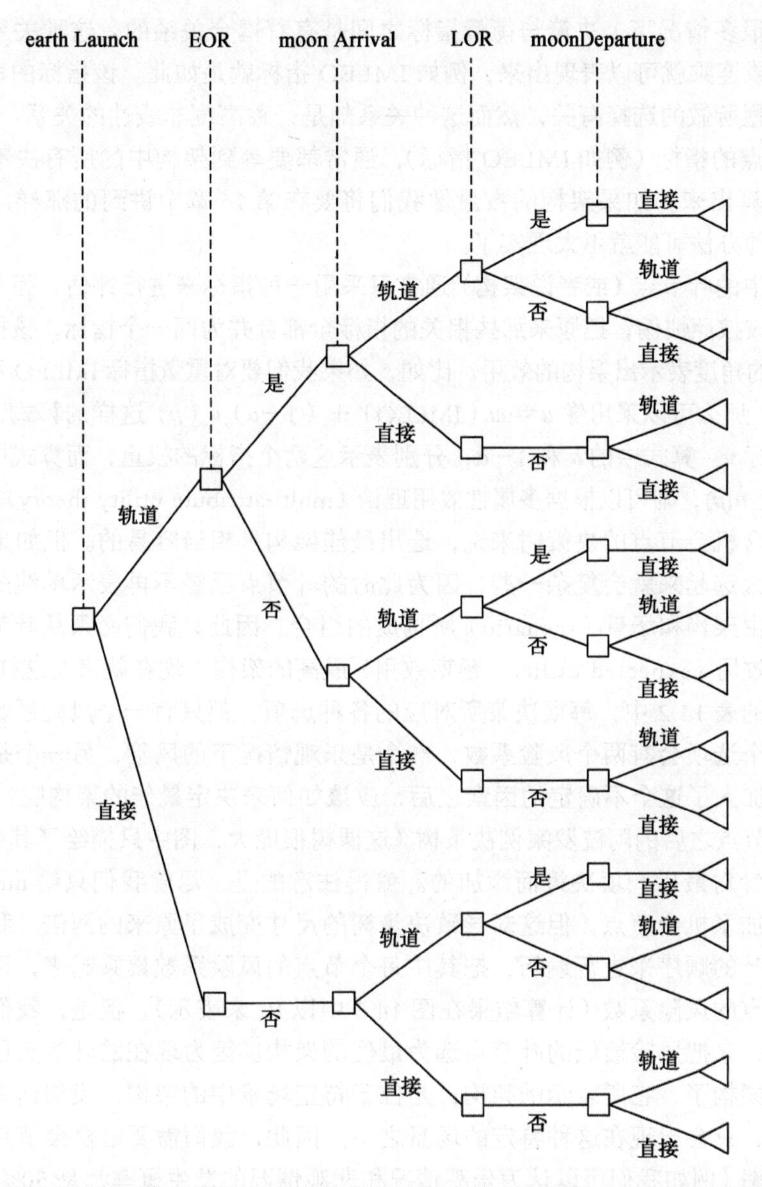

图 14.4　用只有决策节点和叶节点而没有机会节点的简单决策树，来表示对阿波罗计划的任务模式所做的决策

除了用来对架构进行展示之外，决策树还可以用来对架构进行评估，并帮助我们选出最佳的架构。要实现这一点，我们就必须根据衡量指标来计算出树中每一个架构的得分。有时，我们确实可以沿着路径把架构在某个指标上的得分逐步计算出来。比如，阿波罗案例中的成功率指标，就可以这样进行计算。我们只需在表 14.2 中查出每项决策对总成功率的影响，然后沿着路径把这些值逐渐累乘起来即可。

然而在很多情况下，决策与衡量指标之间是有着耦合关系的，这种关系并非只通过简单的连加或连乘就可以表现出来，例如 IMLEO 指标就是如此。该指标的取值与我们对各种决策问题所做的选择有关，然而这种关系却是一种高度非线性的关系。在此情况下，每一个叶节点的指标（例如 IMLEO 指标），通常都要等到架构中的所有决策全部敲定了之后才能计算出来。如果架构的数量像我们将要在第 16 章中讲到的那样，显得非常庞大，那么这种办法可能就不太现实了。

决策树中的叶节点（或者说架构）通常只采用一种指标来进行评估。因此在这种情况下，我们应该按照惯例，把原来那些相关的指标全都合并为同一个指标，该指标要能够从利益相关者的角度表示出架构的效用。比如，如果我们要对重量指标 IMLEO 和成功率指标 p 进行合并，那么可以采用像 $u=\alpha u(\text{IMLEO})+(1-\alpha)u(p)$ 这样的算式，将二者合并成同一个指标 u。算式中的 α 和 $1-\alpha$，分别表示这两个指标的权重，而算式中的效用函数 $u(\text{IMLEO})$ 及 $u(p)$，则可以根据多属性效用理论（multi-attribute utility theory）来决定[26]。

对于不含机会节点的决策树来说，选出最佳架构是相当容易的。但如果树中有了机会节点，那么选起来就会复杂一些，因为此时的叶节点已经不再表示单纯的架构了，而是表示一种由架构和场景（scenario）所构成的组合。因此，我们必须从叶节点回溯，才能找到期望效用（expected utility，预期效用）最高的架构。现在就来看这样一个例子。

在早前的表 14.2 中，每项决策所对应的各种选项，都只有一个风险系数，而现在我们假设：每个选项会有两个风险系数，一个是乐观情况下的风险，另一个是悲观情况下的风险。在加入了这个不确定的因素之后，应该如何来决定最佳的架构呢？图 14.5 展示了加入机会节点之后的阿波罗案例决策树（这棵树很庞大，图中只描绘了其中一小部分），机会节点是针对最后一项决策而添加的。值得注意的是，尽管我们只给 moonDeparture 这项决策添加了机会节点，但这却导致决策树的尺寸变成了原来的两倍。我们可以按照从树根到树叶的顺序来进行遍历，把其中每个节点的风险系数累乘起来，以计算出该树中所有叶节点的风险系数（计算结果在图 14.5 中以 R_i 来表示）。但是，我们并不能单独根据这个值，来把风险最低的叶节点选为最优的架构。因为现在的叶节点已经不再表示一种独立的架构了，它所表示的架构，是位于特定场景中的架构，换句话说，它所表示的风险系数，只会出现在这种特定的场景之下。因此，我们需要给机会节点的每个分支设定发生概率（例如我们可以认为乐观情况和悲观情况的发生概率都是 50% 对 50%），并计算出每一个风险节点的预期风险系数。然后，分别针对每一个 moonDeparture 决策节点，选出风险最低的机会节点所代表的那个 moonDeparture 选项。假如我们给其他的决策节点下面也添加了机会节点，那么同样可以按照这两个步骤来进行计算。首先，计算出每个机会节点的预期风险系数，然后，在这些机会节点所代表的选项中，选出风险最低的那个选项。我们可以把这套步骤依次套用在 LOR 及 moonArrival 等决策节点上，直到所有的决策都定下来为止。这样选出来的架构，在各种情况之下的平均表现是最佳的。我们只需要把每一个最优的决策结合起来，就可以得到这样的架构。

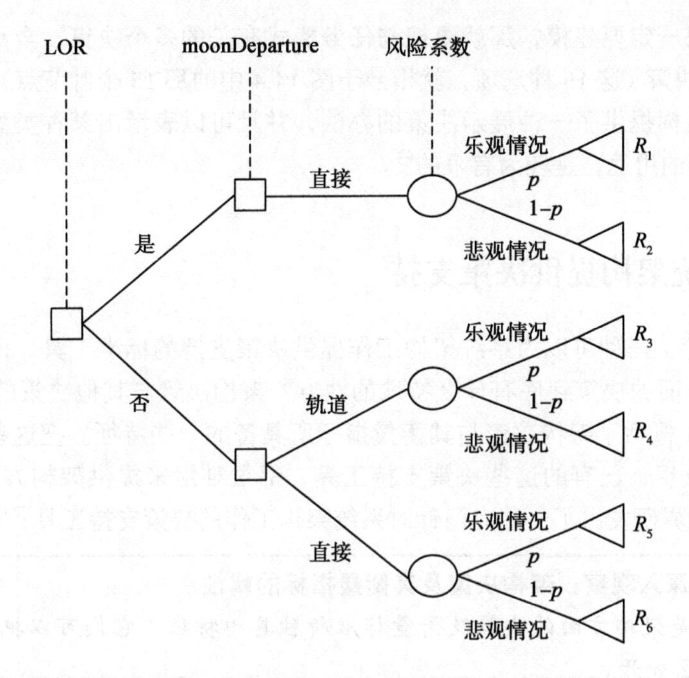

图 14.5　阿波罗决策树的片段，其中包含一种与风险系数有关的机会节点。在该树中，方形的节点是决策节点，圆形的节点是机会节点，三角形的节点是叶节点。R_i 表示每一个架构片段在风险指标上的得分，p 是每一个选项出现乐观情况的概率（请注意：不同的机会节点出现乐观情况的概率，可能是互不相同的）

总之，只需从树叶开始朝着树根方向运用这两个步骤（先计算出每一个机会节点的预期分数，然后为决策节点选出预期分数最大或最小的那个机会节点所代表的选项）进行遍历，就可以选出决策树中的最佳架构 [27]。

虽说决策树是一种通用的决策支持工具，但由于它有着一些局限，因此不适合用来解决特别庞大的系统架构问题。首先，要使用决策树，就必须预先计算出收益矩阵（payoff matrix），以表示出每一个决策的每一种选项，在每一种场景之下的效用，而对于许多问题来说，这都是不太可能的。此外，决策树的大小，一般来说还会随着问题中的节点数量呈现指数式的增长。

其次，要使用决策树，就必须假设某一项决策的收益与概率，和其他各项决策之间相互独立，而这种假设，通常来说是不现实的。比如，刚才我们是对风险系数方面的不确定性进行了建模，而现在，又想要对另外一个方面的不确定性进行建模，这种不确定性，是指推进剂质量与结构质量的比率，该比率体现在架构所使用的任何一枚运载火箭上。在模型中，这是一个非常重要的参数，因为它决定着 IMLEO 指标的取值。可是这个参数并不会像风险系数那样，直接体现在决策中。它会通过一种复杂的数学关系来影响 IMLEO 的取值，而这种数学关系，又是根据任务模式方面的决策来确定的。因此，该比率就成了“隐藏的”不可控变量，这个变量，会影响很多的决策。用决策树很难完成这样的建模，如果一定要建模，那就得把与任务模式有关的多个决策，全都合并成一个有着 15 种选项的决策（这 15 种选项，就相当于图 14.4 中的那 15 个叶节点）。

总之，决策树提供了一种展示决策的办法，并且可以表示出某种类型的结构，然而它们在模拟方面的用途，是较为有限的㊀。

14.6　为系统架构提供决策支持

14.5 节讨论了三种可以为系统架构工作提供决策支持的标准工具。此时读者可能会问，系统架构方面的决策到底有什么特殊的地方？架构决策与其他决策的区别是什么？

文字框 14.1 概括了架构决策与其衡量指标所具备的一些特征。把这些特征合起来观察，我们就会发现：已有的这些决策支持工具，都很难用来提供架构方面的决策支持，这种情况促使业界研发出了一些专门针对系统架构工作的决策支持工具[31]。

文字框 14.1　深入观察：架构决策及其衡量指标的属性

下列属性是架构方面的决策及衡量标准所独具的特征，它们可以把架构决策与其他类型的决策区分开。

- **建模的广度与深度**。架构方面的决策支持工作，关注的是建模的广度。也就是说，我们要以相对较低的保真程度来分析非常庞大的架构空间，这个空间中的架构，彼此之间有着很大的区别。而设计方面的决策支持工作，关注的则是建模的深度。也就是说，我们要以较高的保真程度来分析少量的设计方案。请注意，建模的广度与深度，本来就是两个需要互相权衡的因素。
- **歧义性**。设计问题和架构问题都具备歧义性。但由于架构问题所面临的不确定因素和不明确之处，是从开发过程的早期就开始出现的，因此，它们会比设计问题所遇到的同类因素更多一些，这些因素的来源，也会更为庞杂一些（架构中的不确定因素，是指随机事件所产生的未知结果，而架构中的不明确之处，则是指陈述中所包含的不精确信息或模糊信息）。这使得蒙特卡罗模拟法（Monte Carlo simulation）等常见的概率论技术，通常无法实际地或适当地运用在系统架构工作中[28]。
- **变量的类型**。对于设计分析与优化来说，决策可以分成三类：连续决策、离散决策（也就是那种只能取整数值的决策）及类别决策（也就是那种可以从离散集中取任意值的决策，离散集内的元素，是一些用来表示抽象的符号）[29]。架构决策通常都是类别变量㊁，有时可能是离散变量，但很少会是连续变量。之所以

㊀ 决策网络（decision network）是一种更加通用的决策树，它在结构上的限制比普通的决策树更少，因此可以表示出决策节点、机会节点及叶节点之间的任意拓扑关系。

㊁ 类似于编程语言中的枚举（enumerate）。——译者注

这样，其原因在于：架构决策通常需要在不同的形式实体或功能实体之间做出选择，或是要在功能与形式的不同映射方式之间做出选择，而这种选择，本身就是类别式的选择。我们将要在第 15 章中深入讨论架构决策的分类及建模方式。比如，阿波罗计划的任务模式决策，实际上就是在对哪一种运载工具（形式）应该执行哪一些行动（功能）做出选择。与架构决策相反，设计决策通常都是连续决策，有时可能是离散决策，但很少会是类别决策。

- **主观性**。架构问题通常要涉及某些主观的衡量指标，这些指标用来反映本系统向利益相关者提供价值的能力。由于要处理的某些指标是主观指标，因此需要使用多属性效用理论或是模糊集等技术 [30]。此外，架构决策的主观性，还要求这种决策必须具备可追溯性。架构决策应该给出相关的解释，为它所做出这种评断提供理据，并且要能够在有必要时，找出当时叙述相关知识或做出相关判断的专家。
- **目标函数的类型**。架构问题有时会在目标函数中使用相对简单的算式，但它们也经常会像阿波罗计划的风险评估那样，使用一些简单的查找表（look-up table）及 if-then 结构。架构问题之所以不会大量使用数学算式，其原因有三：①由于架构问题主要强调的是广度，因此我们需要用不同类型的策略去评估不同类型的架构；②由于模型的保真程度较低，因此我们必须用一些启发式的方法来代替复杂的计算；③由于某些衡量指标比较主观，因此我们在制定这些指标的度量规则时，就会刻意设置一些有助于体现实际利益的计算方式，只要某套架构能够满足与该利益相关的几个条件，我们就认为这套架构在这个主观的衡量指标上可以得到一定的分数。
- **耦合与涌现**。架构决策问题中的决策数量，与设计问题相比，通常是比较少的。但由于各种决策选项之间的组合方式特别多，因此架构问题所对应的架构空间，通常都是极其庞大的。这就表明，架构变量的耦合度通常都特别高。这是一个非常重要的特征，因为设计方面的问题在结构上一般都是解耦的，因此我们可以利用某些非常强大的工具（例如动态规划技术中的马尔可夫性质）来对其进行处理，而架构变量的高耦合度，则使得我们没有办法利用这些工具。

为了应对文字框 14.1 中的这些特征，架构方面的决策支持系统，其交互能力会比较高，而其自动化程度则会比较低，此外，这种支持系统通常还会用到知识推理及知识工程等领域中的一些工具（例如包含专业知识和专家解释的那种基于知识的系统）。

14.7　小结

第四部分的开头引入了一个关键的想法，认为系统架构工作是一种决策制定过程，因此，决策支持工具应该能够帮助我们进行架构。我们首先演示了一个基于阿波罗计划的研究案例，用以说明怎样对系统架构问题进行公式化，并将其表示成决策制定问题。笔者认为，这些工具的目标是支持系统架构师的工作，而不是取代他们，因为解决系统架构问题需要运用创造能力、整体思维和启发式的方法，在这些方面，人类比机器更加擅长。

接下来，我们描述了决策支持系统的四个基本面，分别是展示层、结构层、模拟层和观察层，然后笔者又指出：本书第二部分和第三部分虽然也用到了决策支持工具，但基本上都是在展示层面使用的，而没有涉及结构层、模拟层和观察层。然后我们讨论了三种基本的决策支持工具，这些工具带有展示能力，同时也能提供有限的结构化、模拟及观察能力。这三种工具是形态矩阵、设计结构矩阵和决策树。我们在讨论这些工具时，着重强调了它们对系统架构工作所起到的帮助是较为有限的。

由于发现了这些工具的局限性，因此我们会思考系统架构过程与其他一些决策制定过程之间的区别。笔者的结论是：尽管标准的决策支持工具依然可以用在系统架构工作上，但是我们必须找到一种更加专业的工具，以处理架构决策中的主观性和歧义性，并应对专业知识和专家解释方面的问题。于是，我们就要在第 15 章中讨论决策支持工具的某些方面，使大家明白应该如何将其运用到架构决策的四个层面中，以便为系统架构工作提供支援。第 15 章首先要深入检视图 14.2 那样的架构权衡空间，然后主要讲解设计活动（Design Activity）中的结构层面，并且演示怎样对权衡空间运用简单的数据处理技术，以获取与系统架构有关的实用知识。

14.8　参考资料

[1] J.F. Kennedy, "Special Message to the Congress on Urgent National Needs." Speech delivered in person before a joint session of Congress, May 25, 1961.

[2] See I.D. Ertel, M.L. Morse, J.K. Bays, C.G. Brooks, and R.W. Newkirk, *The Apollo Spacecraft: A Chronology,* Vol IV, NASA SP-4009 (Washington, DC: NASA, 1978) or R.C. Seamans Jr., *Aiming at Targets: The Autobiography of Robert C. Seamans Jr.* (University Press of the Pacific, 2004).

[3] T. Hill, "Decision Point," *The Space Review,* November 2004.

[4] J.R. Hansen, *Spaceflight Revolution: NASA Langley Research Center from Sputnik to Apollo,* NASA SP-4308 (Washington, DC: NASA, 1995).

[5] W. von Braun, F.L. Whipple, and W. Ley, *Conquest of the Moon* (Viking Press, 1953).

[6] J.C. Houbolt, "Problems and Potentialities of Space Rendezvous," Space Flight and Re-Entry Trajectories. International Symposium Organized by the International Academy of Astronautics of the IAF Louveciennes, June 19–21, 1961, *Proceedings,* 1961, pp. 406–429.

[7] W.J. Larson and J.R. Wertz, eds., *Space Mission Analysis and Design* (Microcosm, 1999).

[8] V.A. Chobotov, ed., *Orbital Mechanics* (AIAA, 2002).

[9] J.C. Houbolt, *Manned Lunar-landing through Use of Lunar-Orbit Rendezvous*, NASA TM-74736,

(Washington, DC: NASA, 1961).

[10] J.R. Hansen, *Enchanted Rendezvous*, Monographs in Aerospace History Series 4 (Washington, DC: NASA, 1999).

[11] C. Murray and C.B. Cox, *Apollo* (South Mountain Books, 2004).

[12] J.N. Wilford, "Russians Finally Admit They Lost Race to Moon," *New York Times*, December 1989.

[13] Hoffman, R. R., "Decision Making: Human-Centered Computing," *IEEE Intelligent Systems*, vol. 20, 2005, pp. 76–83.

[14] "Decision," *American Heritage Dictionary of the English Language*, 2004.

[15] S.O. Hansson, *Decision Theory: A Brief Introduction* (KTH Stockholm, 1994).

[16] H.A. Simon, *The New Science of Management Decision.* The Ford Distinguished Lectures, Vol. 3, (New York: Harper & Brothers, 1960).

[17] E. Turban and J.E. Aronson, *Decision Support Systems and Intelligent Systems* (Prentice Hall, 2000).

[18] C. Barnhart, F. Lu, and R. Shenoi, R., "Integrated Airline Schedule Planning," *Operations Research in the Airline Industry*, Vol. 9, Springer US (1998), pp. 384–403.

[19] C. Alexander, *A Pattern Language: Towns, Buildings, Construction* (Oxford University Press, 1977).

[20] D. Power, *Decision Support Systems: Concepts and Resources for Managers* (Greenwood Publishing Group, 2002), pp. 1–251; R.H. Bonczek, C.W. Holsapple, and A.B. Whinston *Foundations of Decision Support Systems* (Academic Press, 1981); and E. Turban, J.E. Aronson, and T.-P. Liang, *Decision Support Systems and Intelligent Systems* (Upper Saddle River, NJ: Prentice Hall, 2005).

[21] J. Banks, J.S. Carson II, B.L. Nelson, and D.M. Nicol, *Discrete-Event System Simulation* (Prentice Hall, 2009), pp. 1–640 and B.P. Zeigler, H. Praehofer, and T.G. Kim, *Theory of Modeling and Simulation* (Academic Press, 2000), pp. 1–510.

[22] F. Zwicky, *Discovery, Invention, Research through the Morphological Approach* (Macmillan, 1969).

[23] G. Pahl and W. Beitz, *Engineering Design: A Systematic Approach* (Springer, 1995), pp. 1–580; D.M. Buede, *The Engineering Design of Systems: Models and Methods* (Wiley, 2009), pp. 1–536; and C. Dickerson and D.N. Mavris, *Architecture and Principles of Systems Engineering* (Auerbach Publications, 2009) pp. 1–496. See also T. Ritchey, "Problem Structuring Using Computer-aided Morphological Analysis," *Journal of the Operational Research Society* 57 (2006): 792–801.

[24] D.V. Steward, "The Design Structure System: A Method for Managing the Design of Complex Systems," *IEEE Transactions on Engineering Management* 28 (1981): 71–74.

[25] S.D. Eppinger and T.R. Browning, *Design Structure Matrix Methods and Applications* cambridge. MA: The MIT Press, 2012), pp. 1–352.

[26] 多属性工具理论由经济学家 Keeney 和 Raifa 在 20 世纪 70 年代提出。参见 R.L. Keeney and H. Raiffa, *Decisions with Multiple Objecives: Preferences and Value Trade-Offs*(New York: Wiley, 1976), p. 592. 之后，该理论广泛应用在系统工程中。参见 A.M. Ross, D.E. Hastings, J.M. Warmkessel,and N.P. Diller，"Multi-Attribute Tradespace Exploration as Front End for Effective Space System Design，"*Journal of Spacecraft and Rockets* 41, no. 1(2004):20-28.

[27] 在这份资料中可以找到该算法的使用示例：C.W. Kirkwood, "An Algebraic Approach to Formulating and Solving Large Models for Sequential Decisions under Uncertainty," Management

Science 39, no. 7 (1993): 900–913.

[28] 处理歧义问题的替代工具，包括模糊集（fuzzy set）和简单的区间分析（interval analysis）。可以参看：J. Fortin, D. Dubois, and H. Fargier, " Gradual Numbers and Their Application to Fuzzy Interval Analysis," IEEE Transactions on Fuzzy Systems 16, no. 2 (2008): 388–402. 运用区间分析来处理系统架构问题的范例，请参见：D. Selva and E. Crawley, " VASSAR: Value Assessment of System Architectures Using Rules," in Aerospace Conference, 2013 at Big Sky.

[29] 请注意：在解决优化问题时，类别变量通常会用整数变量来实现，但这并不能使它们成为离散变量。除非我们能够在这个由抽象符号所构成的离散集中确定某种有意义的距离度量指标，否则就不能在类别变量中定义一种类似梯度（gradient）的概念，而要确定这样的距离度量指标，通常并不是一件较为容易的事情。

[30] 多属性效用理论的基本文献是：R.L. Keeney and H. Raiffa, Decisions with Multiple Objectives: Preferences and Value Trade-Offs (New York: Wiley, 1976), p. 592, 最近有一项将该理论运用于系统架构工作中的范例，请参看：A.M. Ross, D.E. Hastings, J.M. Warmkessel, and N.P. Diller, " Multi-Attribute Tradespace Exploration as Front End for Effective Space System Design, " Journal of Spacecraft and Rockets 41, no. 1 (2004): 20–28. 模糊集的基本文献是：L.A. Zadeh, " Fuzzy Sets," Information and Control 8, no. 3 (1965): 338–353. 该理论在概念设计中的运用，请参看：J. Wang, " Ranking Engineering Design Concepts Using a Fuzzy Outranking Preference Model," Fuzzy Sets and Systems 119, no. 1 (2001): 161–170.

[31] 可供参考的范例有：Koo 所开发的 Object Process Network，这是一种适用于系统架构的元语言，专注于提供模拟层面的支持：B.H.Y. Koo, W.L. Simmons, and E.F. Crawley, " Algebra of Systems: A Metalanguage for Model Synthesis and Evaluation," IEEE Transactions on Systems, Man, and Cybernetics–Part A: Systems and Humans 39, no. 3 (2009): 501–513. Simmons 的 Architecture Decision Graph 是一种专注于结构层面的支持工具：W.L. Simmons, " A Framework for Decision Support in Systems Architecting " (PhD dissertation, Massachusetts Institute of Technology). Selva 的 VASSAR 方法，是一种专注于结构层面和模拟层面的方法：" VASSAR: Value Assessment of System Architectures using Rules," in Aerospace Conference, 2013 at Big Sky.

第 15 章　探求架构的权衡空间

感谢 Willard Simmons 博士就本章所提供的帮助。

15.1　简介

架构方面的智慧，通常体现在对各种决策所做的权衡上。第 14 章讲述了一些能够对架构进行展示和模拟的基本决策支持工具。第 16 章和附录将会介绍一些更为高级的工具，它们也是用来完成这两项目标的。而本章则主要关注怎样为架构决策提供结构和视图方面的支持。

一般来说，要想制定架构方面的决策，我们并不能简单地先把架构转化成一项决策制定问题，然后根据某一种指标选出最优的架构。架构方面的决策，通常要求我们必须理解决策之间的主要权衡状况，根据有可能产生的解决方案来评估各种指标的权重，并掌握决策之间的耦合情况。图 14.2 明确展示了阿波罗计划的权衡空间，而本章就专门讲解怎样从这种架构权衡空间中分析并提取出一些信息及灵感。这样的权衡空间确实是个非常强大的工具，而更为重要的意义却在于：它是一条途径，能够促使我们发现几种有价值的心智模型。

本章的结构如下。首先我们在 15.2 节中会用汽车发动机这个简单的例子来讲解权衡空间，并解释什么是权衡空间图，以及它与展示系统架构空间的其他工具有什么区别。15.3 节讲解占优（dominance，支配）及帕累托前沿（Pareto frontier）的概念。在讲解了帕累托前沿的概念之后，15.4 节将讨论权衡空间的结构（例如是否出现分层现象或架构集群现象）会如何给系统架构师提供信息。得到了这些成果之后，我们就会考虑一个问题：原来我们曾经对模型做出了一些假设，而这些成果是否容易受到那些假设的影响呢？15.5 节将会介绍敏感度分析，以回应这一问题。最后，15.6 节会进行一项更为广泛的讨论，该讨论与架构决策的“重要程度”有关，我们将通过这样的讨论来展示一套能够对架构决策进行规划的框架，以便回答两个问题：一个是怎样确定架构决策中的关键决策，另一个是这些决策应该按照什么样的顺序来制定。

15.2　权衡空间的基本知识

一般来说，权衡空间是用两种或多种指标来展示一系列架构的空间。比如，图 15.1 就是一个展示各种汽车引擎的权衡空间。该空间有两条轴，一个是性能（单位为马力[⊖]），另一个是成本（单位为美元），这两条轴之间描绘着很多个点，每一个点都代表一种发动机。那么，我们可以从这种展示方式中看出什么呢？

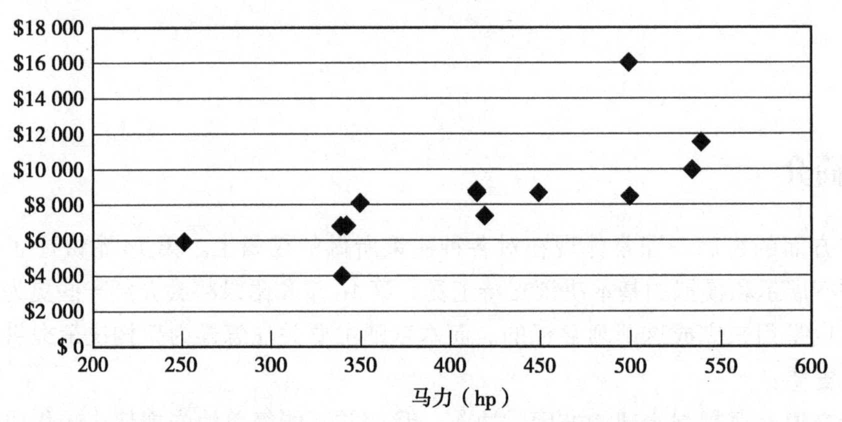

图 15.1　汽车发动机的权衡空间，该空间以性能（单位是马力）和成本为指标 [1]

图片来源：根据 http://www.fordracingparts.com/crateengine/Main.asp 而绘制

首先我们可以看到，性能和成本这两项指标都有范围，在每一项指标的取值范围之内，都有着很多的选项。我们没有看到低于 250 马力的发动机，也没有看到高于 540 马力的发动机。之所以会这样，可能是我们所拥有的技术没办法制造出超出这个范围的发动机，也可能是受到了一些没有展示在该图中的限制。假如我们只想关注 330～350 马力的发动机，那么还可以把选项缩减得更少一些。

其次，我们把与汽车发动机有关的所有指标都压缩成性能和成本这两项指标。于是，这种展示方式就显得比较简洁了，因为它是一种很容易理解的展示方式。决策制定者只需要根据这两条轴来做出合理的权衡即可。与之相反，第 11 章的混合动力车案例提出了多达 12 项的指标，要想同时根据这 12 项指标来做出这样的权衡，是不太可能的。

本书在讲解衡量指标时，时而强调细致，时而又强调简洁。比如，第 16 章强调简洁性，也就是提倡，通过权重函数等手段，把利益相关者的各项需求融合到一个只包含一项或两项指标的目标函数中。然而，第 12 章曾提倡要把目标及其衡量标准详细地列出来。那么，这些相互冲突的观点应该怎样去调和呢？下面给出一些与如何在权衡空间中展示信息有关的建议：

❑ 确保所有的指标都是透明的（根据加权标准所得出的利益相关者满意程度是

⊖　1 马力＝735.499w。——编辑注

一项不太透明的指标，而每加仑燃料所能行驶的英里数则是一项较为透明的指标）。

- 有一些综合指标可能会把下一级中的各项指标之间所具备的加权关系掩盖起来，如果有可能，尽量不要使用这样的综合指标。
- 确定两到三个指标，使它们最能够体现出架构中比较重要的权衡状况，如果决策制定者的信息获取权和决定权比较大，那么就应该把这些状况表示成可供决策制定者选择的选项。
- 不要过多地展示一些区分能力较低的指标。我们应该先根据重要的需求以及目标所受到的约束，把优先度较高的指标展示给决策制定者，使他们能够根据这些指标做出一些较为关键的权衡，然后再根据重要程度较低的目标来设定一些指标，以便将留下来的这些选项区分开。

用权衡空间来表示备选架构，与通过在 Point Design（点设计）之间进行对比来表示备选架构，是两种不同的办法。权衡空间（tradespace）中包含着很多备选架构，它们的保真程度虽然比较低，但可以通过几个关键的衡量指标来进行简单的评估。要想在空间中的这些架构之间进行选择，就必须确定出几个较为优秀的架构，这些架构有可能会解决某些关键的问题，并引出一些可行的设计方案。本章接下来就要讲解一些方法，用来思考与权衡空间相关的衡量指标。与权衡空间不同，Point Design 会特别详细地展示出少数几个解决方案。这种方法所使用的衡量指标比较多，而且也比较详细，例如表 15.1 就列出了我们在评估混合动力车的架构时所使用的各项指标。要想在这些备选方案之间进行选择，就必须分别审视每个架构在每一项指标上的得分，同时也需要针对某一项指标，在多个备选架构之间进行对比。

表 15.1 用 Point Design 展示法来对比两种混合动力车的架构

	Point Design 1	Point Design 2
关键目标		
必须令驾驶者对环境感到满意［根据 EPA（美国国家环境保护局）标准来衡量］	**每公里排放 128 克二氧化碳**	每公里排放 200 克二氧化碳
必须给供应商带来良好的收入流，以便与其建立长期且稳定的关系（稍具约束性）［根据对供应商所做的调查来衡量］	调查所得的平均分是 4 分（满分 5 分）	调查所得的平均分是 4 分（满分 5 分）
必须能够容纳（一定体型的）驾驶者（带有一定的约束性）［根据所能容纳的美国男性和女性分别占美国男女总数的百分比来进行衡量］	94% 的男性 98% 的女性	**95% 的男性 99% 的女性**
重要目标		
应该能够在一定范围内进行运输［公里数］	**200 公里**	140 公里
应该满足监管方面的要求（带有一定的约束性）［合格证明］	满足	满足
应该能够搭载（一定体型、一定数量）的乘客［具体多少个？］	5	5
应该提供稳定且薪酬较好的职位［人员流动率］	每年 2%	每年 2%

（续）

	Point Design 1	Point Design 2
应该有良好的燃料效率［行驶 100 公里耗费几升燃料］	**每 100 公里耗费 4.2 升燃料**	每 100 公里耗费 5.2 升燃料
理想的目标		
可以从公司获得适度的投资，可以卖出一定数量的产品，可以给公司提供良好的贡献和回报（稍具约束性）［资本回报率，以美元为单位的收入］	**24% 的资本回报率**	19% 的资本回报率
可以有理想的操纵特性［在试车场中测得的加速度，以重力加速度 g 为单位］	**0.95g**	0.82g
可以搭载（一定重量、一定尺寸、一定体积的）货物［立方米］	1.1 立方米	**1.5 立方米**
可以是廉价的［售价上限］	32000 美元	**28000 美元**

表 15.1 以 Point Design 方式对比了这两个架构，对于每一项衡量指标来说，在设计方面得分较高的那个条目，以黑体标出。请注意，并不是每一项衡量指标都能起到评判架构优劣的作用，有一些衡量指标所度量出的结果是相同的。

我们可以用一些经验法则来对这两套 Point Design 进行整理，以评判它们的优劣：

- 把得分完全相同或非常接近的指标排除掉，例如供应商分数、对法律法规的遵守情况、搭载的乘客数量等。
- 试着把实际效果相似的那些指标排除掉，例如能够容纳 99% 的美国女性与能够容纳 98% 的美国女性几乎是等效的，又如在试车场中测到 0.82g 的加速度与测到 0.95g 的加速度也几乎是等效的（这意味着该车型作为轿车来说，其操纵性已经足够好了，而作为高性能跑车来说，操纵性还差一些）。
- 关注那些与关键需求有联系的衡量指标，例如二氧化碳排放量以及里程数等。我们之所以要排定目标之间的优先顺序，就是想帮助架构师去了解各种架构满足系统目标的能力，使其可以根据这些能力做出权衡。
- 试着设立一些新的约束规则，以排除某一种备选方案。比如，我们可以规定：凡是行驶范围小于 160 公里的方案，都是不能接受的。
- 最后，如果尝试了上述那些办法之后，还是无法判定各架构之间的优劣，那么我们通常可以根据某个单一的衡量指标来进行决策。比如，在其他方面均相等的情况下，如果我们更喜欢便宜的车型，那么就会选择 Point Design 2。

在两个 Point Design 之间进行对比与运用权衡空间来进行对比，是有区别的。尽管表 15.1 能够令我们在进行对比时更加深入地研究各项指标，但它毕竟会促使我们最后只根据其中的某一项指标来做出决策。也就是说，像表 15.1 这样的对比方式，不利于使我们从两个或三个维度上同时对这些候选架构进行权衡。

我们对权衡空间所做的第三个论断，是说它可以展示出很大一批可供选择的架构。这条论断看上去似乎没有特别之处，但它打破了一种常见的思维定势，使得我们发现，原来可供选择的架构数量并不是只有自己当初想象的那几个而已。假如我们一开始就把目标确定为 335 马力的发动机，并把与之相关的要求列了出来，那么可能很快就会将自己局限在仅有的一个或两个候选方案中。反之，若是采用权衡空间来进行思考，则意味着我们运用了另外一种思维模式，将各种有可能成立的方案全都列出来，然后加以整理和评估，最后再进行筛选。正如与特定解决方案无关的功能（参见第 7 章）那样，权衡空间也是一种促使我们进行思考的办法，它能够帮我们远离某个固定的设计方案。在第 14 章中，我们投入了大量的精力来应对架构中的复杂度问题，由此可知，建立权衡空间并不是一件容易的事情，但是由于它可以得到一些对复杂系统较为可行且容易转化为具体设计方案的候选架构，因此，这种投入还是值得的。

本章的其余部分，就要深入讲解怎样从权衡空间中提取有价值的信息。

15.3　帕累托前沿

15.3.1　帕累托前沿与占优

通俗地说，帕累托前沿[2]就是一系列位于极限边缘（edge of the envelope）的架构。由于架构空间是按照两项或多项指标来进行衡量的，因此很难有哪一种架构能够在所有的指标上都得到“最好的”分数。而帕累托前沿（Pareto frontier 或 Pareto front，也称为帕累托前端）则可以标出那些“良好的”架构，并展示出这些架构在各种衡量指标之间所形成的合理权衡。

比如，我们现在来考虑图 15.2 中这个简单的权衡空间，该空间内有 A、B、C 三个发动机，这三个发动机提取自图 15.1。注意，性能与成本是两个相互矛盾的指标：我们总是想要制作低成本、高性能的发动机，可是如图 15.1 所示，性能提升通常意味着成本也要增加。

帕累托前沿的关键概念就是占优（dominance），由非劣的（non-dominated）的那些架构所形成的集合，称为帕累托前沿。如果架构 A_1 在所有指标上都比 A_2 好，那么架构 A_1 就远远胜过（strongly dominate）架构 A_2。如果架构 A_1 在所有指标上都至少和 A_2 一样好，而且至少有一项指标比 A_2 强，那么架构 A_1 就稍稍胜过（weakly dominate）架构 A_2。如果没有哪个架构能够胜过 A_1，那么 A_1 就可以称为非劣的架构。

在图 15.2 这个简单的示例中，发动机 B 在客观上要比发动机 A 差一些，因为发动机 A 的功率比发动机 B 大，而且成本比发动机 B 低。于是，发动机 A 就胜过了发动机 B，此外，没有其他哪个发动机能够胜过发动机 A 和发动机 C，因此，根据刚才的定义，这两种发动机都是非占优的发动机，它们同时位于帕累托前沿上，而发动机 B 则不处在帕累托前沿中。根据目前所看到的信息，我们无法用一种客观的方式来评判发动机 A 和发动机 C 之间的好坏，因此，我们还需要用其他的信息来完善这个选择过程。

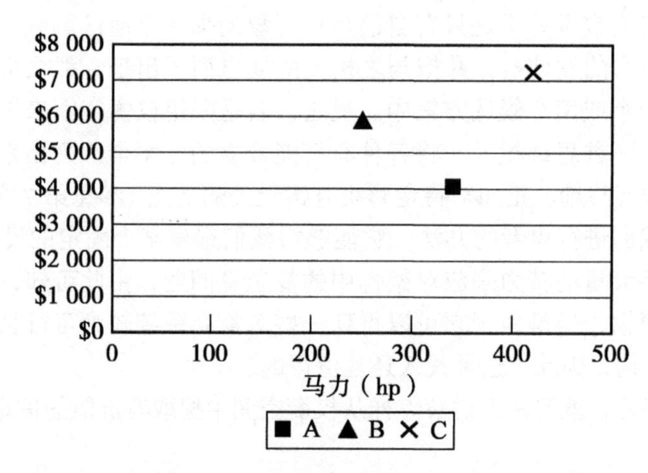

图 15.2　包含少数几种发动机架构的权衡空间，该空间以性能（单位为马力）和成本作为衡量指标

15.3.2　GNC 范例系统的帕累托前沿

我们现在以一个更加复杂的系统为例来观察帕累托前沿，这个范例基于 GNC 系统，其中的 G、N 和 C 分别表示制导（guidance）、导航（navigation）、控制（control）。GNC 系统是汽车、飞行器、机器人和宇宙飞船等自动载具的重要组件。它们会度量该载具的当前状态（也就是当前的位置和姿态）并计算出期望的状态，然后为执行器（actuator）创建输入值，使得载具能够到达这个期望的状态。GNC 系统的一项关键特性，就是要具备极高的可靠性。为了实现这一点，我们通常会在传感器与执行器之间创建多条路径（这些路径有时还是相互连接的）。

第 14 章曾经说过，筛选系统架构时所用的标准，一般都是由性能、成本、开发风险或操作风险这几个指标组合起来的。在 GNC 案例中，我们假设每一种架构都具备适当的性能，于是，所要关注的指标就变成重量与可靠性了。对于每一种载具来说，重量都是相当重要的指标，因为载具必须承载其自身的重量，而且重量也会对成本造成很大的影响。在系统关键型的（system-critical）自动系统中，可靠性也是一个主要的关注点，对于那种远程维护开销非常大或者根本无法进行远程维护的系统来说，更是如此。

我们继续假设：传感器有 A、B、C 这三种类型可供选用，它们的重量与可靠性是逐渐增加的（也就是说，可靠性较高的组件，通常会更重一些）；计算机也有 A、B、C 这三种类型可供选用，它们的重量与可靠性也是逐渐增加的，此外，执行器同样有 A、B、C 三种类型可供选用。这些组件之间只通过一种通用的连线来进行连接，我们一开始假设这种连线是没有重量且绝对可靠的。对于这个范例来说，待决策的问题就是传感器、计算机和执行器各自的数量及类型。每种组件的数量最多是 3 个。一开始，我们可以在这些类型的组件之间任意进行选择，而不用担心由此引发的损失，例如三种执行器就可以任意进行选择。架构方面的另外一项决策是连线的数量及模式。连线方面的限制是：每个组件都必须与其他至少一个组件相连。

说得更具体一些，自动汽车可以有三个不同的传感器、三个计算机，以及三个相似的执行器。这三个传感器分别是：用来决定本车与前车距离的声纳传感器、GPS 接收器以及转向加速器。三台计算机中，有一台计算机的类型和另外两个不同，也就是说，其中一台计算机的类型是 FPGA（现场可编程逻辑门阵列），另外两台的类型是微处理器。这三个执行器中，有一个是供前轮使用的电动机，另一个是供后轮使用的大型电动机，还有一个是可以直接驱动前轮的燃气内燃机（gas engine）。

由于传感器和计算机之间的连接问题，与执行器和计算机之间的连接问题互相对称，因此，我们只需要研究传感器与计算机之间的这一部分就可以了。图 15.3 演示了某些有效的架构。

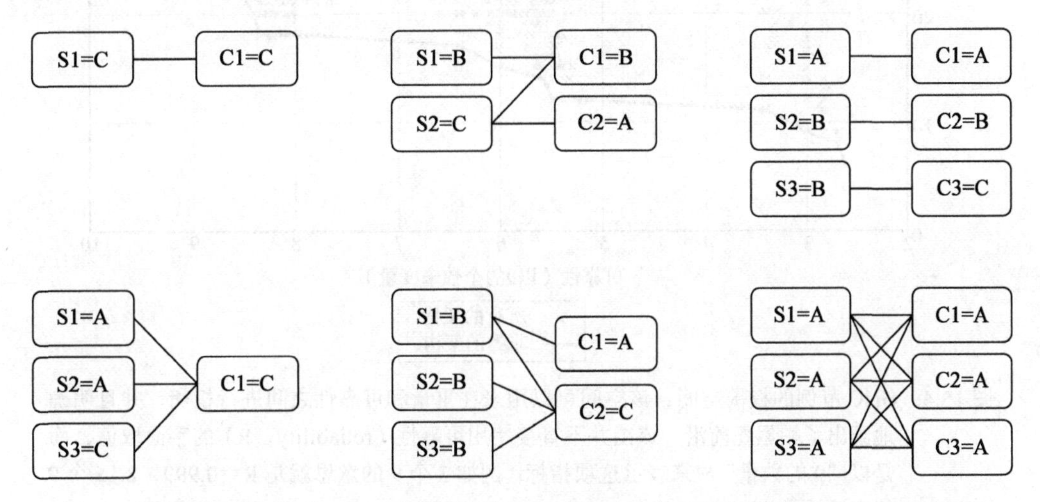

图 15.3　用示意图来表示 GNC 问题中的某些有效架构。每一个架构都是由几个传感器和几个计算机组成的，它们之间以某种方式连接起来。传感器和计算机的类型都各自分为 A、B、C 三种。请注意，由于我们是在宏观层面上观察这些架构的，因此可以对决策制定过程进行公式化处理，以强调我们想要权衡的那两个主要指标，也就是重量与可靠性

在每一个架构的示意图中，方框中的 S 表示传感器（sensor），C 表示计算机（computer），A、B、C 表示三种不同的类型，方框之间的连线表示这些组件之间的连接。图 15.4 描绘了包含 20509 种有效架构的权衡空间，该空间使得我们可以在重量和可靠性这两个指标上进行权衡，图中的实线表示帕累托前沿。

现在假设我们想要在这个空间中查看可靠性至少为 0.99999999（也就是俗称的“8 个 9”）的那个区域。我们对权衡空间中的该区域进行放大，并观察位于帕累托前沿上的某

些架构，如图 15.5 所示。

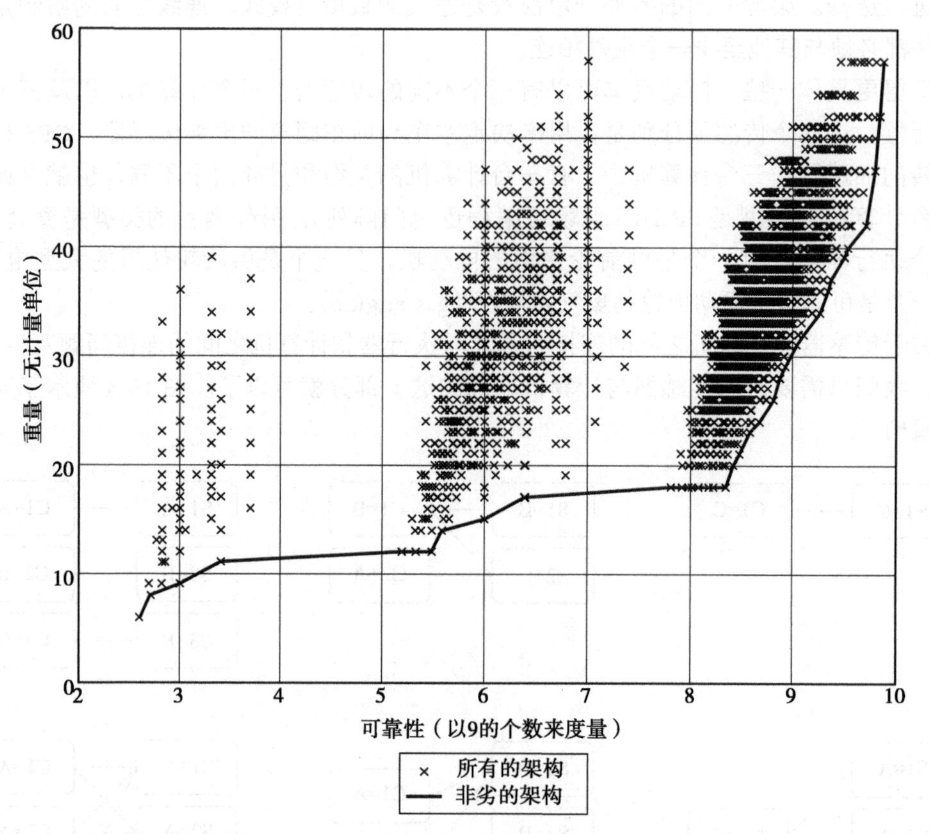

图 15.4 GNC 范例的权衡空间，该空间可以用来在重量和可靠性之间进行权衡，并且明确地画出了帕累托前沿。该图并不直接使用可靠性（reliability，R）的字面取值，而是以“9 的数量”⊖来表示这项指标（例如 3 个 9 的意思就是 R=0.999，2.15 个 9 的意思就是 R=0.993）

图 15.5 右侧列出了四个位于帕累托前沿的架构。比如，我们可以看看右上角的那个架构，它是由三个 C 类传感器和三个 C 类计算机组成的，而且这些组件之间的每一种连接方式上都有一条连线。这种架构的可靠性是最高的，但其重量，毫无疑问也是最重的。

在分析帕累托图时，我们的第一反应就是去找 Utopia 点，这是权衡空间中一个假想的点，该点在所有指标上都是最优的。图 15.4 和图 15.5 的 Utopia 点都位于右下角，该点的可靠性最高，且重量最轻。非劣的架构通常位于该点之外的一条凸曲线（convex curve）上。我们可以从视觉上快速确定帕累托前沿的大致位置：从 Utopia 点出发，朝着权衡空间图的对角前进，首先遇到的那些点——也就是离 Utopia 点最近的那些点（例如图 15.2 中

⊖ 如果可靠性的字面值是 R，那么“9 的数量”就是：$-\lg(1-R)$。——译者注

的发动机 A 和发动机 C）——通常位于帕累托前沿中。请注意，从架构点到 Utopia 点之间的字面距离，并不能用来决定某个架构是否一定会胜过另一个架构㊀。

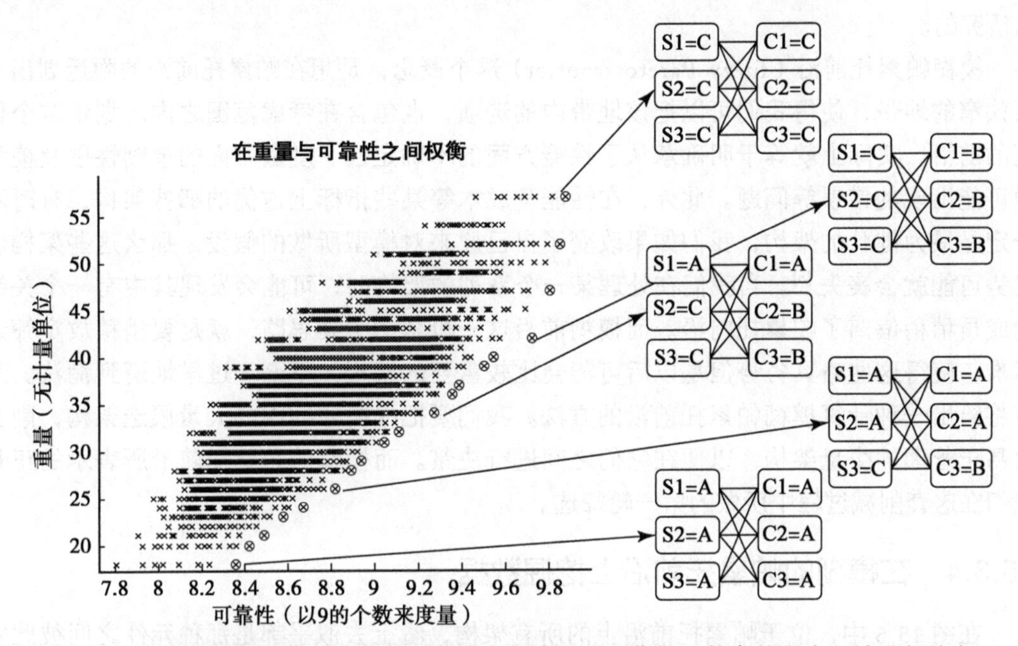

图 15.5　在以重量和可靠性为指标的权衡空间中，对可靠性比较高的那个区域进行放大，并用示意图来展示位于帕累托前沿中的某些架构

在图 15.5 所展示的这一部分权衡空间中，尽管架构点非常密集，但是帕累托前沿并不是十分平滑。除非有一个简单的底层函数能够把各项指标之间的权衡情况统合起来（例如在通信系统中，天线直径就是一种关于数据率的平方根函数），否则很少会出现较为平滑的帕累托前沿。这种不规则的状况是由离散决策、类别决策以及技术变革等因素所导致的。尽管如此，但我们依然能够在前沿中看出某种形状方面的变化，大体来说，帕累托前沿的右侧呈现急剧上升的态势，而左侧则显得较为平缓，这就意味着：过了某一个点之后，为了使可靠性稍微得到提高，我们必须大幅增加载具的质量。在图 15.5 中，过了 R（可靠性）为 9.7 的这个架构点之后，帕累托前沿曲线会急剧上升，这通常表明，该点㊁所代表的那个架构就是在可靠性与重量之间取得了合理平衡的那个架构。

15.3.3　模糊的帕累托前沿及其好处

为其他架构所胜过的那种架构并不一定都是糟糕的架构。某些架构可能在指标上稍

㊀ 实际上，任何一种距离度量方式，都只是一种在相互冲突的目标之间进行权衡的办法而已。比如，如果我们采用架构点与 Utopia 点之间的欧几里得距离（Euclidean distance，直线距离）来计算架构的优劣，那么就等于给横坐标之差的平方与纵坐标之差的平方赋予了相同的权重，这样做的实际效果，会令较高的距离差值获得与其不成比例的巨大权重。

㊁ 原书把这样的点称为 knee in the curve（曲线的膝盖点）。——译者注

微低于那些占优的架构，但是从帕累托图所没有表示出来的一些指标或约束规则来看，它们的实际效果或许比那些指标占优的架构还要好，因此，这些架构是特别值得进行深入研究的。

模糊帕累托前沿（fuzzy Pareto frontier）这个概念，是想在帕累托前沿的附近划出一条狭窄的地带，使得我们可以把该地带内的选项，也包含在考虑范围之内。划定这个模糊的前沿，实际上就等于明确承认了性能方面的不确定性、度量方面的模糊性以及模型中可能出现的错误等问题。此外，在性能及成本等某些指标上占优的那些架构，有时不一定是最为健壮的架构，我们如果改变了自己原来对模型所做的假设，那么这些架构的优势可能就会丧失[3]。当我们在处理某一个系列的架构时，可能会发现其中有一个关键的成员稍稍偏离了帕累托前沿。而模糊前沿这一概念的主要思路，就是要稍稍放宽筛选标准，使得这些略具劣势但是以后可能会比较重要的架构，不至于过早地遭到淘汰。下节将给出一种计算模糊帕累托前沿的方法。我们要把权衡空间中的大量候选架构，削减为易于管理的少量架构，以便在它们之间进行决策。而模糊的帕累托前沿所表示的正是我们在这套削减过程中所做的第一轮筛选。

15.3.4　在模糊的帕累托前沿上挖掘数据

在图 15.5 中，位于帕累托前沿上的所有架构，看上去似乎都是那种元件之间彼此完全互连的（fully cross-strapped）架构。也就是说，每一个传感器都分别与每一个计算机相连。这似乎表明：彼此完全互连的架构成为帕累托前沿中的主流架构。那么，我们怎样以系统化的方式来进行这样的分析呢？

有一种简单的办法可以用来观察这种情况，那就是：把做出相同决策的那些架构都用同一种颜色或标志画到坐标图中。比如，图 15.6 就采用这种办法重新绘制了权衡空间，它用方框来表示那种彼此完全互连的非劣架构。帕累托前沿依然用实线来表示。从该图中，我们可以明显地看出：帕累托前沿中的所有架构都是彼此完全互连的架构。

如果坐标图所得出的结果不具备结论性，那么我们还可以采用另外一种简单的方法来进行定量计算，也就是统计出某一项架构决策 D 选用特定选项 $D1$ 的相对频率，然后看看做出这种选择的那些架构，有多少位于（模糊的）帕累托前沿上，又有多少位于该前沿之外。如果选用 $D1$ 选项的那些架构有很大一部分落在了帕累托前沿上，而只有很小一部分位于帕累托前沿之外，那么就可以说明——尽管并不是证明——选项 $D1$ 与非劣架构之间有着某种相互关系。

表 15.2 列出了与图 15.5 中的帕累托前沿相对应的统计数据。这张表格根据下列三个方面的特性，对权衡空间中的架构进行了分析：

- ❑ 元件之间彼此完全互连；元件之间彼此没有完全互连。

- ❑ 整齐划一；非整齐划一。（整齐划一的架构，就是只使用某一种传感器及某一种计算机的架构。）
- ❑ 使用一个或多个 C 类传感器；不使用 C 类传感器。

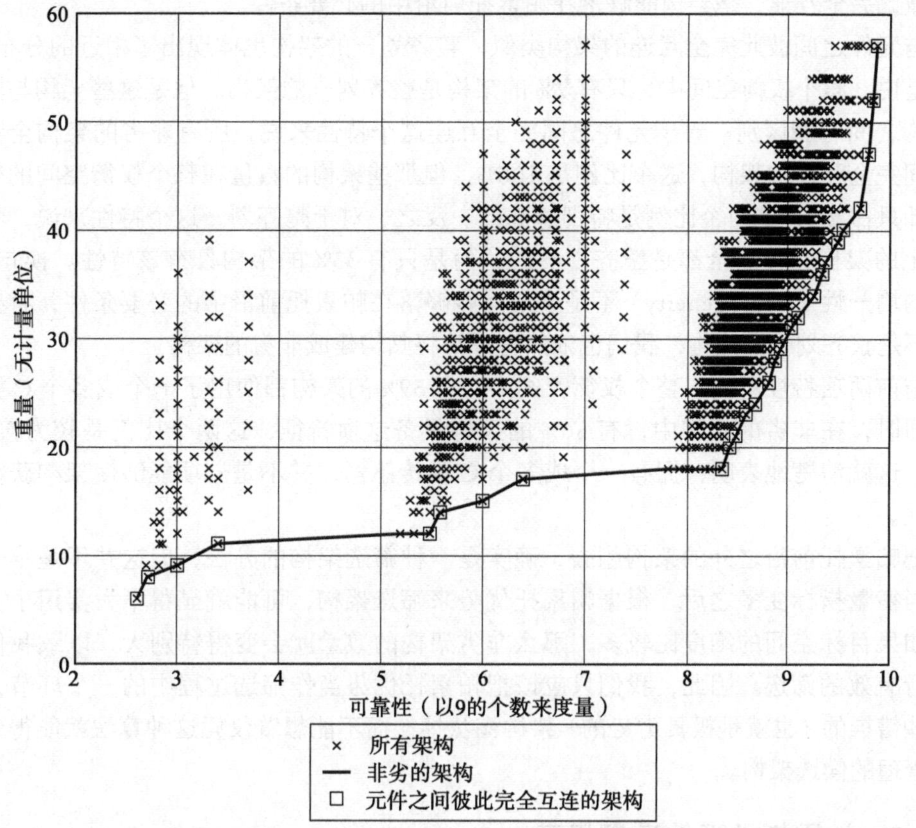

图 15.6　GNC 范例的权衡空间，该空间中的非劣架构，全都是那种元件之间彼此完全互连的架构

表 15.2　具有同一种架构特性的 GNC 范例架构，在帕累托前沿上的全部架构中所占的百分比，以及其他一些相关的统计数据（这里所说的架构特性，是指对某项决策所做的某种特定选择，或由这些特定选择所形成的一种决策组合）

架构特性	在整个权衡空间的所有架构中，有百分之几的架构具备该特性？	在帕累托前沿中的所有架构中，有百分之几的架构具备该特性？	在具备该特性的所有架构中，有百分之几的架构位于帕累托前沿上？
元件之间彼此完全互连	2%	100%	7%
整齐划一（也就是只使用同一种传感器和同一种计算机）	7%	33%	1%
使用一个或多个 C 类传感器	59%	56%	0.1%

通过表 15.2，我们可以确认："元件之间彼此完全互连"，是一项占据优势地位的架构特性。也就是说，虽然元件之间彼此完全互连的架构，只占整个权衡空间架构总数的 2%，但只要是出现在帕累托前沿中的架构，就必定是这种架构。因此我们可以说，元件之间彼此完全互连，是架构能够落在帕累托前沿中的必要条件。

与元件之间彼此完全互连的架构类似，整齐划一的架构也体现出了相近的分布特征，也就是说，整个权衡空间中，只有 7% 的架构是整齐划一的架构。但是这些架构与刚才那种架构之间有着区别：对于元件之间完全互连这个特性来说，所有非劣的架构全都是元件之间完全互连的架构，这个比例是 100%，但那些架构的数量在整个权衡空间的架构总数中却只占 2%，这两个比例是特别悬殊的。反之，对于整齐划一这个特性来说，帕累托前沿上的架构，并非全都是整齐划一的，而是只有 33% 的架构具有该特性。换句话说，架构的均一性（homogeneity）不是该架构能够落在帕累托前沿中的必要条件，有些架构即便不是整齐划一的架构，我们也依然有办法将其构建成非劣的架构。

与前两项特性不同，整个权衡空间中，有 59% 的架构都使用了一个或多个 C 类传感器，同时，在非劣的架构中，有 56% 的架构具备这项特征，这两个比例是较为接近的。于是，这就清楚地表明：拥有一个或多个 C 类传感器，并不是一项能够使架构获得优势的特性。

把帕累托前沿之外的架构删去，确实是一种筛选架构的办法，但这并不是唯一的办法。当衡量指标变多之后，根据帕累托优势来筛选架构，可能就显得不太实用了。实际上，如果目标空间的维度比较多，那么非劣架构的数量就会变得特别大，以致我们无法再进行有效的筛选。因此，我们只应该把帕累托优势当作筛选过程中的一个环节，用它把那些糟糕的（也就是极具劣势的）架构淘汰掉，而不能想着仅凭这种算法就能得到一套易于管理的候选架构。

15.3.5　帕累托前沿的运用机理

在有着成千上万个架构，并且具备多项衡量指标的通用权衡空间中，应该怎样计算帕累托前沿呢？图 15.2 是一个简单的权衡空间，它演示了汽车发动机的不同架构，如果我们对这个示例进行泛化，那么就可以提出一种帕累托前沿算法，也就是把每一种架构都和其他所有的架构在每一项衡量指标上分别进行对比。因此，在有着 N 个架构和 M 个衡量指标的权衡空间中，该算法于最坏情况下必须进行 $\binom{N}{2}\boldsymbol{M}$ 次比较，才能找出由非劣架构所形成的集合。

值得注意的是，我们有时可以用一种递归的办法来计算帕累托前沿，也就是根据帕累托级别（Pareto ranking）来对架构进行排序。这样的排序过程，称为非劣排序（non-dominated sorting）。我们先把非劣架构的帕累托级别设为 1。然后，为了找出帕累托级别为 2 的架构，我们把帕累托级别为 1 的那些架构丢弃掉，并按照和以前同样的办法来计算此时的帕累托前沿。接下来，把位于新前沿中的这些架构所具备的帕累托级别设为 2。最后，反复执行这一过程，直到计算出所有架构的帕累托级别为止。该算法所需的操作次数，大约是 N 乘以 $\binom{N}{2}\boldsymbol{M}$。还有一些更快的非劣排序算法，可以记录各架构之间的占优关系，但是那些算法需要使用更多的内存[4]。

帕累托级别可以当作一项架构筛选指标来用。比如，如果我们已经给集合中的每一个架构都赋予了的帕累托级别，那么就可以把帕累托级别非常差的架构（换句话说，就是那些劣势特别明显的架构）排除掉。

有一种基于非劣算法的简单实现办法，能够执行模糊的帕累托过滤。比如，我们可以把帕累托级别小于等于 3 的那些架构所占据的地带，定义为模糊的帕累托前沿。这种模糊的帕累托前沿实现法，从数学上看是较为优雅的，但它没有考虑到帕累托级别不同的架构在目标空间中的距离，因此可能过早地把较优的架构丢弃掉。比如，如果在第一道帕累托前沿附近有一个架构非常密集的区域，那么该区域内的某个架构，可能就会仅仅因为帕累托级别稍高了一些（也就是稍差了一些）而遭到淘汰。为了解决这个问题，我们可以用另外一种实现方式来计算模糊的帕累托前沿，也就是先把真正的帕累托前沿确定下来，然后把与该前沿的距离超过某个阈值的那些架构点全都丢弃掉（例如在一个完全标准化的空间中，我们可以把与真正的帕累托前沿之间的欧几里得距离大于总距离 10% 的那些点排除掉）。

15.4 权衡空间的结构

在对权衡空间所做的分析中，帕累托分析是其中较为重要的一个部分，但仅有帕累托分析还是不够的。我们还必须把权衡空间的结构和特性作为一个整体来进行观察，这样所得到的内容，要比仅仅关注模糊的帕累托前沿更多。有时，权衡空间看上去似乎就是一大群架构点，然而有很多权衡空间其实都具备着某种结构，并呈现着某种形状。它们拥有孔（hole）、子群组（subgroup）及前沿（front）等特性，这些特性是由于各种因素而造成的，例如度量指标较为离散、各种指标拥有不同的动态范围，以及某些指标受到物理定律的约束等。

权衡空间所表现出来的一项常见特性，就是集群（cluster，簇），也就是目标空间中一个相对较小的区域里聚集了多个架构，在这个区域外，有着相对较大的开阔地带。图 15.7 就演示了 GNC 范例中的几个集群。在图 15.7 这个以重量和可靠性为衡量指标的空间中，我们可以看到三个很大的集群。之所以说集群是个较为重要的概念，原因就在于：它们可以表明空间中的某一系列架构在一项或多项指标上有着相似的性能。然而要注意：目标空间中的距离，不一定与架构空间中的距离有联系。换句话说，同一个集群内的各种架构，实际上可能会有着非常大的区别。

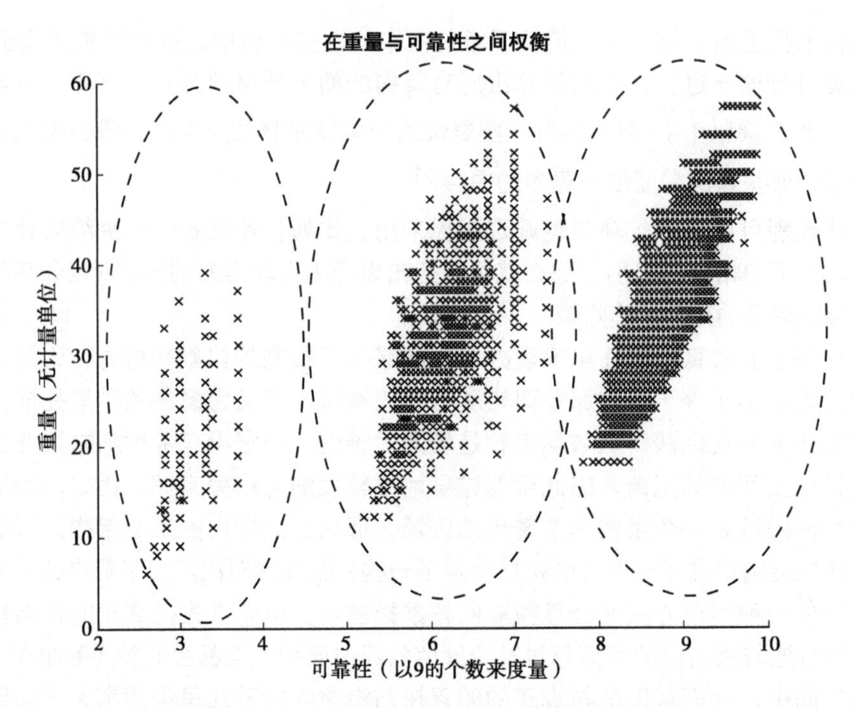

图 15.7　权衡空间中的集群。在本范例中，集群是根据架构所涌现出的一项属性而划分的，也就是说，传感器数量和计算机数量这二者的最小值相同的那些架构，会划分到同一个集群中

对架构变量相似的集群进行观察，是比较有用的，我们可以把做出同一种决策选择的那些架构点标出来（例如采用同一种颜色或同一种记号进行标注）。如果目标空间中的某个集群能够与架构空间中的某个集群相对应，那我们就找到了一系列在架构决策和衡量指标的得分方面都较为相似的架构。基于集合的 S- 帕累托前沿（set-based S-Pareto frontier）[5]，就是在这个概念的基础上扩展而成的。

如果架构方面的某一项特征（该特征可能是一项决策，也有可能是从各项决策的组合中所涌现出来的一项属性）在目标空间中的某一个区域内占据主导地位，那么就会出现相应的集群。比如，在图 15.7 这个 GNC 架构的范例空间中，集群的出现就是由传感器数量（Number of Sensors，简称 NS）和计算机数量（Number of Computers，简称 NC）这二者的最小值（minimum，简称 min）来主导的，而这两个值又决定着系统的可靠性。从图 15.8 中可以更清楚地看到这一点，该图会根据每个架构的 min（NS, NC）值，采用不同的符号对其进行标注。最左边的那个集群，全都是由 min（NS, NC）值等于 1 的架构所组成的，这些架构要么只有 1 个传感器，要么就只有 1 个计算机，在图 15.8 中，这种架构用圆圈符号来表示。最右边的那个集群，全都是由 min（NS, NC）值等于 3 的架构所组成的，这种架构在图 15.8 中以点状的符号来表示，而 min（NS, NC）值等于 2 的架构，则全都出现在该图的中部，它们用交叉符号来表示。请注意，中间那个集群中也有一些点状的符号。（如果我们修改传感器和计算机等组件的可靠性，那么就可以完全把这三种架构清晰地划分到三个不同的集群中，或是令它们彼此离得再近一些。但无论怎样处理，其基本结构依然是包含 3 个集群的架构空间。）

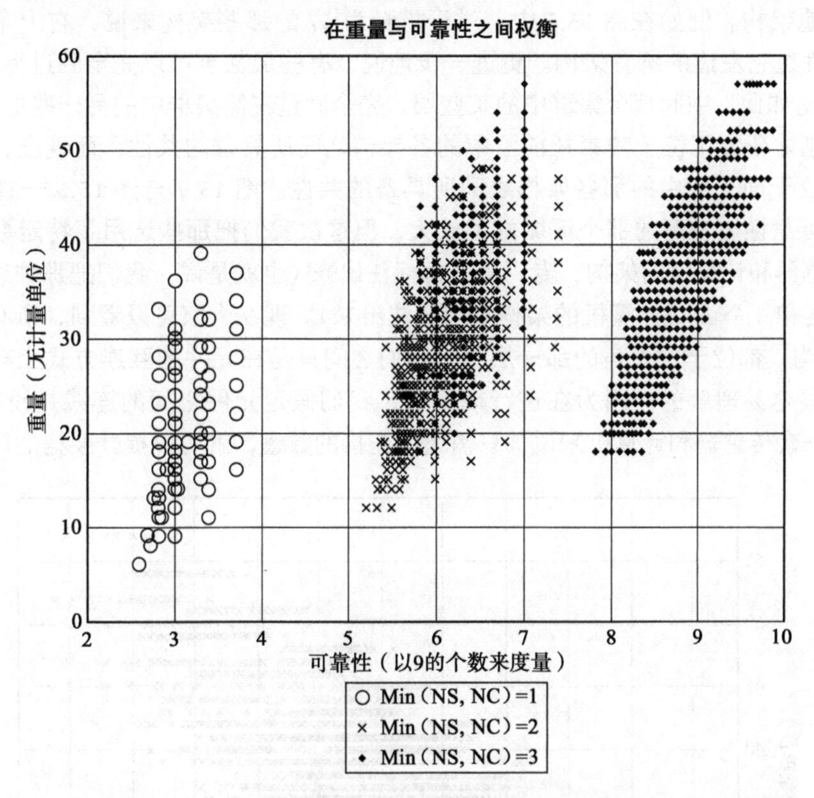

图 15.8　这个权衡空间与图 15.4 相同，但是它会根据传感器数量（NS）和计算机数量（NC）这二者之间的最小值来对架构进行划分，并用不同的符号来表示它们

尽管我们可以凭自己的脑力来划分集群，但同时也可以通过一些聚类算法来对空间进行划分。聚类算法及该算法在系统架构领域中的运用，请参见本书的附录 B。

在许多权衡空间中，最为显著的一项特征通常是层化（stratification）现象。层（stratum，复数：strata）就是某项指标相同但其他指标不同的一组点。在二维的权衡空间中，如果有一系列点在水平方向或垂直方向上排成一条直线，那么就出现了层，不同的层之间会有一些空隙。比如，如果某一项指标是离散指标（例如开发项目的数量，就是一项离散指标），那么就会出现层化的现象。说得更宽泛一些：即便有些指标是连续指标，权衡空间中也依然有可能出现层化现象，因为架构方面的选项通过彼此之间的组合，可能只会在该指标上形成数量较为有限的几种取值。比如，重量虽然是一项连续的指标，但是在 GNC 案例中，由于 A、B、C 这三类传感器和计算机相互组合之后，其总重量只能出现 49 种不同的取值，因此，权衡空间中还是会出现层化现象。

如果权衡空间中出现了层化现象，那么其中的 N 个优势架构，就会胜过其他大部分架构，而这个 N，一般会与层的数量相同（例如它或许会等于某项离散指标可以取到的值的个数）。之所以会出现这种情况，其原因在于：处在每一层边缘的那个架构，会胜过该层中的其他架构。例如在图 15.5 中，对于重量为 57 的那些架构来说，右上角的那个架构，就会胜过它左边的所有架构。更进一步地说，有些层甚至可以完全胜过另外一个层。图 15.4 就是如此：中间那个集群中的某些层，完全胜过左侧集群中的另一些层。

我们刚才研究了位于帕累托前沿中的各架构之间所具备的共性，而现在，我们同样可以研究位于同一层中的那些架构之间所具备的共性。图 15.9 与图 15.5 一样，也对权衡空间中可靠性比较高的那个区域做了放大，但这次我们把那些选用了特定数量及特性类型的传感器和计算机的架构，专门用方框标注出来（也就是说，我们把那种选用了 3 个 A 类传感器和 3 个 A 类计算机的架构专门标注出来）。现在大家可以看到，所有的 AAA-AAA 式架构，都位于左下角的那一层中，它们之间只是在元件的互连方式上有所不同而已。这是很容易理解的。因为在进行模拟时，我们假定元件之间的连线是没有重量的，而对于同一套传感器和计算机来说，只需增加连接的数量，就可以提升架构的可靠性。因

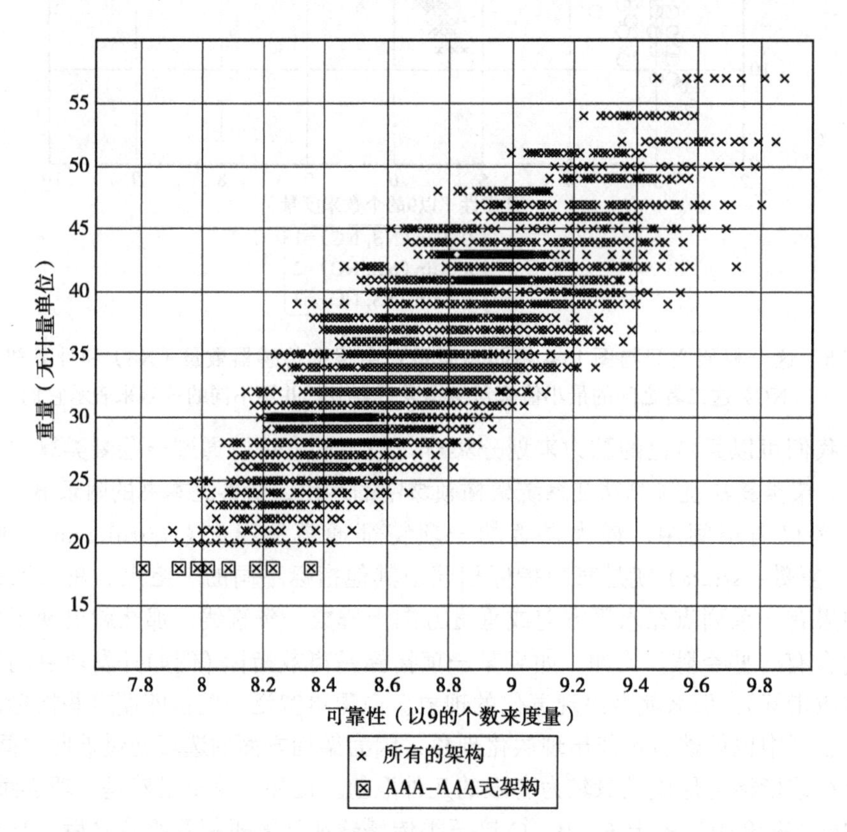

图 15.9 详细展示 GNC 权衡空间中的某一层，该层中的所有架构都采用了 3 个 A 类传感器和 3 个 A 类计算机，但是元件之间的连接方式各有不同

此，该层最右侧的那个架构，就要胜过它左侧的所有架构，因为这个架构的元件之间，是彼此完全互连的。

15.5　敏感度分析

在给任何一种分析下结论时，都必须知道分析结果对建模方式以及我们在输入值方面所做出的那些假设，到底会有多敏感，此处所做的权衡空间分析，自然也不例外。在 Simon 的理论中，这个确定敏感度的环节，靠近“设计活动”的末端。以系统化的方式回答这个问题，通常要比直接解决问题更耗费资源，但它确实是分析过程的重要组成部分。

后验（posteriori）敏感度分析，通常是指把同一个模型放到许多不同的场景（scenario）中重新运行，那些场景各自都设定了一套与原有场景不同的假设。比如，我们在本章中展示的那些 GNC 权衡空间，都做出了同样一个假设，那就是认为元件之间的连线是没有重量的。如果我们现在把假设修改为：元件之间的连线有重量，那么权衡空间就会变成图 15.10 这个样子（该图可以与图 15.5 相对比，原来那张图是在假设连线没有重量的前提之下画出来的）。大家会注意到：权衡空间的形状已经有了相当程度的变化。元件相同但是连线方式不同的那些架构，在图 15.5 中形成了一些水平方向上的层，而图 15.10 中已经看不到这样的层了。此外，在图 15.5 中，位于帕累托前沿中的每一个架构，都是那种元件之间彼此完全互连的架构，而在图 15.10 中则未必如此。除了元件之间完全互连的架构之外，我们还看到了渠道化的架构（也就是每一个传感器元件都分别与某一个计算机元件相连的架构）以及那种每一个传感器元件都与其他两个计算机元件相连的架构。

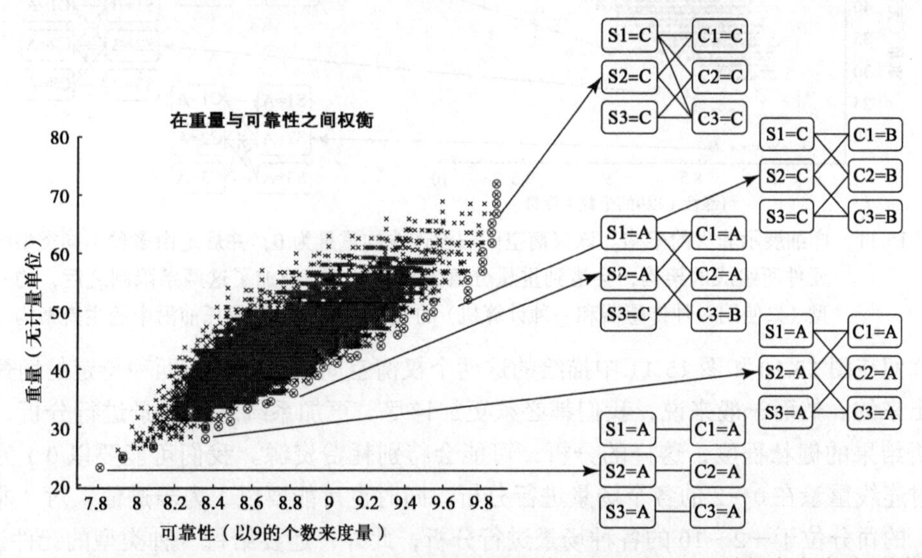

图 15.10　详细展示非劣的架构。该权衡空间假设连线的重量为 5/3，并规定由多种不同类型的元件所组成的架构，既不会遭到罚分，也不会获得奖励

与连线重量这一因素类似，前面画过的那些权衡空间图，在对架构进行评分时，都没有对元件类型超过一种的架构进行罚分（penalty，扣分、减分）。有些人之所以想给使用了两种或两种以上元件的那些架构罚分，是因为他们认为：优秀的架构应该尽量采用较少的元件种数。而另外一些人则恰恰相反，他们不仅不想给这些“由多种不同类型的元件所组成的架构”扣分，反倒认为这些架构应该获得加分，因为如果只使用同一种类型的元件来构建系统，那么一旦这种元件由于某个因素出现了故障，整个系统就会随之崩溃。使用多种元件来构建系统，可以降低这方面的风险。

如果我们给那种由不同类型的元件所组成的架构，设定值为 9 的重量罚分（也就是给它们的重量分数强行加 9，这是相当大的罚分），那么权衡空间就会变成图 15.11 这个样子。请注意：权衡空间所采用的重量指标，都是参照重量最小的那个元件（该元件的重量记为 m_{ref}）做过标准化处理的。图 15.11 与图 15.5 的区别在于，原来那张图并没有对采用多种类型的元件所组成的架构进行罚分，而现在这张图却给它们扣掉了一定的分数，这样做的结果是：图 15.11 中的帕累托前沿，已经完全为那些只采用同一种元件的架构所占据了。

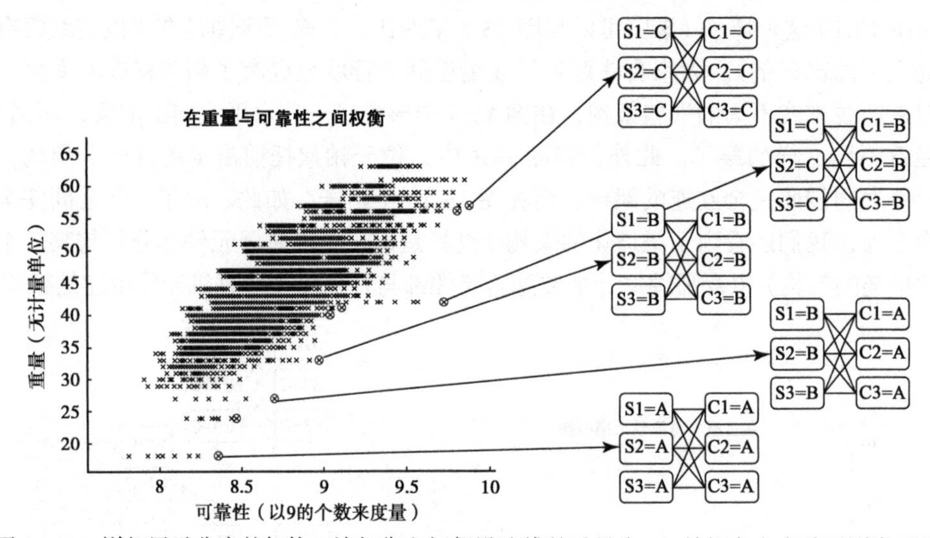

图 15.11　详细展示非劣的架构。该权衡空间假设连线的重量为 0，并规定由多种不同类型的元件所组成的架构，会遭到重量分值为 9 的罚分。施加了这两条限制之后，均一型（只使用一种传感器和一种计算机）的架构，就成了帕累托前沿中的主流架构

我们在图 15.10 和图 15.11 中描绘的这两个权衡空间，当然是在两种特定的场景之下计算出来的。然而一般来说，我们都必须更加详尽、更加系统地对场景进行分析，以把握分析结果的健壮程度，这样的分析，可能会特别耗费资源。我们可能要以 0.1 为步进值，对连线重量在 0～2 的各个场景进行分析，同时也可能要以 1 为步进值，对“非相似元件”的罚分位于－2～10 的各种场景进行分析，此外，还要给每一种类型的元件设定 3 种不同的重量取值和可靠性取值，这样综合下来，一共需要把分析工具运行大约六十万

次。所幸我们可以使用试验设计（design of experiment）领域的某些技巧，例如拉丁超立方（Latin hypercube）和正交表（orthogonal array，正交矩阵）等，来确定一个较小的子集，然后仅仅针对这个子集中的场景进行分析。第 16 章将会简述这些技巧。

把待分析的各种场景都处理完毕之后，我们就应该看看当初得到的分析结果是否足够健壮了。我们对标准化后的连线重量位于 0.0～2.0 的各种场景做了模拟，并把结果画在了图 15.12 中。这张图把元件之间完全互连的架构在帕累托前沿中所占的百分比，视为连线重量的函数。在连线重量为 0.0 的场景中，这个比例是 100%，这与我们早前得到的分析结果相一致，也就是说，落在帕累托前沿中的那些架构，全都是元件之间彼此完全互连的架构（坐标图左上角的那个点，就表示该场景下的百分比）。但是，当连线重量开始增加之后，元件之间彼此互连的架构在帕累托前沿中所占的百分比，就开始迅速下降了。当连线重量为 0.02 时，这个比例已经不足 30% 了。我们原来认为，落在帕累托前沿中的那些架构，全都应该是元件之间彼此互连的架构，可是现在只要稍微修改模型中的一个参数，这个结论就立刻失效了，这说明早前所得到的那个结论，是不够可靠的。实际上，如果把早前那个结论反过来说，或许会更加稳健一些，也就是说：除非连线重量与元件重量之比可以忽略不计，否则元件之间彼此完全互连的那种架构，不会具备较大的优势。

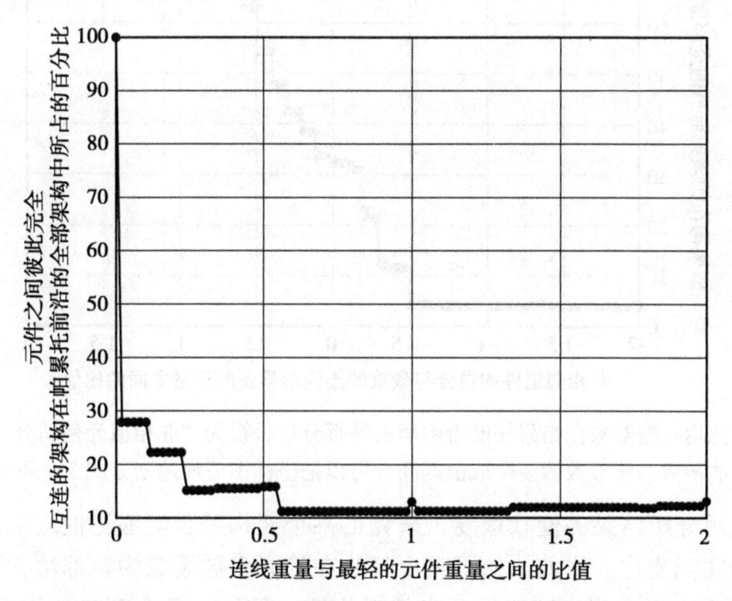

图 15.12　把元件之间彼此完全互连的架构在帕累托前沿的全部架构中所占的百分比，视为连线重量的函数

有时，我们通过敏感度分析可以发现：在不同的权衡空间中所得出的分析结果，会依赖于某一个参数的取值。在这种情况下，我们有必要更加深入地研究问题中的某个部分，并考虑对模型进行完善。比如，我们想看看权衡空间的分析结论，对于“非相似组件的罚分”这一参数的敏感程度。图 15.13 把均一型架构在帕累托前沿中所占的百分

比，视为非相似元件罚分的函数，这个罚分已经按照最重的那个元件所具备的重量，进行了标准化处理，其值在−2.0～2.0变化。在该范围内，当非相似元件的罚分（Dissimilar Component Penalty，简称DCP）从−0.5升至1.1时，均一型架构在帕累托前沿的全部架构中所占的比例，也会由4%上升至100%。这使得我们可以把整个范围分成三个区间。在DCP<−0.5的这个区间中，帕累托前沿上的架构，实际上都不是均一型的架构，因此，分析结果对罚分是不敏感的。而在DCP>1.1的这个区间中，帕累托前沿上的所有架构，全都是均一型的架构，因此，分析结果对罚分也是不敏感的。而在−0.5～1.1的这个区间中，分析结果则对DCP的取值较为敏感。请注意，我们当初曾经认为帕累托前沿中有33%的架构都是均一型架构，而那个时候所用的DCP取值是0，由于该值位于敏感区域中，因此当时所做的那个结论是不够可靠的。

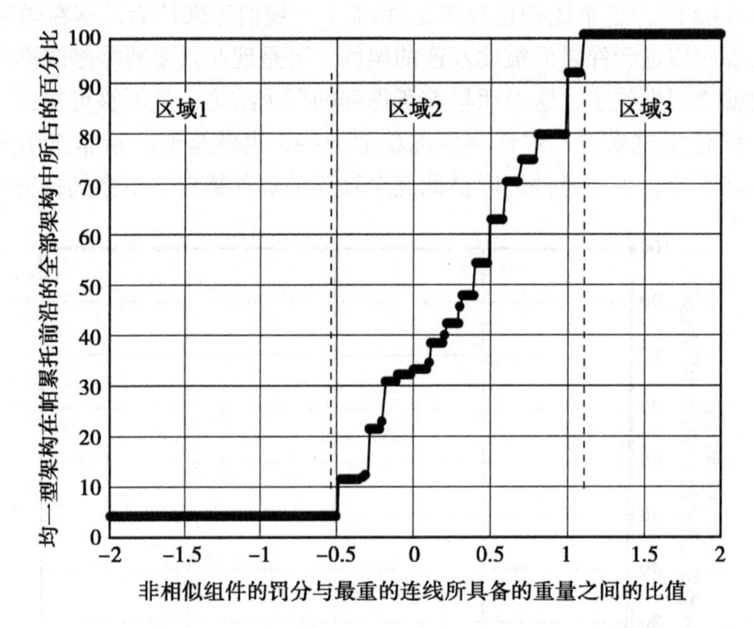

图15.13　把均一型架构在帕累托前沿中所占的百分比，视为“非相似元件罚分”这一参数的函数。该参数的3个取值区间，可以把坐标图清晰地划分成3个不同的区域

我们可以用分析结果的健壮程度，来评估某个架构是否能够稳健地应对技术环境和程序环境中的实际变化。比如，如果某个架构在绝大多数场景中，都落在了模糊的帕累托前沿中，那么这就表明：该架构是良好架构这一结论，是个可靠的结论，也就是说，该结论在许多个不同的场景之下，都是能够成立的。反之，如果某个架构只能在理想的场景之下占优，而在其他很多个场景之下都表现出了较大的劣势，那么该架构是良好架构这一结论，就不是个可靠的结论了。文字框15.1中的架构健壮程度原则，就讨论了这样的情况。

文字框 15.1　架构健壮程度原则（Principle of Robustness of Architectures）

“有三分之一的成本和三分之二的问题，都是由于非要去追求最后那 10% 的性能而引发的。”

——Norm Augustine 第 15 定律

“有九成的事情都比你预想的更糟，剩下那一成根本轮不到你来想。”

——Norm Augustine 第 37 定律

好的架构要能够应对各种各样的变化。能够应对变化的那种架构，要么是比较健壮的架构，要么是适应能力比较强的架构。前者能够处理环境中的变化，而后者则能够适应环境中的变化。在帕累托效率方面最优的架构，通常都不是最为健壮的架构。因此，在选择架构时，要同时考虑帕累托最优性、健壮程度以及适应能力这三个因素。

- ❑ 在进行架构的过程中，我们对输入值所做的假设可能会发生变化，此外，设计方案的下游执行过程和 / 或系统的操作环境，也有可能发生变化。
- ❑ 位于帕累托前沿中的那些架构，有时未必能够最为稳健地应对各种变化。比方说，帕累托最优架构可能依赖于一项能够改变行业规则的技术，但这项技术的成熟程度却相当低。万一这项技术在开发系统时还没有准备好，我们应该怎么办？架构是否能够较为灵活地与另外一种技术相适配？在帕累托最优性和健壮性之间所做的权衡，对于这个行业来说是否特别合理？可能有少数几种架构具备相当高的性能，但这些架构是否可行，则是架构师必须要决定的问题。
- ❑ 为了评估健壮性，我们可以分析架构在多种技术场景和市场情境中的表现，然后选出在很多情况下都有着良好表现的那些架构。在对架构进行优化时，应该像本章所说的这样，用模糊的帕累托前沿来代替普通的帕累托前沿，因为这样做能够发现更为健壮的架构。

我们还可以进行更加系统化的计算，也就是算出某个架构在所有场景中的平均得分，或是算出该架构在某个指标上得到“好”分数的场景占所有场景数的百分比。有了这些信息，我们就可以知道：当建模所用的假设发生变化时，架构是否能够稳健地应对这种变化。

除了上述所说的这些方法之外，还可以用更加复杂的方法来做敏感度分析。在建模时，我们可以给输入参数的取值情况设定概率，从而也可以给各种场景的出现情况设定概率。比如，在 GNC 这个例子中，我们可能并不知道应该把连线的重量定为多少才算合适，但是我们可以运用概率分布的概念来处理这个问题。又如，可以假设悲观状况、正常状况和乐观状况的出现概率分别是 20%、60% 和 20%，并把连线重量在这三种状况下的取值分别设为 0.5、0.2 和 0.05。通过概率，我们可以为参数在各种场景之下所取的值设置权重，而不是简单地对其进行平均。说得更宽泛一些，我们还可以把概率分布这一概念，推广到模型中的所有参数上，这样就可以通过蒙特卡罗分析（Monte Carlo analysis）

来获知结果的概率分布状况了。

比如，在设计很多较为复杂的系统时，我们都需要知道某些主要原料（例如石墨烯）的价格，以及该系统所必备的某些关键技术（例如光通信的收发设备）所能表现出的性能。如果我们无法确定这些重要参数的取值，那么可以通过概率分布来对其进行建模。比如，我们可以根据当前的数据[6]来估计石墨烯在未来五年的价格，并假设其价格为每立方厘米 1 美元的概率是 0.6，为 10 美元的概率是 0.2，为 0.1 美元的概率也是 0.2。在估量配电系统（power distribution system）的需求时，也可以通过概率分布来模拟电网的性能[7]。

然而，这种办法通常都特别耗费资源，因为我们可能要设定大量的场景，才能较为精确地估算出结果的概率分布情况。此外，要想把每一个建模参数的概率分布情况全都确定出来，本身可能就是一项有难度的任务。

实际上，对于很多问题来说，蒙特卡罗分析法都是不太可行的，尤其是当我们不能获得丰富的计算资源时，更是无法执行这样的分析。因此，系统架构师在进行敏感度分析时，通常会对有待分析的场景进行删减。相关参数的取值，可能会有很多种组合方式，而删减后的这些场景，应该要能覆盖其中最为重要的那些组合方式。刚才我们提到了试验设计领域中的一些技术，例如正交表和拉丁超立方等，在对场景进行删减时，这些技术可以为我们提供一些指导。

15.6　整理架构决策

15.6.1　对其他决策的影响

对权衡空间进行模拟和视觉化处理所得到的信息，可以帮助架构师对架构中需要做出的各种权衡进行理解，不过我们原来也说过：要想尽量发挥这些信息的效用，还必须将其浓缩并加以整理。本节的目标是对架构决策进行整理，也就是确定我们必须要做出的架构决策，并考虑到它们之间的优先顺序，同时研究这些决策彼此之间的联系。

对架构决策进行整理的第一个步骤，是确定“影响力较高的决策”（high-impact decision）。这些决策可能会对衡量指标的得分或其他决策产生强烈的影响。换句话说，一项架构决策成为高影响力决策的原因有二，要么是衡量指标对该决策的敏感程度比较高，要么就是该决策与其他决策之间的连接程度或耦合程度比较高[8]。

架构决策是互相耦合的。决策的连接度（degree of connectivity）用来度量该决策与其他架构决策之间的耦合程度。比如，对汽车驱动轮所做的选择，就与前转向几何、引擎布局及后轮悬挂等其他决策联系得非常紧密。同理，对计算机微处理器所做的选择，也引领着内存速度及内存量等很多设计决策。与连接度较低的决策相比，连接度较高的决策如果发生了变化，那么受到影响的其他决策也会更多一些。连接性使得决策所造成的影响可以在系统之内进行传播[9]。

那么，应该如何来量化连接程度呢？在人工智能领域，当我们要解决约束满足问题（constraint satisfaction problem）时，通常会根据使用该变量的约束数量来计算其连接度[10]。Simmons 改编了这个定义，他根据使用某项特定决策的逻辑约束个数来计算该决策的连接度[11]。例如在阿波罗计划的例子中，我们通过表 14.1 可以看出：LOR 决策是与一些逻辑约束互相耦合的。（例如如果 LOR 决策选"是"，那么 moonArrival 决策就必须选"轨道"。）对于某项决策来说，只要有某个逻辑约束包含了它，那么该决策的连接度就会加 1。按照这种方式计算，LOR 决策的连接度是 4。

这个概念还有另外一种稍微不同的计算方式，那就是根据表 14.3 中的设计结构矩阵（DSM）来进行计算。我们可以把决策视为实体，把约束视为实体之间的关系，并以此构建 DSM。于是，两项决策之间的关系数量，也就等于相关的逻辑约束数量。从表 14.3 中可以看到，LOR 决策受到 4 条规则的约束，但这种 DSM 并不能像表 14.1 那样，直接告诉我们是哪 4 条规则。

读者可能已经注意到：要想按照这种方式来定义连接度，就必须对架构模型中的决策进行公式化处理。在阿波罗计划那个例子中，我们把任务模式方面的问题分解为 5 项决策，并给每项决策提供了两个选项，同时又规定了 3 条逻辑规则，以此来建立合理的任务模式。其实除了这种办法之外，我们还可以把原来那 5 项决策全都汇聚到一项决策中，并且直接给该决策提供各种合理的选项。这种公式化方式会改变决策的连接度，它相当于用另外一种方式来对架构决策进行分解，也就是说，我们把原来相互耦合的那些 EOR 及 earthLaunch 等决策，全都合并到一个 missionMode 决策中。实际上，这与第 13 章所讨论的分解并没有区别，只不过我们是把这种分解运只用到了架构问题上而已。一般来说，如果一系列决策之间，是像这 5 个二选一的任务模式决策这样高度耦合的，那么通常应该把这些决策全都合并成一个决策。这样可以减少决策的数量并移除不必要的约束，从而使模型变得更加简单。此外，选择合适的方式对问题进行公式化，也能够保证我们不会人为地增加某些决策的连接度。要想把任务模式分解成 5 个二选一的决策，就必须添加表 14.1 中的 a、b 和 c 这三条约束，以排除那些不合逻辑的组合方式。但是，如果把这 5 项决策全都合并成一项任务模式决策，那么就不需要再规定那 3 条逻辑约束规则了，而且这项任务模式决策的连接度也会比原来更低。对于阿波罗计划这个例子来说，尽管这样做并不会大幅度改变我们的结论，但却可以帮助我们认识到：在决策所具备的这些连接度中，究竟有多少是因为问题的公式化方式而造成的。第 16 章将会详细讨论这个话题。

我们可以像 14.2 节所讲的那样，思考"合理性方面的约束"以及决策与衡量指标之间的耦合关系，以此来补充我们对连接度所下的定义。在阿波罗计划这个例子中，通过观察表 14.4，我们可以说：与任务模式有关的决策和对推进剂所做的选择，是通过 IMLEO 指标相互耦合起来的。这种耦合是由决策之间的交互关系所决定的，并不能通过逻辑连接度这一指标清晰地呈现出来，而是需要我们审视并分析衡量指标对某一组特定决策或选项的敏感度。本节稍后还会谈到这一点，本书第 16 章也会再次讲述这个问题 [12]。

15.6.2　对衡量指标的影响

指标对决策的敏感度，是用该决策对特定指标的影响力来进行衡量的。对敏感度进行量化的一种办法，是采用试验设计领域的定义 [13] 来计算主效应。主效应（main effect）是指系统级别的属性，在决策问题中的某个二元变量（binary variable，二进制变量）发生变化时，所产生的平均变化量。比如，有一组架构 X，其中的每个架构用 x 表示（$x \in X$），x_i 是这些架构对第 i 个决策所做的选择，可供选择的选项是 0 或 1，M 是衡量指标。那么主效应就可以用下列公式来计算：

$$\text{Main effect(Decision } i\text{, Metric } M) \equiv \frac{1}{N_1}\sum_{\{x|x_i=1\}} M(x) - \frac{1}{N_0}\sum_{\{x|x_i=0\}} M(x)$$

其中，对决策 i 选 1 的架构个数用 N_1 来表示，选 0 的架构个数用 N_0 来表示。比方说，在阿波罗计划这个案例中，我们可以把 LOR 从“是”改为“否”，并通过模型和主效应分析来确定这些架构的表现在 LOR 选“是”和 LOR 选“否”时有什么区别。

上面这个基于主效应的概念而提出的公式，只能处理那种二选一的决策。我们可以对这个公式进行扩展，使它能够适用于那种选项数量超过两个的决策 [14]。假设每项决策可以在多个选项中进行选择，将这些选项所构成的集合记为 K，那么，我们可以针对 K 中的每一个 k，分别计算出选择 k 选项的那些架构所获得的平均分数与未选择 k 选项的那些架构所获得的平均分数，并求出二者之差的绝对值，然后把这些绝对值累加起来，以求出指标 M 对决策 i 的敏感度（Sensitivity）。更准确地说，就是可以用下面这个公式来进行计算：

$$\text{Sensitivity (Decision } i\text{, Metric } M) \equiv \frac{1}{|K|}\sum_{k\in K}\left|\frac{1}{N_{1,k}}\sum_{\{x|x_i=k\}} M(x) - \frac{1}{N_{0,k}}\sum_{\{x|x_i\neq k\}} M(x)\right|$$

请注意，这个公式实际上等于设定了 $|K|$ 个“隐藏的”二元变量，每一个变量都可以分别告诉我们某个架构针对问题 i，是否选取了 K 中的选项 k。这个公式用来计算当某个决策选了另外一个选项之后，某项衡量指标所体现出的平均变化量。（请注意，如果在 $|K|=2$ 这个特例中使用该公式，那么就相当于用前一个公式把决策的主效应计算了两遍。）

某项指标对某个决策的敏感度，是要根据一组特定的架构来进行计算的。这组架构，可以是整个权衡空间中的所有架构，也可以是模糊的帕累托前沿中的所有架构，还可以是架构空间中其他某个特定区域内的所有架构。在实际工作中，选取不同的架构进行计算，会得出不同的结果，而且这些选取方式也各有利弊。尤其值得说明的是，如果只选取模糊帕累托前沿中的那些架构，那么其好处是可以把某些非常糟糕的架构排除在分析过程之外，而坏处则是可能使主效应的计算结果出现偏差，因为某些架构决策并不能很好地体现在帕累托前沿中的那些架构上。有时我们可能没办法获得整个权衡空间中的每一种架构，因为我们所采用的搜索算法，可能只会提供帕累托前沿或模糊帕累托前沿中的那些架构。

如果能够获得整个权衡空间中的所有架构，那么在起初的探索阶段，可以用这些架构来进行敏感度分析，因为此时的主要目标是从原始的权衡空间中找出控制力较强的那些变量，以减少模型的尺寸。相反，到了系统架构过程的后期阶段，则应该把分析范围限定到（模糊的）帕累托前沿中，因为此时我们更加关心的是：对最终的选择起到重要作用的那些决策，其所具备的实际敏感值究竟是多少。

15.6.3　决策空间视图

现在我们来思考如何观察这些与决策的连接度和敏感度有关的信息，并思考这些信息对决策过程所造成的影响。我们可以把这些决策画在二维空间中。该空间的一个轴表示连接度，另一个轴表示敏感度，这就是 Simmons 所说的决策空间视图（decision space view），它可以从两个维度上把各项决策都展示在同一张图表中。垂直坐标轴表示特定的指标对每一个决策的敏感程度，而水平坐标轴则表示连接程度。我们需要针对每一种衡量指标，分别绘制一张视图。图 15.14 就是一张决策空间视图，它针对的是阿波罗计划的 IMLEO 指标。

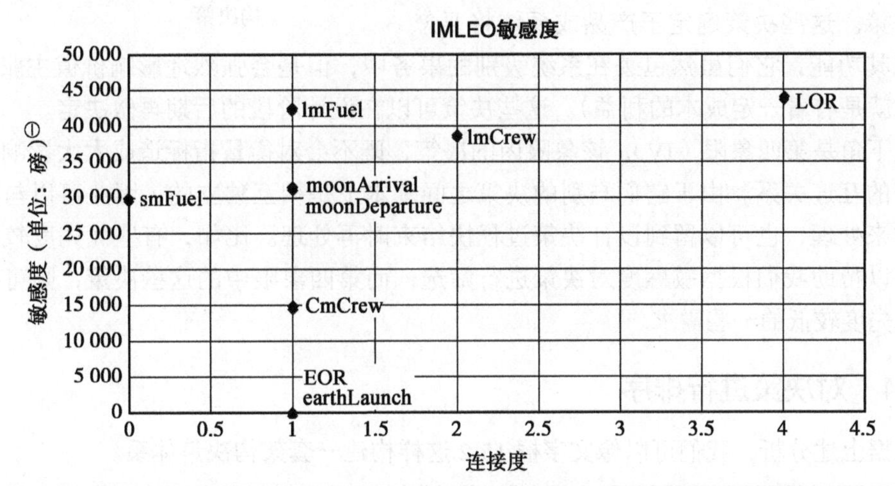

图 15.14　阿波罗计划的决策空间视图，该视图针对的是 IMLEO 指标。图中的每一个点都表示一个决策，通过该点所在的位置，我们可以看出它的敏感度和连接度

对决策空间视图所做的解读，绘制在图 15.15 中。该图把决策空间视图分为四个象限，使得决策制定者可以据此排定各决策之间的优先次序。图 15.15 中的这四个象限，能够定性地衡量架构中的各种决策。

右上角是第一象限（Ⅰ），其中所包含的决策，都是既敏感又紧密互联的决策。架构师应该率先制定这些决策。这些决策会影响下游决策的成果，而且对系统属性会产生最

⊖　1 磅 = 0.453 592 37kg。——编辑注

为强烈的影响，也就是说，它们会决定系统的性能范围及成本等方面。

左上角是第二象限（II），该象限中的决策，是那种虽然特别敏感，但是却与其他决策联系得较为松散的决策。这些决策所发生的变化，会强烈地影响衡量指标，但并不会影响到其他很多决策。该象限内的决策可以与其他决策相分离，从而用一种相当独立的方式来进行分析。这一类决策所具备的优先度，应该排在第 2 位。

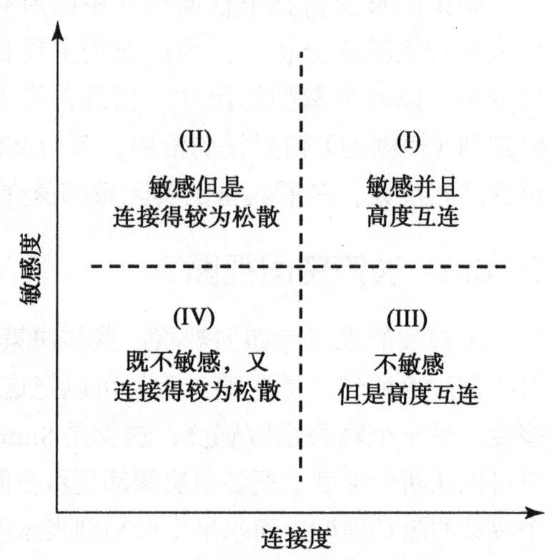

图 15.15　根据敏感度和连接度来整理架构决策

右下角是第三象限（III），该象限中的决策，是那种对衡量指标虽然不会造成巨大影响，但彼此之间却联系得较为紧密的决策。决策制定者可以先把敏感度较高的决策（也就是第一象限和第二象限中的决策）制定好，然后再来制定它们。这些决策对架构中的前两类决策起到了补充作用，它们是较为典型且较为详细的设计决策。这些决策确定了产品或系统将要怎样体现其功能，它们虽然包裹在系统级别的事务中，但是会强烈地影响价值主张（价值主张也就是有着一定成本的利益）。这些决策可以在设计阶段的后期再做决定。

左下角是第四象限（IV），该象限内的决策，既不会对衡量指标造成太大影响，又没有紧密的互连关系。由于它们与别的决策之间基本上是相互独立的，因此可以与其他决策同时来处理，也可以留到设计决策过程快结束时再处理。比如，有些优先度较高的需求，可以帮助我们根据敏感度对决策进行筛选，而第四象限中的这些决策，则可以用来满足优先度较低的一些需求。

15.6.4　对决策进行排序

根据上述分析，我们可以像文字框 15.2 这样构建一套架构决策体系。

文字框 15.2　架构决策的耦合与整理原则

“我们的信息非常丰富，但我们的智慧却极度贫乏。因此，这世界需要由信息综合者来进行管理，这些人能够在适当的时机汇聚正确的信息，并通过缜密的思考来做出明智且关键的抉择。”

——Edward O. Wilson

可以把架构理解成由少数的重要决策所产生的成果。这些决策之间是紧密耦合的，而且制定决策时的先后顺序也是很重要的。可以参照指标对决策的敏感度以及决策之间的连接度，来排定架构决策之间的先后顺序。

- 架构决策通常都是相互耦合的。这种耦合关系，可能是由于约束规则所引起的，也可能是由于衡量指标而造成的。最紧密的耦合关系，是那种因为硬性约束而形成的耦合关系，也就是说，如果某个决策选取了某个选项，那么另外一项决策就不能选取特定的值了。
- 如果某项决策通过约束规则与其他很多决策紧密地耦合了起来，那么该决策就具备较高的连接度。
- 各种衡量指标对架构决策的敏感程度各有不同。
- 架构师应该首先对落在“第一象限”中的那些决策（也就是敏感度和连接度都比较高的决策）做出判断，因为它们对剩下的选项具有极大的影响力。

在对各项决策进行排序时，除了上面提到的要根据连接度和敏感度来排序之外，还需要考虑其他两方面的因素。第一，相互之间联系较为松散的那些决策，可以与其他决策同时进行处理，假如非要等到某一类决策开始进行之后才去做其他的决策，那么就会产生较高的开销。第二，耦合度较高的那些决策，应该合并到一起进行权衡，因为这使得我们可以在权衡时顾及相关的交互作用，而且也可以把权衡做得更为彻底。于是，我们要尽量增加同一组决策之间所具备的相互依赖关系，使其变得高度耦合，同时又要尽量降低组与组之间的相互依赖关系，使其变得较为松散。

在阿波罗计划这个例子中，我们可以把图 15.14 中的 9 项决策，按照图 15.16 中的顺序进行整理。整个体系的根节点必然是 LOR 决策，因为它是耦合度最高且最为敏感的决策。在它下面的那一级中，有三组决策，每一组内的两个决策之间，都是高度耦合的。这三组决策可以同时进行处理，它们是：与登月舱有关的 lmCrew 及 lmFuel 决策、与月球任务模式有关的 moonArrival 和 moonDeparture 决策，以及与服务及指挥舱有关的 smFuel 和 cmCrew 决策。由于它们都是通过 IMLEO 这个重量指标耦合起来的，因此这三组决策可以同时进行权衡。EOR 决策可以放在最后处理，因为要想制定这一决策，我们就必须知道当时要使用的是哪一种运载火箭，而且该决策与其他决策之间的联系，也是较为松散的[15]。对于更为复杂的问题来说，我们可以像附录 B 中所讲的那样，采用聚类算法来找出最优的排序方式。

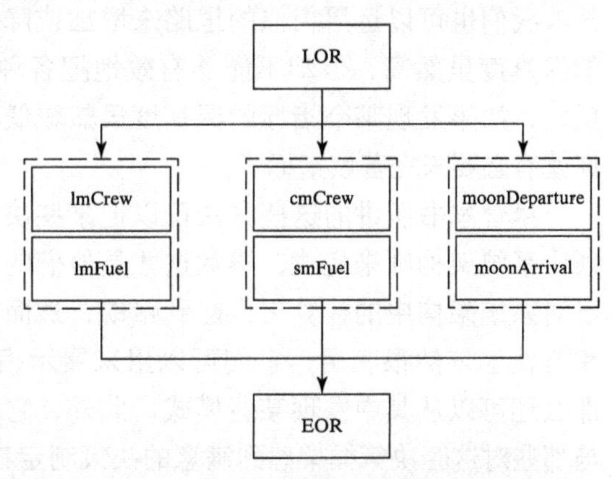

图 15.16　对阿波罗计划的架构决策顺序进行安排

这个例子对阿波罗计划的各项决策做了整理，大家由此可以看出：把架构决策整理成有层次的树状结构，能够使我们获得灵感，并且使我们可以更有效率地进行决策。与单单使用一个庞大的权衡空间相比，使用这种树状结构，显得更为有机，也更易追踪，如果只使用一个庞大的权衡空间，那么架构师实际上就要同时做出很多决策。由于这些决策是在不同的时间发生的，而且可能还要根据不同的标准来进行选择，因此，把它们分开对待，更能够密切地反映出这个有机的过程。

通过上述这套分析过程，我们排定了各项决策之间的先后顺序，并找到了耦合度和敏感度都比较高的那些决策，于是笔者认为：这套分析过程，本身就构成了一个很有价值的心智模型。即便我们没办法执行这套分析，也依然可以试着用这两种图表把与架构有关的知识展示出来。

之所以要用这种方式来展示架构方面的知识，其主要原因在于，这种展示方式能够帮助架构师对架构的过程进行整理。比如，把决策之间的先后顺序安排好之后，我们就可以针对每一组相互耦合的决策来进行与之对应的权衡研究（trade study）了。此外，这种展示方式还能给团队的结构提供线索，因为影响同一个决策的多个团队之间，需要进行更多的跨团队协作，由此可知，紧密耦合的决策应该与紧密耦合的团队相搭配。

15.6.5　对决策及其顺序的总结

对架构进行研究所得的结果，必定要依赖于架构方面的决策以及架构决策的公式化处理。系统架构实际上是个迭代式的过程，因此，当我们熟悉了真正重要的那些决策之后，就应该对架构模型进行完善。比如，如果发现某个决策与其他决策之间基本上没有关联，并且敏感度也比较低，那么我们可能就会在进行下一轮迭代时，把它从模型中拿掉。反之，如果发现某个架构决策具有很高的影响力，那我们就可以专注于该决策，为其提供更加细致的选项，或是将其分解成多个小的决策。

我们也可以运用相似的思路来增加或降低衡量指标的保真程度。如果发现某个指标的保真度虽然高，但却不能够有效地把各种架构区分开，那我们就可以弃用这个指标。反之，如果发现某个指标的保真度虽然较低，但是却对某些结果起着决定作用，那么或许就有必要来完善该指标了。

尽管本书所讲的这些方法可以把某些决策融入模型中，但仍然有很多的判断工作必须由系统架构师来完成，毕竟这才是他们的主要工作。我们所讲的这些原则和方法，可以对系统架构中的计算工作起到帮助，然而根据笔者的经验：即便没有模型，这些原则和方法也依然很有用，它们可以用来展示相关的知识，如果对这些展示方式加以整理，那么还可以从其中发现某些模式，此外，它们也可以用来就决策进行沟通，尤其是用来与那些对这套决策框架感到满意的决策制定者相沟通。

当前的很多行业中都存在架构竞争（参见第 12 章）现象，例如移动电话、无人航空载具（Unmanned Aerial Vehicle，简称 UAV）以及混合动力车等行业，都是如此。对技术策略所进行的研究表明：经过一段时间的架构竞争之后，会出现一个占据主流地位的架构，整个行业会围绕着这种架构而发展。接下来，业界会对相关的过程及组件进行创新，以求获得更多的利益。然后，会涌现出一种新的架构，并打破原有的局面，这种新架构能够突破原有架构所设定的限制，使得产品的性能比原来更高。对于存在主流架构的行业来说，系统思维主要用于对组件进行优化，使它能够更好地为整个系统服务。而对于尚未出现主流架构的行业来说，架构师则必须在没有预设架构的情况下，解决架构工作中的不明确之处。笔者认为：无论行业中是否有主流架构，架构师都可以用本章所讲的这些心智模型来对架构进行思考，以满足利益相关者的需求，使产品能够体现出价值并胜过竞争对手。

15.7 小结

本章的主要观点是：构建一个可枚举的架构模型并在对应的权衡空间中对架构进行探索，有助于系统架构师对架构决策进行整理，并能够帮助他们更好地理解各决策之间的耦合关系以及相关衡量指标对这些决策的敏感程度。

我们提供了一套分析架构权衡空间的流程。该流程的第一步，就是检视模糊的帕累托前沿，位于这个前沿地带中的架构，在各项指标上都达成了很好的平衡。只要去观察模糊帕累托前沿中的架构所具备的共性，立刻就能看出占据主流地位的那些决策。尽管帕累托非劣性（non-dominance）本身并不能直接帮我们把大批的架构缩减到少数几个，但我们毕竟可以用帕累托前沿来确定一些值得进行详细研究的好架构。

对权衡空间的结构进行分析，可以揭示出其他一些信息。比如，如果权衡空间中出现了分群或层化现象，那就意味着有少数几个起到决定作用的决策占据着该空间。对于权衡空间这一心智模型来说，能够找到这几个起决定作用的架构，只相当于获得了它的副产品而已，但有时，这项成果比找到几个好的架构更加重要。

根据架构模型生成了相关的结果之后，一定要对这些结果进行敏感度分析，当模型参数中的不确定因素较多时，更应该如此。敏感度分析可以帮助我们发现那些最为健壮的架构，也就是那种最能够应对环境变化的架构。在系统的生命期中，这些较为健壮的架构，更有可能向利益相关者持续地交付价值，因此，我们应该优先考虑这些架构。

系统架构师可以根据四象限法来排定这些架构的先后顺序，并把它们整理到一种层级化的结构中。位于第一象限中的决策，是敏感度和耦合度都比较高的决策，因此应该优先予以考虑。而位于第四象限中的决策，则是敏感度和耦合度都比较低的决策，因此应该放到树状结构的底部。对于树状结构中部的那些决策来说，我们可以把紧密耦合的决策分为一组，并将其作为一个整体来进行权衡，由于这些决策小组之间的耦合比较松散，因此各组之间可以同时进行处理。

15.8　参考资料

[1] 根据 http://www.fordracingparts.com/crateengine/Main.asp 而绘制。

[2] 占优的概念和非劣前沿的概念，是由 Wilfredo Pareto 在 V. Pareto, Cours d'economie politique (Geneva: Librairie Droz, 1896) 中引入的。

[3] 模糊帕累托前沿这个概念，是由 R. Smaling, and O. de Weck, " Fuzzy Pareto Frontiers in Multidisciplinary System Architecture Analysis, " AIAA Paper, 2004, pp. 1-18 所引入的。Epsilon-dominance（ε- 支配）的概念与该概念类似，它是由均值 – 方差金融投资组合优化领域的下列文献所引入的：D.J. White, " Epsilon-dominating Solutions in Mean-Variance Portfolio Analysis, " European Journal of Operational Research 105 (March 1998), pp. 457-466. 其后，该概念为工程学所采用（例如可以参看下列文献：C. Horoba and F. Neumann, " Benefits and Drawbacks for the Use of Epsilon-Dominance in Evolutionary Multi-objective Optimization, " Proceedings of the 10th Annual Conference on Genetic and Evolutionary Comp-utation, 2008, pp. 641-648）.

[4] 参见：K. Deb, A. Pratap, S. Agarwal, and T. Meyarivan, " A Fast and Elitist Multiobjective Genetic Algorithm: NSGA-II, " IEEE Transactions on Evolutionary Computation 6 (April 2002), pp. 182-197.

[5] 参见：Mattson, C. A., & Messac, A. (2003). Concept Selection Using s-Pareto Frontiers. AIAA Journal, 41(6), 1190-1198. doi:10.2514/2.2063 and Salomon, S., Dom, C., Avigad, G., Freitas, A., Goldvard, A., & Sch, O. (2014). PSA Based Multi Objective Evolutionary Algorithms, In O. Schuetze, C. A. Coello Coello, A.-A. Tantar, E. Tantar, P. Bouvry, P. Del Moral, & P. Legrand (Eds.), EVOLVE-A Bridge between Probability, Set Oriented Numerics, and Evolutionary Computation III (pp. 233-255). Heidelberg: Springer International Publishing. doi: 10.1007/978-3-319-01460-9.

[6] 这些数据是从 www.graphenea.com 网站获取的，上次访问是在 4/8/2014。

[7] 范例可参见：Charytoniuk, W., Chen, M. S., Kotas, P., & Van Olinda, P. (1999). Demand forecasting in power distribution systems using nonparametric probability density estimation. IEEE Transactions on Power Systems, 14(4), 1200-1206.

[8] Simulation, Fifth Edition by Sheldon M Ross. Academic Press, San Diego, CA, 2013.（《统计模拟》）

[9] 最近有很多系统工程研究都强调了变化在系统中的传播，例如：M. Giffin, O. de Weck, G. Bounova, R. Keller, C. Eckert, and P.J. Clarkson, " Change Propagation Analysis in Complex Technical Systems, " *Journal of Mechanical Design* 131, 2009/081001.

[10] 在约束满足问题中，这叫做连接度的启发式搜索（degree heuristic）。参见：S. Russell and P. Norvig, *Artificial Intelligence: A Modern Approach*, 3rd ed. (Edinburgh, Scotland: Pearson

Education Limited, 2009)（《人工智能》）的第 6 章。

[11] See. W. L. Simmons, “ A Framework for Decision Support in Systems Architecting, ” PhD dissertation, Massachusetts Institute of Technology, pp. 66-71.

[12] 对系统中的变量之间所具备的耦合度进行评估，是一个普遍的问题，该问题可以使用增强的线性回归（包括交互作用）或聚类算法等统计学方法来解决。可参看：T. Hastie, R. Tibshirani, and J. Friedman, The Elements of Statistical Learning: Data Mining, Inference, and Prediction (New York: Springer, 2011).（《统计学习基础》）

[13] 试验设计领域关注的问题是如何对任意类型的试验进行严格的设计与分析。有一些入门教程详细描述了试验设计领域中的主效应及统计有效度等概念，例如：D.C. Montgomery, Design and Analysis of Experiments (New York: Wiley, 2010).（《实验设计与分析》）

[14] 参见：J.A. Battat, B.G. Cameron, A. Rudat, and E.F. Crawley, “ Technology Decisions under Architectural Uncertainty: Informing Investment Decisions through Tradespace Exploration, ” Journal of Spacecraft and Rockets, 2014 (Ahead of print).

[15] 该小节中的分析与图表，摘录自：J.A. Battat, B.G. Cameron, A. Rudat, and E.F. Crawley, “ Technology Decisions under Architectural Uncertainty: Informing Investment Decisions through Tradespace Exploration, ” Journal of Spacecraft and Rockets, 2014 (Ahead of print).

第 16 章　系统架构优化问题的表述与求解

16.1　简介

第 14 章介绍了一种心智模型，那就是“把系统架构视为一系列决策”。我们当时说过，架构师可以把架构决策表示成带有多个选项的变量，并以此来构建系统架构模型。我们已经看过两个这样的范例模型，一个是第 14 章讲的阿波罗计划，另一个是第 15 章讲的 GNC（制导—导航—控制）系统，不过，我们并没有详细讨论应该怎样来构建这样的架构模型。于是，本章就要研究如何对这些模型进行公式化处理。

回想一下“系统架构”这个词的定义：

系统架构是对概念的体现，是对功能与形式元素之间的对应情况所做的分配，是对元素之间的关系以及元素同周边环境之间的关系所做的定义。

上面这个公式化的概念，或明或暗地提到了好几个决策制定方面的问题，例如确定主要的形式元素及功能、确定它们之间的映射或分配情况，以及确定元素之间的关系等。本章首先要指出一些反复出现的架构任务（参见表 16.1），我们可以对这些任务进行公式化处理，将其化为程序化的决策或架构优化问题（architecture optimization problem）。

表 16.1　系统架构师的任务，他们可以用自动化的决策支持工具来帮助自己完成这些任务

任　务	内　容	描述该任务的章	情　境
1. 对形式和功能进行分解	选择一种系统分解方式，也就是选定一种对形式或功能元素进行分组的方式	第 3 章 第 4 章 第 5 章 第 6 章 第 8 章 第 13 章	管理复杂度 形式分解 功能分解 架构分析 模块化 选择一种分解方式
2. 将功能映射到形式	将功能元素指派给形式元素，并以此来定义概念	第 6 章 第 7 章 第 8 章 第 12 章	架构分析 概念片段 从概念中提出架构 对整合概念进行完善
3. 对形式和功能进行特化	根据特定的形式或功能元素，从多个候选方案中选择一种，以便将与解决方案无关的概念变成与特定方案相关的概念	第 4 章 第 7 章	形式的特化 与特定解决方案无关的概念；与特定解决方案相关的概念

（续）

任　　务	内　　容	描述该任务的章	情　　境
4. 对形式和功能的特征进行描述	根据形式或功能元素的属性，从多个候选方案中选择一种	第 7 章 第 13 章 第 14 章	对功能特征进行描述（以数据网络为例） 对形式特征进行描述（以土星 5 号为例） 对形式特征进行描述（以阿波罗计划为例）
5. 对形式和功能进行连接	定义系统的拓扑结构与接口	第 4 章 第 5 章 第 7 章	形式的连接性 功能流 操作的顺序
6. 选择目标	从一系列候选目标中选择一个，以此来确定范围	第 11 章	排定目标之间的优先次序

表 16.1 中的 6 项任务可以引出一些架构优化问题，对这些问题的特性进行研究，我们就会发现，它们之间有着某些共同的特征。我们会用 6 种模式或类别来描述程序化的架构决策，它们分别是：DECISION-OPTION（决策 – 选项）模式、ASSIGNING（指派）模式、PARTITIONING（分区）模式、DOWN-SELECTING（筛选）模式、PERMUTING（排列）模式及 CONNECTING（连接）模式。在介绍这些模式时，我们将会讨论 6 项架构任务与这 6 种模式之间的映射。请注意，虽然任务和模式的数量都是 6，但读者可不要误以为它们之间是一一对应的关系。本章稍后将会详细描述任务与模式之间的映射。

笔者撰写本章是要说明：这 6 种模式能够帮助架构师找到一些契机，使他们可以用解析的方式来对待这些程序化的决策。然而除此之外，笔者还想达成一个目标，那就是像讨论架构决策和架构权衡空间时那样，指出一些心智模型，无论系统架构师是否打算用计算工具来表示架构方面的问题，他们都可以使用这套心智模型来进行思考。

本章开头的 16.2 节会给出求解系统架构优化问题的通用公式，使得我们可以在该公式的基础上讲解相关的模式。16.3 节介绍 NEOSS（地球观测卫星系统）范例，本章其余的内容将会使用这个范例来演示多个概念。16.4 节分别描述 6 种模式并讲解各自的公式化处理及典型的范例，然后对这 6 种模式与本章早前提到的那 6 项任务之间的映射关系进行总结。16.5 节会指导大家运用这些模式来解决实际的系统架构问题，这一节还会讨论分解问题及模式之间的重合问题。本章最后的 16.6 节，专门讲解如何使用全因子排列（full-factorial enumeration）或启发式算法来解决系统架构优化问题。

16.2　对系统架构优化问题进行表述

我们先从第 14 章中的阿波罗计划开始讲起。在第 14 章的那个范例中，我们定义了 9

个待决策的问题，并且给每个决策提供了几种选项（例如 EOR 可以选是或否，指挥舱的人数可以是 2 或 3，指挥舱的燃料可以是低温燃料或可储存燃料）。同时，我们也指定了两个指标，用来衡量某个阿波罗计划的架构是否优秀，其中一个指标是航天器的总重量（IMLEO），另一个指标是任务的成功率。我们用火箭方程把重量与决策联系起来，并根据一张风险表格来计算决策变量之间的每一种组合方式所对应的任务成功率。

这个范例可以按照下列方法进行公式化。假设有一个由架构决策所构成的集合 $\{d_i\}=\{d_1, d_2, \cdots, d_N\}$，集合中的每个决策都有一系列选项或取值可供选择：$\{\{d_{ij}\}\}=\{\{d_{11}, d_{12},\cdots, d_{1m_1}\}, d_{21}, d_{22}, \cdots, d_{2m_2}\}, \cdots, \{d_{N1}, d_{N2}, \cdots, d_{Nm_N}\}$。例如 d_1 对应于 EOR 决策，该决策有两个选项，于是我们可以把这个决策表示成 $d_1(EOR)=\{d_{11}, = yes, d_{12} = no\}$。给架构中的每个决策都选定一个值之后，整个架构就可以表示成 $A=\{d_i\leftarrow d_{ij}\}=[d_1\leftarrow d_{12}; d_2\leftarrow d_{24}; \cdots;d_N\leftarrow d_{Nm}]$。例如，阿波罗计划实际采用的那种架构，可以用下面这一组取值来表示：

$$A=\{\text{EOR}\leftarrow\text{yes; earthOrbit}\leftarrow\text{orbit; LOR}\leftarrow\text{yes; moonArrival}\leftarrow\text{orbit;}$$
$$\text{moonDeparture}\leftarrow\text{orbit; cmCrew}\leftarrow\text{3; lmCrew}\leftarrow\text{2; smFuel}\leftarrow\text{storable; lmFuel}\leftarrow\text{storable}$$

我们也可以把决策的名称省掉，这样会更简单：

$$A = \{yes; orbit; yes; orbit; orbit; 3; 2; storable; storable\}$$

对系统架构优化问题进行公式化的下一个步骤，是要采用一种办法来表达某个架构是否能很好地满足利益相关者的需求。我们所采用的表达方式，是把各指标所组成的集合记为 $\boldsymbol{M}=[M_1, \cdots, M_P]$，并用一个函数 $\boldsymbol{V}(\cdot)$ 来计算待评估的架构在这些指标上的取值，每个架构都用一组符号来表示。对于阿波罗计划那个范例来说，函数 $\boldsymbol{V}(\cdot)$ 中会包含火箭方程以及风险查找表，该函数会输出两个值，一个是 IMLEO，另一个是任务成功率。其实这样做已经设定了一个很大的前提，那就是：这几个指标必须要把架构中的所有重要特性全都概括进来。如果要用计算的方式来处理问题，那么通常都必须进行这样的概括，于是，我们还需要对这些指标所带来的偏差以及它们所施加的假设进行评估。

接下来，我们可以列出各种有可能成立的架构，并根据定义好的指标对其进行评估，以此来生成像第 14 章和第 15 章那样的架构权衡空间。此外，我们也可以着重于通过解决下列优化问题来确定帕累托前沿：

$$\boldsymbol{A}^*=\text{argmax } \boldsymbol{M} = \boldsymbol{V}(A = \{d_i\leftarrow d_{ij}\})$$

换句话说，架构优化问题就是要试着从一个由指标集合 $\boldsymbol{M}$ 所定义的空间中，根据函数 $\boldsymbol{V}(\cdot)$ 对各架构进行计算，以便找出一些非劣的架构 $\boldsymbol{M}^*$。由于衡量架构所用的指标不只一个（例如阿波罗计划的架构，就是根据 IMLEO 和任务成功率这两个指标来衡量的），因此，$\boldsymbol{A}^*$ 中的这些非劣架构，实际上就是在各项 $\boldsymbol{M}$ 指标之间已经达成了合理平衡的那种架构。我们现在来详细讲解前一个公式中的各个部分。

架构决策就是我们要优化的那些变量，也就是说，我们会选择不同的选项，并对这样选出来的架构进行评估。正如第 14 章中所讨论的那样，在大多数情况下，架构决策都不是连续变量，而是可以表示成离散变量或类别变量，例如推进剂的类型就可以表示

为 {LH_2, CH_4, RP−1}。这种特性会带来一些重要的影响。由于架构空间是由类别变量构成的，因此，基于梯度的优化算法就派不上用场了。而且，组合优化问题解决起来通常要比连续优化问题更难。实际上，大多数组合优化问题都是计算机科学家所说的 NP 困难（NP-hard）问题。通俗地说，这种问题的求解时间，会随着问题的尺寸呈现指数式的增长，例如找出最优架构所花的时间，就会随着决策的数量呈指数式增长。实际上，即便在决策数量相对较少（例如 15～20 个）的情况下，这些问题也不可能获得精确的解答(也就是说，不可能找到整个架构空间中的绝对最优解)。此外，决策和选项的数量也是有一定限度的，如果超过了这个限度，那我们就无法对其进行求解了。决策的数量及每个决策所对应的选项数量，与“7 ± 2”（5～9）这条神奇的规律相去不远[1]。因此，在对架构优化问题进行公式化时，一定要谨慎地选择架构决策以及每个决策的取值范围。

价值函数 $\boldsymbol{V}(\cdot)$ 可以把架构决策与衡量指标联系起来。我们可以把它视为架构评价模型的“转换函数”(transfer function，传递函数)，如图 16.1 所示。

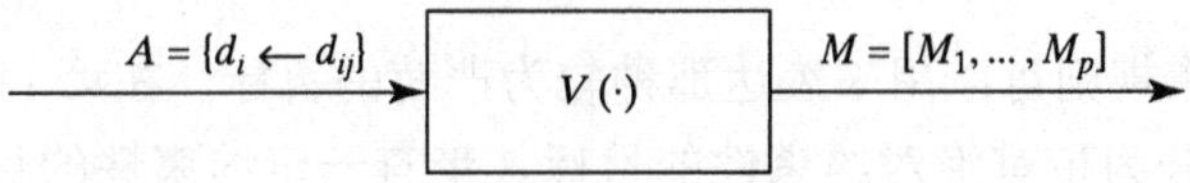

$$A = \{d_i \leftarrow d_{ij}\} \longrightarrow \boxed{V(\cdot)} \longrightarrow M = [M_1, \dots, M_p]$$

图 16.1　价值函数以待评估的架构作为输入值，以品质因数（figure of merit，也就是该架构的价值）作为输出值

价值函数非常集中地总结了我们对系统所进行的利益相关者分析，它以浓缩之后的系统架构（这种浓缩版的架构中只含有各决策的取值）作为输入值，并提供一个或几个输出值。我们所面临的挑战是：要从进行利益相关者分析所得到的这些指标中，选出对架构评价模型较为可行且较为实用的那几个指标。现在我们就来讨论怎样选出这些指标。

我们在第 14 章中说过，决策必须要体现出各架构之间的差异，与之类似，衡量指标也必须对决策相当敏感。我们希望自己所选的指标能够展示出不同架构之间的区别，如果某项指标在所有的架构上都体现出了相同的得分，那么这个指标就没有用处。比方说，如果混合动力车的每一种架构在安全方面都毫无区别，那么我们就不应该把安全性当成一项衡量指标，因为它无法够体现出各架构之间的差异。

决策和选项的数量都有一定的限制，与之类似，衡量指标的数量实际上也是有限制的。如果所选的衡量指标过多，那么绝大多数架构就都成了非劣的架构。假如我们从利益相关者分析所取得的结果中选取了 100 项指标，那么只要某个架构在其中一项指标上获得最高分，它就会变成非劣的架构。一般来说，衡量指标的数量以 2～5 个为好，对于大多数情况来说，最好能限制为两个或三个。

价值函数中通常会包含一个主观因素，由于利益相关者的某些需求本身就较为模糊且带有歧义，因此根据这些需求所提取出来的这个因素，是很难进行量化的，例如“社区参与度”（community engagement）就属于这种因素。即便是像“科学价值”这样的指标，也依然有很大的主观因素在内，因为我们没有办法确定某个科学发现是否会引发后续的新发现。架构评估过程中的主观因素，本身并不是坏事，只是它有时确实会使决策制定过程出现不一致或偏差。如果要在价值函数中进行主观判断，那就一定要保证这种主观评判是有迹可循的，并且要把评分的依据记录下来[2]。附录C将会简要地讨论基于知识的系统，这是人工智能领域中的一种技术，它可以帮我们达成这一目标。

除了要有目标函数，大多数架构优化问题还要受到一些约束规则的限制。在阿波罗计划那个范例中，我们用逻辑规则来排除那些无意义的决策组合（例如LOR选“是”且moonArrival选“直接”，就是一个没有意义的组合，因为如果决定进行月球轨道集合（LOR），那就必须先在月球轨道中把航天器装配好，然后才能降落到月球表面，这意味着LOR决策选“是”之后，moonArrival决策就不能再选“直接”了）。

我们还可以用约束规则来排除极有可能表现出劣势的某一些或某几个系列的架构。比如，如果一款混合动力车连5公里都行驶不到，那么它就很有可能无法占据大量的市场份额。因此，某个架构只要在评估过程中的任意环节无法满足约束，我们就可以把这个架构排除掉。

一般来说，约束规则可以用来表达那种较为严苛的目标。在第11章中，我们曾经根据严格程度把目标分为带有绝对约束性的目标、带有一定约束性的目标以及不带约束性的目标这三类。现在我们要对这一概念进行公式化。计算机科学家通常会按照架构在违背约束时所受到的处理情况，把约束分为硬性约束（hard constraint，刚性约束）和软性约束（soft constraint，柔性约束）。如果架构违背了某条约束规则之后，我们必须把它直接从权衡空间中排除掉，那么这样的约束就是硬性约束。反之，如果只对其进行罚分（例如通过增加它的成本指标来体现这一处罚），而不把它从权衡空间中拿掉，那么这样的约束就是软性约束。

在真实的架构问题中，我们可以对某一条约束规则进行公式化，使其变成计算公式中的一项硬性约束或软性约束。在某些情况下，应该优先考虑把该约束公式化为硬性的约束。也就是说，如果把该约束公式化为软性约束，会致使我们去评估一些没有意义的架构，那就应该将其视为硬性约束，以排除决策选项之间的无效组合。比如，在早前所举的那个例子中，LOR决策与moonArrival决策之间的约束，就应该设为硬性约束。反之，“混合动力车的行驶范围大于5公里”这一约束，则应该实现成软性约束。软性约束通常是通过罚分来体现的，与约束规则背离得越远，惩罚就越严厉。之所以要进行罚分，是为了给搜索算法提速，使其尽快远离那些不太可能产生优秀架构的区域⊖。

总之，要想对系统架构优化问题进行公式化，我们可以把架构表示为一系列决策，确定一个或多个能够概括利益相关者需求的指标，创建一个把架构决策映射为衡量指标的价值函数，并根据需要添加一套硬性或软性的约束规则。

⊖ 从利益相关者的观点来看，硬性约束和软性约束之间的区别或许是特别清晰的，在那种需要通过约束来排除不合理架构的场合也是如此。然而有一些优化算法，会采用拉格朗日乘数（Lagrange multiplier）把受约束的优化问题转化为无约束的优化问题，对于这些算法来说，这两种约束之间的界限通常就比较模糊了。

16.3　NEOSS 范例：NASA 的地球观测卫星系统

现在我们要引入一个复杂的范例系统，本章的其余部分将要使用这个系统来讲解怎样对不同的架构优化问题进行公式化。我们把这个系统称为 NEOSS，也就是 NASA 地球观测卫星系统（NASA Earth Observing Satellite System，参见图 16.2）。从名称中就可以看出，NEOSS 是由一系列携带遥感仪器的卫星所组成的，这些仪器会对地球的陆地、海洋及大气层进行观测，并以数据产品的形式来提供观测结果[3]。

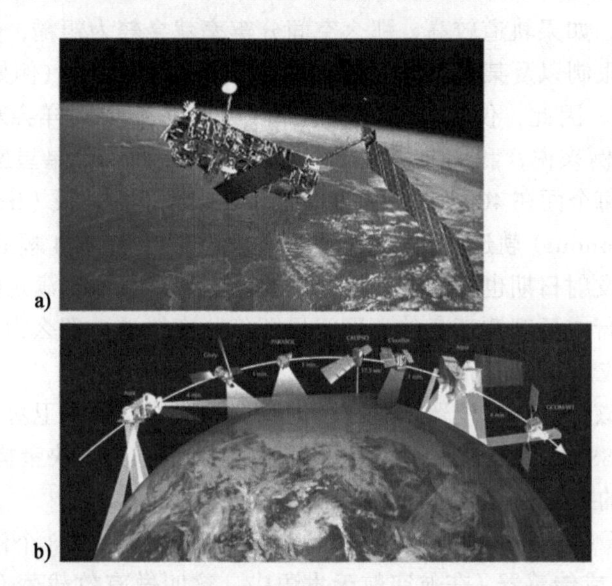

图 16.2　顶部：欧洲太空局（ESA）的欧洲环境卫星（Envisat）；底部：NASA 的 A Train。这两个例子代表了两种潜在的 NEOSS 架构

图片来源：a) Esa/epa/Corbis；b) Ed Hanka/NASA

NEOSS 的主要利益相关者是许多位科学家，对于 NEOSS 所产生的数据产品来说，他们是主要的用户。该系统的大部分目标，自然都是根据这些科学家的需求而提出的，这些目标涉及不同的数据产品（土壤水分、大气温度、海平面高度）所具备的多项属性（空间分辨率、时间分辨率、精确程度）。此外，这些科学家还特别关心数据的连续性，他们想要尽可能长久地获取连贯的数据记录。一个良好的 NEOSS 价值函数，应该要考虑到本系统是否能够满足科学界对数据产品所提出的需求，此外还要考虑到数据的连续性，以及成本、日程和风险等方面的问题[4]。

对于 NEOSS 来说，最重要的决策是什么呢？这个问题的答案似乎相当直观。最重要的决策，就是从所有的候选仪器中，选出要把哪些仪器带到航空器上。比如，为了测量地形，我们可能会选择激光高度计（laser altimeter）或合成孔径雷达（synthetic aperture radar），也可能选择同时带上这两种仪器。请注意，进行这种选择，实际上就等于把与特定解决方案无关的功能（也就是测量地形）映射到了某种形式（例如单用激光、单用雷达或同时使用二者）上，进而将其变为与特定解决方案相关的功能。在本例中，我们有8种仪器需要考虑，它们是：雷达高度计（radar altimeter）、圆锥形微波辐射计（conical microwave radiometer）、激光高度计、合成孔径雷达、GPS接收器（GPS receiver）、红外光谱仪（infrared spectrometer）、毫米波探测仪（millimeter-wave sounder）和高分辨率光学成像仪（high-resolution optical imager）。

虽说最重要的决定是选择观测仪器，但卫星本身可能也会对利益相关者的需求产生重大的影响。比如，如果轨道较高，那么空间分辨率就会较为粗糙，然而覆盖度却会比较好。动力方面的限制以及某仪器与卫星上其他仪器之间的交互（例如电磁干扰等），也会影响系统的价值。因此，仪器与卫星及轨道的对应关系，同样会对系统的价值产生巨大影响。对于本例来说，我们允许卫星群（constellation，卫星星座）拥有1～3个面（plane），并且允许每个面在400公里、600公里和800公里的真极（true polar）轨道、太阳同步（sun-synchronous）轨道与回归（tropical）轨道中拥有1～4颗卫星。

最后，卫星的发射日期也很重要，因为这会影响到系统能否满足数据连续性方面的需求。如果正在执行重要观测任务的那颗卫星即将脱离轨道，那么为了避免在数据序列中留下空白，我们应该及时用新卫星来替换它。

因此，我们应该把对观测仪器所进行的选择，与这些仪器和卫星之间的对应关系区分开，于是，NEOSS架构的模型，就可以由下面这三组主要的决策构成，它们分别是：仪器的选择、仪器的打包以及卫星的调度。

- 仪器的选择（instrument selection）。我们必须从给定的8个候选仪器中选择使用哪些仪器或传感器（在航空航天术语中，这叫做有效载荷（payload））来进行观测。
- 仪器的打包（instrument packaging）。在知道了候选的轨道，并根据刚才的问题选好了仪器之后，我们要考虑的是：这些有效载荷应该由哪些卫星送入哪些轨道中？更准确地说，我们是要操作一颗卫星，还是要操作许多卫星（例如单卫星、双卫星、卫星群）？高度、倾角以及其他一些轨道参数应该如何选择？如果要使用卫星群，那么卫星一共要进入几个轨道平面，每个平面又有多少颗卫星？
- 卫星的调度（satellite scheduling）。根据刚才的问题把卫星的任务确定好之后，我们需要考虑的是：整个计划中的每一个任务，应该如何与其他的任务相互协调？请注意，这些任务并不能孤立地考虑，因为我们必须顾及前面提到的数据连续性，而且这些任务在预算上也是联系在一起的。

我们刚才概述了NEOSS系统中的三组主要架构决策，它们分别是仪器的选择、仪器的打包以及仪器的调度。在16.4节中，我们要演示一种现象，那就是：这些决策通常也会出现在其他系统的架构问题中。这种现象使我们可以定义出一套对系统架构进行决策的模式。

16.4　系统架构决策中的模式

对一系列决策和选项（例如我们在 16.3 节的 NEOSS 范例中提到的那些）进行公式化，将其变为架构优化问题，这本身就是一项困难的任务。然而我们发现，在对系统架构优化问题进行公式化时，总是会出现几种模式。比如，把土星 5 号的架构分成不同的级，与 16.3 节所说的仪器打包问题，本质上是一样的。这两种情况都需要把元素分配到对应的容器中，优化算法并不关心我们究竟是把遥感仪器与轨道对应起来，还是把 delta-V 方面的需求与火箭的各级对应起来。本节将要描述一些模式，它们可以帮助系统架构师对系统架构优化问题进行公式化处理。

一般认为，设计模式这个概念，源自奥地利建筑师 Chris Alexander 的《A Pattern Language: Towns, Buildings, Construction》（《建筑模式语言》）一书（1977 年出版）[5]。这本书描述了设计建筑物时经常出现的模式，而且讨论了解决方案的核心部分，这个核心部分，能够很好地解决不同情境之下的同类问题。比如，Alexander 把“每间房有两个侧面可以采光”这一模式描述如下：

如果可以选，人总是喜欢住在两面都能采光的房子里，而不喜欢住只有一面能采光的房子。

上面是模式的描述部分。Alexander 还给出了指示部分（prescriptive part），这一部分用来解释怎样在不同的情况下达成这种良好的效果。对于小型建筑物来说，可以简单地划出四个房间，每个角落里一间，对于中型建筑物来说，可以在建筑的边缘多设置一些褶皱（wrinkle），使其四周多出现一些转角，而对于大型的建筑物来说，则可以继续加深褶皱，或是安排一些纵深比较浅的房子，并给这些房子并排装上两套窗户。之所以要提出模式，是为了使我们在遇到相似的问题时，能够直接复用原来行之有效的解决方案，而不用花资源去重新设计。

建筑领域中的这种实用做法也适用于其他的领域，尤其是计算机科学领域。Design Patterns: Elements of Reusable Object-Oriented Software（《设计模式——可复用面向对象软件的基础》）[6] 这本书就是代表作。Alexander 在他的书中描述了建筑物中反复出现的一些问题和解决方案，而“四人组”（Gang of Four，简称 GoF）㊀则在这本书里列出了面向对象编程中的二十多种模式，并以伪代码的形式给出了一些可供复用的解决方案。这些模式包括单例（Singleton）、抽象工厂（Abstract Factory）、迭代器（Iterator）、解释器（Interpreter）及修饰器（Decorator）等抽象的概念。大多数有经验的面向对象程序员都熟悉这些概念，并且会在日常工作中使用这些模式来对系统的架构进行合成与沟通[7]。

我们对模式的讨论不局限于程序化的决策与优化。对这些模式进行研究，可以促使我们去讨论一些典型的架构权衡，以及这些权衡中的主要选项，我们把这叫做架构“风格”（例如单体架构与分布式架构、渠道化的架构与交叉互连的架构）。模式实际上提供了

㊀ 是指那本书的四位作者：Erich Gamma、Richard Helm、Ralph Johnson 和 John Vlissides。——译者注

一套共用的词汇表，使得我们可以对架构方面的权衡以及对应的风格进行交流与讨论[8]。因此，这些模式不仅有助于对架构优化问题进行公式化处理，而且在更为广泛的层面上，还可以当作一个对架构决策进行规划的框架来使用。

16.4.1　从程序化的决策到模式

一般来说，从系统架构的程序化决策中得出的优化问题，都属于组合优化问题。而且它们中的大多数，都与运筹学中反复出现的一个或多个“经典”的优化问题相似[9]，例如附录 D 中提到的旅行推销员问题（traveling salesman）㊀及背包问题（knapsack problem）㊁。

我们现在来介绍系统架构的程序化决策所体现出的 6 个模式，它们分别是：DECISION-OPTION、ASSIGNING、PARTITIONING、PERMUTING、DOWN-SELECTING 及 CONNECTING。本节所要讨论的某些模式，其实是经典问题的变种或泛化。比如，我们的 DOWN-SELECTING 模式就与 0/1 版本的背包问题很像，而且还增加了一些难度，那就是要考虑到元素之间的交互。表 16.2 列出了这些模式，并简短地描述了它们。

表 16.2　架构决策的 6 种模式

模　　式	描　　述
DECISION-OPTION（决策—选项）	有一组决策，其中的每个决策都有自己的一套离散选项
DOWN-SELECTING（筛选）	有一组二选一的决策，这些决策代表候选实体中的某个子集
ASSIGNING（指派）	给定两个不同的实体集，用一组决策把一个集合中的每个元素，指派给另一个集合中的某个实体子集
PARTITIONING（分区）	用一组决策把某个实体集中的元素划分成多个互斥的子集，并且使这些子集能够涵盖实体集中的所有元素
PERMUTING（排列）	用一组决策在某个实体集和某个位置集之间建立一一对应关系
CONNECTING（连接）	给定一个用图中的节点来表示的实体集，用一组决策来展示这些节点之间的连接关系

这 6 个模式都各自强调了其背后的决策表述方式，对这种表述方式加以研究，使得我们可以更加透彻地了解系统的架构（例如本节稍后要讲的架构风格），并使得我们能够采用更恰当的工具来更有效率地解决问题。当我们介绍到这些模式时，大家就会发现，大多数问题都可以用不只一种模式来表述，这说明这些模式之间并不是完全互斥的关系，而是一种互补的关系。尽管如此，但一般来说，其中的某一种模式还是会比其他几种更为有用，因为它能够使我们更深入地了解系统的架构，并且 / 或者使我们发现更有效率的优化方式。

㊀ 旅行推销员问题可以表述为：给定一系列城市以及这些城市之间的距离，找出从某个城市出发，只经过其他城市各一次，且最后又回到起始城市的最短路径。一般认为，该问题的数学表述是由 W. R. Hamilton 给出的。

㊁ 背包问题可以表述为：给定一组各有重量和价值的物品，以及一个最多能承载某一重量的背包，在不超过该重量的前提下，每件物品分别应该放入几个，才可以使背包中的物品总价值最大？一般认为，该问题的数学表述是由 T. Dantzig 给出的。

16.4.2 DECISION-OPTION 模式

DECISION-OPTION（决策—选项）模式是指架构中有一系列待决策的问题，每个问题都有自己的一套离散选项集（这些选项彼此独立，而且数量相对也比较小）。用更加正式的语言来说，就是给定一个由 n 个通用决策所组成的集合 $D=\{X_1, X_2, \cdots, X_n\}$，其中的每个决策 X_i 都有一套自己的离散选项，这个选项集 $Q_i=\{z_{i1}, z_{i2}, \cdots, z_{im_i}\}$ 中含有 m_i 个选项。于是，DECISION-OPTION 问题中的架构，就可以用 $A=\{X_i \leftarrow z_{ij} \in O_i\}_{i=1,\cdots,n}$ 来表示，这相当于给每个决策都赋予了一个选项。

阿波罗计划那个范例，用 DECISION-OPTION 模式来表示是最为直接的，因为每一个决策问题都有为数不多的几个选项可供选择，例如：EOR＝{yes, no}、moonArrival＝{orbit, direct}。DECISION-OPTION 问题中的架构，可以用一个取值数组来表示，该数组每个位置上的元素值，都表示对应的那个决策所选定的选项。比如，在阿波罗计划那个范例中，实际采用的那种架构就可以表示为

$$A=\{\text{yes; orbit; yes; orbit; orbit; 3; 2; storable; storable}\}$$

图 16.3 是一张示意图，用以表示通用的 DECISION–OPTION 问题，在图中的这个范例中，有 3 个不同的问题有待决策，这 3 个问题各自具有 3 个、2 个和 4 个选项可供选择。该图对比了两种不同的架构，并用整数数组的形式将它们展示了出来。

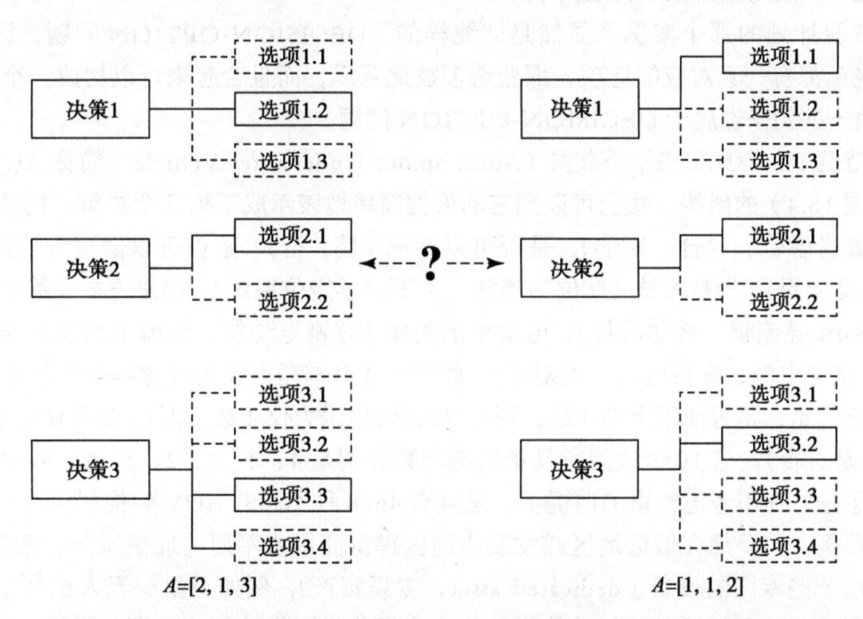

图 16.3　DECISION-OPTION 模式的示意图。在这个简单的示例中，一共有 3 个问题有待决策，对这 3 个问题所做的不同选择，可以构成 24 种架构，该图对比了其中的两种架构

DECISION-OPTION 问题也可以较为方便地改编成决策树，不过在实际的工作中，

这种决策树通常都比较庞大，以致无法完整地绘制在一页纸中。此外，还可以像表 16.3 这样，用形态矩阵来表示这一类问题。

表 16.3　用形态矩阵来表示 DECISION-OPTION 问题

决策 / 选项	选项 1	选项 2	选项 3	选项 4
决策 1	选项 1.1	选项 1.2	选项 1.3	
决策 2	选项 2.1	选项 2.2		
决策 3	选项 3.1	选项 3.2	选项 3.3	选项 3.4

对于通用的 DECISION-OPTION 问题来说，要想计算其权衡空间的尺寸，我们只需要把每个决策的选项数量乘起来就可以了。因此，图 16.3 所演示的这个例子，一共有 3×2×4＝24 种不同的架构。从这种计算方式中，我们可以看出：架构的数量会随着决策及选项的数量而迅速增加。

由每个决策的各种选项所组成的那个集合，应该定义为一个离散集。对于连续值来说（例如汽车悬架中的弹簧劲度系数，就可以取任意值），我们需要用某些合理的值来构建一个有限的集合（例如弹簧劲度系数的取值集合，就可以包含 400 磅 / 英寸、500 磅 / 英寸以及 600 磅 / 英寸等取值），或是设定一组边界，并且用固定的间隔在这个范围中提取一些值，然后用这些值来构建离散集。

阿波罗计划的那个案例，显然是“纯粹的” DECISION-OPTION 问题，因为它的每一个决策都有一套对应的选项，那些选项彼此互斥，而且合起来可以构成一个离散集。还有其他一些例子也属于 DECISION-OPTION 问题。

- 范例 1：考虑自主水下载具（Autonomous Underwater Vehicle，简称 AUV，参见图 16.4）的架构。我们可以把它的架构简单地表示成下列几个决策：构造（鱼雷、翼身融合、混合、矩形）、是否可以游泳（是、否）、是否可以像直升机那样悬停（是、否）、导航方法（航位推测法、水下声学定位系统）、推进方式（基于螺旋桨、Kort 导流管、被动滑行）、电动机的类型（有刷电动机、无刷电动机）、电力系统（充电电池、燃料电池、太阳能），此外，还有与是否使用传感器有关的 3 个决策，它们是：是否使用声纳（是、否）、是否使用磁力仪（是、否）、是否使用热敏电阻（是、否）。这 10 个决策所具备的选项数分别是 4、2、2、2、3、2、3、2、2、2，于是，在不考虑约束的前提下，总共有 4608 种不同的 AUV 架构 [10]。
- 范例 2：要想在偏远地区或发展中地区提供商用或军用的通信服务，通常必须使用一些专门的设备（dedicated asset，专属资产），例如卫星、无人机 [11]，甚至是气球。现在假设要用气球建设一个空中网络，以搭载军用的通信设施，使其成为地面与载具之间的一种通信中继机制 [12]。主要的架构决策包括在两种不同类型的无线电之间进行选择（无线电的类型决定了通信的范围），以及在两种不同的气球高度之间进行选择（高度影响网络覆盖度）。这两个决策，分别要针对 10 个预定的地点来进行选择。如果我们把某个地点不设置气球也当成一个选项，那么总共就有 3×2×3×2…＝6^{10} 种架构，也就是大约 6000 万种架构。读者可能会发现，在某个地点根本不设置气球的情况下，没有必要再去考虑两种不同的高度，对于这个问题，我们可以通过施加约束规则来排除这些情况。此外，这个算式还假设我们可以在不同的地点混合使用不同类型的无线电，其实这样做会导致我们必须去考虑交互操作（interoperability）方面的需求。在这个例子中，不同的地点所要制定的决策是相同的，而且这些决策所具备的选项也一样。稍后我们将把 DECISION-OPTION 模式与 ASSIGNING 模式结合起来，以便用一种更加自然的方式来表述这些决策。

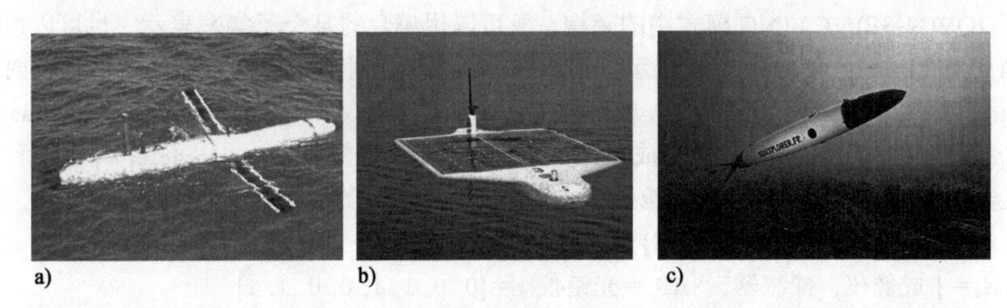

a)　b)　c)

图 16.4　三种 AUV 架构：Bluefin 12 BOSS、Nereus（海神号）以及 Sea Explorer

图片来源：a) National Oceanic and Atmospheric Administration；b) Image courtesy of AUVfest 2008: Partnership Runs Deep, Navy/NOAA, OceanExplorer.noaa.gov；c) Photo courtesy of ALSEAMAR

DECISION-OPTION 问题的基本概念是说，每个决策的选项之间基本上都是彼此独立的（只是会有一些约束规则，用来把不合理的组合方式排除掉），而且一般来说，不同的决策会有不同的选项。比如，“16GB”这个值就不可能成为“处理器类型”这一决策问题的选项。以后我们会看到，这种独立性可以把 DECISION-OPTION 模式与其他模式区分开，此外，在 DECISION-OPTION 问题中，每个决策必须选择且只能选择一个选项（例如 EOR 决策就不能同时选“是”和“否”），而其他那几种模式则通常会要求架构师把多个选项组合起来。由于具备这些特点，因此 DECISION-OPTION 模式最好能够用形态矩阵来表示。

在这些模式中，DECISION-OPTION 模式是最直观、最灵活的模式。它不需要预先设定各决策之间的顺序，不需要预先为决策添加先决条件，也不需要提前在决策之间建立关系。如果在建模时确实需要描述这些特点，那么可以通过添加约束规则来实现（例如像阿波罗计划那个例子一样，用约束规则把无效的任务模式选项排除掉）。DECISION-OPTION 问题通常出现在表 16.1 的任务 3 和任务 4 中，也就是出现在我们要对功能和形式进行特化并描述其特征时。

DECISION-OPTION 是一个非常通用的模式，可以用来表示许多程序化的决策问题，正因为这样，所以我们才选择从这个模式开始讲起。然而从前面讲过的其他一些例子中，我们却会发现，其实有些问题是具备某种底层结构的，也就是说，在那些问题中，各决策之间是有耦合关系的。对于那些问题来说，采用其他模式来进行表述，会更加容易一些。

16.4.3　DOWN-SELECTING 模式

DOWN-SELECTING（筛选）模式的意思是，从一系列候选元素中选出一部分元素，以构成原集的一个子集。用更正式的语言来说，就是给定一个由元素所构成的集合 $U=\{e_1, e_2, \cdots, e_m\}$，那么 DOWN-SELECTING 模式中的架构，就相当于由集合 U 中的某些元素所构成的子集 S，也就是说：$A=S\subseteq U$。

DOWN-SELECTING 模式中的架构，既可以用集合的某个子集来表示，也可以用二进制向量（binary vector）[⊖]来表示。例如在 NEOSS 范例中，如果我们决定从 { 辐射计（radiometer），高度计（altimeter），成像仪（imager），探测仪（sounder），光学雷达（lidar），GPS 接收器（GPS receiver），合成孔径雷达（SAR），光谱仪（spectrometer）} 这 8 种候选仪器中选出一些仪器，那么可能会形成下面这两种不同的架构：

A_1={ 辐射计，高度计，GPS}=[1, 1, 0, 0, 0, 1, 0, 0]

A_2={ 成像仪，探测器，SAR=光谱仪 }=[0, 0, 1, 1, 0, 0, 1, 1]

DOWN-SELECTING 模式可以视为一系列二元决策（binary decision，是非决策、二选一的决策），所谓二元决策，就是说它所对应的元素只能有“选”和“不选”这两种情况。因此，DOWN-SELECTING 问题的架构权衡空间，其尺寸就是 2^m，其中 m 是候选集合的元素数量。

图 16.5 是一张 DOWN-SELECTING 模式的示意图，它演示了从含有 8 个元素的候选集中所选出来的两个不同子集。左边的那个子集，选取了原有 8 个元素中的 5 个元素，而右边的那个子集，则选取了原有 8 个元素中的 3 个元素。选中的元素以黑色印刷，并放在实线矩形中，而未选中的元素则以灰色斜体印刷，并置于虚线矩形之内。

读者可能会觉得奇怪，这些问题明明可以用刚才的 DECISION-OPTION 模式来表示，为什么还要引入一种新模式呢？之所以要引入 DOWN-SELECTING 模式，原因就在于该模式的底层结构是没有办法用 DECISION-OPTION 模式来表示的，DOWN-SELECTING 模式所说的架构，可以定义成由候选元素所构成的子集。如果对 DOWN-SELECTING 模式中的某个决策进行修改，那就意味着要给原来选好的这个子集中再添加一个元素，或是从其中删掉一个元素。这样做会产生两个效果，一方面是给系统增加或减掉了某些好处，另一方面则是令系统的成本有所提升或降低。这种底层结构，使得我们可以选定一套最佳的启发式算法，来解决相应的优化问题。比如，单点交叉（single-point crossover）就是遗传算法（genetic algorithm）中常用的一种启发式方法，这种办法

⊖　可以理解为由 0 和 1 这两种元素所组成的数组。也叫做位数组。——译者注

通常很适合用来解决 DOWN-SELECTING 问题，因为它可以把互相之间组合得比较好的那些元素保留下来，同时又使得问题的结构足够光滑。

在资源较为有限的情况下，可以考虑使用 DOWN-SELECTING 模式来解决问题。该模式的典型用例，就是某个组织要把有限的预算分配给相互争夺资源的一些系统或项目。NEOSS 范例中的仪器选择问题，就属于 DOWN-SELECTING 模式，因为我们必须从一组候选仪器中选择某些仪器来构成一个子集。该问题有个关键的特征，那就是：选择某种仪器所带来的价值，取决于我们是否同时选中了其他的一些仪器。换句话说，仪器之间是有协同效果或冲突现象的。比如，如果我们只选择了雷达高度计而没有同时选择微波辐射计，那么雷达测高所得的结果可能就不够精确，因为我们没有办法修正由空气湿度所带来的偏差。下面再举几个例子。

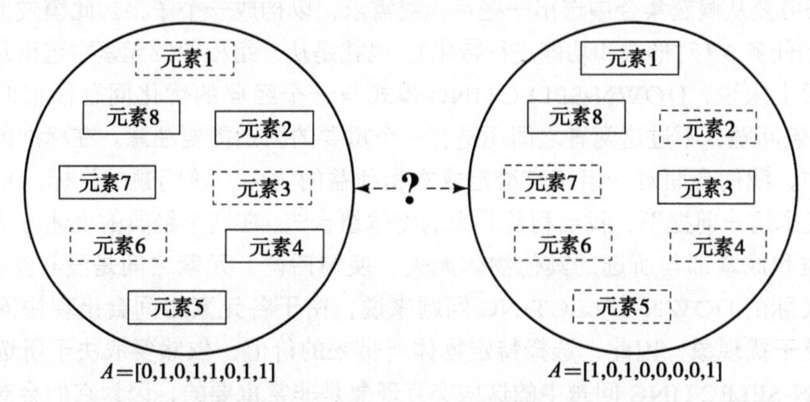

图 16.5 DOWN-SELECTING 模式的示意图。这个简单的范例一共有 8 个元素，它们之间可以构成 256 种架构。该图对比了其中的两种架构

- ❑ 范例 1：IBM 的 Watson 是一款复杂的认知软件系统，它在电视节目 *Jeopardy*（危险边缘）中击败了人类对手。Watson 使用多种自然语言处理（Natural Language Processing，简称 NLP）策略来解析一个用英语陈述的问题，并在极度庞大的知识库中进行搜索，以找出正确度最高的答案 [13]。从候选的 NLP 中进行选择，可以视为一个 DOWN-SELECTING 问题。添加更多的策略会带来好处，但同时也会增加成本。比如，添加一些多样化的策略，可以使系统变得更加灵活，并且使其能够处理更为通用的问题，但同时也会增加开发时间，同时，每一个策略也会占据一些计算资源。此外，某些 NLP 之间可能还有冗余现象、协同效应或干扰现象。比如，深 NLP 策略和浅 NLP 策略可以互相补充，并且可以结合起来运用到混合系统中 [14]。
- ❑ 范例 2：RapidEye 是由 5 颗卫星所组成的卫星群，可以提供高分辨率的光学图像。第一代 RapidEye 卫星群的卫星所提供的图像，其波段位于电磁波谱中的红光、绿光、蓝光及近红外波段之内。下一代 RapidEye 卫星群的卫星可以提供更多的

波段，甚至可以涵盖光谱中的微波波段，这样就可以进行多光谱观测，以获取更多的信息，例如大气温度、化学成分或植被状态等。不同的波段有不同的能力和用途，其中某些波段在功能上的重复程度可能会比其他一些波段大。比如，有好几个波段都可以用来测量一氧化碳的大气浓度（这是一种严重的污染物），其中包括波长为 2.2μm 和 4.7μm 的波段。如果我们已经选用了其中一个波段来进行观测，那么同时选择另外一个波段所带来的价值，可能就不如第一个波段多。不同的波段之间还有可能会产生协同效应。比如，添加一个波长为 1.6μm 的波段，就有可能使其他波段的价值得以提升，因为云层会令观测数据出现偏差，而新添加的这个波段则可以通过大气修正技术来减少这种偏差。

对于表 16.1 中的第 6 项任务来说，使用 DOWN-SELECTING 模式来完成，是最为合适的。该任务要从候选集合中选出一些目标或需求，以构成一个子集。此模式也可以用于表 16.1 中的任务 3（对形式和功能进行特化），也就是从一组相似的元素中选出几个选项。

从本质上来说，DOWN-SELECTING 模式与一个经典的优化问题很相似，那就是 0/1 整数背包问题，不过这两者之间还是有一个重要的区别需要注意。在标准的 0/1 整数背包问题中，我们会面对一组带有给定成本和利益的物体。该问题的目标，是在不超过给定的总成本这一前提下，找出利益最大的物体组合⊖。在这个经典的表述方式中，每个物体的利益和成本都与所选的其他物体无关。换句话说，元素之间是没有交互关系的。然而对于实际的 DOWN-SELECTING 问题来说，由于各元素之间会出现协同现象、冗余现象以及干扰现象，因此，选择特定物体所带来的价值，依然要取决于所选的其他物体。DOWN-SELECTING 问题中的这些交互现象是非常重要的，因为它们会对架构决策造成影响。

举一个特别简单的例子。现在假设要给背包里放入一系列物品，可供选择的东西有很多，其中包括 3 管不同品牌的牙膏（其利益分别为 B_1、B_2、B_3）、一个牙刷（利益为 B_4）、一个热的三明治（利益为 B_5）、一罐冰啤酒（利益为 B_6）、一条毛巾（利益为 B_7）以及一块香皂（利益为 B_8）。如果按照经典的背包问题来考虑，那么所有的 B_i 都是不可变的，因此同时选择三管牙膏所带来的利益就是 $B_1+B_2+B_3$。然而实际上，同时选择它们所带来的好处可能会比 $B_1+B_2+B_3$ 要小，因为这些物品之间有重复（redundancy，冗余）。

同理，这两个问题之间还有一个区别，那就是：在经典的背包问题中，是否选择牙刷，对牙膏的价值没有影响，而在实际的 DOWN-SELECTING 问题中，如果不选牙刷只选牙膏，那么牙膏的价值就会比较小，甚至可能是 0。这种现象叫做协同（synergy）效应，正如我们刚才所说，在进行架构决策时，一定要考虑到这个特别重要的现象。

最后，我们还可以说：在已经选了热三明治的情况下，同时选择冰啤酒所带来的好处，可能会稍微降低一些，因为三明治的热量会传递给冰啤酒，令其升温，从而使它失去冰镇的口感。这是一种带有负面效果的交互现象，可以称其为干扰（interference）。

⊖ 背包问题还有一种更宽泛的表述形式，也就是不限定每个物体的数量，允许将这些物体选择很多次。

我们可以把这种思路推广到更为复杂的系统上。NEOSS 范例中的雷达和辐射计，就是一组协同效应较高的元素，因为我们从这二者的组合中所获得的价值，要比用它们分别进行测量所获得的价值之和还大。相反，合成孔径雷达与光学雷达之间就会产生负面的交互现象，因为这两者都是耗能较多的仪器，而且它们对轨道的需求可能也是相互冲突的。此外，雷达高度计和光学雷达的功能可能会有某些重复，因为两者都可以用来观测地形。

文字框 16.1 强调了 DOWN-SELECTING 问题的各元素之间所发生的重要交互现象。

> **文字框 16.1　深入观察：系统元素之间的交互**
>
> - 在 DOWN-SELECTING 问题中，优秀的架构所选用的那些元素，相互之间配合得很好，这些架构之所以比其他架构优秀，可能是因为它们包含的那些元素可以产生较高的协同效应，也可能是因为那些元素之间的干扰很少，还有可能是同时占据了这两方面的优势。这些占据优势地位的子集，有时称为 schema（纲要或模式。复数是 schemata 或 schemas），在自适应系统（adaptive system）这一领域中，更是会经常听到这个说法 [15]。
> - 运用 DOWN-SELECTING 模式来寻找优秀架构，实际上就相当于寻找那种协同度较高且干扰度和冗余度较低的 schemata，同时避开那些协同度较低而干扰度和冗余度较高的 schemata。

由于元素之间有冗余、协同及干扰等现象，因此 DOWN-SELECTING 问题要比经典的背包问题更难解决。该问题中的元素，其价值要取决于已经选择的其他所有元素。解决这类问题的一种办法，是把所选元素有可能构成的每一种子集都列举出来。这是个相当冗长的过程，因为我们必须要把 2^N 种取值全部都提前计算好。我们还可以针对这些交互情况创建更为复杂的模型，以便明确地强调这些交互的性质以及取值的可追踪性 [16]。

16.4.4　ASSIGNING 模式

ASSIGNING 模式的意思是，有两个元素集合（分别称为左集和右集），我们需要把左集中的元素指派给右集中任意数量的元素。比如，在 NEOSS 这个例子中，我们可以预先定义好一个仪器集合（成像仪、辐射计、探测仪、雷达、激光雷达、GPS 接收器）和一个轨道集合（地球静止轨道、太阳同步轨道、离地球很近的极轨道），并把每个仪器与轨道集合中的若干个轨道对应起来（可以与全部轨道相对应，也可以根本不与任何轨道对应）。图 16.6 演示了一种有可能成立的架构，在该架构中，探测仪和辐射计与地球静止轨道相对应，成像仪、探测仪、辐射计和雷达与太阳同步轨道相对应，激光雷达和雷达与极轨道相对应，GPS 接收器没有与任何轨道相对应。

ASSIGNING 问题中的架构，可以表示成由多个子集所构成的数组。我们可以把

ASSIGNING 模式构建成只包含二元决策的 DECISION-OPTION 问题（这种二元决策，说的是要不要把元素 i 指派给元素 j）。于是，ASSIGNING 问题中的架构，就可以表示成 $m \times n$ 的二元矩阵（binary matrix，二进制矩阵），其中的 m 和 n 分别是这两个集合的元素数量。

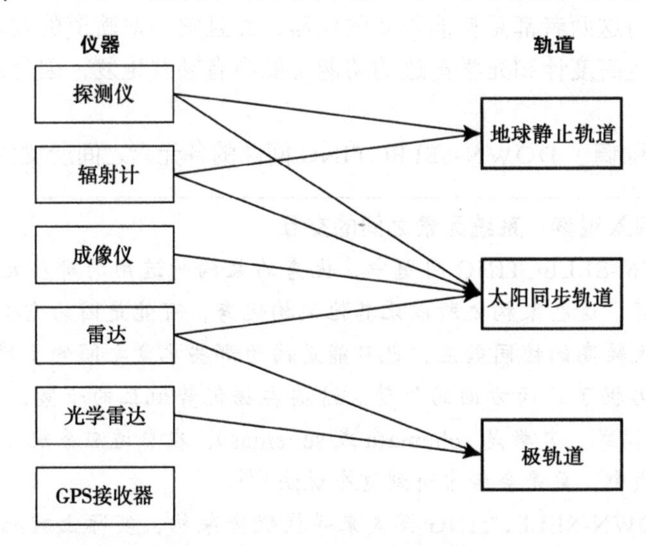

图 16.6　用 ASSIGNING 模式来表示 NEOSS 范例中的仪器打包问题

图 16.7 演示了通用的 ASSIGNING 问题，并且给出了两种不同的架构，同时还列出了对应的两个二元矩阵。

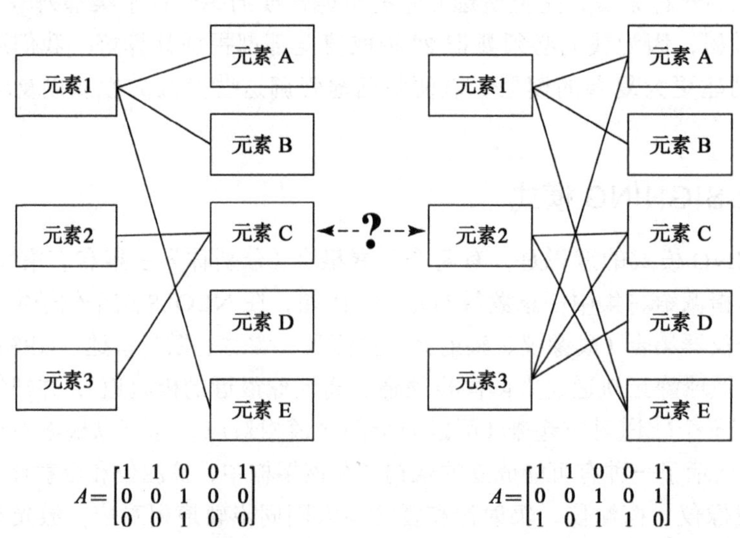

$$A=\begin{bmatrix}1 & 1 & 0 & 0 & 1\\0 & 0 & 1 & 0 & 0\\0 & 0 & 1 & 0 & 0\end{bmatrix}\qquad A=\begin{bmatrix}1 & 1 & 0 & 0 & 1\\0 & 0 & 1 & 0 & 1\\1 & 0 & 1 & 1 & 0\end{bmatrix}$$

图 16.7　ASSIGNING 模式的示意图。图中的这个例子，其左集有 3 个元素，右集有 5 个元素，它们之间一共可以形成 32 768 种不同的架构。该图展示了其中的两种

如果用二元矩阵来描述通用的 ASSIGNING 问题，那么其权衡空间的大小就是 2^{mn}，其中的 2^m 表示每个决策都有 2^m 种选择方式，m 是选项数量，也就是图 16.6 右边那一列中的元素数量，而 n 是决策的数量，也就是图 16.6 左边那一列中的元素数量。因此，在图 16.6 这个例子中，总共有 $2^{3\times6}$=262 144 种架构。我们可以注意到，架构的数量会随着决策数与选项数的乘积，呈现指数式的增长。

对于程序化的系统架构决策来说，ASSIGNING 模式是特别显著的一种模式。下面举几个例子。

- 范例 1：每一个自动驾驶载具（例如可以是 MQ-9 收割者侦察机（MQ-9 Reaper UAV）、DISH 网络通信卫星、机器人吸尘器或 Google 的无人驾驶汽车）都要有 GNC（制导—导航—控制）子系统，这个子系统会收集与系统的位置和姿态有关的信息（这叫做导航），决定接下来要去的地方（这叫做制导），并改变其位置和姿态，以便到达目的地（这叫做控制）。第 15 章所讲的那个 GNC 系统，可以视为彼此互连的一系列传感器、计算机和执行器 [17]。它们之间的连接关系可分为两层，一层是传感器与计算机之间的连接，另一层是计算机与执行器之间的连接。如果单看第一层，也就是单看传感器与计算机之间的连接情况，我们就会发现，这实际上是在一系列预设的传感器与一系列预设的计算机之间进行一项（或多项）决策，以决定它们之间的互连方式。这个问题显然可以用 ASSIGNING 模式来概括，因为问题中有两个预设的元素集合（一个是传感器集合，另一个是计算机集合），而且其中一个集合（也就是传感器集合）中的每一个元素，都可以连接到（或者指派到）另一个集合（也就是计算机集合）中任意数量的元素上。计算机与执行器之间的连接情况，也是如此。
- 范例 2：在讲解 DECISION-OPTION 模式时，我们提到过一个军用空中通信网络的例子。把各种气球分配到各个地点，实际上就是一种 ASSIGNING 问题，因为每种类型的气球都可以与任意数量的地点对应起来（其中也包括不与任何地点相对应，以及与所有地点相对应）。请注意，要想把该决策视为 ASSIGNING 模式，必须设定一个先决条件，那就是同一个地点可以有多个气球，这个先决条件有可能与实际情况相符，也有可能不符。

ASSIGNING 模式可以视为 DECISION-OPTION 模式的特例，也就是说，一系列相同的决策共用一系列选项，而且每个决策都可以与这些选项的任意子集（包括空集）关联起来。比如，我们可以把工人与任务关联起来，也就是任意一名工人都可以和共用的任务池中任意一项任务相对应；我们可以把仪器与轨道关联起来，也就是任意一种仪器都可以与任意数量的轨道相对应；我们可以把子系统与需求关联起来，也就是任意一个子系统都可以与任意数量的需求相对应，反之亦然）；我们还可以把过程与对象关联起来，也就是任意一个过程都可以与任意数量的现存对象相对应。此外，ASSIGNING 模式还可以视为一系列 DOWN-SELECTING 模式，其中的每一个 DOWN-SELECTING 模式，都是把左集中的某个元素与右集中的某个元素子集关联起来，只是这一系列 DOWN-SELECTING 模式有个额外的限制，那就是左集中的每个元素都只能与右集中的一个子集相关联。

然而，ASSIGNING 问题中有一种底层结构，是无法用 DECISION-OPTION 问题或 DOWN-SELECTING 问题来表述的，这种底层结构要把一个集合中的元素指派给另一个集合中的元素。假如我们把 ASSIGNING 问题表述成一系列 DOWN-SELECTING 问题，那么在表述时，可能就需要明确地指出：每一项决策所对应的候选元素集合，其实都是一样的，对于我们称之为右集的那个集合来说，更是如此。

笔者在前文中曾经指出，架构问题从本质上来说，并不是必须从属于某种特定模式的，反之，同一个架构问题，一般来说，都可以用多种模式来表述。不过，我们经常会发现，某个问题采用某种特定模式来表述，会更加顺畅一些。如果我们有这样一个 DECISION-OPTION 问题，其中的所有决策都是相同的，并且每个决策所对应的候选集一样，那么把它表述成一个 ASSIGNMENT 问题，会更简单、更优雅，也能提供更多信息。而且把它表述成 ASSIGNMENT 问题，还有一个好处，那就是我们可以通过一些启发式的算法，来发挥该模式在结构方面的优势，例如可以利用一些基于风格或平衡性的启发式算法来处理 ASSIGNMENT 问题。

ASSIGNING 模式通常出现在表 16.1 中的第 2 项（功能与形式的映射）和第 5 项（对形式和功能进行连接）任务中。在规划功能与形式之间的映射关系时，ASSIGNING 模式说的是应该怎样选择架构的耦合程度。根据 Suh 的功能独立（functional independence）原则，每个功能应该由一个形式部件来完成，同时，每个形式部件都只应该执行一项功能[18]。与该原则相反，我们也可以把功能与形式之间的映射关系耦合得更加紧密一些，也就是令同一个元素执行好几项功能，这样做有时可以减少部件的数量、重量和体积，从而最终使系统的成本降低。

在规划形式与功能的连接度时，ASSIGNING 模式基本上是说怎样决定架构的连接方式。在 NEOSS 范例中，我们要把仪器与轨道对应起来，把某个仪器指派到某个轨道，就相当于在架构中创建了一条连接，具体到本例来看，每一条这样的连接，都意味着系统要多带一份仪器。这种连接（也就是轨道中的仪器）的成本是比较高的。在 GNC 那个例子中，我们要把传感器指派或连接到计算机上，同时也要把计算机连接到执行器上。每当我们把某个传感器指派给某个计算机时，架构中就会多出一条连接来，在该例中，这样的连接意味着我们需要用线缆和接口将其实现出来，并且用软件为接口提供支持。在这两个例子中，增加左集与右集之间的连接数量，可以改善系统的数据吞吐量或可靠性等属性，但同时也要付出一定的代价，那就是会使系统的复杂度和成本上升。

功能与形式的映射问题，以及功能与形式的连接度问题，从本质上来说是两个不同的问题，尽管如此，但从决策的角度来看，这两者依然有着相似的特性。面对这两类问题时，我们都需要把左集中的每个元素指派给右集中的至少一个元素（该模式的通用表述中并没有包括这一条限制），于是，可以在架构权衡空间的边界处确定两类“极端的”的架构，其中一类是渠道化的架构，也就是左集中的每个元素都与右集中的一个元素相匹配，如图 16.8 所示，另一类是元件之间彼此完全互连的架构，也就是左集中的每个元素都与右集中的所有元素相连，如图 16.9 所示㊀。

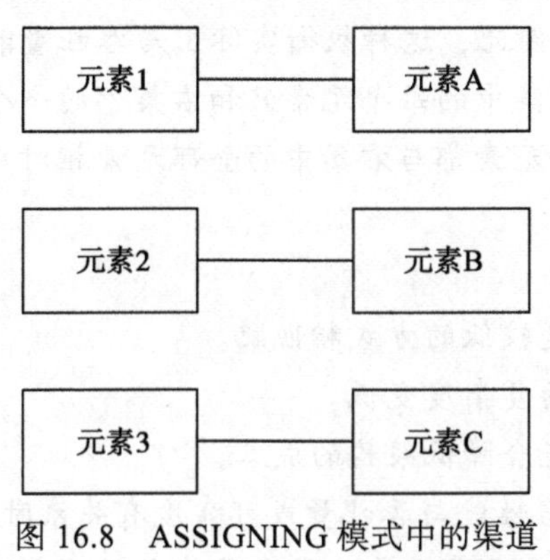

图 16.8　ASSIGNING 模式中的渠道化（channelized）架构风格

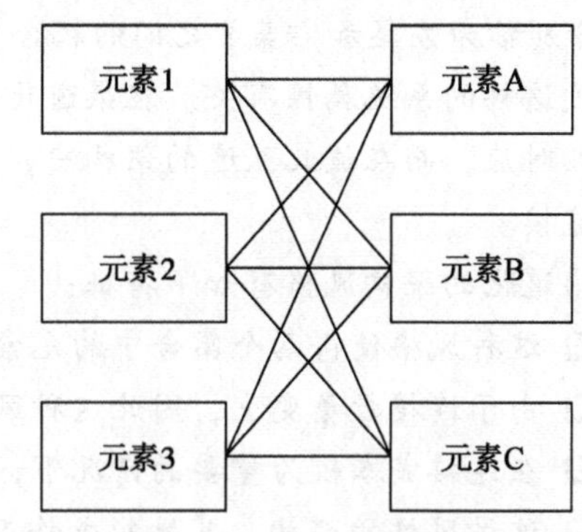

图 16.9　ASSIGNING 模式中的完全互连式（fully cross-strapped）架构风格

对于功能与形式之间的映射这项任务来说，土星 5 号就是渠道化架构的典型范例，因为该系统可以清晰地分解成多个子系统，而每个子系统都只执行一项功能。对于连接度方面的任务来说，NASA X−38 成员返回载具（crew return vehicle）很好地演示了渠道化的架构，该系统中有两条完全独立的冗余总线（redundant bus）。

对于功能与形式之间的映射来说，元件之间完全互连的架构这一概念，可以用全攻全守式的足球（Total Football）来说明，如果球队使用这种打法，那么场上的 10 名球员就全都要同时扮演防守和进攻的角色。对于连接度来说，航天飞机的航空电子系统，就采用了元件之间完全互连的架构，因为所有的惯性测量装置都和每一台通用的计算机进行了连接，而每一台计算机也都和所有的舵驱动系统（rudder actuation system）进行了连接。

无论是规划形式与功能之间的映射关系，还是规划形式和功能的连接度，都可以考虑在渠道化的架构与元件之间彼此完全互连的架构之间进行权衡。对于前一项任务来说，我们可以把 Suh 的功能独立原则与渠道化的架构对应起来，也就是说，在渠道化的架构中，每项功能都由一个形式组件来完成，同时每个形式组件也都只完成一项功能。对于后一项任务来说，在这两种架构之间进行权衡，基本上就相当于在系统的吞吐量和可靠度与系统的成本之间进行权衡。

ASSIGNING 模式中的这两个极端，可以视为两种架构风格（style），所谓风格，是指软性的约束或对架构工作起到推动作用的原则，这些风格一般是通过对相似决策做出相同决定而体现出来的，这样做经常会产生优雅的架构。文字框 16.2 讨论了如何在渠道

㊀ 在讨论 ASSIGNING 模式的架构风格时，“渠道化的架构”和“元件之间彼此完全互连的架构”这两种说法，或许更适合用来描述形式和功能的连接度问题，不过，功能与形式之间的映射问题，也可以用这个定义来讨论。

化的架构与完全互连的架构之间进行权衡，也讨论了与这两种架构相对应的架构风格。

文字框 16.2　深入观察：渠道化的架构风格与完全互连式的架构风格

在渠道化的架构风格与完全互连式的架构风格之间进行权衡时，需要考虑这两套元素（分别称为左集和右集）之间的耦合度和连接度，因此，这种权衡实际上与吞吐量和可靠度这样的系统属性有关。在渠道化的架构中，左集中的每个元素只和右集中的一个元素相对应，而在彼此互连的架构中，左集中的每个元素都与右集中的全部元素相对应或相连接。

渠道化的架构风格有如下特征：

- 这种风格使得两个集合中的元素能够以耦合度较低的方式相匹配。
- 由于连接数量变少，因此这种风格会使架构的复杂度变低。
- 在连接成本较为重要的情况下，这种风格可能会降低架构的成本。
- 这种风格的架构，其性能或许不够高，尤其当性能与吞吐量或可靠度有关系时，更是如此，因为这样的架构可能会因资源不足而遭遇吞吐量方面的瓶颈，也有可能因为缺乏冗余机制而显得不够可靠。
- 由于元素之间是解耦的，因此这种架构不太容易发生“共因故障”（common-cause failure，共因失效）。如果系统中的某个元素发生了故障之后，导致系统中的其他元素也出现故障，那么该系统就发生了共因故障。具体到 GNC 那个例子来说，当某个传感器发生了故障之后，与之相连的所有计算机可能全都会出现问题，但如果我们采用的是渠道化的架构，那么这个问题就不会影响与之无关的其他连接渠道。

完全互连式的架构风格有如下特征：

- 这种风格可能会产生耦合度较高的架构。
- 由于连接数量较多，因此这种风格会使架构的复杂度变高。
- 在连接成本较为重要的情况下，这种风格可能会提升架构的成本。
- 由于具备冗余机制，因此这种风格所产生的架构更为可靠。
- 由于耦合度较高，因此系统中某一个组件所发生的问题可能会传播到系统内的其他地方，从而使这种风格的架构更容易出现共因故障。

在这两种架构风格之间进行权衡时，或是对这两个极点之间的各种混合风格进行权衡时，要考虑下列三个因素：

- 连接成本与元素成本之间的比例如何。
- 成本与可靠度之间的效用曲线是怎样的？也就是说，为了使可靠度中多一个 9，你愿意再承担多少成本[⊖]？
- 发生共因故障与独立故障的相对概率如何。

⊖ 系统的可靠度通常是用 9 的个数来度量的，例如 $R=0.999\,999$ 称为 6 个 9，$R=0.999$ 称为 3 个 9。

16.4.5 PARTITIONING 模式

PARTITIONING（分区）模式的意思是，面对由 N 个元素所构成的集合，我们需要把该集合内的所有元素（其序号从 1 到 N）分成多个非空且互不相交的子集。每个元素都必须划分到某个子集中，且最多只能划分到一个子集中。换句话说，我们不能把某一个元素同时划分到多个子集中，那样会使子集之间出现重复的元素，我们也不能不给元素指派子集，那样会把该元素落下。用更正式的语言来说，如果给定一个由 N 个元素所构成的集合 $U=\{e_1, e_2, \cdots, e_N\}$，那么 PARTITIONING 问题中的架构就可以由集合 U 的一种分区方式 P 来确定，P 把 U 分成数个互不相交的子集，也就是说，$P=\{S_1, S_2, \cdots, S_m\}$，其中 $S_i\subseteq U$、$S_i\neq\{\phi\}\forall i$、$1\leqslant m\leqslant N$，这些子集之间必须互斥，而且合起来必须能够涵盖 U 中的所有元素。换句话说，如果 P 满足下列两个条件，那么与之对应的那个架构，就是有效的架构：

1. 对 P 中的所有子集取并集，其结果为 U：$\cup_{i=1}^{m}S_i=U$
2. P 中的所有元素之间都没有交集：$\cap_{i=1}^{m}S_i=\phi$

NEOSS 范例中的仪器打包问题，就可以当成 PARTITIONING 模式来看待。面对一系列仪器，我们要寻找不同的分组方式，以便将这些仪器安排到多颗卫星中。比如，可以把所有仪器都安排到一颗大型卫星中，也可以给每一种仪器都指定一颗专用的卫星，此外，还可以采用位于这两种方案之间的其他方案。

PARTITIONING 模式的架构可以由分区方式 P 来确定，$P=\{S_1, S_2, \cdots, S_m\}$。在 NEOSS 范例中，如果给定的仪器集合是 { 成像仪，雷达，探测仪，辐射计，光学雷达，GPS 接收器 }，那么其中的一种分区方式就可以是 {{ 雷达，辐射计 }，{ 成像仪，探测仪，GPS 接收器 }，{ 光学雷达 }}，另一种分区方式则可以是 {{ 雷达 }，{ 光学雷达 }，{ 成像仪，探测仪 }，{ 辐射计，GPS 接收器 }}，如图 16.10 所示。

这样的分区可以用很多种方式来表达，例如可以用整数数组来表达。该数组第 i 个元素的值，表示原集中的元素 i 所划分到的那个子集，在 P 中的下标，如果原集中的多个元素在该数组中都具有相同的取值，那就说明它们全部划分到了 P 中的同一个子集中。

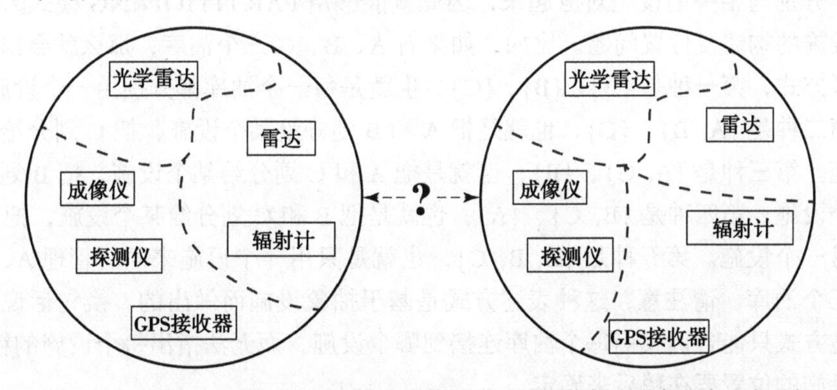

图 16.10　用 PARTITIONING 模式来演示 NEOSS 范例中的仪器打包问题

图 16.11 是 PARTITIONING 模式的通用示意图，该图用两种不同的方式对这 8 个元素进行了分区，并且分别用两个整数数组把这两种分区方式表示了出来。左边那种分区方式把这 8 个元素分成 4 个子集，而右边那种分区方式则把这 8 个元素分成两个子集。

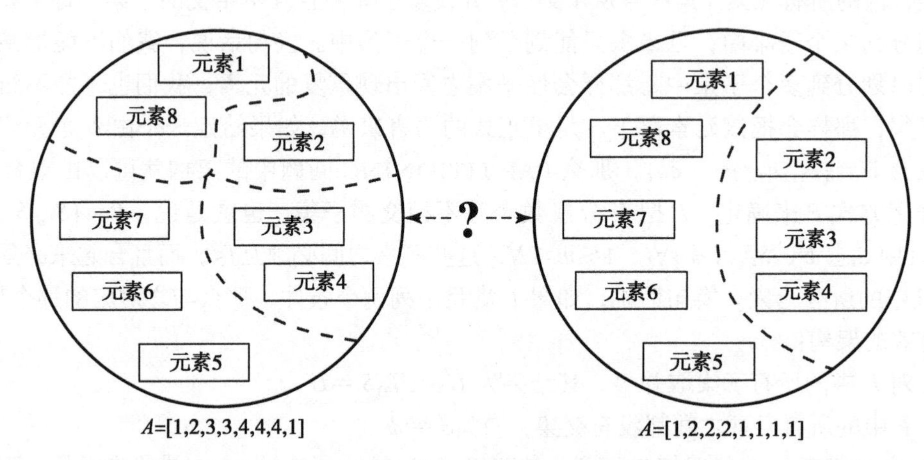

图 16.11　PARTITIONING 模式的示意图。这个简单的范例由 8 个元素组成，它们之间可以形成 4140 种 PARTITIONING 架构，该图演示了其中的两种

分区方式的总数，会随着集合中的元素数量而迅速增加。比如，5 个元素所构成的集合，有 52 种分区办法，而 10 个元素所构成的集合，则有超过 115000 种分区办法。由于对分区方式的定义中含有两个约束条件，因此分区的总数计算起来是有些困难的，我们不能像统计指派方式的总数或子集的总数那样来简单地求出这个值 [19]。

有些读者可能认为 PARTITIONING 模式不会出现得太过频繁，因为它毕竟施加了几个“硬性的”约束。但实际上，系统架构中的很多程序化决策，其实都可以很自然地表述成 PARTITIONING 问题，尤其是表 16.1 中的任务 1（功能与形式之间的映射）和任务 2（对功能或形式进行分解），更是非常适合用该模式来解决。

- 范例 1：如果我们要用多个设施来管理一组地下油库，那么可以把这些油库的子集分别与相关的设施对应起来，因此就能够用 PARTITIONING 模式来表述这些设施的构建及位置问题。比如，如果有 A、B、C 三个油库，那么就会出现 5 种分区方式，第一种是 {A}、{B}、{C}，也就是每一个油库都分别用一个设施来管理。第二种是 {A, B}、{C}，也就是把 A 和 B 划分给某个设施，把 C 划分给另一个设施。第三种是 {A, C}、{B}，也就是把 A 和 C 划分给某个设施，把 B 划分给另一个设施。第四种是 {B, C}、{A}，也就是把 B 和 C 划分给某个设施，把 A 划分给另一个设施。第五种是 {A, B, C}，也就是只用一个设施来同时管理 A、B、C 这三个油库。请注意，这种表述方式是基于抽象设施而做出的。换句话说，这种表述方式只能告诉我们每个油库连接到哪个设施，而无法指出每个设施的精确位置。设施的位置要在稍后来确定。

- 范例 2：假设有一家大型银行在全美国共有 1000 个支行和 3000 台 ATM，现在要给该银行构建 IT 网络，使得这些支行与 ATM 之间通过一定数量的路由器实现互连。如果我们规定每个支行和每台 ATM 必须且只能与一台路由器相连，那么这个问题就可以表述成 PARTITIONING 问题。比如，我们可以构想出单路由器的解决方案，也就是只采用一台路由器来为全部 4000 个节点提供服务。

PARTITIONING 模式实际上是在谈论架构的中心化程度。因此，在讨论该模式时，必须引入两种新的架构风格，一种是中心化的（单体的）架构，另一种是去中心化的（分布式的）架构。文字框 16.3 列出了这两种风格。

文字框 16.3　深入观察：单体式的架构风格与完全分布式的架构风格

在单体式（monolithic，整体式）与分布式的架构风格之间权衡，实际上就等于是在考虑架构的中心化程度，因此，这种权衡也与系统的可进化性、健壮性及灵活性等属性有关。在单体架构中，所有的元素都归入架构中心的一个大型子集中，而在完全分布式的架构中，每个元素都有它专门的子集。

单体式的架构风格，具有如下特征：

- 具备该风格的架构，其元素数量很少，但元素本身很复杂。
- 这种风格既可以促发元素之间的正面交互（也就是使元素之间出现协同效应），同时又有可能促发元素之间的负面交互（也就是使元素之间出现干扰现象）。
- 这种风格能够尽量降低架构的冗余度，也就是说，这种风格的架构能够提供一套共用的功能组件，给架构中的所有元素共享。
- 由于元素之间会争夺共用的资源（例如带宽或动力），因此这种风格的架构可能会使单个元素的性能变低。
- 这种风格的架构所需的开发时间可能比较长，而且有可能导致系统的开发进度出现延迟，因为如果某一个组件尚未完工，那么整个项目就必须先等该组件完工，然后才能把它集成到系统中。
- 如果对通用的功能（例如太阳能电池板、电池、通信设施、框架结构）进行重复所需的成本相对较高，而其余元素的成本以及元素之间发生干扰所导致的成本都相对较低，那么这种风格会产生成本较低的架构。
- 由于可能会发生单点故障，因此这种风格所产生的架构或许不太可靠。
- 由于开发时间较长，因此这种风格所产生的架构，其可进化程度可能不高。

完全分布式的架构风格，具有如下特征：

- 具备该风格的架构，其元素数量比较多，与前一种风格相比，这些元素可能更加简单，成本也更低。
- 可能会产生耦合度较低的架构。

- ❑ 这种风格的架构可能不善于促发元素之间的协同效应，然而同时也有可能避免元素之间的干扰。
- ❑ 由于这种风格的架构要把通用的功能复制很多遍，因此其冗余度会比较高。
- ❑ 如果对多个子集都需要用到的那些功能进行复制，所需的成本相对较高，而其余元素的成本以及元素之间发生干扰所导致的成本都相对较低，那么这种风格会产生成本较高的架构。
- ❑ 由于架构中的故障单点较少，因此这种风格所产生的架构可能比较可靠。
- ❑ 这种风格所产生的架构，其开发时间是比较短的，而且其进度不容易出现延迟。
- ❑ 由于开发时间较短，而且单个元素的成本也较低，因此这种风格所产生的架构，更容易进化。

在这两种架构风格之间进行权衡时，或是对这两个极点之间的各种混合风格进行权衡时，需要考虑元素之间的引力（也就是协同效应）和斥力（也就是干扰现象）：

- ❑ 元素之间的协同效应及干扰现象对系统性能与成本的相对影响。
- ❑ 同一个子集中各元素之间的物理距离，会在多大程度上决定协同效应与干扰现象的幅度。
- ❑ 在分布式的架构中，对每个元素所需的功能进行复制所花的工作量以及这些功能所耗的成本，与元素之间的干扰现象所产生的成本之间的对比。
- ❑ 我们是否愿意付出努力，在某些可以进行规划的方面做出改进，诸如减少开发风险、缩短开发时间，以及令项目的支出在开发期间一直保持稳定等。
- ❑ 如果单体式的架构在可靠性上与内置冗余度的分布式架构相仿，那么需要花费多少成本？

元素之间的交互，在 PARTITIONING 模式中扮演着重要的角色，我们在介绍 DOWN-SELECTION 模式时，已经提到了这种协同效应及干扰现象。在 DOWN-SELECTION 模式中，我们假设只要把 e_i 和 e_j 这两个元素同时选中，它们之间就会发生交互。在 PARTITIONING 模式中，我们承认元素之间通常必须先连接起来，然后才能发生物理作用。在 NEOSS 范例中，如果我们在运用 DOWN-SELECTION 模式时选择了雷达高度计和辐射计，而在运用 PARTITIONING 模式时却把它们放在了不同的航空器中，并且把这些航空器送入了不同的轨道，那么整个系统就很难获得协同交互作用所带来的好处。为了促发这种协同效应，我们需要把仪器放在同一个航空器中，或是使它们离得足够近，这样才能相互配合。同理，仪器之间的电磁干扰现象，也只会在它们位于同一个航天器中或离得足够近的情况下才会发生。

Envisat 卫星（欧洲环境卫星）是最大的民用地球观测卫星。它的重量大约是 8 吨，携带有 10 个遥感仪器。由于这些仪器都位于同一个卫星中，因此它们可以从同一个位置对地球表面进行同步观测。因此，科学人员会把它们的观测结果结合起来，以生成内容丰富的数据产品，从而最大限度地发挥这些仪器之间的协同效应[20]。此外，由于 Envisat 只有一个太阳能电池板、一套电池、一套通信天线以及一个承载着全部有效载荷的框架结构，因此只需发射一次即可。假如把这些仪器分别放置在 10 颗小卫星中，那就必须把这套机制重复 10 遍。不过这种单体式的架构也是有缺点的。Envisat 中的合成孔径雷达，只能对轨道中 2% 的区域发挥效用，因为卫星的太阳能电池板所产生的能量不够高，没有办法使所有的仪器都能同时运作，而合成孔径雷达恰恰是个耗电量很大的仪器。此外，如果运载火箭或太阳能电池板出现故障，那么所有的仪器可能就全都失效了。另外一个例子是 Metop 卫星，该卫星中有一个可以进行圆锥形扫描的仪器，这个仪器所产生的震动，会影响平台中另外一个特别敏感的探测仪[21]。这个例子说明了单体架构中的元素会产生怎样的负面交互或干扰。这种交互也会体现在项目的计划方面，也就是说，必须等所有的仪器全都就位，然后才能发射 Envisat 和 Metop 卫星，即便其中的某些技术还不成熟，也依然要进行等待。Envisat 花费了超过 20 亿欧元，经过了十多年才开发完成。这意味着当它最终得以发射时，其中的某些技术基本上已经过时了。

16.4.6　PERMUTING 模式

PERMUTING（排列）模式的意思是，面对一组元素，我们必须把其中的每个元素都指派到某个位置上。对这些位置所做的选择，通常与选定某一组元素的最优排列方式或最优顺序有关。比如，123、132、213、231、312 及 321，就是对 1、2 和 3 这三个数位的 6 种排列方式。同理，如果我们有三个卫星任务要完成，那么它们之间就会出现 6 种不同的发射顺序。用更为正式的语言来说，给定一个由 N 个通用功能元素或形式元素所组成的集合 $U=\{e_1, e_2, \cdots, e_N\}$，则 PERMUTING 问题中的架构，可以由 U 的排列 O 来确定，也就是说，O 会以某种顺序对 U 中的元素进行排列⊖：

$$O=\{x_i \leftarrow i \in [1; N]\}_{i=1,\cdots,N} \mid x_i \neq x_j \forall i, j$$

PERMUTING 模式中的架构，可以用两种形式的整数数组来表示，一种是基于元素的数组，另一种是基于位置的数组。比如，{ 元素 2, 元素 4, 元素 1, 元素 3} 这样的排列顺序，既可以用基于元素的数组 $O=[2, 4, 1, 3]$ 来表示，也可以用基于位置的数组 $O=[3, 1, 4, 2]$ 来表示。

图 16.12 是 PERMUTING 模式的示意图，图中的 5 个通用元素可以形成 120 种排列方式，该图演示了其中的两种，并且用基于元素的数组分别将这两种方式表示了出来。

包含 m 个元素的 PERMUTING 问题，其权衡空间的尺寸是 m 的阶乘，也就是 $m!=m(m-1)(m-2)\cdots 1$。请注意，阶乘的增长速度是极快的，比指数函数还要快。15 个元素

⊖ 在数学上，这叫做 U 与其自身的双射（bijection，对射）。

所形成的排列方式，超过 1 万亿种。

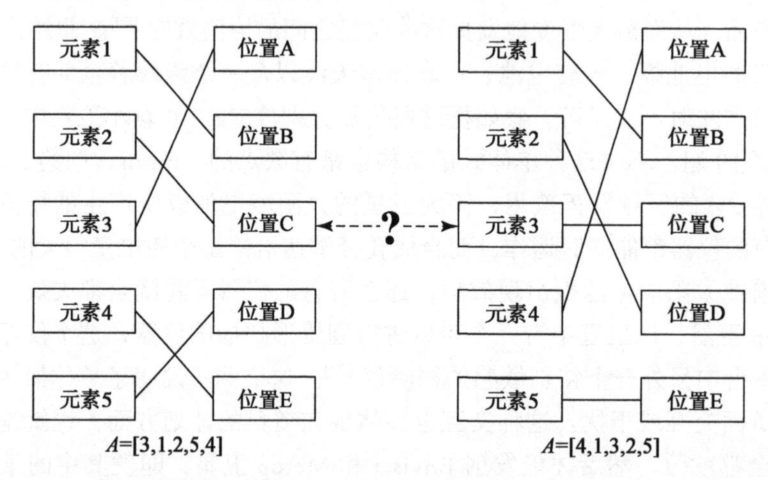

图 16.12　PERMUTING 模式的示意图。这个简单的范例包含 5 个元素，它们之间可以形成 120 种不同的架构，该图演示了其中的两种，并且用基于元素的方式给出了与这两种架构对应的数组

PERMUTING 问题通常与元素的几何布局或一系列过程及事件的顺序有关。在本书第二部分和第三部分中我们曾经说过，操作是系统架构的一个部分，而且在架构过程的早期就应该加以考虑，尤其是在进行利益相关者分析时，更是应该从操作概念中得出系统的目标和衡量指标。例如，对于无人驾驶载具来说，我们可能会试着对目标地点之间的顺序进行优化，或者说得更宽泛一些，可能会试着对各项任务之间的顺序进行优化。此外，在对一系列系统进行架构时，PERMUTING 模式也会显得比较突出，因为我们需要决定这些系统之间的部署顺序。比如，在 NEOSS 范例中，我们就要决定各卫星之间的发射顺序。在这种情况下，我们所要考虑的一个关键因素，是确保卫星的发射顺序能够维持现有观测记录的数据连续性。PERMUTING 问题的其他范例包括：

- 范例 1：超大规模集成电路（VLSI circuit）每片晶粒上的晶体管数量，可以用 10^{10} 为单位来进行计算。因此，在设计这种电路时，一定要极力减少连线的总长度，因为长度方面的一个微小变化，可能就会对建造成本造成巨大影响，这种影响的幅度与芯片规模有关。要想缩减连线长度，其中的一个办法是对芯片上彼此互连的单元之间的放置方式进行优化，以便使连线的总长度降至最低。这是对 PERMUTING 模式的一种运用，模式中的元素指的是电路中的门，也可以指单个的晶体管，而模式中的位置，指的则是元件在电路中的位置。
- 范例 2：几年之前，由于预算方面的限制，NASA 取消了旗舰式的太空探索计划 Constellation（星座计划）。为了代替 Constellation，Lockheed Martin 公司前 CEO Norm Augustine 所领导的高级顾问专家委员会提出了几个替代策略，其中一项策略叫做 Flexible Path（柔性路径、灵活路径）。对于 Flexible Path 来说，一项重要的架构决策，就是要以最优的方式来对火星探索路径中的各个目标地点进行排序（例如可以先到拉格朗日点，然后到月球表面，接下来到近地小行星，最后到火星，也可以交换月球表面与近地小行星这两个目标地点之间的顺序）。在处理这个复杂的决策问题时，需要考虑科学、技术以及规划等很多方面的因素。

我们已经讲了两大类 PERMUTING 问题，一类问题是处理时间或进度方面的先后次序；另一类问题是处理拓扑结构和几何关系。PERMUTING 模式的实际用途，要比这两类问题更广。PERMUTING 模式的要义，是在 N 个元素所构成的集合与从 1 到 N 的整数所构成的集合之间进行搭配，并且要求不能把两个或两个以上的元素匹配到同一个整数上。请注意，对 PERMUTING 模式所做的表述，并未限定元素之间的必然次序。这个模式只有一个要求，那就是选项必须独占。如果某元素已经与某选项相对应，那么其他元素就不能再和该选项对应了。比如，如果某电路已经规划到了电路板中的某个位置上，那么该位置就不能再排布其他电路了。

做了这样的推广之后，我们就可以看出，PERMUTING 模式很适合用来完成表 16.1 中的任务 5，也就是功能与形式的连接度问题，此外还适合用来确定系统的部署方式和 / 或操作概念。在对与时间先后次序有关的 PERMUTING 问题进行权衡时，我们一般需要考虑的是使系统在各个时段内都能较为平稳地体现出价值，而且还要谨慎地考虑资源预算方面的因素。在这些情况下，系统架构师一般需要在急切的（greedy，贪婪的，也就是把重头工作放在前期的）系统部署方案与渐进式的（增量式的）系统部署方案之间进行抉择。文字框 16.4 对此进行了讨论。

文字框 16.4　深入观察：急切的系统部署方案与渐进式的系统部署方案

PERMUTING 模式通常与系统的部署有关。如果一个系统由很多独立的系统组成，而这些系统又都需要进行部署，那么部署策略就成了一个重要的架构决策，因为它会影响整个系统在各个时段对利益相关者所体现出的价值。与系统部署有关的两种主要架构风格，是急切的部署风格与渐进式的部署风格。

急切的部署风格，是要尽快部署价值较高的系统，即便这种系统耗时较长，也依然要提前部署它们。这种风格所做出的假设，是认为价值较高的元素成本也较高，因此开发时间会比价值较低的元素长一些。与之相反，渐进式的部署风格，则是先要使系统能够尽快向利益相关者体现出某种价值，然后才去渐进式地部署系统中价值比较高的那些元素。

采用急切式部署方案的那些那些系统，具有以下特征：

- ❑ 在项目规划方面会遇到较大的风险，因为这种持续耗资的项目，可能会因为连续很多年都无法向利益相关者提供价值而遭到终止。
- ❑ 部署成本可能比较低，因为它的冗余度不像渐进式的部署那样高。
- ❑ 对设计进行修改的机会比较少。

> 采用渐进式部署方案的那些系统，具有以下特征：
> - ❑ 项目规划方面的风险较低。
> - ❑ 部署成本可能比较高。
> - ❑ 灵活度较高。

16.4.7 CONNECTING 模式

CONNECTING 模式说的是，面对某个固定的元素集合，我们需要决定这些元素之间的连接方式。这些连接可以有方向概念，也可以没有方向概念。用更为正式的语言来说，给定一个由 m 个通用元素或节点所组成的集合 $U=\{e_1, e_2,\cdots, e_m\}$，则 CONNECTING 问题中的架构，可以由一张以 U 为节点，且有 N 个顶点⊖（$1\leqslant N\leqslant m^2$）的图 G 来确定：$G=\{V_1, V_2,\cdots,V_N\}$，$G$ 中的每个顶点 V，都连接着 U 中的两个节点：$V=\{e_i, e_j\}\in U\times U$。

CONNECTING 模式可以用一种名为邻接矩阵（adjacency matrix，相邻矩阵）的二元方阵来表示。更准确地说，图 G 的邻接矩阵 A，是个 $n\times n$ 的矩阵，如果节点 i 直接与节点 j 相连，那么 $A(i, j)$ 就等于 1，否则等于 0。节点之间的边没有方向的图，叫做无向图，对于这种图来说，$A(i, j)$ 等于 1 同时也意味着 $A(j, i)$ 等于 1，因此，无向图的邻接矩阵是个对称矩阵。如果图中的边是有方向的，那么这样的图就称为有向图，有向图的邻接矩阵未必是对称矩阵。

图 16.13 是 CONNECTING 模式的示意图，该图演示了 6 个节点之间的两种连接方式，并给出了对应的二元矩阵。

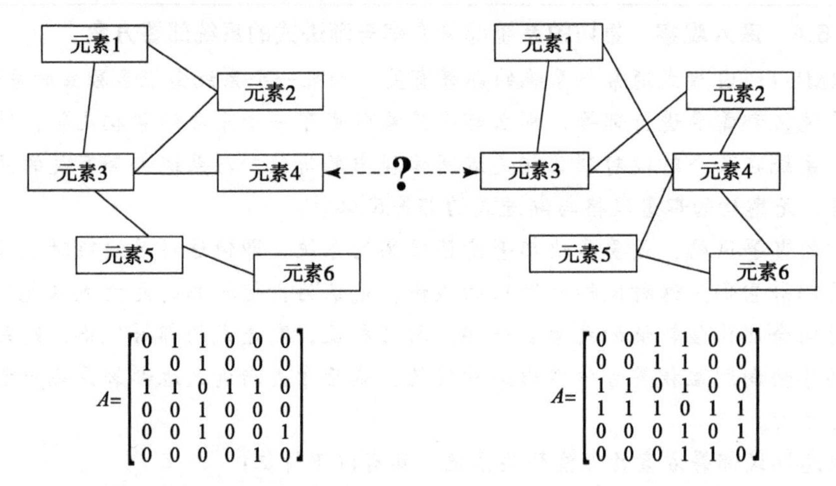

$$A=\begin{bmatrix}0&1&1&0&0&0\\1&0&1&0&0&0\\1&1&0&1&1&0\\0&0&1&0&0&0\\0&0&1&0&0&1\\0&0&0&0&1&0\end{bmatrix}\qquad A=\begin{bmatrix}0&0&1&1&0&0\\0&0&1&1&0&0\\1&1&0&1&0&0\\1&1&1&0&1&1\\0&0&0&1&0&1\\0&0&0&1&1&0\end{bmatrix}$$

图 16.13 CONNECTING 模式的示意图。这个简单范例具有 6 个元素，它们之间可以形成 32768 种架构，该图演示了其中的两种

CONNECTING 问题的权衡空间，其大小取决于含有 m 个元素的集合总共可以有多

⊖ 作者此处所说的顶点（vertex），相当于图论中的边（edge）。——译者注

少种不同的邻接矩阵。邻接矩阵的个数，可以根据图是否有向，以及顶点是否可以连接到自身，来分成 4 种情况进行计算。表 16.4 总结了这 4 种不同的情况。

表 16.4 中的这些公式，假设两个节点之间或某节点与其自身之间，最多只能有 1 条连接。换句话说，这条假设意味着邻接矩阵是个布尔（Boolean）矩阵[⊖]。

表 16.4　分 4 种情况来计算 CONNECTING 模式的权衡空间大小

	有向图（其邻接矩阵不一定对称）	无向图（其邻接矩阵是对称的）
节点可以连接到自身（这意味着邻接矩阵对角线上的元素是有意义的）	2^{m^2}	$2^{\frac{m(m+1)}{2}}$
节点不能连接到自身（这意味着邻接矩阵对角线上的元素没有意义）	$2^{m^2-m}=2^{m(m-1)}$	$2^{\frac{m(m-1)}{2}}$

下面举几个 CONNECTING 问题的例子。

- 范例 1：比如，我们要负责在某个小区域内架构配水网。该区域可以分成若干地区，每个地区在各项特征（例如人口密度和自然资源）上都有不同，而且它们都需要用水。其中有些地区设有水制造 / 水处理设施，另一些地区则没有这种设施。根据水制造 / 水处理设施的布局，来对这些地区之间的连接方式进行规划，这个问题用 CONNECTING 模式来表述，是最为自然的。
- 范例 2：电网的架构也和 CONNECTING 模式非常匹配。能量是由节点产生和 / 或存储的，并沿着节点之间的连线来输送。如果连线数量较多，那么就会耗费较大的资金，但这样也便于对电力进行管理，使其产生得更为均衡一些。

CONNECTING 模式通常用来解决表 16.1 中的任务 5，也就是“对形式和功能进行连接”。刚才那两个例子，处理的是系统元素之间的物理接口，但 CONNECTING 模式中的接口，还可以是其他性质的接口，例如可以是数据网络中的信息接口，或软件等系统中的逻辑依赖关系。

我们在 16.1 节中说过，在某种程度上，所有类型的系统中都存在着与连接度有关的任务，因为所有的系统都有内部与外部接口。思考 CONNECTING 模式的一种办法，就是把待处理的系统视为一个网络，并寻找网络中各节点之间的多种连接方式。所有的系统都可以表示成网络，但对于本身就呈现网络状的系统来说，表示起来会更加容易一些，例如数据网络、运输网络、电力网络和卫星群等[⊜]。此外，由多个小系统所组成的大系统，也可以视为网络，因为大系统中的每一个小系统，都是网络中的节点，而小系统间的接口，则是网络中的边。

有很多物品都可以在网络中的各节点之间流动，其中最为常见的可能就是数据了，不过除了数据之外，交通工具（包括地面的、空中的或太空的）、电力、水、天然气和食

⊖ 也就是其元素只能取真（1）和假（0）的矩阵。——译者注

⊜ 请注意，在一定程度上，每个系统都可以建模成网络，因为从形式领域来看，它可以视为一系列相互连接的元素，而从功能领域来看，则可以视为一系列相互连接的功能。

物，也可以在节点间流动。对于在网络中流动的物品来说，其数量和分布状况，是影响架构的两个重要因素。比方说，中心化的架构中，可能就会有一个或多个节点成为系统中的瓶颈，从而使流经这些节点的物品出现延迟。

更宽泛地说，在解决 CONNECTING 问题时所做的那些权衡，通常都与节点的连接度有关，同时也与它们对延迟和吞吐量等性能指标的影响程度有关，此外，还和网络的可靠性及可缩放性等涌现属性有关[22]。请注意，在某些方面，该模式与 ASSIGNING 模式有几分相似，也就是说，ASSIGNING 模式可以视为一种特定的 CONNECTING 模式，这种特定的 CONNECTING 模式中有两类节点，分别相当于模式中的左集和右集。

CONNECTING 模式的主要架构风格，可以用网络拓扑学中的各种拓扑结构来描述，它们分别是：总线（bus，汇流排）拓扑、星状（star）拓扑、环状（ring）拓扑、网状（mesh）拓扑、树状（tree）拓扑和混合式（hybrid）拓扑。文字框 16.5 对比了这几种架构风格。

文字框 16.5　深入观察：CONNECTING 模式中的架构风格

CONNECTING 模式中的架构风格，可以借用网络拓扑学中的拓扑结构来进行描述，如图 16.14 所示。

- 在总线架构中，每个节点都连接到同一个共用的接口，这个接口称为总线。这种架构的优点是成本较低，而且易于缩放。但其主要缺点则是总线会成为系统中的故障单点。阿丽亚娜 5 型运载火箭的航空电子系统就使用了总线式的架构，其总线遵从 MIL-STD-1553 标准[23]。
- 星状架构也称为轴辐式架构，它有一个中心节点，叫做 hub（轴），其他节点都与这个中心节点相连，那些节点称为 spoke（辐）。hub 充当网络流（例如数据流）的中继节点，它的地位与总线架构中的总线类似，但区别在于，hub 是个真正的节点，因此还可以执行其他一些功能，例如充当网络流的源点（source）或汇点（sink）等。总线架构的优点和缺点，对于星状架构来说，也同样适用。现今的大多数航空公司，其空中交通系统都采用轴辐式架构，系统中的某些机场，会充当整个架构中的 hub 节点，大多数航线都会经过这种 hub 节点。
- 在环状架构中，每个节点都会与另外两个节点相连，使得网络流能够在一个闭合的回路中流动，这个回路，就叫做环。这种架构的主要优点是能在网络负载较大时保持良好的性能，而主要缺点则是网络中的每个节点都是故障单点。银行支行中的电脑与其他设备，通常采用令牌环（token ring）式的架构来进行连接[24]。
- 网状架构是一种分布式、协作式的架构，其中的所有节点都互相协作，一起充当中继节点。与前面几种架构相比，这种架构的主要优势在于容错能力较强，而且扩展起来更为容易。但主要缺点则是在连线成本比较高的情况下，架构的成本也会比较大。网状架构正在用于向非洲的乡村地区提供互联网服务[25]。它们也是端对端（Peer-to-Peer，简称 P2P）和基于代理（agent-based）的软件系统的核心。

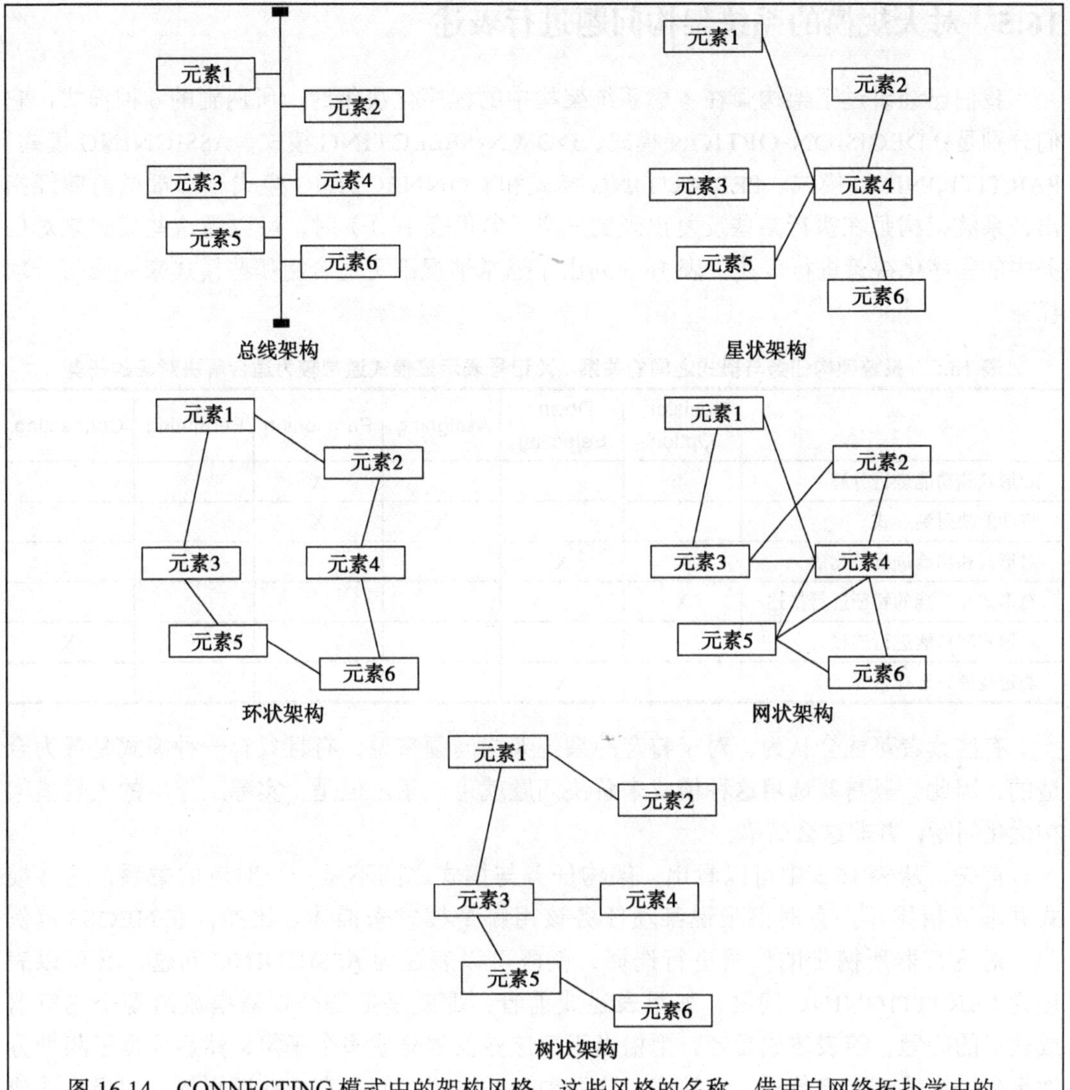

图 16.14　CONNECTING 模式中的架构风格，这些风格的名称，借用自网络拓扑学中的相关称呼

- 树状架构是采用层级式的体系来安排的，体系顶端是根节点。根节点下面可以连接一个或多个子节点，这些子节点，构成体系中的第二层。从这一层往下，每个子节点也都可以有 0 个、一个或多个子节点。这种架构的优点在于可缩放性与可维护性比较高，而主要缺点则是：如果某个元素出现故障，那么该元素的全部子节点可能都会受到影响。树状架构的常见范例，包括公寓楼的电话和电视网络，电话与电视信号从公寓楼外面先到达网关节点，这个节点一般位于第一层或最后一层，然后，信号再沿着后续楼层的各个公寓逐渐分配出去。

16.5　对大规模的系统架构问题进行表述

我们已经讲过了架构师在考虑系统架构中的程序化决策时，所遇到的6种模式，它们分别是：DECISION-OPTION模式、DOWN-SELECTING模式、ASSIGNING模式、PARTITIONING模式、PERMUTING模式和CONNECTING模式。本章早前曾经指出，系统架构师在执行某些反复出现的任务（参见表16.1）时，可以用这些模式来对任务中的程序化决策进行表述。表16.5列出了通常情况下更适合用哪些模式来完成每一项任务。

表16.5　系统架构任务与模式之间的关系。X记号表示该模式通常较为适合解决对应的任务

	Decision-Option	Down-Selecting	Assigning	Partitioning	Permuting	Connecting
对形式和功能进行分解				X		
将功能映射到形式			X	X		
对形式和功能进行特化	X	X				
对形式和功能的特征进行描述	X					
对形式和功能进行连接			X		X	X
确定范围并选择目标		X				

有些读者可能会认为，对于特定的系统架构问题来说，有且只有一种模式是最为合适的，因此，只需要选用这种模式来解决问题就可以了。但是，实际工作中的大规模架构优化问题，并非这么简单。

首先，从表16.5中可以看出，架构任务与模式之间不是一一对应的关系，这些模式并非互相排斥，有时很难说某项任务该用哪个模式来描述。比如，在NEOSS范例中，对飞行器所携带的仪器进行选择，就既可以表述为ASSIGNING问题，又可以表述为PARTITIONING问题，如果表述成前者，那就是把哪个仪器指派给哪个飞行器或轨道的问题，若表述成后者，则相当于把这些仪器分成多个子集，然后根据子集划分情况来安排轨道和飞行器。请注意，这两种表述方式之间是有一些区别的，如果表述成ASSIGNING模式，那我们就可以把某个仪器同时指派给多个飞行器或轨道，也可以完全不对它进行指派，而这两种做法，在PARTITIONING模式中都是不允许的。根据具体的情况，某一种表述方式可能要比另一种更加合理，例如预算方面的限制可能会使我们无法多次选用同一种仪器。

其次，实际的系统架构优化问题所包含的那些决策，在结构上很少会一模一样。通常我们可以把一个大问题有效地分解为多个小问题，使得每个小问题都适合用某一种模式来解决。像这样进行分解，可以缩减整个问题在计算方面的复杂度，但如果这些小问题之间有着耦合关系，那么可能会使全局最优性受到一些损失。

接下来我们会在本节中对这两个方面进行讨论。

16.5.1　模式之间的重合

16.4 节在介绍这些模式时，已经提到了它们之间的相互关系。表 16.6 对这些关系做了总结。

表 16.6　各模式之间的显著关系。对角线上的单元格是没有意义的，因此有些单元格没有列出来。由于这个关系矩阵是对称矩阵，因此表中只列出了右上角的那一半

	Down-Selecting (DS)	Assigning (AS)	Partitioning (PT)	Permuting (PM)	Connecting (CN)
Decision-Option (DO)	DS 可以化为带有 N 个二元决策的 DO，其中的每个决策，都表示是否选取第 i 个元素	AS 可以化为带有 N 个二元决策的 DO，其中的每个决策，都表示是否把元素 i 指派到容器 j	PT 可以化为只含 1 个决策的 DO，每一种分区方式都成为该决策的一个选项。PT 也可以化为含有 N 个决策的 DO，其中每个决策的选项都包含 1～N 间的整数，为了保证分区结构，需要对这种 DO 施加一些硬性限制	PM 可以化为只含 1 个决策的 DO，每一种排列方式都成为该决策的一个选项。PM 也可以化为含有 N 个决策的 DO，其中每个决策的选项都包含 1～N 间的整数，为了保证排列结构，需要对这种 DO 施加一些硬性限制	CN 可以化为含有 N^2 个二元决策的 DO，其中的每个决策，都表示是否把元素 i 与元素 j 相连
Down-Selecting (DS)		AS 可以化为 N 个 DS 问题，其中每一个 DS 问题，都针对 AS 中的一个元素	PT 问题可以化为 DS 问题，原集中的每一个子集，都是 DS 中的一个决策，为了确保分区结构，需要对这种 DS 施加一些硬性限制	PM 问题可以化为 DS 问题，元素与位置之间的每一种对应方式，都是 DS 中的一个决策，为了确保分区结构，需要对这种 DS 施加一些硬性限制	CN 问题可以化为 DS 问题，CN 中每一条可能出现的连接，都是 DS 中的一个决策，我们要从这些连接所构成的集合中选出某个子集
Assigning (AS)			PT 问题可以化为带有 N 个元素和 N 个不同容器的 AS 问题，每个元素都必须指派给某一个容器（有些容器可以为空）	PM 问题可以化为带有 N 个元素和 N 个容器的 AS 问题，每个元素都必须指派给一个与其他元素不同的容器	CN 问题可以化为带有两组节点的 AS 问题，每一组中的节点，只能与另外一组中的节点相连
Partitioning (PT)				PM 可以表述为推销员问题，这是个 NP 完全问题，PT 可以表述为集合划分问题，这也是个 NP 完全问题。由于所有的 NP 完全问题之间都可以互化，因此 PM 可以表述成 PT	CN 中互相连接的那些节点，可以视为 PT 中的子集，但是这种表述方式丢弃了 CN 的一些特征，因为多个 CN 架构可能会对应于同一个 PT 架构

（续）

	Down-Selecting (DS)	Assigning (AS)	Partitioning (PT)	Permuting (PM)	Connecting (CN)
Permuting (PM)					CN 问题可以化为含有两组节点的 PM 问题，每一组都有 N 个节点，其中的每个节点，都必须与另一组中的某个节点相连，且不能重复

根据表 16.6 所列出的这些关系，我们似乎可以说，某些模式之间是可以相互转换的，而其他一些模式则不便进行这样的转换。然而实际上，我们却可以证明，任何两种表述方式之间都可以相互转换，只是有些时候转换起来需要很大的工作量。大家很容易就能看出：每一种架构问题显然都可以表述成 DECISION-OPTION 问题。可是这样做需要为决策列出相当多的选项，而同样一个问题，表述成 ASSIGNING 决策或 PARTITIONING 决策，可能会顺畅得多。比如，在 NEOSS 范例中，我们本来可以把含有 5 个仪器的打包问题，合起来表述成带有 52 个选项的单一 DECISION-OPTION 决策，只是这样做会比较麻烦。

要想证明任意的架构问题都可以表述成 DOWN-SELECTING 问题，也是很简单的，因为我们可以给每个决策的各个选项赋予相应的二进制码。比如，如果某个 DECISION-OPTION 决策有 m 个选项，那我们就可以用 $\log_2 m$ 个二元决策来把这个 DECISION-OPTION 问题转述成 DOWN-SELECTING 问题。阿波罗范例中的任务模式决策就与之类似：整个决策可以拆分成多个二元决策，例如是否进行 EOR、是否进行 LOR 等。尽管从理论上来说，所有的架构问题都可以这样进行转化，但实际上，这要求我们必须添加大量的约束规则，以便将那些无法与有效选项相对应的二元决策组合排除掉，例如当 m 不是 2 的正整数次幂时，我们就需要这样做。

通过图论，我们可以证明任何架构问题都可以表述为 CONNECTING 问题，尽管这种证明方式不太直观，但依然是可以成立的。刚才我们已经证明了所有的架构问题都可以转化成 DECISION-OPTION 问题，而 DECISION-OPTION 问题又可以转化为二分图[⊖]（bipartite graph，偶图），其中一个节点集合表示决策，另一个节点集合表示选项，因此，所有的架构决策就都可以用邻接矩阵表示成两个部分彼此连接的二分图，进而转化为 CONNECTING 问题。

这样的转化，从理论上来说确实是可行的，但实际上同样要设置一些约束规则，因为我们必须保证某个决策所使用的选项不会与其他决策相连，而且还要保证每个决策都只能与一个选项相连。

⊖ 二分图就是节点分成两组，且同组节点之间不可相连的图。每一组内的节点都只能与另一组中的节点相连。

要想证明任何架构优化问题都可以设法表示成纯粹的 PERMUTING 决策或纯粹的 PARTITIONING 决策，是个稍微有些困难的任务。有一种证明思路，是思考两个两个已知的 NP 完全问题，也就是旅行推销员问题和集合划分问题，这两个问题可以化为 PERMUTING 问题和 PARTITIONING 问题。由于每一个 NP 问题（也包括 NP 完全问题）都可以化为另一个 NP 完全问题，因此，这就意味着我们可以把 PERMUTING 问题表述成 PARTITIONING 问题，反之亦然。此外，其他几种架构优化问题（DOWN-SELECTING、ASSIGNING、CONNECTING）也可以化为 NP 完全问题，进而化为 PARTITIONING 或 PERMUTING 问题。

尽管每个架构问题都可以用任意一种模式来表示，但是对于特定的问题来说，某些模式显然要比其他模式更合适。比如，用 DECISION-OPTION 模式来表述 NEOSS 范例的仪器打包问题，就相当不方便。此外，我们所选的模式，还会影响用优化算法解决该问题所花的时间。比如，用优化算法来解决 DOWN-SELECTING 及 ASSIGNING 问题，通常就要比解决 PARTITIONING 及 PERMUTING 问题容易一些。

16.5.2　把问题分解为子问题

大家一定要注意，系统中的整套架构决策，不太可能只用一种模式就能完整地表达出来，反之，我们需要使用不同的模式来解决大问题中的每个小部分（也就是整套决策中的每个子集）。比如，NEOSS 范例可以有效地划分成三个子问题，也就是仪器选择、仪器打包和任务调度。这三个子问题可以直接对应于三个模式：DOWN-SELECTING、PARTITIONING 和 PERMUTING。（如果我们是把仪器指派到轨道，并且可以多次携带同一种仪器，那么第二个子问题就对应于 ASSIGNING 模式。）

我们确实可以提出一个能够应对各类决策的优化问题，但是这样的全局优化问题，写起来特别庞大，而且通常会使优化算法的性能变低。

此外，不同的决策子集通常使用不同的衡量指标，即便某些子集所用的指标相同，它们对指标的影响幅度也有可能不同（也就是说，某一个子集对指标的影响，会比另一个子集大得多）。比如，在 NEOSS 范例中，尽管仪器选择问题与仪器打包问题都要在成本与性能之间进行权衡，但大部分的成本与性能，却是由仪器选择问题所决定的。仪器打包问题虽然也会对成本和性能造成显著且重要的影响，但这种影响与仪器选择问题所造成的影响相比，毕竟是小了一些。因此，在实际工作中，我们应该把全局架构优化问题分解成一些小的问题，使得这些子问题可以用本章早前讲到的某种模式来进行描述，虽说这样做未必总能奏效，但它依然是分解架构问题的一个好办法。

请注意，NEOSS 范例中的三个子问题，显然是相互耦合的。比如，如果不考虑所选仪器的打包问题，我们就很难对仪器的选择问题做出最优的决策，因为那样做可能会使某个卫星平台（satellite bus）或运载火箭的使用效率变低。同理，在不考虑任务调度的情况下，我们也很难对仪器打包问题做出最佳的决策，因为如果不率先通过航空器来发射某个仪器，那么有一些重要的数据记录可能就会中断。图 16.15 演示了这三个问题之间的耦合关系。

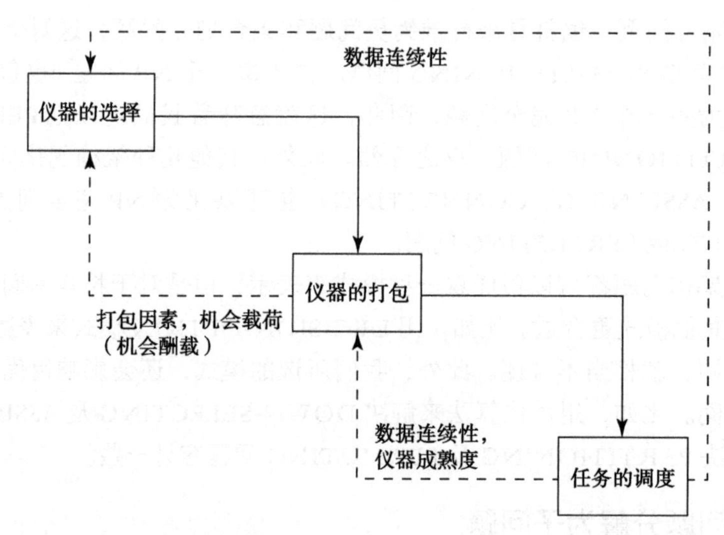

图 16.15　把 NEOSS 架构问题分解成三个相互耦合的子问题，这三个子问题可以分别与早前讲过的三种模式对应起来

由于子问题之间有耦合关系，因此如果只是分别解决每个子问题，然后把结果合并起来，那么这样得到的解决方案，可能就不是最优的方案。要想解决这个问题，我们可以把这些子问题之间的耦合关系也明确地体现在模型中，例如，我们可以用约束规则来表示这样的关系。比如，针对仪器选择问题，我们可以设定一条约束规则，以确保所选的仪器不会使重要的数据记录出现中断。在其他那些子问题都可以得到解决的前提下，搜索算法可以依照这条约束规则，把其中可能比较优秀的一些架构挑选出来。

总之，在表述大规模系统架构问题时，架构师必须把该问题分解为多个子问题，并尽量减少它们之间的耦合程度，然后用本章所讲的 6 种模式来表述这些子问题。

16.6　解决系统架构优化问题

16.6.1　介绍

16.5 节讲解了怎样对系统架构优化问题进行表述，也就是怎样用某种编码方案（encoding scheme，例如由二元变量所组成的数组）来把复杂的架构表示成一系列决策，并据此提出相应的架构优化问题。这种架构优化问题，其目标是要搜索选项之间的各种组合方式，从而在不同的利益相关者所提出的各种需求之间，达成最佳的平衡。在进行表述时，架构师尤其应该使用 16.5 节所讲的那 6 种模式，把大多数的架构决策都转换为程序化的决策。本节我们要讨论的是怎样解决这些架构优化问题。

这一节的内容，肯定会比本书的其他内容更加偏向于工具和方法。虽说如此，但我们的目标并不是对能够部分解决这些问题的现有工具，进行详细的研究，而是展示一套最为精简的工具和方法，并专门讲述怎样使用它们来解决实际工作中的架构问题。[26]

16.6.2　全因子排列

首先我们来讲一个非常简单的办法，叫做全因子排列（full-factorial enumeration，全因子列举），也就是把有可能成立的每一种架构都列举出来，然后分别对每个架构进行评估，这样就可以从中选出最佳的架构了。全因子排列是一种特别简单且透明的方式，而且正如我们在第 15 章中所说的那样，对整个架构空间进行模拟，能够使我们更为透彻地了解问题的特征，用这种方式进行模拟所获得的信息，要比仅仅对帕累托前沿中的架构进行模拟所获得的信息更多一些。

“足够小”的架构优化问题，是可以用蛮力解决的，也就是说，要想解决这种问题，只需要把每一种有可能出现的架构全都列举出来即可。一个全因子排列问题是不是足够小，要取决于权衡空间的尺寸、用机器评估每个架构所花的平均时间，以及我们所能容许的总体计算时间。评估一个架构所花的时间越长，在给定时间内所能评估的架构数量就越少。因此，我们需要在建模的广度（也就是架构的数量）与建模的深度（也就是评估一个架构所花的时间）之间进行权衡。

系统架构师必须谨慎地创建架构模型，尤其是要谨慎地创建其价值函数，以确保我们在给定的时间内，能够对权衡空间内相当大的一部分区域进行探索。如果能确定某个问题是足够小的全因子排列问题，那么我们接下来就可以把有效的架构全都列举出来。先来看一个简单的例子，也就是怎样把第 14 章所讲的阿波罗范例中的架构全都列举出来。当时我们说过，那个例子中一共有 9 个决策，每个决策包含两个或多个选项。于是，我们可以用 9 个嵌套的循环来进行列举，其中的每个循环，都会在该决策所对应的各选项之间进行遍历，图 16.16 中的伪代码演示了列举的过程。

对于 DECISION-OPTION 问题来说，这个办法实现起来特别简单，因为由决策的选项值所构成的离散集通常都比较小，并且可以用数组等形式来存储，因此很容易对其进行遍历。不过，其他类型的决策如果想用这个办法来实现，可能就比较困难了，因为我们通常需要在预处理环节中，把某个决策（例如 PARTITIONING 决策）的所有选项全都列出来，并将其放入某个数据结构中，使得每个选项都称为该结构内的一个条目。这样做可能会产生数量极多的选项。

还有一些高级工具，也可以进行全因子排列，那些工具所使用的编程范式，与很多工程师所熟悉的范式完全不同，例如它们可能会使用声明式编程（declarative programming）。主流的编程语言，例如 C 和 Java 等，都是过程式的语言，也就是说，程序员要把问题的解决办法按步骤地告诉计算机。与之相反，声明式的语言要求程序员提供问题的目标，而不是问题的解决过程。声明式的语言会采用推理算法（inference algorithm）把解决问题所需的步骤推算出来。基于规则的系统，就属于声明式的程序。附录 C 将会讲述如何使用基于规则的系统来列举架构。

```
Architectures={}  %  该数组用来存放各种架构
NumberOfArchs=0%      统计架构数量所用的计数器
foreach val1 in EOR={yes,no}
 foreach val2 in earthLaunch={orbit,direct}
  foreach val3 in LOR={yes,no}
   ...
      foreach val9 in ImFuel={cryogenic,storable, N/A}
         %把当前这种架构添加到数组中，并递增计数器
       Architectures (Number OfArchs++)=[val1 val2...val9]
      end
   ...
  end
 end
end
```

图 16.16　用伪代码对阿波罗范例中的架构进行全因子排列

16.6.3　启发式的架构优化算法

在前几节中我们曾经说过，即便决策的数量相对较少，也依然有可能使架构空间的尺寸增长到数十亿种架构，这说明全因子排列法通常都是不现实的。在这些情况下，我们将会使用一种更为高效的算法来探索权衡空间中的架构。

早前我们说过，大多数架构优化问题都属于非线性且不光滑的组合优化问题。这意味着利用问题中的重要属性来进行探索的那些算法（例如基于梯度的算法和动态规划等），通常不适合解决这类问题。

因此，这类问题通常采用元启发式优化算法（例如遗传算法，genetic algorithm）来解决。元启发式（meta-heuristic）优化算法采用特别抽象且通用的启发式搜索技术（例如突变、交叉等）来进行优化，这些算法对当前所要解决的问题所具备的特性，不会做出太多的假设。于是，它们就显得非常灵活，因而可以用来解决各种各样的问题。启发式优化未必能找到全局最优的解，而且与其他一些组合优化技术相比，计算效率也会低一些[27]，不过它的优点是简单而灵活，并且能够有效地解决各类优化问题，尤其是那些在特征上与架构优化有关的问题，例如分类决策变量、多个非线性且不光滑的价值函数及约束规则等。本书选用这种算法作为解决架构优化问题的工具。

图 16.17 展示了一个通用的迭代式优化算法。该算法有三个模块：架构生成器或列举器、架构评估器，以及位于算法中心的搜索代理（search agent）。搜索代理会从枚举器和评估器中获取信息，并根据使用者所提供的方向和相关步骤，来决定接下来应该在权衡空间中的哪个区域内进行探索。

对于简单的全因子排列法来说，列举、评估及筛选（例如通过帕累托过滤来进行筛选）等任务之间，都有着清晰的界限，而对于那些在权衡空间中的某个部分进行搜索的算法来说，这三者之间的界限，则显得较为模糊。大部分优化或搜索算法对搜索方向所做的决策，都会与筛选架构及列举新架构这两项任务紧密地耦合起来。这些新架构并不是提前列举好的，而是算法在执行过程中，通过对现有架构运用启发式搜索技术实时计算出来的。因此，架构的数量会于运行过程中逐渐增加，在理想的情况下，这个数量应该会接近帕累托前沿中的架构数量。

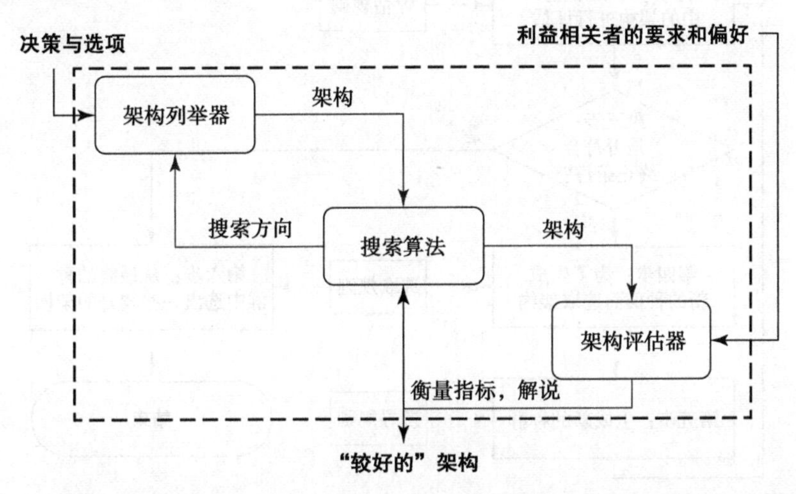

图 16.17　优化算法的常见结构。对于较小的权衡空间来说，是没有必要使用搜索函数的。优化算法会把所有的架构都列举出来，并对其进行评估，然后把非劣的架构挑选出来

16.6.4　基于种群的通用启发式优化

我们首先来看一种元启发式优化算法，也就是基于种群的（population-based）算法。在基于种群的算法中，每次迭代都要对一组架构同时进行演化及维护，而不是单单修改其中的某一个架构。对于架构优化问题来说，这么做是有好处的，因为架构优化问题的目标在于找到几种或几个系列的优秀架构，而不是只找到最好的那一个架构。图 16.18 是一张流程图，它描述了基于种群的搜索算法。

在基于种群的搜索算法中，搜索函数和列举函数由一系列负责选取及搜寻的算子（operator，操作器）或规则来充当。选取规则（selection rule）用来从种群中选出一个子集，算法将以该子集为基础，来构建下一个世代的架构种群。比如，可以设定一条较为直观的选取规则，那就是直接把位于非劣帕累托前沿中的那些架构选出来。这是一种精英式的（elitism）选取办法。实际上，如果能把某些稍显劣势的架构也选进去，那么会令架构种群变得更加丰富一些，从而产生质量更高、空缺更少的帕累托前沿。[28]

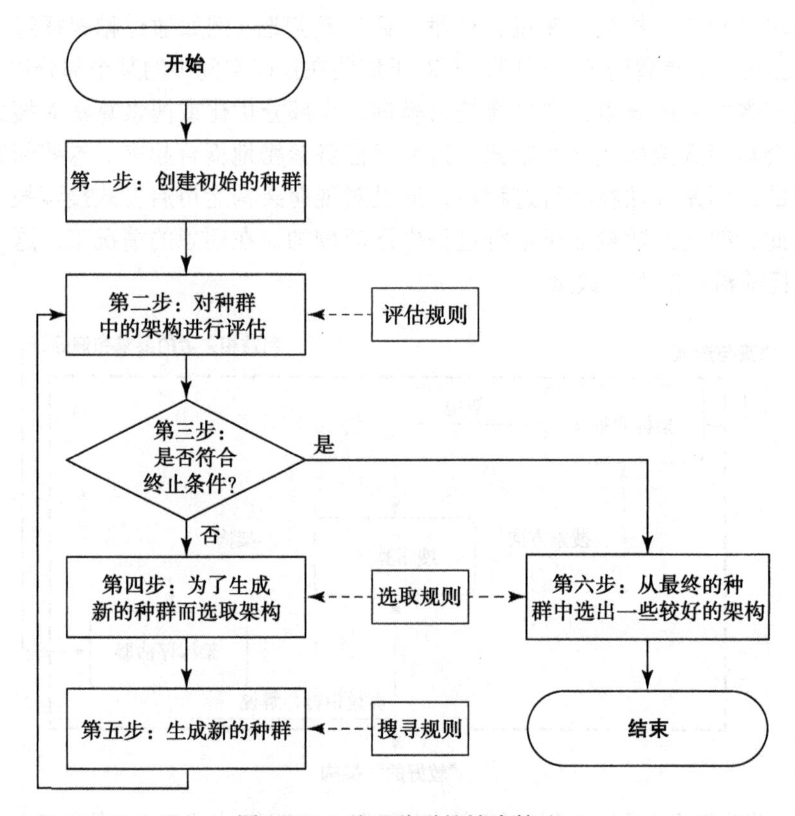

图 16.18　基于种群的搜索算法

然后，算法会根据一系列搜寻规则，从刚选出来的架构子集中提取信息，然后将其合并，以生成新的架构池。比如，对于遗传算法来说，它可以对这些架构进行某种突变操作，以产生新的架构，所谓突变，就是随机改变某个决策所选定的值。此外还可以对两个优秀的架构进行交叉操作，所谓交叉，是指把两个架构各自选取的选项值结合起来，以创建出一个或两个新的架构。

算法会根据一系列衡量指标（也就是图 16.18 中的评估规则）来对新的种群进行评价，然后循环往复，直到遇见了终止条件才会停下来（例如种群的世代数量已经达到了最大值）。

16.6.5　生成初始种群

要使用 16.6.4 节所描述的那个算法，必须要定义一个初始的架构种群，也就是说，我们必须对架构权衡空间进行采样。一种较为简单的采样方式，是生成一些随机架构。从数学角度来看，这需要我们获取一些随机数，然后将其转化为适用于架构决策的选项值。比如，对于不受限制的 DECISION-OPTION 问题来说，我们可以分别从每个架构决策所对应的各种选项值中随机选取一个值，而对于 DOWN-SELECTING 问题来说，我们则可以直接生成 N 个随机的布尔数（也就是其值只能取 0 或 1 的数）。

如果要解决的架构问题是带有约束规则的，那么生成随机架构的过程就会困难一些，因为我们必须确保随机生成的架构符合所有的约束规则。在约束规则比较少的情况下，有一种简单的解决办法，那就是把不符合规则的架构直接丢掉，然后不停地生成随机架构，直至架构数量符合期望的种群数量为止。然而对于约束较为严格的场合来说，这种办法就不太合适了，因为在那种情况下，随机生成的大多数架构，都是不符合规则的。于是，我们必须求助于一些更高级的技巧，也就是说，我们要么通过构造方式来确保随机生成的每一个架构都合乎规则，要么就对不合规则的架构运用修复算子（repair operator），将其转换为与原架构较为相似的合格架构。

最后要注意的是，在某些情况下，可能需要使采样过程出现偏转（bias），以便将其引领到我们感兴趣的区域内。假设现在要解决含有 10 个元素的 PARTITIONING 问题。这 10 个元素可以有超过 115000 种不同的架构方式，但其中有 88% 的架构都是由 4 个、5 个或 6 个子集所组成的。之所以会出现这种现象，是因为把 10 个元素分成 5 个子集的办法（超过 45000 种），要远远多于把 10 个元素分成两个子集的办法（511 种）。如果我们怀疑由两个或三个子集所组成的架构可能会在整个权衡空间中占优，那么最好是能够使采样过程出现转向，以确保在由两个或三个子集所构成的这些架构中，有相当多的架构都能够得到采样。为了实现这一点，我们可以首先根据架构的分布情况来进行初次采样，把子集个数符合预期的那些架构提取出来，然后再从这些架构中进行随机采样。

16.6.6　把某些固定的架构包含在初始种群中

有些人可能会认为，纯粹地进行随机采样，未必是对权衡空间进行采样的最佳方式。比如，我们可能想把少数几个特定的架构包含在初始的种群中。这些架构，可以称为“值得关注的架构”。尤其是在当前项目中有一两个可以用作基线的架构时，我们更是应该确保这几个架构总是会包含在初始种群中。

此外，我们也应该把位于架构空间“极点”（extreme point）处的那些架构包含进来。比方说，在解决 PARTITIONING 问题时，应该把单体式的架构和完全分布式的架构都包括在初始种群中，同理，在解决 ASSIGNING 问题时，也应该把渠道化的架构和完全互连式的架构包含在初始种群中。

在某些情况下，可以用试验设计理论中的确定性采样方案，来获取位于极点处的那些架构。拉丁超立方和正交矩阵就属于这样的方案[29]。本书虽然不打算详细讲解这些方案，但还是要提一下这些方案的主要思路，那就是：如果我们把架构表示成 N 维架构空间中的向量（vector，矢量），那么就可以把每种取值都会恰好出现一次的组合找出来，以便从该空间中选出一个架构子集（或者说向量子集）。假设现在有 3 个二元决策，我们未必要把它们所形成的 8 种架构全都列出来，而是可以只关注下面这个正交矩阵㊀中的 4 种

㊀ 请注意，正交矩阵中的正交，与代数意义上的正交（直交）有所不同，对于正交矩阵来说，其向量之间的标量积（scalar product，纯量积）未必是 0。

架构：[0, 0, 0]、[1, 1, 0]、[0, 1, 1] 和 [1, 0, 1]。如果我们只看第一和第二个决策，那么就会发现，这 4 种架构恰好涵盖了这两个决策之间的 4 种取值方式，也就是 [0, 0]、[0, 1]、[1, 0] 和 [1, 1]，而且每种取值方式都恰好对应于其中的一个架构。如果只观察第一和第三个决策，或是只观察第二或第三个决策，那么也可以发现同样的特征。从实用的角度来看，如果有 N 个决策，每个决策有 m 个选项，那么我们可以根据不同的采样量，把包含最优正交向量的那张表格预先计算出来。这样的表格习惯上用 $L_P(m^N)$ 表示，也就是说，该表格中含有 P 个相互正交的数组（$P<m^N$），每个数组的长度都是 N，数组中的每个元素，其取值都位于 1～m。比如，有 4 个决策，每个决策包含 3 个选项，那么我们就可以根据名为 $L_9(3^4)$ 的表格，把 81 种架构中那 9 种正交的架构找出来㊀。总之，一个良好的初始种群，应该要把下列三个方面的架构全都涵盖进来，它们分别是：值得关注的架构、位于极点区域的架构（例如通过试验设计所获得的架构）以及通过谨慎的随机采样而获得的架构（我们需要事先确定：架构空间中的特定区域到底应该受到多大程度的关注）。

16.6.7　通用的启发式和元启发式高效搜索

优化算法需要完成的基本功能有两个，一个是探索，另一个是开采（exploitation，开发）。在执行探索功能时，算法要在架构空间中寻找一些新的且值得关注的区域。而在执行开采功能时，则需要爬坡（hill-climbing），也就是要试着在某个值得关注的区域内寻找局部最优的架构。为了找到好架构，算法必须同时进行这两种操作。如果只开采而不探索，那么就有可能陷在局部最优的区域里出不来，而且有可能错失其他区域里某个更好的架构，反之，若是只探索而不开采，则会产生一些在局部区域内并非最优的架构。

从名称上来看，基于种群的优化算法有很多种。其中包括遗传算法的多个变种、粒子群优化（particle swarm optimization）算法、蚁群优化（ant colony optimization）算法、蜜蜂算法（bees algorithm，蜂群算法）以及和声搜索（harmony search，和谐搜索）算法等各种各样的算法 [30]。一般来说，这些算法都能够以某种方式进行探索和开采。

因此，我们在本章主要关注两种高级策略（或者说两种元启发式算法），这两种策略可以运用或适配到很多算法中，而且确实可以很好地解决各种各样的问题。这两种策略就是遗传算法 [31] 和局部搜索法（local search）。

16.6.8　遗传算法中的启发式策略

遗传算法起初是由 Holland 于 1975 年提出的 [32]。它的基本思路是通过交换双亲染色体中的遗传物质来模拟生物的进化过程，这种模拟是通过两个启发式策略来实现的，一个是交叉（crossover，杂交），另一个是突变（mutation，变异）。

㊀　此处我们是用正交矩阵来确定启发式优化算法所使用的初始种群，不过除此之外，系统工程的其他过程中也同样会用到正交矩阵。比如，在进行测试时，就会频繁地用到这种矩阵，尤其是当我们无法执行全因子测试的情况下，更应该使用正交矩阵来确定需要接受测试的子集。

算法的流程图画在图 16.18 中。首先要对初始的架构种群进行评估。然后从这些架构中选出一个子集，如果评价标准只有一个，那就根据这些架构的适合度（也就是向利益相关者体现价值的能力）来进行选择，若是评价标准有多个，则根据帕累托级别（Pareto ranking）进行选择。接下来，对选出的架构运用交叉和变异这两种启发式搜索策略，以生成下一代种群。该算法会反复执行这个过程，直至遇到终止条件。

在进行交叉时，要把选出的这些架构两两分组，针对每一组内的两个双亲架构，分别生成两个子架构，这两个子架构中的一部分遗传物质得自其中一个双亲架构（称为父架构），另一部分得自另外一个双亲架构（称为母架构）。

这两个新的子架构分别应该从父架构和母架构中的哪一部分获得遗传物质呢？有很多种办法都可以用来解决这个问题。其中最为简单的办法，称为单点交叉（single-point crossover），如图 16.19 所示。在进行单点交叉时，我们在染色体（也就是这一串决策）中随机选取一个点。第一个子架构对该点之前的那些决策所做的选择，全都与父架构相同，而对该点之后的那些决策所做的选择，则全都与母架构相同。第二个子架构与之相反，它对该点之前的那些架构所做的选择，全都与母架构相同，而对该点之后的架构所做的决策，则全都与父架构相同。

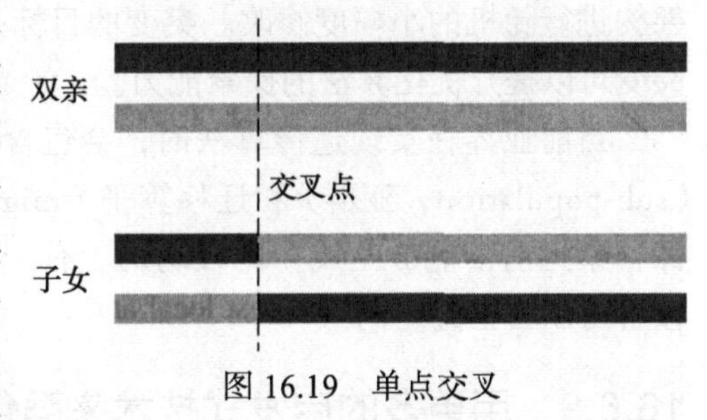

图 16.19　单点交叉

该策略有一些变种，其中一个变种是使用多个随机的交叉点（例如两点交叉，two-point crossover），另一个变种是随机地决定每个染色体片段是应该从父架构中选取，还是应该从母架构中选取（这叫做均匀交叉，uniform crossover）。

Holland 在他所写的那本遗传算法基础教材中说，算法的有效性取决于对染色体片段所进行的采样是否合适，这种采样称为 schema（纲要或模式，复数是 schemata 或 schemas）。现在来考虑长度为 N 的二元染色体，或者说，包含 N 个二元决策的 DOWN-SELECTING 问题。在这种情况下，schema 就是长度为 N 的串，该串中的每一个元素，都可以从 $\{0, 1, x\}$ 这个集合中取值，其中的 x 表示这个决策既可以选 0，也可以选 1。从概念上来看，schema 所表示的是具有共同特征的一组架构。比如，$[1, x, x, \dots, x]$ 这个 schema，就可以表示第一个决策选 1 的那 2^{N-1} 种架构。具体到 NEOSS 范例来说，这个 schema 就代表那些把第一个仪器（例如辐射计）送入太空的所有架构。同理，$[x, 1, x, x, 0, x, \cdots, x]$ 这个 schema，表示携带第二个仪器但不携带第五个仪器的所有架构。

遗传算法本质上是使用个体（也就是从具体的架构出发）来对 schema 空间进行采样的。每一个架构都可以视为 2^N 种 schema 中的一种。如果你觉得这么说不好理解，那么可以考虑一个简单的架构，例如 $[1, 1, 1, \cdots, 1]$。这样一个架构，既可以用 $[1, x, x, \cdots, x]$ 这个 schema 来表示，也可以用 $[x, 1, x, \cdots, x]$ 或 $[1, 1, x, \cdots, x]$ 等 schema 来表示。因此，总

共有 2^N 种 schema 可以描述这个架构。

好的 schema，就是那些其适合度比种群的平均适合度更高的 schema。一个 schema 的适合度，是指能够为该 schema 所涵盖的全部架构在适合度方面的平均值。由于交叉策略所要运用到的那些架构，正是根据适合度选取出来的，因此好的 schema 比不好的 schema 更容易受到算法的青睐。而且我们注意到，由交叉策略所生成的新架构，与其双亲架构之间有很多 schma 都是相同的，此外，子架构中还会出现一些新的 schema。这个现象可以定性地解释遗传算法为什么能够收敛到优秀的架构上：因为算法在进行交叉时更容易选取那些好的 schema，其中的某些 schema 会在子代架构中得到保留，同时子代还会体现出一些新的 schema。

除了交叉之外，遗传算法还有一种启发式搜索策略，叫做突变，也就是对一小部分架构进行随机的小幅度修改。突变的目标是减少算法陷入非最优区域的概率。换句话说，突变可以提升优化算法的探索能力。

当前业界在实现遗传算法时，会包含很多较为复杂的启发式搜索技术，例如子种群（sub-population，亚群）和迁移算子（migration operator）等，并且会采用某种机制来确保帕累托前沿能够生成得比较均匀。有一些专业书籍详细地描述了这些机制，感兴趣的读者可以去查阅它们。[33]

16.6.9　用更多的启发式技术来强化遗传算法

Holland 所表述的那种遗传算法主要依赖于交叉和突变技术，它是该算法最为原始的版本。我们可以向其中添加更多的启发式搜索技术，以便对本章早前讲过的那种基于种群的启发式算法进行改编。在这些启发式技术中，有一些可能与交叉和突变一样，是与具体领域无关的，而另外一些则有可能会用到具体领域内的一些知识。

还有一种与具体领域无关的启发式搜索技术，叫做禁忌搜索（Tabu Search），它会维护一份列表，以记录那些“不好的”schema。该方法的基本思路是使用这份列表来防止使其他算子移动到“不好的”区域，或是对那些算子所要进行的移动操作进行修正[34]。

我们也可以使用与特定领域相关的启发式搜索技术来强化遗传算法。对于 NEOSS 范例之中的仪器打包问题来说，我们在对元素进行分区时，不应该仅仅把它们视为抽象的元素，因为这些元素实际上是遥感仪器，例如雷达、激光雷达和辐射计等。在实际工作中，架构师应该会拥有大量的专业知识，他们应该会知道怎样在搜索过程中利用这些知识。比如，系统架构师可能知道雷达高度计与辐射计之间可以产生很好的协同效应，于是他们就明白：这些仪器最好能够放在同一颗卫星里。由于优化算法在某种程度上是依靠随机性来运作的，因此可能必须花费大量的时间，才能把那些应该放在一起的仪器找出来。

总之，在为基于种群的优化算法选择启发式搜索技术时，我们可以先从遗传算法所用的交叉技术和突变技术开始考虑，因为这两个启发式技术的效果都比较好，而且都很简单。在这两种技术的基础上，我们可以考虑再增加一些与具体领域无关的启发式技术，例如禁忌搜索技术等，此外，还可以增加一些与具体领域有关的技术，以便把与当前问题相关的专业知识运用到搜索过程中去。

因此，我们应该把自己所用的启发式搜索算法配置得丰富一些，使这些算法能够较好地解决各种系统架构优化问题。请注意，算法方面的这种多样化，与投资组合的多样化一样，也有可能受到稀释效应的影响。换句话说，良好的启发式算法所发挥出来的效果，其中有一部分会为效果不佳的启发式算法所抵消[35]。为了应对这种现象，我们一定要在工具中多做一层处理，以监测各种启发式算法的性能。比如，大家可以这样想：原来我们是把种群中的架构平均分配到各种启发式算法上，而现在则可以给性能较好的启发式算法多分配一些架构。对此有兴趣的读者，可以参考与超启发式算法和机器学习有关的资料[36]。

16.7　小结

本章展示了系统架构师在表述和解决系统架构优化问题时所用到的一套工具。我们首先谈了系统架构师所要完成的各项任务，例如将功能映射到形式，以及为系统选定某种分解方式等，这些任务都可以表述成架构优化问题。把实际的系统架构优化问题归结为数学公式，其过程并不是特别直观，因此，我们需要引入一些与决策有关的模式，并通过这些模式把架构师在表述系统架构问题时所经常遇到的那些状况总结出来。在这些模式中，有较为简单的 DECISION-OPTION 模式，也有较为复杂的 PARTITIONING 和 PERMUTING 模式。这些模式之间并不是毫无关联的，而是有着一些重叠，因为某些架构问题可以用多种模式来进行表述。

我们可以认为，由这些模式所构成的这个模式库，更加接近于实际的系统架构工作，也就是说，如果本章所总结出的这一套模式与架构师的心智模型较为接近，那么架构师就可以用这些模式来更加方便地展示系统架构问题，并对问题的分析结果进行解读。

然后，我们谈了怎样用启发式搜索来解决系统架构优化问题。如果有可能，我们可以对架构进行全因子排列，但由于各决策选项之间的组合方式一般来说都特别多，因此这种办法通常是不可行的。我们用过程式的嵌套循环，给出了一个简单的算法，此外，本书的附录 C 还会描述一种更为复杂的策略，那种策略是基于声明式编程的。

为了解决大型的系统架构优化问题，笔者描述了本书所选择的那种工具，也就是基于种群的启发式优化算法。我们讨论了怎样结合随机架构与固定架构来生成初始的架构种群。然后介绍了遗传算法以及两种与领域无关的启发式搜索技术，也就是交叉和突变，大多数架构优化问题，都可以运用它们来解决。最后我们又指出，架构师应当对这套启发式搜索技术加以定制，增添一些与领域有关的启发式搜索法（例如禁忌搜索），并采用针对特定领域的启发式技术来对与当前问题有关的专业知识进行运用。

16.8　参考资料

[1] 可参考：G.A. Miller, "The Magical Number Seven, Plus or Minus Two: Some Limits on Our Capacity for Processing Information," *Psychological Review* 63, no. 2 (1956): 81-97.

[2] D. Selva and E. Crawley, " VASSAR: Value Assessment of System Architectures Using Rules. " In Aerospace Conference, 2013 IEEE (Big Sky, MN: IEEE, 2013).

[3] NEOSS 范例是根据笔者对地球观测卫星系统所进行的大量工作而提出的。这方面的工作可以参阅：D. Selva, B.G. Cameron, and E.F. Crawley, " Rule-based System Architecting of Earth Observing Systems: The Earth Science Decadal Survey," *Journal of Spacecraft and Rockets*, 2014.

[4] 参见 D. Selva, "Rule-based System Architecting of Earth Observation Satellite Systems," PhD dissertation, Massachusetts Institute of Technology (Ann Arbor: ProQuest/UMI, 2012), pp. 172-188.

[5] C. Alexander, *A Pattern Language: Towns, Buildings, Construction* (Oxford University Press, 1977).（《建筑模式语言》）

[6] E. Gamma, R. Helm, R. Johnson, and J. Vlissides, *Design Patterns: Elements of Reusable Object-Oriented Software* (Addison-Wesley Professional, 1994).

[7] 对模式及其风格的广泛讨论，可以参考：F. Bushmann, R. Meunier, and H. Rohnert, *Pattern-oriented Software Architecture: A System of Patterns* (New York: Wiley, 1996)（《面向模式的软件架构》《面向模式的软件体系结构》）或 M. Fowler, *Patterns of Enterprise Application Architecture* (Addison-Wesley Professional, 2002).（《企业应用架构模式》）

[8] 请注意，在其他资料中，架构"模式"与架构"风格"是当作同义词来使用的，两者都是指在很多问题中经常遇到的那些结构。而本书所采用的定义与它们不同，笔者用"模式"这个词来指代常见的问题结构，而用"风格"这个词来指代解决方案。可参考：N. Rozanski and E. Woods, *Software Systems Architecture* (Reading, MA: Addison-Wesley, 2012).（《软件系统架构》）

[9] 例如可以参考：M. Ehrgott and X. Gandibleux, " A Survey and Annotated Bibliography of Multiobjective Combinatorial Optimization," *OR Spectrum* 22 (November 2000): 425-460.

[10] 各种 AUV 架构的信息可查阅 http://oceanexplorer.noaa.gov/ 及 http://auvac.org/ 网站。

[11] Facebook 宣布该公司打算在 2014 年部署一个由 11000 架无人机所构成的网络，以便向非洲提供互联网服务。

[12] 改编自：S.P. Ajemian, "Modeling and Evaluation of Aerial Layer Communications System Architectures," Master's thesis, Engineering Systems Division, Massachusetts Institute of Technology, 2012.

[13] 例如可以参考：D. Ferrucci, A. Levas, S. Bagchi, D. Gondek, and E.T. Mueller, " Watson: Beyond Jeopardy! " *Artificial Intelligence*, 2013, 199-200, 93-105. doi:10.1016/j.artint.2012.06.009.

[14] 可参考：Schäfer's dissertation: U. Schäfer, " *Integrating Deep and Shallow Natural Language Processing Components: Representations and Hybrid Architectures*, " Universitat des Saarlandes, 2007.

[15] 可参考：J.H. Holland, *Adaptation in Natural and Artificial Systems* (Cambridge, MA: MIT Press,

1992).

[16] 例如可以参考：the authors' VASSAR formulation: D. Selva, and E. Crawley, "VASSAR: Value Assessment of System Architectures Using Rules." In Aerospace Conference, 2013 IEEE (Big Sky, MN: IEEE, 2013).

[17] 可参考：A. Dominguez-Garcia, G. Hanuschak, S. Hall, and E. Crawley, "A Comparison of GN&C Architectural Approaches for Robotic and Human-Rated Spacecraft," AIAA Guidance, Navigation, and Control Conference and Exhibit, 2007, pp. 20-23.

[18] 可参考：N. Suh, "Axiomatic Design Theory for Systems," *Research in Engineering Design* 10, no. 4 (1998): 189-209.

[19] 顺便说一句，由 m 个元素所构成的集合，其子集数恰好为 k 的分区方式数量，可以由第二类斯特灵数（Stirling number）来确定，于是，只要针对 k 的各种取值分别计算其第二类斯特灵数的值，并把这些值加起来，即可得到该集合的分区方式总数，这个总数称为贝尔数（Bell number）。组合数学的教科书中都能找到这些数的求值公式。例如可以参考：R. Grimaldi, *Discrete and Combinatorial Mathematics: An Applied Introduction* (Addison-Wesley, 2003), pp. 175-180. 此外，大多数整数数列都可以从在线的整数数列百科全书网站中查到：http://oeis.org。

[20] 对单体架构与分布式架构的地球观测卫星（包括 Envisat）所进行的讨论，请参见：D. Selva and E. Crawley, "Integrated Assessment of Packaging Architectures in Earth Observing Programs," in Aerospace Conference, 2010 IEEE (Big Sky, MN: IEEE, 2010), pp. 3-12.

[21] 对 Metop 任务和那个敏感探测器的详情感兴趣的读者，可以参阅：D. Blumstein, "IASI Instrument: Technical Overview and Measured Performances," *Proceedings of SPIE* (Spie, 2004), p. 19.

[22] 可参考：M. Chiang and M. Yang, M. "Towards Network X-ities from a Topological Point of View: Evolvability and Scalability," 42nd Annual Allerton Conference on Communication, Control and Computing, 2004.

[23] 可参考：N.S. Haverty, "MIL-STD 1553—A Standard for Data Communications," *Communication and Broadcasting* 10 (1985): 29-33.

[24] 可参考：N.C. Strole, "The IBM Token-Ring Network—A Functional Overview." *Network*, IEEE 1.1 (1987): 23-30.

[25] 可参考：K.W. Matthee et al., "*Bringing Internet Connectivity to Rural Zambia Using a Collaborative Approach*," . International Conference on Information and Communication Technologies and Development, 2007. ICTD 2007 (IEEE, 2007).

[26] 有一些教材更加详细地讲解了基于方法的架构优化问题求解方式，可参考：G. Parnell, P. Driscoll, and D. Henderson (Eds.), *Decision Making in Systems Engineering and Management* (Wiley, 2011) 或 D.M. Buede, *The Engineering Design of Systems: Models and Methods* (Wiley, 2009).

[27] 常见的组合优化算法包含分支界限法（branch and bound）、割平面法（cutting plane）、近似算法（approximation algorithm）、网络优化算法（network optimization algorithm）及动态规划

（dynamic programming）等。有很多教材都详细地介绍了这些技巧。比如，可以参阅 A. Schrijver, *Combinatorial Optimization* (Springer, 2002), p. 1800 或 D. Bertsimas and R. Weismantel, *Optimization over Integers* (Belmont, MA: Dynamic Ideas, 2005).

[28] 可参考：K. Deb, A. Pratap, S. Agarwal, and T. Meyarivan, " A Fast and Elitist Multiobjective Genetic Algorithm: NSGA-II," *IEEE Transactions on Evolutionary Computation* 6, no. 2 (2002): 182-197. doi:10.1109/4235.996017

[29] 对试验设计中的其他技巧所做的介绍，请参见：F. Pukelsheim, *Optimal Design of Experiments* (SIAM, 2006).

[30] F. Glover and G.A. Kochenberger, *Handbook in Metaheuristics* (New York: Kluwer Academic Publishers, 2003) 很好地讲解了各种元启发式算法。

[31] F. Glover and G.A. Kochenberger, *Handbook in Metaheuristics* (New York: Kluwer Academic Publishers, 2003) 更详细地讨论了启发式与元启发式算法。该书还讨论了超启发式算法，也就是用来在启发式算法之间进行选择的启发式算法。

[32] 可参考：J.H. Holland, *Adaptation in Natural and Artificial Systems*, 2nd ed. (Cambridge, MA: MIT Press, 1992).

[33] 例如可以参考：D.E. Goldberg, *Genetic Algorithms in Search, Optimization, and Machine Learning* (Addison-Wesley Professional, 1989) 或 K. Deb, A. Pratap, S. Agarwal, and T. Meyarivan, " A Fast and Elitist Multiobjective Genetic Algorithm: NSGA-II," *IEEE Transactions on Evolutionary Computation* 6, no. 2 (2002): 182-197.

[34] 禁忌搜索法首先是作为一种独立的元启发式算法，由 Fred Glover 在 F. Glover, " Tabu Search—Part I," *ORSA Journal on Computing* 1, no. 3 (1989): 190-206 与 F. Glover, "Tabu Search: Part II," *ORSA Journal on Computing* 2, no. 1 (1990): 4-32 中引入的。也有人研究了该技术在遗传算法中的运用。请参见：F. Glover, J.P. Kelly, and M. Laguna, " Genetic Algorithms and Tabu Search: Hybrids for Optimization," *Computers & Operations Research* 22, no. 1 (1995): 111-134.

[35] NEOSS 情境中的范例，请参见：D. Selva, " Experiments in Knowledge-intensive System Architecting: Interactive Architecture Optimization. " In 2014 IEEE Aerospace Conference, Big Sky, Montana.

[36] E. Burke, G. Kendall, J. Newall, and E. Hart, " Hyper-heuristics: An Emerging Direction in Modern Search Technology." *In Handbook of Metaheuristics*, Springer US, pp. 457-474.

附录 A　根据所选的架构集来计算衡量指标对决策的敏感度

第 15 章介绍了衡量指标（metric）对决策（decision）的敏感度。敏感度（sensitivity）是个数值，可以告诉我们某项指标对某个决策的敏感程度，换句话说，它可以告诉我们，假如某个决策选取了其他的选项值，那么该指标的平均变化幅度会有多大。当时我们给出了两个计算敏感度的公式。第一个公式是基于主效应（main effect）而拟定的，该公式只适用于二元决策：

$$\text{Main effect(Decision } i\text{, Metric } M) \equiv \frac{1}{N_1}\sum_{\{x|x_i=1\}} M(x) - \frac{1}{N_0}\sum_{\{x|x_i=0\}} M(x)$$

公式中的 N_0 和 N_1，分别表示 $x_i=0$ 的架构数量和 $x_i=1$ 的架构数量。

第二个公式把这个概念推广到选项数量大于 2（也就是 $k>2$）的决策上：

$$\text{Sensitivity (Decision } i\text{, Metric } M) \equiv \frac{1}{|K|}\sum_{k\in K}\left|\frac{1}{N_{1,k}}\sum_{\{x|x_i=k\}} M(x) - \frac{1}{N_{0,k}}\sum_{\{x|x_i\neq k\}} M(x)\right|$$

公式中的 K 是由决策 i 的各个选项所构成的集合，$N_{0,k}$ 与 $N_{1,k}$ 分别表示 x_i 不选 k 的架构数量与 x_i 选 k 的架构数量。

要使用这两个公式，就必须先确定出一套有待研究的架构，也就是 $\{x\}$。这个集合中的架构选得不同，这两个公式所产生的结果可能也不相同。接下来我们将用数值方面的几个例子，来验证这种说法。

现在请考虑图 1 中的范例数据集。本例包含 3 个决策，每个决策有两个选项，它们分别是：D1＝{Y, N}、D2＝{1, 2}、D3＝{A, B}。此外还有两个衡量指标，分别是 M1 和 M2。

D1	D2	D3	M1	M2
Y	1	A	1	120
Y	1	B	5/6	115
Y	2	A	7/6	130
Y	2	B	1	125
N	1	A	2/3	20
N	1	B	1/2	15
N	2	A	5/6	30
N	2	B	2/3	25

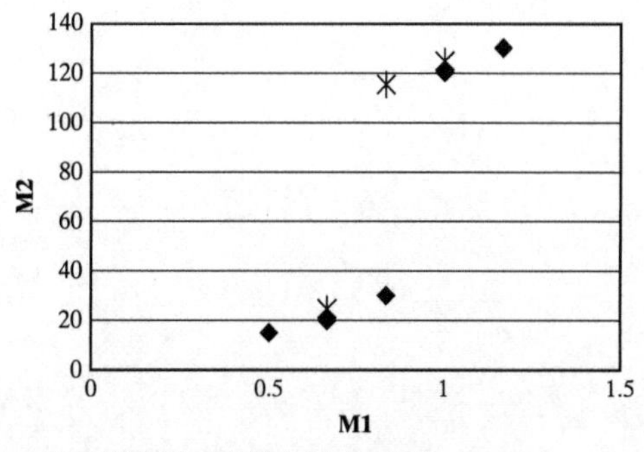

图 1　范例数据集：数值数据与权衡空间坐标图

在该图所列出的这 8 个架构中，有 5 个架构是非劣的（non-dominated）架构。

现在我们分别选用两套架构来计算这三个决策与这两个衡量指标所产生的主效应，一套架构是整个权衡空间中的所有架构，另一套架构是位于帕累托前沿中的那些架构。表 1 给出了计算结果。

表 1　用权衡空间中的所有架构与帕累托前沿中的那些架构，来分别计算这三个决策与这两项衡量指标所产生的主效应

	整个权衡空间		帕累托前沿	
主效应	M1	M2	M1	M2
D1	0.33	100.00	0.42	103.33
D2	−0.17	−10.00	−0.28	−28.33
D3	0.17	5.00	0.17	5.00

如果采用整个权衡空间进行计算，那么指标 M1 和决策 D1 所形成的主效应就是 0.33，从绝对值上来看，这个主效应要比该指标同决策 D2 及决策 D3 所形成的主效应更大，后两者的绝对值都是 0.17。因此，我们可以说 M1 对 D2 和 D3 的敏感度是相同的。但是，如果只采用帕累托前沿中的架构来进行分析，那么指标 M1 和决策 D2 所形成的主效应就变成了 -0.28，其绝对值大于 M1 和决策 D3 所形成的主效应，也就是 0.17。由此可见，对于帕累托前沿中的那些架构来说，指标 M1 对决策 D2 的敏感程度，要比对决策 D3 的敏感程度高一些。

这意味着，对权衡空间中的所有架构进行分析时，指标 M1 对决策 D2 和决策 D3 的敏感度是相同的，但是，如果只考虑其中较好的那些架构，那么该指标对 D2 的敏感度，实际上就要比对 D3 的敏感度大一些。

因此，正如第 15 章所说的那样，进行敏感度分析时所选的那些架构一定要尽量贴近我们的目标。

附录 B　聚类算法及其在系统架构中的运用

聚类（clustering，分组、分群）是一项总体的任务，它要把集合中的元素分割或分解成多个子集或类别，也可以反过来说：聚类是把多个元素小组聚集成模块。聚类在系统架构中发挥着中心作用，这一点，我们已经在整本书中反复强调过了。第 8 章和第 13 章都曾说过，为系统选定一种分解方式，是个至关重要的架构决策，而选定分解方式，实际上就等于完成一项聚类任务。第 15 章解释了如何用聚类算法在权衡空间中寻找最优的决策顺序。本书最后的第 16 章所展示的 PARTITIONING 问题，可以视为聚类问题，那一章所提到的 CONNECTING 问题也是如此。这篇附录将简要地描述一些特别常见的算法，这些算法可以用来完成与聚类有关的任务。此外，还有很多教材对机器学习和数据挖掘做了很好的介绍，对这两个学科来说，聚类技术是其中的关键话题 [1]。

B.1　通用的聚类算法

首先我们来讲通用的聚类算法。聚类算法有两种主要类型，一种是基于质心的聚类算法，另一种是分层聚类算法。

在基于质心（centroid，图心）的聚类算法中，K-means（K- 平均）是较为简单且常见的一种算法。要使用 K-means 算法，首先必须拥有特定空间中的一系列元素，而且要把衡量距离所用的指标确定下来（例如可以根据 R^2 及欧几里得距离来衡量），我们现在需要把这些元素分成 K 个聚类。K-means 算法会通过反复完善这 K 个聚类的质心来实现其功能。首先，它会从集合中随机选取 K 个元素，以此来确定刚开始的 K 个质心。然后，它把每个元素分配到离其最近的那个质心。这样就把第一轮的 K 个聚类确定下来了。然后，算法会计算每个聚类中各元素的平均值，并据此对质心的位置进行更新，然后再次执行分配，以产生新一轮的聚类。此后，算法会反复迭代，直到前后两轮之间所生成的聚类已经没有区别为止。

分层（hierarchic，层次化的）聚类算法也是一种非常简单的算法，而且不需要预先确定 K 个聚类。该算法一开始会把每个点都视为单独的聚类，这使得每个聚类中都只包含一个点。然后，采用特定的距离函数，把距离“最近”的两个聚类合并成一个聚类。这个距离函数可以采用各种方式来判定距离，例如，可以根据两个聚类中的采样点来计算平均的欧几里得距离。此外，还可以使用其他一些度量标准（例如曼哈顿距离）和连接度标准（例如采用最小或最大距离来判断，而不采用平均距离）进行计算。

K-means 与分层聚类算法是两种最常见的聚类算法，但并不是说除此之外就没有其他算法了。尤其要指出的是，遗传算法等启发式的算法，通常也可以用来解决聚类问题 [2]。聚类是个很吸引人的研究领域，新算法会持续不断地涌现出来 [3]。

B.2　寻找最优的系统分解方式

聚类算法可以用来寻找系统的最佳分解方式。要执行这项任务，就需要先拥有一系列的元素，以及一种能够对两个元素之间的交互情况进行定量评价的机制，例如我们可以用 C_{ij} 形式的连接度矩阵（connectivity matrix）来进行评价。更准确地说，给定一个含有 N 个元素的集合，则 C_{ij} 就是 $N \times N$ 的设计结构矩阵（DSM)，该矩阵里的每个值都是非负的整数，用来表示元素 i 与元素 j 之间的交互情况。然后，算法会找出这些元素的聚类方式 x^*，这种聚类方式能够尽量增加每一个聚类内部的各元素之间所进行的总体交互情况，同时又能尽量减少各聚类之间的总体交互情况。为了防止算法所找出的解决方案包含数量过少或数量过多的聚类，我们可以引入罚分机制，如果某种聚类方式中的聚类数量与期望值差得比较远，那么就给该方式扣掉较多的分数。

$$x * = \min_{x} \sum_{i=1}^{N} \sum_{j=1, j \neq i}^{N} (1 - \delta_{x_i - x_j}) \cdot C_{ij} - \lambda \sum_{i=1}^{N} \sum_{j=1, j \neq i}^{N} \delta_{x_i - x_j} \cdot C_{ij} + \gamma \left(\frac{N_{\text{cluster}}}{\frac{N}{2}} - 1 \right)^2$$

$$\delta_{x_i - x_j} = \begin{cases} 1, x_i = x_j \\ 0, x_i \neq x_j \end{cases}$$

公式里的 N_{cluster} 代表分解方式中的聚类数量。有一种简单的算法能够解决该问题，那就是先随机生成一种聚类方式，然后 把元素从某个聚类移动到另一个聚类中，如果新的聚类方式比较好，那么就根据特定的概率来选择是否接受这种新的方式，此做法与模拟退火（simulated annealing）算法较为相似，有时称作 IGTA 算法 [4]。还有一些基于遗传算法的办法，也能够用来解决这个问题 [5]。请注意，这些算法的很多种实现方式，都可以在网上查到 [6]。

图 2 演示了用遗传算法对含有 10 个元素的随机 DSM 进行聚类所得到的结果，该算法是根据刚才那个目标函数进行计算的。值得注意的是，由于元素之间的交互情况不出现负值（也就是说，连接度矩阵中的所有单元格都是非负的)，因此寻找最优的分解方式所得到的聚类数量，就极大地依赖于 γ 和 λ 参数的取值。在 γ 参数较大的情况下，本算法所找到的这种最优解决方案，会把 2、3、4、6、7、9 这六个元素划分到同一个聚类中，并把剩下那四个元素分别划分到 4 个不同的子集中。

如果允许元素之间的交互情况取负值，那么这个问题就变得更有意思了。图 3 演示了算法在允许出现负相互作用时所求得的结果，我们可以看到，即便 γ 参数的取值很小，算法也依然会把负相互作用较强的那些元素分隔开。

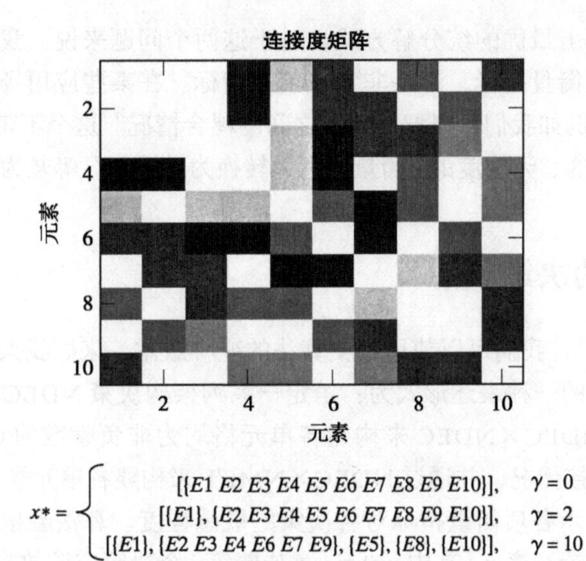

$$x^* = \begin{cases} [\{E1\ E2\ E3\ E4\ E5\ E6\ E7\ E8\ E9\ E10\}], & \gamma = 0 \\ [\{E1\}, \{E2\ E3\ E4\ E5\ E6\ E7\ E8\ E9\ E10\}], & \gamma = 2 \\ [\{E1\}, \{E2\ E3\ E4\ E6\ E7\ E9\}, \{E5\}, \{E8\}, \{E10\}], & \gamma = 10 \end{cases}$$

图 2　对随机生成的 DSM 运用遗传算法，以找出最优的聚类方式。上方的图用不同的色彩演示了这个随机生成的连接度矩阵，两元素之间的耦合越紧密，其单元格的颜色也就越深。图的下面列出了三种最优的聚类方式，它们是根据 γ 参数的 3 种取值分别计算出来的，该参数用来对聚类数量偏离期望值的聚类方式进行罚分。本例将 λ 参数设为 0.5

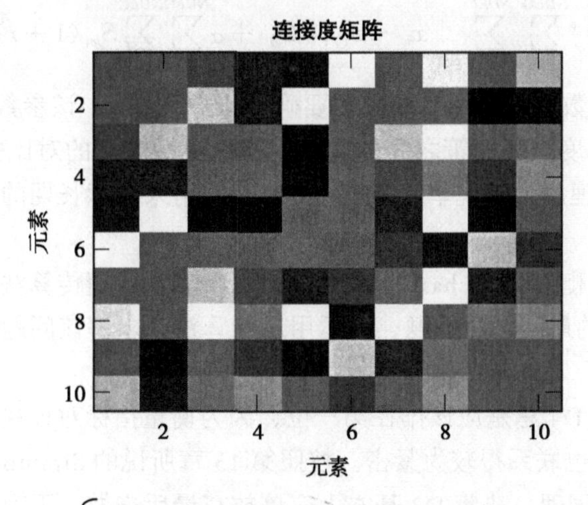

$$x^* = \begin{cases} [\{E1\ E3\ E4\ E5\ E7\ E9\}, \{E2\ E6\ E8\ E10\}], & \gamma = 0 \\ [\{E1\ E3\ E4\ E5\ E7\ E9\}, \{E2\ E6\ E10\}, \{E8\}], & \gamma = 6 \\ [\{E1\ E4\ E5\ E7\ E9\}, \{E2\ E10\}, \{E3\}, \{E6\ E8\}], & \gamma = 10 \end{cases}$$

图 3　在元素之间可以有负相互作用的情况下计算出来的最佳聚类方式。黑色的单元格，表示元素之间的正相互作用较强，而白色的单元格，则表示元素之间的负相互作用较强。灰色的单元格（例如位于对角线上的那些单元格）表示元素之间不发生交互

刚才那两个问题，都是为了举例子而设置的“玩具问题”，它们演示了怎样用聚类算

法来寻找在某种程度上最优的统分解方式。对于这两个问题来说，我们为了判定架构的最优性而选取的那些衡量指标，都是非常简单的指标。在某些应用场景下，或许应该采用复杂一些的指标，例如我们可以把“元素之间的耦合情况”这个不带计量单位的（non-dimensional，无量纲的、无维度的）衡量指标，转换为“成本”等较为实际的衡量指标。

B.3　寻找最优的决策顺序

正如第 15 章所说，我们可以使用聚类算法的变种版本，来寻找架构决策之间的最佳顺序。决策顺序问题的一种表述形式为：给定一系列架构决策 NDEC 以及一系列衡量指标 NMET[⊖]，通过 NDEC×NDEC 来构建各单元格均为非负整数的 C_{ij} 矩阵，矩阵里的值表示决策之间的连接情况，并通过 NDEC×NMET 来构建各单元格均为非负整数的 S_{im} 矩阵，矩阵里的值表示各项衡量指标对各决策的敏感程度。算法会根据上述这三条输入数据，来寻找一种决策顺序 x（其中 $x(i)=j$ 意味着第 i 个决策应该放在第 j 个位置上来制定），这种顺序能够尽量缩减决策之间的连接程度，使得我们无需在同一时间做出过多的决策，同时还能把敏感度较低的决策尽量安排在决策过程的后期。更准确地说，决策顺序问题可以表述成下列公式：

$$x^{*}=\min x\sum_{i=1}^{NDEC}\sum_{j=1,j\neq i}^{NDEC}\mid x_i-x_j\mid\cdot C_{ij}+\alpha\sum_{i=1}^{NDEC}\sum_{m=1}^{NDEC}S_{im}(1+r)^{x_i}$$

在刚才这个目标函数中，有两个参数需要确定，一个是 α，该参数大于等于 0，用来表示指标对决策的敏感度与各决策之间的连接度在重要性方面的对比关系，另一个是 r，该参数大于 0，它可以理解为折现率（discount rate），用来表示长期的决策与短期的决策哪一个更为重要。

该问题可以用随机爬山（stochastic hill climbing）算法或遗传算法来解决。我们随机生成了含有 10 个决策的最佳顺序问题，并运用遗传算法来求解该问题，图 4 演示了算法所给出的结果。

该算法认为，决策 D4 总是应该排在第一位，因为衡量指标对该决策较为敏感，而且该决策与其他决策之间也联系得较为紧密。按照第 15 章所说的 Simmons 框架来分析，该决策属于第 I 类决策。同理，决策 D3 基本上应该放在最后来做，因为衡量指标对该决策不敏感，而且该决策与其他决策之间的耦合度也较低，在 Simmons 框架中，这个决策属于第 IV 类决策。至于第 II 类决策和第 III 类决策之间的先后顺序，则与参数的取值有着很大关系，也就是说，这两类决策谁先谁后，要看敏感度与耦合度之间的权重谁大谁小。比如，D7 虽然是个敏感度较低的决策，但是它与敏感度较高的决策之间有着较为紧密的

⊖ DEC 和 MET 分别是决策（Decision）和指标（Metric）的前三个字母。——译者注

耦合关系，因此，除非 α 的值特别大，否则算法总是会把这项决策与敏感度较高的那些决策一起安排在整个决策过程的前期。

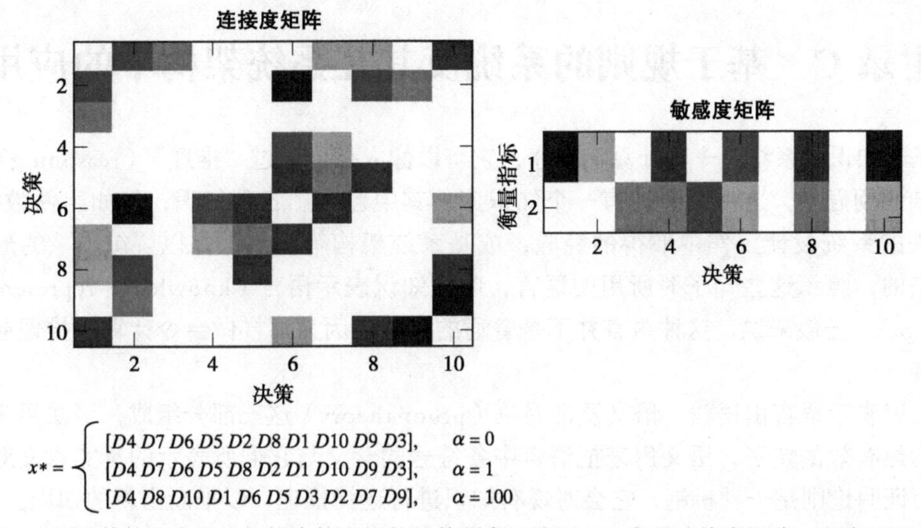

图 4　用遗传算法来寻找架构决策之间的最佳顺序。该图左上角是连接度矩阵，它演示了决策之间的耦合情况，耦合越密切，单元格的颜色就越深。该图右上角是敏感度矩阵，它演示了各项衡量指标对各决策的敏感程度，敏感度越高，单元格的颜色就越深。下方给出了三个最佳决策顺序，它们分别是根据三种不同的 α（alpha）取值计算出来的，这个 α 参数，用来表示敏感度与连接度这两个方面哪一个更加重要

这个例子与前面那几个例子一样，也是特别简单的，这尤其体现在它对敏感度和连接度所做的建模，以及它所使用的目标函数上。不过，该例所讲述的原则，却同样适用于实际工作中遇到的那些大规模架构问题。

附录 C　基于规则的系统及其在系统架构中的应用

基于知识的系统是一种计算机程序，它可以像人那样通过“推理”（reasoning）来解决复杂的问题[7]。这种系统拥有一个知识库，其中包含了各种知识，例如组件数据库、从过去的系统设计工作中取得的经验，或是系统架构等。知识是以“句子”的形式组织起来的，组织这些句子时所用的语言，叫做知识表示语言（knowledge representation language）。一般来说，这种语言并不是普通的英语，因为那样做会令计算机推理起来非常困难。

知识表示语言由语法、语义及证明论（proof theory）这三部分组成，语法用来描述怎样构建有效的句子，语义用来把语言中各符号的含义与它们所表示的真实意义对应起来，而证明论则是一种机制，它会对现有知识进行逻辑推理，以推断出新的知识。比如，命题逻辑（propositional logic）就是一种非常简单的语言，它采用 X、Y、Z 等符号来表示完整的事实，例如“该系统的可靠性大于 0.99”或“本系统由三个串连的组件构成”等，这些事实要么是真，要么是假。通过 AND 及 OR 等 Boolean 操作符把这些符号合并起来，即可创建出有效的句子，例如 X AND Y OR Z。

知识表示语言也具备推断机制，可以根据数据库中的现有知识，来推导新的知识。比方说，在数理逻辑中就有这样一条推理规则：“若 p 蕴含 q，且 p 为真，则可推出 q 亦为真”[8]。

基于知识的系统通常归类到逻辑编程语言中，例如 Prolog 语言等。其中，基于规则的系统又称为生产式系统（production system），其代表语言有 CLIPS 等；框架系统和语义网络的代表语言，有 OWL 等；描述逻辑系统（description logic system）的代表语言有 KL-ONE 等。本附录专门讲解基于规则的系统，因为它们能够很好地帮助系统架构师完成某些任务，例如对协同效应及干扰效应等涌现行为进行模拟，或是对架构进行自动列举等。有很多优秀的书籍都在讲解基于知识的系统，感兴趣的读者可以参考其中的一本[9]。

C.1　基于规则的系统

基于规则的系统是一种基于知识的系统，它用列表来表示短期的知识，列表中的每一项，都是一个由属性（attribute）和属性值（value）所构成的值对，用来代表某个事实，同时，它用逻辑规则（IF-THEN 语句）来表示长期的知识。规则的左侧（Left-Hand Side，简称 LHS）包含一份条件列表，其中的每个条件，都会提到一项或多项事实，而右侧（Right-Hand Side，RHS）则包含一份动作列表，可以用来增加事实，也可以对现有事实进行修改或删除。

基于规则的系统使用 Rete 算法来进行正向推理 [10]。它首先用一系列规则和一系列初始的事实来对知识库进行初始化，然后该算法会对知识库中的事实进行整合，它每次只要发现规则的所有条件都得到满足，就会创建出一条活动记录（activation record）。在每一次的迭代过程中，算法都会选择一条活动记录，并执行相应规则中动作。这个过程会反复执行，直到没有活动记录为止⊖。图 5 演示了这个算法。

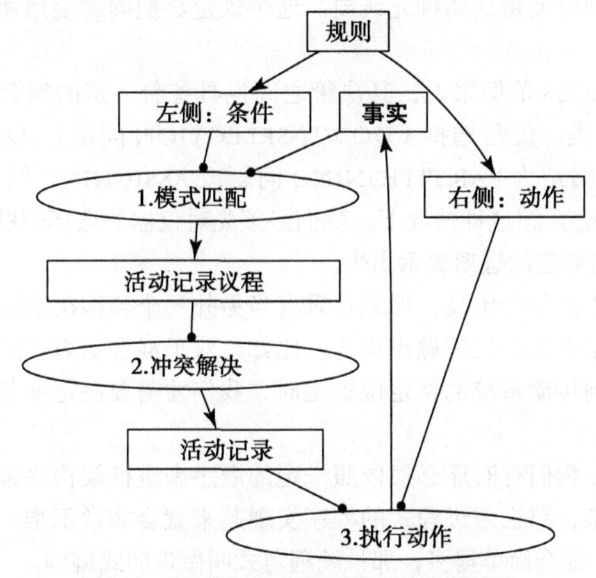

图 5　基于规则的系统所使用的推理算法

对基于规则的系统所做的研究，始于 20 世纪 60 年代的 Newell 及 Simon[11]。20 世纪 70 年代的 Buchanan 和 Feigenbaum[12] 继续研究了这一领域。到了 20 世纪 80 年代，基于规则的系统已经是一项成熟的技术了，它可以运用在医药、工程及财务等多个学科中 [13]。

本附录的其余部分，将会简要地讲解怎样用基于规则的系统来列举并评估架构。如果读者想更为详细地了解这些方面，那么请参考由笔者所写的相关文章 [14]。

C.2　声明式的架构列举

第 16 章讲解了一个可以对架构进行全因子排列的简单算法，它是根据简单的嵌套循环而写成的。计算机科学家把这种简单的算法称为命令式程序或过程式程序。这意味着

⊖ 与正向推理（forward chaining）算法相反的是逆向推理（backward chaining）算法，那种算法会寻找与规则中的动作相匹配的事实，并对条件做出假设。它能够利用数据库的知识，根据目标状态找到初始状态，并使系统可以从这个初始状态走向目标状态。

此类算法中含有一套按步骤来解决某个问题（例如架构列举问题）的过程。对于已经解耦的问题来说，这个办法是很好用的，在已经解耦的问题中，要么所有的决策都是同一种类型（例如全都是DECISION-OPTION决策或ASSIGNING决策），要么就是这些决策之间没有耦合关系。

然而，上述这些条件经常都是无法得到满足的，因此，用命令式的程序来列举架构，有着一定的困难。比如，对于第16章所讲的那个空中网络来说，如果要把对无线电的类型所做的决策与其他决策相解耦，那么必须规定架构只能使用A类无线电和B类无线电中的一种，而不能同时使用这两种无线电。这个规定会把同时使用两种无线电的架构排除掉。

同理，对于NEOSS范例来说，其决策之间也具备着一定的耦合关系。该范例中的决策可以分为三大类：仪器选择（DOWN-SELECTION问题）、仪器打包（根据所选的表述方式，可以归结为PARTITIONING问题或ASSIGNING问题）以及卫星调度（PERMUTING问题）。在这种情况下，我们必须先对仪器的选择问题做出决策，然后才能把仪器打包问题所对应的选项表示出来。

还有一种情况也经常会出现，那就是只有当另外一个架构决策选择了特定的选项值时，我们才需要对某个架构决策做出决定。比如，对于混合动力车的架构来说，只有当决定把内燃机连接到传动系统的特定位置上时，我们才需要决定哪些车轮应该由内燃机来驱动。

更为宽泛地说：我们有时还必须依照一定的顺序来进行架构决策。如果与决策顺序有关的约束比较复杂，那么用过程式的程序实现起来就会非常困难，但若是改用另外一种编程范式来表达，则会简单得多，那种编程范式叫做声明式编程。

用声明式的编程语言来写程序时，我们所要指定的内容并不是解决问题所需的那些步骤，而是以规则或约束的形式表达出来的一些条件和目标。声明式的语言拥有一种推理算法，解决问题所需的步骤，会由这个推理算法来指定。基于规则的系统和约束编程（constraint programming）都属于声明式的程序，可以用来解决较为复杂的架构列举问题。

基于规则的系统，可以用一种相当高效且特别优雅的方式来对架构进行列举。比如，如果有一个由N个元素所构成的DOWN-SELECTING问题，而且该问题后面又跟着一个元素数量为m的PARTITIONING问题（这m个元素都是从原有的那N个元素中选出来的，现在要把它们分成k个子集，$m \leqslant N$且$1 \leqslant k \leqslant m$），那么只需要使用表2中的这两条规则，就能把所有的架构全都列举出来。

实际上，使用早前讲述的那些模式，我们通常只需要针对每类决策使用一条规则，就可以把任意的架构权衡空间列举出来。比如，对于第四部分所讲的那个制导——导航——控制（GNC）系统的范例来说，列举传感器、计算机和执行器，列举不同类型的传感器、计算机和执行器，以及列举传感器、计算机及执行器之间的所有连接方式，都只分别需要用一条规则来描述即可。

表 2　以分而治之的方式，用两条规则来列举 DOWN-SELECTION 问题和 PARTITIONING 问题中的所有架构

```
DEFINE-RULE down-selection-enumerator
IF EXISTS DECISION D1=[type="DOWN-SELECTING",options={e1,e2,...,eN}]% 决策D1是带有N个元素的down-selecting决策
        AND EXISTS ARCHITECTURE A=[down_selecting=x]
% A一般是个未完成的架构，其down-selection等于x
        AND length(x)<length(options) % 也就是说，这个决策还没有最终确定下来，例如当N=6时，如果x = [1 0 1]，那就说明该决策还没有最终确定
THEN
        duplicate A[down_selecting=[x 0]] % 创建一项新的事实，用来表示下一个元素不包含在其中的架构
        duplicate A[down_selecting=[x 1]] % 创建一项新的事实，用来表示下一个元素包含在其中的架构
        delete A % 把原来那个没有对该元素进行选择的不完整架构删掉
DEFINE-RULE partitioning-based-on-down-selecting-progressive-enumerator
IF EXISTS DECISION D1=[type="DOWN-SELECTING",options={el,e2,...,eN}]
        AND EXISTS DECISION D2=[type="PARTITIONING",options=D1] % D2是个PARTITIONING问题，其中的元素是由决策D1所表示的那个DOWN-SELECTION问题而确定的
        AND EXISTS ARCHITECTURE A=[x,y]% A一般是个未完成的架构，其down-selection等于x，而partitioning等于y
    AND length(x)==N % 也就是说，DOWN-SELECTION决策已经定下来了，例如x = [1 0 1 0 1 1]
        AND length(y)<sum(x) %也就是说，PARTITIONING决策还没有完全确定下来，例如对于所给的x来说，如果y = [1 2 2 3]，那就表示PARTITIONING决策已经确定好了，但若是y = [1 2]，则表示尚未确定好
THEN
    for i=1..(max(y)+1) % 比方说，如果y = [1 2]，那我们既可以把第三个元素分配到现有的某个子集（例如1号子集或2号子集）中，也可以将其划分到新的子集（也就是3号子集）中
        duplicate A[partitioning=[y i]] % 创建一项新的事实，用以表示架构
        delete A % 把原来那个没有对元素i进行分配的不完整架构删掉
```

由于约束可以很自然地表示成规则，因此，声明式的列举实际上还是一套框架，能够非常方便地把架构决策中的约束表达出来。比如，在 NEOSS 范例中，我们可以用表 3 中的规则来添加一条约束，以防止卫星同时携带雷达和激光雷达。

表 3　用规则来表示 NEOSS 范例中的硬性约束

```
DEFINE-RULE hard-constraint-radar-and-lidar-separate
IF EXISTS ARCJITECTURE A=[x,y] % down-selection为x且partitioning为y的架构A
        AND are-in-same-spacecraft(y,"radar","lidar") % 雷达和光学雷达位于同一个航空器中（也就是说，数组y中与这两个仪器相对应的那两个元素，其取值是相同的）

  THEN delete A % 删除架构
```

C.3　把协同和干扰表示成规则

我们还可以用规则把元素之间的交互情况简单而优雅地表示出来，例如协同和干扰就可以用规则来表示，正如我们在第 16 章中所说，这两种交互会对 DOWN-SELECTING、ASSIGNING 或 PARTITIONING 问题造成影响。以第 16 章提到的 NEOSS 为例，雷达高度计和微波辐射计就是两个能够产生协同效应的仪器，也就是

说，这二者之间具有正面的交互作用，能够使整个系统的科学价值得到提升，这种作用，是单独使用其中任何一个仪器都无法达成的。之所以会有这样的效果，是因为辐射计所提供的大气数据，能够对高度计的观测结果进行修正，使其中的误差缩小，尤其是能够缩小由大气中的水蒸气而带来的误差。这就是所谓的湿大气修正（wet atmospheric correction），它可以用下面这条规则来表示：

DEFINE-RULE radar-altimeter-microwave-radiometer-synergy
IF EXISTS MEASUREMENT M1=[parameter = sea level height, taken by = “altimeter”, wet atmospheric correction = “no”]
　　AND EXISTS MEASUREMENT M2=[parameter = atmospheric humidity, taken by = “radiometer”]
　AND are-in-same-spacecraft(y,"radar altimeter","microwave radiometer")
THEN
　　modify M1 [atmospheric correction = “yes”]

这条规则演示了一种涌现行为，也就是某个系统能力（高度测量）中的一个属性（误差预算（error budget）的一部分），会因为该能力与另一个系统能力（大气湿度观测）之间发生交互（数据处理）而得到修改。

还有一种涌现行为，指的是系统在现有能力的交互中具备了新的能力。比如，SMAP（Soil Moisture Active Passive）卫星任务就能够使用一种名为分解数据处理（disaggregation data processing）的算法，把雷达和辐射计所观测到的土壤水分数据结合起来。前一种数据的空间解析度较高，但精确度较低，后一种数据的空间解析度较低，但精确度较高，把这两种数据结合起来，可以产生一种空间解析度适中且精确度较好的数据产品[15]。这个新的数据产品，是通过这两个仪器及其观测能力之间的交互而涌现出来的。

DEFINE-RULE R1-spatial-disaggregation-synergy
IF EXISTS MEASUREMENT M1=[parameter = soil moisture, taken by = “radar”, spatial resolution = “High”, accuracy = “Low”]
　　AND EXISTS MEASUREMENT M2=[parameter = soil moisture, taken by = “radiometer”, spatial resolution = “Low”, accuracy = “High”]　**AND** are-in-same-spacecraft(y,"radar ","radiometer")
THEN
　　create M3= =[parameter = soil moisture, taken by = “radar+radiometer”, spatial resolution = “Medium”, accuracy = “Medium-High”]

上面这条规则所描述的行为虽然很简单，但我们只需给知识库中再添加几条这样的规则，即可模拟出一些极其复杂的行为。比如，除了 *R1-spatial-disaggregation-synergy* 这条规则之外，我们可以再添加名为 *R2-space-averaging* 的规则，来对观测数据中的空间因素进行均值运算，以便在精确度和空间解析度之间求得平衡。此外，还可以添加名为 *R3-time-averaging* 的规则，以便在时间方面进行同样的权衡。数据库里一开始有两条土壤水分数据，分别是由雷达和辐射计观测到的，现在我们将这三条简单的规则反复运用到这些数据上，即可产生很多新的数据产品。比如，我们可以分别对这两条数据中的空间因素进行均值处理（$M1+R2 \rightarrow M3$, $M2+R2 \rightarrow M4$），也可以对时间方面的因素进行均值处理（$M1+R3 \rightarrow M5$, $M2+R3 \rightarrow M6$）。然后，可以对新产生的数据再次进行时间和空间方面的均值处理（例如 $M4+R3 \rightarrow M7$）。我们可以用某种分解方案，对原始的观测数据进行合并（$M1+M2+R1 \rightarrow M8$），也可以把这种方案运用到由原始数据派生出来的两种新数据上（$M3+M6+R1 \rightarrow M9$）。新的观测数据，一般都能在空间解析度、时间解析度及精确度等方面体现出彼此之间的差别，因此，在整个过程中的某一点上，我们完全有可能制造出一种数据产品，使其能够满足多位利益相关者所提出的多项需求。

我们很容易看到：除非设置某种停止标准，否则，这个过程中的运算量，很快就会变得非常庞大。有时，可以再设置一些规则，用以检测系统是否能够满足利益相关者的需求，并以此来决定何时应该停止模拟，也就是说，如果系统目前的能力已经完全可以满足所有利益相关者的需求，那就没有必要继续模拟下去了。一般来说，当一定数量的涌现规则得以触发之后，通常就应该使模拟过程停下来了。

使用简单的规则来模拟复杂的涌现行为，并不是一种全新的思路。康威生命游戏（Conway's Game of Life）等细胞自动机（cellular automaton，格状自动机、元胞自动机），以及基于代理的模拟（agent-based simulation）技术，都是根据同样一种假设而创立起来的，它们都认为简单的交互可以模拟出极其复杂的行为 [16]。

附录 D　经典的组合优化问题

第 16 章曾经说过，系统架构问题可以视为组合优化问题。我们当时指出了架构问题中的 6 种模式，并提到其中的某些模式从表面上来看，与经典的优化组合问题是较为相似的。比如，我们曾经说 down-selecting 问题看起来很像 0/1 背包问题，它们的区别在于，前者的元素值之间并不是只有简单的相加关系，而是还会产生协同、干扰以及冗余等效应。

本附录将列出几个最为典型的组合优化问题。Gandibleux 曾经根据组合结构对各种组合优化问题做了分类[17]，而笔者下面给出的这份列表，其中有一部分内容就改编自 Gandibleux 的文章。在讲述每个问题时，我们都会给出一份资料来源，这份资料里可以找到对该问题的解决方法所做的基础研究工作，但它不一定是首次提出该问题的那份资料。大多数组合优化问题都源自图论和网络分析，这些问题均属于 NP 完全（NP 完备）问题。用特别通俗的话来说，这就意味着计算机科学家把其中的很多问题，都视为无法在多项式时间内快速求解的问题，因此，这些问题可以说是“困难”的问题⊖。请注意，这份列表虽然并没有把所有的优化组合问题全部列出来，但是与系统架构有关的大部分问题，都包含在其中。

- 任务分配（assignment，指派）问题与广义的任务分配问题[18]。在原始版本的任务分配问题中，我们要面对一定数量的元素和一定数量的任务，其中每个元素完成各项任务所需的成本是不同的。该问题的目标是把每项任务分别指派给某个元素来处理，使得所有的任务都能够得以完成，并且使完成任务所花费的总成本最小。在广义的任务分配问题中，同一个元素能够执行多项任务，而且每个元素都拥有自己的预算，执行任务所花的成本不能超过预算。此外，在执行任务时，每个元素都能产生一定的利润，于是，问题的目标就是在不超过每个元素的预算这一前提下，求得最大的利润。任务分配问题与我们提到的 assigning 模式有些相似，如果采用第 16 章的说法来描述二者之间的区别，那就是：任务分配问题只能够使用渠道化的解决方案，这意味着左集中的每个元素，都必须且只能与右集中的某一个元素相连。

⊖ 改用稍微正规一些的话来说，P 问题是那种可以在多项式时间内求解的问题。NP 问题是那种可以在多项式时间内对求解方案的正确性进行验证的问题。大多数计算机科学家都认为 P 问题的范围比 NP 问题小，而且认为前者包含在后者中。NP 困难问题，至少与 NP 里最难的那些问题一样难，也就是说，任何 NP 问题都可以在多项式时间内归约为 NP 困难问题，但 NP 困难问题却不一定是 NP 问题。如果一个问题既是 NP 问题，又是 NP 困难问题，那么该问题就称为 NP 完全问题。

- 旅行推销员（traveling salesman）问题[19]。在旅行推销员问题中，我们面对一系列的城市，并且可以从一个矩阵里查出任意两个城市之间的距离。该问题的目标是找到从某城市出发，恰好经过其他城市各一次，且最终又返回起点的最短路径。由于每个城市都恰好经过一次，因此，该问题与 permuting 问题较为相似。
- 0/1 背包（knapsack）问题[20]。在原始版本的背包问题中，有一系列物品，其中每件物品都具备一定的价值和重量。该问题的目标，是在不超过最大成本的前提下，确定每一种物品的数量，使所选物品的总价值最高。在 0/1 版本的背包问题中，每件物品的值只能是 0 或 1。我们原来说过，背包问题与 down-selecting 问题比较相似，但两者之间仍然有着重要的区别，那就是：down-selecting 问题中的物品，其价值显然无法简单地叠加，这使得某些特别有效的算法不能够用来解决此问题。
- 集合划分 / 集合覆盖（set-partitioning/set-covering）问题[21]。在原始版本的集合覆盖问题中，我们面对着一系列的元素，这些元素所组成的集合叫做全集，我们还拥有一系列预先定好的元素集合，这些集合的并集等于全集。集合覆盖问题的目标，是从这些预先定好的元素子集中选取数量最少的集合，使这些集合的并集仍然等于全集。集合划分问题可以视为受限版的集合覆盖问题，该问题里的元素子集，都是彼此分离或互斥的。换句话说，在集合划分问题中，每个元素都只能出现在其中的某一个集合中，而在集合覆盖问题中，元素则可以出现在其中的多个集合中。我们所提到的 partitioning 模式，与集合划分问题显然是非常相似的。
- 作业——车间调度（job-shop scheduling）问题[22]。在最简单的作业—车间调度问题中，有一系列的作业，需要用一系列的可用资源（例如机器）来完成。其中的每一项作业，都要在每一台机器上处理一段时间。该问题的目标，是确定每一台机器处理这些作业任务的先后顺序，使得完成这些任务所需的总时间最短。该问题还有一些变种，例如在任务之间设定约束规则（如规定某任务必须在另一项任务之前处理）、设定机器运转的成本，以及设定机器之间的交互情况（如规定某两台机器不得同时运转）等。我们所说的 permuting 模式，与单机器版本的作业—车间调度问题较为相似，因为它确实要针对排列空间来进行优化。
- 最短路径（shortest-path）问题[23]。在最短路径问题中，有一张由一系列节点及一系列边所构成的图，图中的每条边，都具备一定的长度。该问题的目标是在两个给定的节点之间，寻找总距离最短的路径。请注意，最短路径问题所做的假设，是这张图已经完全确定好了，这与 CONNECTING 模式所做的假设是有很大区别的，后者只是假设有一系列的节点而已，它的目标是要找出由连接这些节点的边所组成的最优集合。
- 网络流（network flow）问题[24]。对于网络流问题来说，最为通用的表述方式是这样的，有一张由一系列节点和一系列边所构成的图。图中的节点可以作为源点

（source）或汇点（sink）而出现。源点具备正向的网络流，用以表示对流量的供应，而汇点则具备负向的网络流，用以表示对流量的需求。图中的每条边都有容量，经过这条边的网络流量，不得超过该边的容量，而且每条边都有相应的成本。网络流问题的目标，是以最小的成本，把供应节点所提供的全部流量，都运送到需求节点。与上一个问题类似，该问题也假设这张图已经完全确定好了，因此，它与我们前面所讲的那些模式，从本质上来说并不相同。

- 最小生成树（minimum spanning tree）[25]。在最小生成树问题中，有一张由一系列节点和一系列边所构成的图。图中的每条边，都有相应的成本。由这些边里的某个子集所形成的树，如果能涵盖图中的全部节点，那么这样的树就叫做生成树。该问题的目标，是寻找成本最低的生成树。这个问题可以视为特殊的 connecting 问题，这种特殊的 connecting 问题，只会考虑树状的架构。
- 最大可满足度（maximum satisfiability，最大可满足性，简称 MAX-SAT）问题[26]。在最大可满足度问题中，有一系列 Boolean 变量和一系列使用这些 Boolean 变量的逻辑子句。该问题的目标是给 Boolean 变量赋值，以便使数量尽可能多的子句得到满足。尽管 MAX-SAT 问题乍看起来与那些经典的架构问题不太一样，但实际上有很多架构问题都可以归结为 MAX-SAT 问题，并且可以用 SAT 求解器来进行高效的求解。比如，任何一个 DECISION-OPTION 问题，都可以归结为一个只包含二元变量的问题，这些二元变量分为两类，一类变量用来表示某个选项是否为某个决策所选取，另一类变量用来表示某个衡量指标是否达到了一定的水平。于是，这种架构优化问题从理论上来说，就能够转化为可满足度的问题，为了进行这种转化，我们需要用价值函数来描述这些二元变量（binary variable）之间的逻辑关系，并针对特定的衡量指标来添加一些约束规则，使得指标的值必须超过一定的水平[27]。

参考资料

[1] 例如可以参考：T. Hastie, R. Tibshirani, and J. Friedman, *The Elements of Statistical Learning: Data Mining, Inference, and Prediction*（《统计学习基础》）(New York: Springer, 2011).

[2] See U. Maulik and S. Bandyopadhyay, "Genetic Algorithm-Based Clustering Technique," *Pattern Recognition* 33, no. 9 (2000): 1455–1465.

[3] See, for example, R. Xu, and D. Wunsch II, "Survey of Clustering Algorithms," *IEEE Transactions on Neural Networks* 16, no. 3 (2005): 645–678.

[4] IGTA 是 Idicula-Gutierrez-Thebeau Algorithm 的缩写，I、G、T 分别表示提出该算法的三个人的姓氏首字母。参见：R.E. Thebeau, "Knowledge Management of System Interfaces and Interactions for Product Development Processes." MS thesis, Systems Design and Management,

Massachusetts Institute of Technology; and F. Borjesson and K. Hältä-Otto, " Improved Clustering Algorithm for Design Structure Matrix. " In *Proceedings of the ASME 2012 International Design Engineering Technical Conferences*.

[5] See T.L. Yu, A. Yassine, and D.E. Goldberg, "An Information Theoretic Method for Developing Modular Architectures Using Genetic Algorithms," *Research in Engineering Design* 18, no. 2 (2007): 91–109.

[6] See http://www.dsmweb.org/

[7] 这与解决问题所用的其他范式（例如搜索、规划、博弈等）有所不同。参见：S. Russell and P. Norvig, *Artificial Intelligence: A Modern Approach*（《人工智能》）, 3rd ed. (Edinburgh, Scotland: Pearson Education Limited, 2009).

[8] 这叫做"肯定前件"（modus ponens）原理。命题逻辑中还有其他一些原理，例如"and 除去"、"and 介入"、"or 介入"及"归结"（resolution）等。凡是介绍逻辑学的书籍，都会提到这些原理。例如可以参考：R. Fagin, J. Halpern, Y. Moses, and M. Vardi, *Reasoning about Knowledge* (Cambridge, MA: MIT Press, 1995).

[9] 例如可以参考：J.C. Giarratano and G.D. Riley, *Expert Systems: Principles and Programming, Course Technology*（《专家系统》）(2004).

[10] See C.C.L. Forgy, "Rete: A Fast Algorithm for the Many Pattern/Many Object Pattern Match Problem," *Artificial Intelligence* 19, September (1982): 17–37.

[11] See A. Newell and H.A. Simon, *Human Problem Solving* (Englewood Cliffs, NJ: Prentice Hall, 1972).

[12] See R. Lindsay, B.G Buchanan, and E.A. Feigenbaum, "DENDRAL: A Case Study of the First Expert System for Scientific Hypothesis Formation," *Artificial Intelligence* 61, June (1993): 209–261; and B.G. Buchanan and E.H. Shortliffe, *Rule-based Expert Systems: The MYCIN Experiments of the Stanford Heuristic Programming Project* (Addison-Wesley, 1984).

[13] See J. Durkin, "Application of Expert Systems in the Sciences," *Ohio Journal of Sciences* 90 (1990): 171–179.

[14] See D. Selva, "Rule-based System Architecting of Earth Observation Satellite Systems," PhD dissertation, Massachusetts Institute of Technology (Ann Arbor: ProQuest/UMI, 2012).

[15] N.N. Das, D. Entekhabi, and E.G. Njoku, "An Algorithm for Merging SMAP Radiometer and Radar Data for High-Resolution Soil-Moisture Retrieval," *IEEE Transactions on Geoscience and Remote Sensing* 49 (2011): 1–9.

[16] 康威生命游戏等细胞自动机，就是个较好的例子。还可以参考：S. Wolfram, *A New Kind of Science* (Champaign, IL: Wolfram Media, 2002) 与 M. Mitchell, *Complexity: A Guided Tour*(《复杂》) (Oxford University Press, 2009).

[17] See M. Ehrgott and X. Gandibleux, "A Survey and Annotated Bibliography of Multiobjective Combinatorial Optimization," *OR Spectrum* 22, no. 4 (2000): 425–460. doi:10.1007/s002910000046

[18] See G.T. Ross and R.M. Soland, "A Branch and Bound Algorithm for the Generalized Assignment Problem," *Mathematical Programming* 8 (1975): 91–103.

[19] See G. Dantzig and R. Fulkerson, "Solution of a Large-scale Traveling-Salesman Problem," *Journal of the Operations Research Society* 2, no. 4 (1954):393-410.

[20] See A. Drexl, “A Simulated Annealing Approach to the Multiconstraint Zero-One Knapsack Problem,” *Computing* 40, no. 1 (1988): 1–8. doi:10.1063/1.3665391

[21] See R.S. Garfinkel and G.L Nemhauser, “The Set-Partitioning Problem: Set Covering with Equality Constraints,” *Operations Research* 17, no. 5 (1969): 848–856. doi:10.1287/opre.17.5.848

[22] See A.S. Manne, “On the Job-Shop Scheduling Problem,” *Operations Research* 8, no. 2 (1960): 219–223.

[23] S.E. Dreyfus, “An Appraisal of Some Shortest-Path Algorithms,” *Operations Research* 17, no. 3 (1969): 395–412.

[24] See J. Edmonds, “Theoretical Improvements in Algorithmic Efficiency for Network Flow Problems,” *Computing* 19, no. 2 (1972): 248–264.

[25] See R. Graham, “On the History of the Minimum Spanning Tree Problem,” *Annals of the History of Computing* 7, no. 1 (1985): 43–57.

[26] See P. Hansen and B. Jaumard, “Algorithms for the Maximum Satisfiability Problem,” *Computing* 303 (1990): 279–303.

[27] 这篇文章讲述了如何采用基于 SAT 的方式来实现系统架构优化：D. Rayside and H.-C. Estler, “ A Spreadsheet-like User Interface for Combinatorial Multi-objective Optimization. ” *Proceedings of the 2009 Conference of the Center for Advanced Studies on Collaborative Research*—CASCON’09, 58 (doi:10.1145/1723028.1723037).

各章问题

第 2 章

学习目标

- ❑ 根据自己的情况，拟定一套可供参考的定义。
- ❑ 区分形式与功能。
- ❑ 从决策组合的角度来思考架构。

问题 1

按照这 5 个步骤，为下面所列出的 4 个概念分别下定义：

- ❑ 首先给出自己的定义。
- ❑ 找出该概念的其他几种定义，并给出那些定义的来源。
- ❑ 对收集到的各种定义进行对比和评判式的分析。
- ❑ 拟合自己的最终定义。
- ❑ 举一个例子来说明：什么样的物体符合自己所下的这个定义。

1a. 什么是系统？

1b.（对于技术系统来说）什么叫做复杂的系统？

1c. 什么是价值？

1d. 什么是产品？

问题 2

系统架构的另一种定义是：“在确定系统时所做的 10 个最有影响力的决策”。现在请选定某一品牌、某一型号，且价值小于 5 万美元的轿车。

先把汽车笼统地视为一种运输工具，并列出你所认为的 10 个最重要的技术决策。然后根据你刚才选定的品牌和型号，把汽车这一概念从通用的运输工具，窄化为具体的轿车，并针对每一个尚待决定的技术问题，提出 2～5 种备选方案。

在本书的学习过程中，我们会逐渐完善这种“列出技术决策并在各种备选方案中进行选择”的架构方式。之所以设计这样的练习，是为了促使读者思考与这种架构方式有关的各种契机和挑战。

问题 3

在下表所列的这些“简单”系统中，选出四个系统，并参照下列步骤，确定所选系统的形式元素，或对所选系统中的形式进行抽象。

a. 确定系统、系统的形式及系统的功能（参见 2.3 节）。

b. 确定系统中的实体、实体的形式和功能，以及系统边界和系统所处的大环境（参见 2.4 节）。

c. 确定系统中各个实体之间的关系，以及系统内的实体和位于系统边界处的实体之间的关系，并确定这些关系的形式及功能（参见 2.5 节）。

d. 根据系统中各个实体的功能，以及实体之间的功能交互，来确定系统的涌现属性（参见 2.6 节）。

领　　域	简单的系统
航空	带螺旋桨的巴尔沙木（轻木）滑翔机
电子	简单的晶体管收音机
软件	素数搜索代码（参见下方的伪代码）
光学	简单的折射望远镜
司法	美国法庭的陪审团
海洋	简单的纤维玻璃独木舟
计算机	简单的一位全加器
医疗服务	简单的、不分性别的职工体检（参见下方的描述）

素数搜索算法的伪代码

```
/* Comment – Pseudocode Function to test if a number is a prime number */
/* Comment – The number to test is the variable TestPrime */
/* Comment – The function returns a True or a False */

Function IsPrime (TestPrime)
   Initialize variable IsPrime = False
   Initialize variable TestNum = 0
   Initialize variable TestLimit = 0

   /* Comment - Eliminate even numbers */
   If TestPrime Mod 2 = 0 Then
         IsPrime = False
         Exit Function
   End If

   /* Comment - Loop through ODD numbers starting with 3 */
```

```
  Assign TestNum = 3
  Assign TestLimit = TestPrime

 Do While TestLimit > TestNum
       If TestPrime Mod TestNum = 0 Then
               IsPrime = False
               Exit Function
       End If
       TestLimit = TestPrime \ TestNum

       /* Comment - we only bother to check odd numbers */
       TestNum = TestNum + 2

  Loop

  /* Comment - If we made it through the loop, the number is a prime. */
  IsPrime = True

End Function
```

对简单的医疗服务所做的描述

受检者进入一间检查室，接受一次简单的、不分性别的年度体检。检查者会记录受检人的身高、体重、血压、体温等身体指标，并执行体检中所包含的其他常规项目。受检人完成体检并离开检查室时，会领到一张健康证明书。

不用考虑预约、缴费或其他的化验等问题，也不用考虑体检结束之后的其他医疗服务。我们把对该系统的讨论，局限于受检人做体检时所在的这间检查室中。

第3章

学习目标

- ❑ 辨别分解与体系之间的区别。
- ❑ 对系统图表进行分析与评判。

问题1

开放系统互连（Open System Interconnection，OSI）模型经常用来表示分层的通信系统。这种表示方法，是否还使用了思考复杂系统时所用的其他一些工具或概念？如果你认为它确实还使用了其他一些工具或概念，那就请用一张简单的图表来演示OSI中的某一部分，以凸显你所发现的那些工具或概念。

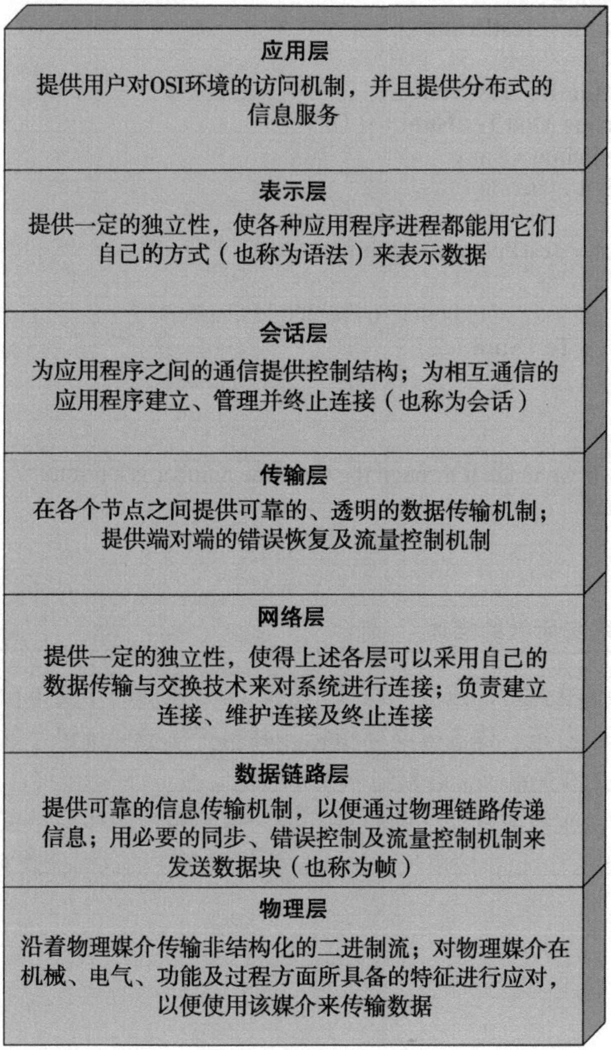

应用层

提供用户对OSI环境的访问机制，并且提供分布式的信息服务

表示层

提供一定的独立性，使各种应用程序进程都能用它们自己的方式（也称为语法）来表示数据

会话层

为应用程序之间的通信提供控制结构；为相互通信的应用程序建立、管理并终止连接（也称为会话）

传输层

在各个节点之间提供可靠的、透明的数据传输机制；提供端对端的错误恢复及流量控制机制

网络层

提供一定的独立性，使得上述各层可以采用自己的数据传输与交换技术来对系统进行连接；负责建立连接、维护连接及终止连接

数据链路层

提供可靠的信息传输机制，以便通过物理链路传递信息；用必要的同步、错误控制及流量控制机制来发送数据块（也称为帧）

物理层

沿着物理媒介传输非结构化的二进制流；对物理媒介在机械、电气、功能及过程方面所具备的特征进行应对，以便使用该媒介来传输数据

问题 2

下面给出的是 TCP/IP 协议的设计结构矩阵（Design Structure Matrix，DSM），阅读该矩阵时，先确定列，再确定行。比如，[2,5] 就表示从第 2 列所对应的元素到第 5 行所对应的元素之间的连接。

用网络图来表示这个分层体系，以展示元素之间的连接关系，并体现出每个元素所在的层次。

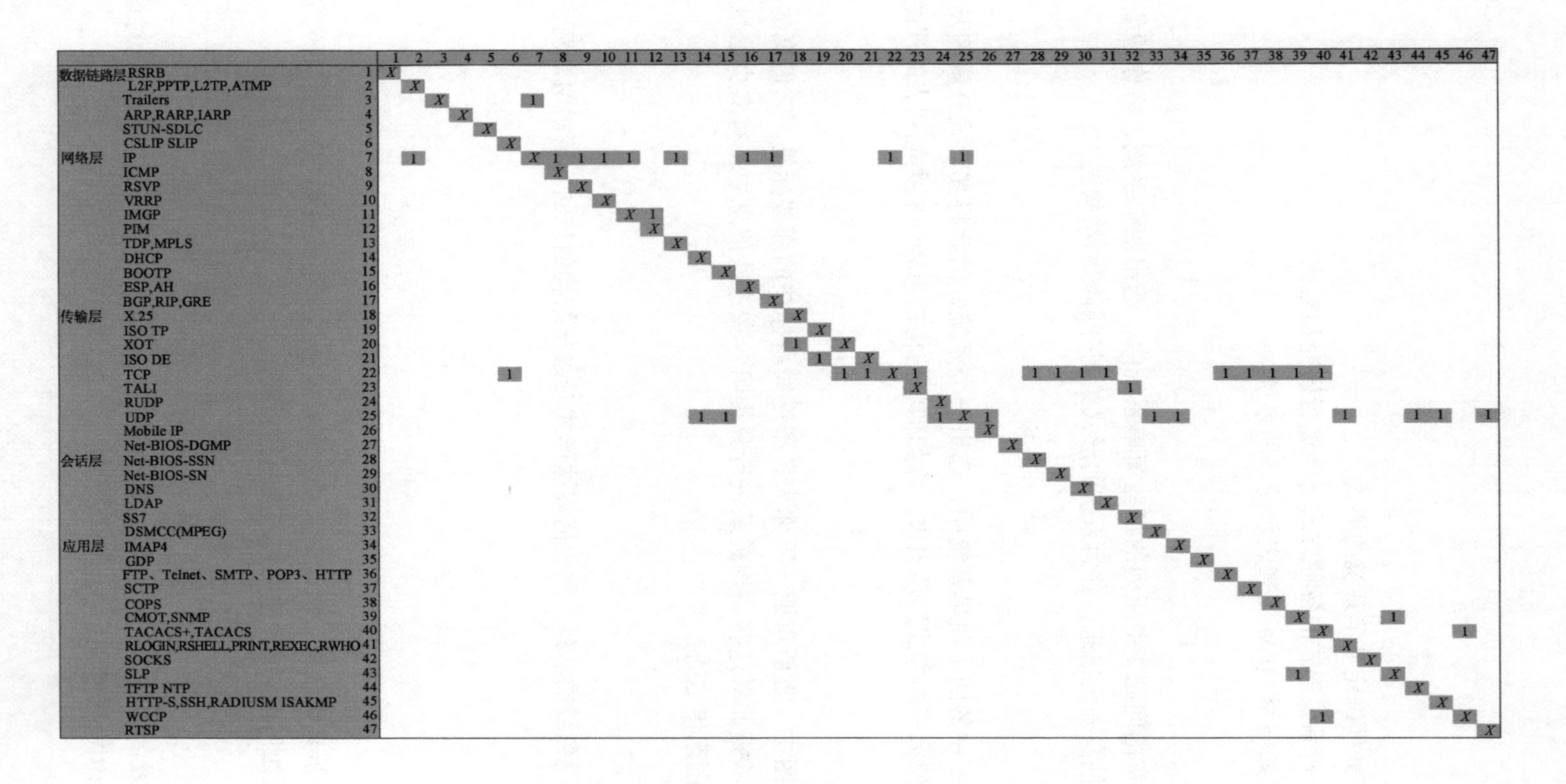

			1	2	3	4	5	6	7	8	9	10	11	12	13	14	15	16	17	18	19	20	21	22	23	24	25	26	27	28	29	30	31	32	33	34	35	36	37	38	39	40	41	42	43	44	45	46	47
数据链路层	RSRB	1	X																																													
	L2F,PPTP,L2TP,ATMP	2		X																																												
	Trailers	3			X				1																																							
	ARP,RARP,IARP	4				X																																										
	STUN-SDLC	5					X																																									
	CSLIP SLIP	6						X																																								
网络层	IP	7		1					X	1	1	1	1		1			1	1					1			1																					
	ICMP	8								X																																						
	RSVP	9									X																																					
	VRRP	10										X																																				
	IMGP	11											X	1																																		
	PIM	12												X																																		
	TDP,MPLS	13													X																																	
	DHCP	14														X																																
	BOOTP	15															X																															
	ESP,AH	16																X																														
	BGP,RIP,GRE	17																	X																													
传输层	X.25	18																		X																												
	ISO TP	19																			X																											
	XOT	20																		1		X																										
	ISO DE	21																			1		X																									
	TCP	22						1														1	1	X	1					1	1	1	1					1	1	1	1	1							
	TALI	23																								X									1															
	RUDP	24																								X																						
	UDP	25														1	1									1	X	1						1	1						1			1	1		1
	Mobile IP	26																										X																				
	Net-BIOS-DGMP	27																											X																			
会话层	Net-BIOS-SSN	28																												X																		
	Net-BIOS-SN	29																													X																	
	DNS	30																														X																
	LDAP	31																															X															
	SS7	32																																X														
	DSMCC(MPEG)	33																																	X													
应用层	IMAP4	34																																		X												
	GDP	35																																			X											
	FTP、Telnet、SMTP、POP3、HTTP	36																																				X										
	SCTP	37																																					X									
	COPS	38																																						X								
	CMOT,SNMP	39																																							X				1				
	TACACS+,TACACS	40																																								X						1	
	RLOGIN,RSHELL,PRINT,REXEC,RWHO	41																																									X						
	SOCKS	42																																										X					
	SLP	43																																							1				X				
	TFTP NTP	44																																												X			
	HTTP-S,SSH,RADIUSM ISAKMP	45																																													X		
	WCCP	46																																								1						X	
	RTSP	47																																															X

第 4 章

学习目标

- ❑ 学习如何确定简单系统的形式。
- ❑ 在分析系统形式的各种方式之间进行研究和对比。
- ❑ 学习如何用 OPM 图来表示简单的系统。

问题 1

在第 2 章的问题 3 中所列的那些简单系统中，选出四个系统，将你想要表示的形式元素或形式抽象确定出来，并为系统的形式绘制分解图和结构图。

问题 2

在问题 1 中的四个简单系统中，选出一个系统，然后将其形式分解图及形式结构图改用一种类似列表的方式展现出来。你如何将结构信息转译成类似列表的视图呢?

问题 3

在结构图中，重新审视一下你为各条连线所标注的那些标签。它们真的是在描述形式吗？你能够据此对这些结构关系进行分类吗？在这些信息中，有多少信息是可以通过列表型的视图来传达的?

问题 4

你所在的领域或学科，是如何表达形式对象与结构信息的？请举两个例子。

第 5 章

学习目标

- ❑ 对分析系统结构、功能交互及表现系统功能所用的各种方式进行研究和比较。
- ❑ 学习如何用 OPM 图来表示简单的系统。

问题 1

在第 2 章的问题 3 所列的那些简单系统中，选出 4 个系统，并分别针对这 4 个系统，来回答表 5.1 中的问题 5a～5d。

问题 2

在这 4 个简单的系统中，选出两个系统，并拟构一套对象过程图（Object-process Diagram，简称 OPD），用来表示与价值有关的操作数、系统对外界展现的功能、内部的功能（包括内部的操作数和内部的过程）以及形式。除了 OPD 之外，再想出另外一种用来展现系统功能及系统形式的图形表示法。这些表示法的实用程度如何？

问题 3

针对问题 2 所选的两个系统，构思一种清单式的表现方式，用以展示与价值有关的操作数、系统对外界展现的功能、内部的功能（包括内部的操作数和内部的过程）以及形式。这种表示法是否实用？

问题 4

你所在的领域或学科，通常会如何来表述功能方面的信息？表述中提到过程了吗？提到操作数了吗？提到过程和操作数为形成功能而进行的结合了吗？请用两种不同的学科为例，来回答这一系列问题。

问题 5

图 5.14 描述了离心泵系统的功能架构。现在请把其中的操作数投射到过程上。

第 6 章

学习目标

- ❑ 整合出一套能够对形式与功能加以分析的办法。
- ❑ 确定系统的功能架构。
- ❑ 把这套办法运用到复杂度“适中”的系统上。

针对下面的每一个问题，请从后面给出的那个清单中，选出两个复杂度适中的系统，来回答该问题。（所选的那两个系统，应该属于不同的类别。比如，不要选择同属交通工具的滑翔机和帆船。）

问题 1

（回答该问题时所选的这两个系统，其中至少要有一个系统是没有提供部件清单的。）如果两个系统中有一个系统已经提供了部件清单，那么就使用这份清单。对于没有提供部件清单的系统来说，请自行对系统向下分解两级，使得该模型第 2 级中作为工具的形式对象数量，在30～50个。然后对这个两级分解模型进行合理的简化，将其部件数量控制在20～30个。现在请根据简化后的模型，分别展示出由这两个系统第2级中的对象所形成的形式结构，并标明形式结构的性质（例如连通性、拓扑性等）。这种形式结构，对其系统来说，是否起着重要的作用？请用矩阵法（DSM或其他矩阵）或图示法（OPM图或其他图）来进行展示。

问题2

对于你所选的这两个系统来说，沿着作为工具的形式对象而进行移动或交换的内部操作数是什么？把工具对象之间对操作数的传递情况展示出来，以指明这种操作数方面的交互。请用矩阵法（DSM或其他矩阵）或图示法（OPM图或其他图）来进行展示。

问题3

对于你所选的这两个系统来说，与价值相关的关键内部过程是什么？请对这种与价值相关的关键内部过程，以及价值在中介操作数之间的流动情况进行建模。分别用以工具对象为中心的视图和以过程为中心的视图，来展示主要价值路径中的价值流动情况。与问题1和问题2一样，这次也使用矩阵法（DSM或其他矩阵）或图示法（OPM图或其他图）来进行展示。找出功能尚未确定的形式对象，也就是那些与接口、其他价值过程或起支持作用的过程有关的形式对象。

问题4

对于你所选的这两个系统来说，确定其操作行为/动态行为中的关键步骤，并将这些步骤分别与这两个系统的静态功能进行比较。从这两个系统中选出一个系统，用本章描述开瓶器时所画的那种带有时间线的操作图，将该系统的操作行为展示出来，并思考：我们需不需要把这个系统的动态行为也展示出来？

问题5

用适当的SysML图来重新绘制问题4中所要求的图表。

问题6

对于你所选的这两个系统来说，其第2级中起到支持作用的关键过程和关键工具是什么？请用分层的方式来展示系统的功能架构，并且思考：把起到支持作用的过程和操作数展示出来，是否有助于我们发现新的外部接口？

问题7

对于你所选的这两个系统来说，请按照问题6中所要求的那种方式绘制出相关的图表，并根据这些图表，将系统中的操作数投射到过程上。

问题 8

对于你所选的这两个系统来说，请按照问题 6 中所要求的那种方式绘制出相关的图表，并根据这些图表，将系统中的过程，投射到操作数对象及工具对象上。这种投射方式与问题 7 中的投射方式，哪一个更为有用？

复杂度适中的系统列表

学　科	复杂度适中的系统
航空	标准型的（standard class）滑翔机（两翼之间跨度为 15 米）
电子	超外差收音机（superheterodyne receiver）
软件	邮件列表（mailing list，邮寄目录） 该系统对外展现且与价值有关的功能是：把电子消息发给一系列订阅者 范例：grouplist@mit.edu
光学	六分仪
司法	美国法院中的刑事法庭。其描述信息参见后文
海洋	简单的 18 英尺或 19 英尺单桅纵帆船（sloop，史路普帆船）。其描述信息参见后文
计算机	支持 4 个二进制位加减法的手持计算器
医疗服务	复杂度适中且不分性别的年度体检

滑翔机的描述信息

滑翔机（典型的 15 米标准型滑翔机）

机身
起落架轮
起落架轮轴
起落架轮收缩装置
起落架轮推杆
起落架轮操纵杆
座舱罩（canopy）
座舱罩的铰链（hinge，合页）
座舱罩的闩
拖钩
拖钩分离杆
拖钩分离拉索
后滑撬
垂直尾翼（与机身整合）

通气孔（给飞行员输送空气）
参加滑翔机比赛的编号
N number（绘制在机身上的注册号）

机翼（2）
机翼的梁（2）
翼梁连接销（2）
副翼（2）
副翼铰链（2）
机翼中的副翼推杆
与机身推杆相整合的副翼推杆

俯冲制动器（2）
俯冲制动器铰链（2）

方向舵
方向舵的铰链
方向舵操纵索
方向舵的踏板
副翼推杆
控制杆（与副翼推杆和升降舵推杆相接）
升降舵推杆
俯冲制动器推杆
俯冲制动器操纵杆
座位
高度计
空速表
空速表管
空速表探针（在气流中）
指南针
GPS 导航工具
偏航指示索（用来感知自由流的方向）
拖航机
拖航机的飞行员
拖绳
飞行员
俯冲制动器推杆（2）
与机身推杆相整合的俯冲制动器推杆

翼尖滑撬（2）
翼尖小翼（2）
水平尾翼
升降舵
升降舵推杆铰链
航空图
登记证
型号认证
降落伞
呕吐袋
铅笔、钢笔
航行日志
工具
水、食物
机场
停机坪
拖车
拉拖车的车

邮件列表的描述信息

系统对外展现且与价值有关的功能是：将电子消息发送给一系列订阅者。

范例：grouplist@mit.edu

假定：这样的邮件列表系统，有好几个变种，你可以做出一些能够简化该系统的假设，其中包括（但不限于）：

- 该邮件列表的加入，是不受限制的。凡是想接收消息的人，都可以订阅该列表，以后也都可以取消订阅，这不需要由管理员（moderator，版主）来干预。
- 任何人都可以向该列表发送消息。（垃圾邮件的发送者最喜欢这种邮件列表了！）

不要过于深入地研究电子邮件系统的工作原理，也不要研究电子邮件本身。对于本章的问题来说，只需要将它看成带有地址的消息就可以了。硬件方面的形式元素，一般来说可以较为随意地划分，但是对软件方面的形式元素，例如服务器或应用程序等，则需要多加关注。不用探寻该系统所使用的算法，也不用研究各项功能中的命令。

法庭的描述信息

审判室中的元素
法官
被告
被告所请的律师（2）
被告所请律师的助理
公诉人（2）
法庭记录官（court reporter）
执达员（bailiff，事务官）
法庭书记员（clerk of the court）
陪审团成员（12）
法官助理
控方证人——执行逮捕的警员
控方证人——目击证人（2）
控方证人——专家证人（2）
辩方证人——品行证人（2）
辩方证人——提供不在场证明的证人
辩方证人——专家证人（2）
法律典籍
（供证人宣誓用的）誓词
法槌

帆船的描述信息

帆船（典型的 18 英尺单桅纵帆船）
船体
甲板
座位
桅座（桅杆所坐落的孔）
中插板井（centerboard well，垂板龙骨井，用于在中插板升起时放置中插板）
底板
中插板（centerboard）
中插板铰链
中插板提升杆
船舵
舵柄（与船舵相连，以便水手掌舵）
船舵铰链
桅杆
桅杆顶部的主帆升帆索滑轮
桅杆顶部的艏三角帆帆升帆索滑轮
桅杆顶部的大三角帆升帆索滑轮
前支索
侧支索（2）
主帆的支撑条（batten，插条）
艏三角帆（jib，船首三角帆）
艏三角帆升帆索
艏三角帆升帆索的系索座
艏三角帆操控索（控制三角帆的位置）（2）
艏三角帆操控索的系索座（2）
艏三角帆下角固定点（将帆的下方固定于甲板）
大三角帆（spinnaker，顺风帆）
大三角帆升帆索
大三角帆升帆索的系索座
大三角帆撑杆（pole）
大三角帆撑杆的下拉索
大三角帆撑杆下拉索的系索座
大三角帆撑杆的上拉索
大三角帆撑杆上拉索的系索座
大三角帆操控索（2）
大三角帆操控索的系索座（2）
桨

后支索	锚
主帆下的横杆（boom，下桁）	锚索
鹅颈管（用于将主帆下桁与桅杆相连）	锚索的系索座
主帆下桁的斜拉索（用于给下桁提供向下的力）	指南针
	航海图
主帆（main sail）	救生衣
主帆升帆索（用来升起主帆的绳子）	照明装置
主帆升帆索的系索座（cleat）	冷却装置
主帆操控索（控制帆的位置）	水、食物
主帆操控索的系索座	扩音器
张帆索（out haul，使主帆沿着下桁张开）	文献纸
张帆索的系索座	码头线
主帆下角固定点（将帆的下方固定于桅杆）	码头碰垫
	舱底泵

第 7 章

学习目标

- ❑ 确定与特定解决方案无关的功能。
- ❑ 对概念之间的区别进行展示。
- ❑（针对同一个功能）提出多个不同的概念。

问题 1

选择一个系统，用与特定解决方案无关的措辞，来描述该系统的体系，并在体系中的每一个层级上，提出多种特化方案。

问题 2

第 6 章的章节问题中，列出了一些复杂度适中的系统，现在请针对每一个系统，用与特定解决方案无关的措辞，来描述其设备功能。

问题 3

针对第 6 章的章节问题中所列出的每一个系统，请指出其主要的受益者，并指出由该受益者所提出，且需要由本系统来解决的那些需求。除了主要的受益者之外，还有没有其他一些较为重要的受益者？如果有，那么他们的需求是什么？刚才的问题 1，要求用与特定解决方案无关的措辞，来陈述系统对外所体现的功能，现在请检查自己对问题 1 所做的回答，并思考自己的答案是否很好地描述了功能意图？能不能把它改得更精确一些？

问题 4

第 6 章的章节问题中，列出了一些复杂度适中的系统，现在请从中选出两个系统，并分别确定这两个系统的概念（也就是特化后的操作数、过程及工具）。在这种蕴含着多个功能的概念中，试着找出两个或三个主要的内部功能。

问题 5

刚才的问题 2 和问题 3，要求你用与特定解决方案无关的措辞，来陈述系统的功能。现在请针对这些功能，再分别提出两个不同的概念。新的概念在特定的操作数、特定的操作流程，以及特定的工具这三个方面中，有没有哪一个或哪几个方面，与原来提出的概念有所区别？

问题 6

怎样根据你所指出的需求，来对相关概念的性能进行评估？

问题 7

针对问题 4 所选的那两个系统，绘制出各自的操作概念或服务概念，并思考它们与第 6 章所构建的那种操作图（operations diagram）之间，有什么区别？

第 8 章

学习目标

- ❑ 熟悉如何用设计结构矩阵（Design Structure Matrix，简称 DSM）进行分组。
- ❑ 把分解方案表示成候选架构。

问题 1

针对你在第 6 章和第 7 章的章节问题中所选的两个系统，分别给出一套 Level 1 中的模块化方案。你在构想这套方案时，是如何从形式结构、操作数交互及内部功能等方面得到启发的？

问题 2

在各种模块化方案之间进行选择时，你会做出怎样的权衡或折中？

问题 3

如果你决定采用这套模块化方案作为系统的架构，那么还必须定义哪些内部接口？(不用把这些接口全都详细描述一遍，只要把它们列出来就可以了。)

问题 4

针对你所选的系统，用 DSM 来表示它们在 Level 2 中的架构，然后用聚类算法（例如可以使用从网上下载的 MATLAB 代码[⊖]）计算出另一种适用于 Level 1 的模块化方案。

第 9 章

学习目标

- 从各种具体的 PDP 中抽象出一套通用的 PDP 以供参考，我们可以用该 PDP 做基础，来衍生一些特定的 PDP（例如衍生出一套适用于你所在公司的 PDP）。这套通用的 PDP，要能够应对复杂的系统。
- 对比各种产品开发方法和系统架构方法，以确定它们各自的强项。

问题 1

我们一定要彻底地理解各种 PDP 中所共有的最佳实践方式。以 3 人或 4 人为小组，根据图 9.5 来思考如何设计一套 PDP，使它能够应对大型的、复杂的且正在演化的系统。然后，分析每位组员所在的那家公司所使用的 PDP。这些 PDP 之间有什么共同之处？它们的差别体现在哪里？为什么会出现这些差别？请根据这些 PDP，综合出一套通用的 PDP，并在保持其通用性的前提下，尽量把它描述得详细一些。

可交付的成果

- 通过对比这些公司所使用的 PDP 而确定出来的基本步骤或基本任务（每个 PDP 会有 20～40 步）。把所有 PDP 或大部分 PDP 都具备的那些步骤找出来。(可以绘制一张表格，把它的 4 个列分别命名为“步骤名称”、“某些 PDP 具有该步骤”、“大部分 PDP 具有该步骤”以及“所有 PDP 都有该步骤”，然后，把每一种步骤写在第 1 列，并根据该步骤在各 PDP 中的出现情况，在后三列中的某一列里打上 X 记号)。
- 本团队根据上述 PDP 综合出来的一套参考模型（这套模型要包含一张图表，其中可以写上必要的注释)。这套 PDP 模型要有足够多的细节信息，以展示其中的每一个主要步骤，并对其做出一些分解或解释。

⊖ 参见：http://www.dsmweb.org/en/dsm-tools/research-tools/matlab.html 。——译者注

- ❑ 对各家公司所使用的特定 PDP 与这套参考 PDP 之间的区别所做的描述（可以用一张或两张图表来进行描述）。这些区别是由什么因素造成的？

问题 2

图 9.6 展示了 7 个问题，而每一个问题，都可以针对产品生命期中的 3 个阶段来提出。这些问题，涵盖了 PDP 及公司行动方案中的许多元素。虽然没有哪一种方法能够回答所有的问题，但这些方法依然可以是行之有效的。请通过下面这张表格，来指出某套方法所能够回答的那些问题。针对每一个得到回答的问题，请给出一段简短的描述，以指出该方法对这一问题所起到的作用或回答完这一问题之后应该产生的结果。

阶　段	属　性	方法（例如：系统架构）
对产品（或服务）及其运作情况进行构思	为什么要做？	
	做什么？	
	如何做？	
	在哪里做？	
	什么时候做？	
	由谁来做？	
	需要多少开销？	
设计过程	为什么要做？	
	做什么？	
	如何做？	
	在哪里做？	
	什么时候做？	
	由谁来做？	
	需要多少开销？	
实现过程	为什么要做？	
	做什么？	
	如何做？	
	在哪里做？	
	什么时候做？	
	由谁来做？	
	需要多少开销？	

你可以从下面这些参考书中选出某套方法，并据此填写这张表格。

敏捷：Robert Cecil Martin. *Agile Software Development: Principles, Patterns, and Practices*. Prentice Hall-PTR, 2003.（《敏捷软件开发——原则、模式与实践》）

精益：Daniel T. Jones and Daniel Roos. *Machine That Changed the World*. New York:

Simon and Schuster, 1990.

Rechtin 与 Maier：Mark W. Maier and Eberhardt Rechtin. *The Art of Systems* Architecting. Vol. 2. Boca Raton, FL: CRC Press, 2000.

产品设计与开发：Karl T. Ulrich and Steven D. Eppinger. *Product Design and Development.* Vol. 384. New York: McGraw-Hill, 1995.

系统安全：Nancy Leveson. *Engineering a Safer World: Systems Thinking Applied to Safety*. Cambridge, MA: MIT Press, 2011.

公理化设计：Nam P. Suh. "Axiomatic Design: Advances and Applications (The Oxford Series on Advanced Manufacturing)." 2001.

OPM：Dov Dori. *Object-Process Methodology: A Holistic Systems Paradigm*; with CD-ROM. Vol. 1. Springer-Verlag, 2002.

问题 3

Imrich 在文字框 9.4 中指出：他的架构框架中有 6 项关键的理念，也就是情境、内容、概念、线路、性格与魔力。这些理念与本书中的其他内容之间是怎样对应起来的？它们是仅仅适用于这种与人类之间的交互程度较高的系统，还是说能够更为广泛地运用在其他系统上？

问题 4

Imrich 所说的概念，能够使我们联想到哪些与架构师可以交付的成果有关的东西？

第 10 章

学习目标

- ❑ 确定上游因素和下游因素对架构的影响。
- ❑ 确定架构对上游因素和下游因素的影响。

问题 1

对于你当前所在的公司或是曾经任职的公司来说，本章所提到的这四种级别的公司策略，分别是怎样进行传达的？就你所观察到的现象而言，这些公司策略，会给架构带来怎样的影响？

问题 2

请根据公司策略与架构之间相互影响的情况来填写下面这张表格。

影响的强度	架构对策略的影响	策略方面的因素	策略对架构的影响	影响的强度
		商业使命 业务范围		
		企业的财务目标，也包括市场份额目标		
		企业在核心竞争力、内部优势、弱点及竞争地位方面的目标		
		资源分配方面的决策以及业务论证过程		
		公司的措施、行动计划及职能策略		

问题 3

你所在的公司，是怎样组织其营销工作的？内向营销与外向营销，是否分别由单独的部门来各自进行处理？这种方式会带来（或可能带来）什么效果？

问题 4

请根据营销与架构之间的相互影响情况来填写下面这张表格。

影响的强度	架构对营销的影响	营销方面的因素	营销对架构的影响	影响的强度
		客户与利益相关者的需求分析		
		市场细分		
		市场规模与市场渗透		
		竞争分析		
		产品与服务的功能及特性		
		产品与服务的定价		
		沟通计划与差异化营销计划		
		分销渠道		

问题 5

你所在的企业如何处理法律法规方面的问题？这会给架构带来什么影响？

问题 6

请根据法律法规与架构之间的相互影响情况来填写下面这张表格。

影响的强度	架构对法规的影响	法律法规方面的因素	法律法规对架构的影响	影响的强度
		对法律法规的遵守		
		可能出台的法律法规		
		行业标准		
		产品责任		

问题 7

你所在的公司，是自己研发技术，还是从别处获取技术？如果是从别处获取，那么公司会怎样把获取到的技术融合到产品中？这对架构会造成什么样的影响？

问题 8

请根据技术融合与架构之间的相互影响情况，来填写下面这张表格。

影响的强度	架构对技术的影响	技术方面的因素	技术对架构的影响	影响的强度
		技术规划与技术评估		
		技术转移与产品融合		
		为了获得竞争优势而拟定的技术策略		
		为了将来的技术进步而对系统进行的架构		
		知识产权及其策略		

问题 9

选一个你所熟悉的系统，并根据本章所讲的这套操作框架来完整地填写 10.7.1 节中的那张表格。你所熟悉的那个系统，是否针对每一个操作步骤建立了相应的标准操作流程？

问题 10

选择一个你所熟悉的平台，该平台要包含在各产品之间共用的部件或元素。对于这个平台来说，最为重要的好处是什么？就你所知，这些好处是不是刚开始就已经预料到的？在为了获得这些好处而必须付出的成本中，有哪些成本是在商业论证中评估过的？

问题 11

你在问题 10 中所选的那个平台，具有哪些缺点？使用该平台需要付出哪些代价？你所在的公司，对其中的哪一些缺点和代价进行了积极的管理？

问题 12

你所选择的这个平台，其系统架构是怎样在企业中随着商业论证的展开而进行演化的？如果合适，请用 ABCD 框架来解释它的演化情况。在演化过程中，某些方面在进行第一轮系统架构和商业论证时，就受到了企业的关注，而有些方面则是在进行第二轮架构和论证时，才受到关注的。那么，是哪一些因素促使企业会在第一轮就开始关注那些方面？这与企业的类型有着什么样的关系？（比如，企业是技术驱动型，还是市场驱动型？是以设计新产品为主，还是以对现有产品进行重新设计为主？）

第 11 章

学习目标

- ❑ 确定利益相关者的需求。
- ❑ 在能够确定利益相关者的需求并对这些需求进行优先度排列的各种方法之间进行对比。
- ❑ 拟定系统目标。

问题 1

回答表 8.1 中的问题 7a、5a、5b 及 5c，以便给当前所要考虑的系统拟定一份初步的描述信息。

问题 2

针对两种不同类型的客户，分别确定其需求并描述这些需求所具备的特征，然后在这两套过程之间进行比较和对比。第一类客户是作为参考案例的客户，这类客户所要购买的产品，应该是一种知名的或成熟的产品，该产品面对广大的消费者，并以大众消费者作为其受益者和客户。根据自己的经验和专长，从下面几类客户中选出一种，作为第二个案例：具有潜在需求的大众消费者，或者有某项需求需要由市场来填补的大众消费者；OEM 客户（也就是把其供应链中的某个环节交给我们去代工的采购方）；企业内的另一个组织；政府组织或以政策为主导的组织。针对第二个案例，简要地记录该案例的利益相关者，并记录自己对其需求进行认定、特征描述以及确认的过程，此外，还要记录与利益相关者的代表进行沟通的过程。要记录真实的情况，而不是自己当初所设想的情况。（比如，如果重要的谈话是在高尔夫球场中进行的，那就把这一状况记录下来）。在参考案例中的消费者与第二个案例所分析的客户之间进行对比，讨论他们的共性与区别。这两类客户最终必须根据什么样的信息来提出自己的需求？我们必须获取到什么样的信息，才能开始进行架构工作（也就是说，为了设立系统的目标并厘清系统中的模糊之处，我们必须获取到什么样的信息）？

问题 3

对于这个系统来说，它的利益相关者和受益者是谁？他们的需求是什么（这里所说的利益相关者，也包括社会方面的利益相关者以及直接受益者等）？将你所在的企业也视为一个利益相关者，并思考本企业对这个系统有哪些需求，以及价值交换是怎样进行的。在这些利益相关者中，哪些是受益的利益相关者？哪些是有助于解决问题的利益相关者？那些是慈善受益者？为了创建一张简明扼要的利益相关者关系图（stakeholder map），你会如何对这些利益相关者进行分组或细分？

问题 4

选定一个（或最多两个）最适合本案例的参数（例如强度、满意度等），对（包括本企业在内的）利益相关者所提出的需求进行特征描述。价值流是怎样从本企业的输出端流向利益相关者的？然后又是怎样流回本企业的必要资源输入端的？供应方面的竞争情况（或者说供给方对于需求方的重要程度）会对价值流造成怎样的影响？选出（包含生产企业在内的）6～10 个最为重要的利益相关者，并据此绘制系统的价值流示意图。

问题 5

用某一种解析式的方法，对主要的利益相关者所提出的需求进行优先度排序。要对同一个利益相关者所提出的各项需求进行排序，也要在不同的利益相关者所提出的各项需求之间进行总排序。对同一个利益相关者所提出的需求进行优先度排序时，你怎样确认自己的排序结果是正确的？对不同的利益相关者所提出的需求进行总排序时，你又该如何确认排序结果的正确性？

问题 6

把需求转换成目标。在最宏观的层面上创建目标陈述（也就是提出系统问题陈述并给出具有描述性的目标）。所谓在最宏观的层面上，意思是说，拟定目标时，不需要根据系统之下第一级中的过程和形式，对目标进行分解。请标注出这些目标的严格程度。

问题 7

对这些具有描述性的目标进行优先度排序，将其分为关键目标、重要目标和理想目标这 3 类。试着为每项目标指定一种适当的衡量标准。如果有可能，请在（由其他人所提出的）原始目标陈述与经过你改良后的目标陈述之间进行对比。你所拟定的目标，是不是比原来“更好”一些呢？

问题 8

如果可以，请对目标的测试进行评述。这些目标是否具有完备性、一致性、可达性、人类可解性等特性？你如何保证利益相关者的需求可以通过本系统对这些目标的实现而得到满足？

问题 9

根据你的工作经验和 / 或你与导师之间的讨论，对企业在定义系统目标时所用的流程进行反思。企业中是否有（或曾经有）一套规范的目标定义流程？企业是否通过某些流程来明确地排定这些目标之间的优先顺序？如果是，那么他们在排序过程中如何对待由不同的利益相关者所提出的需求？是否会明确地检查系统目标的代表性、完备性、一致性及人类可解性？有很多系统都是因为设定了不完备、不一致或不清晰的目标而失败的，你会如何进行检查，以确保系统目标能够具备上述性质？如果读者是以 2 人或 3 人的小组讨论形式来回答该问题的，那么可以把你所想出的办法与同组的其他人所提出的办法进行比较和对比。

第 12 章

学习目标

- ❑ 提出多个备用的概念。
- ❑ 把概念分解成概念片段。
- ❑ 重新对概念片段进行组合，以形成新的概念。
- ❑ 找出创造力的来源。

问题 1

针对你在第 11 章的问题中所选择的产品或系统来提出目标，并对系统进行概念定义工作。根据自己的特长，确定并分析当前的概念，然后再找出至少一个备用的概念。请按照下面的方式提出多个概念。首先，对主要的功能意图做出与特定解决方案无关的陈述，并基于该陈述，对操作数和过程进行多种特化，其中操作数的特化是可选的，过程的特化是必须的。然后，针对特化后的这些过程，来确定特化后的工具对象。这样就得到了最为宏观的“概念树”或形态矩阵。在提出这些概念时，你的创造力是从哪里得来的？与本章正文中所说的那些来源相比，你的创造力来源和它们有什么异同？

问题 2

对概念进行扩展，并确定概念片段。请用概念树或形态矩阵来表示这个决策过程。在从概念树或形态矩阵中发现潜在的概念片段时，你会受到哪些限制？这些限制会怎样影响概念片段之间的组合情况？

问题 3

在你可以进行罗列的范围内，把这些概念片段进尽可能多地组合成各种整体概念。在确定出来的整体概念中，有没有哪些概念是原来没有发现的？

问题 4

现在对概念树或决策集进行删减，直到剩下两个清晰而又明确的概念为止。这次你根据什么标准来筛选概念树中的候选概念？这些筛选标准，与系统问题陈述有联系吗？与系统目标有联系吗？在执行完整套流程之后，你所得到的最终成果，应该是两个对本系统来说特别合理的概念，其中一个是当前要考虑或参照的概念，另一个是良好的备用概念。此时，你也应该以自己的方式，对得出这两个解决方案所依据的各项限定条件和评判尺度，有了一定的理解。

第 13 章

学习目标

- ❑ 区分复杂程度与难懂程度。
- ❑ 在同一个系统的多种分解方式之间做出选择。

针对你在回答第 11 章和第 12 章问题时所选定的那个产品或系统，来确定其概念定义（*concept definition*），并确定出构成该产品或系统的各个过程。

问题 1

把你在回答第 12 章问题时所得到的那两个概念进行复杂度对比。其中是否有一个概念更为复杂？是否有一个概念更为难懂？把决定表面复杂度的那些决策或实体找出来。你是否认为自己所创建的概念描述能够揭示这种复杂度？或者你是否认为复杂度必须等到系统实现出来之后才能知道？

问题 2

根据你所得到的那两个概念，分别绘制系统之下第一级（Level 1）的过程示意图，以及系统之下第一级的形式分解图。

问题 3

如果单单检视 Level 1，那么你可以从中获得哪些能够判断这种系统分解方式优劣的灵感呢?

问题 4

针对这两个概念，分别把其 Level 1 中的分解方式继续向下扩展到 Level 2。

问题 5

根据 Level 2 中的分解情况，分别针对这两个概念，各提出两种 Level 1 中的模块化方式。这两种模块化方式所依据的分解平面各自是什么？该平面之外的那些模块化因素，会不会对这种模块化方式构成挑战？在这两种模块化方式中，哪一种更优雅?

问题 6

你在模块化的过程中会定义一些接口，这些接口有的是临时接口，有的则会成为架构中的稳定特性。在你所定义的重要接口中，选出其中的某一个接口，并说出它是个临时的接口，还是个稳定的特性。然后，描述该接口的形式与功能，并说出它是个开放的（open）接口，还是个封闭的（closed）接口。在产品或系统的生命期内，你会怎样对该接口进行控制?

第 14 章

学习目标

- ❑ 描述架构模型的适用场合及可行情境。
- ❑ 在展示决策的各种方法之间进行对比。
- ❑ 指出哪些方法是可以手工处理的，哪些方法必须进行运算。

问题 1

本章的一个核心理念，就是认为我们能够把系统架构建模成一系列相互联系的决策。请自己选择一个系统，并指出架构方面的一些决策点（通常有 5～10 个有待决策的问题），同时给出每个决策点所对应的各种选项。

问题 2

这些决策之间是相互耦合的，还是彼此解耦的？在决策层面或选项层面创建一个

DSM，如果发现其中有相互耦合的决策，那就把它们指出来。

问题 3

架构模型的主要组件有哪些？

问题 4

用你自己的话来描述阿波罗计划的架构模型：

a. 列举决策变量及每个变量能够使用的选项。

b. 列举约束条件。

c. 列举衡量指标。

d. 这些指标是怎样与决策关联起来的？

e. 权衡空间的大小如何？

问题 5

针对你选择的那个系统，来对架构模型进行公式化处理：

a. 列举决策变量及每个变量能够使用的选项。

b. 列举约束条件。

c. 列举衡量指标。

d. 这些指标是怎样与决策关联起来的？

e. 计算出权衡空间的大小。

问题 6

什么是形态矩阵？针对你所选择的某个系统，构建出它的形态矩阵。

问题 7

把问题 6 中构建的形态矩阵转化成不含机会节点的决策树。请注意，决策之间的顺序可以自由安排。

问题 8

架构决策与其他决策之间有什么区别？

问题 9

为什么很难创建出优秀的架构模型？

第 15 章

学习目标

- ❑ 将权衡空间作为一种心智模型来讨论。
- ❑ 确定权衡空间分析中的主要元素。
- ❑ 用权衡空间来排定架构决策之间的优先顺序。

问题 1

什么是架构权衡空间？为什么说它是一种有用的心智模型？

问题 2

什么是架构空间中的帕累托前沿？它是怎样计算出来的？

问题 3

为什么应该对整个权衡空间中的架构进行分析，而不应该仅仅对帕累托前沿上面的架构进行分析？

问题 4

在筛选系统架构时，为什么不能把帕累托最优性作为唯一的筛选标准？

问题 5

导致权衡空间中出现集群和层化现象的原因是什么？

问题 6

什么是模糊的帕累托前沿？它是怎样计算出来的？为什么说这是个有用的概念？

问题 7

为什么必须进行敏感度分析？有哪些信息是可以通过敏感度分析而得到的？又有哪些信息是不能通过该分析得到的？

问题 8

请描述一种能够根据重要性来对架构决策进行排序的办法。哪些决策应该首先确定下来？

问题 9

如何用敏感度分析所得到的结果来完善架构模型？

问题 10

面对某个架构权衡空间，你会如何对其进行分析？把分析的流程写下来。

第 16 章

学习目标

- ❑ 辨别各种架构问题。
- ❑ 选出对指定的应用场景最为合适的架构问题。
- ❑ 我们应该在什么样的时机下将系统的架构作为一个架构问题来进行表述，从而使得这种表述既可行又实用。
- ❑ 对于特定的架构问题来说，我们应该如何在各种潜在的算法之间进行权衡。
- ❑ 在什么样的情境下适合进行全因子排列。

问题 1

在系统架构师所要完成的任务中，有哪些任务适合表述成优化问题？又有哪些任务不适合这样进行表述？这些任务与架构师所交付的成果之间，有着怎样的对应关系？

问题 2

我们在打算购买新电脑时，总是需要选择电脑的软件和硬件配置。比如，操作系统是应该选 Windows、Mac，还是 Linux？如果选 Windows，那么处理器是用 i7-960、i7-930、i5-760，还是用 AMD？

a. 把这个范例表述成 DECISION-OPTION 问题，问题中应该包含 5～9 个决策，每个决策都有若干选项可供选择。

b. 与该问题有关的衡量指标有哪些？

c. 这些衡量指标与决策之间有着怎样的对应关系？

d. 我们需要考虑哪些限制规则？

问题 3

采用本章所讲到的一种模式，把某个系统架构问题表述成优化问题。

a. 确定自己应该选用哪一种模式进行表述，同时确定架构决策、各决策的选项、衡量指标、价值函数以及限制规则。

b. 能不能把同样的问题改用另外一个模式来进行表述？这两种表述方式之间有什么区别？

问题 4

在本章所讲的 6 种模式（DECISION-OPTION、DOWN-SELECTING、ASSIGNING、PERMUTING、PARTITIONING、CONNECTING）中，哪种模式最适合用来解决下面这些问题？请注意，同一个问题有时可以用多个模式来解决。

a. 请思考电力系统的系统架构。我们把问题简化为可再生能源与常规能源的混合搭配。假设你已经知道了与需求有关的一些预测，而且也知道了各种能源的特征（其中包括效率、非经常性的成本、经常性的成本以及可靠程度等），现在需要找出一些能在各项衡量指标之间取得较好平衡的架构。

b. 请思考一个小型的便携式系统，该系统可以对日常所吃的食物进行测量，以估算其重量与化学成分，从而使我们了解这种食物营养信息。这个系统的架构，可以简化为平台的选择、传感器的类型以及自动化的程度这三个方面。对于第一个方面来说，需要考虑的是应该把它做成依附于智能手机的系统，还是做成独立的系统。对于第二个方面来说，需要考虑的是在三种商用的微型光谱仪中选择其中一种。对于第三个方面来说，需要考虑的是应该把商务智能嵌入本产品中，还是应该放在通过互联网来访问的远程服务器上。

c. Google 公司有一个部门，可以为内部和外部的研究项目提供资金。该部门拥有一定的预算，而且有一系列尚待注资的科技项目提案，现在要从这些提案中选出一部分进行投资，以便用给定的预算来获取最大的回报。这些投资项目的价值，并不是彼此孤立的。比方说，有一个项目是对无人航空载具（UAV）的控制技术进行研究，另一个项目是针对互联网进行观念研究（conceptual study），这项研究需要部署数以千计的无人航空载具。那么在这种情况下，对这两个项目所进行的投资，就有着一定的关系，因为后一个项目的成功率，要受到前一个项目的影响。

d. 请思考一座小型城市的系统架构，我们把该城市建模为 10×10 的网格，网格中的每一块区域，都是 10 公里长、10 公里宽的矩形。这些区域可以分别设置为工业区、住宅区、商业区和绿化区。假设我们已经对各区域的人口增长率、与人口增长有关的需求以及经济方面的因素做出了预测，那么现在请找出一些既能够促进经济增长，又能够增进市民福利的良好架构。

e. 请思考一个家庭自动化系统，该系统中包含声控灯、温度计、门窗以及娱乐系统。本系统的各项功能所需的传感器和启动器都已经提供好了，现在只需决定计算机的数量与位置即可。比如，可以给每间屋子里面都放置一台计算机，以便将决策的制定过程分散开，也可以只在某个方便操控的地点设置一台中心计算机，令其控制整个系统中的全部传感器和执行器。

问题 5

在你自己的工作领域中，为本章所讲的每一类问题举出两个实例。这些实例中有哪几个是比较自然或比较容易找到的？这几个实例为什么会如此？

问题 6

元素之间的交互，会对 DOWN-SELECTING 问题造成怎样的影响？在你自己的工作领域中，找出一些范例来说明这种影响。

问题 7

在运用 ASSIGNING 模式时，我们所要做出的基本权衡是什么？有哪些与特定领域相关的信息，会对 ASSIGNING 问题的解决起到推动作用？找两个适合于本章问题 3 的 ASSIGNING 问题，并描述一种渠道化的架构和一种元件之间完全互连的架构，然后对它们的特征进行评述。这些候选架构是不是较为良好的架构？它们的优点和缺点是什么？

问题 8

在运用 PARTITIONING 模式时，我们所要做出的基本权衡是什么？有哪些与特定领域相关的信息，会对 PARTITIONING 问题的解决起到推动作用？找两个适合于本章问题 3 的 PARTITIONING 问题，并描述一种单体式的架构和一种完全分布式的架构，然后对它们的特征进行评述。这些候选架构是不是较为良好的架构？它们的优点和缺点是什么？

问题 9

针对你所在的领域，撰写一套流程，以描述怎样使用本章所讲的这 6 种架构来应对真实的大规模复杂系统。

问题 10

为什么说在很多情况下都无法进行全因子排列？有什么替代的办法吗？

问题 11

假设无论架构中有多少个决策，我们都只需花 1 秒钟时间即可对其进行计算。在解决下列架构问题时，如果要使全因子排列所耗费的时间小于 24 个小时，那么应该把每个问题的最大规模限定为多少？如果我们修改刚才的假设，把对每个架构进行计算所需的时间定为 0.01 秒，那么下列问题的最大规模又该分别限定为多少？

a. 包含 N 个决策，且每个决策均带有 3 个选项的 DOWN-SELECTING 问题。
b. 左集中有 N 个元素，右集中有 $N-1$ 个元素的 ASSIGNING 问题。
c. 带有 N 个元素的 PARTITIONING 问题。
d. 带有 N 个元素的 PERMUTING 问题。
e. 带有 N 个节点的 CONNECTING 问题，问题中的边，是无向边。

问题 12

描绘一个能够对 PARTITIONING 问题进行全因子排列的算法。

问题 13

基于种群的启发式优化算法，有哪些主要的步骤？

问题 14

初始的种群架构应该怎样来进行选择？

问题 15

对于 N 是 8 的 PARTITIONING 问题来说，我们生成一个随机的种群，使该种群含有 100 个不同的架构。

a. 元素 1 和元素 2 位于同一个子集中的那些架构，在这 100 个架构中占多大比例？
b. 由两个子集所组成的那些架构，在这 100 个架构中占多大比例？

问题 16

什么是 schema（纲要、模式）？对于 NEOSS 案例中的任务调度问题来说，请举几个 schema 的例子。

问题 17

遗传算法为什么能够用来解决架构优化问题？它们适用于哪些情境？不适用于哪些情境？

问题 18

针对某个你所熟悉的系统，举例说明与特定领域相关的启发式搜索法。

推荐阅读

架构即未来：现代企业可扩展的Web架构、流程和组织(原书第2版)

作者：[美] 马丁 L. 阿伯特（Martin L. Abbott）迈克尔 T. 费舍尔（Michael T. Fisher）

ISBN：978-7-111-53264-4　定价：99.00元

任何一个持续成长的公司最终都需要解决系统、组织和流程的扩展性问题。本书汇聚了作者从eBay、VISA、Salesforce.com到Apple超过30年的丰富经验，全面阐释了经过验证的信息技术扩展方法，对所需要掌握的产品和服务的平滑扩展做了详尽的论述，并在第1版的基础上更新了扩展的策略、技术和案例。

针对技术和非技术的决策者，马丁·阿伯特和迈克尔·费舍尔详尽地介绍了影响扩展性的各个方面，包括架构、过程、组织和技术。通过阅读本书，你可以学习到以最大化敏捷性和扩展性来优化组织机构的新策略，以及对云计算（IaaS/PaaS）、NoSQL、DevOps和业务指标等的新见解。而且利用其中的工具和建议，你可以系统化地清除扩展性道路上的障碍，在技术和业务上取得前所未有的成功。

本书覆盖下述内容：

- 为什么扩展性的问题始于组织和人员，而不是技术，为此我们应该做些什么？
- 从实践中取得的可以付诸于行动的真实的成功经验和失败教训。
- 为敏捷、可扩展的组织配备人员、优化组织和加强领导。
- 对处在高速增长环境中的公司，如何使其过程得到有效的扩展？
- 扩展的架构设计：包括15个架构原则在内的独门绝技，可以满足扩展的方案实施和决策需求。
- 新技术所带来的挑战：数据成本、数据中心规划、云计算的演变和从客户角度出发的监控。
- 如何度量可用性、容量、负载及性能。